이 책에 대한 찬사

《고성능 임베디드 컴퓨팅》은 시스템 설계 분야에 때맞춰 출간된 서적이다. 이 책은 설계 방법론부터 공간, 시간 그리고 에너지에 관한 핵심적인 임베디드 시스템 자원들의 최적화 기법에 이르기까지 포괄적인 주제를 다룬다. 그리고 다중 프로세서 시스템과 연관하여 점차 중요해지는 설계 문제들에 대해서도 심도 있게 다루고 있다. 웨인 울프는 임베디드 설계의 탁월한 전문가이다. 그는 개인적으로 이 책에서 제시하는 주제들에 대해서 많은 연구를 했고, 그가 구축한 다양한 임베디드 시스템에서 이 설계 방법론들을 구현했다. 이 책은 임베디드 시스템의 초보 설계자뿐만 아니라 베테랑에게도 가치 있는 정보들을 담고 있다.

_다니엘 P. 시위오렉Daniel P. Siewiorek, 카네기멜론 대학교

《고성능 임베디드 컴퓨팅》은 하드웨어와 소프트웨어 능력 사이의 숙련된 균형이 실무자에게 특히 중요한 분야와, 미래에 가장 흥미로운 방법론적 발전의 핵심이 될 연구 분야에 필요한 고급 임베디드 컴퓨터를 다룬다. 최선의 산업적 실무와 실세계 예제 및 애플리케이션에 초점을 맞추면서 웨인 울프는 조직화되고 통합된 방법으로 인상적인 분량의 최첨단 연구 결과를 제공하며, 이 중 많은 부분은 다음 세대의 설계 방법론으로 채택될 것이다. 이것은 고급 임베디드 컴퓨터 공학 과정의 실무자와 학생들뿐만 아니라 컴퓨터 아키텍처와 전자 설계 자동화가 만나서 이루어진 중요한 연구 결과를 얻고자 하는 연구자 및 과학자들에게 아주 적합하게 때맞춰 나온 책이다.

_파올로 인네Paolo Ienne, Ecole Polytechnique Fédérale de Lausanne(EPFL), 로잔느, 스위스

프로세서가 책상을 벗어나서 가전제품, 자동차, 전화기 그리고 조만간 옷이나 지갑에도 내장되어 임베디드 컴퓨팅이 아키텍처 서커스에서 더 이상 느리고 지겨운 여흥거리가 아니며, 점차 무대의 가운데로 옮겨가고 있다는 것이 밝혀지고 있다. 웨인 울프는 다양한 하드웨어와 소프트웨어 조각들을 엮어서 열정적인 임베디드 시스템 구축자들을 위한 확고한 교재로 집대성했다.

_롭 A. 루텐바Rob A. Rutenbar, 카네기멜론 대학교

컴퓨터 시스템 및 공학 분야에 종사하는 모든 교육자들은 이 책을 반드시 보아야 한다. 성능, 아키텍처, 설계에 관한 대조적인 관점은 모든 수준의 학생들에게 내포된 개념에 대한 수준 높은 이해를 제공한다. 나의 의견으로는 '시스템'에서 경력을 쌓고자 하는 모든 사람에게 이 책은 사물의 <아웃라인>을 제공한다.

_스티븐 존슨Steven Johnson, 인디아나 대학교

점점 더 많은 임베디드 장치들이 출현하면서 사람들은 이제 휴대폰, PDA, MP3 플레이어를 더 많이 지참하고 있다. 이 장치들의 설계와 제약사항은 랩톱이나 데스크톱 PC와 같은 범용 컴퓨팅 시스템의 것과는 많이 다르다. 《고성능 임베디드 컴퓨팅》은 이런 기초적인 설계 주제에 관한 풍부한 정보를 제공하면서, 센서 네트워크와 다중 프로세서와 같은 새로운 연구 분야도 다루고 있다.

_미쉘 D. 테이스*Mitchell D. Theys*, 시카고 소재 일리노이 대학교

《고성능 임베디드 컴퓨팅》은 관련된 예제 시스템에 대한 설명을 추가한 임베디드 컴퓨팅의 최신 기술만 제공하는 것이 아니라, 소프트웨어/하드웨어의 공동 설계와 임베디드 컴퓨팅을 위한 다중 프로세서 아키텍처와 같은 주제들도 다룬다. 이 탁월한 서적은 연구자나 실무자, 학생들이 읽기에 충분한 가치가 있다.

_안드레아스 폴츠*Andreas Polze*,
하소 플래트너 인스티튜트, 포츠담 대학교

임베디드 컴퓨터 시스템은 모든 곳에 있다. 이 최신 기술 서적은 이 분야의 산업 실무와 최근 연구 결과를 함께 제공한다. 깊이가 있고, 알기 쉬운 기초부터 고급화된 주제, 현재의 문제점들 그리고 고성능 임베디드 시스템 설계에 대한 실세계의 도전을 다루고 있다. 《고성능 임베디드 컴퓨팅》은 대학원생, 연구자, 실무 전문가들에게 큰 가치를 제공할 것이다.

_지후*Jie Hu*, 뉴저지 공과대학

고성능 임베디드 컴퓨팅

아키텍처 · 애플리케이션 · 방법론

HIGH-PERFORMANCE EMBEDDED COMPUTING

Architecture, Application, and Methodologies

WAYNE WOLF

웨인 울프 지음 / 손광수 옮김 / (주)씨랩시스 감수

ELSEVIER

High-Performance Embedded Computing
Architectures, Applications, and Methodologies
by Wayne Wolf

Copyright © 2007 by Elsevier Inc.
ISBN : 9780123694850
Translated Edition ISBN : 9788990758903
Publication Date in Korea : 2008-4-21
Translation Copyright © 2008 by ElsevierKorea L.L.C

Translated by ITC Publishing Co.
Printed in Korea

IT 대한민국은 ITC(Info Tech Corea)가 함께 하겠습니다.
www.itcpub.co.kr

차례

chapter **02** / CPU

chapter 03 프로그램

chapter 04 프로세스와 운영체제

chapter 

다중 프로세서 아키텍처

chapter 06 다중 프로세서 소프트웨어

chapter **07** 하드웨어/소프트웨어 공동 설계

감수자의 글

PC에 비해 그 시장이 날로 증가하는 임베디드 분야에서는 최근 들어 고성능 AP 들이 마이컴과 경쟁이 가능할 정도의 저가격으로 출시되고 있다. 이로 인해 OS의 사용은 기본이 되어버린 지 오래고, 이제는 멀티미디어, 무선 네크워크, 모바일 TV 등의 미들웨어가 소프트웨어로 통합, 구현되고 있다.

고성능 AP의 출시로 인해 엔지니어는 고민에 직면하게 되었다. 고성능을 제대로 활용하기 위해서는 소프트웨어적인 측면에서 방대하게 많은 구현을 해야만 하는데, 이에 대한 솔루션 구축이 첫 번째 과제가 되었다. 또 다른 측면에서의 과제는, 고성능 프로세서를 사용함에도 불구하고 시장에서 요구하는 다양한 기능을 구현하기 위해서는 여전히 성능을 향상시켜야만 한다는 점이다. 전력소모나 발열 등의 제약사항을 감안하면서 성능을 향상시키는 것은 단순히 클럭 속도를 높이는 것으로 해결할 수 없기 때문에 PC에 비해 보다 많은 고민을 하게 만든다.

이에 대한 유일한 해결책은 표준에서 벗어나더라도, 하드웨어와 소프트웨어의 장점을 극대화하는 임베디드 시스템을 구현하는 것이다. 이제는 아키텍처 관점에서 애플리케이션과 운영체제, 하드웨어를 동시에 고찰하는 것이 임베디드 엔지니어 입장에서 경쟁력인 시대가 되었다고 볼 수 있다.

IT 분야에서 최신 기술로 치열하게 경쟁하는 엔지니어 입장으로 이 책의 많은 부분에서 공감대를 느낄 수 있었다.

이 책의 내용은 다중 프로세서에서부터 운영체제, 성능분석 등 방대할 정도로 다양한 내용들을 다루고 있어서, 혹자는 현실적이지 못한 미래지향적인 이론적 내용들이 아니냐고 말할 수도 있으나, 이러한 이론적 내용들에 대한 숙지가 이제는 선택이 아니라 필수가 되어가고 있는 것이 현실이다. 불행히도 현재 우리의 책상 위에는 손톱만한 고성능 프로세서들과 다양한 다중 프로세서 보드들이 즐비하기 때문이다.

많은 엔지니어들에게 이 책의 모든 내용들이 도움을 줄 수는 없을 것이다. 필요에 따라 해당 내용을 적절히 발췌하여 보는 것이 바람직하다고 생각한다. 그러나 이것은 현실의 문제이며, 일부분이 아닌 시스템 전체를 관조하는 데 큰 도움이 되는 최신의 다양한 지식들을 제공하리라고 믿어 의심치 않는다.

대한민국 IT 기술의 밝은 미래를 생각하며….

(주)씨랩시스 기술연구소

(주)씨랩시스는…

ARM 솔루션 전문회사로 기본적인 임베디드 ARM 프로세서 시스템에 관련된 하드웨어, 운영체제, 응용 프로그램, 개발용 레퍼런스 보드, 기술교육뿐 아니라, 성능 최적화 개발능력이 탁월하여 AP관련 반도체 및 소프트관련업체들에게 인정을 받고 있다. 국내는 물론 최근에는 해외 유수의 업체들과 신모델 네비게이션 개발에 중점을 두고 있다. 주된 기술로는 OS & 디바이스 드라이버 성능 최적화, 차별화된 임베디드 멀티미디어 코덱, S/W T-DMB, Low Cost GPS 솔루션 등을 관련 제조업체에 제공하고 있다.

머리말

이 책의 목표는 고성능 임베디드 컴퓨팅의 발전을 위한 중요한 토대를 제공하는 것이다. 컴퓨터는 초창기의 8비트 마이크로컨트롤러 시대로부터 많은 변천을 겪어 왔다. 오늘날 임베디드 컴퓨터는 수백만 행의 코드를 실행하는 다중 프로세서로 구성된다. 이들은 아주 적은 전력을 소모하면서 실시간으로 실행된다. 이런 시스템을 적절하게 설계하기 위해서 많은 연구 단체들이 임베디드 하드웨어와 소프트웨어의 특성에 관한 연구를 수행해 오고 있다. 이 연구들은 비행기, 휴대폰, 디지털 텔레비전과 같은 실제 시스템이며, 모두 고성능 임베디드 시스템에 의존한다. 우리는 사실 이런 시스템을 어떻게 설계할지에 대해 제대로 모르고 있으며, 앞으로 배워야 할 것이 더 많을 것이라고 본다.

실시간 제어는 실제로 컴퓨터의 초기 용도 중의 하나였다. 1장에서 MIT 휠윈드 (Whirlwind) 컴퓨터에 대해 설명하는데, 이것은 무기 제어를 위해 1950년대에 개발된 것이다. 그러나 마이크로프로세서가 임베디드 컴퓨팅을 컴퓨터를 위한 응용 분야의 최대 관심사로 만들었다. 정교한 임베디드 시스템이 1980년대에 이미 사용되고 있었지만, 학문 분야에는 1990년까지도 임베디드 컴퓨팅이 나타나지 않았다. 심지어 오늘날에도 많은 전통적인 컴퓨터 과학과 공학 분야에서는 다른 분야에서 수행되고 있는 관련 작업에 대해 충분히 알지 못한 채 임베디드 컴퓨팅 주제들을 공부하고 있다.

실제로 임베디드 컴퓨터는 매우 광범위하게 사용되며, 매년 수십억 대가 팔린다. 수많은 실무자들이 임베디드 시스템을 설계하고, 적어도 50만 명의 프로그래머들이 임베디드 소프트웨어 설계 작업을 하고 있다. 임베디드 시스템은 세부적으로 보면 아주 다양하지만, 임베디드 컴퓨팅 분야에 적용되는 공통적인 원칙이 있다. 어떤 원칙은 수십 년 전에 발견되었고, 어떤 것은 지금 개발되고 있다. 연구 분야에서 임베디드 컴퓨팅의 개발은 임베디드 시스템의 설계를 기술로부터 학문 분야로 이동시키는 데 큰 도움이 되었는데, 이 이동은 종종 생명과 연관된 중요한 작업을 임베디드 컴퓨터에 맡기기 위해서 꼭 필요한 일이었다.

이 분야에 관한 한 가지 타당한 질문은 이것이 클라이언트-서버 시스템이나 과학적 컴퓨팅과 같은 전통적인 컴퓨터 시스템과 어떻게 다른가 하는 것이다. 같은 원칙을 단지 더 작은 시스템에 적용하기만 되는 것일까, 아니면 뭔가 다른 새로운 것을 필요로 하는 것일까? 필자는 임베디드 컴퓨팅이 비록 컴퓨터 과학과 공학으로부터 많은 기술들을 차용하고는 있지만, 나름대로 고유한 도전에 직면하고 있다고 믿는다.

첫째, 대부분의 임베디드 시스템은 실시간으로 작업을 수행해야 한다. 이것은 소프트웨어와 하드웨어 설계자들 모두의 생각을 전폭적으로 바꿀 것을 요구한다. 둘째, 임베디드 컴퓨팅은 전력과 에너지 소비에 특히 주안점을 둔다. 전력은 컴퓨터 시스템의 모든 측면에서 중요하지만, 임베디드 애플리케이션은 흔한 범용 시스템보다 에너지-연산 쪽에 더 민감한 경향이 있다. 이러한 이유로 임베디드 시스템이 일반 용도로 설계되는 시스템보다 특별한 요구사항을 만족시키기 위해 더 엄격하게 구축할 것을 요구한다.

이 책은 독자들이 『컴포넌트로서의 컴퓨터(Computers as Components)』에서 볼 수 있는 임베디드 하드웨어와 소프트웨어의 기초에 친숙하다고 가정한다. 따라서 이 책은 일정한 범위의 고급 주제를 공부하기 위해 그러한 기초 위에 구축된다. 다룰 주제를 선택하면서 필자는 임베디드 컴퓨팅에 관련된 고유한 주제와 결과들을 식별하려고 노력했다. 임베디드 시스템 문제에 대한 논의를 위한 무대를 설정하는 데 도움을 받기 위해 필자는 다른 분야에서 몇 가지 배경 자료들을 포함시켰다.

다음은 이 책에 대한 간단한 안내이다.

- **1장**은 나머지 장들을 위한 몇 가지 중요한 배경 지식을 제공한다. 그리고 임베디드 컴퓨팅의 중심에 있는 일련의 주제들을 정의하며, 방법론과 설계 목표를 살펴본다. 그리고 계산 모델을 조사하는데, 이것은 애플리케이션의 특성을 참조하기 위한 토대로 사용된다. 이 장에서는 이 책 전체에 걸쳐 사용되는 몇 가지 용어에 대한 배경 지식을 제공하기 위해 임베디드 컴퓨팅에 의존하는 몇 가지 중요한 애플리케이션도 살펴본다.

- **2장**은 임베디드 시스템에서 사용되는 서로 다른 형식의 프로세서들을 살펴본다. 전압 조정과 같은 프로세서의 성능 튜닝 기법과, 임베디드 CPU에서의 프로세서 메모리 계층 구조의 역할도 살펴본다. 코드 압축과 버스 인코딩과 같은 임베디드 CPU 최적화에 사용되는 기법과 프로세서들을 시뮬레이션하기 위한 기법들을 살펴본다.

- **3장**은 프로그램에 대해서 공부한다. 코드의 품질을 결정하는 데 도움이 되는 컴파일 처리의 배경이 첫 번째 주제이다. 우리는 메모리 시스템 최적화에 많은 시간을 할애하는

데, 메모리 동작은 성능과 에너지 소비에서 결정적인 요인으로 작용하기 때문이다. 또한 시뮬레이션과 최악 실행 시간 분석 모두를 포함하는 성능 분석을 살펴본다. 그리고 컴퓨팅 모델이 어떻게 프로그래밍 모델과 언어에 영향을 미치는지에 대해서도 다룬다.

- **4장**은 다중 프로세스 시스템으로 이동한다. 언어 설계와 스케줄링 메커니즘 사이의 상호작용을 포함한 스케줄링 알고리즘을 검토하고 비교한다. 그리고 운영체제 구조와 운영체제에 의해 입는 오버헤드에 대해서 평가한다. 그리고 다중 프로세스 시스템의 작동을 검증하기 위한 방법에 대해서도 살펴본다.

- **5장**은 다중 프로세서 아키텍처에 치중한다. 밀접하게 결합한 다중 프로세서들과 차량에서 사용되는 물리적으로 분산된 시스템을 모두 살펴본다. 아키텍처와 그들의 구성요소(프로세서, 메모리, 네트워크)를 설명한다. 또한 다중 프로세서 설계를 위한 방법론도 살펴본다.

- **6장**은 다중 프로세서를 위한 소프트웨어를 살펴보고, 이들을 위한 스케줄링 알고리즘을 검토한다. 또 다중 프로세서에서 동적인 자원 할당을 위한 미들웨어 아키텍처를 연구한다.

- **7장**은 하드웨어와 소프트웨어의 공동 설계에 치중한다. 임베디드 애플리케이션과 목표 아키텍처를 특성화하는 데 사용되어 온 여러 모델을 살펴본다. 그리고 공동 합성(co-synthesis)을 위한 광범위한 알고리즘들을 다루고, 이 알고리즘에 의해 사용되는 모델과 가정들을 비교한다.

필자는 이 책이 적어도 대부분의 주제가 고급 임베디드 컴퓨팅 시스템의 실무자와 학생들에게 흥미로운 것이 되기를 바란다. 작업을 진행하면서 놀랍게도 아직까지 연구가 되지 않은 주제가 있는 것을 발견했는데, 임베디드 시스템을 위한 소프트웨어 테스팅이 그 대표적인 예이다. 필자는 각 문제에 주요한 접근법에 관한 대표적인 자료들을 찾으려고 노력했다. 그러나 일부 경우에 특정 문제를 적절하게 표현하는 데 만족스럽지 못하였으며, 이에 대해서는 독자들의 너그러운 양해를 바란다.

이 책은 임베디드 컴퓨팅에 관한 책이다. 다음과 같은 몇 가지 관련 분야에 대해서는 간단히 다루고는 있지만 철저히 다루지는 못하고 있음을 밝혀둔다.

- **애플리케이션** 임베디드 시스템은 멀티미디어, 통신 등의 애플리케이션들을 지원하도록

설계된다. 1장에서 몇 가지 애플리케이션의 기본적인 개념을 소개하는데, 애플리케이션 도메인에 대해 알고 있는 것은 중요하기 때문이다. 여기서는 이 분야에 대한 깊이 있는 검토는 다루지 못했다.

■ VLSI 칩 상의 시스템이 임베디드 시스템을 위한 중요한 매체이지만, 유일한 매체는 아니다. 자동차, 비행기 그리고 많은 다른 중요한 시스템들은 분산 임베디드 네트워크에 의해 제어된다.

■ 혼합형(Hybrid) 시스템 혼합형 시스템 분야는 연속(continuous) 및 이산(discrete) 시스템 사이의 상호작용을 연구한다. 이것은 중요하고 흥미로운 분야이며, 일반적인 임베디드 시스템이 혼합형 시스템 기법을 사용할 수 있지만 혼합형 시스템에 관한 책들은 많이 출간되어 있다.

■ 소프트웨어 공학 소프트웨어 설계는 핵심적인 토대를 제공하는 중요한 분야이지만 임베디드 컴퓨팅의 특유한 많은 의문점에 대해서는 답을 하지 못하고 있다.

필자는 이 책을 집필하면서 도움을 받은 많은 사람들에게 감사하고 싶다. Brian Butler(Qualcomm), Robert P. Adler(Intel), Alain Darte(CNRS), Babak Falsafi(CMU), Ran Ginosar(Technion), John Glossner(Sandbridge), Graham Hellestrand(VaSTSystems), Paolo Ienne(EPFL), Masaharu Imai(Osaka University), Irwin Jacobs(Qualcomm), Axel Jantsch(KTH), Ahmed Jerraya(TIMA), Lizy Kurian John(UT Austin), Christoph Kirsch(University of Salzburg), Phil Koopman(CMU), Haris Lekatsas(NEC), Pierre Paulin(ST Microelectronics), Laura Pozzi(University of Lugano), Chris Rowen(Tensilica), Rob Rutenbar(CMU), Deepu Talla(TI), Jiang Xu(Sandbridge), 그리고 Shengqi Yang(Princeton)가 그들이다.

또한 편집자 네이트 맥파든(Nate McFadden)과 그가 함께 일한 검토자들의 지원과 지도, 격려에 대해서 깊이 감사드린다. 검토 작업은 이 책의 적절한 역할을 확립하는 데 도움이 되었고, 네이트는 끊임없이 통찰력 있는 생각과 코멘트를 제공해 주었다. 또 이 책을 처음부터 지켜주었던 모건 카프만(Morgan Kaufmann)의 숙련된 편집자인 데니스 펜로우즈(Denise Penrose)에게도 감사한다.

그리고 디지털 도서관(특히 IEEE와 ACM 의)에 감사를 표하고 싶다. 그들이 없었다면 이 책의 집필은 불가능했을 것이다. 만약 필자가 공부한 모든 논문을 블록과 몰타르로 만든 도서관에서 찾아야 했다면, 책 무더기 사이를 걸어 다니는 지친 다리와, 피곤한 눈, 그리고 수천 장의 종잇조각들과 씨름해야 했을 것이다. 그러나 디지털 도서관의 도움으로, 필자는 오직 피곤한 눈만으로 모든 작업을 끝낼 수 있었다.

끝으로 내 사랑 낸시(Nancy)와 알렉(Alec)의 인내심에도 감사한다.

웨인 울프
프린스턴, 뉴저지

저자에 대하여

웨인 울프(Wayne Wolf)는 프린스턴 대학교의 전기공학 및 컴퓨터 과학 연관 학부의 교수
이다. 프린스턴에 들어가기 전에 그는 뉴저지 주 머레이 힐에 있는 AT&T 벨 연구소에 있
었다. 스탠포드 대학교에서 전기공학 학사, 석사 및 박사 학위를 받았다. 하드웨어/소프트
웨어 공동 설계, 임베디드 컴퓨팅, VLSI, 멀티미디어 컴퓨팅 시스템 분야의 연구로 잘 알려
져 있다. IEEE와 ACM의 특별회원이며, SPIE의 회원이다. 2003년에 ASEE 프레드릭 E.
터먼 상을 수상했으며, 제1차 하드웨어/소프트웨어 공동 설계 국제 워크숍의 프로그램 회
장을 맡았다. 웨인은 또 1996 IEEE 컴퓨터 설계 국제회의, 2002 IEEE 임베디드 시스템을
위한 컴파일러, 아키텍처, 통합 국제회의, 그리고 2005 ACM EMSOFT 회의에서 프로그
램 회장을 맡았다. ACM 임베디드 컴퓨팅 분과회(SIGBED)의 첫 번째 이사회에 속했다.
ACM 임베디드 컴퓨팅 시스템 트랜잭션의 최초의 주 편집자이며, IEEE VLSI 시스템 트랜
잭션의 주 편집자였다(1999-2000). 그리고 클루월(Kluwer) 학술지『임베디드 시스템을
위한 설계 자동화』의 최초의 공동 편집자였다. 그리고 모건 카프만(Morgan Kaufmann)
의 실리콘 시스템 시리즈(Series in Systems on Silicon)의 시리즈 편집자이기도 하다.

옮긴이 머리말

본서를 번역하면서 저자의 박학다식함에 놀라움을 금치 못하였다. 하드웨어에서 소프트웨어는 물론 단일 프로세서 시스템에서 다중 프로세서 시스템까지 광범위한 주제를 자유롭게 넘나들고 있었다. 이에 따라 용어도 다른 책에 비해 월등히 더 많다. 책 뒤에 용어해설란이 따로 있지만, 본문에서도 새로 나오는 중요한 용어는 의도적으로 '한글(영문)' 형식으로 표시하여 독자들이 용어를 좀 더 쉽게 파악할 수 있도록 했다. 그리고 중요한 용어들을 모두 데이터베이스로 구축하고 직접 개발한 번역 지원 애플리케이션을 사용하여 용어의 일관성을 유지하려고 노력했다.

아무쪼록 본서가 고성능 임베디드 시스템을 개발하는 실무자들과 연구자들에게 도움이 되기를 바란다.

번역을 맡겨주신 ITC의 최규학 사장님과 장성두 실장님께 진심으로 감사드리며, 꼼꼼하게 교정을 맡아주신 교정자와 그리고 독자들의 가독성을 높이기 위해 레이아웃을 잘 다듬어준 성은경 씨에게도 깊은 감사를 드린다.

2008년 3월
역자 손광수

손광수 ksshon1@hanafos.com

한국과학기술원을 졸업하고 LG전자, 삼성SDS 등에서 근무하였으며, 현재는 프리랜서로 컨설팅, 개발 등을 수행하고 있다. 다수의 컨설팅, 개발 프로젝트와 강의를 진행해 왔다. 관심 분야는 데이터베이스, 시스템 복구 등이다. 『Microsoft SQL Server 2000/2005 튜닝 – 전문가로 가는 지름길 3』(대림) 등의 저서와 『운명적 존재를 위한 데이터베이스 설계(제2판)』(사이텍미디어), 『Windows Server 2003 델타 가이드』(사이텍미디어) 등의 역서가 있으며, 『프로그램세계』 등의 잡지에도 다수 기고했다.

임베디드 컴퓨팅

1.1 고성능 임베디드 컴퓨팅의 개요

많은 임베디드 컴퓨팅 시스템들은 고성능 컴퓨팅 시스템이므로, 까다로운 요구사항을 충족시키기 위해 세심하게 설계되어야 한다. 이 시스템들은 많은 계산이 필요할 뿐만 아니라, (평균 성능뿐만 아닌) 실시간 성능, 전력/에너지 소모, 비용처럼 수치화될 수 있는 목표들도 만족시켜야 한다. 구체적인 목표를 가진다는 사실은, 사용자로 하여금 예측할 수 없는 범용 컴퓨팅 시스템의 설계와는 많이 달라지게 만든다.

다양하고 구체적인 목표에 맞게 컴퓨터 시스템을 설계하고자 할 때, 어떤 한 시스템이 모든 응용에 최선일 수는 없다. 다른 요구사항들은 성능과 전력, 하드웨어와 소프트웨어 등의 사이에서 갈등을 하게 만든다. 애플리케이션의 다양한 요구사항들을 충족시키려면 여러 가지 구현을 만들어야 한다. 솔루션은 설계를 유연하고 오래 지속될 수 있도록 충분히 프로그래밍이 가능해야 하지만, 시스템의 요구사항을 충족시키지 못할 정도로 융통성이 없어서는 안 된다.

범용 컴퓨팅 시스템에서는 하드웨어와 소프트웨어가 분리되어 설계되지만, 임베디드 컴퓨팅 시스템에서는 하드웨어와 소프트웨어를 동시에 설계할 수 있다. 따라서, 하드웨어적 수단이나 소프트웨어적 수단, 또는 이 둘을 같이 써서 문제를 해결할 수 있다. 다양한 솔루션은 다른 거래를 가질 수 있다. 하드웨어/소프트웨어의 통합 설계로 인해 더 커지는 설계 공간은 설계 문제에 보다 나은 해결책을 제공한다.

**아키텍처,
애플리케이션,
방법론**

그림 1-1 처럼, 임베디드 시스템 설계의 연구는 아키텍처(architectures), 애플리케이션(applications), 방법론(methodologies)이라는 세 분야의 측면들을 고려해야 한다. 범용 컴퓨터의 설계와 비교할 때, 임베디드 컴퓨터 설계자는 방법론과 애플리케이션의 기초 지식을 훨씬 더 많이 알아야 한다. 이제 이 세 가지 측면들을 하나씩 살펴보도록 하자.

아키텍처

임베디드 시스템 설계자는 하드웨어와 소프트웨어를 모두 작업 대상으로 삼기 때문에 하드웨어와 소프트웨어, 그리고 이 둘 사이의 관계를 포함하여 폭 넓게 아키텍처를 연구해야만 한다. 하드웨어 아키텍처 문제는 하드웨어/소프트웨어의 공동 설계에 의해 만들어진 특수 목적의 하드웨어 장치로부터, 프로세서들을 위한 마이크로 아키텍처, 다중 프로세서, 또는 분산 프로세서들의 네트워크까지 영향을 미칠 수 있다. 소프트웨어 아키텍처는 성능을 개선하고 비용을 낮추기 위해 병렬성과 비결정성(nondeterminism)을 어떻게 이용할지를 결정한다.

애플리케이션

애플리케이션을 이해하는 것은 임베디드 컴퓨팅 시스템의 거의 대부분을 파악하는 열쇠이다. 설계를 최적화하기 위해 애플리케이션의 특성을 이용할 수 있으며, 이것은 범용 시스템에서는 불가능한 여러 가지 강력한 최적화를 수행할 수 있게 해주는 장점이 될 수 있다. 그러나 이것은 특성을 이용하면서도 시스템 구현자들이 문제를 일으키지 않도록, 애플리케이션을 충분히 이해해야 함을 의미하기도 한다.

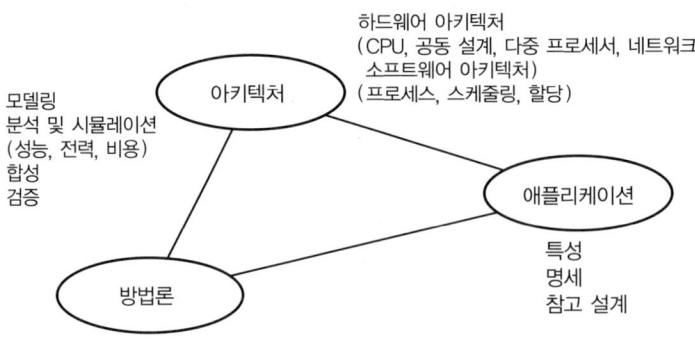

그림 1-1 임베디드 시스템 설계의 측면들

방법론

방법론은 임베디드 컴퓨팅에서 특히 중요하다. 우리는 다양한 종류의 임베디드 시스템을 설계해야 할 뿐만 아니라, 신뢰성 있고 예측 가능하도록 설계해야 한다. 설계 작업에 소요되는 비용은 종종 전체 시스템 비용의 중요한 구성요소가 된다. 도구와 수작업 절차를 결합할 수 있는 방법론은 시스템을 어떻게 설계할지에 대한 지식을 체계화한다. 결국 방법론은 크고 작은 설계상의 결정을 하도록 도와주는 것이다.

범용 컴퓨터 설계자는 표준화된 벤치마크를 추적과 시뮬레이션의 입력으로 사용하는, 보다 구체적으로 정의된 하드웨어 설계 방법론을 선호한다. 프로세서를 변경하는 작업은 일반적으로 손으로 수행되며, 이는 아마도 발명의 결과일 것이다. 그러나 시스템 설계가 하드웨어와 소프트웨어를 모두 포함하므로, 임베디드 컴퓨팅 시스템 설계자는 더 복잡한 방법론을 필요로 한다. 여기에 통신을 위한 칩 상의 시스템(system-on-chip), 자동차 네트워크 등 임베디드 시스템의 달라지는 특성들로 인해 설계자들은 방법론을 자신의 목적에 맞게 조정해야 한다.

방법론 내의 절차들은 도구로 구현될 수 있다. 분석 및 시뮬레이션 도구는 비용이나 성능, 전력 소모를 평가하기 위해 많이 사용된다. 합성 도구는 명세에 기초하여 최적화된 구현을 만든다. 도구는 두 가지 이유 때문에 임베디드 컴퓨터 설계에서 특히 중요하다. 첫째, 우리는 특유의 애플리케이션 시스템을 설계하고 있으므로 애플리케이션의 특성을 이해하는 데 도움을 받기 위해 도구를 사용할 수 있다. 둘째, 임베디드 시스템을 설계할 때 대부분 시간에 쫓기는데, 도구가 작업을 더 빠르고, 더 예측 가능하게 만들도록 도와준다.

모델링

임베디드 컴퓨팅 시스템의 설계는 갈수록 모델의 계층구조에 더 의존한다. 모델은 추상화를 제공하기 위해 컴퓨터 과학 분야에서 오랫동안 사용되어 왔다. 성능, 에너지 소모, 그리고 기능성을 위한 추상화는 매우 중요하다. 임베디드 컴퓨팅 시스템은 정교한 플랫폼들 위에 구축되는 복잡한 기능을 가지므로, 설계자는 시스템 설계를 성공적으로 완료하기 위해 일련의 모델들을 사용해야만 한다. 설계 작업의 앞 단계에서는 적당히 단순한 모델을 필요로 하고, 설계의 뒷 단계에서는 더 정교하고 정확한 모델을 필요로 한다.

임베디드 컴퓨팅은 여러 전문 분야가 집결된 것

임베디드 컴퓨팅은 여러 분야와 연관되어 있는데, 두 가지 핵심 분야는 '실시간 컴퓨팅'과 '하드웨어/소프트웨어 공동 설계'이다. 실시간 시스템에 대한 연구는 임베디드 컴퓨팅이 등장하기 이전으로 거슬러 올라간다. 실시간 시스템은 일정 시간 내에 계산을 완료하는 컴퓨터를 어떻게 설계할지에 대해서 소프트웨어 중심의 관점을 가진다. 실시간 시스템 분야에서 개발된 스케줄링 기법들은 임베디드 시스템을 설계하는 데 핵심적인 기법이 된다. 하드웨어/소프트웨어 공동 설계는 임베디드 컴퓨팅의 태동기에 한 분야로 등장했다. 공동 설계는 마감 시간 중심의 계산을 수행하기 위해, 사용되는 하드웨어와 소프트웨어에 대한 전체론적인 관점을 취한다.

임베디드 컴퓨팅의 역사

그림 1-2(이 그림에 표시된 연도 중 많은 것은 위키피디아(Wikipedia)를 참조했고, 다른 것들은 http://www.motofuture.motorola.com 과 http://www.mvista.com 에서 인용했다)는 임베디드 컴퓨팅의 개발에 있어서 주요한 사건들을 보여준다. 이 그림을 보면 이미 컴퓨팅 역사의 초기에 컴퓨터가 내포되었던 것을 볼 수 있다. 최초의 컴퓨터 중 하나인 MIT 휠윈드(Whirlwind)는 대포 제어를 위해 설계되었다. 컴퓨터 과학과 공학이 한 분야로 결합되면서 초기 연구에서는 실시간 컴퓨팅의 기본 기술들을 확립했다.

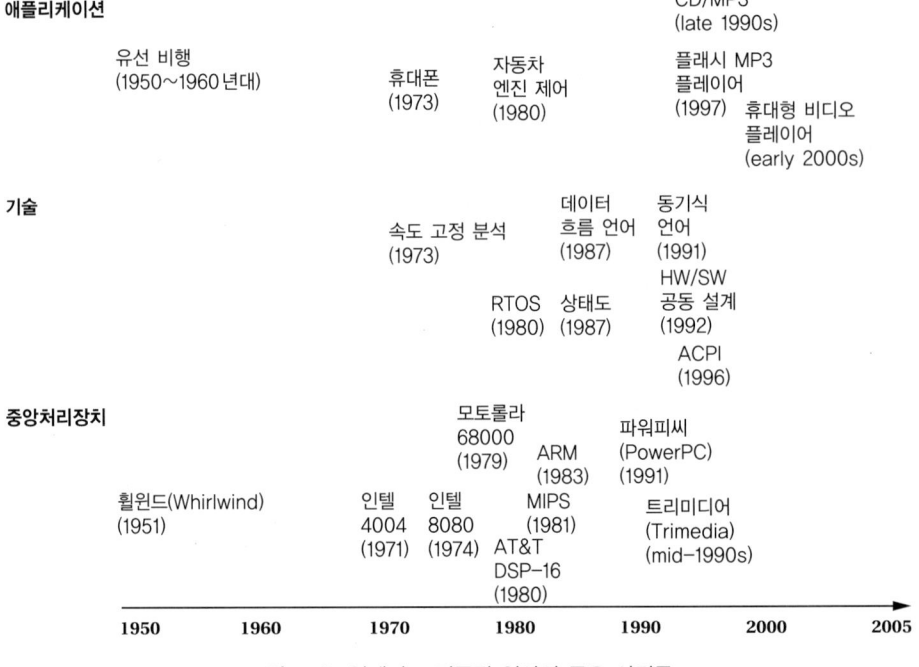

그림 1-2 임베디드 컴퓨팅 역사의 주요 사건들

오늘날 임베디드 시스템에서 사용되는 일부 기술들은 임베디드 시스템의 문제를 위해 독자적으로 개발되었으나, 다음 목록과 같은 것들은 범용 컴퓨팅 기술에서 가져온 것이다.

- 저전력 설계는 주로 하드웨어를 중심으로 시작되었으나, 지금은 소프트웨어와 하드웨어 기술을 모두 포함한다.

- 프로그래밍 언어와 컴파일러는 임베디드 시스템 설계자들을 위해서 자바나 고도로 최적화된 코드 생성기와 같은 도구를 제공했다.

- 운영체제는 스케줄러뿐만 아니라, 이제는 고성능 임베디드 시스템에서 일반화된 파일 시스템이나 다른 기능들을 제공한다.

- 자동차 및 다른 많은 애플리케이션들을 위한 분산 실시간 제어 시스템을 구축하고, 인터넷이 가능한 장치를 만들기 위해 네트워크가 사용된다.

- 보안과 신뢰성은 임베디드 시스템 설계에서 점점 더 중요한 요소가 되고 있다. 신뢰성 요구사항은 점점 더 엄격해지고 있는 반면, VLSI 컴포넌트는 극히 정교한 환경에서는 오히려 신뢰성이 저하되어 가고 있다. 보안 위협은 한때 범용 시스템에 국한되었지만, 지금은 임베디드 시스템에도 적용되고 있다.

1.2 예제 애플리케이션

임베디드 시스템 상에서 실행되는 애플리케이션들을 아는 것은 시스템 설계자에게 큰 도움이 될 것이다. 이 절에서는 통신/네트워킹, 멀티미디어, 자동차라는 세 가지 일반적인 애플리케이션에 대한 몇 가지 기본적인 개념들을 살펴본다.

1.2.1 라디오와 네트워킹

결합된 무선/ 네트워크 통신
최근의 통신 시스템은 무선과 네트워킹을 결합한다. 그림 1-3에서 보인 것처럼, 라디오는 디지털 정보를 전송하며, 네트워크들을 연결하는 데 사용된다. 이 네트워크는 전통적인 휴대폰에서처럼 특수한 것일 수도 있지만, 라디오는 인터넷 프로토콜 시스템의 물리적 계층으로 점점 더 많이 사용되고 있다.

네트워킹
국제 표준화 기구(International Standards Organization, ISO)의 개방형 시스템 상호 접속(Open Systems Interconnection, OSI) 모델[Sta97a]은 네트워크 서비스를 위해 다음과 같은 모델을 정의한다.

1. 물리적 계층(physical layer) : 전기적, 물리적인 연결

2. 데이터 링크 계층(data link layer) : 단일 링크를 통한 액세스 및 오류 제어

3. 네트워크 계층(network layer) : 기본적인 종단 간 서비스

4. 전송 계층(transport layer) : 연결 지향의 서비스

5. 세션 계층(session layer) : 체크 포인트와 같은 제어 처리

6. 표현 계층(presentation layer) : 데이터 교환 형식

7. 응용 계층(application layer) : 애플리케이션과 네트워크 사이의 인터페이스

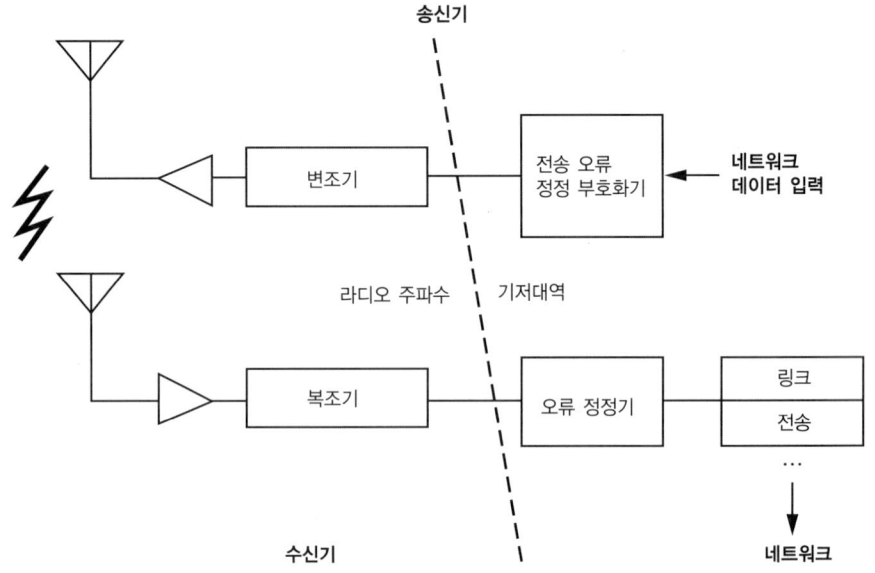

그림 1-3 라디오와 네트워크 연결

임베디드 시스템은 너무 단순해서 OSI 모델을 사용할 필요가 없을 것처럼 보이지만, 실제로는 아주 유용하다. 비교적 간단한 임베디드 네트워크조차도 물리적, 데이터 링크, 그리고 네트워크 서비스를 제공하며, 점점 더 많은 임베디드 시스템이 OSI 모델의 전체 기능을 전제로 한 인터넷 서비스를 제공하고 있다.

인터넷은 OSI 모델을 따르는 네트워크의 한 예이다. 인터넷 **프로토콜**(IP)[Los97; Sta97a]은 인터넷의 기본 프로토콜이다. IP는 다른 종류의 네트워크 사이의 인터네트워크(인터네트워킹이 정확한 표현임)에 사용된다. IP는 OSI 모델에서 네트워크 계층을 차지한다. IP는 보장된 단말 간 서비스를 제공하는 대신, 패킷들에 대해 최선

노력형 경로 배정(best-effort routing)을 제공한다. 그러나 원천과 목적지 사이 패킷들의 스트림을 관리하기 위해서는 더 높은 수준의 프로토콜이 사용되어야 한다.

무선   무선 데이터 통신은 폭 넓게 사용된다. 디지털 통신의 수신자 측에서는 다음과 같은 작업을 수행해야 한다.

- 기저대역(baseband)으로 낮추는 신호 복조(demodulate)를 수행한다.

- 비트들을 식별하기 위해 기저대역 신호를 감지한다.

- 원본 비트 스트림에서 오류를 정정한다.

소프트웨어 라디오   무선 데이터 송신기는 아날로그, 배선된 디지털, 구성 가능하고 프로그래밍 가능한 컴포넌트들의 조합으로 구성될 수 있다. 소프트웨어 라디오(software radio)는 포괄적으로 프로그래밍이 가능한 라디오를 가리킨다. 소프트웨어로 정의된 라디오(software defined radio, SDR)는 전체적 또는 부분적으로 프로그래밍이 가능한 라디오를 의미한다. 오늘날 디지털 프로세서가 작동되는 클록 속도에서 이것들은 주로 기저대역 처리에 사용된다. 그러나 몇몇 프로세서들은 라디오 주파수 처리에 사용할 수 있을 정도로 빨리 실행할 수 있다.

소프트웨어 라디오 계층   소프트웨어 라디오를 위한 기술 그룹인 SDR 포럼은 다음과 같은 다섯 가지 SDR 계층(tiers)을 정의한다.

- 계층 0 : 하드웨어 라디오(hardware radio)는 프로그래밍될 수 없다.

- 계층 1 : 소프트웨어 제어 라디오(software-controlled radio)는 소프트웨어로 구현된 일부 기능을 갖고 있지만, 하드웨어를 변경하지 않는 한 변조나 필터링과 같은 처리는 바뀌지 않는다.

- 계층 2 : 소프트웨어 정의 라디오(software-defined radio)는 다른 대역을 위해 여러 개의 안테나를 사용하기도 하지만, 광범위한 주파수를 수신할 수 있고 여러 가지 변조 방식을 사용할 수도 있다.

- 계층 3 : 이상적인 소프트웨어 정의 라디오(ideal software-defined radio)는 A/D 변환 이전에 아날로그 증폭기나 헤테로다인 믹싱(heterodyne mixing)을 사용하지 않는다.

- 계층 4 : 궁극적인 소프트웨어 라디오(ultimate software radio)는 가볍고, 전력 소모가 적으며, 외부 안테나를 필요로 하지 않는다.

디지털 복조

복조는 수신된 신호를 발진기에서 나온 신호로 증폭하고, 신호의 저주파 버전을 선택하기 위해 결과를 필터링해야 한다. 비트 인식 절차는 어느 정도 변조 체계에 의존하지만, 디지털 통신 메커니즘은 종종 위상(phase)에 의존한다. 높은 데이터 전송률의 시스템은 무리(constellation)에서 준비된 다중 주파수를 주로 사용한다. 신호의 컴포넌트 주파수의 위상은 다른 기호를 만들기 위해 변조될 수 있다.

오류 정정

전통적인 오류 정정 코드는 결합 논리(combinational logic)를 사용하여 점검할 수 있다. 예를 들어, 소용돌이 부호화기(convolutional coder)가 오류 정정 부호화기로 사용될 수 있다. 소용돌이 부호화기는 선택된 다항식에 의해 입력을 휘감는다. 그림 1-4는 복호화기의 가능한 상태를 나타내는 격자의 일부를 보여준다. 가장자리 위의 라벨은 입력 비트와 생성된 출력 비트들을 나타낸다. 전송 과정에서 임의의 비트가 훼손될 수 있으므로, 복호화기는 수신된 것과 가장 가까운 데이터 비트 열을 파악해야 한다.

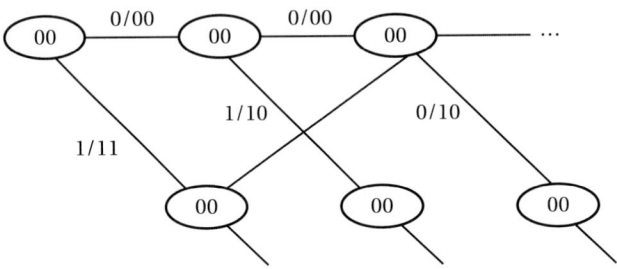

그림 1-4 소용돌이 코드를 위한 격자 표현

최근에는 반복적인 복호화를 필요로 하는 몇 가지 더 강력한 코드가 인기를 얻고 있다. 예를 들어 터보 코드(Turbo codes)는 여러 개의 부호화기를 사용한다. 입력 데이터는 두 개의 소용돌이 부호화기로 부호화되는데, 각각은 서로 다르지만 일반적으로 간단한 코드를 사용한다. 이 두 개의 부호화기 중 하나에는 입력 데이터가 직접 주어지고, 다른 하나에는 입력 스트림의 치환된 버전이 주어진다. 이 두 가지 부호화된 데이터 버전들이 채널을 통해 전송된다. 복호화기는 각각 다른 코드를 처리하는 두 개의 복호화 장치를 사용한다. 이 두 복호화기는 반복적으로 작동되는데, 각각의 반복에서 두 복호화기는 복호화된 비트들의 근사 추정치(likelihood estimates)를 서로 교환한다. 각 복호화기는 자신의 다음 반복을 위한 선험(a priori) 추정치로 상대편의 추정치를 사용한다.

저밀도 패리티 검사(low-density parity check, LDPC) 코드도 역시 오류 파악 및 정정을 위해 다중 반복을 필요로 한다. LDPC 코드는 그림 1-5 처럼 양분 그래프를 사용하여 정의될 수 있다. 그래프가 듬성듬성하므로 코드들이 '저밀도' 라고 불린다. 왼쪽의 노드들은 메시지 노드(message nodes)라 불리고, 오른쪽의 노드들은 점검 노드(check nodes)라 불린다. 각 점검 노드는 메시지 노드 값들의 합을 정의한다. 메시지 노드는 코드 단어(codewords)를 위한 좌표를 정의하는데, 유효한 코드 단어는 모든 점검 노드들을 1로 설정하는 메시지 노드들의 집합이다. 복호화 과정에서 LDPC 복호화 알고리즘은 메시지 노드들과 점검 노드들 사이에 메시지를 전달한다. 한 가지 접근 방법은 데이터 비트 값들의 확률을 메시지로 전달하는 것이다. 다중 반복은 알고리즘이 데이터 비트 값들의 훌륭한 근사치에 정착되도록 만든다.

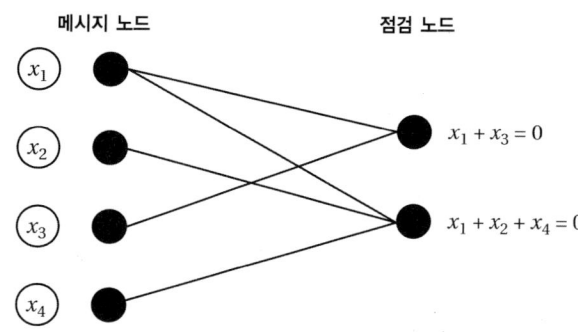

그림 1-5 LDPC 코드를 정의하는 양분 그래프

네트워킹 라디오가 표준 네트워크 스택의 물리적 계층 역할을 할 수 있지만, 많은 새로운 네트워크들은 무선 네트워크 고유의 특성을 살리도록 설계되고 있다. 예를 들어, 유선 네트워크에서는 제한된 수의 노드들만 링크에 연결할 수 있지만, 라디오는 근본적으로 방송 방식이다. 방송은 네트워크 제어, 오류 정정, 보안 등을 개선하는 데 사용될 수 있다. 네트워크의 구성원이 미리 정해지지 않고 네트워크가 동작하는 중간에 노드들이 들어오거나 나갈 수 있으므로, 무선 네트워크는 일반적으로 임시 네트워크(ad hoc network)이다. 임시 네트워크는 고정된 유선 네트워크에서 사용되는 것과는 약간 다른 네트워크 제어를 필요로 한다.

예제 1-1 에서는 휴대폰 통신 표준을 살펴본다.

예제 1-1 **cdma2000**

cdma2000[Van04]은 분산 스펙트럼 기반의 셀(cellular) 전화를 위해 널리 사용되는 표준이다. 이것은 직접 순차 분산 스펙트럼(direct sequence spread spectrum) 전송을 사용한다. 수신자가 의사 난수 열(pseudorandom sequence)을 알지 못하는 이상, 데이터는 잡음으로 나타난다. 의사 난수 코드가 자신의 신호를 분리할 수 있도록 해 주기 때문에, 여러 라디오가 간섭 없이 같은 주파수 대역을 사용할 수 있다. 좀 더 단순화된 시스템 다이어그램은 다음과 같다.

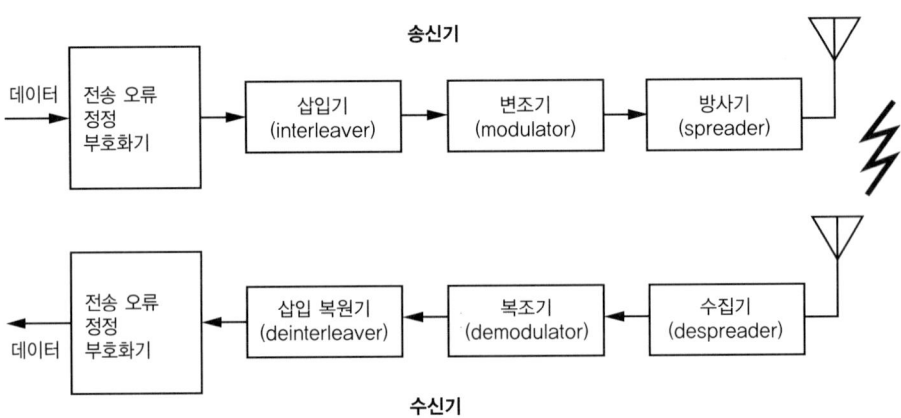

방사기(spreader)는 의사 난수 코드로 데이터를 변조한다. 삽입기(interleaver)는 연속 오류(burst errors)에 좀 더 잘 견디도록 부호화된 데이터 블록들의 순서를 바꾼다. 송신기의 전력은 제어되어서, 수신기에서 모든 신호가 같은 강도를 가지게 된다.

물리적 계층 프로토콜은 데이터 또는 제어를 실어 보내는 일련의 채널을 정의한다. 순방향 채널(forward channel)은 기지국(base station)에서 이동국(mobile station)으로 진행하며, 역방향 채널(reverse channel)은 이동국에서 기지국으로 진행한다. 파일럿 채널(pilot channels)은 CDMA 신호를 획득하고, 위상 정보를 제공하며, 이동국이 채널의 특성을 추정하도록 하는 데 사용된다. 그리고 데이터, 제어, 전력 제어 등을 위해 몇 가지 다른 종류의 채널들이 정의된다.

링크 계층은 매체 액세스 제어(medium access control, MAC)와 신호 링크 액세스 제어(signaling link access control, LAC)를 정의한다. MAC 계층은 논리적 채널들을 물리적 매체로 다중화하고(multiplex), 사용자 트래픽의 신뢰성 있는 전송을 제공하며, 서비스 품질을 관리한다. 또한, LAC 계층은 인증, 무결성, 분할(segmentation), 재결합(reassembly) 등의 다양한 서비스를 제공한다.

예제 1-2에서는 데이터 통신용의 소프트웨어 라디오를 개발하려는 노력의 중요한 결과 한 가지를 설명한다.

예제 1-2 합동 전술 라디오 시스템

합동 전술 라디오 시스템(Joint Tactical Radio System, JTRS)[Joi05; Ree02]은 소프트웨어로 많은 기능을 수행하는, 라디오를 기반으로 한 차세대 통신 시스템을 개발하기 위해 미 국방성에서 제안한 것이다. JTRS 라디오는 보안 통신을 제공하기 위해 설계되었다. 이것은 광범위한 기존의 라디오와 호환될 뿐만 아니라 소프트웨어를 통해 업그레이드가 가능하도록 설계되었다.

하드웨어 아키텍처를 위한 참조 모델은 두 가지 주요 컴포넌트를 가진다. 전단 하부 시스템(front-end subsystem)은 저수준 라디오 기능을 수행하는 반면, 후단 하부 시스템(back-end subsystem)은 고수준 네트워크 기능을 수행한다. 그리고, 전·후단을 연결하는 정보 보안 강화 모듈은 라디오와 네트워크를 서로 보호하는 것을 도와준다.

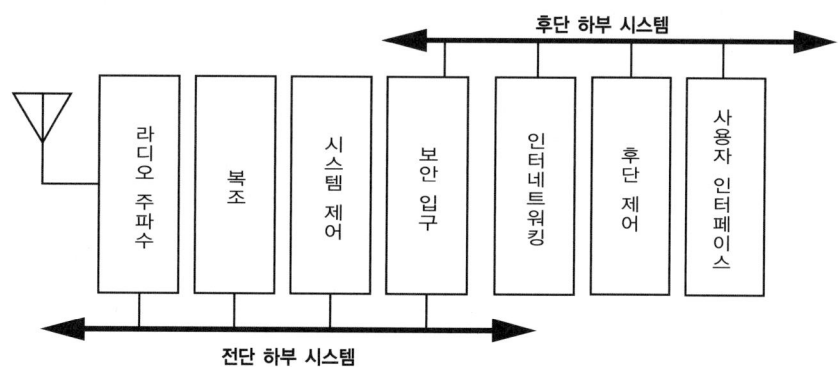

1.2.2 멀티미디어

오늘날 대부분의 멀티미디어 애플리케이션은 압축을 기반으로 한다. 디지털 텔레비전과 라디오 방송, 휴대용 음악, 디지털 카메라는 모두 압축 알고리즘에 의존한다. 이 절에서는 멀티미디어 압축을 위해 개발된 알고리즘 몇 가지를 검토해보기로 한다.

손실 압축과 인식적 부호화

　멀티미디어 압축 방법은 손실이 따른다는 점을 기억해야 한다. 즉, 복원된 신호는 압축하기 전의 원래 신호와 다르다는 것이다. 압축 알고리즘들은 인간의 눈이나 귀로 잘 인식되지 않는 데이터를 버리려고 하는 인식적 부호화(perceptual coding)를 사용한다. 이 알고리즘들은 신호를 효율적으로 부호화하기 위해 인식적 부호화와 함께 무손실 압축도 결합한다.

JPEG 형식의 이미지 압축

　JPEG 표준[ITU92]은 이미지 압축을 위해 널리 사용된다. JPEG에서 사용되는 두 가지 중요한 기술은 인식적 부호화를 수행하는 이산 코사인 변환(discrete cosine transform, DCT)에 양자화(quantization)를 더한 것과, 무손실 부호화를 위한 엔트로피 부호화 형식의 허프만 부호화(Huffman coding)이다. 그림 1-6은 DCT 기반의 이미지 압축을 단순화한 보기이다. 이미지 내의 블록들이 DCT를 사용해서 변환되고, 이 변환된 데이터는 양자화되어서 그 결과로 엔트로피 부호화가 된다.

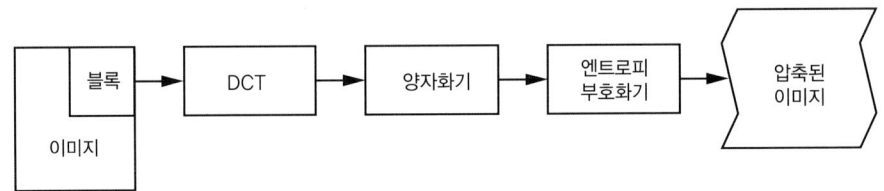

그림 1-6 DCT 기반의 이미지 압축 시스템을 단순화한 보기

　DCT는 계수들이 이미지의 공간적 빈도수를 나타내는 주파수 변환이다. DCT는 이미지를 변환하도록 설계되었으므로 픽셀들의 2차원 집합에 적용되는데, 이것이 1차원 신호에 적용되는 푸리에(Fourier) 변환과 다른 점이다. 그러나 DCT가 다른 2차원 변환들에 비해 확실하게 나은 점은 두 개의 1차원 변환으로 분해되어서 훨씬 계산이 쉽다는 것이다. 값 집합 $u(i)$의 DCT 수식은 다음과 같다.

$$(v)(k) = \sqrt{\frac{2}{N}} C(k) \sum_{1 \leq t \leq N} u(t) \cos\left[\pi(2t+1)\frac{k}{2N}\right] \quad \text{(수식 1-1)}$$

여기서

$$k = 0\text{이면 } C(K) = 2^{-1/2}, \text{ 그렇지 않으면 } C(k) = 1 \quad \text{(수식 1-2)}$$

많은 효율적인 알고리즘들이 DCT를 계산하기 위해 개발되어 왔다.

JPEG은 8×8 블록(blocks)의 픽셀들 상에서 DCT를 수행한다. 이산 코사인 변환 자체는 이미지를 압축하지 않는다. 손실을 추가하고, 무손실 압축이 이들을 더 효율적으로 압축할 수 있는 방식으로 신호를 변경하기 위해 DCT 계수들은 양자화된다. DCT의 낮은 차수의 계수들은 8×8 블록의 큰 모양에 대응되고, 높은 차수의 계수들은 미세한 모양에 대응된다. 양자화는 높은 차수의 계수들을 0으로 바꾸는 데 치중한다. 이것은 일부 미세한 모양은 삭제하지만 0의 긴 열을 만들어서 효율적으로 무손실 압축으로 부호화될 수 있도록 한다.

허프만 부호화(종종 가변 길이 부호화라고 불림)는 무손실 압축 단계를 위한 토대를 형성한다. 그림 1-7에서 볼 수 있듯이, 양자화된 DCT 계수들을 쉽게 허프만 부호화될 수 있는 방식으로 정렬하기 위해 특별한 기법이 사용된다. DCT 계수들은 8×8 행렬로 배열될 수 있다. 좌상단의 0,0 항목은 DC 계수(DC coefficient)라고 불리는데, 이것이 이미지의 DC 구성요소의 최저 해상도를 나타내기 때문이다. 7,7 항목은 가장 높은 차수의 AC 계수이다. 양자화는 높은 차수의 AC 계수들을 0으로 바꾼다. 만약 이 행렬을 행과 열 순으로 이동한다면 0이 아닌 낮은 차수의 계수들과 0이 된 높은 차수의 계수들을 뒤섞게 될 것이다. 그러나 행렬을 지그재그 방식으로 이동함으로써, 낮은 차수에서 높은 차수로 보다 균일하게 이동할 수 있다. 그리고 이것이 효율적으로 부호화할 수 있는 더 긴 0의 열을 만들 수 있다.

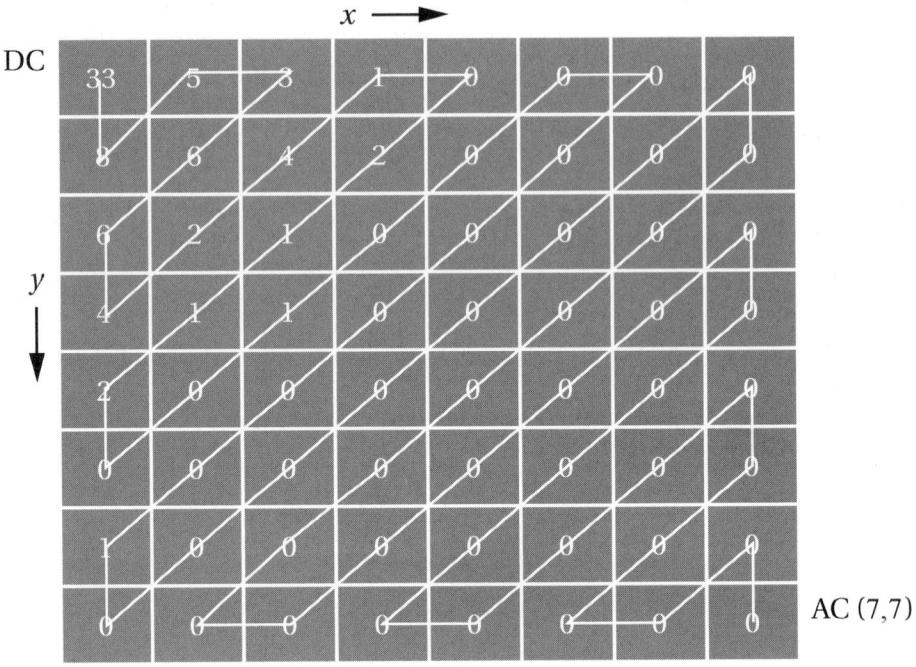

그림 1-7 DCT 계수들을 전달하기 위해 사용되는 지그재그 패턴

JPEG 2000   JPEG 2000 표준은 JPEG 과 호환되지만, 잔물결 압축(wavelet compression)을 추가한다. 잔물결은 블록에 의존하지 않는, 이미지의 계층적 물결 모양을 말한다. 잔물결은 계산적으로는 더 복잡해질 수 있지만, 더 높은 품질의 압축된 이미지를 제공한다.

**비디오 압축
표준들**   두 가지 중요한 비디오 압축 표준 군들이 있는데, 먼저 MPEG 표준 군은 주로 방송 애플리케이션을 위해 개발되었다. 방송 시스템은 비대칭적으로 더 강력하고 비싼 송신기가 수신기를 더 간단하고 값싸질 수 있도록 하는 것이다. H.26x 표준 군은 양쪽에서 부호화와 복호화를 해야 하는 화상회의와 같은 대칭적 애플리케이션을 위해 설계되었다. 이 두 그룹은 두 종류의 애플리케이션들을 모두 다루도록 설계된, 고급 비디오 코덱(Advanced Video Codec, AVC) 또는 H.264로 알려진 합동 표준을 최근에 완성했다. 『IEEE 학회지(Proceedings of the IEEE)』의 한 판이 디지털 텔레비전 특집으로 구성되었다.

다중 스트림   비디오 부호화 표준들은 일반적으로 여러 스트림으로 구성된다고 정의된다. 유용한 비디오 시스템은 오디오 데이터를 포함해야 하며, 텍스트나 다른 데이터도 역시

포함할 수 있다. 압축된 비디오 스트림은 종종 **시스템 스트림**(system stream)으로
표현되는데, 이것은 일련의 시스템 패킷들로 구성된다. 각 시스템 패킷들은 다음과
같은 종류의 데이터를 포함할 수 있다.

- 비디오 데이터

- 오디오 데이터

- 오디오/비디오 이외의 데이터

- 동기화 정보

여러 개의 스트림이 하나의 시스템 스트림으로 결합되므로, 복호화를 위해 스트
림들을 동기화하는 것이 어려울 수 있다. 오디오와 비디오 데이터는 시청자나 청취
자들을 불쾌하게 만들지 않도록 밀접하게 동기화되어야 한다. 자막 서비스와 같은
텍스트 데이터도 프로그램과 함께 동기화될 필요가 있다.

그림 1-8은 MPEG-1 또는 MPEG-2 형식의 부호화기 블록 다이어그램이다
(MPEG-2 표준은 미국 내 디지털 텔레비전 방송의 기초가 된다). 부호화기는 DCT
와 가변 길이 부호화를 사용한다. 이것은 프레임들 사이의 관계를 부호화하기 위해
동작 추정(motion estimation)과 **동작 보상**(motion compensation)을 추가한다.

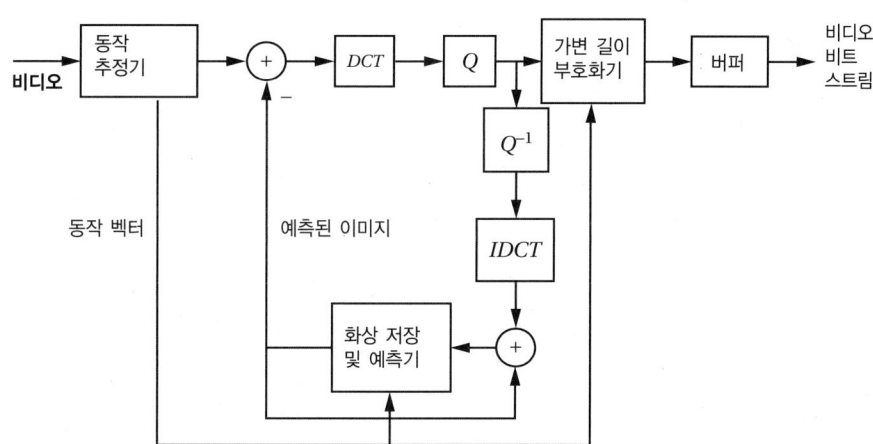

그림 1-8 MPEG-1과 MPEG-2 형식의 비디오 부호화기 구조

동작 추정　　동작 추정은 다른 프레임으로부터 변환된 동작으로 한 프레임이 부호화될 수 있도록 해준다. 동작 추정은 16×16 매크로 블록(macroblocks) 상에서 수행된다. 한 프레임에서 온 매크로 블록이 선택되고, 같거나 가깝게 일치하는 매크로 블록을 찾기 위해 참조 프레임(reference frame) 내의 검색 영역이 검색된다. 각 검색 위치에서 검색 매크로 블록 S와 참조 프레임 내의 선택된 위치에 있는 매크로 블록 R 사이의 차이를 측정하는 데 다음과 같은 절대 편차 합계(sum-of-absolute-differences, SAD) 계산식이 사용된다.

$$SAD = \sum_{0 \leq x \leq 15} \left[\sum_{0 \leq y \leq 15} |S(x, y) - R(x, y)| \right] \qquad \text{(수식 1-3)}$$

가장 작은 SAD를 가진 검색 위치는 S가 참조 프레임 안으로 이동한 위치로 선택된다. 이 위치는 매크로 블록을 위한 **동작 벡터**(motion vector)를 나타낸다(그림 1-9 참고). 압축 복원 과정에서 동작 보상은 이 블록을 동작 벡터가 지정하는 위치로 복사하며, 따라서 시스템이 전체 이미지를 전송하지 않아도 되도록 해준다.

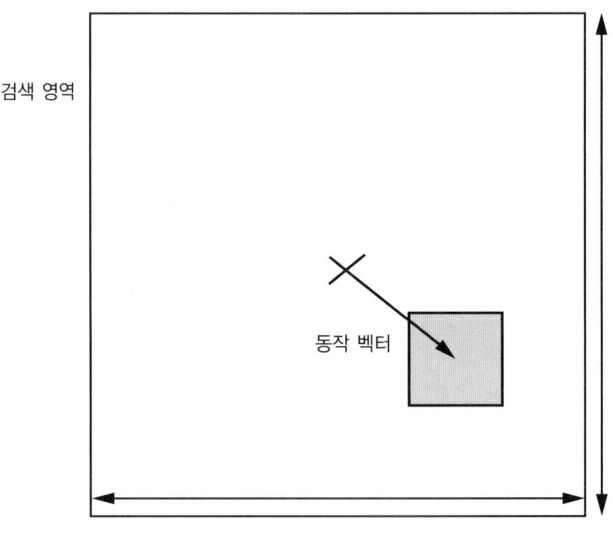

그림 1-9 동작 벡터 내의 동작 추정 결과

오류 신호　　블록의 요소들이 이동할 수 있으므로 동작 추정은 프레임을 완벽하게 예측하지 못하며, 검색은 정확한 일치를 제공하지 못할 수도 있다. 따라서 신호 내의 작은 결함을 정정하기 위해 오류 신호도 전송된다. 수신기에 나타날 손실 압축된 신호의 비압축 버전을 생성하기 위해 역 DCT와 피드백에서의 화상 저장 예측기가 사용된다. 오류 신호를 생성하기 위해 이 재구성이 사용되는 것이다.

오디오 압축   디지털 오디오 압축도 역시 손실 및 무손실 부호화의 조합을 사용한다. 그러나 뇌의 청각 부분은 시각 부분보다 더 잘 파악되기 때문에 더 정교한 인식적 부호화 접근법이 가능하다.

오디오 부호화하기   그동안 많은 오디오 부호화 표준들이 개발되어 왔다. 오디오 압축에서 가장 잘 알려진 이름은 MP3이다. 이것은 MPEG-1 오디오 계층 3의 별명으로, MPEG-1을 위해 개발된 오디오 압축의 세 가지 수준 중에서 가장 정교한 것이다. 그러나 미국 HDTV 방송은 (MPEG-2 시스템과 비디오 스트림을 사용하기는 하지만) 돌비 디지털(Dolby Digital)에 기초한다. 많은 공개 소스 오디오 코덱들이 개발되었는데, 한 가지 인기 있는 예는 오그 보비스(Ogg Vorbis)이다.

그림 1-10에서 볼 수 있듯이, MPEG-1 오디오 부호화기(audio encoder)는 네 개의 주요 구성요소를 가진다[ISO93]. 매핑기(mapper)는 입력 오디오 샘플을 필터링하고 샘플링한다. 양자화기는 하부 대역들(subbands)을 부호화하고 비트들을 여러 하부 대역들에 할당한다. 매개변수들은 신경 청각 모델에 의해 조정되는데, 이것은 잘 들리지 않는 현상을 찾아서 제거할 수 있다. 프레임기(framer)는 최종 비트 스트림을 생성한다.

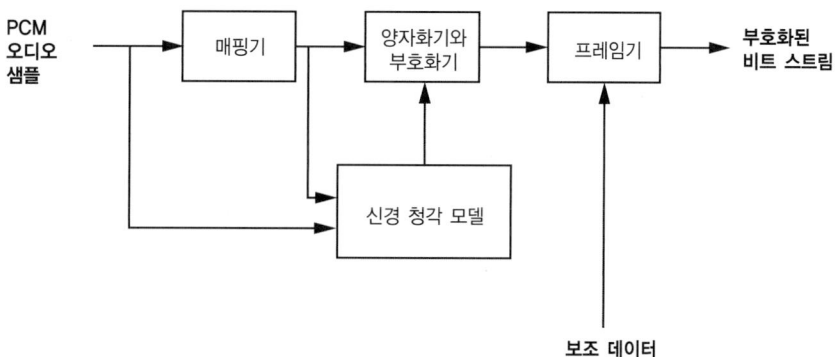

그림 1-10 MPEG-1 오디오 부호화기의 구조

1.2.3 자동차 제어와 동작

실시간 자동차 제어는 임베디드 컴퓨팅의 주요 응용 분야 중 하나이다. 자동차나 비행기와 같은 기계 장치는 수송 수단 주위에 물리적으로 분산된 제어 시스템을 필요로 한다. 따라서 자동차 전자 장비와 항공 전자 장비를 위한 실시간 분산 제어의 필요성을 충족시키기 위해 네트워크가 특수하게 설계되어 왔다.

안전 필수 시스템

수송 수단을 위한 제어 시스템 설계에 요구되는 기본적인 사항은 이것이 안전 필수 시스템(safety-critical system)이라는 것이다. 이것은 구성요소의 실패, 설계의 결함 등 어떤 종류의 오류도 사람을 다치게 하거나 죽일 수 있기 때문이다. 이 시스템들은 주의 깊게 검증되어야 할 뿐만 아니라, 확실한 특성을 보장하도록 구축되어야 한다.

마이크로 프로세서와 자동차

그림 1-11에서 볼 수 있듯이, 최근 자동차들은 많은 전자 장치들을 사용한대[Lee 02b]. 오늘날 싼 자동차에는 40여 개의 마이크로프로세서가 들어있고, 고급 차에는 100여 개의 마이크로프로세서가 들어있다. 이 장치들은 일반적으로 여러 개의 네트워크들로 구성된다. 엔진 및 브레이크 제어와 같은 핵심적인 제어 시스템은 하나의 네트워크에 들어있지만, 오락 장치와 같은 덜 중요한 기능들은 다른 네트워크에 들어있다.

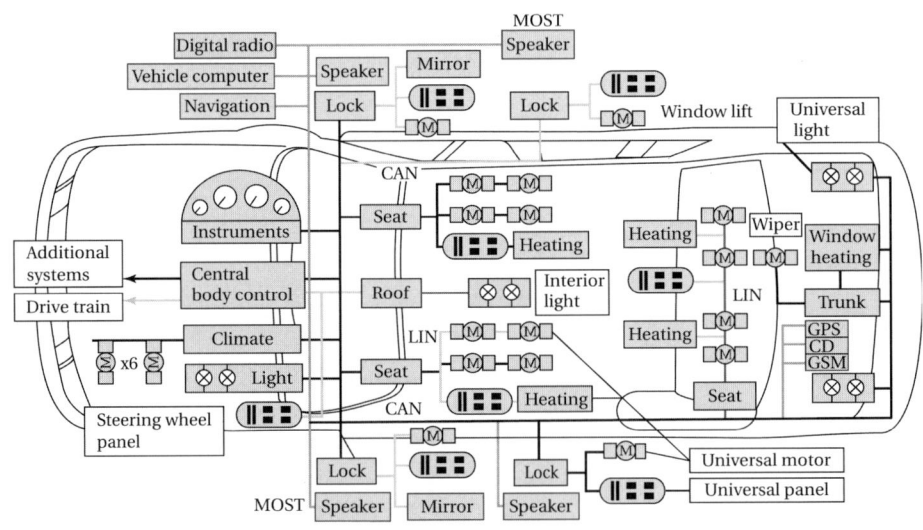

CAN : 계측 제어기 통신망(Controller Area Network)
GPS : 위성 위치 확인 시스템(Global Positioning System)
GSM : 이동 통신 세계화 시스템(Global System for Mobile Communications)
LIN : 지역 상호접속 네트워크(Local Interconnect Network)
MOST : 차량 네트워크 시스템(Media-Oriented Systems Transport)

그림 1-11 최근 자동차의 전자 장치들(출처 : Lee[Lee02b] © 2002 IEEE)

전선 뭉치와 네트워크

디지털 전자장비가 등장할 때까지 자동차는 전선 뭉치(harnesses)로 된 점 대 점 배선을 사용했다. 이 장치들을 공유 네트워크로 연결하면 15Kg 이상 크게 무게가 줄어든다[Lee02b]. 네트워크는 네트워크 액세스 하드웨어와 소프트웨어를 포함하는 보다 복잡한 장치들을 필요로 하지만 이 비용은 상대적으로 적으며, 무어의 법칙(Moore's Law) 덕분에 시간이 지날수록 더 줄어든다.

특수한 자동차 네트워크

그런데 실시간 제어를 위해서 왜 범용 네트워크를 사용하지 않을까? 특수한 자동차 네트워크를 구축하는 이유를 네트워크 스택의 여러 추상화 수준에서 찾을 수 있다. 한 가지 이유는 전기적인 것인데, 자동차 네트워크는 매우 열악한 환경에서도 신뢰성 있는 신호처리를 필요로 하기 때문이다. 자동차 엔진의 점화 시스템은 상당한 양의 전자기적 간섭을 발생시키며, 이것은 많은 네트워크를 쓸모없게 만들 수 있다. 또한 자동차는 폭 넓은 온도 범위에서도 작동되어야 하며, 많은 양의 습기에도 견뎌야 한다.

가장 중요한 것은 실시간 제어는 네트워크로부터 보장된 처리를 요구한다는 것이다. 많은 통신 네트워크는 엄격한 실시간 요구사항을 제공하지 않는다. 통신 시스템은 또 지연에 대해서 제어 시스템보다는 더 관대하다. 네트워크가 수백 밀리초 또는 심지어 수초 동안의 전송 지연을 야기할 때도 데이터나 음성 통신은 유용한 반면, 실시간 제어 시스템에서의 긴 지연은 쉽게 재앙을 초래할 수 있다. 또한 자동차 네트워크는 통신 네트워크에 적용되지 않을 제한된 전력으로 작동해야 한다.

항공 전자장비

자동차 전자장비와 병행해서 개발된 항공 전자장비 시스템은 이제 관심을 모으기 시작했다. 항공 전자 장비(avionics)는 정부 기관(미국에서 비행기는 연방항공청(Federal Aviation Administration, FAA)에서 인증을 받는다)에서 사용 인증을 받아야 하는데, 이것은 항공기를 위한 장치들이 거의 항공기 전용으로 설계된다는 것을 의미한다. 항공기 시스템들이 인증을 받는다는 사실은 비행기 조종 익면(예를 들어 보조 날개, 방향타, 승강타)의 작동과 같은 핵심적인 처리에 전자 장비를 더 쉽게 이용할 수 있도록 했다는 것이다. 비행기 조종실도 역시 고도로 자동화된다. 일부 비행기는 승객들에게 인터넷 액세스를 이미 제공하고 있으며, 앞으로 10년 후에는 이런 서비스가 자동차에도 일반화되리라고 본다.

유선-X (X-by-wire)

제어 시스템들은 피드백과 반작용을 구현하기 위해 전통적으로 기계역학이나 수리학(水理學, hydraulics)에 의존해 왔다. 마이크로프로세서는 단지 감지하고 조작하는 것뿐만 아니라 제어 법칙을 구현하는 데도 하드웨어와 소프트웨어를 사용하도록 해준다. 일반적으로 제어기는 제어되는 장치에 물리적으로 떨어져 있을 수도 있고, 여러 개의 장치들을 작동하거나, 위험한 처리 영역으로부터 물리적으로 차단될 수도 있다. 핵심적인 기능을 가진 전자 제어는 그 기법이 유선 비행(fly-by-wire)으로 알려진 것으로, 비행기에서 처음으로 수행되었다. 네트워크를 통해 수행되는 제어 처리는 유선-X(X-by-wire)라고 불리는데, 여기서 X는 브레이크, 핸들 등이 될 수 있다.

비제어 용도 지금은 텔레비전 시스템, 네비게이션 시스템, 인터넷 액세스와 같은 강력한 임베디드 장치들이 자동차에 소개되고 있다. 이 장치들은 실시간 제어를 수행하지는 않지만 스트리밍 데이터를 위해 대량의 대역폭을 소비하고 실시간 서비스를 요구하기도 한다. 자동차 내에서 전송되는 데이터의 양은 점점 증가할 것이므로, 자동차 네트워크는 미래에도 견딜 수 있도록 오늘날 우리가 보는 것보다 훨씬 많은 부하를 다룰 수 있도록 설계되어야 한다.

일반적으로, 수송 수단 내의 네트워크의 용도를 다음과 같은 축을 기준으로 몇 가지 범주로 나눌 수 있다.

- **운전자와 승객** : 수송 수단 네트워크에서 가장 기본적인 구분이다. 승객은 오락, 정보 등 다양한 목적을 위해 네트워크를 사용하고 싶어한다. 그러나 승객의 네트워크는 수송 수단을 운전하거나 조종하는 데 필요한 기본적인 제어 기능들을 방해해서는 안 된다.

- **제어와 계측** : 수송 수단의 작동은 광범위한 장치들에 의존한다. 자동차의 핸들, 브레이크, 조절판(throttle)이나 비행기의 조종 익면과 조절판과 같은 기본 제어 기능은 작동 지연이 아주 작아야 하고, 완벽한 신뢰성을 제공해야 한다. 반면 운전자가 사용하는 다른 기능들은 덜 중요하다. 비행기 내의 계측은 비행 중의 기상 조건을 위해 극히 중요하지만, 조종사는 일반적으로 비행기를 제어하는 데 필요한 최소한의 계측기를 알고 있다. 자동차는 일반적으로 계측에 주의를 덜 기울인다. 계측은 매우 중요하지만, 제어 시스템의 작동을 보호하기 위해 이것을 기본 제어와 분리할 수 있다.

1.2.4 센서 네트워크

센서 네트워크는 데이터를 포착하고 처리하기 위해 설계된 분산 시스템이다. 이것은 서버와의 사이에 데이터를 전송하기 위해 일반적으로 라디오 링크를 사용한다.

센서 네트워크는 빌딩, 장치 또는 사람을 모니터링하는 데 사용될 수 있다.

임시(ad hoc) 컴퓨팅

센서 네트워크 설계의 핵심적인 측면은 임시 네트워크(ad hoc networks)를 사용한다는 것이다. 센서 네트워크는 다양한 구성으로 적용될 수 있고, 노드들은 언제든지 추가되거나 제거될 수 있다. 결과적으로, 센서 네트워크 및 그 노드 상에서 실행되는 애플리케이션은 모두 그 구성이 동적으로 결정되고, 그 네트워크 구성 하에서 작동하기 위해 필요한 절차를 취하도록 설계되어야 한다.

예를 들어, 데이터가 서버로 전송될 때 노드는 이 데이터가 서버로 도달할 경로를 미리 알 수 없다. 네트워크에 도달하기 위해, 데이터가 노드에서 노드로 전송되도록 노드들은 다중 도약 경로 배정(multihop routing) 서비스를 제공해야 한다. 그러나 모든 노드가 라디오 범위 내에 있지 않기 때문에 문제가 대두되며, 네트워크의 토폴로지를 결정하기 위해 네트워크의 작용과 계산이 고려되어야 할 것이다.

예제 1-3과 1-4는 센서 네트워크 노드와 그 운영체제를, 예제 1-5는 센서 네트워크의 애플리케이션 한 가지를 설명한다.

예제 1-3

인텔 모트[2] 센서 노드

통신 링크로 802.15.4 라디오(칩콘(ChipCon) 2420 라디오)를 사용하는 인텔 모트[2](mote[2])는 3세대 센서 네트워크 노드이다.

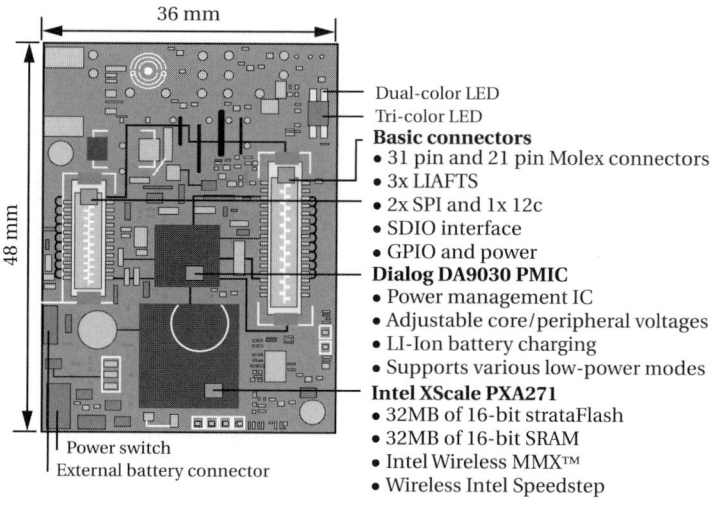

출처 : 인텔 제공

안테나는 기판에 내장되어 있다. 기판의 각 가장자리에는 센서 장치들을 위한 한 쌍의 커넥터가 있는데, 한 쪽은 기본 장치를, 나머지 한 쪽은 고급 장치를 위한 것이다. 완전한 시스템을 구축하기 위해 이 커넥터들을 이용하여 몇 장의 기판을 포갤 수 있다.

기판 상의 프로세서는 인텔 엑스스케일(XScale)이다. 이 프로세서는 낮은 전압과 주파수(0.85V 와 15MHz)에서 작동할 수 있으며, 최고 동작 전압에서는 416 MHz 까지 실행할 수 있다. 이 기판은 4 개의 뱅크에 265MB 의 SRAM 을 포함한다.

예제 1-4 ## 타이니 OS(TinyOS)와 네스 C(nesC)

타이니 OS(http://www.tinyos.net)는 센서 네트워크를 위한 운영체제이다. 이것은 200 바이트 메모리만을 사용하는 작은 플랫폼 상에서 네트워크와 장치들을 지원하기 위해 설계되었다.

타이니 OS 코드는 네스 C 라고 불리는 새로운 언어로 작성되었다. 이 언어는 작업과 하드웨어 이벤트 처리기에 기초한 타이니 OS 의 동시 실행 모델을 지원한다. 네스 C 컴파일러는 컴파일 시간에 데이터 경쟁(data races)을 감지한다. 네스 C 프로그램은 이벤트(events)라고 불리는 일련의 함수들을 포함한다. 또한 프로그램을 구현하는 것을 도와주는 명령어(commands)라 불리는 함수들도 포함할 수 있는데, 다른 컴포넌트는 프로그램을 호출하기 위해 이벤트를 사용한다. 일련의 컴포넌트들은 배선(wiring)이라 불리는 인터페이스 연결을 사용하여 하나의 시스템으로 조립될 수 있다.

타이니 OS 는 두 개의 스레드를 사용하여 단지 하나의 프로그램만 실행하는데, 하나는 작업을 포함하고, 다른 하나는 하드웨어 이벤트 처리기(hardware event handlers)를 포함한다. 작업은 타이니 OS 에 의해 스케줄링되고 완료될 때까지 실행되며, 서로 선점(preempt)하지 않는다. 하드웨어 이벤트 처리기는 하드웨어 인터럽트에 의해 시동된다. 이것은 작업 또는 다른 처리기를 선점할 수 있고, 완료될 때까지 실행할 수도 있다.

센서 노드 라디오는 시스템 내의 한 장치이다. 타이니 OS 는 다중 도약 통신을 포함하는 패킷 기반의 통신을 위한 코드를 포함한다.

| 예제 1-5 | **제브라넷(ZebraNet)** |

제브라넷[Jua02]은 야생 제브라(역주 : 얼룩말과 당나귀의 신품종)의 동작을 기록하기 위해 설계되었다. 각 제브라는 GPS 항법 시스템, 네트워크 라디오, 프로세서, 전력 공급을 위한 태양전지 등을 갖춘 목걸이를 찬다. 프로세서는 주기적으로 GPS 위치를 읽고 기판 상의 메모리에 이것을 저장한다. 이 목걸이는 매 3분마다 제브라가 햇빛 또는 그늘에 있는지에 관한 정보를 포함한 위치를 읽는다. 매 시간 3분 동안 목걸이는 제브라의 속도를 파악하기 위해 자세한 정보를 파악한다. 이로써, 제브라 한 마리 당 하루에 약 6KB의 데이터가 생성된다.

다음 실험은 라디오 전송보다 연산을 통해 전력소모를 더 줄일 수 있다는 것을 보여준다.

동작	3.6V에서의 전류
휴지기	$\langle 1$ mA
GPS 위치 샘플링 및 CPU/저장소	177 mA
기지국 찾기	432 mA
데이터를 기지국으로 전송	1622 mA

따라서 라디오 에너지의 보존은 극히 중요한 문제이다. 제브라로부터 나오는 데이터는 생물학자들이 초원으로 나갔을 때만 간헐적으로 읽힌다. 그들은 유지하기 어려운 영구적인 기지국을 건설하고 싶어하지 않는 대신, 네트워크로부터 데이터를 읽는 노드를 지참한다.

제브라는 넓은 지역을 이동하므로, 이들 모두가 기지국의 범위 안에 있지는 않으며, 만약 있다면 어떤 제브라가 있을지를 예측하는 것도 불가능하다. 결과적으로, 제브라넷 노드들은 네트워크를 통해 데이터를 복제해야만 한다. 제브라가 서로의 범위 내에 들어오면, 노드들은 그들의 위치 데이터를 서로에게 전송한다. 제브라가 기지국의 범위 내에 들어오면, 기지국은 모든 제브라의 데이터(다른 제브라들로부터 수집한 데이터를 포함해서)를 읽는다.

제브라넷 그룹은 두 가지 데이터 전송 프로토콜들로 실험했다. 한 가지 프로토콜인 범람(flooding)은 모든 데이터를 모든 가용 노드로 보낸다. 또 한 가지 이력 기반의(history-based) 프로토콜은 어떤 동료가 기지로 데이터를 전달하는 데 가장 좋은 과거 이력을 가졌는지에 기초하여, 데이터를 보낼 동료를 선택한다. 범람은 좁은 범위의 라디오에서 대부분의 데이터를 전달했지만, 이력 기반의 프로토콜은 넓은 범위의 라디오에서 대부분의 데이터를 전달했음을 시뮬레이션에서 보여주었다. 그러나 범람은 이력 기반의 경로 배정보다 훨씬 더 많은 에너지를 소모했다.

1.3 설계 목표

임베디드 시스템을 설계하고자 하는 응용 분야가 주어졌을 때, 우리는 이 프로젝트를 위한 구체적인 목표를 결정하고 그 타당성을 검토해야 한다. 애플리케이션은 기본적인 기능적 요구사항(functional requirements)을 결정한다. 비기능적 요구사항(nonfunctional requirements)도 결정해야 하는데, 그 일부는 애플리케이션에서 직접 나오고 일부는 마케팅과 같은 다른 요인에서 나온다. 임베디드 시스템 설계 프로젝트는 여러 가지 목표를 가질 수 있는데 이들 중 어떤 것은 측정 가능하고, 어떤 것은 그렇지 않다.

성능의 다양성
디지털 시스템 설계의 몇 가지 핵심적인 측정 기준은 정확하게 측정 및 예측될 수 있다. 첫째는 성능(performance)인데, 이것으로 우리는 속도 특성을 나타낼 수 있다(모든 분야에서는 선호하는 측정 기준(이미지 품질, 패킷 손실 등)에 대해서 '성능'이라는 이름을 많이 사용한다). 그러나 성능은 다음과 같이 여러 다른 방법으로 측정될 수 있다.

- 평균 성능 대 최악 경우(worst-case) 또는 최선 경우(best-case) 성능

- 처리량(throughput) 대 지연 시간(latency)

- 최고값(peak) 대 지속값(sustained)

에너지/전력
에너지 및 전력 소모(energy and/or power consumption)는 많은 임베디드 시스템에서 중요한 측정 기준이 된다. 에너지 소모는 배터리 수명에 특히 중요하며, 전력 소모는 열 발생에 영향을 미친다.

비용
시스템의 금전적 비용은 분명히 많은 사람들의 관심을 끈다. 비용은 여러 가지 방법으로 측정될 수 있다. 제조 비용(manufacturing cost)은 구성 요소의 비용과 제조 작업에 사용되는 비용에 의해 결정된다. 설계 비용(design cost)은 인건비와 설

계자를 지원하는 데 사용되는 장비에 의해 결정된다(대규모 칩을 설계하기 위한 서버 군(server farm)과 CAD 도구는 수백만 달러가 필요하다). 생명주기 비용(lifetime cost)은 소프트웨어와 하드웨어의 유지·보수와 업그레이드를 고려하여 산정한다.

설계 시간 시스템을 설계하기 위해 필요한 시간도 중요할 수 있다. 설계 작업을 끝내는 데 너무 많은 시간이 걸린다면 이 제품은 목표로 하는 시장을 놓칠 수 있다. 예를 들어, 계산기는 개학 시기까지 준비되어야 하는 것이다.

신뢰성 각기 다른 시장은 신뢰성에 대해서 서로 다른 가치를 부여한다. 일부 가전 시장에서는 고객들이 제품을 오래 사용하리라고 생각하지 않는다. 이와는 대조적으로, 자동차는 오래 사용해도 안전하도록 설계되어야 한다.

품질 품질은 중요하지만 정의하거나 측정하기 어려울 수 있다. 어떤 시장에서는 이것이 신뢰성과 연관된다. 다른 시장에서는(예를 들어 가전제품) 사용자 인터페이스 설계와 같은 요소가 품질과 연관될 수 있다.

1.4 설계 방법론

설계 반복성 설계 방법론은 VLSI 설계에서는 전통적으로 중요했지만, 범용 컴퓨터 아키텍처에서는 그렇지 않았다. 다른 많은 칩들이 설계되었고 방법론은 설계 절차를 성문화시켰다. 그러나 컴퓨터 아키텍처는 전통적으로 방법론과 무관한, 창조적 분야로 취급되어·왔다.

임베디드 컴퓨팅에서는 상황이 바뀐다. 기발한 임베디드 시스템을 설계할 때는 창조가 유용하고 중요하지만, 반복성과 설계 시간도 중요하다. 고성능 임베디드 플랫폼은 이종 다중 프로세서들(heterogeneous multiprocessors)이긴 하지만, 매년 범용 프로세서보다 훨씬 더 많이 설계된다. 결과적으로, 우리는 설계 절차를 이해하고 문서화할 필요가 있다. 새 프로젝트에 착수할 때 그 프로젝트를 완료하는 데 필요한 시간과 자원을 예측할 수 있어야 한다. 방법론을 더 잘 이해할수록 설계 비용을 더 잘 예측할 수 있다.

합성과 시뮬레이션 설계 방법론은 단순히 하나의 추상화가 아니라 사용할 수 있는 도구와 자원들로 정의되어야 한다. 이 때문에 고성능 임베디드 시스템의 설계자들은 많은 어려움에 직면하는데, 그 중 일부는 다음과 같다.

- 설계 공간이 크고 불규칙하다. 설계 작업에서 여러 중요한 절차들을 위한 적절한 합성 도구들을 가지고 있지 않다. 결과적으로, 설계자들은 많은 설계 단계에서 분석과 시뮬레이션에 의존해야 한다.

- 모든 것을 극히 세밀하게 시뮬레이션할 수는 없다. 시뮬레이션은 시간을 소요할 뿐만 아니라, 대규모의 시뮬레이션을 실행하는 데 필요한 서버 군의 비용은 전체 설계 비용의 상당한 비중을 차지하기 때문이다. 특히 대규모의 애플리케이션을 검증하는 데 필요한, 대규모의 데이터 집합을 위한 전체 설계의 사이클 정확(cycle-accurate) 시뮬레이션은 실행이 불가능하다.

- 시뮬레이터(simulators)를 신속히 개발할 필요가 있다. 시뮬레이터는 애플리케이션 특유의 설계 구조를 반영해야 한다. 시스템 설계사(architects)는 애플리케이션 특유의 시뮬레이터를 구축하는 데 도움이 되는 도구를 필요로 한다.

- 칩 상의 시스템을 위한 소프트웨어 개발자들은 하드웨어가 완성되기 전에 소프트웨어를 작성하고 검토할 수 있어야 한다. 이들은 기능뿐만 아니라 성능과 전력도 역시 평가할 필요가 있다.

시스템 설계자에게는 이종 아키텍처를 빠르고 신뢰성 있게 구축하는 것을 도와줄 도구가 필요하다. 이들은 몇 가지 다른 종류의 프로세서를 통합하는 데 도움이 될 도구가 필요하고, 네트워크나 메모리, 처리 요소로부터 다중 프로세서를 구축하는 데 도움이 될 도구가 필요하다.

설계 생산성 격차　그림 1-12는 세마테크(Sematech)에서 1990년대 중반에 추정한, 시대 변천에 따른 설계 복잡도와 설계자 생산성의 증가를 보여준다. 설계 복잡도는 기본적으로 무어의 법칙(Moore's law)에 의해 추정되는데, 칩당 트랜지스터 수가 매년 58%씩 증가하는 것으로 예측한다. 그러나 세마테크는 설계자 생산성이 매년 21% 증가하는 데 그쳐 왔고 앞으로도 그럴 것이라고 예측한다. 결과적으로 제조 가능한 칩과 설계할 수 있는 칩 사이에 격차가 점점 더 늘어나게 된다. 임베디드 컴퓨팅은 설계자 생산성 문제에 대한 한 가지 부분적인 해답이 되는데, 일부 설계 작업을 소프트웨어로 이전시키기 때문이다. 그러나 플랫폼들을 설계하고 여기에 유용한 소프트웨어를 올리기 위해서는 역시 임베디드 컴퓨팅 시스템을 위한 개선된 방법론을 필요로 한다.

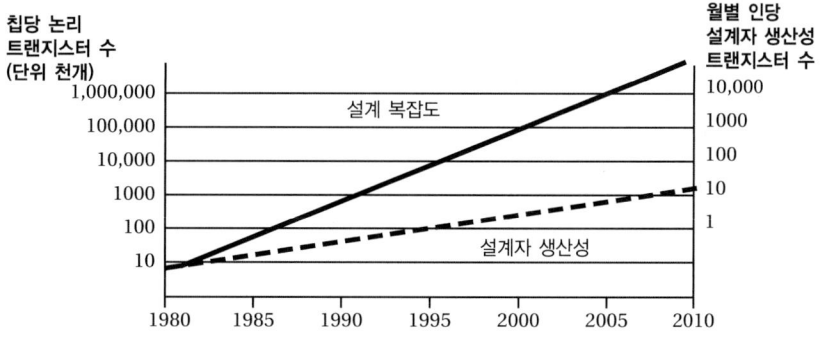

그림 1-12 설계 복잡도와 설계자 생산성 동향

1.4.1 기본 설계 방법론

컴퓨터 시스템을 위한 설계 방법론에 관한 초기 문헌들의 대부분은 소프트웨어를 다루지만, 하드웨어 설계는 합성과 시뮬레이션 도구들을 더 많이 사용하기 때문에 하드웨어 방법론은 보다 다양한 도구들을 사용하는 경향이 있다. 이상적인 임베디드 시스템 방법론은 하드웨어와 소프트웨어의 모든 전통을 가장 잘 사용하는 것이다.

폭포수
소프트웨어 개발
 소프트웨어 개발을 위한 최초의 모델은 그림 1-13과 같은 **폭포수 모델**(waterfall model)이다. 폭포수 모델은 요구사항(requirements), 명세서(specification), 아키텍처(architecture), 코딩(coding), 유지·보수(maintenance)라는 다섯 개의 주요 단계로 나뉜다. 소프트웨어는 이 단계들을 거쳐 연속적으로 정제되는데, 유지·보수는 소프트웨어 납품과 후속 업데이트 및 수정을 포함한다. 설계를 개선하기 위해 어떤 정보는 한 단계에서 이전 단계로 거슬러 올라갈 수는 있지만, 이 방법론에서 대부분의 정보는 하향식으로(추상적인 단계로부터 더 구체적인 단계로) 흐른다. 설계 정보의 일반적인 흐름이 추상화 수준의 아래쪽을 향하기 때문에 폭포수 모델이란 이름을 얻게 되었다. 폭포수 모델은 소프트웨어 개발의 기본적인 절차를 성문화했다는 점에서 중요하지만, 구체적인 설계로부터 더 추상적인 단계들을 개선하기 위해 정보를 역방향으로 흐르게 하는 것이 한정적이라는 점이 소프트웨어 설계 절차에서는 비현실적이고, 이상적인 방법론으로는 바람직하지 못하다는 것을 연구자들은 곧 깨달았다. 실제로 설계자들은 설계 절차로부터의 경험을 사용하기 위해 되돌아가거나 이전의 결정을 재고하고, 일부 작업을 다시 수행할 수 있어야 한다.

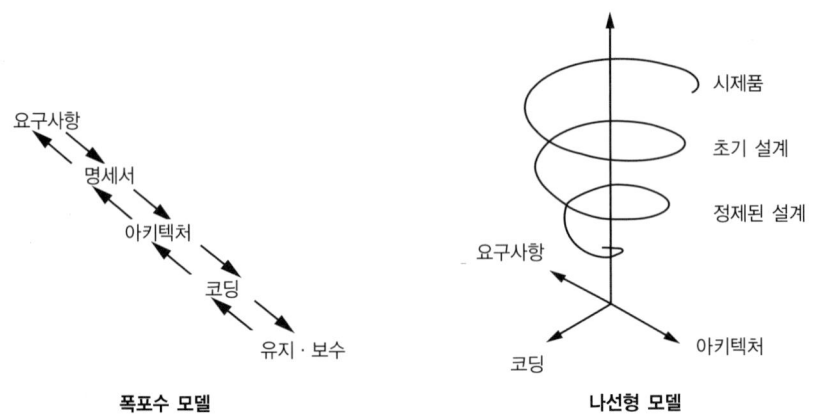

그림 1-13   소프트웨어 개발의 두 가지 초기 모델

나선형
소프트웨어 개발

역시 그림 1-13에 보인 나선형 모델(spiral model)은 폭포수 모델의 반작용이자 정제였다. 이 모델은 여러 버전의(각각 이전 것보다는 나은) 시스템이 만들어지는 반복적인 작업으로 소프트웨어 설계를 구상한다. 각 단계에서 설계자는 요구사항(requirements), 아키텍처(architecture), 코딩(coding) 사이클을 거친다. 한 사이클의 결과는 개발의 다음 라운드에서 결정을 내릴 수 있도록 안내한다. 한 단계에서의 경험은 다음 단계에서 더 나은 설계를 만드는 데 도움을 줄 뿐 아니라, 설계 팀이 개선된 설계를 더 빨리 만들도록 해 준다.

하드웨어 설계
방법론

그림 1-14는 많은 VLSI 설계에서 사용되는 하드웨어 설계 흐름의 단순화된 버전을 보여준다. 최근의 하드웨어 설계는 검색 기반의 합성(search-based synthesis) 알고리즘 및 모델과 추정 알고리즘과 같은, 소프트웨어 설계에서는 자주 보이지 않는 여러 기법들을 광범위하게 사용한다. 하드웨어 설계는 또 전통적인 소프트웨어 설계보다 더 구체적인 설계 측정 기준을 가지고 있다. 하드웨어 설계는 엄격한 사이클 시간 요구사항, 전력 예산, 그리고 공간 비용을 충족시켜야 한다. 이 그림에서 추상화의 낮은 수준에서 높은 수준으로 거슬러 흐르는 설계 흐름을 보이지는 않았지만, 대부분의 설계 흐름은 그런 반복적인 설계를 허용한다.

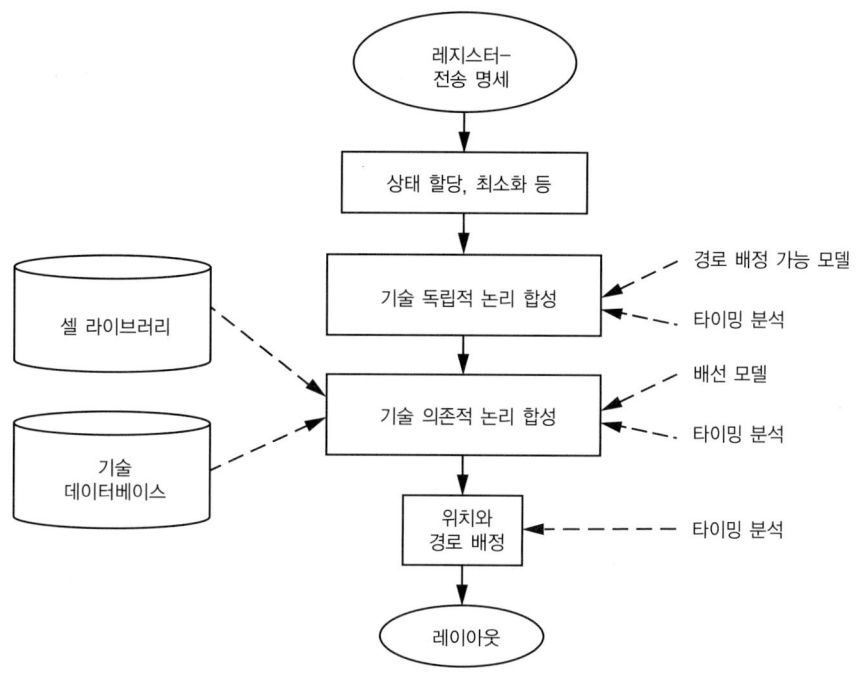

레지스터-
전송 명세

상태 할당, 최소화 등

기술 독립적 논리 합성

경로 배정 가능 모델

타이밍 분석

셀 라이브러리

기술
데이터베이스

기술 의존적 논리 합성

배선 모델

타이밍 분석

위치와
경로 배정

타이밍 분석

레이아웃

그림 1-14 디지털 합성 설계 흐름

    최근 하드웨어 합성은 많은 종류의 모델을 사용한다. 그림 1-14에서 셀 라이브러리(cell library)는 논리 게이트와 레지스터를 위해 사용되는 셀을 기술한다(구체적으로는 레이아웃 요소에 의해, 그리고 추상적으로는 지연 시간, 영역 등에 의해). 기술 데이터베이스(technology database)는 배선 특성과 같은, 셀과 직접 연관이 없는 데이터를 파악한다. 이 데이터베이스는 일반적으로 테이블 형태로 정적인 데이터를 보관한다. 모델을 검증하기 위해 알고리즘도 역시 사용된다. 예를 들어, 배선이 완료되기 전에 레이아웃 내의 배선 특성을 추정하기 위해 몇 가지 종류의 배선 가능성(wirability) 모델이 사용된다. 타이밍과 전력 모델은 설계의 모든 세부 사항이 알려지기 전에 성능과 전력 소모를 평가한다. 예를 들어, 타이밍과 전력은 정확한 배선에 의존하기는 하지만, 개발이 완료되기 전에 타이밍과 전력을 추정하기 위해 배선 길이 추정이 사용될 수 있다. 훌륭한 추정기(estimators)는 설계 반복을 국지화하는 데 도움이 된다. 이 도구들은 훌륭한 설계를 찾기 위해 설계 공간을 검색할 수 있지만, 주어진 추상화 수준 내에서의 모델에 기초하여 작업을 수행한다. 효율적인 발견적(heuristic) 검색과 결합된 훌륭한 모델은 되돌아가거나 설계 결과를 폐기하는 것을 최소화해준다.

1.4.2 임베디드 시스템의 설계 흐름

임베디드 컴퓨팅 시스템은 서로 밀접하게 작동해야 하는 하드웨어와 소프트웨어 컴포넌트들을 결합한다. 임베디드 시스템 설계자는 시스템 기능의 일부를 소프트웨어로 구현할 수 있도록 설계 방법론을 발전시켜 왔다.

공동 설계 흐름 하드웨어/소프트웨어 공동 설계의 초기 연구자들은 동시 설계의 중요성을 강조했다. 일단 시스템 아키텍처가 정의되면 하드웨어와 소프트웨어 컴포넌트들은 비교적 독립적으로 설계될 수 있다. 공동 설계의 목표는 나중의 구현 단계에서 독립적으로 수행될 수 있도록 적절한 구조적인 결정을 내리는 것이다. 실시간 성능과 전력 소모와 같은 엄격한 기준을 충족시켜야 하므로, 훌륭한 구조적인 결정은 적절한 분석 방법을 필요로 한다.

그림 1-15 는 일반적인 공동 설계 방법론을 나타낸다. 실행 명세가 주어지면 대부분의 방법론은 병렬성 기회를 결정하기 위해 초기 시스템 분석을 수행하고, 아마도 이 명세를 프로세스들로 분해할 것이다. 하드웨어/소프트웨어 분할(hardware/software partitioning)은 어떤 처리는 하드웨어로 직접 수행되고, 나머지는 프로그래밍 가능한 플랫폼 상에서 실행되는 소프트웨어로 수행되는 아키텍처를 선택한다. 하드웨어/소프트웨어 분할은 독립적으로 수행될 수 있는 모듈 설계들을 생성한다. 이 모듈들은 그 후 결합되고, 성능 및 전력 소모를 위해 테스트되고, 최종 시스템을 만들기 위해 디버깅된다.

플랫폼 기반의 설계 플랫폼 기반의 설계(platform-based design)는 칩 상의 시스템을 사용하는 일반적인 접근법이다. 플랫폼은 여러 고객들이 같은 기본 플랫폼을 다른 제품으로 개인화하도록 허용한다. 플랫폼은 어떤 기본적인 기능은 반드시 지원되어야 하지만 다른 기능들은 다른 제품들로 개인화되어야(customized) 하는, 표준 기반의 시장에서 특히 유용하다.

두 단계 처리 그림 1-16 에서 볼 수 있듯이, 플랫폼 기반의 설계는 두 단계로 처리된다. 첫째, 전반적인 시스템 요구사항(예를 들어 표준)과 플랫폼이 어떻게 개인화될지에 기초하여 플랫폼이 설계되어야 한다. 일단 플랫폼이 설계되면 이것은 제품을 설계하는데 사용된다. 제품은 플랫폼의 기능을 사용하고, 자신의 기능을 추가한다.

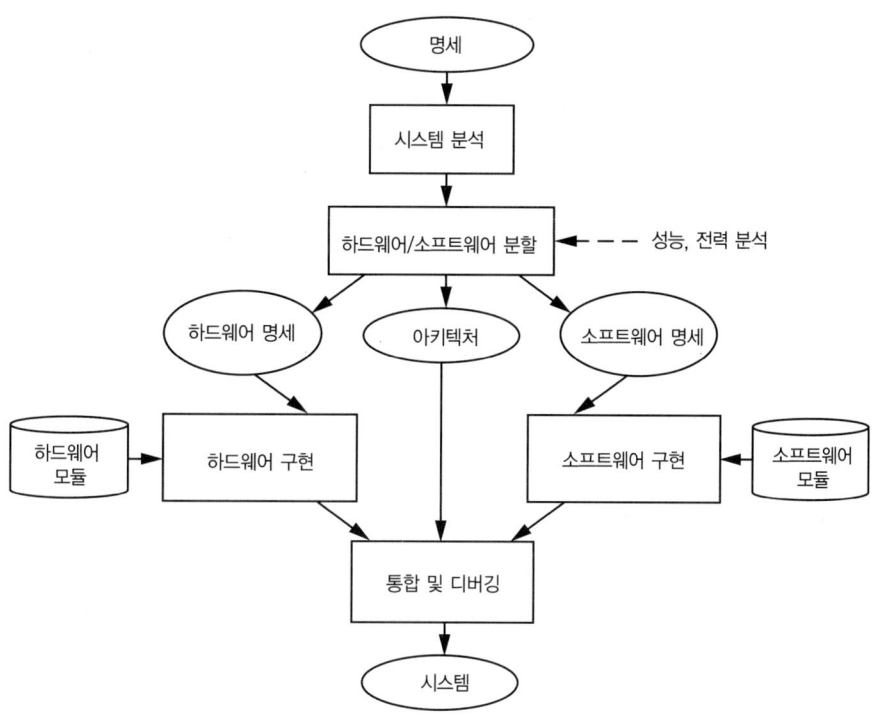

그림 1-15 하드웨어/소프트웨어 공동 설계를 위한 설계 흐름

**플랫폼 설계
단계**

플랫폼 설계는 몇 가지 설계 단계를 필요로 한다.

■ 프로파일링과 분석(profiling and analysis)은 시스템 요구사항과 소프트웨어 모델들을 플랫폼 하드웨어 아키텍처 상의 더 구체적인 요구사항들로 바꾼다.

■ 설계 공간 탐색(design space exploration)은 하드웨어 대안들(alternatives)을 검토한다.

■ 구조적 시뮬레이션(architectural simulation)은 아키텍처의 세부 사항을 평가하고 최적화하는 것을 도와준다.

■ 플랫폼을 위한 기본 소프트웨어(하드웨어 추상화 계층, 운영체제 포트, 통신, 애플리케이션 라이브러리, 디버깅)가 반드시 개발되어야 한다.

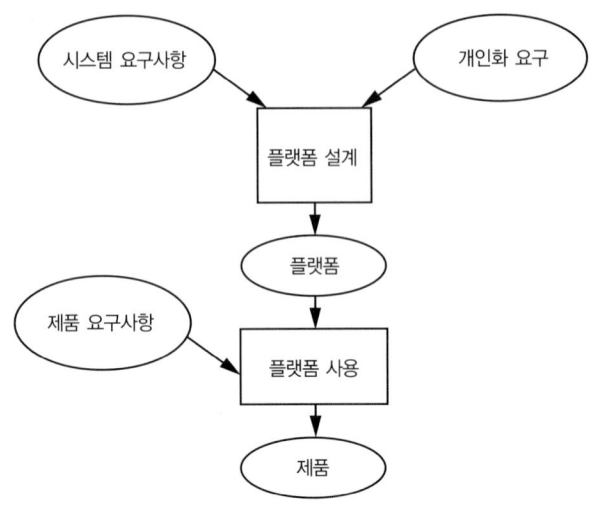

그림 1-16 플랫폼 기반의 설계

**프로그래밍
플랫폼들**
플랫폼이 개별적인 프로그래밍 환경을 필요로 하기 때문에, 플랫폼을 사용하는 것도 부분적으로는 어렵다. 따라서 프로그래머는 표준 플랫폼을 위한 풍부한 개발 환경에 익숙해진다. 이 환경은 하나의 그래픽 사용자 인터페이스에서 여러 가지 도구들(컴파일러, 편집기, 디버거, 시뮬레이터)을 제공한다. 그러나 풍부한 프로그래밍 환경은 보통 단일 프로세서에서 사용할 수 있다. 다중 프로세서는 프로그래밍하기가 더 어렵고, 이종 다중 프로세서는 동종 다중 프로세서보다 훨씬 더 어렵다. 플랫폼 개발자는 소프트웨어 개발자들이 플랫폼을 사용하도록 도구들을 제공해야만 한다. 이 도구들 중 일부는 컴포넌트 CPU에서 오지만, 다른 도구들은 새로 개발해야만 한다. 디버깅 액세스는 하드웨어에 의존하기 때문에 디버깅은 특히 중요하고 어렵다. 프로세스 간 통신도 역시 어렵지만, 애플리케이션 개발자들에게는 필수적인 도구이다.

1.4.3 표준 기반의 설계 방법론

많은 고성능 임베디드 컴퓨팅 시스템들이 표준을 구현한다. 멀티미디어, 통신, 네트워킹은 모두 다양한 분야의 표준들을 제공한다. 심지어 한 가지 제품이 여러 다른 표준들을 구현할 수도 있다. 이 절에서는 임베디드 시스템 설계 방법론에서 표준들의 효과를 살펴본다[Wol04].

표준에 대한 찬반론

한 편으로, 표준은 제품(특히 칩 상의 시스템)을 가능하도록 해준다. 표준은 특별한 종류의 기능들을 위한 큰 시장을 형성하는데, 장치들이 상호작용하도록 하고, 장치가 요구되는 기능을 제공한다는 것을 고객에게 보장한다. 큰 시장이 있다는 것은 시스템 설계 프로젝트에서 이를 채택하는 것을 정당화시켜 주는데, 특히 칩 상의 시스템(system-on-chip, SoC) 설계에서는 이것이 중요하다. SoC 설계 및 제조 비용을 감당하려면 수백만 개의 칩이 판매되어야 하는데, 그런 큰 시장은 일반적으로 표준에 의해 생성된다.

반면에, 표준이 존재한다는 사실은 칩 설계자들이 설계할 필요가 있는 명세에 대해 제어할 수 있는 여지가 훨씬 줄어든다는 것을 의미한다. 표준은 구현되어야 할 복잡한 동작을 정의하므로 결과적으로, 아키텍처의 일부 기능은 표준을 따를 것이다.

대부분의 표준은 재량권을 제공한다. 많은 표준은 어떤어떤 처리가 수행되어야 한다고 정의하지만, 이것이 어떻게 수행되어야 하는지는 규정하지 않는다. 구현자는 성능, 전력, 비용, 품질 또는 구현 용이성에 기초하여 처리 방법을 선택할 수 있다. 예를 들어, 비디오 압축 표준은 동작 추정의 기본적인 요소를 정의하지만, 어떤 동작 추정 알고리즘이 수행되어야 하는지는 정의하지 않는다.

표준이 시스템의 여러 곳에 적용되도록 구현하기 위해서는 백지 설계(blank-sheet design)의 경우보다는 더 많은 지적인 재능과 노력이 요구된다. 알고리즘 설계는 표준의 지정되지 않은 부분이고, 표준을 벗어난 시스템의 부분이다. 예를 들어, 휴대폰은 통신 표준을 따라야 하지만, 사용자 인터페이스 측면에서는 자유롭게 설계될 수 있다.

표준은 대부분 복잡하고, 주어진 분야에서의 표준은 시간이 지날수록 점점 더 복잡해지는 경향이 있다. 한 분야가 발전할수록 실무자들은 어떻게 하면 더 잘 할 수 있는지를 배우게 되고, 이 지식을 표준으로 구축하려고 한다. 이런 개선으로 시스템은 점점 품질이 좋아지는 반면, 시스템 구현을 더 광범위하게 만들기도 한다.

참조 구현

표준은 일반적으로 참조 구현(reference implementation)을 제공한다. 이것은 표준을 따르는 실행 가능한 프로그램이다. C로 자주 구현되지만, 자바나 다른 언어로 구현될 수도 있다. 참조 구현은 표준 개발자들을 지원하기 위해 일차적으로 사용된다. 그 후에 이것은 명세의 구현자들에게 배포된다(참조 구현은 무료로 사용할 수 있을지 모르지만, 많은 경우에 이 명세를 따르는 시스템을 구축하기 위해 구현자는 표준 내용에 대해 라이선스료를 지불해야 한다. 이 라이선스료는 일차적으로 표준에서 사용하는 발명의 특허권자에게 간다). 만약 여러 그룹이 이 표준을 실험하고 각각 결과를 발표했다면 여러 개의 참조 구현이 있을 수 있다.

참조 구현은 시스템 설계자를 위해 모든 것이 갖춰진 축복과도 같은 것이다. 한편으로 참조 구현은 설계자의 시간을 많이 절감시켜 주지만, 다른 한편으로는 약간의 부담도 된다. 다른 사람의 코드를 해석하는 것은 항상 시간을 요하며, 게다가 이 코드는 일반적으로 있는 그대로 사용할 수가 없다. 참조 구현은 보통 무제한의 메모리를 가진 대형 워크스테이션 상에서 실행되도록 작성된다. 그리고 일반적으로 실시간으로 작동되도록 설계되지는 않는다. 따라서 구현되지 않을 기능은 제거하고, 힙 할당을 개인화된 메모리 관리로 교체하며, 캐시 활용을 개선하고, 함수, 인라인화, 그리고 많은 다른 작업을 포함한 여러 측면에서 이 코드는 재구성되어야 한다.

설계 작업 표준 구현자는 다음과 같은 몇 가지 설계 작업을 수행해야 한다.

- 명시되지 않은 구현 부분이 설계되어야 한다.

- 표준에 의해 명시되지 않은 시스템의 부분(예를 들어 사용자 인터페이스)이 설계되어야 한다.

- 선택된 참조 구현을 개선하는 데 플랫폼 독립적인 최적화의 초기 구상(initial round)이 사용되어야 한다.

- 참조 구현 및 기타 코드는 프로파일링 및 분석되어야 한다.

- 하드웨어 플랫폼은 초기 특성화(initial characterization)에 기초하여 설계되어야 한다.

- 시스템 소프트웨어는 플랫폼에 더 잘 맞도록 추가적으로 최적화되어야 한다.

- 플랫폼 자체는 추가적인 프로파일링에 기초하여 추가적으로 최적화되어야 한다.

- 플랫폼과 소프트웨어는 표준뿐만 아니라 성능과 에너지 소모와 같은 비기능적인 요소들에 적합한지 검증되어야 한다.

다음 예제는 고급 비디오 부호화 표준을 소개한다.

예제 1-6 **AVC/H.264**

비디오 압축 표준의 최근 세대는 여러 가지 이름으로 알려져 있다. 이것은 공식적으로 MPEG-4 표준의 분야(part) 10 인데, 고급 비디오 부호화(Advanced Video Coding, AVC)로 알려져 있다. 그러나 MPEG 그룹은 H.26x 그룹과 협력하였고, 결과적으로 이것은 H.264 로 알려지게 되었다.

MPEG 표준 군은 방송을 위주로 하고 있는데, 더 저렴한 수신기를 만들기 위해 송신기가 더 복잡해진다. 반면, H.26x 표준 군은 전통적으로 화상회의를 목표로 해 왔는데, 여기서 시스템은 송신과 수신을 모두 해야 하며, 따라서 송신기와 수신기의 복잡성 거래는 별 의미가 없다.

H.264 표준은 개선된 화상 품질과 압축률을 위해 많은 기능들을 제공한다. H.264 코덱은 전형적으로 부호화된 스트림을 생성하는데, 이것은 MPEG-2 부호화 크기의 절반밖에 되지 않는다. 예를 들어, H.264 표준은 다중 참조 프레임을 허용하기 때문에, 가상 광고(occlusion, 역주 : 예를 들어 스포츠 중계 도중 경기장 배경이나 주변에 특정회사 광고판이 설치돼 있는 것처럼 화면을 컴퓨터 그래픽으로 구성해 내보내는 광고 기법)를 처리하기 위해 동작 추정은 여러 프레임으로부터 픽셀들을 사용할 수 있다. 이것은 더 복잡해진 수신기의 대가로 품질을 개선하는 한 예이다.

H.264 를 위한 참조 구현은 120,000 행이 넘는 C 코드이다. 여기서 동작 추정과 같은, 표준에 명시되지 않은 부분을 위해서는 아주 간단한 알고리즘이 사용된다. 그러나 이것은 비디오 부호화와 복호화를 모두 구현하며, 표준에 의해 지원되는 화면 크기의 전체 범위(NTSC 쿼터 CIF(quarter CIF, QCIF)의 176×120 해상도에서부터 1280×720 이상의 고선명 해상도에 이르는)를 모두 제공한다.

1.4.4 설계 검증과 유효성 검증

구현이 정확한지 확인하는 것은 모든 설계에서 핵심적인 부분이다. 최종 시스템 작동이 정확한지 보장하기 위해 다양한 기법들이 실무에서 사용된다.

테스팅, 유효성 검증, 검증

여러 종류의 활동들을 다음과 같이 분류할 수 있다.

- 테스팅(testing) : 자극(stimulus)을 제공하고 구현 결과를 평가함으로써, 구현을 단련시킨다.

- **유효성 검증**(validation) : 일반적으로 구현을 초기 요구사항 또는 명세와 비교 하는 것을 가리킨다.

- **검증**(verification) : 설계 작업의 어떤 단계에서도 수행될 수 있으며, 한 수준 의 추상화에서의 설계를 다른 것과 비교한다.

기법 설계를 검증하기 위해 많은 기법들이 사용된다.

- **시뮬레이션**(simulation) : 자극을 받아들여 예상되는 출력을 계산한다. 시뮬레 이션은 설계 모델을 직접 해석할 수도 있고, 모델로부터 시뮬레이터가 컴파일 될 수도 있다.

- **정형화된 방법**(formal methods) : 어떤 종류의 증명을 수행한다. 즉, 테스트할 특성의 몇 가지 설명을 필요로 하지만, 특별한 입력 자극은 요구하지 않는다. 예를 들어, 정형화된 방법은 어떤 특성을 가지고 있는지를 파악하기 위해 시스 템의 상태 공간을 검색한다.

- **수작업 방법**(manual methods) : 많은 오류를 잡을 수 있다. 예를 들어, 설계 워크스루(walkthroughs)는 구현 과정의 문제를 파악하기 위해 자주 사용된다.

검증과 설계 검증(verification)과 유효성 검증(validation)은 완전한 구현을 확인하기 위한 마지막 절차로 수행되어서는 안 된다. 설계는 각 추상화 수준에서 반복적으로 검증 되어야 한다. 설계 오류는 설계가 진행될수록 수정하는 데 많은 비용이 든다. 즉, 구 현의 더 구체적인 수준까지 버그가 남게 되면 이 버그를 수정하는 데는 훨씬 더 많은 노력이 필요해진다.

1.4.5 방법론의 방법론

고성능 임베디드 시스템의 설계는 단순한 방법론으로는 잘 설명되지 않는다. 수백만 행이나 되는 명세를 시스템이 구현해야 한다면, 복잡한 임베디드 시스템을 구축하기 위해서는 여러 가지 다양한 종류의 설계 절차를 사용할 수밖에 없는 것이다.

우리는 이 책 전반에 걸쳐 방법론으로 구축될 수 있는 많은 도구와 기법들을 다룬 다. 이 도구들 중 복잡하거나 사용을 위해 특수한 지식을 필요로 하는 것은 극히 일 부이다. 임베디드 시스템 설계에서 사용하는 방법론에는 다음과 같은 것이 있다.

■ **소프트웨어 성능 분석**(software performance analysis) : 얼마만큼의 컴퓨팅 성능이 필요한지, 그리고 어떤 종류의 처리가 수행되어야 하는지를 파악하기 위해 실행 명세(executable specifications)가 분석되어야 한다. 성능 분석에 대해서는 3.4절에서 설명할 것이다.

■ **구조적 최적화**(architectural optimization) : 단일 프로세서 아키텍처는 애플리케이션을 위해 미세 조정되고 최적화될 수 있다. 3장에서 이런 방법을 설명할 것이다. 다중 프로세서 아키텍처도 역시 미세 조정될 수 있는데, 이것은 5장에서 설명할 것이다.

■ **하드웨어/소프트웨어 공동 설계**(hardware/software co-design) : 공동 설계는 효율적인 이종 아키텍처를 만드는 데 도움이 된다. 7장에서 공동 설계 알고리즘과 방법론들을 살펴볼 것이다.

■ **네트워크 설계**(network design) : 분산 임베디드 시스템인지 칩 상의 시스템인지 여부에 따라 네트워크는 적당한 에너지 수준에서 필요한 대역폭을 제공해야 한다. 5.6절에서 칩 상의 네트워크를, 5.8절에서 자동차에서 사용되는 것과 같은 다중 칩 네트워크를 살펴볼 것이다.

■ **소프트웨어 검증**(software verification) : 소프트웨어는 기능적으로 정확한지 평가되어야 한다. 4.5절에서 병렬처리 시스템을 위한 소프트웨어 검증 기법을 살펴볼 것이다.

■ **소프트웨어 도구 생성**(software tool generation) : 시스템을 프로그램할 수 있는 도구들이 하드웨어 및 소프트웨어 아키텍처로부터 생성되어야 한다. 2.9절에서 구성 가능 프로세서를 위한 컴파일러 생성을 설명할 것이다. 그리고 6.3절에서는 다중 프로세서를 위한 소프트웨어 생성을 살펴볼 것이다.

1.4.6 알고리즘 아키텍처 합동 개발

**알고리즘 ≠
소프트웨어**

임베디드 시스템 설계 이전에 알고리즘에 대한 설계가 적어도 부분적으로는 필요하다는 것을 기억해야 한다. 알고리즘은 궁극적으로 사용될 소프트웨어 상에서 구현되므로, 알고리즘적 설계와 소프트웨어 설계를 혼동하기 쉽다. 그러나 사실, 신호 처리, 네트워킹 등을 위한 알고리즘 설계는 소프트웨어 설계와는 아주 다른 기술이다. 이책은 알고리즘이 아니라 주로 임베디드 소프트웨어와 하드웨어에 관한 것이다. 여기서의 한 가지 목표는 효율적이고 간결한 소프트웨어를 설계하는 데 필요한 기술을 보여주고, 이 기술이 광범위한 알고리즘에 적용될 수 있음을 보여주는 것이다.

그러나 알고리즘과 임베디드 시스템 설계자들은 더 많은 대화를 필요로 한다. 알고리즘 설계자들은 구현 가능한 알고리즘을 설계하기 위해 플랫폼의 특성을 이해할 필요가 있다. 임베디드 시스템 설계자들은 설계하는 시스템이 적절한 특성으로 최적화되도록 하기 위해, 다른 애플리케이션 공간에서 알고리즘을 위해 어떤 종류의 특성들이 필요한지를 이해할 필요가 있다.

알고리즘 아키텍처 통합 개발

임베디드 시스템 아키텍처는 그것이 실행할 알고리즘과 함께 설계될 수 있다. 표준은 일반적으로 알고리즘적 개선을 허용하므로, 표준 기반의 시스템에서 이것은 사실이다. 알고리즘/아키텍처 통합 개발은 시스템 설계자에게 몇 가지 특별한 어려움을 낳는다.

알고리즘 설계자들은 알고리즘을 아키텍처에 맞추는 데 도움을 받기 위해 추정과 모델을 필요로 한다. 비록 아키텍처가 완성되지 않았더라도 하드웨어 아키텍처는 성능과 전력 소모의 추정치를 제공할 수 있어야 한다. 이것은 근간이 되는 아키텍처의 모델을 택하는 시뮬레이터에게 유용할 것이다.

알고리즘 설계자는 또 소프트웨어 개발 능력도 있어야 한다. 이것은 가능한 한 빠르게 실행되는 기능적 시뮬레이터를 필요로 한다. 하드웨어를 사용할 수 있다면, 알고리즘 설계자들은 원래의 속도로 코드를 실행할 수 있다. 기능적 시뮬레이터는 하드웨어 속도로 실행할 수는 없더라도 많은 애플리케이션을 위해 적절한 수준의 성능을 제공할 수 있다. 컴파일과 시뮬레이션의 빠른 전환은 성공적인 소프트웨어 개발을 위해 아주 중요하다.

1.5 계산 모델

계산 모델(model of computation)은 추상적 컴퓨터의 기본 기능을 정의한다. 계산 모델은 초창기 컴퓨터 과학 연구자들이 컴퓨터의 기본 기능을 이해하는 데 도움을 주었다. 임베디드 컴퓨팅에서 계산 모델은 복잡한 시스템을 어떻게 쉽고 정확하게 프로그램할 수 있을지를 파악하는 데 도움을 준다. 먼저 이 절에서는 몇 가지 계산 모델과 이들 사이의 관계를 살펴보기로 한다. 계산 모델의 연구는 실제 임베디드 시스템이 설계되는 방법에 영향을 미쳐 왔다. 우리는 이 절에서 이론뿐만 아니라, 이 이론적 기술이 어떻게 임베디드 소프트웨어 설계에 영향을 미쳐 왔는지에 대해서도 설명할 것이다.

1.5.1 왜 계산 모델을 연구하는가?

표현력

계산 모델은 다양한 프로그래밍 언어의 표현력(expressiveness)을 이해하는 데 도움이 된다. 표현력은 몇 가지 다른 측면을 가진다. 한편으로는 어떤 모델이 다른 모델보다 더 표현력이 크다(즉, 어떤 컴퓨팅 방식은 다른 방식이 할 수 없는 어떤 것을 할 수 있다)는 것을 증명할 수 있다. 그러나 표현력은 적어도 임베디드 시스템 설계자들에게는 중요한, 프로그래밍 방식에 대한 함축성도 가진다. 형식적으로는 동등한 표현력을 가지는 두 언어가 서로 다른 종류의 애플리케이션에 더 적합할 수 있다. 예를 들어, 제어와 데이터는 종종 다른 방식으로 프로그램된다. 즉, 한 언어는 어떤 것을 어렵게 표현하는 반면 다른 언어는 쉽게 표현한다.

언어 방식

경험이 많은 프로그래머는 프로그램을 작성할 때 유용한 여러 종류의 표현력들을 생각할 수 있다.

- **유한 대 무한 상태**(finite versus infinite state) : 어떤 모델은 무한한 개수의 상태가 있다고 가정하고, 다른 모델은 유한한 상태를 가정한다.

- **제어 대 데이터**(control versus data) : 이것은 프로그래밍에서 가장 기본적인 이분법 중 하나이다. 제어와 데이터는 공식적으로는 대등하지만, 보통 이들을 아주 다르게 생각하는 경향이 있다. 프로토콜 설계와 같은 제어 집중적인 응용을 위해 많은 프로그래밍 언어들이 개발되었다. 비슷하게, 신호 처리와 같은 데이터의 집중적인 응용을 위해 많은 다른 프로그래밍 언어들이 개발되었다.

- **직렬 대 병렬**(sequential versus parallel) : 이것은 컴퓨터 프로그래밍에서 또 하나의 기본적인 주제이다. 병렬 프로그램을 직관적이면서 공식적으로 검증할 수 있는 방식으로 쉽게 기술할 수 있도록 해주는 많은 언어들이 개발되었다. 그러나 프로그래머들은 직렬 프로그래밍을 더 편안하게 생각한다.

기민한 독자는 여기서 우리가 모듈성과 같은 전통적인 프로그래밍 언어와 관련된 문제에 대해서는 관심을 두지 않는다는 것을 알아챘을 것이다. 모듈성과 유지 · 보수성은 중요하지만, 임베디드 컴퓨팅에 고유한 것은 아니다. 우리가 언급하는 언어의 몇 가지 다른 측면은 계산의 여러 다른 방식을 서로 유연하게 작동될 수 있도록 구현해야 하는 임베디드 시스템에 더 치중한 것이다.

이종과 상호 작용성

표현력은 시스템을 구축하는 데 하나 이상의 프로그래밍 언어를 사용하도록 유도할 수 있는데, 이런 시스템을 이종으로 프로그램되었다(heterogeneously programmed)고 부른다. 프로그래밍 언어들이 혼합되면 다른 프로그래밍 언어 모듈들 사이의 통신을 정확하게 설계하기 위한 추가적인 부담을 안아야 한다. 주어진 언어 내에서는 종종 언어 시스템이 어떤 기본 처리를 검증하는 것을 도와주므로, 이 프로그램이 어떻게 작동할지를 파악하는 것이 훨씬 쉬워진다. 그러나 여러 언어들을 혼합하면 프로그램들이 제대로 작동할지에 대해 확신을 가지기가 훨씬 더 어렵다. 각각의 프로그래밍 언어가 작동하는 모델과, 이들이 신뢰성 있게 통신하는 조건들을 이해하는 것은 이종으로 프로그래밍된 시스템의 설계에 핵심적인 절차이다.

1.5.2 유한 대 무한 상태

유한 대 무한 상태

한 모델로 나타낼 수 있는 상태의 수는 어떤 계산 모델에서도 가장 기초적인 측면 중 하나이다. 계산성에 관한 초기 연구에서는 유한 상태 대 무한 상태 기계의 능력을 강조했다. 즉, 기계가 더 능력이 있음을 보여주었기 때문에 무한 상태가 일반적으로 좋다고 간주되었다. 그러나 유한 상태 모델은 이론과 실무에서 검증하기가 훨씬 더 쉽다. 결과적으로, 유한 상태 프로그래밍 모델은 임베디드 컴퓨팅에서 중요한 위치를 차지한다.

유한 상태 기계

유한 상태 기계(finite-state machine, FSM)는 소프트웨어와 하드웨어 설계자들이 모두 잘 이해하고 있다. 그림 1-17에 한 예가 있다. FSM은 전형적으로 다음과 같이 정의된다.

$$M = \{I, O, S, \Delta, T\} \qquad \text{(수식 1-4)}$$

여기서 I와 O는 기계의 입력과 출력이고, S는 현재 상태이며, Δ와 T는 각각 상태 전이 그래프의 상태와 전이이다. 무어 기계(Moore machine)에서 출력은 오직 S의 함수이지만, 밀리 기계(Mealy machine)에서는 출력이 현재 상태와 현재 입력 모두의 함수이다.

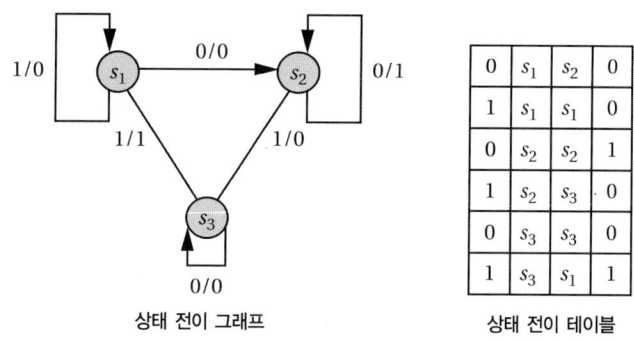

상태 전이 그래프   상태 전이 테이블

그림 1-17 유한 상태 기계를 위한 상태 전이 그래프와 테이블

비동기식 FSM 을 위한 모델이 있지만, 유한 상태 기계 모델의 개발에서 핵심 기능은 동기식 처리 개념이다. 즉, 입력은 어떤 특정 순간에만 받아들여진다는 것이다. 유한 상태 기계는 시간을 실수 값이 아닌 정수 값으로 본다. 각 입력에서 FSM 은 그 상태를 평가하고, 현재 상태뿐만 아니라 들어온 입력에 기초하여 다음 상태를 결정한다.

스트림   기계 자체에 추가하여 입력과 출력도 모델링할 필요가 있다. 스트림(stream)은 단말 모델로 널리 사용되는데, 이것이 순차적 동작(시간이 실수 값이 아니라 서수(ordinals)로 간주된다)을 나타내기 때문이다. 스트림의 구성요소는 알파벳 기호들이다. 알파벳은 이진수, 다른 진수, 또는 다른 형식의 값으로 구성될 수도 있지만, 스트림 자체는 알파벳에 대해 어떤 의미도 부여하지 않는다. 스트림은 전체적으로 기호 $<s_0, s_1, ...>$ 의 순차 집합이다. 스트림은 유한하거나 무한하다. 비공식적으로, 스트림 내에서 기호가 나타나는 시간은 스트림 내의 서수성(ordinality)에 의해 주어진다. 다음과 같은 방정식에서

$$S(t) = s_t$$

(수식 1-5)

기호 s_t 는 스트림 S 의 t 번째 요소이다.

유한 상태 기계의 입출력 또는 단말 동작을 나타내기 위해 스트림을 사용할 수 있다. 여러 이진 값 입력을 가지는 것으로 FSM 을 본다면, 입력 스트림을 위한 알파벳은 이진 숫자가 될 것이다. 어떤 경우에는, 모든 입력의 상태를 정의하는 단일 기호로 값이 결정되는 그룹을 형성하는 것으로, 입력을 생각하는 것이 유용하다. 비슷한

생각이 출력에도 적용될 수 있다. 그러면 입력들의 동작은 사용되는 알파벳에 따라 하나 이상의 스트림으로 설명된다. 비슷하게, 출력 동작은 하나 이상의 스트림으로 설명된다. 시간 i에서 FSM은 각각의 입력 스트림에서 하나의 기호를 소모하고, 각각의 출력 스트림에서 하나의 기호를 생성한다. 입력에서 출력으로의 매핑은 상태 전이 그래프와 기계의 내부 상태에 의해 결정된다. 단말 관점에서 보면 FSM은 동기식인데, 입력의 소모와 출력의 생성이 조화를 이루기 때문이다.

검증과 유한 상태

동기식 유한 상태 기계는 하드웨어 설계자에게 가장 친숙하지만, 동기식 동작은 임베디드 컴퓨팅을 위한 언어 설계에서 증가하는 추세에 있다. 유한 상태 기계는 소프트웨어에서 흥미로운 모델이 되는데, 이것은 무한 상태 기계보다 더 쉽게 검증될 수 있기 때문이다. FSM은 유한한 수의 상태를 가지므로, 유한한 시간 이내에 모든 상태를 방문하고 모든 전이를 수행해 볼 수 있다. 만약 시스템이 무한한 수의 상태를 가진다면 유한한 시간 이내에 모든 상태를 방문할 수 없다. 실제로 FSM의 모든 상태를 방문하는 것은 비현실적으로 보일지 모르지만, 지난 20년 이상의 연구를 통해 대규모의 상태 공간을 위한 효율적인 알고리즘들이 만들어졌다.

정렬 부울 결정 다이어그램(ordered Boolean decision diagram, OBDD)[Bry86]은 결합적(combinational) 부울 함수들을 설명하는 데 사용될 수 있다. OBDD에 의하여 상태 공간을 나타내기 위한 기법들이 개발되었으며, 이 상태 공간들의 특성은 효율적으로 점검될 수 있다. OBDD는 결합의 NP 완전성(NP-completeness)과 상태 공간 검색 문제를 경감시키지 못한다. 어떤 경우에 OBDD는 아주 크고 평가하기에 느려질 수 있다. 그러나 많은 경우에는 아주 빨리 실행되고, 잘못되는 경우라 할지라도 경쟁 관계에 있는 방법들보다 더 빠를 수 있다. OBDD는 현실적인 시스템의 정확성에 대해 유용한 테스트가 되는 여러 가지 점검을 수행하도록 해준다.

- **제품 기계**(product machines) : 복잡한 함수는 통신 기계 시스템으로 표현하는 것이 더 쉬운 경우가 많다. 그러나 숨겨진 버그는 이 컴포넌트들 사이의 통신에 숨어들 수 있다. 여러 정확성 점검에서의 첫 번째 절차는 통신 기계 제품을 구축하는 것이다.

- **도달성**(reachability) : 많은 버그는 기계에서 어떤 상태에 도달하지 못함으로 인해 발생한다. 어떤 경우에는 도달할 수 없는 상태가 단순히 쓸모없고 중요하지 않은 동작을 나타낼 수 있지만, 다른 경우에는 도달할 수 없는 상태가 시스템의 누락된 기능을 나타낼 수 있다.

비결정적 유한 자동장치(nondeterministic finite automata, NFA)라고도 알려진 비결정적 FSM(nondeterministic FSM)은 어떤 종류의 시스템을 나타내는 데 사용된다. 그림 1-18에 예를 보였다. 상태 s_1에서 나오는 두 개의 전이는 같은 입력 라벨을 가지고 있다. 이 모델을 생각하는 한 가지 방법은 장래의 입력들이 이 기계로 하여금 적절한 상태에 있도록 비결정적으로 전이를 선택하는 것이고, 또 한 가지 방법은 기계가 장래의 입력들이 어떤 경로들을 제거할 때까지 모든 가능한 전이를 동시에 따라가는 것이다. 비결정적 자동장치는 결정적 FSM 보다 공식적으로 더 표현력이 많지 않다는 것을 기억하는 것이 중요하다. 알고리즘이 어떤 NFA를 대등한 결정적 기계로 변환할 수 있다. 그러나 NFA는 대등한 결정적 기계보다 기하급수적으로 더 작을 수 있다. 이것은 표현력의 형식적 측면에서 단순하지만 명백한 예이다.

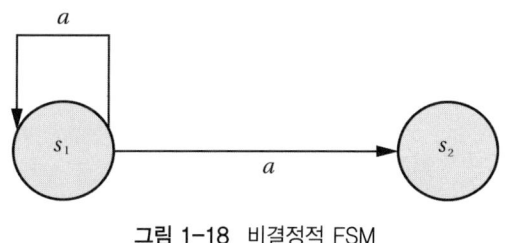

그림 1-18 비결정적 FSM

제어 집중적인 언어

많은 언어가 제어를 나타내기 위해 개발되어 왔다. 상태도(statecharts)는 잘 알려진 예이다. 3.5.3 절에서 상태도에 대해 더 자세히 설명할 것이다.

튜링 기계

튜링 기계(Turing machine)는 가장 잘 알려진, 계산을 위한 무한 상태 모델이다(처치(Church)가 람다 계산법(lambda calculus)을 먼저 개발했지만, 튜링 기계가 실무적인 컴퓨팅 기계의 작동을 더 가깝게 모델링한다). 그림 1-19에서 보듯이, 튜링 기계 자체는 프로그램, 읽기 헤드 그리고 상태로 구성된다. 이 기계는 각각 기호를 포함하는 셀(cells)로 구분된 테이프를 읽고 쓴다. 테이프는 헤드 아래에서 앞, 뒤로 움직일 수 있다. 헤드는 테이프에 기호들을 읽거나 쓸 수 있다. 이 테이프의 길이는 무한대일 수 있으므로, 이것은 무한 상태 계산을 나타낼 수 있다. 튜링 기계의 작동 사이클은 다음과 같은 단계들로 구성된다.

1. 기계는 헤드 아래에서 테이프 셀에 있는 기호를 읽기 위해 헤드를 사용한다.

2. 기계는 헤드 아래에서 셀의 기호를 삭제한다.

3. 기계는 다음에 무엇을 할지 결정하기 위해 그 프로그램을 참고한다. 현재 상태와 읽은 기호에 기초하여, 기계는 새 기호를 쓰거나 테이프를 움직일 수 있다.

4. 기계는 프로그램에 의해 명시된 대로 그 상태를 바꾼다.

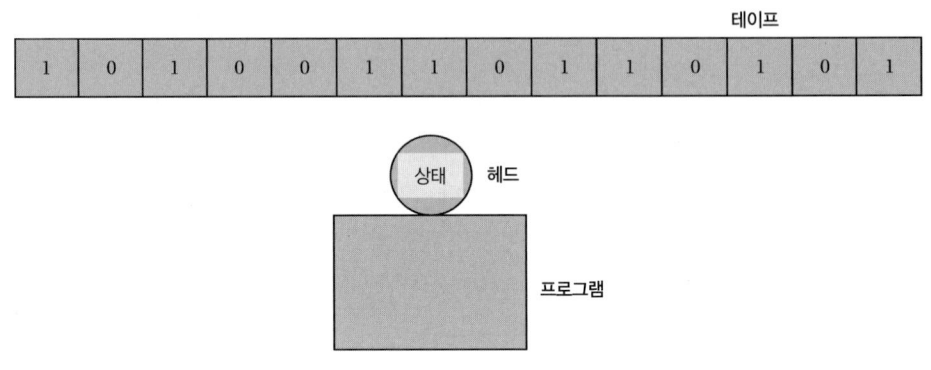

그림 1-19 튜링 기계

튜링 기계는 계산성의 가능성과 한계를 보여주는 강력한 모델이다. 그러나 앞에서 언급했듯이, 비록 기본적인 프로그래밍 모델이 더 제한되기는 하지만, 유한 상태가 실제 프로그램의 여러 중요한 측면들을 검증할 수 있도록 해준다. 예를 들어, 이론적 컴퓨터 과학의 한 가지 중요한 결과는 중단 문제(halting problem)인데, 일반적으로 유한한 시간 내에 임의의 프로그램이 중단하는 것을 튜링 모델이 보여줄 수는 없다는 것을 확인할 수 있다. 프로그램이 중단할 것이라는 것을 보증하는 데 실패하는 것은 무한 상태 시스템 상에서 프로그램의 여러 중요한 문제들을 검증하는 것을 불가능하게 만든다. 반면, 유한 상태 시스템에서는 유한한 시간 이내에 모든 상태를 방문할 수 있으므로, 중요한 특성을 추적하는 것이 더 쉬워진다.

1.5.3 제어 흐름과 데이터 흐름 모델

제어와 데이터는 프로그래밍의 기본적인 단위들이다. 제어와 데이터는 본질적으로는 대등하지만, 산술과 같은 데이터 연산은 더 정규적이라고 생각하고, 제어는 덜 정규적이며 상태를 포함할 가능성이 크다고 생각하는 경향이 있다.

제어 흐름도

제어의 기본적인 모델은 그림 1-20과 같은 제어 흐름도(control flow graph, CFG)이다. 그래프 내의 노드는 무조건적으로 실행하는 연산(사각형)이거나 조건(다이아몬드) 중 하나이다. 제어 흐름도는 제어의 단일 스레드를 가지는데, 이것은 프로그램 내를 이동하는 프로그램 카운터로 생각할 수 있다. CFG는 계산의 유한 상태 모델이다. 많은 컴파일러는 제어 데이터 흐름도(control data flow graph, CDFG)를 사용하여 프로그램을 모델링하는데, 이것은 무조건적 노드의 연산과 조건적 노드에서의 판단을 나타내는 데 사용하는 데이터 흐름 모델을 추가한다.

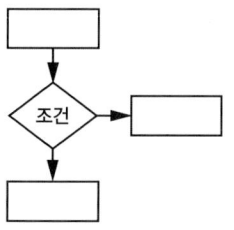

그림 1-20 제어 흐름도

기본 데이터 흐름도   데이터의 기본 모델은 그림 1-21에 한 예를 보인 데이터 흐름도(data flow graph, DFG)이다. 작업 그래프처럼, 데이터 흐름도는 노드(nodes)와 지향성 가장자리(directed edges)로 구성되는데, 지향성 가장자리는 데이터 의존성을 나타낸다. DFG에서의 노드는 계산 작업과 같은 데이터 연산을 나타낸다. DFG에서 어떤 가장자리는 노드에서 끝나지만 노드에서 시작하지는 않는데, 이 원천(source)은 입력을 제공한다. 비슷하게, 목적지(sink)는 노드에서 시작하지만 노드에서 끝나지는 않는다(다르게 형식화하자면 연산자, 입력 그리고 출력이라는 세 종류의 노드를 제공하는 것이다).

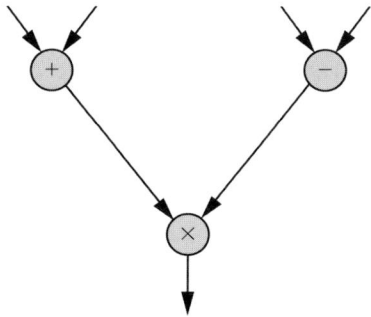

그림 1-21 데이터 흐름도

DFG는 트리여야 한다(즉, 사이클을 가질 수 없다). 이로 인해 그래프 분석은 더 쉬워지지만 사용은 더 제한된다. 기본적인 DFG는 컴파일러에서 일반적으로 사용된다.

DFG는 유한 상태이다. 그래프 내의 연산에 대해서 오직 부분적인 순서만 정의한다는 측면에서 이것은 병렬성을 나타낸다. 이 연산을 한 번에 하나를 실행하든 한 번에 여러 개를 실행하든 간에, 데이터 의존성을 충족시키는 연산의 어떤 순서도 허용된다.

스트림과 점화 규칙

DFG의 동작을 모델링하기 위해 스트림을 사용할 수 있다. 데이터 흐름도의 각 원천은 자신의 스트림을 가지고 있고, 그래프의 각 목적지도 역시 스트림이다. DFG 내의 노드들은 자신의 동작을 결정하기 위한 **점화 규칙**(firing rule)을 사용한다. 가장 단순한 점화 규칙은 유한 상태 기계의 연산과 비슷하다. 즉, 점화는 각 노드의 입력 스트림에서 토큰 한 개를 소모하고, 출력에 토큰 한 개를 생성한다. 우리는 이것을 '표준 데이터 흐름 점화 규칙(standard data flow firing rule)'이라고 부른다. DFG에 조건을 넣는 한 가지 방법은 $n + 1$개의 단말(terminals)을 가진 조건 노드를 사용하는 것이다. 데이터 입력은 d_0, d_1, ... 이고 제어 입력은 k이다. $k = 0$일 때 데이터 입력 d_0가 소모되고 출력으로 보내지며, $k = 1$일 때 데이터 입력 d_1이 소모되고 출력으로 보내지는 식이다. 점화 규칙에서 노드로 들어오는 모든 입력이 한 번에 토큰을 소모하지는 않는다.

신호 흐름도

약간 더 정교한 데이터 흐름 버전이 신호 흐름도(signal flow graph, SFG)인데, 일반적으로 신호 처리에 사용된다. 그림 1-22처럼, 신호 흐름도는 일반적으로 지연 노드(delay node)라 불리는 새로운 종류의 노드를 추가한다. Δ 기호로 표시된 지연 노드는 n(기본적으로 1) 시간 단계만큼 스트림을 지연시킨다. 스트림 S가 주어질 때 지연 연산자는 $\Delta(t) = S(t-1)$이다. SFG의 가장자리에는 가중치(weight)가 주어질 수 있는데, 이것은 노드에 주어진 값이 이 가중치에 곱해지는 것을 나타낸다. SFG에는 사이클을 허용할 수도 있다. SFG는 디지털 필터를 나타내는 데 일반적으로 사용된다.

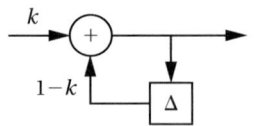

그림 1-22 신호 흐름도

동기식 데이터 흐름

더 정교한 데이터 흐름 모델은 리(Lee)와 메서슈미트(Messerschmitt)[Lee87]가 소개한 동기식 데이터 흐름(synchronous data flow, SDF) 모델이다. 동기식 데이터 흐름도는 피드백을 허용하며, 피드백을 가진 시스템이 실제로 언제 유효한지를 결정하는 방법을 제공한다. 그림 1-23은 간단한 SDF 그래프이다. 기본 데이터 흐름도에서처럼, 노드는 연산을 정의하고 지향성 가장자리는 데이터 흐름을 정의한다. 가장자리를 따라 데이터가 흐르는 것은 스트림으로 모델링될 수 있다. 각 가장자리는 두 개의 라벨을 가진다. r_o는 매호출마다 생성되는 토큰 수를 나타내며, r_i는 매호출마다 소모되는 토큰 수를 나타낸다. 가장자리는 원천에서 토큰이 생성된 시각과 가장자리에서 그것이 소모되는 시각 사이의 간격을 나타내는 지연 δ로 라벨을 붙일 수 있다. 관례적으로 기본 지연은 0초이다.

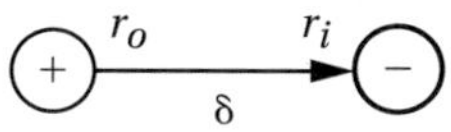

그림 1-23 간단한 SDF 그래프

칸 프로세스 네트워크

리(Lee)와 팍스(Parks)는[Lee95] 칸 프로세스(Kahn process)의 네트워크가 통신 프로세스 시스템을 위한 중요한 모델임을 확인했다. 칸 프로세스는 통신 프로세스들의 네트워크를 구축하는 데 사용될 수 있다. 칸 프로세스의 어떤 특성에 기초하여, 네트워크의 몇몇 중요한 특성들을 결정할 수 있다. 우리는 벽시계에서의 시간 개념을 사용하지 않고 이 특성들을 증명할 수 있다. 칸 프로세스의 입출력은 스트림으로 모델링되는데, 이것은 순차 패턴(sequential patterns)을 정의하지만 시간 기반(time base)을 정의하지는 않는다.

칸 프로세스는 그림 1-24와 같다. 프로세스 자체는 무한 크기의 버퍼에 의해 입력과 연결되어 있다. 프로세스는 입력 스트림을 출력 스트림으로 매핑한다. 프로세스는 하나 이상의 입력과 하나 이상의 출력을 가질 수 있다. 만약 X가 스트림이라면, $F(X)$는 이 스트림이 주어질 때 칸 프로세스의 출력이 된다. 칸 프로세스의 한 가지 중요한 특성은 **고정성**(monotonicity)이다.

$$X \in X' \Rightarrow F(X) \in F(X') \qquad \text{(수식 1-6)}$$

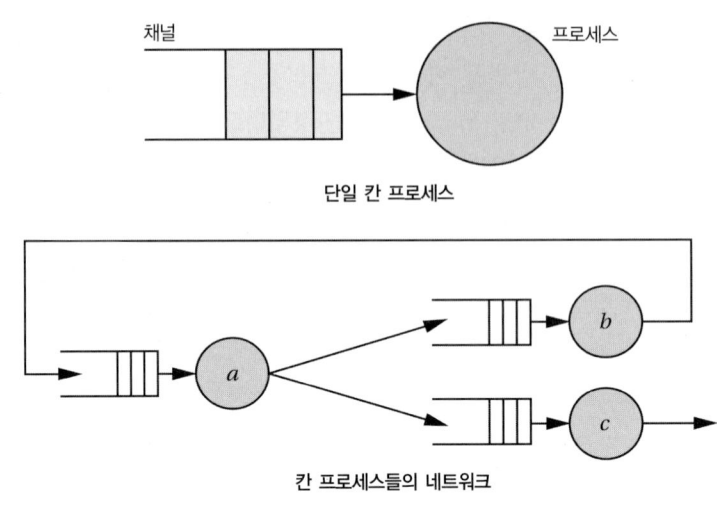

그림 1-24 단일 칸 프로세스와 칸 프로세스들의 네트워크

입력을 더 추가할 때 출력을 더 적게 생성하지 않는다는 점에서 고정 프로세스의 동작은 물리적(physical)이다.

그림 1-24에서 알 수 있듯이 칸 프로세스의 네트워크는 네트워크 상의 프로세스들의 입력과 출력 스트림들을 같게 만든다. 예를 들어, 프로세스 a의 출력은 프로세스 c의 입력뿐만 아니라 프로세스 b의 입력과 같다. 만약 I가 네트워크의 입력 스트림이고 X가 내부 스트림과 출력들의 집합이라면, 네트워크의 고정 위치 동작은 다음과 같다.

$$X = F(X, I)$$

(수식 1-7)

칸은 고정 프로세스들을 가진 네트워크가 자체적으로 고정적이라는 것을 보여주었다. 이것은 네트워크가 비고정적이 되지 않을까 하고 걱정할 필요 없이 고정 프로세스들을 구성할 수 있음을 의미한다.

1.5.4 병렬성과 통신

병렬성은 컴퓨터 과학에서 기초적인 개념이고, 임베디드 시스템에서 실무적으로 아주 중요하다. 많은 임베디드 시스템이 여러 작업들을 동시에 수행한다. 하드웨어에 구현된 실제 병렬성은 프로그램에서의 외형적인 병렬성과 일치해야만 한다.

**병렬성과
아키텍처**

설계를 최적화하는 데 병렬성을 사용할 수 있도록, 설계의 초기 단계에 병렬성을 파악할 필요가 있다. 병렬성 알고리즘은 시간을 부분적으로 정렬된 것으로 기술하는데, 처리의 정확한 순서는 미리 결정되지 않는다. 처리를 아키텍처에 결부시키면서 완전히 정렬된 형태로 이것을 바꾼다(비록 일부 처리는 운영체제가 관리하도록 부분적으로 정렬될 수는 있지만). 정렬을 위해서 다른 선택을 하면, 비용과 전력 소모에 영향을 주는 다른 양의 하드웨어 자원들을 필요하게 만든다.

작업 그래프

병렬성의 간단한 모델은 그림 1-25 와 같은 **작업 그래프**(task graph)이다. 작업 그래프 내의 노드들은 **프로세스**(processes) 또는 **작업**(tasks)을 나타내는 반면, 지향성 가장자리는 데이터 의존성을 나타낸다. 예에서, 프로세스 P_4 는 P_5 가 시작하기 전에 완료되어야 한다. 작업 그래프는 병렬성을 모델링하는데, 데이터 의존성에 의해 연결되지 않은 일련의 작업이 병렬로 처리될 수 있기 때문이다. 예에서 τ_1 과 τ_2 는 독립적으로 실행될 수 있는, 그래프의 독립적인 구성요소들이다. 작업 그래프는 종종 다중 속도(multirate) 시스템을 나타내는 데 사용되며, 프로세스 내의 계산을 노출하지 않는 한, 작업 그래프는 튜링 기계보다 덜 강력하다. 기본적인 작업 그래프는 심지어 조건부 처리도 나타낼 수 없다. 조건을 나타내는 몇몇 확장된 작업 그래프가 개발되었지만, 이것들은 유한 상태 기계들이다.

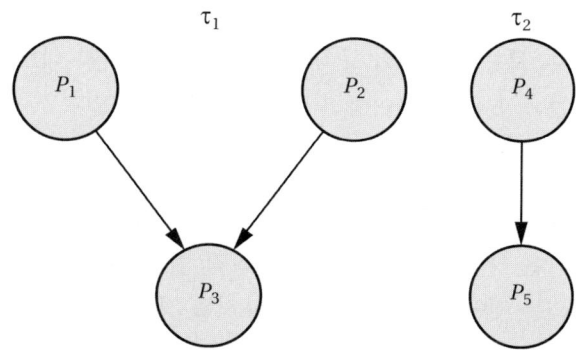

그림 1-25 작업 그래프

페트리 네트

페트리 네트(Petri net)[Mur89]는 잘 알려진 병렬 계산 모델이다. 페트리 네트는 원래 튜링 기계보다 더 강력하다고 여겨졌지만, 나중의 연구에서 이 둘이 실제로는 대등하다는 것이 밝혀졌다. 그러나 페트리 네트는 어떤 종류의 시스템을 더 쉽게 기술할 수 있도록 병렬성을 구체적으로 나타낸다. 페트리 네트의 한 예가 그림 1-26 에 있다. 네트(net)는 가중치가 붙은, 지향성 양분 그래프이다. 한 종류의 노드는 위치(place)이며, 다른 종류의 노드는 전이(transition)이다. 아크(arcs)는 위치와 전이를 연결하는데, 음이 아닌 정수로 가중치가 붙는다. 두 위치나 두 전이 사이에는 아크가 없다.

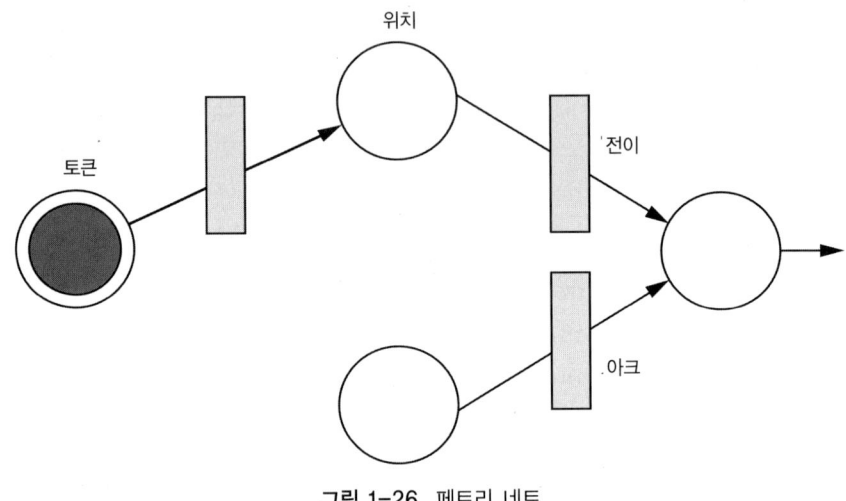

그림 1-26 페트리 네트

실행 중인 시스템의 상태는 표식(marking)을 정의하는 토큰(token)으로 정의된다. 토큰들은 점화 규칙(firing rules)에 따라 네트를 돌아다닌다. 일반적으로 위치는 0, 1 또는 그 이상의 토큰들을 가질 수 있다.

페트리 네트의 동작은 일련의 표식들(각각 네트의 상태를 정의함)에 의해 정의된다. 점화 규칙(firing rule) 또는 전이 규칙(transition rule)은 현재 상태가 주어질 때 다음 상태를 결정한다. 전이의 각 입력 위치가 각 인입 아크의 가중치에 의해 지정되는 것만큼 많은 토큰으로 표시될 경우, 전이는 활성화된다(enabled). 활성화된 전이는 점화될 수 있으나, 반드시 점화되어야 하는 것은 아니다. 점화는 위치로부터 전이로 가는 아크의 가중치와 동일한 전이를 제공하는 위치로부터 토큰들을 제거하며, 전이로부터 위치로 가는 아크의 가중치와 같은 각 출력 위치에 같은 수의 토큰들을 추가한다.

페트리 네트는 병렬 프로그래밍의 여러 가지 문제를 연구하는 데 사용되어 왔다. 이것은 종종 병렬 프로그램을 작성하는 데 사용되었지만, 직접 프로그램으로 사용되는 경우는 적다. 그러나 다중 토큰의 개념은 여러 종류의 프로그램에 잘 적용시킬 수 있을 만큼 강력하다.

통신 방식   유용한 병렬성은 시스템의 병렬 컴포넌트들 사이의 통신을 반드시 포함한다. 다른 종류의 병렬성 모델은 다른 방식의 통신을 사용한다. 이 방식들은 통신의 구현 효율성과 밀접한 관계를 가질 수 있다. 우리는 버퍼(buffered)와 비버퍼(unbuffered)라는 두 가지 기본 통신 방식으로 구분할 수 있다. 버퍼 통신은 만약 수신 프로세스가 일시적으로 수신할 준비가 되지 않았다면 메모리를 사용할 수 있다고 가정한다. 비버퍼 모델은 송신자와 수신자 사이에 메모리를 가정하지 않는다.

FSM에서의 통신   FSM과 같은 간단한 모델도 병렬성과 통신을 나타낼 수 있다. 그림 1-27은 통신하는 두 개의 FSM을 보여준다. 각 기계 M_1과 M_2는 외부 세계로부터의 입력과 외부 세계로 나가는 출력을 가진다. 그러나 각각은 다른 기계의 입력에 연결되는 하나의 출력을 가진다. 따라서 각 기계의 동작은 다른 기계의 동작에 의존한다. 앞에서 언급했듯이, FSM의 이런 네트워크 동작을 분석하는 첫 번째 절차는 대등한 생산 기계를 만드는 것이다.

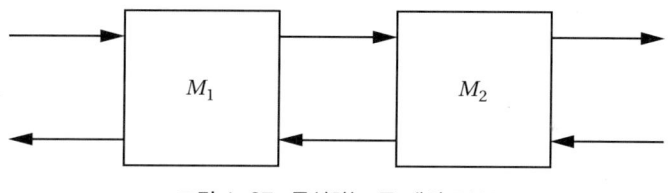

그림 1-27   통신하는 두 개의 FSM

동기식 언어   에스테렐(Esterel)[Ben91]처럼 통신하는 FSM 언어들은 하드웨어뿐만 아니라 소프트웨어에도 사용되어 왔다. 3장에서 다루겠지만, 에스테렐 프로그램에서 각 프로세스는 유한 상태 기계로 간주되고, 프로세스의 시스템 동작은 컴포넌트 기계를 구축함으로써 결정된다. 에스테렐은 항공 전자장비와 기타 중요한 애플리케이션들을 프로그래밍하는 데 널리 사용되어 왔다.

그림 1-27의 통신하는 FSM들은 버퍼없이 통신한다. 버퍼는 한 기계의 출력과 다른 기계의 대응되는 입력 사이에 있는 레지스터(하드웨어에서) 또는 변수(소프트웨어에서)에 대응된다. 그러나 그림 1-28에 보인 간단한 비버퍼 메커니즘을 사용하여 동기식 및 비동기식 동작 모두를 구현할 수 있다. 동기식 통신은 단순히 한 기계가

다른 기계로 어떤 값을 던져주는 것이다. 그림에서 동기식으로 통신하는 M_1은 M_2가 준비되었는지 확인하지 않고 *val*을 M_2로 보낸다. 기계가 제대로 설계되었다면 이것은 매우 효율적이지만, 만약 M_1과 M_2의 보조가 맞지 않는다면 val이 빠르거나 늦어지므로 M_2는 오동작하게 된다. 비동기식 통신은 주고받기(handshake)를 사용한다. 그림의 오른쪽에서 비동기식 M_1은 먼저 준비 신호를 보내고 그 후에 값을 보낸다. M_2는 *val*을 찾기 전에 준비 신호를 기다린다. 이것은 추가적인 상태를 필요로 하지만, 기계가 고정된 방식으로 진행되는 것을 요구하지는 않는다.

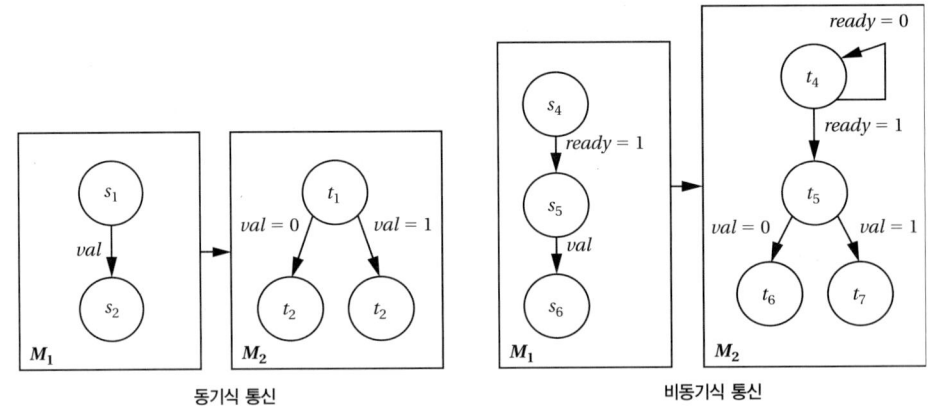

그림 1-28 FSM에서의 동기식 및 비동기식 통신

차단 및 비차단 통신 방식들 사이의 또 하나의 기본적인 구분에는 차단(blocking) 대 비차단(nonblocking) 동작이 있다. 차단 통신(blocking communication)에서 송신 프로세스는 수신 프로세스가 데이터를 받을 때까지 차단 또는 대기한다. 비차단 통신(nonblocking communication)은 수신자가 데이터를 수신하도록 송신자가 대기할 것을 요구하지 않는다. 송신자와 수신자 사이에 버퍼가 없고 수신자가 준비되지 않았다면, 비차단 통신은 데이터를 제거한다. 버퍼를 추가하면 수신자가 준비되지 않았더라도 송신자는 진행할 수 있다(버퍼가 이미 꽉 차지 않았다면). 무한 크기의 버퍼는 무제한의 비차단 통신을 허용한다.

버퍼링과 통신 버퍼 통신의 경우, 요구되는 버퍼의 크기와 관련된 질문이 자연스럽게 나올 수 있다. 어떤 시스템에서는 데이터 손실을 피하기 위해 무한 크기의 버퍼가 필요하다. 송신자가 소비자보다 데이터를 항상 더 빨리 생산하는 다중 속도(multirate) 시스템에서는 버퍼 크기가 무제한으로 커질 수 있다. 그러나 최악의 경우라 하더라도 생산자가 버퍼 내에 어떤 유한한 수의 요소보다 더 많이 유지할 수는 없다는 것을 보여주는 것이 가능할 것이다. 요구되는 버퍼의 크기를 밝혀낼 수 있다면, 더 저렴한 구현을 만들 수 있다. 버퍼가 유한하다는 것을 입증하면 버퍼가 결코 넘치지 않는 시스템을 구축하는 것도 가능하다. 다른 문제들처럼, 버퍼 크기를 밝혀내는 것도 유한 상태 시스템에서 더 쉽다.

1.5.5 병렬성의 원천과 용도

병렬성의 다양성 어떤 문제에 적합한 프로그래밍 언어나 계산 모델을 사용할 때의 한 가지 장점은 애플리케이션으로부터 병렬성의 기회를 식별하거나 추출하는 것이 더 쉬워질 수 있다는 것이다. 병렬처리 하드웨어는 수행하고자 하는 처리의 독립성을 이용할 수 있도록 해준다. 병렬성은 여러 추상화 수준에서 발견될 수 있다.

명령어 수준 병렬성 명령어 수준 병렬성(instruction-level parallelism)은 고성능 프로세서에 의해 추구된다. 가장 순수한 형태의 명령어 수준 병렬성은 로드, 저장, ALU 연산과 같은 명령어 수준에 있다. 명령어 수준 병렬성은 소스 코드에서 발견될 수는 없기 때문에 프로그래머에 의해 조작될 수 없다.

데이터 병렬성 데이터 수준 병렬성(data-level parallelism)은 C 또는 포트란(Fortran) 프로그램에서 컴파일러를 최적화함으로써 발견될 수 있다. 소규모의 데이터 병렬성은 프로그램의 기본 블록에서 발견될 수 있으며, 대규모의 데이터 병렬성은 배열 계산을 수행하는 루프 중첩에서 발견될 수 있다.

작업 병렬성 작업 수준 병렬성(task-level parallelism)은 많은 애플리케이션에서 발견될 수 있다. 이것은 임베디드 시스템에서 특히 중요한데, 이 시스템들은 종종 데이터 스트림 상에서 여러 다른 종류의 계산을 수행하기 때문이다. 작업 수준 병렬성은 여러 가지 방법으로 찾아내기 쉬운데, 이것은 작업이 프로세서에 할당될 수 있기 때문이다. 그러나 작업 구조는 C에서 쉽게 구현되지 않는다. 프로그래머들은 작업을 정의하기 위해 프로세스 간 통신 루틴 호출과 연관된 프로그래밍 관습에 자주 의존한다. 더 추상적인 프로그래밍 모델이 애플리케이션의 작업 구조를 명확히 하는 데 도움이 될 수 있다.

정적 및 동적 어떤 종류의 병렬성은 정적으로 발견될 수 있으나(프로그램을 검토함으로써), 다른 종류의 병렬성은 오직 동적으로만 발견될 수 있다(프로그램을 실행함으로써). 정적 병렬성은 구현하기는 더 쉽지만 병렬성의 중요한 특성들을 모두 다루지 않는다(적어도 튜링 완전 모델이 아닌 경우에서는 그렇다). 병렬성의 동적 발견은 명령어, 데이터/제어, 작업 등 추상화의 여러 수준에서 수행될 수 있다.

1.6 신뢰성, 안정성 그리고 보안

이 절에서는 임베디드 시스템 설계에 특히 중요한 신뢰성 있는 시스템 설계 측면을 살펴본다. 신뢰성, 안정성 그리고 보안은 밀접하게 서로 연관되어 있다.

- **신뢰성 있는(또는 신빙성 있는) 시스템 설계**(reliable system design)는 내부 또는 외부의 문제에도 불구하고 시스템이 한결같이 작동되는 것과 관련된다. 신뢰성 있는 시스템 설계는 문제가 악의적으로 야기되지는 않는다고 종종 가정한다.

- **안전 필수 시스템 설계**(safety-critical system design)는 문제의 원인과는 독립적으로, 시스템이 안전하게 작동되도록 하는 방법을 연구한다.

- **보안**(security)은 악의적인 공격과 주로 관련된다.

아비지니스(Avizienis) 등[Avi04]은 신뢰성(dependability)과 보안 사이의 관계를 그림 1-29와 같이 설명한다. 신뢰성과 보안은 다음과 같은 몇몇 속성들로 구성된다.

- 정확한 서비스에 대한 **가용성**(availability)

- 정확한 서비스에 대한 **지속성**(continuity)

- 사용자와 그들의 환경이 파국적인 결말로 가지 않도록 하는 **안정성**(safety)

- 부적절한 시스템 개조로부터의 **보존성**(integrity)

- 변경과 수리를 통한 **유지 · 보수성**(maintainability)

- 정보의 **기밀성**(confidentiality)

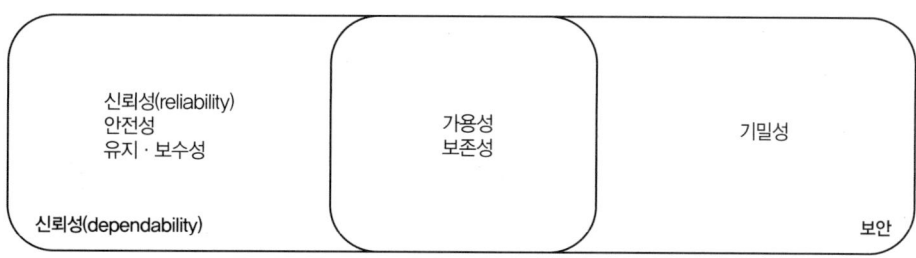

그림 1-29 아비지니스 등[Avi04]에 의해 설명되는 신뢰성과 보안

임베디드 시스템은 점점 더 악의적인 공격에 시달린다. 그러나 문제의 원천이 무엇이든 간에, 많은 임베디드 시스템은 결함이 있더라도 적절하게 작동해야만 한다.

1.6.1 왜 신뢰성 있는 임베디드 시스템인가?

애플리케이션 요구 신뢰성

많은 임베디드 시스템은 고도의 신뢰성을 필요로 하지는 않는다. 어떤 가전제품은 아주 저렴하기 때문에 한 번 쓰고 버린다. 대부분의 많은 시장은 고도로 신뢰성 있는 임베디드 컴퓨터를 요구하지 않는다. 그러나 다음과 같은 임베디드 컴퓨터들은 고도로 신뢰성 있게 구축되어야 한다.

- 자동차 전자장비

- 항공 전자장비

- 의료장비

- 주요 통신장비

임베디드 컴퓨터는 또 구매 데이터나 의료 정보와 같은 주요 데이터를 다룰 수도 있다.

신뢰성의 정의는 상황에 따라 많이 달라질 수 있다. 분명히 한 번에 여러 주 동안 실행되면서 중단되지 않는 컴퓨터 시스템은 존재한다. 한 예로 전화 교환 시스템은 1년에 다운 시간이 30초 미만이 되도록 설계되어 왔다.

새로운 문제

신뢰성 있는 디지털 시스템 설계에 대한 연구는 수십 년 전으로 거슬러 올라간다. 디지털 시스템이 장기간 아주 낮은 실패율로 작동되도록 다양한 아키텍처와 방법론들이 개발되었다. (전통적인) 신뢰성 있는 컴퓨터 설계와 신뢰성 있는 임베디드 시스템 설계 사이의 차이는 무엇일까?

첫째, 신뢰성 있는 임베디드 컴퓨터는 종종 분산 시스템이다. 자동차 전자장비, 항공 전자장비, 의료장비는 모두 고도로 신뢰성이 있어야 하는 분산 임베디드 시스템의 예이다. 분산 컴퓨팅은 신뢰성 있는 시스템을 설계할 때 유리할 수 있지만, 분산 컴퓨터가 잘못 설계되면 신뢰성이 크게 떨어질 수도 있다.

둘째, 임베디드 컴퓨터는 여러 가지 새로운 종류의 공격에 취약하다. 시스템 컴퓨터는 전통적으로 물리적으로는 액세스할 수 없는 서버나 장비였다. 즉, 물리적인 보안은 오랫동안 컴퓨터 보안을 위한 핵심적인 전략이었다. 그러나 임베디드 컴퓨터는 일반적으로 보호되지 않는 환경에서 작동한다. 이것은 새로운 종류의 결함이나 공격을 허용하며, 따라서 새로운 보호 방법을 필요로 한다.

1.6.2 신뢰성 있는 시스템 설계의 기초

결함의 원인

신뢰성 있는 시스템은 결함(faults)으로부터 복구되도록 설계된다. 여기서 결함은 영구적(permanent)이거나 일시적(transient)일 수 있다. 결함의 원인은 많은데, 몇 가지는 다음과 같다.

- **물리적 결함**(physical faults)은 제조 결함, 방사선 장애 등에 의해 야기된다.

- **설계 결함**(design faults)은 부적절하게 설계된 시스템의 결과이다.

- **운영상의 결함**(operational faults)은 사람의 오류, 보안 위반, 잘못 설계된 인간-컴퓨터 인터페이스 등으로부터 온다.

이런 결함이 어떻게 발생했고 이것이 시스템에 어떤 영향을 미칠지에 대한 세부 내용은 다를 수 있지만, 시스템 사용자는 실제로 무엇이 문제를 일으켰는지에 관심을 두지 않으며, 단지 시스템이 문제에 적절히 반응했다고 생각한다. 결함이 제조 결함에서 왔든 보안 문제에서 왔든, 시스템은 사용자에 대한 결함의 영향을 최소화하는 쪽으로 반응해야 한다.

시스템 신뢰성 측정 기준

사용자는 시스템을 실패시키는 문제에 의해서가 아니라, 그것을 얼마나 신뢰할 수 있는가에 의해 시스템을 판단한다. 몇 가지 측정 기준이 시스템 신뢰성을 수치화하는 데 사용된대Sie98].

고장 간 평균 시간(mean time to failure, MTTF)은 잘 알려진 측정 기준이다. 일련의 완벽하게 작동하는 시스템을 시간 0 에 주었을 때, MTTF 는 이 시스템들 중 하나가 처음으로 실패하는 예상 시간이다. 이것은 많은 수의 시스템들을 위해 정의되었지만, 단일 시스템의 신뢰성을 파악하는 데도 종종 사용된다. 고장 간 평균 시간은 다음 수식에 의해 계산될 수 있다.

$$MTTF = \int_0^\infty R(t)\,dt$$

(수식 1-8)

여기서 $R(t)$는 시스템의 신뢰성 함수이다.

시스템의 신뢰성 함수(reliability function)는 시스템이 기간 $[0, t]$ 내에 제대로 작동할 확률을 나타낸다. $R(0) = 1$ 이고 $R(t)$는 시간에 비례해서 단조롭게 감소한다.

장애 함수(hazard function) $z(t)$는 구성요소의 실패율이다. 확률 함수가 주어질 때 장애 함수는 다음과 같이 정의된다.

$$z(t) = \frac{pdf}{1 - CDF}$$

(수식 1-9)

결함의 특성화　결함(faults)은 경험적으로 측정되거나 확률 분포에 의해 모델링될 수 있다. 일반적으로 경험적 연구는 적절한 확률 분포를 선택하는 기초가 된다. 결함을 위한 한 가지 일반적인 모델은 지수 분포이다. 이 경우, 장애 함수는 다음과 같다.

$$z(t) = \lambda$$

(수식 1-10)

결함을 모델링하는 데 사용되는 또 하나의 함수는 와이불 분포(Weibull distribution)이다.

$$z(t) = \alpha\lambda(\lambda t)^{\alpha - t}$$

(수식 1-11)

이 수식에서 α는 형상 매개변수(shape parameter)이고, λ는 척도 매개변수(scale parameter)이다. 와이불 분포는 정상적으로는 수학적으로 풀어야 한다.

많은 하드웨어 컴포넌트에서 경험적으로 관찰되는 분포는 그림 1-30 과 같은 욕조 함수(bathtub function)이다. 욕조 곡선은 욕조의 단면도와 비슷한데서 그 이름이 유래되었다. 하드웨어 컴포넌트는 한계 상황의 컴포넌트들이 빨리 실패함으로써 조기 사망 현상을 일반적으로 보여주고, 그 후에는 오랫동안 실패가 거의 없다가 내구성 메커니즘에 의해 뒤이어 실패가 증가한다.

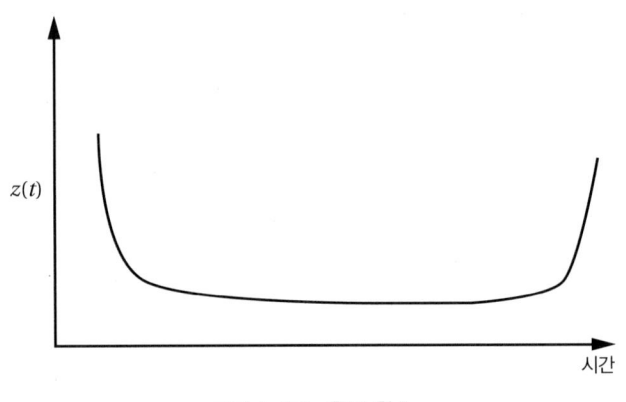

그림 1-30 욕조 함수

결함에 따르는 조처   결함이 발생한 후에 시스템은 여러 가지 조처를 취할 수 있다. 일반적으로 이런 조처들 중 일부는 시스템을 실행 조건으로 되돌아오도록 하기까지 차례대로 적용된다. 가장 약한 조처에서부터 가장 까다로운 조처 순으로 나열하면 다음과 같다.

- **실패**(fail) : 너무나 많은 시스템들이 심지어 오류를 감지하려는 노력조차 하지도 않고 실패한다.

- **감지**(detect) : 오류가 감지될 수 있다. 시스템이 이 시점에 중단한다 하더라도 감지기에 의해 제공되는 진단 정보는 유용할 수 있다.

- **정정**(correct) : 오류가 정정될 수 있다. 메모리 오류는 일상적으로 정정된다. 간단한 정정은 시스템에 장시간의 혼란을 초래하지는 않는다.

- **복구**(recover) : 복구는 간단한 정정보다 더 많은 시간을 소요할 수 있다. 예를 들어, 복구는 시스템 동작에 눈에 띄는 중단을 야기할 수 있다.

- **저지**(contain) : 시스템은 실패가 시스템의 많은 부분을 훼손하지 않도록 하는 절차들을 취할 수 있다. 이것은 예를 들어, 메모리의 많은 부분을 교체하게 할 수 있는 소프트웨어 또는 하드웨어의 실패일 경우 특히 필요하다.

- **재구성(reconfigure)** : 결함을 저지하는 한 가지 방법은 시스템을 재구성해서 시스템의 다른 부분들이 어떤 처리를 하도록 하는 것이다. 예를 들어, 결함이 있는 장치는 비활성화되고 다른 장치가 그 작업을 수행하도록 하는 것이다.

- **재시작(restart)** : 시스템을 재시작하는 것은 오류의 영향을 없애는 최선의 방법일 수 있다. 이것은 일시적 오류(transient errors)와 소프트웨어 오류의 경우에 특히 그러하다.

- **수리(repair)** : 시스템을 수리하기 위해 하드웨어 또는 소프트웨어 컴포넌트가 변경되거나 교체될 수 있다.

신뢰성 방법들   디지털 시스템을 더 신뢰성 있게 만들기 위해 여러 기법들이 개발되었다. 어떤 방법은 하드웨어에 더 적합하고, 다른 것은 소프트웨어에 더 적합하며, 또 어떤 것은 하드웨어와 소프트웨어에 모두 사용될 수 있다.

오류 정정 코드   오류 정정 코드(error-correction codes)는 오류 감지와 정정을 모두 수행하는 해밍(Hamming)에서 시작하여, 1950년대에 개발되었다. 이것은 일시적 또는 영구적 오류를 식별하고 정정하기 위해 디지털 시스템 전반에 걸쳐 널리 사용된다. 어떤 종류의 오류가 감지되거나 정정되도록 보장하는 중복 정보(redundant information)를 도입한다. 예를 들어, 단일 오류 정정/이중 오류 감지(single-error correcting/double-error detecting) 코드는 단일 비트 내의 오류를 감지 및 정정할 수 있지만, 두 비트 오류를 감지는 하지만 정정하지는 못한다.

투표 시스템   투표(voting) 체계는 고수준의 추상화를 점검하는 데 종종 사용된다. 잘 알려진 투표 방법의 한 가지는 그림 1-31에 보인 3중 모듈화 중복(triple modular redundancy)이다. 계산 장치 C는 세 개의 복사본 C_1, C_2 그리고 C_3를 가진다. 세 장치는 모두 동일한 입력을 받는다. 별도의 장치가 각 입력에 의해 생성된 결과들을 비교한다. 만약 세 결과가 모두 다르다면, 어떤 정정 결과도 주어지지 않는다.

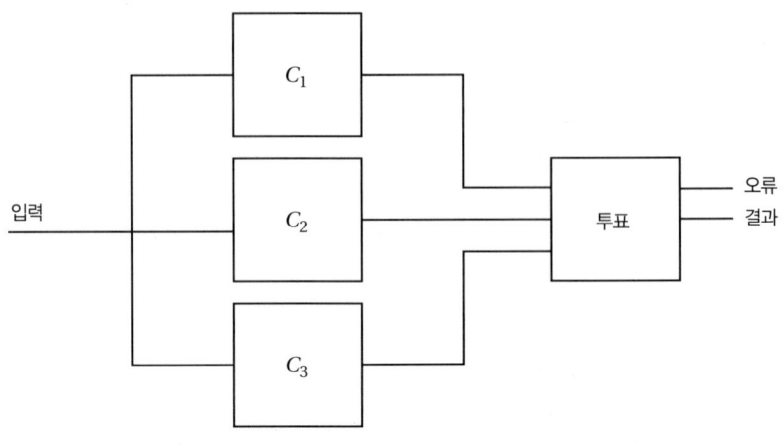

그림 1-31 3중 모듈화 중복

감시 타이머   감시 타이머(watchdog timer)는 시스템 문제를 감지하는 데 널리 사용된다. 그림 1-32에서처럼, 감시 타이머는 감시할 시스템에 연결된다. 만약 감시 타이머가 작동 되면(roll over) 이것은 시스템에 오류 인터럽트를 발생시킬 **완료**(done) 신호를 생 성한다. 작동될 기회를 가지기 전에 이 타이머를 리셋시키도록 시스템은 설계되어 야 한다. 따라서 감시 타이머로부터 오는 완료 신호는 이 시스템이 어떻게든 부적절 하게 동작한다는 것을 나타낸다. 감시 타이머는 다양한 결함을 지키는 데 사용될 수 있다.

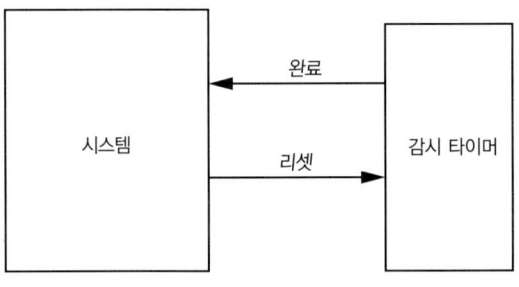

그림 1-32 감시 타이머

설계 다양성   설계 다양성(design diversity)은 어떤 시스템적인 오류가 설계에 잠복할 수 있는 기회를 줄이기 위한 설계 방법론이다. 설계에서 주어진 종류의 여러 모듈 인스턴스 를 요구할 때, 모든 곳에 같은 종류의 모듈을 사용하는 대신 이 모듈의 다른 구현들 을 사용한다. 예를 들어, 여러 CPU를 가지는 시스템에서 모든 곳에 같은 종류의

CPU를 사용하는 대신, 다른 종류의 CPU를 여러 개 사용할 수 있다. 그림 1-31에서의 3중 모듈화 중복 시스템에서는 투표를 위한 결과를 생성하는 컴포넌트들은 모두 같은 설계 오류에 직면하지 않도록 하기 위해, 다른 구현들로 구성될 수 있다.

1.6.3 새로운 공격과 대책

물리적 액세스

임베디드 컴퓨터가 범용 컴퓨터보다 더 취약한 핵심적인 이유는 많은 임베디드 컴퓨터를 공격자가 물리적으로 액세스할 수 있다는 점이다. 물리적인 보안은 범용 시스템의 정보를 보호하는 데 사용되는 중요한 기법이다. 즉, 서버는 잠재적인 공격자로부터 물리적으로 격리되는 것이다. 중요한 데이터를 가진 임베디드 컴퓨터를 물리적으로 사용할 수 있을 때, 공격자는 하드웨어와 소프트웨어에 관한 훨씬 더 많은 정보를 얻을 수 있다. 이 정보는 특정 노드를 공격하는 데 사용될 수 있을 뿐만 아니라, 이 모델의 다른 노드들을 해치기 위한 방법을 공격자가 개발하는 것도 도와준다.

인터넷 공격

임베디드 시스템에 대한 공격은 인터넷 액세스에 의해 훨씬 더 쉬워진다. 오늘날 많은 임베디드 시스템이 인터넷에 연결되어있다. 바이러스가 다운로드될 수 있고, 다른 종류의 공격이 인터넷을 통해 행해질 수 있다. 시비오렉(Siewiorek) 등[Sie04]은 세계적인 규모(global volume)가 신뢰성 있는 컴퓨팅 시스템의 핵심 동향이라고 주장한다. 매년 수 억 대의 네트워크화된 장치들이 주로 정식 교육을 거의 받지 못한 사용자들에게 판매되고 있다는 점을 지적한다. 많은 수의 장치들과 교육받지 못한 사용자들의 조합은, 이전에는 기계실에서 비밀스럽게 수행되던 많은 처리가 이제는 자동화되고, 대중들에게 안전하게 배포될 수 있어야 하며, 이 시스템들이 결함과 악의적인 공격에 견디도록 설계되어야 함을 의미한다.

자동차에 대한 공격

그러나 많은 파괴적인 문제는 인터넷 액세스가 없이도 야기될 수 있다. 예를 들어, 자동차에 대해서 살펴보자. 많은 최신 자동차는 엔진을 제어하기 위해 마이크로프로세서를 사용하며, 자동차 전체에 걸쳐 다른 마이크로프로세서들도 많이 사용된다. 예를 들어, 엔진 제어기 내의 소프트웨어는 어떤 환경에서 자동차의 엔진이 멈추도록 변경될 수 있다. 이것이 자동차 한 대에서 발생할 때는 귀찮고 가끔은 위험하겠지만, 많은 수의 자동차들이 동시에 멈추도록 프로그램되었다면 결과적으로 큰 피해를 낼 수 있는 교통사고가 발생할 수 있다. 만약 도로 상에서 자동차들이 멈추도록 프로그램되었다면, 이런 종류의 프로그램된 사고는 틀림없이 더 심각할 것이다.

자동차가 엔진 제어기 소프트웨어에 대해 인터넷 액세스를 제공한다면 엔진 정지 사고는 분명히 더 광범위하게 일어날 것이다. 시제품 자동차는 내부 네트워크에 적어도 부분적으로는 인터넷 액세스가 되는 것을 보여준다. 그러나 반드시 인터넷이 활성화된 자동차가 필요한 것은 아니다. 자동차 광들은 그들의 엔진 특성을 바꾸기 위해 20년 이상 엔진 제어기의 프로그램을 바꿔왔다. 악의적인 공격자는 자동차 수리점을 통해 바이러스를 확산시킬 수 있다. 자동차 내부에 인터넷 액세스를 추가하면 더 다양한 공격자들에게 문을 열어주는 격이 될 것이다.

배터리 공격

한 가지 새로운 종류의 공격은 배터리 공격(battery attack)이다. 이 공격은 배터리를 방전함으로써 노드를 비활성화시키려고 한다. 만약 노드가 배터리로 작동된다면, 이 노드의 전력 관리 시스템은 네트워크 동작에 의해 파괴될 수 있다. 예를 들어, 인터넷을 통해 한 노드에 대해서 계속 핑(ping)을 하면 의도된 것보다 더 자주 작동하게 되고, 배터리를 더 빨리 방전시키게 된다.

배터리 공격은 휴대폰이나 PDA와 같이 배터리로 작동되는 장치에 대해서 명백한 위협이 된다. 예를 들어, 반복적으로 호출을 하도록 하는 휴대폰 바이러스를 생각할 수 있다. 휴대폰 바이러스는 이미 보고되었다[Jap05]. 그러나 많은 다른 장치들은 전선을 통해서 에너지를 받고 있으면서도 배터리를 사용한다. 이 배터리는 실시간 시계를 실행하든가(많은 PC에서처럼), 다른 시스템 상태를 관리하는 데 사용될 수 있다. 이런 종류의 장치에 대한 배터리 공격은 한동안 알아채지 못한다는 문제를 야기할 수 있다.

QoS 공격

서비스 거부 공격(denial-of-service attack)은 범용 컴퓨터에서 잘 알려져 있지만, 실시간 임베디드 시스템도 서비스 품질 공격(quality-of-service attack, QoS)에 취약할 수 있다. 네트워크가 실시간 데이터를 전달한다면, 전달 과정에서의 약간의 지연이 이 데이터를 무용지물로 만들 수 있다. 이 데이터가 실시간 제어에 사용된다면, 이런 약간의 지연은 시스템을 실패시킬 수도 있다. 이런 위협을 타이밍 공격(timing attack)이라고 부르는데, 이것이 시스템의 실시간 특성을 바꾸기 때문이다. QoS 또는 타이밍 공격은 그 영향이 단지 정보에만 국한되지 않기 때문에 강력하다. 제어되고 있는 시스템의 역학(dynamics)이 시스템의 반응을 결정하는 데 도움이 된다. 만약 크고, 무겁고, 빨리 움직이는 개체가 제어되고 있다면, 타이밍에서의 비교적 작은 변화가 결과적으로 큰 피해를 낳을 수도 있다.

센서 네트워크에 대한 공격 우드(Wood)와 스탠코빅(Stankovic)[Woo02]은 네트워크 계층의 여러 수준에서 센서 네트워크에 대한 서비스 거부 공격을 수행하기 위해, 다음 목록에 간단히 설명된 여러 가지 방법들을 구분했다.

- **물리적 계층** : 끼워넣기(jamming), 변경(tampering)

- **링크 계층** : 충돌(collision), 소모(exhaustion), 불공정(unfairness)

- **네트워크 및 경로 배정 계층** : 무시(neglect)와 탐욕(greed), 간섭(horning), 잘못된 목적지 전환(misdirection), 블랙홀(black holes), 승인(authorization), 조사(probing), 중복(redundancy)

- **전송 계층** : 범람(flooding), 비동기화(desynchronization)

전력 공격 범용 컴퓨터보다 임베디드 컴퓨터에 대해 훨씬 더 쉽게 사용되는 공격의 예는 전력 공격(power attack)이다. 코처(Kocher) 등[Koc99]은 CPU의 전원 전류를 측정하는 것이 프로세서 내부 활동의 많은 것을 파악하는 데 사용될 수 있음을 보여준다. 이들은 전력 공격의 두 가지 방법을 개발했다. 단순 전력 분석(simple power analysis)은 수작업으로 추적을 관찰하고, 다양한 CPU 동작의 전력 소모 지식에 기초하여, 분기(branches)와 같은 프로그램 동작의 위치를 파악하려고 한다. 프로그램 동작에 기초하여 공격자는 키의 비트들을 추론해낸다. 차분 전력 분석(differential power analysis)은 동작과 키 비트들을 식별하기 위해 상관관계(correlation)를 사용한다. 이 공격의 원래 목표는 외부 카드 리더로부터 전력을 공급받는 스마트 카드였는데, 여러 임베디드 시스템에 적용될 수 있다.

물리적 보안 어떤 경우에는 내변경(tamper-resistant) 임베디드 시스템을 구축하는 것이 가능하다. 전자 장치를 감지 및 분석하기 어렵게 만들면 공격자의 동작을 느리게 만든다. 칩 내의 정보를 제한하는 것도 공격자가 데이터를 찾아내는 것을 저지하는 데 도움이 된다.

1.7 가전제품

가전제품 장치들은 갈수록 복잡해지고, 장치의 핵심 기능과는 그다지 상관이 없는 서비스를 제공하기 위해 임베디드 컴퓨터에 의존하고 있다. 예를 들어, 음악 재생기 는 파일을 저장하거나 암호화를 수행한다.

가전제품 장치들은 더 쉽게 사용하고 집안의 오디오 및 비디오 데이터를 액세스하 도록 하기 위해 네트워크에 연결될 수 있다. 이 절에서는 가전제품 장치에 사용되는 네트워크를 살펴보고, 이어서 가전 장치에 네트워크를 통합하는 데 따르는 어려움 을 살펴본다.

1.7.1 블루투스

인간 영역 네트워크

블루투스(Bluetooth)는 사람에게 가깝게 장치들을 연결하기 위해 설계된 인간 영역 네트워크(personal area network)이다. 블루투스 라디오는 2.5GHz 스펙트럼에서 작동한다. 고급 안테나라면 30 미터까지 범위를 확장할 수 있지만, 이 무선 연결은 전형적으로 2 미터 내에서 동작한다. 블루투스 네트워크는 하나의 주 장치(master) 와 활성화된 7 개의 종 장치(slaves)를 가질 수 있으며, 총 255 개까지 더 많은 종 장 치들이 대기할 수 있다. 블루투스의 저수준 통신 메커니즘은 주·종 동기화를 필요 로 하지만, 고수준 블루투스 프로토콜은 주·종이 없이 일반적으로 점 대 점(peer-to-peer) 네트워크로 작동한다.

전송 그룹 프로토콜

그림 1-33 은 OSI 모델의 계층 1 과 2 에 속하는 **전송 그룹 프로토콜**(transport group protocols)이다.

- 물리적 계층은 기본 라디오 기능을 제공한다.

- **기저대역**(baseband) 계층은 주·종 관계와 주파수 도약(frequency hopping)을 정의한다.

- **링크 관리자**(link manager)는 대역폭이나 서비스 품질(quality-of-service)과 같은 링크 특성을 교섭하기 위한 메커니즘을 제공한다.

- **논리적 링크 제어 및 적응 프로토콜**(logical link control and adaptation protocol, L2CAP)은 주파수 도약과 같은 기저대역 계층의 동작을 숨긴다.

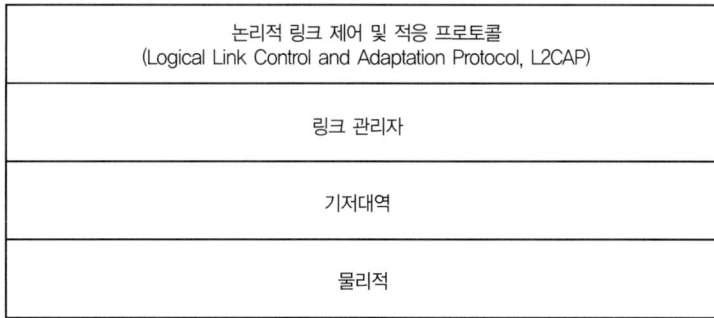

그림 1-33 블루투스 전송 프로토콜

물리적 계층   블루투스 라디오는 주파수 도약 확산 스펙트럼(frequency-hopping spread spectrum)을 사용하여 전송하는데, 이것은 여러 개의 라디오가 간섭 없이 같은 주파수 대역에서 동작하도록 해준다. 이 대역은 1MHz 폭의 79 개 채널로 분할되는데, 블루투스 라디오는 초당 1,600 홉(hop)의 속도로 이 주파수들 사이를 도약한다. 라디오의 전송 전력도 제어될 수 있다.

기저대역 계층   기저대역 계층은 라디오들에 의해 합의된 의사 난수 열(pseudorandom sequence)에 따라 주파수 도약을 선택한다. 또 수신기가 확산 스펙트럼 신호를 제대로 복호화할 수 있도록 라디오 신호 강도를 제어한다. 또한 기저대역 계층은 매체 액세스 제어를 제공하고, 패킷의 종류와 처리를 결정한다. 그리고 라디오 전력을 제어하고, 실시간 시계를 제공하며 기본 보안 알고리즘을 제공한다.

링크 관리자   링크 관리자(link manager)는 여러 기능을 제공하기 위해 기저대역 계층에서 구축된다. 이것은 어떤 데이터 패킷을 다음에 보낼지 선택하는 전송 스케줄링을 수행한다. 전송 스케줄링은 QoS 약정(contracts)을 참작하며, 전반적인 전력 소모를 관리한다. 또 링크 관리자는 보안을 관리하며, 지정된 대로 전송을 암호화한다.

L2CAP 계층   L2CAP 계층은 범용 프로토콜과 블루투스 스택 저수준 사이의 인터페이스 역할을 한다. 이것은 주로 비동기식 전송을 제공하며, QoS 정보를 교환하기 위해 높은 계층들도 허용한다.

미들웨어 그룹 프로토콜   미들웨어 그룹 프로토콜(middleware group protocol)은 폭넓게 사용되는 프로토콜들을 제공한다. 이것은 범용 통신을 위한 직렬 포트 추상화와 IrDA 적외선 네트워크와 상호작용하기 위한 프로토콜들을 제공하며, 서비스 발견 프로토콜도 제공한다. 또 블루투스는 전화 헤드셋에 널리 사용되므로, 전화 제어 프로토콜을 제공한다.

RFCOMM
블루투스 직렬 인터페이스는 RFCOMM으로 알려져 있다. 이것은 여러 논리적 직렬 통신을 하나의 라디오 채널로 다중화한다(multiplex). 이 신호는 전통적인 RS-232 직렬 표준과 호환된다. 원격 상태 및 구성, 특수화된 상태 및 구성, 연결 설정 및 종료와 같은 여러 가지 개선을 제공한다. RFCOMM은 링크의 단말들이 같은 프로세서 상에 있는지의 여부에 구애받지 않고 데이터 서비스를 제공하기 위해 단일 장치 내에 직렬 포트를 에뮬레이트할 수 있다.

서비스 발견 프로토콜
서비스 발견 프로토콜(service discovery protocol)은 네트워크 상의 서버 장치가 특정 서비스를 제공하는지를 블루투스 클라이언트 장치가 파악할 수 있도록 해준다. 서비스는 서비스 레코드(service record)에 의해 정의되는데, 이것은 <ID, 값> 속성들의 집합으로 구성된다. 모든 서비스 레코드는 클래스와 프로토콜 스택 정보와 같은 몇 가지 기본적인 속성들을 포함한다. 서비스는 성능(capabilities)과 같은 자체적인 속성을 정의할 수 있다. 서비스를 발견하기 위해 클라이언트는 서버에게 서비스의 종류를 묻는데, 그러면 서버는 서비스 레코드로 응답한다.

1.7.2 와이파이(WiFi)

와이파이(WiFi) 표준 군(*http://grouper.ieee.org/groups/802/11, http://www.wi-fi.org*)은 컴퓨터와 다른 장치들을 위한 무선 데이터 통신을 제공한다. 와이파이는 IEEE 802 위원회의 802.11이라고 알려진 표준 군이다. 원본 802.11 명세는 1997년에 승인되었다. 그리고 802.11b라고 알려진 개선된 버전이 1999년에 제출되었는데, 이 표준은 표준의 대역폭을 증가시키기 위해 개선된 부호화 방법을 사용했다. 나중에 표준은 훨씬 넓어진 대역폭을 제공하는 802.11a와 802.11b를 확장한 802.11g를 포함한다. 표 1-1은 이 네트워크들의 특성을 비교한다.

	대역폭	대역
802.11b	11 Mbps	2.4 GHz
802.11a	54 Mbps	5 GHz
802.11g	54 Mbps	2.4 GHz

표 1-1 802.11 명세들

전이중(full-duplex) 통신은 각 방향으로 하나씩 두 개의 라디오를 필요로 한다. 일부 장치들은 단 하나의 라디오만 사용하는데, 이것은 송신과 수신을 동시에 할 수 없음을 의미한다.

1.7.3 네트워킹 가전 장치

네트워킹 가전 장치(networked consumer devices)는 특히 가정오락 분야에서 다양한 기능을 제안해 왔다. 그러나 이 시스템들은 아직 그 잠재력을 완전히 실현하지 못했다. 이런 시스템들을 구축할 때 발생하는 어려움을 이해하는 데 도움을 받기 위해 간단한 조사를 해보자.

네트워크 구성   그림 1-34는 오락 지향 홈 네트워크의 전형적인 구성이다.

- PC는 음악, 이미지, 영화 등의 파일 저장을 위한 서버 역할을 한다. 오늘날 디스크 드라이브는 다양한 음악이나 이미지를 저장하기에 충분한 크기이다.

- 어떤 장치는 PC에 영구적으로 부착되어야 한다. 예를 들어, USB 포트는 고품질 앰프를 위한 오디오 수신기에게 오디오를 보내는 데 사용될 수 있다.

- 휴대용 음악 재생기와 같은 모바일 장치는 기저(base)를 통해 PC에 도킹될 수 있으며, PC는 이 장치를 관리하는 데 사용된다.

- 다른 장치들은 무선 링크를 통해 연결될 수 있다. 이들은 서버에 연결되거나 서로 연결될 수 있다. 예를 들어, 디지털 비디오 레코더는 자체 저장 장치를 가지고, 다른 장치를 위해 비디오를 스트리밍할 수도 있다.

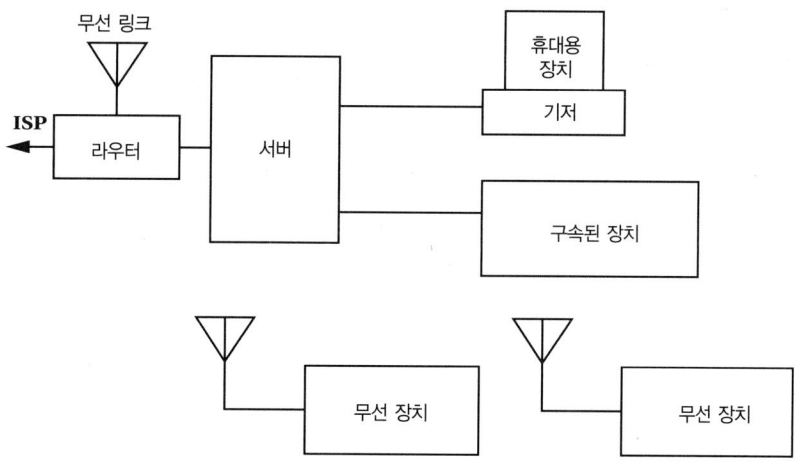

그림 1-34 네트워킹 가정오락 장치들

일부 회사에서는 오디오와 비디오를 위한 가정용 서버 장치들을 제안해 왔다. 범용 하드웨어로 구축된 이런 서버들은 매체를 다루기 위해 특수화된 인터페이스를 제공한다. 이들은 또 DVD로부터 영화를 읽기 위한 DVD 드라이브와 같은 캡처 하부 시스템(capture subsystems)을 포함할 수 있다.

구성 오락을 위한 홈 네트워크의 설계에서 큰 어려움은 구성 가능성(configurability)이다. 소비자들은 컴포넌트들을 네트워크 상에서 동작시키는 데 시간을 허비하려고 하지 않는다. 대부분 이 장치들은 키보드를 가지고 있지 않으므로 구성이 아주 어렵고, 여러 수준의 네트워크 계층이 구성되어야 한다. 분명히 물리적 및 링크 수준의 매개변수들은 구성되어야 한다. 그러나 구성의 다른 중요한 측면은 서비스 발견과 구성이다. 네트워크에 추가된 각 장치는 그것이 다른 어떤 장치들과 작동될 수 있는지, 다른 어떤 장치로부터 서비스를 받을 수 있는지, 네트워크의 다른 곳으로 어떤 서비스를 제공해야 하는지를 판단해야 한다.

소프트웨어 아키텍처 가전 네트워크를 위한 미들웨어를 개발하는 데 자바가 사용되어 왔다. 자바는 여러 다른 플랫폼 상에서 효율적으로 수행될 수 있는데, 이것은 소프트웨어 개발을 단순화할 뿐만 아니라, 장치들이 서비스를 제공하기 위해 자바 코드를 교환할 수 있도록 해준다.

1.7.4 고수준 서비스

오늘날의 가전 장치들은 많은 고급 서비스를 제공해야 한다. 이 서비스 중 일부는 원래 인터넷을 위해 개발되었고, 지금은 작은 장치들에 적용되고 있다. 다른 서비스는 가전 응용에 고유한 것들이다.

서비스 발견 서비스 발견(service discovery) 메커니즘은 인터넷에서 가끔 사용되어 왔는데, 지금은 가전 장치들의 네트워크 구성을 간단하게 하는 데 사용된다. 서비스 발견 메커니즘은 프로토콜과 데이터 스키마(data schema)이다. 데이터 스키마는 네트워크 상의 장치들이 제공하는 서비스를 설명하는 데 사용된다. 프로토콜은 장치들이 원하는 서비스들을 제공하는 네트워크 상의 노드들을 검색하도록 해준다.

다음 예제는 지니(Jini) 서비스 발견 프로토콜을 설명한다.

| 예제 1-7 | **지니(Jini)** |

지니(*http://www.jini.org*)[Shi05]는 자바 기반의 네트워크 서비스 발견 시스템이다. 서비스들은 자바 인터페이스 형식으로 정의된다. 따라서 구체적인 통신 프로토콜을 정의할 필요가 없다.

지니 **탐색 서비스**(lookup services)는 네트워크 상에서 사용할 수 있는 서비스를 나타내는 **서비스 프록시**(service proxies)를 가지고 있다. 클라이언트는 이 서비스 프록시를 다운로드할 수 있다. 지니 발견 프로토콜은 지니 서비스와 클라이언트가 통신하는 방법이다. 서비스는 자신을 탐색 서비스에 추가하기 위해 **가입 프로토콜**(join protocol)을 사용한다. 이때 네트워크 환경에 따라 멀티캐스트 또는 유니캐스트를 사용할 수 있다. 일반적으로 멀티캐스트는 근거리 통신망(LAN)에서 사용되고, 유니캐스트는 원거리 통신망(WAN)에서 사용된다.

서비스 프록시는 특정 서비스를 위한 자바 인터페이스 형식의 구현이다. 이것은 그래픽 사용자 인터페이스, 장치와 대화하는 데 필요한 프로토콜, 그리고 장치 드라이버를 제공한다.

클라이언트는 주어진 서비스를 위한 **임대**(lease)를 얻는다. 임대는 전용이거나 공용일 수 있다. 임대는 주어진 기간 동안 서비스를 클라이언트에게 제공하는 느슨한 약정(loose contract)이다. 임대에 포함된 시간 만료는 다양한 문제로부터 네트워크가 복구될 수 있도록 해준다.

디지털 저작권 관리

디지털 저작권 관리(digital rights management, DRM)는 멀티미디어 애플리케이션을 위해 발전되어온 새로운 종류의 서비스이다. DRM은 PC나 가전 장치에서 사용될 수 있다. 어떤 경우, PC는 핸드 헬드 장치(handheld device)의 저작권을 관리하는 데 사용된다. DRM은 라이선스 동의 약정을 강요하는 프로토콜이다. 디지털 매체는 복제될 수 있으므로, 저작권 소유자와 매체 회사는 음악, 영화 그리고 다른 종류의 저작권이 보호된 자료가 컴퓨터 시스템에서 사용되는 방법을 제한하는 데 사용되는 어떤 절차를 요구해 왔다. 저작권이 보호된 작품은 몇 번 재생될 수 있는지, 몇 대의 기계에서 재생될 수 있는지, 만료 일자 등과 같은 몇 가지 제약 사항과 함께 판매될 수 있다. DRM은 저작권이 보호된 작품에 부착된 저작권을 파악하고 이 저작권을 장치에 강요한다.

디지털 저작권 관리는 암호화를 사용하지만, 그 자체는 암호화 이상이다. 암호화된 작품이 일단 해독되면, 자유롭게 사용 및 변경될 수 있다. DRM 시스템은 내용물(content)과 이에 연관된 저작권 정보를 모두 암호화할 수 있지만, 내용물의 생명주기 전체와 이것이 사용되는 장치에 이 저작권을 강요한다.

그림 1-35는 DRM 시스템의 아키텍처를 보여준다. 내용물 제공자는 저작권이 보호된 자료 자체를 배포하는 데 필요한 인프라뿐만 아니라, 라이선스 서버도 관리한다. 각 매체 장치에 디지털 저작권 관리 모듈이 설치된다. DRM 모듈은 내용물의 특정 부분과 연관된 저작권을 획득하기 위해 라이선스 서버와 통신한다. 또 DRM 모듈은 사용할 수 있는 저작권이 강요될 수 있도록 내용물을 사용하는 매체 장치의 하부 시스템과도 통신한다.

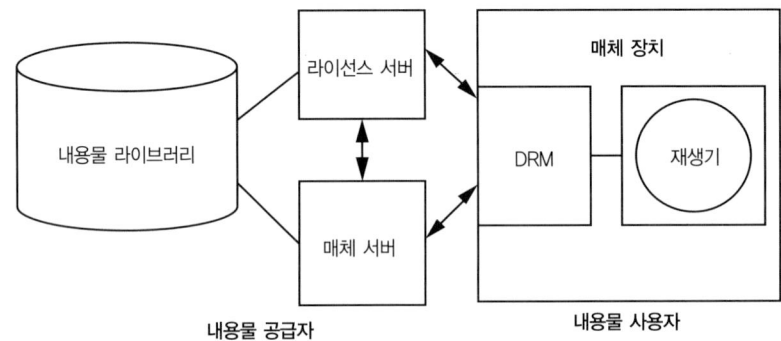

그림 1-35 디지털 저작권 관리 시스템의 아키텍처

다음 예제는 윈도우즈 매체 저작권 관리자(Windows Media Rights Manager)를 설명한다.

예제 1-8

윈도우즈 매체 저작권 관리자

윈도우즈 매체 저작권 관리자는 디지털 저작권 관리를 강요하기 위해 윈도우즈 미디어 플레이어(Windows Media Player)와 다른 멀티미디어 소프트웨어에서 사용된다.

윈도우즈 매체 저작권 관리자와 함께 사용되는, 저작권이 보호된 작품은 내용물을 암호화하여 제공한다. 암호화되고 별도로 배포되는 라이선스 개체에는 키가 포함된다. 라이선스 서버는 지불 또는 다른 허가를 점검함으로써 라이선스에 대한 요청을 인증한다. 내용물의 재생이 먼저 요청되거나 라이선스가 수작업으로 요청될 때는 라이선스 요청이 자동으로 촉발된다.

윈도우즈 매체 저작권 관리자에 의해 제공되는 라이선스는 만료일자, 재생 횟수, 내용물이 안전 디지털 음악 구상(Secure Digital Music Initiative, SDMI)과 호환되는 재생기에서 재생될 수 있는지의 여부, 라이선스가 백업 및 복구될 수 있는지의 여부와 같은 여러 조건들을 지정할 수 있다.

1.8 요약과 미리보기

고성능 임베디드 컴퓨팅 시스템의 설계자들은 여러 가지 기술을 숙지할 것이 요구된다. 그들은 일상적인 감각에서 뿐만 아니라, 실행할 수 있는 모델을 만드는 데까지 시스템 명세(specification)에 전문가여야 한다. 또 하드웨어와 소프트웨어 모두의 기본적인 아키텍처 기술을 이해해야 하며, 하드웨어와 소프트웨어 모두에 대한 성능과 에너지 소모를 분석할 수 있어야 한다. 그리고 설계 작업의 모든 절차에서 하드웨어와 소프트웨어 사이의 거래(trade-offs)를 만들 수 있어야 한다.

이 책의 나머지 부분
이 책의 나머지 부분은 간단한 구성요소부터 복잡한 시스템으로 대략 상향식으로 진행할 것이다. 2 장에서 4 장까지는 단일 프로세서에 집중한다.

- 2 장은 CPU(임베디드 시스템 설계자가 사용할 수 있는 마이크로 아키텍처의 범위를 포함하여), 프로세서 성능 그리고 전력 소모를 다룬다.

- 3 장은 언어, 설계 그리고 프로그램의 효율적인 실행 가능 버전으로 컴파일하는 방법을 포함하여 프로그램을 살펴본다.

- 4 장은 실시간 스케줄링과 운영체제를 검토한다.

5 장에서 7 장까지는 다중 프로세서에 고유한 문제들에 집중한다.

- 5 장은 다중 프로세서 하드웨어 아키텍처의 분류와, 임베디드 시스템 설계를 최적화하는 데 유용한 다중 프로세서 구조의 종류를 소개한다.

- 6장은 다중 프로세서를 위한 소프트웨어를 살펴본다.

- 7장은 애플리케이션 특유의 다중 프로세서를 만드는, 하드웨어/소프트웨어 공동 설계의 방법을 설명한다.

우리가 배운 것

- 많은 임베디드 컴퓨팅 시스템이 표준에 기초한다. 표준이 적용되는 형태는 임베디드 시스템을 설계하는 데 사용되는 방법론에 영향을 미친다.

- 임베디드 시스템은 새로운 종류의 보안 및 신뢰성 위협에 취약하다. 실시간 제어를 수행하는 임베디드 컴퓨터는 특별한 관심을 불러일으킨다.

추가로 공부할 것

웹 사이트 *http://www.chiariglione.org*는 MPEG의 탁월한 설명을 포함한다. 리 (Lee)와 산지오바니-빈센텔리(Sangiovanni-Vincentelli) 팀은 임베디드 컴퓨팅을 위한 계산 모델을 연구했다. 시비오렉(Siewiorek)과 쉬발쯔(Swarz)[Sie96]는 신뢰성 있는 컴퓨터 시스템 설계의 고전적인 교과서이다. 스토레이(Storey)[Sto96]는 안전 필수 컴퓨터에 대한 자세한 설명을 제공한다. 리의 [Lee DATE] 책은 디지털 통신을 설명한다. 라비(Ravi) 등[Rav04]은 임베디드 시스템을 위한 보안 위협과 기법들을 조사한다.

연습 문제

Q1-1. 임베디드 컴퓨팅 시스템의 필수적인 특성들은 무엇인가?

Q1-2. 상용화된 제품을 사용하여, 다음과 같이 두 가지 예를 들어라.
  a. 임베디드 하드웨어 아키텍처
  b. 임베디드 소프트웨어 아키텍처

Q1-3. 디지털 라디오의 어떤 부분이 가장 유용한 병렬성을 제공하는가(복조기인지 오류 정정기인지)? 그 이유는?

Q1-4. 터보 코드(Turbo codes)는 엄격한 실시간 마감 시간 내에 복호화될 수 있는가? 그 이유는?

Q1-5. 4개의 입력, 4개의 출력을 가진 DCT 계산을 위한 데이터 흐름도를 그려라.

Q1-6. 비디오 압축기가 16×16 매크로 블록 상에서 동작 추정을 수행한다. 검색 필드는 수직으로 31 픽셀, 수평으로 41 픽셀이다.

    a. 검색 영역에서 모든 점을 검색한다면, 하나의 매크로 블록을 위한 동작 벡터를 찾기 위해 몇 개의 SAD 동작을 수행해야 하는가?

    b. 검색 영역에서 16 개의 점을 검색한다면, 하나의 매크로 블록을 위한 동작 벡터를 찾기 위해 몇 개의 SAD 동작을 수행해야 하는가?

Q1-7. 처리량(throughput)과 지연 시간(latency) 중에서 임베디드 시스템에 더 중요한 것은 무엇인가? 그 이유는?

Q1-8. 하드웨어 설계자 생산성과 소프트웨어 설계자 생산성은 임베디드 시스템 설계와 연관이 있는가? 그 이유는?

Q1-9. 왜 나선형(spiral) 개발 모델은 폭포수(waterfall) 모델보다 개선된 것으로 간주되었는가?

Q1-10. 다음에서 중요한 특성들은 무엇인가?

    a. 임베디드 컴퓨팅 시스템을 위한 소프트웨어 설계 방법론

    b. 하드웨어 설계 방법론

    c. 완전한 하드웨어/소프트웨어 방법론

Q1-11. 표준의 참조 구현을 이 표준을 위한 임베디드 시스템 구현의 출발점으로 우리가 사용한다면, 이 참조 구현을 우리 설계의 동작을 검증하기 위해서도 사용할 수 있을까? 그 이유는?

Q1-12. 데이터 흐름도의 핵심적인 특성들은 무엇인가?

Q1-13. DAG 방식의 데이터 흐름도의 동작을 유한 상태 기계로 설명하는 것이 가능한가? 그 이유는?

Q1-14. 페트리 네트(Petri net)의 핵심적인 특성들은 무엇인가?

Q1-15. 한 쌍의 프로세스들이 고정 크기 버퍼를 통해 통신한다. 프로그램이 이 버퍼를 결코 넘치지 않게 할 것이라는 것을 어떻게 증명할 것인가? 그 이유는?

Q1-16. 그림 1-29 에 주어진 의존성과 보안 특성들이 각각 다음에 어떻게 적용되는지를 설명하라.

        a. 자동차 전자장비 시스템

        b. 휴대폰

Q1-17. 무선 네트워크에서 계산과 통신 에너지를 구분하라. 여러분의 가정을 기술하라.

        a. 노드가 두 개의 16비트 정수를 받고 이들을 서로 곱하는 데 필요한 계산과 통신을 파악하라.

        b. 계산과 통신 에너지의 함수로 전체 시스템 에너지를 설명하라.

Q1-18. n개의 노드와 통신 버스를 가진 임베디드 컴퓨팅 네트워크의 MTTF를 계산하기 위해 (수식 1-8)을 수정하라.

Q1-19. 1.6.2절에서 설명한, 결함에 따르는 조처들 중 어떤 것이 CD의 한 부분을 읽는 데 실패한 CD 플레이어에 적용되어야 하는가?

Q1-20. 어떤 종류의 임베디드 시스템이 배터리 공격에 취약한가?

Q1-21. 디지털 저작권 관리 모듈을 포함해야 하는 휴대용 매체 재생기를 설계하고 있다. DRM 기능을 범용 프로세서 또는 특수화된 암호화 프로세서 중 어떤 것에서 구현해야 하는가? 그 이유는?

실습 문제

L1-1. 여러분의 취향대로 장치를 선택하고, 이것이 임베디드 컴퓨터를 사용하는지의 여부를 파악하라. 가능한 한, 이 장치의 하드웨어 내부 아키텍처도 파악하라.

L1-2. 임베디드 컴퓨터를 가진 장치에 포함된 코드의 양을 추정하라.

L1-3. cdma2000 신호를 복호화하는 데 얼마나 많은 계산이 필요할까?

L1-4. QCIF(176×120) 해상도에서 MPEG-4 비디오 신호를 복호화하는 데 얼마나 많은 계산이 필요할까?

L1-5. 두 가지 다른 계산 통신 모델을 사용하여 설명될 수 있는 임베디드 컴퓨팅 시스템의 한 예를 들어라.

L1-6. 공격을 막도록 설계된 인터넷 가능한 가정용 난방 및 에어컨 시스템의 시스템 아키텍처를 작성하라. 인터넷 공격과 물리적 공격을 모두 고려하라.

chapter **02**

CPU

- 임베디드 프로세서의 구조적 메커니즘
- 임베디드 CPU의 병렬성
- 코드 압축과 버스 부호화
- 보안 메커니즘
- CPU 시뮬레이션
- 구성 가능한 프로세서

2.1 소개

중앙 처리 장치(CPU)는 임베디드 시스템의 심장이다. CPU 하나를 사용하든, 다중 프로세서를 구성하기 위해 여러 개의 CPU를 결합하든, 임베디드 컴퓨팅을 강력하게 만드는 효율성과 일반성을 명령어 집합의 실행이 제공한다.

많은 수의 CPU가 임베디드 애플리케이션을 위해 특별히 설계되었거나, 또는 다른 용도로 개발된 것에서 적응해왔다. 애플리케이션의 특성에 맞는 CPU를 만들기 위해 설계 도구를 사용할 수도 있다. 어떤 경우든, CPU 특성을 현재의 작업에 맞추기 위해 다양한 메커니즘들이 사용될 수 있다. 이런 메커니즘들 중 일부는 범용 컴퓨팅에서 빌려온 것이고, 나머지는 임베디드 시스템을 위해 특별히 개발된 것이다.

이 장은 CPU 설계 공간(design space)에 대한 간단한 소개로 시작한다. 그 후 2.3절의 RISC와 DSP, 2.4절의 VLIW, 슈퍼스칼라(superscalar) 및 관련된 방법들을 포함하여 프로세서들의 주요 범주를 살펴본다. 2.5절에서는 최악의 경우보다는 나은 설계(better-than-worst-case design)처럼 새로운 가변 성능 기법들(variable-performance techniques)을 살펴본다. 2.6절에서는 메모리 계층구조의 설계를 공부하며, 2.7절에서는 코드 압축과 버스 부호화와 같은 추가적인 CPU 메커니즘들을 살펴본다. 2.8절에서는 CPU 시뮬레이션을 위한 기법들을 조사하고,

2.9 절에서는 개인화된 프로세서 설계를 위한 몇 가지 방법론과 기법들을 소개한다.

2.2 프로세서 비교

임베디드 시스템 설계자가 직면하는 가장 중요한 작업 중 하나는 CPU의 선택이다. 다행히 설계자들은 광범위한 프로세서들에 대한 선택권을 가지므로, 문제의 요구사항에 가깝게 일치하도록 CPU를 선택할 수 있으며, 심지어 자신의 CPU를 설계할 수도 있다. 일부 CPU들을 더 자세히 검토하기 전에, 먼저 절에서는 임베디드 CPU들을 평가하는 데 사용되는 측정 기준들을 간단히 살펴본다.

2.2.1 프로세서 평가

프로세서들은 여러 가지 방법으로 평가할 수 있다. 많은 경우 측정 기준(metrics)을 사용하지만, 평가 대상이 되는 어떤 특성은 정량화하기가 어렵다.

성능 성능(performance)은 프로세서의 핵심적인 특성이다. 다른 분야에서는 다른 방식으로 '성능'이라는 용어를 사용하는 경향을 보인다. 예를 들어, 이미지 처리에서는 이미지 품질을 나타내는 데 이 단어를 사용하는 경향이 있으며, 컴퓨터 시스템 설계자는 프로그램이 실행되는 속도를 나타내는 데 성능을 사용한다.

우리는 컴퓨터의 성능을 몇 개의 명령어 창(window of a few instructions)이라는 측면에서 미시적으로 보거나, 큰 프로그램의 관점에서 거시적으로 볼 수 있다. 미시적인 관점에서는 지연 시간 또는 처리량을 고려한다. 그림 2-1은 몇 개의 명령어 실행을 보여주는 간단한 파이프라인 다이어그램이다. 이 그림에서 *지연 시간* (latency)은 한 명령어가 시작부터 끝까지 수행되는 데 필요한 시간을 말하고, *처리량*(throughput)은 명령어가 완료되는 속도를 말한다. 한 명령어를 실행하는 데 몇 클록 사이클이 소요되더라도, 프로세서 측면에서는 각 사이클마다 하나의 명령어를 끝낼 수 있다.

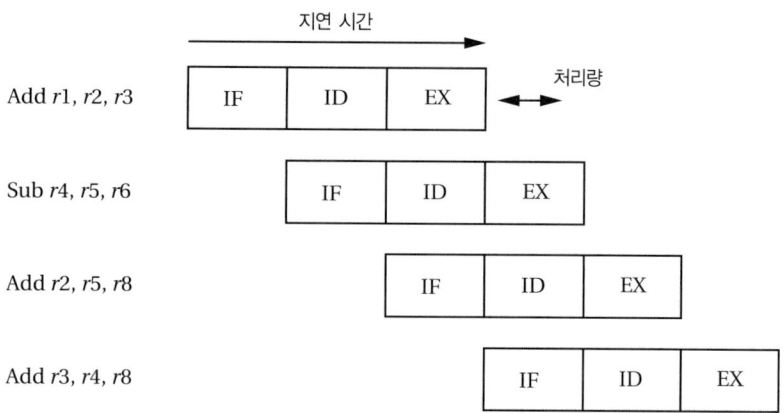

지연 시간

Add r1, r2, r3 | IF | ID | EX | 처리량

Sub r4, r5, r6 | IF | ID | EX

Add r2, r5, r8 | IF | ID | EX

Add r3, r4, r8 | IF | ID | EX

그림 2-1 명령어 실행에서의 지연 시간과 처리량

프로그램 수준에서는 컴퓨터 설계자가 **평균 성능**(average performance) 또는 **최고 성능**(peak performance)도 언급한다. 최고 성능은 명령어 처리량이 최고 속도로 진행되고 모든 프로세서 자원들이 완전히 사용된다고 가정하고 계산된다. 그러나 대부분의 경우, 프로세서의 평균 성능을 계산하는 쉬운 방법은 없으며, 일반적으로 예제 데이터에 대한 벤치마크 집합을 실행하여 이를 측정한다.

그러나 임베디드 시스템 설계자들은 **최악 경우 성능**(worst-case performance) 또는 **최선 경우 성능**(best-case performance)에 대해서 자주 언급한다. 이것은 단순한 프로세서의 특성은 아니며, 주어진 프로세서 상에서 실행되는 특정 프로그램에 대해서 판단하는 것이다. 다음 장들에서 설명하겠지만, 최악 경우 실행을 야기하는 데 사용되는 입력 집합을 결정하는 것은 어렵기 때문에, 이것은 일반적으로 분석에 의해 결정된다.

비용

*비용*은 프로세서에서 또 하나의 중요한 척도로, 이 경우에는 프로세서의 구입 가격을 의미한다. VLSI 설계에서의 비용은 칩 비용과 밀접한 연관을 가지는, 프로세서를 구현하는 데 필요한 실리콘 영역으로 주로 파악한다.

에너지와 전력

에너지(energy)와 전력(power)은 CPU의 핵심 특성이다. 최신 프로세서에서 에너지와 전력 소모는 특정 프로그램과 데이터의 정확한 결과를 위해 측정되어야 한다. 최신 프로세서는 에너지 소모를 즉석에서(on-the-fly) 관리할 수 있는 다양한 기법들을 사용하는데, 이것은 단순한 에너지 소모 모델로는 정확한 결과를 얻을 수 없음을 의미한다.

측정 불가 특성   측정하기에 어려운 프로세서들을 평가하기 위한 다른 방법들이 있다. 예측 가능성 (predictability)은 임베디드 시스템을 위한 중요한 특성인데, 실시간 시스템을 설계할 때 우리는 실행 시간을 예측할 수 있기를 원한다. 예측 가능성은 파이프라인에서 메모리 시스템에 이르는 많은 특성들에 의해 영향을 받으므로, 단순한 예측 가능성 모델을 찾기는 어렵다.

보안(security)도 임베디드 프로세서를 포함한 모든 프로세서에서 중요한 특성이다. 시스템에 대한 성공적인 공격을 알지 못한다는 사실 때문에(그러나 이것은 그런 공격이 존재하지 않는다는 것을 의미하지는 않는다), 보안은 본질적으로 측정할 수 없다.

2.2.2 프로세서 분류

프로세서들은 여러 범주에 따라 분류할 수 있다. 이 범주들은 어느 정도 상호작용을 하지만, 문제의 특성에 기초하여 프로세서의 종류를 선택할 수 있도록 도와준다.

플린(Flynn)[Fly72]은 잘 알려진 프로세서 분류를 만들었다. 그는 처리되는 데이터의 양과 실행되는 명령어의 수라는 두 축에 따라 프로세서를 분류한다. 이 분류는 다음의 범주들을 포함한다.

- 단일 명령어 단일 데이터(single-instruction, single-data, SISD) : 이것은 오늘날 RISC 프로세서로 더 잘 알려져 있다. 명령어들의 단일 스트림이 단일 집합의 데이터에 대해 동작한다.

- 단일 명령어 다중 데이터(single-instruction, multiple-data, SIMD) : 이 기계는 각각 자신의 데이터를 가지고 있는 여러 처리 요소들을 포함한다. 그러나 이들은 모두 자신의 데이터에 대해 고정된 방식으로 같은 연산을 수행한다.

- 다중 명령어 다중 데이터(multiple-instruction, multiple-data, MIMD) : 여러 처리 요소들이 자신의 데이터와 자신의 프로그램 카운터를 가진다. 프로그램은 고정된 방식으로 실행될 필요가 없다.

- 다중 명령어 단일 데이터(multiple-instruction, single-data, MISD) : 상용 컴퓨터 중 이 범주에 속하는 것은 거의 없다.

RISC 대 CISC 명령어 집합 방식(instruction set style)은 기본적인 특성 중 하나이다. RISC/CISC 구분은 잘 알려져 있다. 이 구분은 성능과 관련이 있는데, RISC 프로세서는 더 쉽게 파이프라인을 구현하고 처리량을 증가시킬 수 있도록 고안되었다. 그러나 명령어 집합 방식은 코드 크기도 함축하고 있으며, 이것은 비용과 성능 그리고 전력 소모(캐시 활용을 통해)에도 역시 중요할 수 있다. CISC 명령어 집합은 RISC 보다 더 작은 프로그램을 만들 수 있게 해주며, 아직도 일부 프로세서에는 작은 목적 코드를 필요로 하는 애플리케이션을 위해 단단하게(tightly) 부호화된 명령어 집합들이 존재한다.

단일 배출 대 다중 배출 명령어 배출 폭(instruction issue width)은 프로세서 성능에서 중요한 한 측면이다. 사이클 당 하나 이상의 명령어를 배출할 수 있는 프로세서는 일반적으로 프로그램을 더 빨리 실행한다. 그러나 이것은 증가된 전력 소모와 더 높은 비용의 대가로 얻어진다.

정적 대 동적 스케줄링 밀접하게 연관된 한 가지 특성은 명령어들이 어떻게 배출되는가 하는 것이다. 명령어들의 정적 스케줄링(static scheduling)은 프로그램이 작성될 때 결정된다. 반면, 동적 스케줄링(dynamic scheduling)은 실행 시간에 어떤 명령어가 배출될지를 결정한다. 동적으로 스케줄링되는 명령어 배출은 프로세서가 명령어를 배출하는 방법을 선택할 때 데이터 의존적인 동작을 취할 수 있도록 해준다. 슈퍼스칼라(superscalar)는 동적 명령어 배출을 위한 일반적인 기법이다. 일반적으로 동적 스케줄링은 정적 스케줄링보다 훨씬 더 복잡하고 값비싼 프로세서를 필요로 한다.

벡터와 스레드 명령어 배출 폭과 스케줄링 메커니즘은 병렬성을 제공하는 한 가지 방법일 뿐이다. 새로운 종류의 병렬성과 동시성을 제공하기 위해 다른 많은 메커니즘들이 개발되었다. 벡터 처리(vector processing)는 일반적으로 선형 대수에 흔한 연산들을 수행하는, 1차원 또는 2차원 배열 상에서 수행되는 명령어들을 사용한다. 다중 스레딩(multithreading)은 프로세서가 여러 실행 스레드 사이를 빠르게 전환할 수 있도록 해주는, 작은 단위의(fine-grained) 동시성 메커니즘이다.

2.2.3 임베디드 대 범용 프로세서

범용 프로세서는 다양한 상황에서 잘 작동하도록 설계된 것이다. 임베디드 프로세서는 융통성이 있어야 하지만, 가끔 특정 애플리케이션에 맞춰질 수도 있다. 그 결과, 범용 CPU 의 설계에 일반적으로 적용되는 일부 설계 법칙이 임베디드 컴퓨터에는 맞지 않는다. 게다가, 매년 많은 수의 임베디드 컴퓨터가 판매되고 있는 점을 감안할 때, 여러 애플리케이션 분야는 개인화된 아키텍처를 만들기 위해 시간을 투자할 가치가 있도록 만든다. 매년 수십억 개의 8 비트 프로세서가 판매될 뿐만 아니라, 수억 개의 32 비트 프로세서가 임베디드 애플리케이션을 위해 판매된다. 휴대폰은 32 비트 CPU 의 최대 단일 애플리케이션을 차지한다.

RISC 대 임베디드

RISC 설계의 한 가지 원칙은 단일 사이클 명령어인데, 이것은 하나의 명령어는 파이프라인의 각 단계에서 한 클록 사이클을 소비한다는 것이다. 이로써 한 단계에서의 명령어가 끝나기를 기다리면서 다른 단계들이 멈추지 않도록 보장된다. 그러나 프로세서 설계의 가장 기본적인 목표는 효율적인 애플리케이션 성능인데, 이것은 다양한 방법으로 달성할 수 있다.

RISC 의 파이프라이닝에서 강조되는 한 가지는 한 사이클 내에 복호화되기 쉬운, 단순화된 명령어 형식이다. 그러나 단순한 명령어 형식은 결과적으로 코드 크기를 증가시킨다. 인텔 아키텍처는 개수를 줄인 피연산자와 단단한(tight) 연산 코딩을 가진, 많은 수의 CISC 형식의 명령어들을 가진다. 좋은 컴파일러로 생성되었을 때 인텔 아키텍처의 코드가 가장 작아진다. 코드 크기는 성능에 영향을 미칠 수 있는데, 프로그램이 커질수록 캐시 활용의 효율성이 떨어지기 때문이다. 2.7.1 절에서 단단하게 코딩된 명령어를 자동으로 생성하는 코드 압축에 대해 알아볼 것이다. 복잡한 명령어 복호화 절차로 인한 성능 저하를 줄이기 위해 몇 가지 기법이 개발되었다.

2.3 RISC 프로세서와 디지털 신호 프로세서

이 절에서는 임베디드 컴퓨팅의 일꾼인 RISC 와 DSP 에 대해서 살펴본다. 우리의 목표는 어떤 특정 임베디드 프로세서를 철저하게 설명하는 것이 아니다(이 작업은 데이터 시트와 매뉴얼이 해야 할 일이다). 그 대신 우리는 이 프로세서들의 중요한 측면들을 설명하고, CPU 아키텍처에 대한 RISC 와 DSP 의 접근법을 비교 및 대조하고, 범용과 임베디드 프로세서들의 다른 주안점을 살펴보고자 한다.

2.3.1 RISC 프로세서

오늘날 *RISC*라는 용어는 단일 배출(single-issue) 프로세서를 나타내는 데 종종 사용된다. 이 용어는 원래 복잡 명령어 집합 컴퓨터(complex instruction set computer, CISC) 아키텍처와의 비교에서 나왔다.

파이프라인 설계 RISC 아키텍처의 특징은 파이프라이닝이다. 범용 프로세서는 클록 속도가 증가하면서 더 긴 파이프라인으로 발전되어 왔다. 파이프라인이 더 길어지면서 이들의 적절한 작동을 위한 제어는 더 복잡해졌다. 임베디드 프로세서의 파이프라인도 다음과 같은 ARM 계열[Slo04]에서 볼 수 있듯이, 더 정교해진 제어와 함께 훨씬 더 길어졌다.

- ARM7은 인출(fetch), 복호화(decode), 실행(execute)으로 구성되는 3단계 파이프라인을 사용한다. 이 파이프라인은 아주 간단한 제어만을 필요로 한다.

- ARM9는 인출, 복호화, ALU, 메모리 액세스, 레지스터 기록으로 구성되는 5단계 파이프라인을 사용한다. 이것은 분기 예측은 수행하지 않는다.

- ARM11은 8단계 파이프라인을 사용한다. 그 구조는 그림 2-2와 같다. 이것은 잘못 예측된 분기(mispredicted branch)의 6사이클 벌칙(six-cycle penalty)을 수습하기 위해 동적 분기 예측을 수행한다. 파이프라인은 여러 개의 독립적인 완료 단계들을 가지며, 명령어들이 개별적으로 완료될 수 있도록 제어된다.

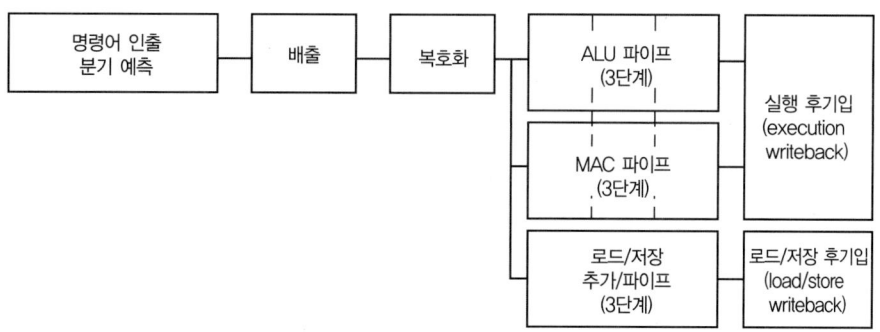

그림 2-2 ARM11 파이프라인[ARM05]

MIPS 아키텍처(*http://www.mips.com*)는 여러 군들(families)을 포함한다. MIPS32 4K 군은 5단계 파이프라인을 가진다. MIPS32 4KE 군은 DSP 애플리케

이션 특유의 확장을 포함한다. MIPS32 4KS 군은 보안 애플리케이션을 위해 설계되었는데, 이것은 전력 공격 대응, 암호화 개선 등의 특성들을 포함한다.

파워피씨(PowerPC) 군은 여러 제조업체가 제공한다. PowerPC 400 시리즈 [Ext05]는 AMCC가 제공하며, 가변 구성을 가지는 여러 구성원들을 포함한다. 프리스케일 반도체(Freescale Semiconductor, *http://www.freescale.com*)는 각종 파워피씨 모델들을 제공하는데, 예를 들어 MPC7410은 두 개의 정수 및 하나의 배정도 부동소수점 처리기를 가지고, 매 사이클 당 두 개의 명령어와 하나의 분기를 배출할 수 있다. IBM 파워피씨 970FX[IBM05]는 고주파 동작을 위해 설계되었는데, 이것은 예를 들어, 대부분의 고정 소수점 레지스터 대 레지스터(fixed-point register-to-register) 연산을 위해 16개의 파이프라인 단계를 필요로 한다.

2.3.2 디지털 신호 프로세서

디지털 신호 프로세서(digital signal processor, DSP, 유감스럽게도 문헌에서는 DSP를 디지털 신호 프로세서(기계)와 디지털 신호 처리(수학의 한 분야, digital signal processing)를 둘 다 의미하는 것으로 사용한다)는 오늘날 마케팅 용어로 자주 사용된다. 그러나 그 원래의 기술적 의미는 아직도 어느 정도는 유용하다. AT&T DSP-16이 첫 번째 DSP 였다. 그림 2-3에서 볼 수 있듯이, 이것은 디지털 신호 프로세서를 정의하는 두 가지 특징을 소개하고 있다. 첫째, 이것은 기판 상의 곱셈기(onboard multiplier)를 가졌고, 곱셈 누적 명령어(multiply-accumulate instruction)를 제공했다. DSP-16이 설계된 시기는 실리콘이 아직 비쌀 때였는데, 곱셈기를 포함시킨 것은 중요한 구조적 결정이었다. 곱셈 누적 명령어는 디지털 신호 처리에서 일반적인 연산인 dest = src1 * src2 + src3 을 계산한다. 곱셈 누적 명령어를 정의한 것이 하드웨어를 상당 부분 효율적으로 만들었는데, 이것이 레지스터를 없애고, 두 개의 연산을 하나의 연산으로 결합함으로써 코드 밀도를 개선하고, 성능을 개선했기 때문이다. 둘째, DSP-16은 별도의 데이터와 명령어 메모리를 가진 하버드 아키텍처(Harvard-architecture)를 사용했다. 하버드 구조는 데이터 액세스가 메모리로부터 일관성 있는 대역폭에 의존할 수 있음을 의미했는데, 이것은 샘플링된 데이터 시스템(sampled-data systems)에서 특히 중요하다.

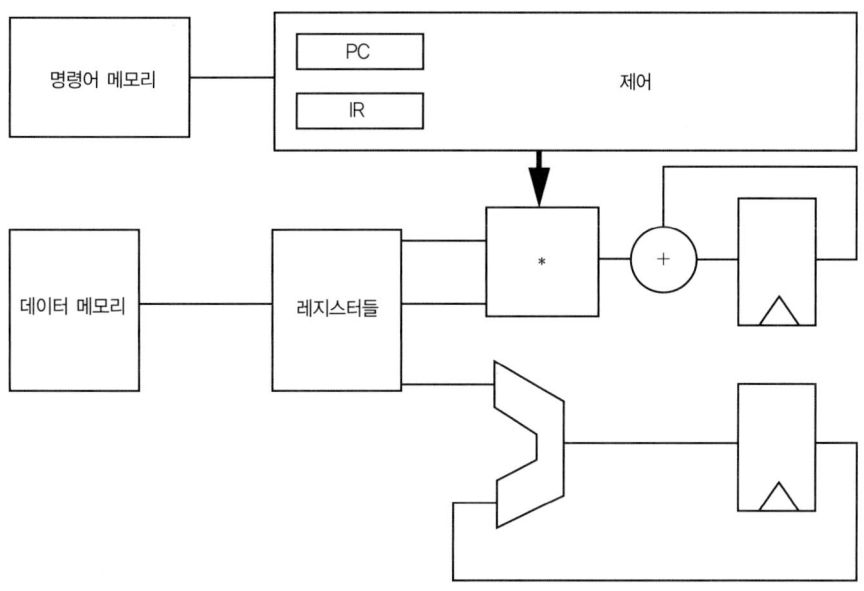

그림 2-3 곱셈 누적 장치와 하버드 아키텍처를 가진 DSP

RISC 아키텍처에서의 뚜렷한 동향 중 일부가 디지털 신호 프로세서에도 등장한다. 예를 들어, 고성능 DSP는 높은 클록 속도를 지원하기 위해 아주 깊은 파이프라인을 가진다. 디지털 신호 처리와 다른 애플리케이션에서 사용되는 최신 프로세서들 사이의 중요한 차이점은 레지스터 구성과 조작 부호(opcodes)에 있다. RISC 프로세서는 일반적으로 크고 표준적인 레지스터 파일들을 가지는데, 이것은 파이프라인 설계와 프로그래밍을 단순화시켜준다. 이와는 대조적으로, 많은 DSP들은 더 작은 범용 레지스터 파일들과, 하나 또는 몇 개의 선택된 레지스터만을 사용해야 하는 많은 명령어들을 가진다. 누산기(accumulator)는 아직도 DSP 아키텍처의 일반적인 특징이며, 다른 종류의 명령어들은 데이터의 원천 또는 목적지로 사용할 임의의 레지스터들을 필요로 한다. DSP는 또 종종 곱셈 누적, 비터비 부호화/복호화(Viterbi encoding/decoding) 등의 디지털 신호 처리를 위한 특수한 명령어들을 지원한다.

다음 예제는 고성능 DSP 의 한 군에 대해서 검토한 것이다.

예제 2-1 | **텍사스 인스트루먼츠 C5x DSP 군**

C5x 군[Tex01a; Tex01b]은 고성능 신호 처리를 위한 아키텍처이다. C5x 는 다음과 같은 기능을 지원한다.

- 40 비트 연산 장치가 32 비트 값과 고급 반올림 제어를 위한 8 보호 비트(guard bits)로 해석될 수 있다. 산술 논리 연산 장치(arithmetic logic unit, ALU)도 두 개의 16 비트 피연산자를 처리하도록 분할될 수도 있다.

- 배럴 시프터(barrel shifter)가 ALU 를 위해 임의의 시프터를 수행한다.

- 17×17 곱셈기와 덧셈기가 곱셈 누적 연산을 수행할 수 있다.

- 비교 장치(comparison unit)가 비터비 부호화/복호화를 가속시키기 위해 누산기의 높은 단어와 낮은 단어들을 비교한다.

- 단일 사이클의 지수 부호화기(exponent encoder)가 넓고 동적인 범위의 연산을 위해 사용될 수 있다.

- 두 개의 전용 주소 생성기(address generators)가 주소 계산을 수행한다.

C5x 는 다음과 같은 다양한 레지스터들을 포함한다.

- 상태(status) 레지스터들은 계산 결과나 프로세서 상태 등을 위한 플래그를 포함한다.

- 보조(auxiliary) 레지스터들은 16 비트 주소를 생성하는 데 사용된다.

- 임시 레지스터는 피승수(multiplicand) 또는 시프트 카운트를 보관할 수 있다.

- 전이(transition) 레지스터는 비터비(Viterbi) 연산을 위해 사용된다.

- 스택 포인터는 시스템 스택의 꼭대기를 가리킨다.

- 원형 버퍼 크기 레지스터(circular buffer size register)는 신호 처리에 일반적인 원형 버퍼를 위해 사용된다.

- 블록 반복(block-repeat) 레지스터들은 블록 반복 명령어들을 구현하는 것을 도와준다.

- 인터럽트 레지스터들은 인터럽트 시스템에 대한 인터페이스를 제공한다.

C5x 군은 다음과 같은 다양한 주소 지정 모드(addressing modes)를 정의한다.

- *ARn* 모드는 보조 레지스터들을 통한 간접 주소 지정을 수행한다.

- *DP* 모드는 DP 레지스터로부터 직접 주소 지정을 수행한다.

- *K23* 모드는 절대 주소를 사용한다.

- 비트 명령어들은 비트 모드 주소 지정을 제공한다.

RPT 명령어는 단일 명령어 루프를 제공한다. 이 명령어는 뒤이어 오는 명령어가 실행될 횟수를 결정하는 반복 카운트를 제공한다. 특수한 레지스터들이 루프의 실행을 제어한다.

C5x 군은 여러 종류의 구현을 포함한다. C54x 는 저성능의 구현인 반면, C55x 는 고성능 구현이다. C54x 파이프라인은 다음과 같은 여섯 단계를 가진다.

1. 프로그램 사전 인출(prefetch)은 PC 값을 프로그램 버스로 보낸다.

2. 인출(fetch)은 명령어를 로드한다.

3. 복호화(decode) 단계는 명령어를 해석한다.

4. 액세스(access) 단계는 피연산자 주소들을 버스들에 제공한다.

5. 읽기(read) 단계는 버스로부터 피연산자 값들을 얻는다.

6. 실행(execute) 단계는 연산을 수행한다.

C55x 마이크로 아키텍처는 프로그램 읽기 버스에 추가하여, 3 개의 데이터 읽기와 2 개의 데이터 쓰기 버스들을 포함한다.

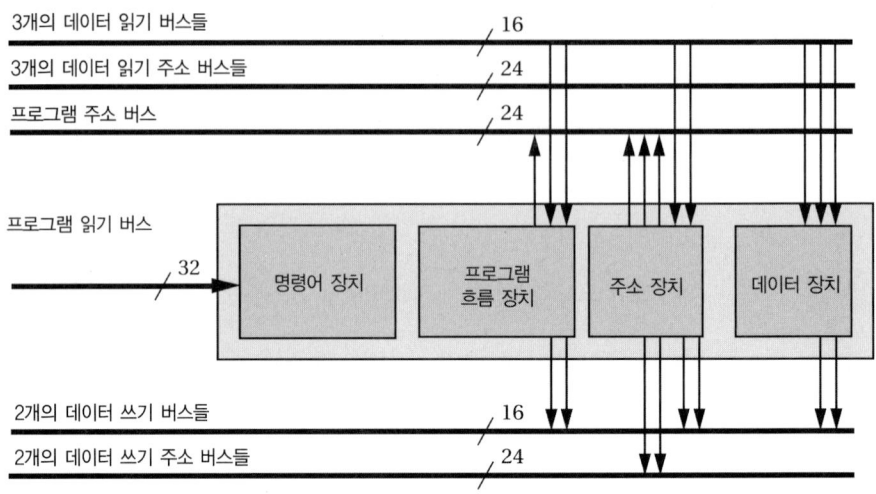

여기서 볼 수 있듯이, 두 단계로 나눠진 C55x 파이프라인은 C54x의 것보다 더 길고 복잡한 구조를 가진다. 인출 단계는 4개의 클록 사이클을 차지하며 실행 단계는 7개 또는 8개의 사이클을 차지한다.

인출 과정에서 사전 인출 1단계는 주소를 메모리로 보내고, 사전 인출 2단계는 응답을 기다린다. 그런 다음 인출 단계는 명령어를 받는다. 마지막으로, 사전 복호화 단계(predecode stage)는 복호화를 설정한다.

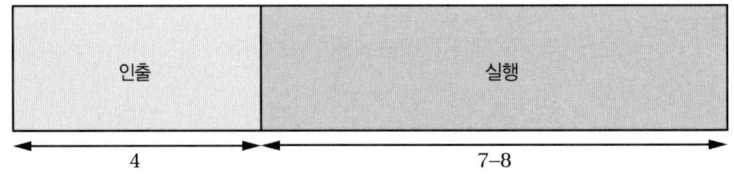

실행 과정에서 복호화 단계는 단일 명령어 또는 명령어 쌍을 복호화하고, 주소 단계는 주소 계산을 수행한다. 데이터 액세스 단계는 데이터 주소들을 메모리로 보내며, 읽기 사이클은 버스로부터 데이터 값들을 얻는다. 실행 단계는 연산을 수행하고 레지스터에 쓴다. 마지막으로, W와 W+ 단계는 값들을 메모리에 기록한다.

C55x는 3개의 계산 장치와 14개의 연산자를 포함한다. 일반적으로 이 기계는 사이클 당 2개의 명령어를 실행할 수 있다. 그러나 어떤 연산의 조합은 자원 제약 때문에 허용되지 않는다.

보조 처리기(co-processor)는 프로세서의 실행 장치에 의해 제어되는 실행 장치이다(반면, *가속기*(accelerator)는 레지스터에 의해 제어되며 조작 부호(opcodes)가 할당되지 않는다). 보조 처리기는 RISC 프로세서와 DSP 모두에서 사용되지만, DSP는 특히 복잡한 보조 처리기를 포함한다. 보조 처리기는 일반적인 신호 처리 연산을 구현하기 위해 명령어 집합을 확장하는 데 사용될 수 있다. 어떤 경우에 보조 처리기에서 제공되는 명령어들은 쉽게 다른 코드와 통합될 수 있다. 다른 경우에는 특별한 일련의 명령어들을 실행하도록 보조 처리기가 설계되며, DSP는 복잡한 다중 사이클 연산을 위한 순차기(sequencer) 역할을 한다.

다음 예제에서는 디지털 신호 처리를 위한 몇 가지 보조 처리기들을 살펴본다.

예제 2-2　**TI C55x 보조 처리기**

C55x는 이미지 처리와 비디오 압축에 사용되는 3개의 보조 처리기를 제공하는데, 하나는 픽셀 보간(pixel interpolation), 하나는 동작 추정, 또 하나는 DCT/IDCT 계산용이다.

픽셀 보간 보조 처리기는 동작 추정에 자주 사용되는 절반 픽셀(half-pixel) 계산을 지원한다. 다음 그림처럼 4개의 픽셀 A, B, C 그리고 D가 주어졌을 때, 중간 픽셀들인 U, M, R을 계산해보자.

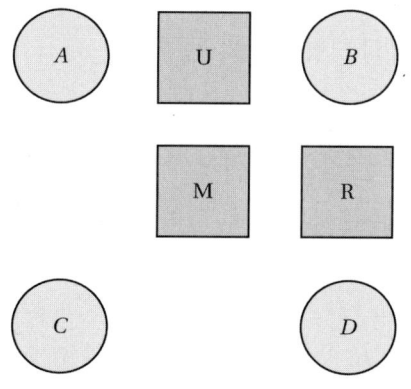

2개의 명령어가 이 작업을 지원한다. 첫 번째는 픽셀들을 로드하고 계산한다.

```
ACy 5 copr(K8, AC, Lmem)
```

K8은 제어 비트들의 집합이다. 두 번째는 다음과 같이 픽셀들을 로드하고 계산하고 저장한다.

```
ACy = copr(K8, ACx, Lmem) || Lmem = ACz
```

동작 추정 보조 처리기는 양식화된 사용 패턴(stylized usage pattern)을 중심으로 구축된다. 이것은 완전 검색(full search)과 세 종류의 발견적 방법 검색(heuristic search) 알고리즘들인 3단계, 4단계 그리고 절반 픽셀 정제를 포함한 4단계(four-step with half-pixel refinement)를 지원한다. 이것은 16×16 매크로 블록을 위한 하나의 동작 벡터 또는 4개의 8×8 블록들을 위한 4개의 동작 벡터를 생성할 수 있다. 기본 동작 추정 명령어는 다음과 같다.

```
[ ACx, ACy] = copr(K8, ACx, ACy, Xmem, Ymem, Coeff)
```

ACx와 ACy는 차이들의 누적된 합계이고, K8은 제어 비트들의 집합이며, Xmem과 Ymem은 검색 창의 홀수와 짝수 선들을 가리킨다.

DCT 보조 처리기는 1차원 DCT와 IDCT 계산을 위한 함수들을 구현한다. 이 장치는 8×8 DCT/IDCT를 지원하도록 설계되었고, 데이터 피연산자들이 필요한 시점에 사용될 수 있도록 특별한 명령어 열들이 사용되어야 한다. 보조 처리기는 누산기를 위한 로드/계산/전송, 메모리를 위한 계산/전송/기록 그리고 특수(special)라는 3종류의 명령어들을 제공한다.

다음 그림처럼 적절한 순서의 명령어들이 사용될 때, DCT/IDCT 루프의 몇 번의 반복이 보조 처리기에서 파이프라이닝된다.

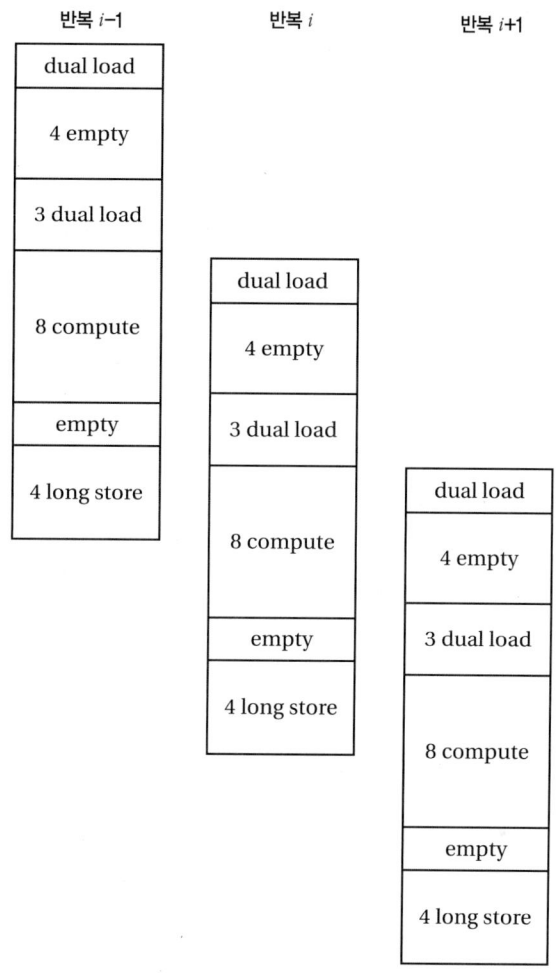

이 절에서는 프로세서가 병렬로 연산을 수행하는 다양한 방법을 살펴본다. 아주 긴 명령어 단어와 슈퍼스칼라 처리, 하부 단어 병렬성(subword parallelism), 벡터 처리, 그리고 스레드 수준의 병렬성을 검토할 것이다. 그리고 몇몇 임베디드 애플리케이션에서 사용할 수 있는 병렬성에 대한 간단한 검토로 이 절을 마칠 것이다.

2.4.1 아주 긴 명령어 단어 프로세서

아주 긴 명령어 단어(very long instruction word, VLIW) 아키텍처는 원래 범용 컴퓨터 프로세서로 개발되었지만, 임베디드 시스템에서 폭넓게 사용되어 왔다. VLIW 아키텍처는 비교적 낮은 하드웨어 비용으로 명령어 수준의 병렬성을 제공한다.

VLIW 기초

이 기법의 기본 원칙을 소개하기 위해 그림 2-4에서 VLIW 프로세서의 간단한 버전을 보여준다. 실행 장치는 큰 레지스터 파일에 연결된 기능 장치들의 풀(pool)을 포함한다. 오늘날의 VLIW 용어를 사용하면, 실행 장치는 명령어들의 패킷을 읽는다(패킷 내의 각 명령어는 기계의 기능 장치들 중 하나를 제어할 수 있다). 이상적인 VLIW 기계에서는 패킷 내의 모든 명령어가 동시에 실행된다. 최신 기계에서 패킷 내의 모든 명령어들을 퇴거시키는 데는 몇 개의 사이클이 필요할 수 있다. 슈퍼스칼라 프로세서와는 달리, 실행 순서는 명령어들이 패킷에 어떻게 그룹화되는지와 코드의 구조에 의해 결정된다. 즉, 현재 패킷 내의 모든 명령어가 완료될 때까지 다음 패킷은 실행을 시작하지 않는다.

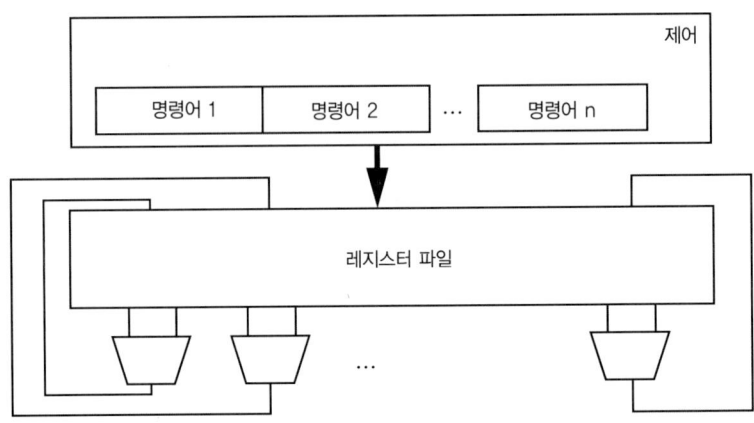

그림 2-4 일반적인 VLIW 프로세서의 구조

패킷 내의 명령어 구성이 실행의 스케줄링을 결정하므로, 병렬성을 식별하고 명령어를 스케줄링하기 위해 VLIW 기계는 강력한 컴파일러에 의존한다. 컴파일러는 자원 제한과 연관된 스케줄링 정책을 실행할 책임이 있다. 이에 대한 보상으로 실행 장치는 더 단순해지는데, 여러 자원들의 상호 의존성을 점검할 필요가 없기 때문이다.

크고 균일한 레지스터 파일 때문에, 이상적인 VLIW는 프로그램하기가 비교적 쉽다. 레지스터 파일은 기능 장치들 사이에 통신 메커니즘을 제공하는데, 각 기능 장치는 레지스터 파일 내의 임의의 레지스터에서 피연산자를 읽고, 임의의 레지스터에 결과를 쓸 수 있기 때문이다.

분할된 레지스터 파일들   여러 포트를 가지면서 크고 빠른 레지스터 파일을 구축하는 것은 유감스럽게도 어렵다. 그 결과, 많은 최신 VLIW 기계들은 그림 2-5 처럼 분할된 레지스터 파일을 사용한다. 그림에서 레지스터들은 두 개의 레지스터 파일로 분할되고, 각각은 두 개의 기능 장치들에 연결된다. 레지스터 파일과 이와 연관된 기능 장치들의 조합은 종종 클러스터(cluster)라고 불린다. 클러스터 버스는 레지스터 파일들 사이에 값을 이동하는 데 사용될 수 있다. 레지스터 파일에서 레지스터 파일로 이동하는 것은 구체적인 명령어를 사용하는 프로그램 제어 하에 수행된다. 그 결과, 분할된 레지스터 파일들은 컴파일러의 작업을 더 어렵게 만든다. 컴파일러는 레지스터 파일들에 값들을 분할해야 하고, 한 레지스터 파일에서 다른 레지스터 파일로 언제 값이 복사될지를 결정해야 하고, 필요한 이동 명령어를 생성해야 하고, 값이 나타나기를 기다리는 다른 연산들의 일정을 조정해야 한다. 그러나 VLIW 회로의 특성은 분할된 레지스터 파일 아키텍처로 설계할 것을 자주 요구한다.

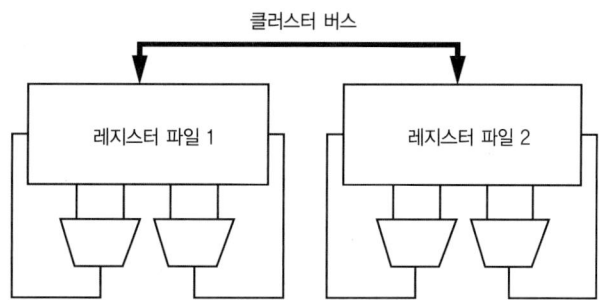

그림 2-5 VLIW 기계의 분할된 레지스터 파일들

VLIW의 사용   VLIW 기계는 많은 양의 데이터 병렬성을 가진 애플리케이션에 사용되어 왔다. 예를 들어, 트리미디어(Trimedia) 프로세서 군은 비디오 시스템에서 사용하기 위해 설계되었다. 비디오 알고리즘들은 종종 여러 픽셀에 대해 동시에 비슷한 연산을 수행하므로, 병렬 코드를 생성하는 것을 비교적 쉽게 해준다. VLIW 기계는 신호 처리와 네트워킹에도 사용되어 왔다. 예를 들어, 휴대폰 기저대역 시스템은 여러 채널에 대해 같은 신호 처리를 병렬로 수행해야 한다. VLIW 아키텍처를 사용하여 같은

명령어들이 다른 데이터 스트림 상에서 수행되도록 할 수 있다. 비슷하게, 네트워킹 시스템은 동시에 여러 패킷들에 대해 같거나 비슷한 연산을 수행해야 한다.

예제 2-3 은 VLIW 디지털 신호 프로세서를 설명하며, 예제 2-4 는 또 다른 VLIW 기계를 설명한다.

예제 2-3   **텍사스 인스트루먼츠 C6x VLIW DSP**

TI C6x 는 디지털 신호 처리를 위해 설계된 VLIW 프로세서이다. 다음은 C6x 칩의 블록 다이어그램이다.

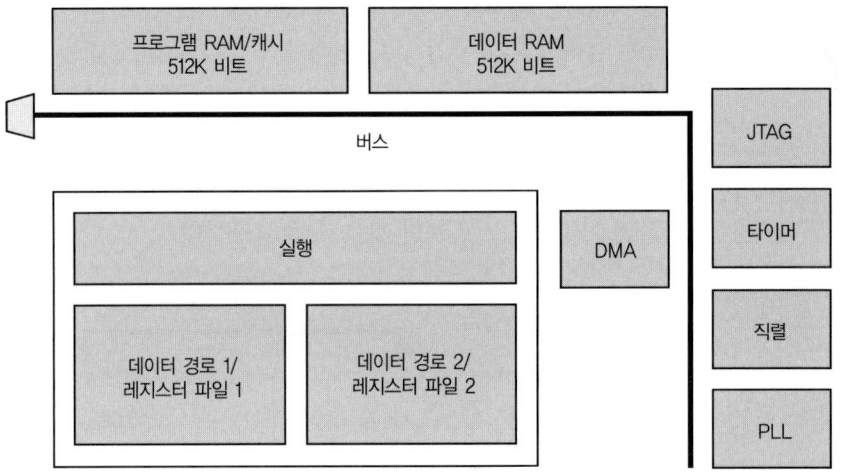

이 칩은 표준 장치들과 DMA 뿐만 아니라, 기판 상의 프로그램과 데이터 RAM 을 포함한다. 프로세서 중심부는 같은 구성을 가진 두 개의 클러스터를 포함한다. 각 레지스터 파일은 16 단어를 보유한다. 각 데이터 경로는 2 개의 로드 장치, 2 개의 저장 장치, 2 개의 데이터 주소 장치 그리고 2 개의 레지스터 파일 교차 경로(cross paths) 등과 같은 8 개의 기능 장치들을 가진다.

예제 2-4   **프리스케일 스타코어 SC140 VLIW 핵심**

스타코어(Starcore) 아키텍처는 모토롤라(지금의 프리스케일 반도체)와 애질 (Agere)에 의해 공동 설계되었다. SC140(http://www.freescale.com)은 스타코어 아키텍처를 구현한 것이다. SC140은 칩 설계에 사용될 수 있는 핵심(core)이다.

C6x 처럼, SC140은 두 개의 클러스터로 구성되어 있다. 그러나 C6x와는 달리, SC140의 두 클러스터는 다른 기능들을 수행한다. 한 클러스터는 데이터 처리를 위한 것인데, 4개의 데이터 ALU와 레지스터 파일을 포함한다. 또 다른 클러스터는 주소 연산을 위한 것인데, 2개의 주소 연산 장치와 자체적인 레지스터 파일을 포함한다.

MC8126은 4개의 SC140 핵심과 공유 메모리를 포함하는 칩이다.

2.4.2 슈퍼스칼라 프로세서

슈퍼스칼라 프로세서(superscalar processors)는 클록 사이클마다 하나 이상의 명령어를 배출한다. VLIW 프로세서와는 달리, 각 단계에서 어떤 명령어 조합이 배출될 수 있는지를 결정하기 위해 즉석에서(on-the-fly) 자원 충돌을 점검한다. 슈퍼스칼라 아키텍처는 데스크톱과 서버 아키텍처에서 우위를 점한다. 그러나 임베디드 분야에서는 슈퍼스칼라 프로세서가 데스크톱/서버 분야에서만큼 일반적이지는 않다. 임베디드 컴퓨팅 아키텍처는 단순한 성능보다는 와트 당 연산(operations per watt)과 같은 측정 기준에 의해 평가되는 경우가 더 많다.

예제 슈퍼스칼라 임베디드 프로세서   고성능 서버만큼은 아니지만, 놀랄 만큼 많은 수의 임베디드 프로세서들이 슈퍼스칼라 명령어 배출을 사용한다. 임베디드 펜티엄 프로세서는 순서대로 2개를 배출하는(two-issue, in-order) 프로세서이다. 이것은 2개의 파이프를 가지는데, 하나는 임의의 정수 연산을, 다른 하나는 단순한 정수 연산을 위한 것이다. 우리는 2.3.1 절에서 슈퍼스칼라 기법을 사용하는 다른 임베디드 프로세서들을 살펴본 바가 있다.

2.4.3 SIMD와 벡터 프로세서

많은 애플리케이션들이 효율적인 컴퓨팅 구조를 제공하는 데이터 수준의 병렬성을 제공한다. 게다가 이 데이터들 대부분은 비교적 작기 때문에, 병렬성을 더 잘 이용하도록 병렬 처리 장치들을 구축할 수 있게 해준다.

데이터 피연산자 크기

대부분의 프로그램에서 사용되는 변수들 중 많은 것이 작은 동적 범위를 가진다는 것을 다양한 연구에서 볼 수 있다. 그림 2-6은 프리츠(Fritts)[Fri00]에 의한 그런 연구 결과의 하나를 보여준다. 그는 미디어벤치(MediaBench) 벤치마크 군[Lee97] 내의 프로그램에서 데이터 형식들을 분석했다. 그 결과, 8비트(바이트)와 16비트 (반단어, half-word) 피연산자가 이 프로그램 군에서 우위를 점하는 것을 보여준다. 기능 장치의 폭을 피연산자 크기와 일치시키면, 단순히 단어 크기의 기능 장치들을 사용할 때보다 더 많은 기능 장치들을 주어진 실리콘 내에 넣을 수 있다.

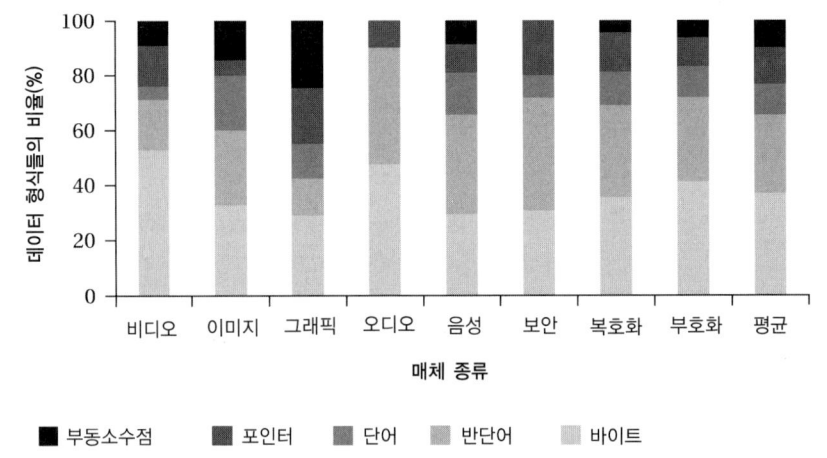

그림 2-6 미디어벤치(MediaBench) 벤치마크에서의 피연산자 크기. 프리츠(Fritts)[Fri00] 제공

하부 단어 병렬성

작은 피연산자 크기를 추구하는 하나의 기법이 하부 단어 병렬성(subword parallelism)[Lee94]이다. 이 프로세서의 ALU는 정상 모드에서 작동되거나, 여러 개의 작은 ALU들로 분할될 수 있다. 올림 연쇄(carry chain)를 깨뜨림으로써 ALU는 쉽게 분할될 수 있고, 이에 따라 비트 슬라이드(bit slides)가 독립적으로 작동한다. 각 하부 단어는 독립적인 데이터에 대해 연산을 수행하며, 연산들은 모두 같은 조작 부호(opcode)에 의해 제어된다. 같은 명령어가 여러 데이터 값들에 대해 수행되므로, 이 기법은 종종 SIMD 형태라고 불린다.

벡터화 (vectorization)

데이터 병렬성을 위한 또 하나의 기법이 벡터 처리(vector processing)이다. 벡터 처리는 수십 년 간 과학 분야 컴퓨터에 사용되어 왔다. 이것은 벡터 상에서 값들의 점 곱셈(dot products)과 같은 연산을 효율적으로 수행하도록 설계된 특수한 명령어들을 사용한다. 벡터 처리는 작은 데이터 값에 의존하지는 않지만, 더 작은 데이터 형식의 벡터는 주어진 하드웨어 상에서 병렬로 더 많은 연산을 수행할 수 있으며, 특히 데이터 경로 자원들을 관리하기 위해 하부 단어 병렬처리 방법이 사용될 때 더욱 그렇다.

다음 예제는 널리 사용되는 벡터 처리 아키텍처를 설명한다.

예제 2-5   **모토롤라 알티벡 벡터 아키텍처**

알티벡(AltiVec) 벡터 아키텍처[Ful98]는 파워피씨 아키텍처를 위해 모토롤라(지금의 프리스케일 반도체)가 정의한 것이다. 알티벡은 4 개의 32 비트 피연산자, 8 개의 16 비트 피연산자, 16 개의 8 비트 피연산자처럼 여러 크기의 피연산자로 분할될 수 있는 128 비트 벡터 장치를 제공한다. 레지스터 파일은 32 개의 128 비트 벡터를 벡터 장치에 공급한다. 이 아키텍처는 치환(permutation)과 같은 요소 간 연산뿐만 아니라, 한 요소 내의 논리적 및 산술적 연산을 포함하여, 여러 가지 연산들을 정의한다.

2.4.4 스레드 수준의 병렬성

프로세서는 스레드 수준 또는 작업 수준의 병렬성을 추구할 수 있다. 스레드 수준의 병렬성을 찾는 것이 (특히 임베디드 애플리케이션에서) 더 쉬울 수도 있다. 스레드의 동작은 명령어 수준의 병렬성보다 더 잘 예측할 수 있다.

다중 스레딩의 다양성   다중 스레딩(multithreading) 아키텍처는 각 스레드에 대해 별도의 레지스터를 제공해야 한다. 그러나 스레드 간 전환은 정형화되므로(stylized), 다중 스레딩에 요구되는 제어는 비교적 간단하다. 하드웨어 다중 스레딩(hardware multithreading)은 분리된 스레드들로부터 번갈아가면서 명령어를 인출한다. 이것은 한 사이클에 한 스레드로부터 여러 명령어들을 인출하는데, 인터록(interlock) 없이 파이프라인을 꽉 채울 수 있도록 충분한 명령어들을 인출한다. 그리고 다음 사이클에서는 다른 스레드로부터 명령어들을 인출한다. 동시 다중 스레딩(simultaneous multithreading, SMT)은 스레드 사이를 교대로 인출하는 것이 아니라, 각 사이클에서 여러 스레드로부터 명령어들을 인출한다.

다음 예제는 휴대폰을 위해 설계된 다중 스레딩 프로세서를 설명한다.

예제 2-6 | **샌드브리지(Sandbridge) 샌드블라스터 다중 스레드 CPU**

샌드블라스터(Sandblaster) 프로세서[Glo03; Glo05]는 이동 통신을 위해 설계되었다. 이것은 다음 그림과 같이 4 개의 스레드를 처리한다.

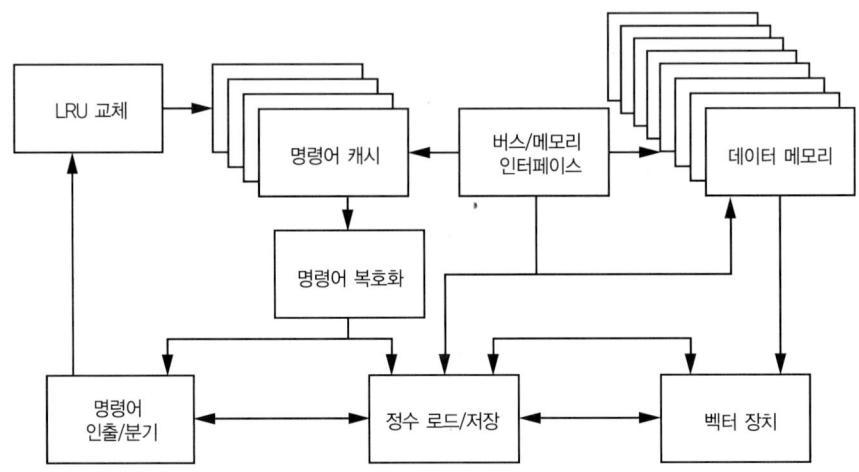

출처 : 글로스너(Glossner) 등[Glo03]. ©2003 IEEE.

샌드블라스터는 한 명령어에 여러 연산들이 효율적이지만 비직교적으로(nonorthogonally) 지정되도록 허용하는 64 비트 복합 명령어들을 사용한다. 4 개의 16 비트 벡터 장치는 스레드 간에 시간적으로 스케줄링된다. 이 기계는 완전히 인터록되어서, 자원 제약에 기초하여 연산들을 차단한다. 이 아키텍처는 **토큰 촉발 스레딩**(token-triggered threading)이라 불리는 기법을 사용하여 다중 스레딩된다. 이 방법은 여러 하드웨어 환경(hardware contexts)이 동시에 실행하는 것을 허용하지만, 한 시점에 하나의 하드웨어 환경만이 사이클 경계에서 명령어를 배출할 수 있다. 실행할 다음 환경을 각 사이클에서 토큰이 가리키므로, 스레드의 순차 실행(round-robin) 또는 비순차 실행(non-round-robin) 스케줄링을 모두 허용한다.

2.4.5 프로세서 자원 활용

프로세서 아키텍처의 선택은 프로세서 상에서 실행되는 프로그램의 특성에 부분적으로 의존한다. 많은 임베디드 애플리케이션에서, 효과적인 CPU 아키텍처를 선택하기 위해 핵심 알고리즘들에 대한 우리의 지식을 활용할 수 있다. 그러나 우리는 이런 애플리케이션의 특성을 주의 깊게 이해해야 한다. 한 예로, 많은 연구자들은 멀티미디어 알고리즘들이 병렬성의 곤란한 수준들을 노출시킨다고 가정한다. 그러나 실험에서는 반드시 그렇지는 않다는 것을 보여준다.

멀티미디어 벤치마크에서의 측정 기준

탈루아(Tallua) 등은[Tal03] 멀티미디어 애플리케이션에서 사용할 수 있는 명령어 수준의 병렬성을 평가했다. 그림 2-7에서 볼 수 있듯이, 이들은 심플스칼라(SimpleScalar)를 사용하여 여러 다른 프로세서 구성들을 평가했다. 이들은 다양한 아키텍처 상에서 9개의 벤치마크 프로그램들을 측정했다. 막대 그래프는 각 애플리케이션에서 사이클 당 명령어들을 보여준다. 대부분의 애플리케이션들이 사이클 당 4개 미만의 명령어들을 보여준다.

매개변수	2-way	4-way	8-way	16-way
Feich width, decode width, issue width, and common width	2	4	8	16
RUU Size	32	64	128	256
Load store queue	16	32	64	128
Integer ALUs (latency/recovery = 1/J)	2	4	8	16
Integer Multipliers (latency/recovery = 3/I)	1	2	4	8
Load Store ports (latency/recovery = 1/J)	2	4	8	16
L1 I-cache (size in KB, bit time, associativity, block size in bytes)	16,1,4,32	16,1,4,32	16,1,4,32	32,1,4,64
L1 D-cache (size in KB, bit time, associativity, block size in bytes)	16,1,4,32	16,1,4,32	16,1,4,32	16,1,4,32
L2 unified cache (size in KB, bit time, associativity, block size)	256,6,4,64	256,6,4,64	256,6,4,64	256,6,4,64
Main memory width	64 bits	128 bits	256 bits	256 bits
Main memory latency (first chunk, next chunk)	65, 4	65, 4	65, 4	65, 4
Branch predictor-bimodal (size, BTH size)	2K, 2K	2K, 2K	2K, 2K	2K, 2K
SIMD ALUs	2	4	8	16
SIMD Multipliers	1	2	4	8

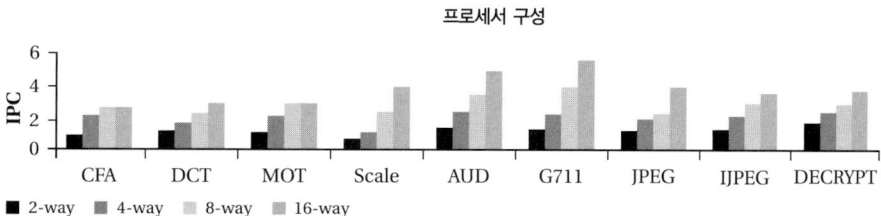

	CFA	DCT	MOT	Scale	AUD	G711	JPEG	IJPEG	DECRYPT
4-way	<1%	<1%	<1%	<2%	<4%	<1%	<1%	<1%	<1%
8-way	<1%	<1%	<1%	<3%	<1%	<1%	<1%	<1%	<1%
16-way	<1%	<1%	<1%	<1%	<1%	<1%	<1%	<1%	<1%

결과

그림 2.7 멀티미디어 애플리케이션에서 사용 가능한 병렬성 평가. 탈루아(Tallua) 등[Tal03] 제공
©2003 IEEE.

프리츠(Fritts)[Fri00]는 미디어벤치(MediaBench) 군[Lee97]에서 루프의 특성을 연구했다. 그림 2-8은 두 가지 측정 기준을 보여주는데, 각각의 경우, 결과는 주요

기능에 기초한 범주들로 그룹화된 벤치마크 프로그램들로 나타난다. 첫 번째 측정 기준은 루프에서 반복의 평균 횟수를 보여준다. 다행히, 루프는 평균적으로 여러 번 실행된다. 두 번째 측정 기준은 다음과 같이 정의되는 **경로 비율**(path ratio)을 보여준다.

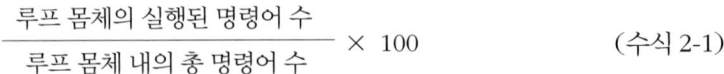

$$\frac{\text{루프 몸체의 실행된 명령어 수}}{\text{루프 몸체 내의 총 명령어 수}} \times 100 \qquad \text{(수식 2-1)}$$

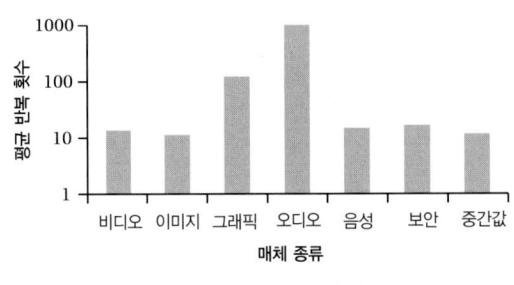

〈루프 당 반복 횟수〉

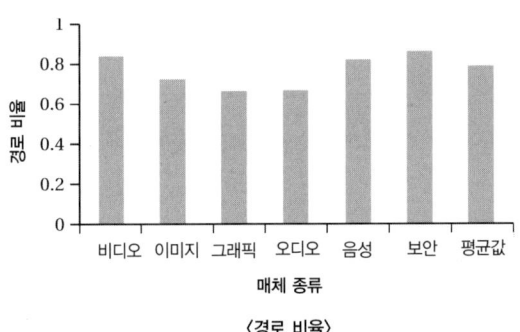

〈경로 비율〉

그림 2-8 미디어벤치에서의 루프의 동적 특성. 출처 : 프리츠[Fri00]

경로 비율은 실제로 실행된 루프 내 명령어들의 비율을 측정한다. 미디어벤치 벤치마크에서의 전체 평균 경로 비율은 78%였는데, 이것은 루프 명령어 중 22%는 실행되지 않았음을 의미한다.

멀티미디어 알고리즘

최신 임베디드 알고리즘의 특성을 알면 이런 결과들은 놀랍지 않다. 최신 신호 처리 알고리즘들은 필터링을 훨씬 뛰어넘었다. 많은 알고리즘들은 성능을 개선하기 위해 제어를 사용한다. 멀티미디어 표준들을 위한 대규모의 명세들은 자연스럽게 복잡한 프로그램들을 낳는다.

CPU에 대한 함축 멀티미디어와 다른 임베디드 애플리케이션에서 사용할 수 있는 병렬성을 이용하려면 프로세서 아키텍처를 애플리케이션 특성과 일치시킬 필요가 있다. 실험들은 프로세서 아키텍처는 추상화의 여러 수준에서 병렬성을 추구해야 한다는 것을 제안한다.

2.5 가변 성능 CPU 아키텍처

많은 임베디드 시스템들이 실시간 마감 시간을 지켜야 하므로, 예측 가능한 실행 시간은 사용되는 컴포넌트들의 극히 중요한 특성이 된다. 그러나 전통적인 컴퓨터 아키텍처 설계에서는 최악 경우 성능보다는 평균 성능을 강조해 왔으므로, 평균적으로는 빠르지만 최악 경우 성능을 제한하는 프로세서들을 생산해 왔다. 이것은 종종 하드웨어(지나치게 큰 캐시, 더 빠른 프로세서)와 소프트웨어(단순화된 코딩, 명령어의 제한된 사용) 모두를 보수적인(conservative) 설계로 이끈다.

전력 소모와 신뢰성이 더 중요해지면서, 프로세서 특성을 극히 복잡하게 만드는 새로운 기법들이 개발되어 왔다. 이런 기법들은 설계 분석을 더 어렵게 만들지만, 임베디드 프로세서에서 자신들의 길을 찾고 있다. 이 절에서는 동적 전압 및 주파수 크기 조정(dynamic voltage and frequency scaling)과 최악의 경우보다는 나은 설계(better-than-worst-case design)라는 두 가지 중요한 개발에 대해서 조사한다. 또한 이 기능들에 함축된 것과 이들을 이후의 장들에서 어떻게 사용할지를 검토한다.

2.5.1 동적 전압 및 주파수 크기 조정

DVFS 동적 전압 및 주파수 크기 조정(dynamic voltage and frequency scaling, DVFS) [Wei94]은 CMOS 디지털 회로의 폭 넓은 작동 범위를 이용하여 CPU 전력 소모를

CMOS 회로 특성 제어하기 위한 인기 있는 기법이다. 많은 다른 디지털 회로 군들과는 달리, CMOS 회로는 광범위한 전압에서 작동할 수 있다[Wol02]. 더욱이, CMOS 회로는 저전압에서 더 효율적으로 작동한다.

CMOS 게이트의 지연은 전원 공급 전압의 선형 함수에 가깝다[Gon97]. 게이트가 동작할 동안 소모되는 에너지는 동작 전압의 자승에 비례한다.

$$E \propto CV^2 \qquad\qquad\text{(수식 2-2)}$$

CMOS의 속도 · 전력 곱(product)도 CV^2이다(누전을 무시하면). 따라서 전원 공급 전압을 낮춤으로써 V^2만큼 에너지 소모를 줄일 수 있는 반면, 성능 저하는 단지 V에 그친다.

CMOS 논리를 여러 다른 위치에서 작동시킬 수 있으므로, CPU는 어떤 한계(envelope) 내에서 작동될 수 있다. 그림 2-9는 전원 공급 전압(V), 작동 속도(T), 그리고 전력(P) 사이의 상관관계를 보여준다.

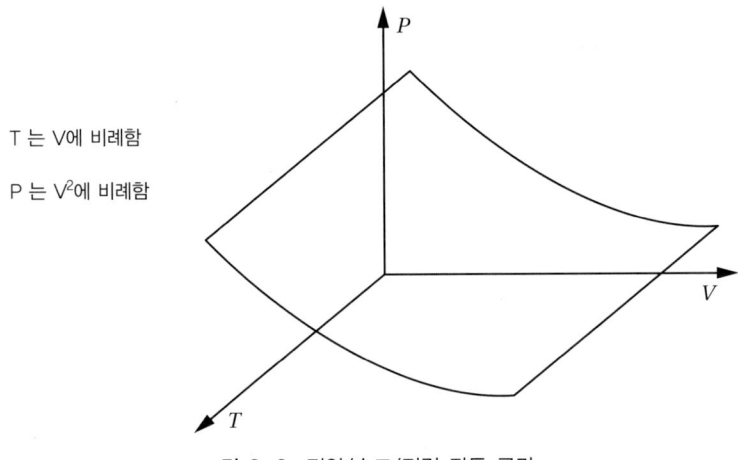

그림 2-9 전압/속도/전력 작동 공간

DVFS 아키텍처   동적 전압 및 주파수 크기 조정을 위한 아키텍처는 제어 알고리즘 하에, 이 공간 내에서 CPU를 작동시킨다. 그림 2-10은 DVFS 아키텍처를 보여준다. 클록과 전력 공급은 어떤 범위의 값들을 공급할 수 있는 회로들에 의해 생성되는데, 이 회로들은 연속적으로 변하는 값들 대신 이산적인 위치(discrete points)에서 일반적으로 작동한다. 클록 생성기와 전압 생성기는 언제 클록 주파수와 전압이 변하고 얼마나 변할지를 결정하는 제어기에 의해 둘 다 작동된다.

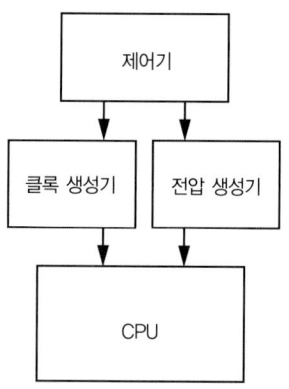

그림 2-10 동적 전압 및 주파수 크기 조정(DVFS) 아키텍처

DVFS 제어 전략

　　DVFS 제어기는 설계 기준을 최적화하기 위해 어떤 제약조건 하에 작동되어야 한다. 이 제약조건은 클록 속도, 전력 공급 전압과 연관되어 있는데, 이들의 최소값뿐만 아니라 얼마나 빨리 클록 속도 또는 전력 공급 전압이 변경되어야 하는지도 포함된다. 설계 기준은 주어진 에너지 예산에서 성능을 최대화하거나, 주어진 성능 한계에서 에너지를 최소화하는 것일 수 있다.

　　하드웨어 내에서 제어 알고리즘을 부호화할 수도 있지만, 일반적으로 제어 방법은 적어도 부분적으로는 소프트웨어에 의해 설정된다. 레지스터들이 어떤 인자(parameters)의 값을 설정할 수 있다. 더 일반적으로는, 전체 제어 알고리즘이 소프트웨어로 구현될 수 있다.

　　다음 예제는 최신 임베디드 프로세서에서의 전압 크기 조정 기능을 설명한다.

예제 2-7　　**인텔 엑스스케일에서의 동적 전압 및 주파수 크기 조정**

인텔 엑스스케일(XScale)[Int00]은 ARM 버전 5TE와 호환된다. 작동 전압과 클록 주파수는 비트 CP 14와 레지스터 6, 7을 각각 설정함으로써 제어될 수 있다. 선택된 DVFS 정책을 구현하기 위해 소프트웨어가 이 프로그래밍 모델 인터페이스를 사용할 수 있다.

2.5.2 최악의 경우보다는 나은 설계

디지털 시스템은 전통적으로 클록에 의해 제어되는 동기식 시스템으로 설계되어 왔다. 클록 주기는 주의 깊은 분석에 의해 결정되므로, 값들이 레지스터에 적절히 저장되며, 최악의 경우에 견디기 위해 클록 주기가 확장된다. 사실, 많은 회로에서 최악 경우의 지연은 비교적 드물며, 논리(logic)는 대부분의 시간에 일정 기간 동안 휴식을 취한다.

레이저 마이크로 아키텍처

최악의 경우보다는 나은 설계(better-than-worst-case design)는 논리가 오류를 감지하고 복구함으로써, 회로가 대부분의 시간 동안 더 높은 속도로 실행할 수 있도록 해주는, 대안적인 설계 방식이다. 레이저(Razor) 아키텍처[Ern03]는 최악의 경우보다는 나은 성능을 위한 하나의 아키텍처이다.

레이저는 그림 2-11 과 같이, 오류를 측정하고 평가하는 특수화된 레지스터를 사용한다. 시스템 레지스터는 걸쇠가 걸린(latched) 값을 가지고, 최악의 경우보다는 높게 클록을 유지한다. 별도의 레지스터는 따로, 그리고 시스템 레지스터보다 약간 뒤쳐져서 클록을 유지한다. 이 두 레지스터에 저장된 결과가 다르면, (아마도 타이밍 때문에) 오류가 발생한다. XOR 게이트는 이 오류를 측정하고, 뒤에 있는 값이 시스템 레지스터의 값을 교체하도록 한다.

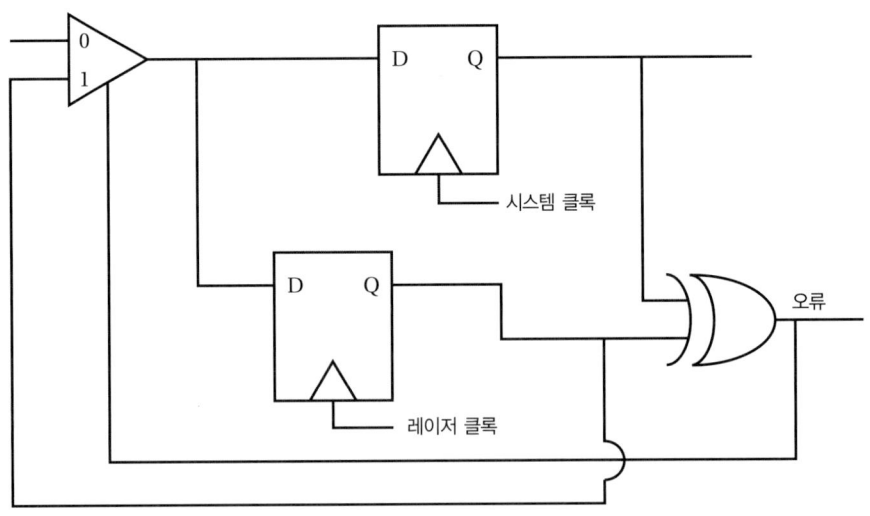

그림 2-11 레이저 래치(latch)

레이저 마이크로 아키텍처는 같은 단계에서 오류 동작이 재계산되지 않도록 한다. 그 대신 이 동작을 다음 단계로 전달한다. 이렇게 함으로써 일정하지 않은 재계산 횟수로 인해 시스템적인 문제를 가진 한 단계가 파이프라인을 중단시키지 않도록 한다.

2.6 프로세서 메모리 계층구조

메모리 계층구조는 전반적인 시스템 성능과 전력 소모에 대한 핵심적인 결정 요소이다. 이 절에서는 메모리 계층구조 설계의 몇 가지 기본적인 개념과 임베디드 프로세서의 설계에서 이들이 어떻게 활용될 수 있는지를 살펴본다. 먼저 다양한 하드웨어와 소프트웨어 설계 전략에 사용될 수 있는 메모리 컴포넌트들의 기본적인 모델을 소개하는 것부터 시작한다. 그 다음 레지스터 파일과 캐시 설계를 살펴보고, 마지막에는 임베디드 프로세서 내의 캐시의 부속물로 제안되어 온 스크래치 패드 메모리를 설명한다.

2.6.1 메모리 컴포넌트 모델

메모리 설계 방법을 평가하기 위해서는 영역(area), 지연 시간, 에너지 소모와 같은 메모리의 물리적 특성에 대한 모델을 필요로 한다. 다른 레벨의 메모리 계층구조 상에서 여러 가지 구조들이 동일한 컴포넌트 안에 내장되어 있기 때문에, 메모리 계층구조 전반에 걸쳐, 그리고 다른 종류의 메모리 회로에 대해 하나의 모델을 사용할 수 있다.

메모리 블록 구조

그림 2-12는 2차원 메모리 블록의 일반적인 구조적 모델을 보여준다. 이 모델은 메모리 회로의 세부 내용에 의존하지 않으므로, 다양한 종류의 동적 RAM, 정적 RAM, 그리고 읽기 전용 메모리에 적용할 수 있다. 저장소의 기본 장치는 메모리 셀(memory cell)이다. 셀들은 2차원 배열 내에 정렬된다. 이 메모리 모델은 셀과, 셀에 연결된 액세스 회로 사이의 관계를 설명한다.

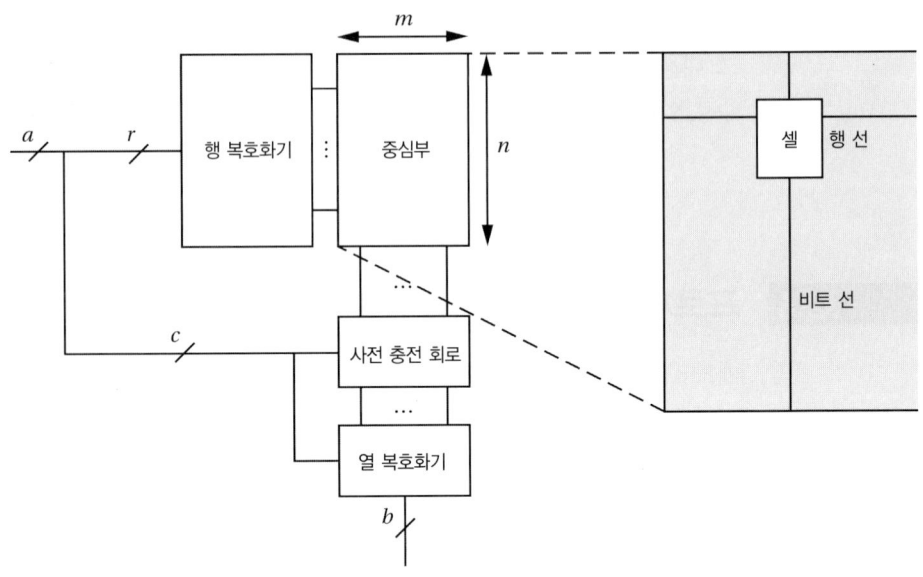

그림 2-12 메모리 블록의 구조적 모델

메모리 중심부(core) 내에서 셀들은 2차원 주소 지정 구조를 제공하는 행과 비트 선들(row and bit lines)에 연결된다. 행 선은 셀들의 1차원적 행을 선택하는데, 그 후 그들의 비트 선을 통해 액세스(읽기 또는 쓰기)될 수 있다. 행이 선택될 때 그 행의 모든 셀들은 활성화된다. 일반적으로 하나 이상의 비트 선이 있는데, 많은 메모리 회로가 비트의 참(true)과 보수(complementary) 형태를 둘 다 사용하기 때문이다.

행 복호화기 회로는 중심부에서 행 주소의 r 비트들을 복호화함으로써 n 행 선 중 하나를 구동하는 역 다중화기(demultiplexer)이다. 열 복호화기는 열 주소의 c 비트들에 기초하여 비트 선들의 b 비트 폭의 부분 집합을 선택한다. 어떤 메모리는 비트 선들을 제어하기 위해 사전 충전 회로(precharge circuits)를 필요로 한다.

영역 모델   메모리 블록의 영역 모델(area model)은 블록 모델의 요소들을 위해 다음과 같은 컴포넌트들을 가진다.

$$A = A_r + A_x + A_p + A_c \qquad\qquad (수식\ 2\text{-}3)$$

행 복호화기 영역은 다음과 같다.

$$A_r = a_r m \qquad \text{(수식 2-4)}$$

여기서 a_r은 행 복호화기의 한 비트 조각(one-bit slice)의 영역이다. 중심부 영역은 다음과 같다.

$$A_x = a_x mn \qquad \text{(수식 2-5)}$$

여기서 a_x는 행과 비트 선들의 공유를 포함한 한 비트 중심부 셀의 영역이다. 사전 충전 회로 영역은 다음과 같다.

$$A_p = a_p m \qquad \text{(수식 2-6)}$$

여기서 a_p는 사전 충전 회로의 한 비트 조각의 영역이다. 열 복호화기 영역은 다음과 같다.

$$A_c = a_c m \qquad \text{(수식 2-7)}$$

여기서 a_c는 열 복호화기의 한 비트 조각의 영역이다.

지연 시간 모델   메모리 블록의 지연 시간 모델(delay model)은 메모리 액세스에서의 정보 흐름을 따른다. 요소들 중 일부는 m과 n에 대해 독립적인 반면, 다른 요소들은 셀의 행 또는 열 선들의 길이에 의존한다.

$$\Delta = \Delta_{setup} + \Delta_r + \Delta_x + \Delta_{bit} + \Delta_c \qquad \text{(수식 2-8)}$$

Δ_{setup}은 사전 충전 회로를 위해 필요한 시간이다. 이것은 일반적으로 열의 수에는 독립적이지만, 비트 선을 사전 충전하기 위해 필요한 시간 때문에 행의 수에는 의존적일 수 있다. Δ_r는 행 선 전파 시간(row line propagation time)을 포함하는 행 복호화기 시간이다. 복호화 논리를 통과하는 지연 시간은 일반적으로 m 값에 의존하지만, 이 의존성은 사용되는 복호화 회로의 종류에 따라 달라질 수 있다. Δ_x는 중심부 셀 자체의 반응 시간이다. Δ_{bit}는 비트 선을 따라 값들이 전파되는 데 필요한 시간이다. Δ_c는 열 복호화기를 통과하는 지연 시간인데, 이것은 다시 n 값에 의존할 수 있다.

에너지 모델   에너지 모델은 정적 및 동적 컴포넌트들을 모두 포함해야 한다. 동적 컴포넌트는 메모리 액세스를 위한 총 에너지 소모를 결정하기 위해 블록의 구조를 따른다.

$$E_D = E_r + E_x + E_p + E_c \qquad\qquad \text{(수식 2-9)}$$

행 복호화기, 중심부, 사전 충전 회로, 그리고 열 복호화기의 에너지 소모가 주어진다. 중심부 에너지는 행과 비트 선에 따르는 m과 n에 의존하며 복호화기 회로 에너지 역시 m과 n에 의존하는데, 이 관계의 세부 사항은 사용되는 회로에 따라 다르다.

정적 컴포넌트 E_s는 메모리의 대기 에너지 소모를 모델링한다. 세부 사항은 메모리의 종류에 따라 다르지만, 정적 컴포넌트는 매우 중요할 수 있다. 총 에너지 소모는 다음과 같다.

$$E = E_D + E_S \qquad\qquad \text{(수식 2-10)}$$

다중 포트 메모리   이 모델은 주어진 시간에 하나의 읽기 또는 쓰기가 수행될 수 있는 단일 포트 메모리를 설명한다. 다중 포트 메모리(multiport memory)는 동시에 액세스하기 위한 다중 주소와 데이터를 수용한다. 메모리 블록 모델의 어떤 측면들은 쉽게 다중 포트 메모리로 확장된다. 그러나 다중 포트 메모리의 지연 시간은 포트 수에 대한 비선형 함수이다. 정확한 관계는 중심부 회로 설계의 세부 사항에 의존하지만, 포트가 셀에 추가되면서 메모리 셀 중심부 회로는 비선형 지연 시간을 수반한다. 그림 2-13은 다중 포트 SRAM의 지연 시간을 포트 수와 메모리 크기의 함수로 측정한, 일련의 시뮬레이션 실험 결과를 보여준다[Dut98].

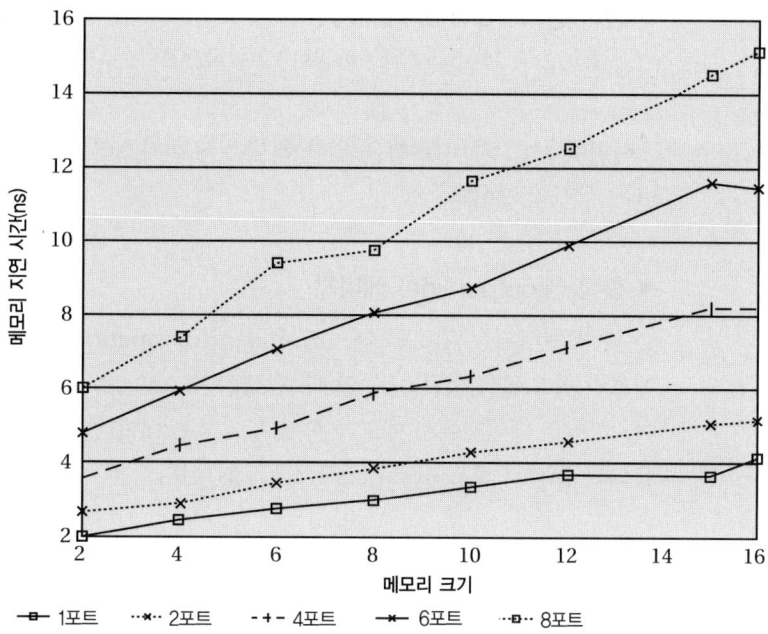

그림 2-13 포트 수의 함수로서의 메모리 지연 시간. 출처 : 두타(Dutta) 등[Dut98] ©1998 IEEE

캐시 모델   캐시를 위한 에너지 모델은 CPU와 프로그램 설계에서 특히 중요하다. 캠블(Kamble)과 고즈(Ghose)[Kam97]는 캐시 내의 전력 소모에 대한 분석적 모델을 개발했다. D 바이트의 용량, T 비트의 태그 크기와 L 바이트의 선 크기, 그리고 블록 프레임 당 St 상태 비트를 가진, m 벌(m-way) 집합 연관 캐시(set associative cache)가 주어졌을 때, 이들은 캐시 에너지 소모를 여러 구성요소로 나눈다.

■ **비트 선 에너지**

$$E_{bit} = 0.5 \ V_{DD}^2 \ [N_{bit,pr} \cdot C_{bit,pr} + N_{bit,w} \cdot C_{bit,rw}$$
$$+ \ N_{bit,r} \cdot C_{bit,rw} + m(8L + t + St) \ CA \ (C_{g,Qpa} \quad \text{(수식 2-11)}$$
$$+ \ C_{g,Qpa} + C_{g,Qpa})]$$

여기서 $N_{bit,pr}$, $N_{bit,r}$, $N_{bit,w}$ 는 사전 충전, 읽기, 쓰기에 따른 비트 선 전이의 횟수이고, $C_{bit,pr}$, $C_{bit,rw}$ 는 사전 충전과 읽기/쓰기 연산을 하는 동안의 비트 선들의 용량이며, CA 는 캐시 액세스 횟수이다.

■ **단어 선(word line) 에너지**

$$E_{word} = V^2_{DD} \cdot CA \cdot m(8L + t + St)\,(2C_{g,Q1} + C_{wordwire}) \qquad \text{(수식 2-12)}$$

여기서 $C_{g,Q1}$은 비트 선을 위한 액세스 트랜지스터의 게이트 용량이고, $C_{wordwire}$는 단어 선의 용량이다.

■ **출력 선(output line) 에너지**

총 출력 에너지는 주소와 데이터 선 분산(dissipation)으로 나누어지고, CPU 또는 메모리 쪽으로 선들을 구동할 때 발생할 수 있다. N 값들은 전이 횟수이고(예를 들어, $d2m$은 데이터에서 메모리 쪽이고, $d2c$는 데이터에서 CPU 쪽이다), C 값들은 대응되는 용량성 로드들(capacitive loads)이다.

$$E_{aoutput} = 0.5\,V^2_{DD}\,(N_{out,a2m}C_{out,a2m} + N_{out,a2c}C_{out,a2c}) \qquad \text{(수식 2-13)}$$

$$E_{doutput} = 0.5\,V^2_{DD}\,(N_{out,d2m}C_{out,d2m} + N_{out,d2c}C_{out,d2c}) \qquad \text{(수식 2-14)}$$

■ **주소 입력 선들(Address input lines)**

$$E_{ainput} = 0.5\,V^2_{DD}N_{ainput}[(m + 1)\,2SC_{in,dec} + C_{awire}] \qquad \text{(수식 2-15)}$$

여기서 N_{ainput}은 주소 입력 선들에서의 전이 횟수이고, $C_{in,dec}$은 첫 번째 복호화기 수준의 게이트 용량이며, C_{awire}는 RAM 뱅크들에 공급하는 선들의 용량이다.

캠블과 고즈는 전체 캐시 활동에 기초하여 캐시의 다양한 부분에서의 전이 횟수를 도출하는 공식을 만들었다.

시유(Shiue)와 챠크라바티(Chakrabarti)[Shi89b]는 캠블과 고즈 모델과 비슷한 결과를 보여주는 더 간단한 캐시 모델을 만들었다. 이 모델은 다음과 같은 여러 가지 정의를 사용한다. add_bs는 명령어 당 주소 버스 상의 전이 횟수이고, $data\_bs$는 명령어 당 데이터 버스 상의 전이 횟수이며, $word\_line\_size$는 단어 선 상의 메모리 셀들의 수이고, bit_line_size는 비트 선에서의 메모리 셀들의 수이며, Em은 주 메모리 액세스의 에너지 소모이고, α, β, γ는 기술적 인자들이다. 에너지 소모는 다음 수식들과 같다.

$$Energy = hit\_rate * energy\_hit + miss\_rate * energy\_miss \quad \text{(수식 2-16)}$$

$$Energy\_hit = E\_dec + E\_cell \quad \text{(수식 2-17)}$$

$$\begin{aligned} Energy\_miss &= E\_dec + E\_cell + E\_io + E\_main \\ &= Energy\_hit + E\_io + E\_main \end{aligned} \quad \text{(수식 2-18)}$$

$$E\_dec = \alpha * add\_bs \quad \text{(수식 2-19)}$$

$$E\_+dell = \beta * word\_line\_size * bit\_line\_size \quad \text{(수식 2-20)}$$

$$E\_io = \gamma * (data\_bs * cache\text{-}line\_size + add\_bs) \quad \text{(수식 2-21)}$$

$$\begin{aligned} E\_main &= \gamma * data\_bs * cache\_line\_size \\ &+ Em * cache\_line\_size \end{aligned} \quad \text{(수식 2-22)}$$

버스 메모리를 시스템의 나머지 부분과 연결하는 버스도 모델링할 수 있다. 버스는 상당한 지연 시간과 에너지를 대가로 큰 용량의 로드를 제공한다.

메모리 배열 메모리 블록으로부터 더 큰 메모리 구조가 구축될 수 있다. 그림 2-14는 같은 주소 선들로부터 여러 블록들이 병렬로 액세스되는 간단한 광폭(wide) 메모리를 보여준다. 이 배열로부터 집합 연관 캐시(set-associative cache)가 구축될 수 있는데, 예를 들어, 적절한 집합에 대응되는 블록으로부터 데이터를 선택하는 다중화기(multiplexer)를 이용할 수 있다. 다른 메모리 블록에 별도의 주소를 제공함으로써 병렬 메모리(parallel memories)가 구축될 수 있다.

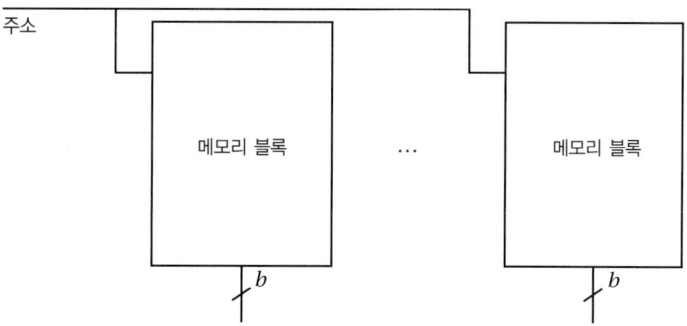

그림 2-14 메모리 블록들로 구축된 메모리 배열

2.6.2 레지스터 파일

레지스터 파일은 메모리 계층구조의 첫 번째 단계이다. CPU가 사전에 설계된다면 레지스터 파일의 크기가 고정되지만, 우리 자신의 CPU를 설계한다면 애플리케이션의 요구사항에 기초하여 레지스터의 수를 선택할 수 있다. 레지스터 파일의 크기는 CPU 영역뿐만 아니라 코드 성능과 에너지 소모에 영향을 미치는, CPU 설계에서의 핵심 요소이다.

레지스터 파일 설계에서의 적합점

애플리케이션이 필요로 하는 것에 비해 레지스터 파일이 너무 크거나 너무 작으면 추가적인 비용을 부담하게 된다. 만약 레지스터 파일이 너무 작다면, 프로그램은 주 메모리에 값들을 유출(spill)해야 한다. 즉, 값을 주 메모리에 기록하고 나중에 주 메모리로부터 다시 읽어야 한다. 유출은 시간과 에너지 측면에서 비용이 발생하는데, 주 메모리 액세스는 레지스터 파일 액세스보다 느리고 에너지 집약적이기 때문이다. 만약 레지스터 파일이 너무 크다면, 다른 목적으로 사용될 수 있는 추가적인 칩 영역을 차지할 뿐만 아니라, 정적인 에너지를 소모한다.

레지스터 파일 요소

레지스터 파일 설계에서 가장 중요한 요소들은 단어 수와 포트 수이다. 단어 폭은 레지스터 파일 영역과 에너지 소모에 영향을 미치지만, 다른 설계를 위한 결정과는 밀접한 연관이 없다. 단어의 수가 더 직접적으로 영역, 에너지, 성능을 결정한다. 포트의 수도 중요한데, 앞에서 언급했듯이 지연 시간은 포트 수에 비선형적인 함수이기 때문이다. 이 비선형 의존성은 많은 VLIW 기계가 분할된 레지스터 파일을 사용하는 주된 이유이다.

위메이어(Wehmeyer) 등[Weh01]은 변하는 레지스터 파일 크기가 프로그램의 동적 특성에 미치는 영향을 연구했다. 이들은 여러 벤치마크 프로그램을 컴파일하고, 이들의 동작을 분석하기 위해 요약 도구들(profiling tools)을 사용했다. 그림 2-15는 레지스터 파일 크기의 함수로서의 성능과 에너지 소모를 보여준다. 두 경우 모두, 지나치게 작은 레지스터 파일은 비선형 부담을 안고, 큰 레지스터 파일은 별 이득이 없음을 보여준다.

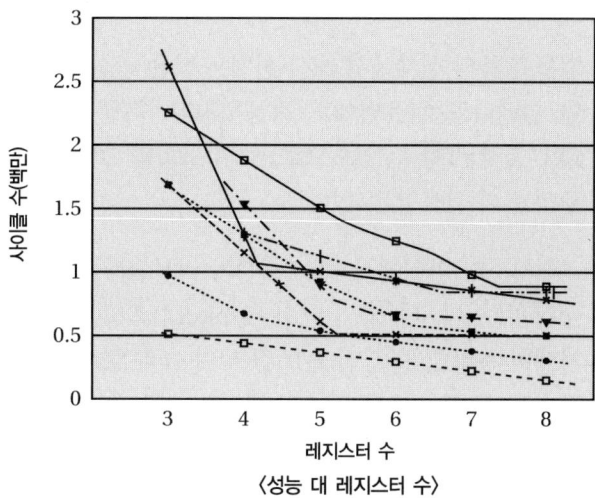

〈성능 대 레지스터 수〉

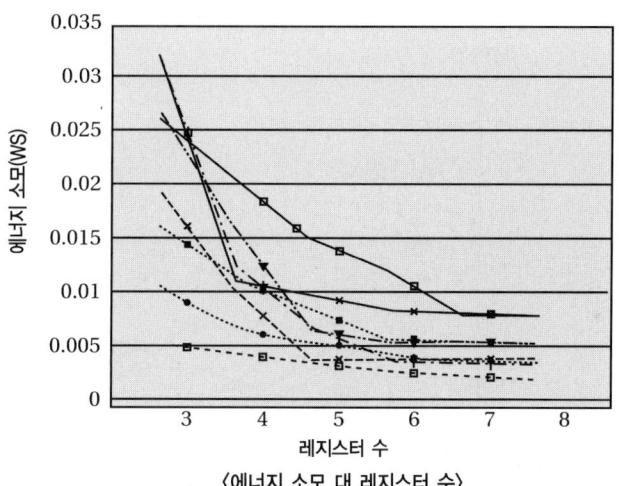

〈에너지 소모 대 레지스터 수〉

━□━ biquad (x 650)　　━✻━ lattice_init (x 1)　　┅■┅ matrix-mult (x 100)
━▼━ me_ivlin (x 1)　　━┼━ bubble_sort (x 3)　　━✳━ heap_sort (x 12)
━□━ insertion_sort (x 5)　　┅●┅ selection_sort (x 6)

그림 2-15 레지스터 파일 크기의 함수로서의 성능과 에너지 소모
출처 : 위메이어(Wehmeyer) 등[Weh01]. ⓒ2001 IEEE.

2.6.3 캐시

범용 컴퓨터 설계에서 캐시 설계는 많은 관심을 받았다. 여기서 얻은 대부분의 교훈이 임베디드 컴퓨터에도 적용되지만, 특정 애플리케이션 군의 요구사항에 맞게 CPU를 설계할 수 있으므로, 캐시 구성과 그것을 사용하는 프로그램 사이의 관계에 주의를 더 기울일 수 있다.

**캐시 설계에서의
적합점**

레지스터 파일에서처럼, 캐시는 너무 작거나 너무 커서는 안 되는 적합점(sweet spot)이 있다. 리(Li)와 헨켈(Henkel)[Li98]은 캐시가 에너지 소모에 미치는 영향을 자세히 측정했다. 그림 2-16은 MPEG 부호화기를 실행하는 CPU의 에너지 소모를 보여준다. 에너지 소모는 공 모양의 최소값(global minimum)을 가진다. 즉, 너무 작은 캐시는 결과적으로 과다한 주 메모리 액세스를 낳고, 너무 큰 캐시는 과다한 정적 전력을 소모한다.

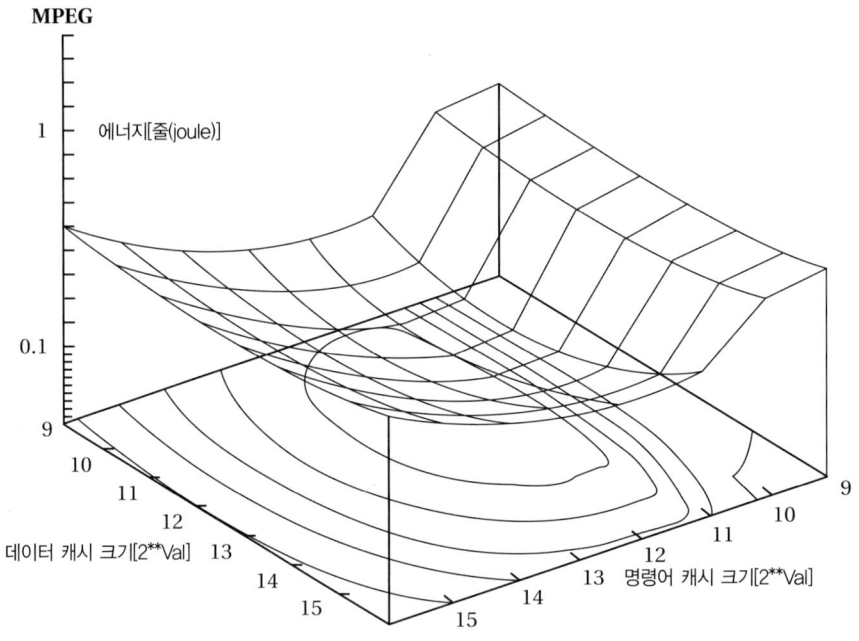

그림 2-16 MPEG 벤치마크 프로그램에서의 에너지 소모 대 명령어/데이터 캐시 크기
출처 : 리(Li)와 헨켈(Henkel)[Li98]. ⓒ1998 ACM. 허가 하에 재 인쇄함.

**캐시 요소와
동작**

가장 기초적인 캐시 요소는 총 캐시 크기이다. 더 큰 캐시는 증가된 영역과 정적 전력 소모를 대가로 하여, 더 많은 데이터와 명령어를 저장할 수 있다. 캐시 내에 고정된 비트 수가 주어지면, 집합 연관성(set associativity)과 선 크기 모두를 변경할 수 있다. 캐시를 더 많은 집합으로 분할하는 것은 더 많은 메모리 주소들을 주어진 캐시 선으로 매핑시키는 대가로, 비슷한 캐시 위치들로 매핑되는 더 많은 위치들을 독립적으로 참조할 수 있도록 한다. 더 긴 캐시 선은 더 많은 사전 인출(prefetching) 대역폭을 제공하는데, 이것이 어떤 알고리즘에는 유용하지만 다른 알고리즘에는 그렇지 않다.

캐시 요소 선택 선 크기는 사전 인출 동작에 영향을 미친다. 즉, 연속적인 메모리 위치를 액세스하는 프로그램은 긴 캐시 선으로 인한 사전 인출로부터 이득을 얻을 수 있다. 긴 선은 또 어떤 경우에는 아주 작은 위치 집합을 재사용하도록 해준다. 집합 연관 캐시 (set-associative caches)는 큰 작업 집합 또는 여러 개의 토막 난 부분들로 구성된 작업 집합을 가진 프로그램들에 가장 효과적이다.

판다(Panda) 등[Pan99]은 메모리 계층구조 설계 공간을 분석하고 이 메모리 계층구조 내에 프로그램 변수들을 할당하는 알고리즘을 개발했다. 이들은 자주 사용되는 스칼라 변수들을 레지스터 파일에 할당했다. 그들은 배열의 동작을 분석하기 위해 다음과 같은 울페(Wolfe)와 램(Lam)[Wol91a]의 분류를 사용했다.

- 자체 시간(self-temporal) 재사용 : 같은 배열 요소가 다른 루프 반복 내에서 액세스된다.

- 자체 공간(self-spatial) 재사용 : 같은 캐시 선이 다른 루프 반복 내에서 액세스된다.

- 그룹 시간(group-temporal) 재사용 : 프로그램의 다른 부분들이 같은 배열 요소를 액세스한다.

- 그룹 공간(group-spatial) 재사용 : 프로그램의 다른 부분들이 같은 캐시 선을 액세스한다.

이 분류 시스템은 시간적 재사용(같은 데이터 요소)을 공간적 재사용(같은 캐시 선)의 특별한 경우로 취급한다. 이것은 메모리 참조를 동등 부류들(equivalence classes)로 나누는데, 각 부류는 자체 공간과 그룹 공간 재사용을 가진 일련의 참조들을 포함한다. 동등 부류들은 판다(Panda) 등으로 하여금 이 참조들에 의해 요구되는 캐시 실패 횟수를 추정하도록 했다. 이들은 루프 내에서의 메모리 참조 횟수가 캐시 크기보다 작다면 결과적으로 공간적 지역성이 재사용될 수 있다고 가정한다. 행이 캐시에 적합하고, 루프 내에서 사용되는 다른 데이터 요소들이 캐시 크기보다 작을 때 그룹 공간 지역성이 가능해진다. 액세스의 두 집합(two sets of accesses) 은 이들의 인덱스 연산식이 상수만큼 차이가 나면 호환된다.

고든-로스(Gordon-Ross) 등[Gor04]은 다중 수준 캐시 계층구조를 최적화하기 위한 방법을 개발했다. 이들은 먼저 캐시 크기, 그 후에 선 크기, 그 후에 연관성 (associativity)을 조정했다. 이들은 1 수준 캐시(first-level cache)의 구성이 2 수준 캐시의 필요한 구성에 영향을 미친다는 것을 발견했다. 즉, 다른 1 수준 구성이 다른 요소들로 하여금 1 수준 캐시를 실패하도록 하며, 이로써 2 수준 캐시에 다른 동작을 야기한다. 이 효과를 염두에 두면서 이들은 각 수준을 위한 캐시 크기, 그 후에 각 수준을 위한 선 크기, 그리고 마지막으로 각 수준을 위한 연관성을 번갈아 가며 선택했다.

구성 가능한 캐시

발라서브라모니안(Balasubramonian) 등[Bal03]과 같은 몇몇 그룹은 실행 시간에 그 구성을 변경할 수 있는, 구성 가능한 캐시(configurable caches)를 제안했다. 추가적인 다중화기와 다른 논리가 메모리 셀들의 풀(pool)이 다른 캐시 구성에서 사용되도록 한다. 레지스터들이 구성 논리를 제어하는 구성 값들을 저장한다. 캐시는 캐시 요소들이 설정될 수 있는 구성 모드를 가진다. 캐시는 구성들 사이의 운영 모드에서 정상적으로 동작한다. 구성 논리는 정적 및 동적 전력 소모 대가뿐만 아니라 영역 대가(area penalty)도 부담한다. 구성 논리는 또 캐시를 통과하는 지연 시간도 증가시킨다. 그러나 이것은 프로그램의 다른 부분들에 대해 아주 약간의 시간을 증가시키는 대가로, 캐시 구성이 조정되도록 해준다.

2.6.4 스크래치 패드 메모리

캐시는 비교적 적은 양의 메모리를 프로세서에 가까운 쪽으로 이동시키도록 설계된다. 캐시는 캐시 내용을 관리하기 위해 배선에 의한(hardwired) 알고리즘을 사용한다. 즉, 캐시에 언제 값이 추가되거나 삭제될지를 하드웨어가 결정한다. 소프트웨어 지향의 체계는 중심에 가까운(close-in) 메모리를 관리하는 하나의 대안이다.

스크래치 패드

그림 2-17 처럼, 스크래치 패드 메모리(scratch pad memory)[Pan00]는 캐시에 병렬로 위치한다. 그러나 스크래치 패드는 그 내용을 관리할 하드웨어는 포함하지 않

는다. CPU가 스크래치 패드를 직접 읽고 쓰기 위해 주소 지정을 할 수 있다. 프로세서 주소 공간의 고정된 부분(예를 들어, 낮은 범위의 주소)에 스크래치 패드가 나타난다. 스크래치 패드의 크기는 칩에 맞고, 고속 메모리를 제공하도록 선택된다. 스크래치 패드는 메모리의 일부이므로 캐시 액세스와는 달리, 액세스 시간을 예측할 수 있다. 예측 가능성은 스크래치 패드의 중요한 특성이다.

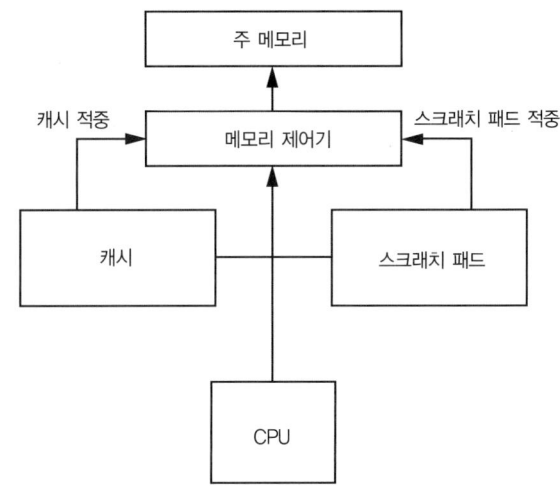

그림 2-17 시스템 내의 스크래치 패드 메모리

스크래치 패드는 주 메모리 공간의 일부이므로, 스크래치 패드를 관리하기 위해 표준 읽기와 쓰기 명령어가 사용될 수 있다. 어떤 데이터가 스크래치 패드에 있고 이것이 언제 캐시로부터 제거될지를 결정하기 위해서 관리가 필요하다. 소프트웨어는 컴파일 시간과 실행 시간 의사 결정의 조합을 캐시가 사용하도록 관리할 수 있다. 관리 알고리즘들에 대해서는 3.3.4절에서 자세히 검토할 것이다.

2.7 추가적인 CPU 메커니즘

이 절에서는 임베디드 프로세서 설계에서의 다른 주제들을 다룬다. 코드 압축에 대한 설명부터 시작하는데, 이것은 맞춤 명령어 부호화를 설계하기 위해 압축 알고리즘을 사용하는 구조적인 기법이다. 이 설명에 기초하여, 코드와 데이터를 둘 다 압축하는 아키텍처를 살펴본다. 다음에 주소와 데이터 버스들의 전력 소모를 줄이기 위해 버스 트래픽을 부호화하는 방법들을 설명한다. 그리고 마지막에는 프로세서에서의 보안 관련 메커니즘들을 조사한다.

2.7.1 코드 압축

코드 압축은 목적 코드 크기를 줄이기 위한 하나의 방법이다. 압축된 명령어 집합은 사람에 의해 설계되는 것이 아니라, 알고리즘에 의해 설계된다. 우리는 특정 프로그램을 위해 명령어 집합을 설계하거나, 더 일반적인 프로그램 특성에 기초하여 프로그램을 설계하기 위해 알고리즘들을 사용할 수 있다. 게다가 놀랍게도, 코드 압축은 성능과 에너지 소모도 개선할 수 있다.

다음의 두 예제는 상업적으로 사용할 수 있는 코드 압축 시스템과 수작업으로 설계된 압축(compact) 명령어 집합이라는, 코드 압축을 위한 두 가지 접근법을 보여준다.

예제 2-8

IBM 코드팩

IBM 코드팩(CodePack) 아키텍처는 파워피씨의 일부 모델에서 구현되었다[Kem98]. 코드팩은 32비트 명령어의 절반인 16비트에 대해 허프만 압축을 사용한다. 코드팩은 55%에서 65%의 압축률을 달성했다. 주소를 변환하는 데 분기 테이블(branch table)이 사용된다. TLB에 대한 K 비트는 메모리 내의 한 페이지가 압축된 코드를 가지고 있는지의 여부를 나타낸다.

예제 2-9

ARM 썸 명령어 집합

ARM 썸 명령어 집합(Thumb instruction set)은 ARM 기본 명령어 집합의 확장이다. 썸 명령어를 인식하는 모든 구현은 표준 ARM 명령어도 해석할 수 있어야 한다. 썸 명령어는 16비트 길이이다.

**압축 코드 실행
하기**
　　울페(Wolfe)와 샤닌(Chanin)[Wol92]은 코드 압축을 제안하고, 압축 코드를 실행하기 위한 첫 번째 방법을 개발했다. 컴파일 작업과 프로세서에 비교적 작은 변경을 하는 것만으로, 무손실 압축 알고리즘에 의해 압축된 코드를 기계가 실행하도록 해준다. 그림 2-18은 컴파일 작업을 보여준다. 컴파일러 자체는 바뀌지 않는다. 목적 코드(또는 텍스트 형태의 어셈블리 코드)는 프로세서의 메모리로 로드되는 새 압축된 목적 파일을 생성하기 위해, 무손실 압축을 사용하는 압축 프로그램으로 보내진다. 압축 프로그램은 명령어를 바꾸지만 데이터는 손대지 않는다. 컴파일러는 바뀌지 않으므로, 압축된 코드 생성은 구현하기가 비교적 쉽다. 울페와 샤닌은 코드 압축을 위해 허프만(Huffman)의 알고리즘[Huf52]을 사용했다.

그림 2-18 압축된 프로그램을 생성하는 방법

허프만 코딩
　　허프만의 알고리즘은 코드 압축을 위한 최초의 현대적인 알고리즘이다. 이것은 기호들의 알파벳과 이 기호들의 발생 확률을 필요로 한다. 그림 2-19 처럼, 이 확률에 기초하여 **코딩 트리**(coding tree)가 구축된다. 처음에는 각각 기호에 대해 오직 하나의 잎 노드를 가지는, 일련의 하부 트리들을 구축한다. 하부 트리의 점수는 그 잎 노드 모두의 확률의 합이다. 그리고 두 개의 가장 낮은 점수를 가진 하부 트리를 선택하고 이들을 새 하부 트리로 결합하는 작업을 반복하는데, 이때 더 낮은 확률의 하부 트리가 0 가지(0 branch)를 차지하고 더 높은 확률의 하부 트리가 1 가지를 차지하도록 한다. 하나의 큰 트리를 만들 때까지 하부 트리들을 결합하는 작업을 계속한다. 어떤 기호를 위한 코드는 루트에서 적절한 잎 노드까지 경로를 따라가면서 각 분기점에서 부호화 비트를 적음으로써 발견된다.

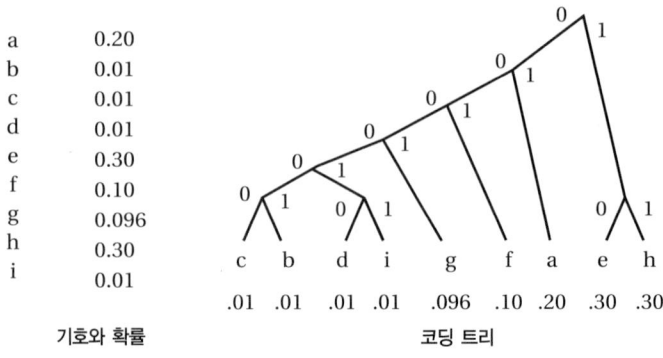

기호와 확률		코딩 트리

그림 2-19 허프만 코딩

코드 복원을 포함한 마이크로 아키텍처

    그림 2-20 은 울페와 샤닌 아키텍처를 사용하여 압축된 코드를 실행하기 위해 변경된 CPU 의 구조를 보여준다. 복원(decompression) 장치가 주 메모리와 캐시 사이에 추가된다. 복원기는 메모리로부터의 명령어 읽기(그러나 데이터 읽기는 아님)를 가로채고, 캐시로 가는 명령어들을 복원한다. 복원기는 CPU 의 원본 명령어 집합으로 명령어들을 생성한다. 프로세서 실행 장치 자체는 변경될 필요가 없는데, 이것이 압축된 명령어를 보지 못하기 때문이다. 하드웨어에 대한 비교적 작은 변경이 기존의 프로세서를 사용해서 이 체계를 구현하기 쉽도록 해준다.

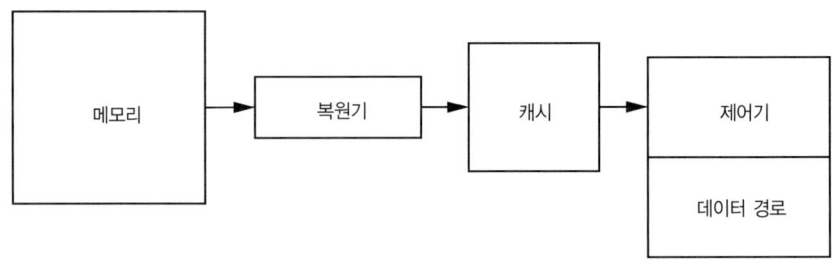

그림 2-20 압축된 코드를 실행하기 위한 울페와 샤닌 아키텍처

압축된 코드 블록

    그림 2-21 처럼, 수작업으로 설계된 명령어 집합은 일반적으로 고유한 명령어 크기의 개수가 비교적 적으며, 명령어들을 단어 또는 바이트 경계에서 분할한다. 이와 비교하면, 압축된 명령어는 임의의 길이를 가질 수 있다. 압축된 명령어들은 일반적으로 블록으로 생성된다. 압축된 명령어들은 한 비트씩 블록으로 채워지지만, 이 블록은 바이트나 단어와 같은 보다 자연스러운 경계에서 시작된다. 이것은 압축된 프로그램 내에 빈 공간을 만들어서, 압축 작업의 오버헤드가 된다.

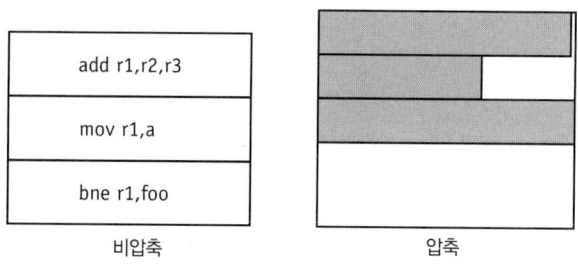

그림 2-21 압축 코드와 비압축 코드

블록 구조는 실행에 영향을 미친다. 압축 복원 엔진은 한 번에 한 블록씩 코드를 복원한다. 한 블록 복원을 마치는 데는 보통 여러 클록 사이클이 걸리지만, 이것은 여러 명령어들을 가까운 순서에서 사용할 수 있음을 의미하기도 한다. 즉, 블록은 효과적으로 사전 인출 시간을 연장한다.

블록 구조는 또 압축 처리와 압축 알고리즘의 선택에도 영향을 미친다. 무손실 압축은 일반적으로 긴 데이터 블록에 대해서 가장 잘 작동된다. 그러나 더 긴 블록은 효율적인 실행을 방해하는데, 프로그램이 처음부터 끝까지 순차적으로 실행되지 않기 때문이다. 만약 전체 프로그램이 하나의 블록이라면 실행하기 전에 이 전체 블록을 복원해야 하는데, 이것은 압축의 장점을 무효화할 것이다. 만약 블록이 너무 작다면 코드는 가치 있을 만큼 충분히 압축되지 않을 것이다.

울페와 샤닌의 평가

그림 2-22는 여러 압축 방법들에 대한 울페와 샤닌의 비교이다. 이들은 유닉스 *compress* 유틸리티를 사용하는 것, 32바이트 블록의 명령어들에 대해 표준 허프만 부호화를 사용하는 것, 프로그램을 위해 특별히 설계된 허프만 코드를 사용하는 것, 제한된(bounded) 허프만 코드를 사용하는 것(이것은 16비트보다 더 긴 기호에 대해서는 어떤 바이트도 부호화되지 않도록 하는 것으로, 각 프로그램에 대해 별도의 코드를 가진다)과 같이 네 가지 다른 방법으로 여러 벤치마크 프로그램들을 비교했다. 그리고 하나의 제한된 허프만 코드가 여러 테스트 프로그램들로부터 계산되고 모든 벤치마크에서 사용되었다.

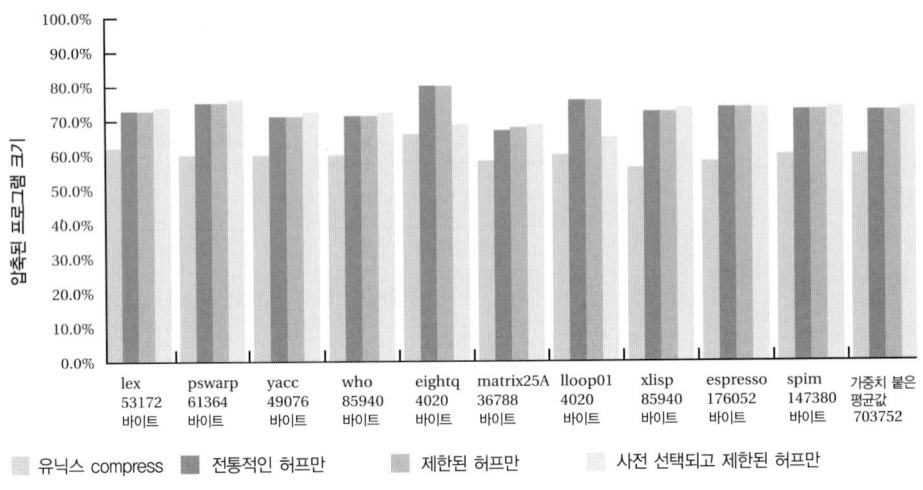

그림 2-22 코드 압축 효율성의 비교. 출처 : 울페와 샤닌[Wol92]. ⓒ1992 IEEE.

울페와 샤닌은 또 100ns 메모리 액세스 시간을 가진 EPROM에 저장된 프로그램, 첫 번째 액세스에 3 사이클을 사용하고 후속 순차 액세스를 위해 1 사이클을 사용하는 연속 모드 EPROM에 저장된 프로그램, 70ns 액세스 시간에 기초하고 첫 번째 액세스에 4 사이클을 사용하고 후속 순차 액세스를 위해 1 사이클을 사용하는 정적 열(static-column) DRAM이라는 세 가지 다른 메모리 모델을 사용하여 벤치마크 상의 아키텍처 성능을 평가했다. 이들은 압축된 코드가 느린 메모리에서 실행될 때는 시스템 성능이 개선되고, 빠른 메모리에서 실행될 때는 시스템 성능이 약 10% 저하되는 것을 발견했다.

압축된 코드에서의 분기

큰 블록의 가운데에서 분기가 발생하면 블록 내의 일부 명령어들을 사용할 수 없고, 이 명령어들을 복원하는 데 필요한 시간과 에너지를 낭비하게 된다. 그림 2-23 처럼, 분기와 분기 목적지는 블록 내에서 임의의 위치일 수 있다. 블록의 이상적인 크기는 분기와 분기 목적지 사이의 거리와 연관된다. 압축은 또 점프 테이블과 계산된 분기 테이블[Lef97]에도 영향을 미친다.

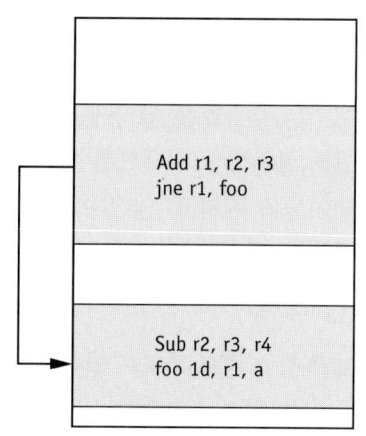

그림 2-23 압축된 코드 내의 분기와 블록들

분기 테이블　　　복원된 코드 내의 분기 목적지의 위치는 압축된 코드에서는 조정되어야 하는데, 압축의 결과로 모든 명령어들의 절대 위치가 이동되기 때문이다. 대부분의 명령어 액세스는 순차적이지만, 분기는 라벨이 가리키는 임의의 위치로 이동될 수 있다. 그러나 압축된 코드에서는 분기의 위치가 이동된다. 울페와 샤닌은 실행하는 동안 압축된 위치를 압축되지 않은 위치로 매핑하는 데 사용하는 분기 테이블(branch tables)을 제안했다(그림 2-24 참고). 분기 테이블은 압축 프로그램에 의해 생성되고 압축된 목적 코드에 포함될 수 있다. 이것은 실행 초기(또는 문맥 전환 후)에 분기 테이블로 로드되고, 절대 분기 위치가 필요할 때마다 CPU에 의해 사용된다.

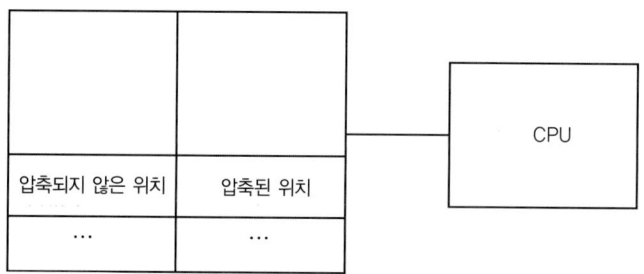

그림 2-24 분기 목적지 매핑을 위한 분기 테이블

분기 조정　　　레퍼지(Lefurgy) 등[Lef97]이 제안한 분기 테이블의 대안 한 가지가 분기 조정(branch patching)이다. 이 방법은 분기 명령어가 변경될 수 있는 방식으로 먼저 코드를 압축한다. 모든 명령어들의 위치가 알려진 후에 압축 시스템은 압축된 코드를 변경한다. 그리고 압축되지 않은 위치 대신에 압축된 분기 목적지의 주소를 포함하도록 모든 분기 명령어를 바꾼다. 이 방법은 주소를 바꾸어야 하기 때문에 약간 효율이 떨어지는 부호화를 분기에 사용하지만, 분기 테이블은 없앨 수 있다. 분기 테이블은 여러 종류의 오버헤드를 가져온다. 즉, 각 분기 목적지 당 하나의 항목을 가지므로 테이블이 커지고, 많은 에너지를 소모하며, 분기 테이블을 액세스함으로써 분기 수행 속도를 떨어뜨린다. 일반적으로 분기 조정은 선호되는 방법으로 간주된다.

코드 압축 측정 기준

여러 가지 측정 기준으로 코드 압축 시스템들을 평가할 수 있다. 첫째는 코드 크기인데, 이것은 일반적으로 **압축률**(compression ratio)로 측정한다.

$$K = \frac{\text{압축된 코드 크기}}{\text{압축되지 않은 코드 크기}} \tag{수식 2-23}$$

압축률은 실행과는 독립적으로 측정된다. 앞의 그림 2-21 에서 우리는 압축된 것과 압축되지 않은 목적 코드의 크기를 비교할 수 있는데, 그 결과가 의미가 있으려면 데이터를 포함한 전체 목적 코드를 측정해야 한다. 여기에는 빈 공간이나 분기 테이블과 같은 압축된 코드 자체에 있는 부산물도 포함된다.

블록 크기와 압축률

블록 크기 선택은 코드 압축 알고리즘 설계에서 중요한 결정이다. 레캇사스(Lekatsas)와 울프(Wolf)[Lek99c]는 압축률을 블록 크기의 함수로 파악했다. 그 결과, 그림 2-25 에서 보는 것처럼 아주 작은 블록은 잘 압축되지 않지만, 이 압축률은 다른 크기의 블록에 대해서도 비슷하다는 것을 보여준다. 성능과 전력 소모에 의해서도 코드 압축 시스템을 평가할 수 있다.

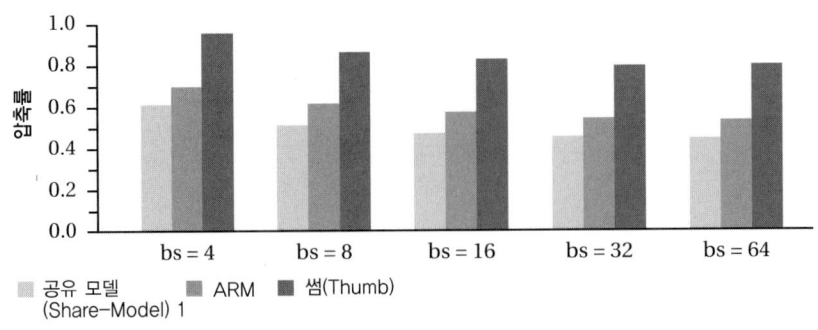

그림 2-25 하나의 압축 알고리즘에 대한 압축률 대 블록 크기(바이트)
출처 : 레캇사스(Lekatsas)와 울프(Wolf)[Lek99b]. ⓒ1999 IEEE.

가변 길이 코드 단어

레퍼지(Lefurgy) 등[Lef97]은 가변 길이 코드 단어(codewords)를 사용했다. 이들은 첫 번째 4 비트를 압축된 열(sequence)의 길이를 정의하는 데 사용했다. 이들은 8, 12, 16 그리고 36 비트의 코드 단어를 사용했으며, 하나의 명령어를 효율적으로 부호화할 수 있는 압축 방법을 사용했을 때 최선의 결과를 얻는다는 사실을 발견했다. 이들은 또 이 방법을 ARM 썸(Thumb) 명령어 집합을 위해 컴파일한 결과와 비교했다. 40KB 보다 작은 프로그램에서는 압축된 ARM 코드보다 썸 코드가 우월하지만, 큰 프로그램에 대해서는 ARM 프로그램을 압축하는 것이 더 우월하다는 것을 발견했다. 이들은 압축에서 이득을 얻을 수 있는 반복된 명령어들이 작은 프로그램들에서는 부족한 게 아닌가 하고 추측한다.

필드 기반의 부호화

이시우라(Ishiura)와 야마구찌(Yamaguchi)[Ish98b]는 부호화를 최적화하기 위해 프로그램의 명령어들로부터 필드들을 자동으로 추출했다. 이들의 알고리즘은 명령어를 한 비트의 필드들로 분할하고, 복호화기의 전체 비용을 줄이기 위해 필드들을 결합한다.

라린(Larin)과 콘테(Conte)[Lar99]는 명령어 형식을 프로그램 내의 명령어 사용과 일치시킬 것을 제안했다. 이들은 원본 명령어 집합에 정의된 필드들을 사용했지만, 프로그램에서 발견되는 값들의 범위에 이 필드들의 부호화를 맞추었다. 특정 필드를 위해 가능한 값들의 부분 집합만을 사용하는 프로그램은 이 필드를 위해 더 적은 비트를 사용할 수 있다. 이들은 이 방법으로 허프만 복호화에 요구되는 것보다 훨씬 더 작은 복호화기를 만들 수 있다는 것을 발견했다. 그리고 명령어 캐시 제어기가 가변 길이의 블록 내 압축된 명령어들을 처리하도록 바꾸는 것도 검토했다.

사전 캐시 대 사후 캐시 복원

울페와 샤넌 아키텍처는 블록이 캐시로 들어올 때 압축한다. 이것은 각 블록이 단 한 번만 복원되는 것을 의미하지만, 캐시가 압축되지 않은 명령어들로 채워진다는 것도 의미한다. 라린과 콘테[Lar99], 그리고 레캇사스(Lekatsas) 등[Lek00a]은 그림 2-26 처럼 명령어들이 캐시와 CPU 사이에서 복원되는 사후 캐시 복원(post-cache decompression)을 제안했다. 이 아키텍처는 루프에서처럼 반복적으로 실행될 때 블록 내의 명령어들이 여러 번 복원되는 것을 요구하지만, 압축된 명령어들도 캐시에 남겨둔다. 사후 캐시 복원 아키텍처는 캐시를 더 크게 만드는 효과를 얻는데, 이유는 명령어들이 더 작은 공간을 차지하기 때문이다. 설계자들은 같은 성능을 얻기 위해 더 작은 캐시를 사용하거나, 주어진 캐시 크기에 대해서 더 높은 캐시 적중률을 얻을 수 있다. 이것은 설계자들에게 영역, 성능, 에너지 소모(캐시는 많은 양의 에너지를 소모하므로) 사이의 거래를 가능하게 해준다. 반복적인 복원의 부담을 고려하더라도, 놀랍게도 사후 캐시 아키텍처는 훨씬 더 빠르면서도 에너지를 더 적게 소모한다.

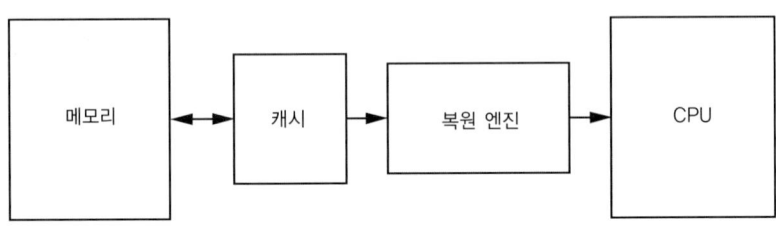

그림 2-26 사후 캐시 복원 아키텍처

베니니 등[Ben01a]은 결합된 캐시 제어기와 코드 복원 엔진을 개발했다. 이들은 명령어들을 배열해서, 선 경계들을 중복 캐시하지 않고, 분기 목적지에 있는 명령어들을 단어로 배열되도록 한다. 이들의 방법은 72%의 압축률과 평균 30%의 에너지 절감을 제공한다.

콜리쓰(Corliss) 등[Cor05]은 사후 캐시 복원을 위한 동적 명령어 열 편집 (instruction stream editing, DISE)을 제안했다. DISE는 즉석 명령어 편집을 위한 일반적인 기법이다. 이것은 임의의 패턴과 일치하는 명령어들을 매개변수화한 명령어 열(parameterized sequences of instructions)로 매크로 확장한다. 이 연산은 캐시에서 명령어를 인출한 후에 수행되므로, 사후 캐시 복원을 위해 사용될 수 있다. 압축된 명령어의 어떤 매개변수는 코드 단어의 조작 부호가 아닌(non-opcode) 비트들로 저장된다.

데이터 압축 알고리즘과 코드 압축

많은 데이터 압축 알고리즘은 원래 텍스트를 압축하기 위해 개발되었다. 그런데 실행 과정의 코드 압축은 높은 성능, 작은 버퍼, 적은 에너지 소모처럼 텍스트 압축과는 아주 다른 제약조건들을 부과한다. 코드 압축 연구자들은 작은 블록에서의 압축 능력, 복원 속도 및 다른 중요한 특성들을 평가하기 위해 여러 가지 압축 알고리즘들을 검토했다.

사전 기반의 부호화

요시다(Yoshida) 등[Yos97]은 ARM 명령어를 부호화하기 위해 사전 (dictionary)을 사용했다. 이들의 변환 테이블은 명령어의 압축 코드를 원래의 명령어로 매핑했다. 이 매핑은 조작 부호(opcode)와 피연산자 필드들을 포함했다. 이들은 다음 수식을 그들의 전체 명령어 압축 체계의 전력 절감율(power reduction ratio)로 제안했다.

$$P_{f/o} = 1 - \frac{N\lceil \log n \rceil + knm}{Nm} \qquad \text{(수식 2-24)}$$

여기서 N은 원본 프로그램 내의 명령어 개수이고, m은 이 명령어들의 비트 폭이며, n은 압축된 명령어 개수이고, k는 외부 메모리에 대한 칩 상의 메모리 전력 소모율이다.

요시다 등은 일부 피연산자 값은 부호화하지 않는 하부 코드 부호화(subcode encoding)도 제안했다.

산술 코딩

휘튼(Whitten) 등[Whi87]은 코딩 공간의 이산적 분할(discrete divisions)만 만들 수 있는 허프만 코딩을 일반화한 산술 코딩(arithmetic coding)을 제안했다. 산술 코딩은 코드를 임의의 작은 세그먼트들로 분할하기 위해 실수(real number)를 사용하는데, 이것은 비슷한 확률을 가지는 기호 집합들을 위해 특히 유용하다. 그림 2-27 처럼, 실수 선 [0, 1]은 기호의 확률에 대응되는 세그먼트들로 분할될 수 있다. 예를 들어, 기호 a 는 간격 [0, 0.4]를 점유한다. 기호를 나타내기 위해 이 기호의 간격 내에서 어떤 실수라도 사용될 수 있다. 산술 코딩은 기호 열을 하나의 실수로 부호화하기 위해 이 범위 내에서 값들을 선택한다.

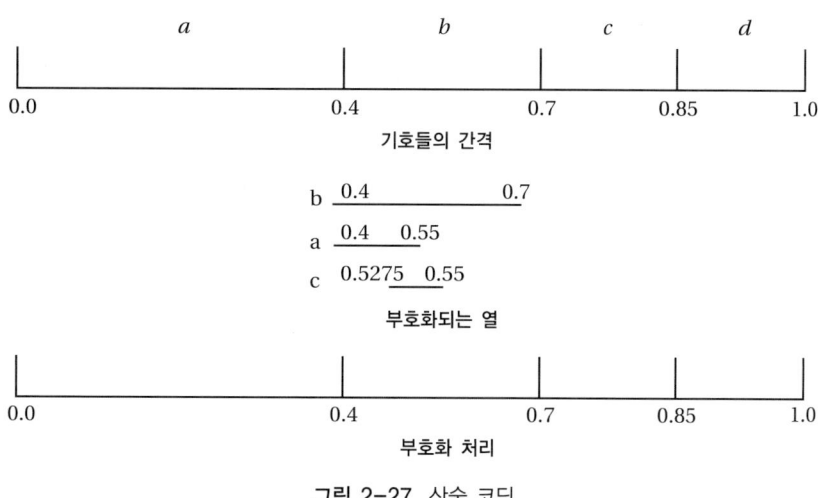

그림 2-27 산술 코딩

기호 열(string of symbols)은 다음과 같은 알고리즘을 사용하여 부호화된다.

```
low = 0; high = 1; i = 0;
while ( i < strlen(string)) {
  range = high ?low;
  high = low + range*high_range(string[ i] );
  low = low + range*low_range(string[ i] );
}
```

산술 코딩의 한 예가 그림 2-27 의 아래쪽에 있다. 기호들과, 열 산술 코딩과 마르코프 모델에서 기호들의 순서를 나타내기 위해, 이 범위는 반복적으로 좁혀진다.

산술 코딩과
마르코프 모델

레캇사스(Lekatsas)와 울프(Wolf)[Lek98, Lek99c]는 산술 코딩과 마르코프 모델(Markov models)을 결합했다. 산술 코딩은 허프만 코딩보다 더 효율적인 코드를 제공하지만, 주의하여 코딩할 필요가 있다. 마르코프 모델은 코딩에서 기호 열들 사이의 관계를 이용할 수 있도록 해준다.

산술 코딩을
위한 고정
소수점 방법

산술 코딩의 간단한 구현은 부동 소수점 계산을 필요로 하지만, 부동 소수점 계산 장치는 명령어 복호화 과정에 사용하기에는 너무 느리고, 크고, 에너지 집약적이다. 하워드(Howard)와 비터(Vitter)[How92]는 고정 소수점 계산만 하면 되는, 산술 압축을 위한 테이블 기반의 알고리즘을 개발했다. 한 예가 그림 2-28 에 있다. 이 테이블은 코드에 의해 숫자 선이 분할된 것으로 세그먼트들을 부호화한다.

마르코프 모델

마르코프 모델은 잘 알려진 통계적 모델이다. 기호들의 조건적 확률을 모델링하기 위해 데이터 압축에서 마르코프 모델을 사용하는데, 예를 들어, z 다음에 a가 올 확률을 w 다음에 a가 올 확률과 비교한다. 그림 2-29 처럼, 열(sequence) 내의 각각의 가능한 상태가 마르코프 모델 내의 상태에 의해 모델링된다. 전이는 상태들 사이의 가능한 이동을 보여주는데, 각 전이에는 확률로 라벨이 붙어있다. 이 예에서 상태들은 az와 aw 열들을 모델링한다.

N= 8에 대한 예제 간격 기계			
상태	P(MPS)	LPS	MPS
[0,8)	7/8	000, [0,8)	−, [1,8)
	6/8	00, [0,8)	−, [2,8)
	4/8	0, [0,8)	1, [0,8)
[1,8)	6/7	001, [0,8)	−, [2,8)
	5/7	0f, [0,8)	−, [3,8)
	4/7	0, [2,8)	1, [0,8)
[2,0)	5/6	010, [0,8)	−, [3,8)
	4/6	01, [0,8)	1, [0,8)
[3,8)	4/5	011, [0,8)	1, [0,8)
	3/5	ff, [0,8)	1, [2,8)

그림 2-28 테이블 기반의 산술 복호화 예

출처 : 레캇사스(Lekatsas)와 울프(Wolf)[Lek99c]. ⓒ1999 IEEE.

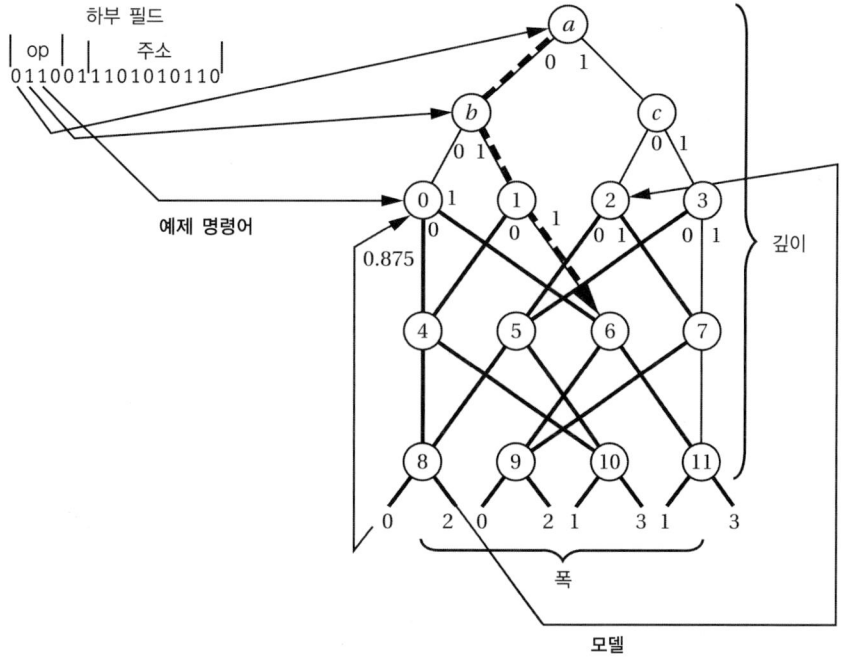

그림 2-29 명령어의 마르코프 모델

마르코프 모델은 명령어 내의 비트들 사이의 관계를 나타낸다. 그림 2-30 처럼, 각 상태는 0 비트를 위한 것 하나와 1 비트를 위한 것 하나라는 두 개의 전이를 가진다. 어떤 특별한 명령어는 마르코프 모델을 통해 궤도(trajectory)를 정의한다. 각 상태는 가장 있음직한 비트의 확률과 이 비트가 0 인지 1 인지가 표시된다. b 비트로 구성된 블록의 가장 큰 모델은 2b 상태들을 가지는데, 이것은 너무 크다. 이 모델의 크기를 다음과 같은 두 가지 방법으로 제한할 수 있다.

(1) 상태가 둘 이상의 인입 전이(incoming transition)를 가지도록 전이들을 둘러싸서 폭을 제한한다. (2) 모델의 바닥을 자르고 기존의 상태에서 종료되도록 전이들을 둘러싸서, 비슷한 방법으로 깊이를 제한한다. 모델의 깊이는 명령어 크기를 균등하게 분할하거나, 명령어 크기의 배수가 되도록 하여, 루트 상태가 항상 명령어의 시작이 되도록 해야 한다.

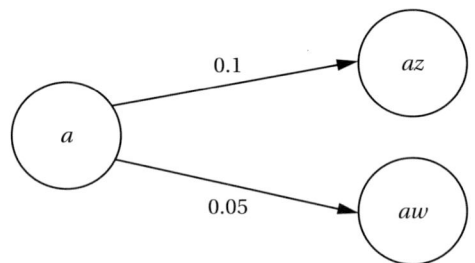

그림 2-30 조건적 문자 확률을 나타내는 마르코프 모델

레캇사스와 울프는 ARM 과 썸에 대해서 SAMC 를 비교했다. 그림 2-31 처럼, SAMC 는 썸보다 더 작은 프로그램을 생성했다(압축된 ARM 프로그램은 썸보다 더 작았고, 압축된 썸 프로그램도 역시 더 작았다).

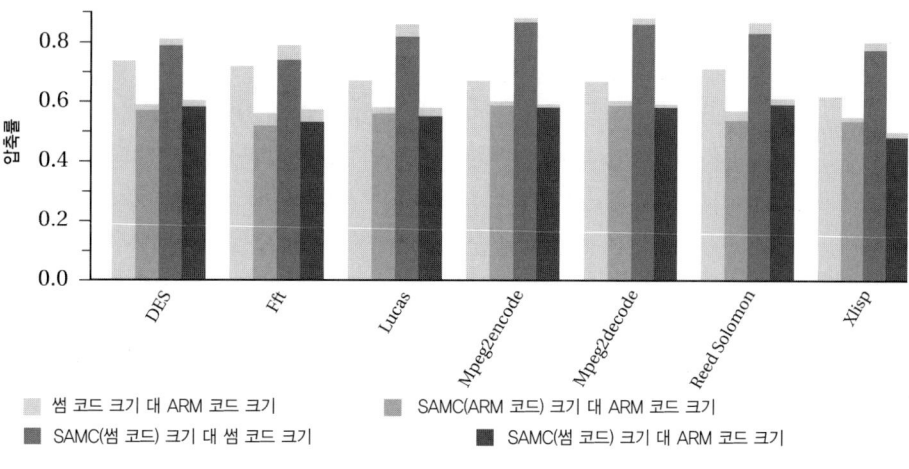

그림 2-31 SAMC 대 ARM과 썸. 출처 : 레캇사스와 울프[Lek99]

가변에서 고정으로 부호화

싸이(Xie) 등[Xie02]은 프로그램 텍스트의 가변 길이 세그먼트로부터 고정 크기의 코드 블록을 만들기 위해 툰스탈 코딩(Tunstall coding)[Tun67]을 사용했다. 툰스탈 코딩은 2N 잎 노드들로 구성된 코딩 트리를 만들고, 각 잎 노드에 같은 길이의 코드를 할당한다. 트리의 다른 위치에서 깊이가 달라지므로, 잎 노드를 생성하는 입력 열도 루트에서 잎까지의 경로에 의해 달라질 수 있다. 이것은 여러 개의 병렬 복호화기가 압축된 데이터열의 다른 세그먼트들을 독립적으로 복호화할 수 있도록 해준다. 싸이 등은 압축률 결과를 개선하기 위해 기본 툰스탈 방법에 마르코프 모델을 추가했다. 가변에서 고정으로 부호화(variable-to-fixed encoding)는 복호화기가 가변 길이 코드 세그먼트로 복호화하기 위해 복호화기가 고정 길의 블록을 인출할 수 있음을 의미한다. 이 병렬 부호화기는 마르코프 모델로는 사용될 수 없는데, 다음 블록으로 어떤 부호록(codebook)을 사용할지를 알기 위해서는 현재 블록이 반드시 복호화되어야 하기 때문이다. 이들은 또 툰스탈 방법에서는 임의적인 코드 단어의 선택이 압축된 명령어 버스 상에서 비트 토글링을 감소시킴으로써 복호화기의 에너지 소모에 영향을 미친다는 것을 보여주었다. 그림 2-32는 기본 툰스탈 코딩과 32×4 마르코프 모델을 모두 사용하는 TI TMS320C6x 프로세서를 위한 코드 압축의 결과를 보여준다. 다른 일부 부호화 방법만큼 압축률이 좋지는 않지만, 간단해진 복호화기로 보상된다.

소프트웨어 기반의 복원

여러 그룹들이 코드를 복원하기 위해 소프트웨어 루틴을 사용하는 코드 압축 체계를 제안해왔다. 리아오(Liao) 등[Lia95]은 사전 기반의 방법을 사용했다. 이들은 일반적인 코드 열들을 식별해서 사전에 넣었다. 압축된 열들의 인스턴스는 이 코드를 실행하는 미니 서브루틴으로의 호출/반환으로 교체되었다. 이 방법은 블록이 고유한 출구를 가지고 있는 한, 코드 조각들이 분기를 가지도록 허용했다. 이들은 또 구체적인 반환을 필요로 하지 않는, 이 방법의 하드웨어 구현도 제안했다. 이들은 모든 가능한 겹치는(overlap) 영역에서 블록들을 서로 비교하여, 코드를 기본적인 블록들로 나눔으로써 명령어 열들을 발견했다. 이들은 70%의 평균 압축률을 보고했다.

키로프스키(Kirovski) 등[Kir97]은 소프트웨어로 제어되는 코드 압축을 위한 **프로시저 캐시(procedure cache)**를 제안했다. 프로시저 캐시는 명령어와 데이터 캐시와는 병렬로 존재한다. 프로시저 캐시는 전체 복원된 프로시저를 보관할 만큼 충분히 크다. 서브루틴 호출 명령어에서 프로시저 주소들을 직접 내장하는 대신, 이들은 코드 내의 프로시저 식별자들을 메모리 내에 압축된 프로시저들의 위치로 매핑하는 테이블을 사용한다. 그 처리기는 프로시저들을 복원하는 것 외에 프로시저 캐시 내의 유휴 공간과 줄어든 조각도 관리한다. 이것은 반환할 서브루틴을 기다리는 동안에 호출하는 프로시저가 프로시저 캐시에서 소멸될 수 있음을 의미한다(예를 들어, 프로시저 호출들이 깊이 중첩되어 있는 경우를 고려해보라). 프로시저 호출은 호출하는 프로시저의 식별자, 호출되는 시점에서 호출하는 프로시저의 시작 주소, 그리고 호출하는 프로시저의 시작 부분으로부터의 오프셋을 저장한다.

레퍼지(Lefurgy) 등[Lef00]은 소프트웨어가 캐시에 기록하도록 하기 위해 메커니즘을 추가하는 것을 제안했다. 캐시 실패시 예외가 발생되는데, 명령어 캐시 변경 명령어가 예외 처리기로 하여금 캐시에 기록하는 것을 허용한다. 이들은 또 레지스터에 저장하고 복원하는 부담을 줄이기 위해, 예외 처리기에 두 번째 레지스터 파일을 추가하는 것을 제안했다. 이들은 간단한 사전 기반의 압축 알고리즘을 사용한다. 각각의 압축된 명령어는 16비트 인덱스에 의해 표현된다. 이들은 IBM 코드팩에 의해 사용되는 압축 알고리즘으로도 실험했다. 게다가 이 저자들은 예제 실행에서의 캐시 실패를 측정하고, 압축을 위한 코드의 가장 자주 실패되는 부분을 선택함으로써, 프로그램을 선택적으로 압축하는 알고리즘을 개발했다.

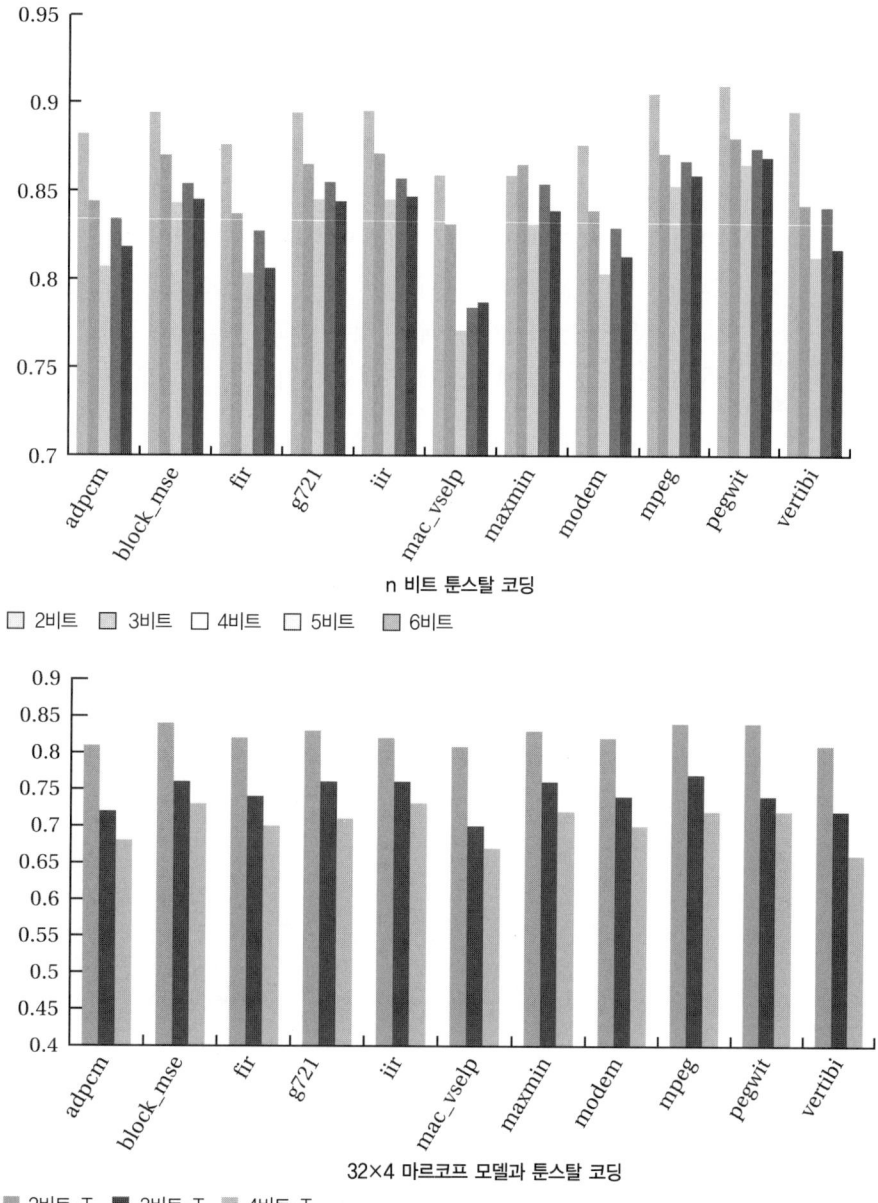

n 비트 툰스탈 코딩

☐ 2비트　☐ 3비트　☐ 4비트　☐ 5비트　☐ 6비트

32×4 마르코프 모델과 툰스탈 코딩

■ 2비트-T　■ 3비트-T　■ 4비트-T

그림 2-32 TI TMS320C6x 프로세서를 위해 가변에서 고정으로 부호화를 사용하는 코드 압축
출처 : 싸이 등[Xie02]. ⓒ2002 IEEE.

그림 2-33은 명령어 캐시 크기에 대한 이들의 실험 결과를 보여준다. 레퍼지 등은 4KB, 16KB, 64KB 처럼 여러 다른 캐시 크기에 대해서 그들의 사전 압축 알고리즘과 코드팩 알고리즘을 모두 테스트했다. 이들은 단일 레지스터 파일과 예외 처리기를 위해 추가된 레지스터 파일 모두에 대해 이 캐시 크기들을 테스트했다. 그림 2-34는 압축되지 않은 코드에 대해 선택적으로 압축된 프로그램들의 성능을 보여준다. 이 도표들은 여러 벤치마크를 위해 압축된 프로그램의 퍼센트의 함수로서 상대적인 성능을 보여준다. 여러 경우에(특히 ijpeg, mpeg2enc, perl, 그리고 pegwit) 압축된 프로그램은 약간 더 빨랐는데, 이것은 압축 대 비압축 프로그램들의 다른 프로시저 배치 때문에 캐시 내에 발생한 변경 때문이다.

첸(Chen) 등[Che02]은 자바를 위해 소프트웨어로 제어되는 코드 압축을 제안했다. 이 방법은 읽기 전용 데이터를 압축하는데, 여기에는 가상 기계 이진 코드와 자바 클래스 라이브러리가 포함된다. 읽기 전용 데이터는 복원시 스크래치 패드 메모리에 저장된다. 압축은 칩 상의 메모리 시스템의 일부 블록은 꺼지고 다른 것들은 저 전력 모드로 작동되도록 해준다.

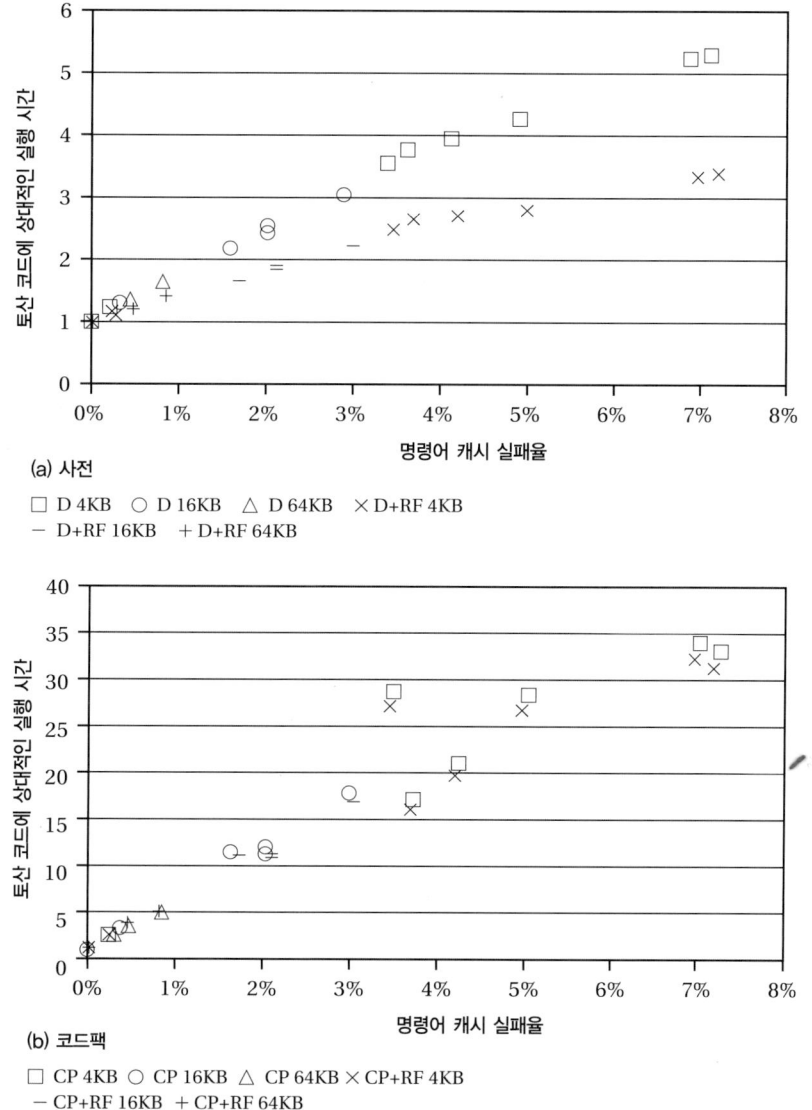

(a) 사전

□ D 4KB   ○ D 16KB   △ D 64KB   × D+RF 4KB
— D+RF 16KB   + D+RF 64KB

(b) 코드팩

□ CP 4KB   ○ CP 16KB   △ CP 64KB   × CP+RF 4KB
— CP+RF 16KB   + CP+RF 64KB

그림 2-33 실행 시간 대 명령어 캐시 실패율. 출처 : 레퍼지 등[Lef00]. ⓒ2000(b) 코드팩 IEEE.

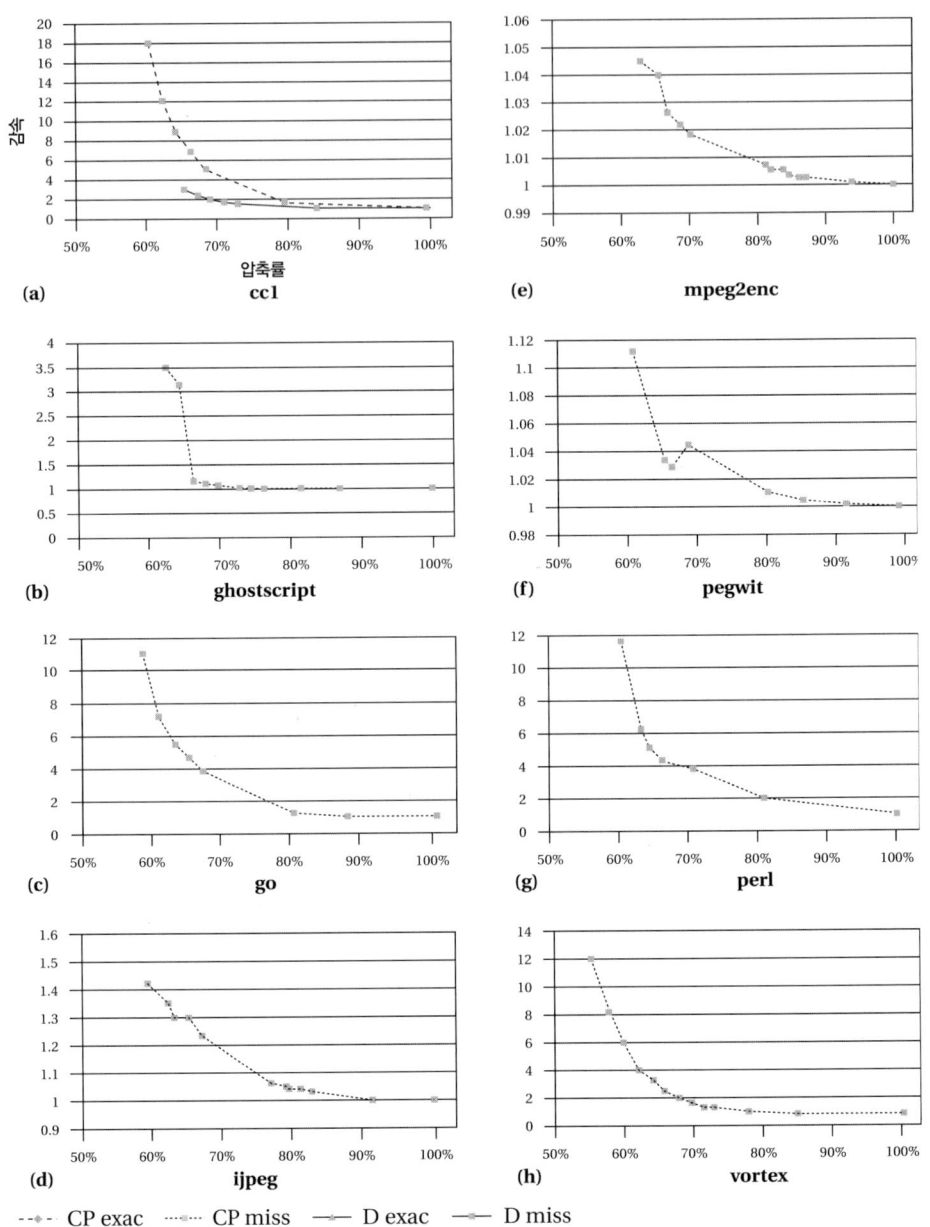

그림 2-34 선택적 압축의 상대적 성능. 출처 : 레퍼지 등[Lef00]. ⓒ2000 IEEE.

2.7.2 코드와 데이터 압축

코드 압축이 성공하면, 코드와 데이터 모두를 압축하고 실행 시간에 이들을 복원하는 것을 고려할 것이다. 그러나 압축된 데이터를 메모리에 유지하는 것은 더 어렵다. 명령어는 (대부분의 경우) 읽기 전용이지만, 데이터는 읽기와 쓰기 모두가 가능해야 한다. 이것은 복원뿐만 아니라 압축도 순간적으로 가능해야 함을 요구하며, 코드 압축과는 어느 정도 다른 코드/데이터 압축을 위한 상황으로 유도한다.

렘펠-지브 코딩 렘펠–지브 코딩(Lempel-Ziv coding)[Ziv77]은 코드/데이터 공동 압축에 사용되어왔다. 이것은 압축된 텍스트와 함께 사전은 보낼 필요가 없는 방식으로 코딩을 위한 사전을 구축한다. 그림 2-35 처럼 송신기는 입력 텍스트 내의 반복적인 문자열들을 인식하기 위해 버퍼를 사용하며, 수신기는 수신할 때 반복적인 문자열들을 기록하기 위해 자체적인 버퍼를 유지하고 복원 작업의 뒷 단계에서 이것들을 재사용한다. 그림 2-36 은 렘펠-지브 코딩 작업을 보여준다. 압축기는 첫 글자부터 마지막 글자까지 텍스트를 스캔한다. 현재 문자(character)를 포함하는 현재 문자열(string)이 버퍼 내에 있다면 텍스트는 전송되지 않는다. 현재 문자열이 버퍼 내에 있지 않다면 이것은 버퍼에 추가된다. 그리고 송신기는 가장 길게 인식되는 문자열(현재 문자열에서 마지막 문자를 뺀 것)을 위한 토큰과, 이를 따르는 새 문자를 전송한다.

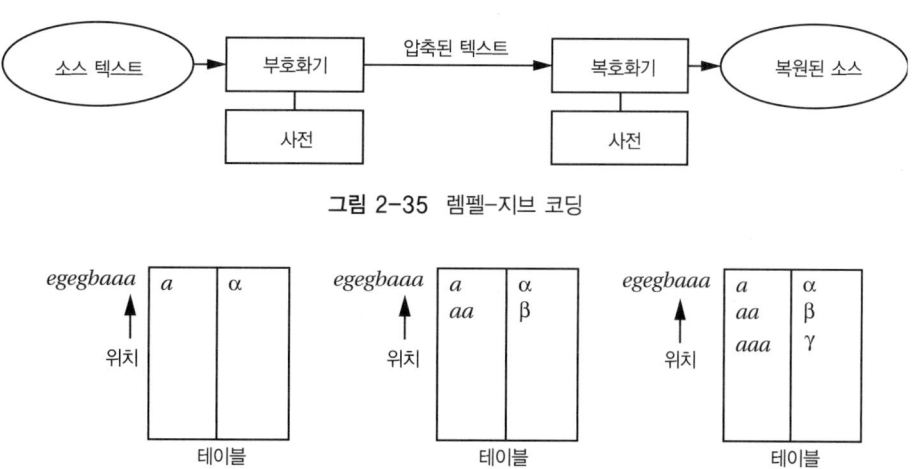

그림 2-35 렘펠–지브 코딩

그림 2-36 렘펠–지브 코딩의 한 예

렘펠–지브–웰치 코딩 렘펠–지브–웰치(Lempel-Ziv-Welch, LZW) 알고리즘[Wel84]은 렘펠-지브 알고리즘을 위해 고정 크기의 버퍼를 사용한다. LZW 코딩은 원래 디스크 드라이브 압축을 위해 설계되었는데, 여기서 버퍼는 작은 RAM이다. 이것은 GIF 형식에서 이미지 부호화를 위해서도 사용된다.

MXT 메모리 시스템

트리메인(Tremaine) 등[Tre01]은 압축된 데이터와 코드를 사용하기 위해 MXT 메모리 시스템을 개발했다. 3수준 캐시는 여러 프로세서들 사이에서 공유되며, 주메모리와 I/O 장치들과 통신한다. 데이터와 코드는 주 메모리로부터 L3 캐시로 이동하면서 압축되고, 다시 주 메모리로 이동하면서 복원된다. MXT는 1977 램펠-지브 알고리즘에서 변형된 것을 사용한다. 압축되는 블록은 같은 크기의 여러 부분들로 분할되고, 각각은 독립적인 엔진에 의해 압축된다. 모든 압축 엔진은 같은 사전을 공유한다. 보통, 1KB 블록은 압축을 위해 4개의 256바이트 블록들로 분할된다. 복원기도 역시 4개의 엔진을 사용한다.

에너지 절감을 위한 압축

베니니(Benini) 등[Ben02]은 캐시와 주 메모리 사이에 압축/복원 장치를 가진 데이터 압축 아키텍처를 개발했다. 이들은 압축률과 에너지 절감 측면에서 여러 압축 알고리즘들을 검토했다. 이들이 테스트한 한 알고리즘은 n개의 가장 자주 사용된 단어와 이들의 코드를 사전에 저장하는, 간단한 사전 기반의 압축 알고리즘이었다. 이 알고리즘은 평균 35%나 더 적게 소모되었다.

압축과 암호화

레캇사스(Lekatsas) 등[Lek04]은 데이터와 코드의 압축 및 암호화를 결합한 아키텍처를 개발했다. 암호화 방법은 작은 데이터 부분을 액세스하기 위해 큰 블록이 해독될 필요가 없도록, 데이터의 무작위적인 액세스를 지원해야만 한다. 이들의 아키텍처는 메모리 액세스 작업의 적절한 위치에서 압축과 암호화가 수행될 수 있도록 운영체제를 변경한다. 시스템 설계자는 다양한 압축 및 암호화 알고리즘들을 사용할 수 있다. 테이블이 압축되지 않은 주소들을 압축된 주 메모리 내의 위치로 매핑한다.

2.7.3 저 전력 버스 부호화

CPU를 캐시와 주 메모리에 연결하는 버스들은 CPU에서 소모되는 전체 에너지의 상당 부분을 차지한다. 이 버스들은 폭이 넓고 길어서 전환하는 데 큰 용량(capacitance)이 필요하다. 또 이 버스들은 자주 사용되므로, 큰 용량의 전환 이벤트를 많이 야기한다.

버스 부호화

버스 에너지 소모를 줄이기 위해 많은 버스 부호화(bus encoding) 시스템들이 개발되어 왔다. 그림 2-37 처럼, 버스로 들어가는 정보는 먼저 전송 단말에서 부호화되고, 그 후에 수신 단말에서 복호화된다. 버스 데이터가 부호화되었는지를 메모리와 CPU는 알지 못한다. 버스 부호화 체계는 반전이 가능해야(invertible) 한다. 즉, 수신 단에서 데이터를 손실 없이 복구할 수 있어야 한다. 어떤 체계는 보통 복호화를 도와주는 몇 개의 비트로 구성되는 부수적 정보(side information)를 필요로 한다. 다른 체계는 버스를 따라 전송되는 부수적 정보를 필요로 하지 않는다.

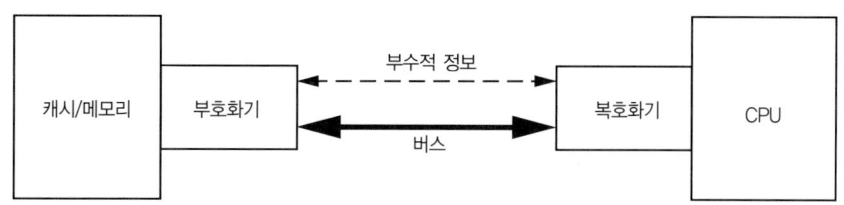

그림 2-37 부호화된 버스의 마이크로 아키텍처

측정 기준   버스 부호화 체계를 위한 가장 중요한 측정 기준은 에너지 절감이다. 에너지 자체는 버스의 물리적/전기적 설계에 의존하기 때문에, 일반적으로 에너지 절감은 토글 카운트(toggle count)를 사용하여 측정한다. 버스 에너지는 버스 내의 각 선에서의 전이 수에 비례하므로, 토글 카운트를 상대적인 에너지 측정 기준으로 사용할 수 있다. 토글 카운트는 주어진 버스 신호 상의 연속된 비트들 사이의 토글을 측정한다. 누화(crosstalk)도 역시 전력 소모를 줄이므로, 어떤 체계에서는 물리적으로 인접한 버스 신호들의 값도 관찰한다. 이와 더불어, 우리는 부호화기와 복호화기의 시간, 에너지, 영역 오버헤드에도 관심을 가진다. 이 모든 측정 기준들은 토글 카운트와, 버스 부호화에 사용되는 부수적 정보의 다른 비용을 포함해야 한다.

버스 반전 코딩   스탄(Stan)과 벌레슨(Burleson)은 버스의 에너지 소모를 줄이기 위해 버스 반전 코딩(bus-invert coding)[Sta95]을 제안했다. 이 체계는 버스 상에서의 연속적인 값들 사이의 상호관계를 이용한다. 버스 상의 단어는 버스 상의 전이 횟수를 줄이기 위해 원래 형태 또는 반전된 형태로 전송될 수 있다.

그림 2-38 처럼, 버스의 송신기 측(예를 들어, CPU)은 직전의 버스 값을 레지스터에 저장하여, 현재의 버스 값과 비교할 수 있도록 한다. 그리고 다수결 함수($XOR(B^t, B^{t-1})$)를 사용하여 비트 단위의 전이 횟수를 계산한다(여기서 B^t는 시간 t에서의 버스 값이다). 만약 버스의 비트 중 과반수가 시간 t에서 $t-1$ 사이에 값을 바

꾼다면, 반전된 형태의 버스 값이 전송되고, 그렇지 않다면 원래 형태의 버스 값이 전송된다. 값을 재반전할 필요가 있는지를 수신기에 알려주기 위해, 부수적 정보를 위한 여분의 한 선이 사용된다.

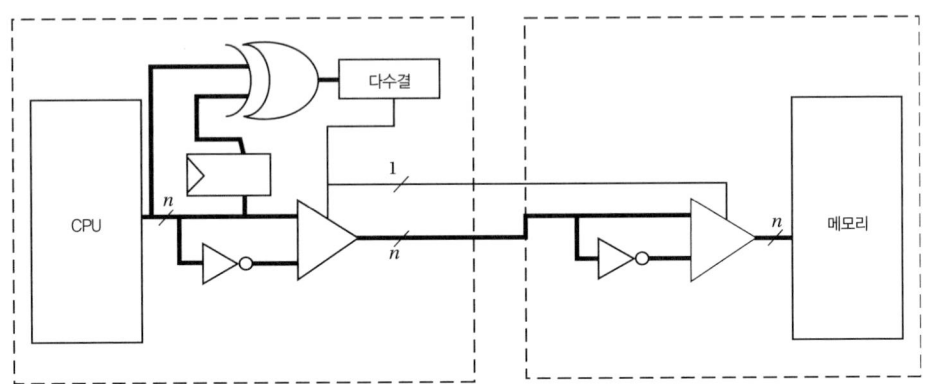

그림 2-38 버스 반전 코딩 아키텍처

스탄과 벌레슨은 또 버스를 필드들로 분해하고, 각 필드에 별도로 버스 반전 부호화를 적용할 것을 제안했다. 이것은 데이터가 원래부터 상호 연관된 특성을 가지면서 여러 부분으로 나뉘어져 있을 때 잘 적용된다.

작업 구역 부호화

무솔(Musoll) 등[Mus98]은 그림 2-39와 같은, 주소 버스를 위한 작업 구역 부호화(working-zone encoding)를 개발했다. 이들의 방법은 프로그램의 대부분 실행 시간이 루프 내의 실행처럼 작은 범위의 주소 내에서 소요된다는 관찰에 기초한다. 이들은 프로그램 주소들을 작업 구역(working-zone)이라고 알려진 집합들로 분할한다. 버스 상의 주소가 작업 구역에 속하면, 작업 구역의 시작 부분에서의 오프셋이 축약된 코드(one-hot code)로 전송된다. 주소가 작업 구역에 속하지 않으면 전체가 전송된다(그림 2-39 참고).

주소 버스 부호화

베니니(Benini) 등[Ben98]은 주소 버스 부호화를 위한 방법을 개발했다. 이들은 상호 연관되는 주소 비트들을 모으고(cluster), 이 클러스터를 위한 효율적인 코드를 생성하고, 이 클러스터 신호들을 부호화 및 복호화하기 위해 결합 논리(combinational logic)를 사용한다.

이들은 전이 변수들(transition variables)의 상호 관계를 다음과 같이 계산한다.

$$\eta_i^{(t)} = [x_i^{(t)} \cdot (x_i^{(t-1)})'] - [(x_i^{(t)})' x_i^{(t-1)}] \qquad \text{(수식 2-25)}$$

```
for 1 ≤ i ≤ H + M do △₁ = current - Pref₁        (1)
if ∃△ᵣ such that −n/2 ≤ △ᵣ ≤ n/2 − 1 then
   offset = △ᵣ
   Pref_miss = 0
   ident = r
   if offset = prev_offᵣ then
     word = prev_sent
   else
     word = transition−signaling[one-hot(offset)]
   Prefᵣ = current
   Prev_offᵣ = offset
   Prev_ident = r
   if H + 1 ≤ r ≤ H + M then
     prefⱼ = current  (1 ≤ j ≤ H)               (2)
     prev_offⱼ = offset
else
   Pref_miss = 1
   ident = prev_ident                           (3)
   word = current
   if M ≠ 0 then
     Prefⱼ = current  (H + 1 ≤ j ≤ H + M)        (2)
   else
     Prefⱼ = current  (1 ≤ j ≤ H)               (2)
   (leave prev_offⱼ as before)                   (4)
Prev_sent _ word


if pref_miss = 0 then
   xor = prev_received XOR word
   if xor = 0 then
     current = Pref_ident + prev_off_ident
     (leave prev_off_ident as before)
   else
     current = Pref_ident + one-hot-retrieve(xor)
     prev_off_ident = one-hot-retrieve(xor)
   Pref_ident = current
   if ident > H then
     Prefⱼ = current, (1 ≤ j ≤ H)               (2)
     if xor = 0 then
       (leave prev_offⱼ as before)
     else
       prev_offⱼ = one-hot-retrieve(xor)
else
   current = word
   Prefⱼ = current
   (leave prev_offⱼ as before)                   (4)
prev_received = word
```

(1) 활성 작업 구역 검색. 이 작업에서는 완전 결합적(fully associative)
(2) 교체 알고리즘. 이 작업에서는 LRU
(3) ident는 무시되며, 직전 값이 전송됨
(4) 직전의 오프셋이 알려지지 않았으므로 prev_off는 변경되지 않음

그림 2-39 작업 구역 부호화와 복호화 알고리즘들. 출처 : 무솔 등[Mus98]. ©1998 IEEE.

여기서 $\eta_i^{(t)}$는 비트 i가 양 전이(positive transition)이면 1 이고, 음 전이이면 −1 이며, 바뀌지 않으면 0 이다. 이들은 프로그램의 전체 주소 열을 위한 이 함수의 상호 관계 계수를 계산한다.

부호화와 복호화 논리가 너무 크지 않도록 하기 위해, 선택된 클러스터의 크기를 조정해야 한다. 베니니 등은 조정된 최대 크기를 가진 신호들의 클러스터를 만들기 위해 탐욕 알고리즘(greedy algorithm)을 사용한다. 이들은 클러스터를 위한 효율적인 부호화기와 복호화기를 설계하기 위해 논리 합성 기법을 사용한다. 표 2-1 은 베니니 등이 그들의 방법을 작업 구역 부호화와 비교한 실험 결과를 보여준다.

벤치마크	길이	이진 전이	베니니 등의 전이	베니니 절감	작업 구역 전이	작업 구역 절감
대시보드 (Dashboard)	84,918	619,690	443,115	28.4%	452,605	26.9%
DCT	13,769	48,917	31,472	35.6%	36,258	25.8%
FFT	23,441	138,526	85,653	38.1%	99,814	27.9%
행열 곱셈	22,156	105,947	60,654	42.7%	72,881	31.2%
벡터-벡터 곱셈	19,417	133,272	46,838	64.8%	85,473	35.8%

표 2-1 베니니 등의 방법을 사용한 주소 부호화의 실험적 평가
출처 : 베니니 등[Ben98]. ⓒ1998 IEEE.

사전 기반의 버스 부호화

    Lv 등[Lv03]은 사전을 사용하는 버스 부호화 방법을 개발했다. 이 방법은 연속적인 값들 사이의 상호 관계와 인접한 비트들 사이의 상호 관계를 모두 고려하기 위해 설계되었다. 이들은 한 쌍의 선들을 위한 에너지 소모의 간단한 모델을 사용한다. 함수 $ENS(V^i, V^{i-1})$은 두 선이 같으면 0, 두 선 중 하나가 변하면 1, 두 선이 모두 변하면 2 이다. 이들은 전이(transition, ET)와 상호 배선(interwire, EI)에 의하여 에너지를 다음과 같이 모델링한다.

$$ET(k) = C_L V_{DD}^2 \sum_{0 \le i \le N-1} ENS(V_i((k-1), V_i(k)))$$
(수식 2-26)

$$EI(k) = C_L V_{DD}^2$$
$$\times \sum_{0 \le i \le N-2} ENS(V_i((((k-1), V_{i+1}(k)), V_i(k)), V_{i+1}(k)))$$
(수식 2-27)

$$EN(k) = ET(k) + EI(k)$$
(수식 2-28)

    $EN(k)$는 k번째 버스 전이에서의 총 에너지이다.

    버스 사전 부호화는 일리가 있는데, 버스 상에서 많은 값들이 반복되기 때문이다. 그림 2-40은 벤치마크 집합에서 10개의 가장 일반적인 패턴들의 빈도를 보여준다. 이 프로그램들에서 버스 트래픽의 대부분을 차지하는 것은 아주 적은 수의 패턴들임을 분명히 알 수 있다. 이것은 버스 상에 나타나는 많은 값들을 부호화하는 데 작은 사전이 사용될 수 있음을 의미한다.

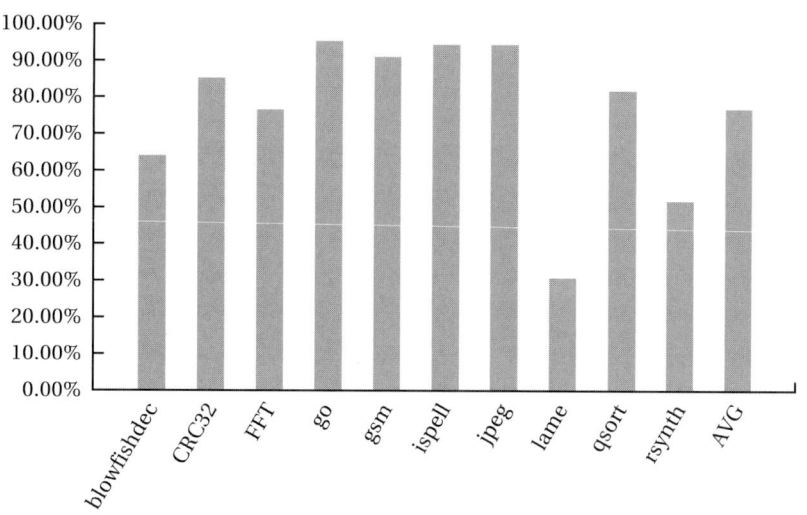

그림 2-40 벤치마크 집합에서 10개의 가장 일반적인 패턴들의 빈도
출처 : Lv 등[Lv03]. ⓒ2003 IEEE.

그림 2-41은 사전 기반의 부호화 체계 아키텍처를 보여준다. 부호화기와 복호화기 모두가 정적 RAM으로부터 구축된 작은 사전들을 가지고 있다. 사전 항목을 구성하는 데 모든 단어가 사용되지는 않으며, 단어의 상위 비트들만 비교에 사용된다. 단어의 나머지 비트들은 부호화되지 않고 전송된다. 이들은 폭 N-wi-wo인 위쪽 부분, 폭 wi인 인덱스 부분, 폭 wo인 우회된(bypassed) 부분이라는 세 부분으로 버스를 나눈다. 만약 전송될 단어의 위쪽 부분이 사전에 있다면, 송신기는 인덱스와 우회된 부분을 전송한다. 위쪽 부분이 사용되지 않으면, 이 비트들은 에너지를 절감하기 위해 높은 임피던스 상태로 들어간다. 부수적 정보는 일치가 언제 발견되는지를 말해준다. 그림 2-42에 몇 가지 결과가 있다. Lv 등은 이 사전 기반의 체계가 데이터 값들에 대해 약 25%의 버스 에너지를 절감하고, 주소 값들에 대해 약 36%를 절감한다는 것을 발견했다(부수적 정보를 위한 두 개의 추가적인 버스 선과 4,400개의 게이트를 대가로).

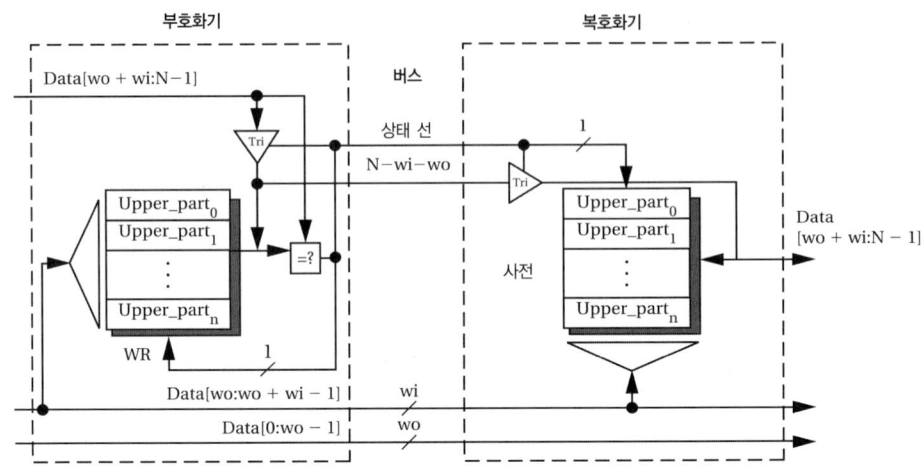

그림 2-41 Lv 등의 사전 기반의 버스 부호화기 아키텍처. 출처 : Lv 등[Lv03]. ⓒ2003 IEEE.

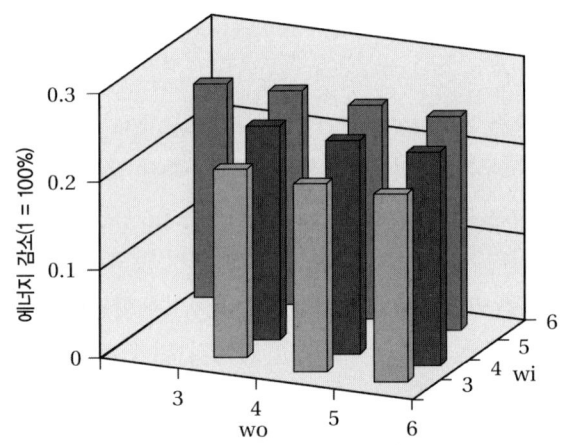

그림 2-42 사전 기반의 코드 압축에서 에너지 절감. 출처 : Lv 등[Lv03]. ⓒ2003 IEEE.

2.7.4 보안

1.6 절에서 보았듯이 보안은 인증, 보존성(integrity) 등 여러 다른 특성들로 구성된다. 임베디드 프로세서는 데스크톱과 서버 시스템에서 발견되는 것과 같은 기본적인 보안 특성들을 요구하며, 추가적인 공격에도 대비해야 한다.

암호화와 CPU 암호화 처리는 키 기반의 암호화 시스템에서 사용된다. 키 조작과 같은 암호화 처리는 데이터, 사용자, 트랜잭션을 인증하기 위해 사용되는 프로토콜의 일부분이다.

암호화 계산은 아주 긴 단어 연산과 다양한 비트 및 필드 기반의 처리들을 필요로 한다. 암호화를 지원하기 위해 다양한 명령어 집합 확장들이 제안되어 왔다. 이런 처리를 구현하기 위해 보조 처리기(co-processor)도 사용될 수 있다.

공격의 다양성　　임베디드 프로세서는 공격도 막아야 한다. 트로이 목마, 바이러스와 같은 데스크톱과 서버 시스템에 대한 공격들은 임베디드 시스템에도 적용될 수 있다. 사용자와 적들은 임베디드 프로세서에 물리적으로 접근할 수 있으므로, 새로운 종류의 공격도 가능하다. 예를 들어, **주변 채널 공격**(side channel attack)은 프로세서가 무엇을 하려고 하는지를 파악하기 위해 프로세서에서 유출된 정보를 사용한다.

스마트카드　　스마트카드(smart card)는 엄격한 보안 요구사항을 가진 임베디드 시스템에서 널리 사용되는 훌륭한 예이다. 스마트카드는 신용카드, 은행 정보 또는 개인 의료 데이터와 같은 아주 민감한 데이터를 휴대하는 데 사용된다. 오늘날 수천만 개의 스마트카드가 사용되고 있다. 이 카드는 개인이 휴대하므로, 제3자나 카드 소지자에 의한 다양한 물리적인 공격에 취약하다.

주도적인 스마트카드 아키텍처는 자체 프로그래밍 가능 단일 칩 마이크로 컴퓨터(self-programmable one-chip microcomputer, SPOM) 아키텍처라고 불린다. 전기적으로 프로그래밍이 가능한 메모리는 프로세서가 자신의 영구적인 프로그램 저장소를 바꿀 수 있도록 해준다.

자체 재프로그래밍 아키텍처　　SPOM 아키텍처는 프로세서가 데이터 또는 코드(실행 중인 코드를 포함하여)를 변경할 수 있도록 해준다. 이런 변경은 메모리가 제대로 변경되고 CPU 실행이 손상되지 않도록 주의깊게 수행되어야 한다. 그림 2-43은 자체 재프로그래밍(self-reprogramming)[Ugo83]을 위한 아키텍처를 보여준다. 메모리는 두 영역으로 나뉘는데, 둘 다 EPROM이거나 한 쪽이 ROM일 수 있으며 후자의 경우에는 메모리의 ROM 영역은 변경될 수 없다. 주소와 데이터는 두 프로그램들 사이에서 나뉜다. 레지스터들은 읽거나 쓰는 데이터를 보관할 뿐만 아니라, 메모리 연산 과정에 주소들을 보관하는 데 사용된다. 하나의 주소 레지스터가 읽고 쓸 주소를 보관하는 한편, 다른 것은 메모리 연산을 제어하는 프로그램 세그먼트의 주소를 보관한다. CPU로부터의 제어 신호는 메모리 연산의 타이밍을 결정한다. 메모리 액세스를 두 부분으로 분할하는 것은 메모리 변경을 관리하는 코드의 실행을 방해하지 않고 임의의 위치가 변경될 수 있도록 해준다. 레지스터들과 제어 논리 때문에, 메모리 연산을 제어하는 위치라 하더라도 운영적인 문제를 일으키지 않고 겹쳐 쓸 수 있다.

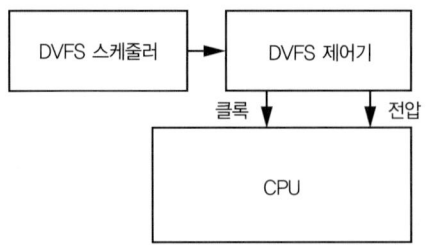

그림 2-43   전력 공격을 보호하기 위한 DVFS 기반의 공격

다음의 두 예제는 두 개의 임베디드 프로세서 군들에서 나타나는 보안 특성을 소개한다.

예제 2-10

스마트밉스

MIPS32 아키텍처[MIP05]에 대한 스마트밉스(SmartMIPS) 확장은 스마트카드 시스템을 위해 설계되었다. 이것은 암호화 연산들을 위한 명령어 집합 확장을 제공하는데, 이 연산들은 여러 암호화 알고리즘과 다른 키 크기(key sizes)에서 유용하도록 설계되었다. 이것은 또 페이지 보호 특성뿐만 아니라, 운영체제와 애플리케이션이 분리되도록 해주는 메모리 관리 장치도 제공한다.

예제 2-11

ARM 시큐코어

시큐코어(SecurCore)[ARM05b]는 스마트카드와 관련된 애플리케이션을 위해 설계된 프로세서 시리즈이다. 이것은 세이프넷(SafeNet) 암호화 보조 처리기를 사용하여 암호화를 지원한다. 세이프넷 EIP-25 보조 처리기[ARM05c]는 1,024 비트의 모듈화 누승법(modular exponentiation)을 지원하고, 2,048 비트까지의 키를 지원한다. 이들은 운영체제가 액세스 성능을 관리할 수 있도록 하는 메모리 관리 장치를 제공한다.

예제 2-12 **SAFE-OPS**

SAFE-OPS 아키텍처[Zam05]는 임베디드 소프트웨어의 상태를 검증하고 소프트웨어 변경을 보호하기 위해 설계되었다. 컴파일러는 레지스터 할당을 사용하여, 검증 가능 식별자인 워터마크(watermark)를 코드에 내장한다. 각 레지스터에 기호가 할당되어 있다면, 코드의 한 부분에 사용되는 레지스터들의 순서는 이 코드의 워터마크를 나타낸다. 시스템 버스에 부착된 FPGA는 명령어 열을 모니터하고, 실행하는 동안에 워터마크를 추출할 수 있다. 이 워터마크가 유효하지 않다면 FPGA는 예외 신호를 보내거나 조처를 취할 수 있다.

전력 공격

앞에서 언급했던 주변 채널 공격(side channel attack)은 프로세서의 내부 상태를 판단하기 위해 프로세서에서 유출되는 정보를 사용한다. 전자 시스템은 일반적으로 전자기적 에너지를 방사하며, 이것은 회로의 활동 일부를 유추하는 데 사용될 수 있다. 비슷하게, 전원 공급기 전류의 동적인 동작이 CPU 내부 상태를 유추하는 데 사용될 수 있다. 코처(Kocher) 등[Koc99]은 차분 전력 분석(differential power analysis)이라고 불리는 기법을 사용하여, 스마트카드로 들어가는 전원 공급기 전류를 측정하는 것이 스마트카드 내에 저장된 암호화 키를 식별하는 데 사용될 수 있음을 보여주었다.

역 측정 기준

전력 공격을 위해 역 측정 기준(countermeasures)이 개발되었다. 양(Yang) 등[Yan05]은 그림 2-44처럼, 프로세서 내의 연산을 차단하기 위해 동적 전압 및 주파수 크기 조정(dynamic voltage and frequency scaling)을 사용했다. 이들은 DVFS 스케줄을 적절하게 설계하면 공격자들이 프로세서 전력 소모로부터 내부 상태를 판단하는 것을 현저히 어렵게 만들 수 있다는 것을 보여주었다. 이 그림은 동적 전압 및 주파수 크기 조정이 없을 때(a와 c)와 DVFS 기반의 보호가 있을 때(b와 d)의 추적들을 비교한다.

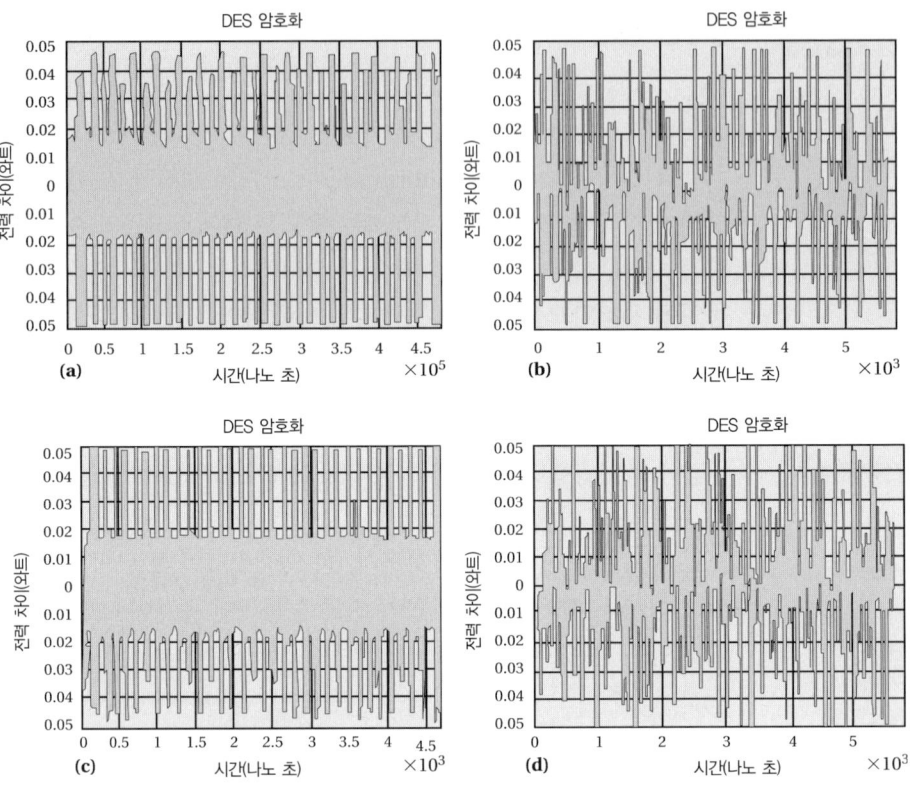

그림 2-44 DVFS 보호가 없을 때와 있을 때의 추적들
출처 : 양(Yang) 등[Yan05]. ⓒ2005 ACM Press.

2.8 CPU 시뮬레이션

CPU 시뮬레이터는 컴퓨터 시스템 설계에서 필수적이다. CPU 설계자는 프로세서가 구축되기 전에 설계를 평가하기 위해서 시뮬레이터를 사용한다. 시스템 설계자는 프로그램의 성능과 에너지 소모를 분석하고, 다중 프로세서가 구축되기 전·후에 시뮬레이션을 하며, 시스템 디버깅을 하는 등 다양한 목적을 위해 시뮬레이터를 사용한다.

'CPU 시뮬레이터'란 용어는 일반적으로 프로세서 상의 프로그램 동작을 분석하는 임의의 방법을 의미하는 것으로 널리 사용된다. CPU 시뮬레이션 방법은 몇 개의 축을 따라 분류할 수 있다.

- 성능 대 에너지/전력(performance versus energy/power) : 프로세서의 에너지 또는 전력 소모를 시뮬레이션하는 것은 내부 동작을 정확히 시뮬레이션하는 것을 필요로 한다. 이와는 대조적으로, 어떤 종류의 성능 지향적 시뮬레이션은 정밀도는 다소 떨어지지만 적당하게 정확한 결과를 제공하도록 시뮬레이션을 수행할 수 있다.

- 시간적 정확성(temporal accuracy) : 프로세서를 더 정밀하게 시뮬레이션함으로써 더 정확한 타이밍을 얻을 수 있다. 더 정확한 시뮬레이터는 실행에 더 많은 시간이 소요된다.

- 추적 대 실행(trace versus execution) : 어떤 시뮬레이터는 프로세서 상에서 실행되는 프로그램으로부터 나온 추적을 분석한다. 다른 것은 프로그램 실행을 직접 분석한다.

- 시뮬레이션 대 직접 실행(simulation versus direct execution) : 어떤 실행 기반의 시스템은 분석되고 있는 프로세서 상에서 직접 실행하지만, 다른 것은 시뮬레이션 프로그램을 사용한다.

시뮬레이션은 일반적으로 프로그램과 데이터로 구동된다. 시뮬레이션으로부터 유용한 결과를 얻기 위해서는 타당한 입력 데이터로 동작하는 올바른 프로그램을 시뮬레이션할 필요가 있다. 애플리케이션 코드 자체는 임베디드 시스템을 테스트하는 최선의 방법이지만, 코드가 없을 때는 벤치마크 군이 아키텍처 평가를 도와줄 수 있다.

잉블롬(Engblom)[Eng99b]은 여러 가지 전용 임베디드 프로그램들(총 334,600 행의 C 코드)의 특성과 함께 SPECInt95 벤치마크들을 비교하고, 임베디드 소프트웨어들은 SPECInt 벤치마크 집합과는 아주 다른 특성을 가진다는 결론을 내렸다. 이 분석은 코딩 방법에 의해 발생하는 차이를 최소화하기 위해 프로그램의 중간 표현을 사용하는, 프로그램의 정적 분석에 기초했다. 이 저자들의 작업 결과가 그림 2-45에 요약되어있다. 이들은 동적 자료구조가 SPECInt95에서 더 일반적이고, 배열과 구조체가 임베디드 프로그램에서 더 일반적이라는 것을 발견했다. SPECInt95는 더 많은 32비트 변수를 사용한 반면, 임베디드 프로그램은 대부분 더 작은 데이터를 사용했다. 그리고 임베디드 프로그램은 부호 없는 변수들을 아주 많이 사용했다. 임베디드 프로그램은 더 많은 정적 및 전역 변수들을 사용했으며, SPECInt95보다 더 많은 논리 연산자들을 사용했다. 잉블롬은 또 임베디드 프로그램에는 어떤 결정도 내리지 않는 사소한 함수들이 더 많고, 루프를 포함한 복잡한 함수는 더 적다는 것도 발견했다.

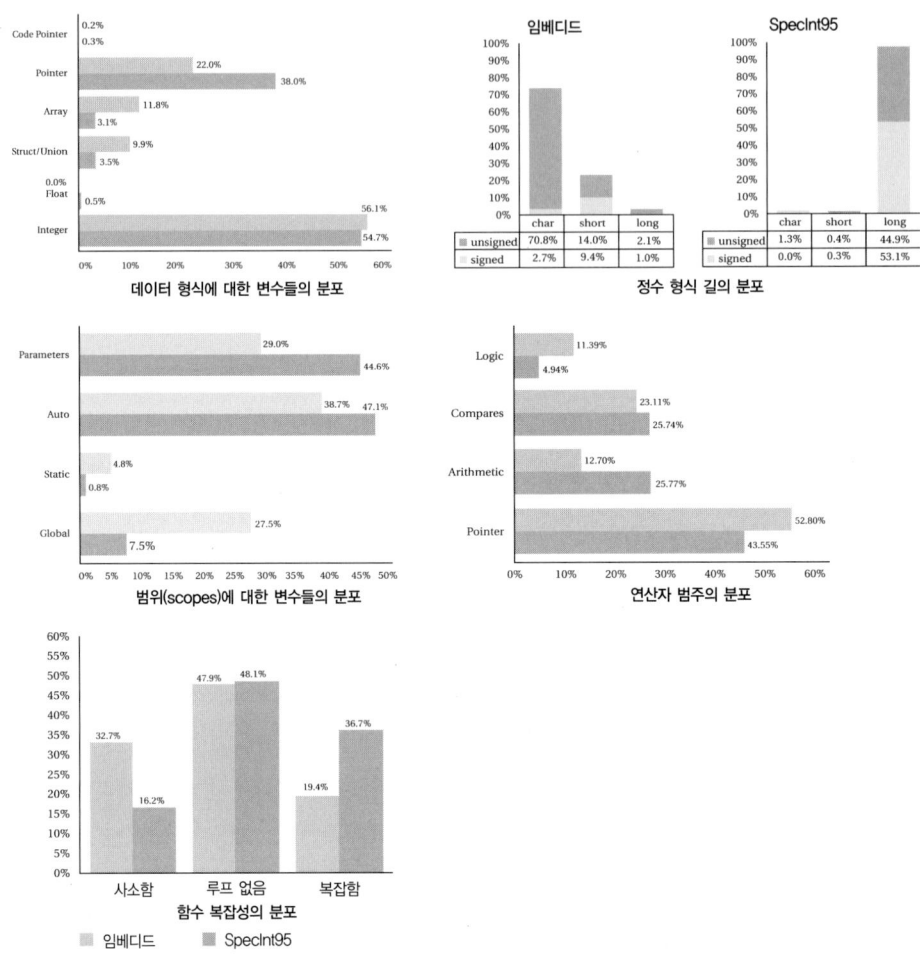

그림 2-45 SPECInt95 대 임베디드 코드 특성들
출처 : 잉블롬(Engblom)[Eng99b]. ©1999 ACM Press.

다음의 두 예제에는 임베디드 컴퓨팅 애플리케이션들을 위한 두 가지 벤치마크 집합들을 소개한다.

예제 2-13 **미디어벤치**

미디어벤치(MediaBench)[Lee97]는 멀티미디어와 통신 애플리케이션을 위한 작업부하를 나타내기 위해 설계된 벤치마크 집합이다. 이것은 JPEG 과 MPEG, 휴대폰을 위한 GSM 음성 부호화, G.721 음성 압축, PGP 암호화 패키지, 그리고 고스트

스크립트(Ghostscript)와 같은 여러 컴포넌트를 포함한다. 이것은 코드뿐만 아니라 예제 데이터도 포함한다.

예제 2-14

EEMBC 덴벤치

임베디드 마이크로프로세서 벤치마크 컨소시엄(Embedded Microprocessor Benchmark Consortium, EEMBC, http://www.eembc.org)은 다양한 임베디드 시스템 애플리케이션 영역을 위한 벤치마크들을 개발하고 관리한다. 덴벤치 (DENBench) 군[Lev05]은 (이동형 및 고정형) 디지털 오락 시스템들의 특성을 파악하기 위해 설계되었다. 덴벤치는 MPEG 인코드마크(EncodeMark), MPEG 디코드마크(DecodeMark), 크립토마크(CryptoMark), 그리고 이미지마크 (ImageMark)와 같은 4개의 하부 군들로 구성된다. 최종 점수는 이 네 하부 군들의 기하학적 평균값으로 결정된다.

다음 절에서는 CPU 시뮬레이션을 위한 기법들을 조사한다. 먼저 추적 기반의 분석을, 그 다음은 직접 실행, 마지막으로 CPU 마이크로 아키텍처를 모델링하는 시뮬레이터들을 검토한다.

2.8.1 추적 기반의 분석

추적 기반의 분석(trace-based analysis)은 프로그램에 직접 작용하지는 않는다. 그 대신, 프로세서의 특성을 파악하기 위해 추적(trace)이라 불리는, 프로그램의 실행 기록을 사용한다.

추적과 분석   그림 2-46처럼, 추적 기반의 분석은 실행 중인 프로그램으로부터 정보를 수집한다. 분석되는 프로그램이 실행된 후에 추적이 분석된다. 실행 후(post-execution) 분석은 프로그램 실행 중의 추적에서 수집된 데이터에 의해 제한된다.

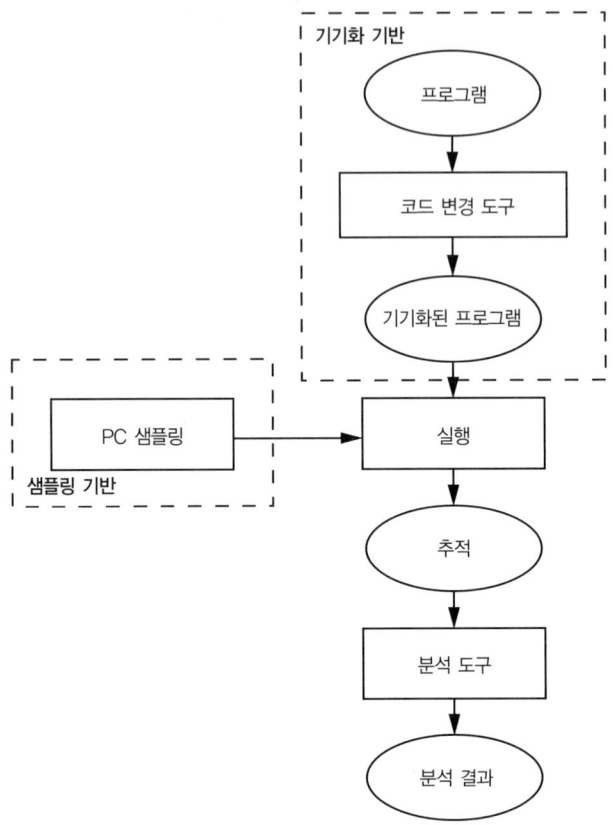

그림 2-46 추적 기반의 분석 절차

추적은 여러 다른 방법으로 생성될 수 있다. 프로그램은 메모리 또는 파일에 추적 정보를 기록하는 추가적인 코드와 함께 기기화될(instrumented) 수 있다. 이 기기화는 일반적으로 컴파일 또는 목적 코드 편집 과정에 추가된다. 추적 데이터는 프로그램을 인터럽트하고 프로그램 카운터(program counter, PC)를 샘플링하는 프로세스에 의해 포착될 수 있는데, 이 기법은 PC 샘플링(PC sampling)이라고 알려져 있다. 이 두 기법은 서로 배타적이지 않다.

다음의 요약 정보는 다양한 종류의 프로그램 정보와 다양한 수준의 세분성(granularity)으로부터 얻어질 수 있다.

■ 제어 흐름(control flow) : 제어 흐름은 자체적으로 유용하며, 제어 흐름으로부터 많은 다른 정보들이 추출될 수 있다. 프로그램의 분기 동작은 일반적으로 분

기를 기록함으로써 포착될 수 있으며, 분기 내의 동작은 유추될 수 있다. 어떤 시스템은 함수 호출을 기록할 수는 있지만, 함수 내의 분기는 기록할 수 없다.

■ 메모리 액세스(memory accesses) : 메모리 액세스는 캐시 동작에 대해 말해준다. 명령어 캐시 동작은 제어 흐름으로부터 유추될 수 있다. 데이터 메모리 액세스는 일반적으로 각 메모리 액세스를 둘러싸는 기기화 코드에 의해 기록된다.

prof 오래되고 잘 알려진 추적 기반의 분석 도구는 유닉스 prof 명령어와 GNU 판의 gprof[Fen98]이다. gprof은 추적을 생성하기 위해 기기화와 PC 샘플링의 조합을 사용한다. 추적 데이터는 호출 그래프(프로시저 수준), 기본 블록 수준, 그리고 행별 데이터를 생성할 수 있다.

디네로 디네로(Dinero) 도구[Edl03]는 잘 알려진, 추적 기반의 다른 종류의 분석 도구이다. 디네로는 캐시 시뮬레이터이다. 이것은 프로그램의 실행 시간을 분석하는 대신, 메모리 참조 이력만 관찰한다. 메모리 참조 이력은 프로그램 내의 기기화에 의해 포착된다. 실행 후에 사용자는 디네로 도구를 사용하여 메모리 계층구조 내의 프로그램 동작을 분석한다. 사용자는 트리 형식으로 캐시 계층구조를 설계하고, 분석을 위한 캐시 인자들을 설정한다.

추적 샘플링 추적은 전체로 기록되는 대신 샘플링된다[Lah88]. 유용한 실행은 많은 양의 데이터를 필요로 할 수 있다. 예를 들어, 적절한 동작 범위를 보여주기 위해 몇 개의 프레임을 처리해야 하는 비디오 부호화기를 살펴보자. 이 추적은 임의 개수의 명령어들을 위한 데이터를 취하고, 다른 명령어 열을 위한 정보는 기록하지 않고 샘플링될 수 있다. 샘플을 취하기 전에 캐시를 워밍업시킬 필요가 있다. 샘플링된 데이터에 대한 일반적인 어려움은 각 위치에서 적절한 길이의 샘플이 추출되어야 하며, 중요한 동작을 포착하는 데 충분할 정도로 자주 샘플링이 되어야 한다는 것이다.

2.8.2 직접 실행

아키텍처 에뮬레이션 직접 실행 방식의 시뮬레이션은 대상 기계의 상태를 계산하기 위해 호스트 CPU의 도움을 받는다. 직접 실행은 주로 기능적인 캐시 시뮬레이션을 위해 사용되며, 자세한 타이밍을 위한 것은 아니다.

컴퓨터의 다양한 레지스터들은 그 상태를 포함한다. 호스트 기계에 정의되지 않은 대상 기계 레지스터들을 시뮬레이션할 필요가 있지만, 호스트 기계의 원래 상태가 있다면 이것을 이용할 수도 있다. 컴파일러는 시뮬레이션되어야 하는 대상 상태를 계산하기 위해 명령어를 추가함으로써 시뮬레이션을 위한 코드를 생성한다. 시뮬레이션의 대부분은 호스트 기계의 토산 코드로 실행되므로, 직접 실행은 매우 빠르다.

2.8.3 마이크로 아키텍처 모델링 시뮬레이터

모델링의 세부 사항과 정확성

컴퓨터의 내부 마이크로 아키텍처를 모델링하는 시뮬레이터를 구축함으로써 더 자세한 성능과 전력을 측정할 수 있다. 논리를 직접 시뮬레이션하는 것은 더 정확한 결과를 제공하겠지만 너무 느리므로, 시스템 성능을 판단하는 데 필요한 긴 추적을 실행하기 어렵다. 논리 시뮬레이션은 또 CPU 공급자로부터는 일반적으로 얻을 수 없는 논리 설계서를 필요로 한다. 그러나 대부분의 경우에는, 공식적으로 얻을 수 있는 정보로부터 마이크로 아키텍처의 기능적인 모델을 구축할 수 있다.

마이크로 아키텍처 모델은 마이크로 아키텍처에서 포착하는 세부 사항의 수준에서 달라질 수 있다. 명령어 스케줄러(instruction schedulers)는 기본적인 자원 가용성은 모델링하지만, 사이클 정확(cycle-accurate)은 아닐 수 있다. 이와는 대조적으로, 사이클 타이머(cycle timer)는 실행에 관한 각 사이클 별 정보를 제공하기 위해 아키텍처를 더 자세히 모델링한다. 일반적으로 약간 느린 시뮬레이션을 대가로, 정확성을 추구할 수 있다.

시뮬레이션을 위한 모델링

3단계 파이프라인 기계의 전형적인 모델이 그림 2-47에 있다. 이 모델은 레지스터 파일이나 버스를 1등급(first-class) 요소로 포함하지 않으므로, 레지스터 전송 모델이 아니다. 대신 이 요소들은 파이프라인 단계들의 모델에 포함된다. 이 모델은 마이크로 아키텍처 내에서 데이터와 제어 흐름에 기여하는 주 장치와 경로들을 포착한다.

시뮬레이터 설계

시뮬레이션 프로그램은 마이크로 아키텍처 모델의 장치들에 대응되는 모듈들로 구성된다. 빠른 실행을 원하므로, 일반적으로 시뮬레이터는 베리로그(Verilog)나 VHDL과 같은 시뮬레이션 언어가 아니라 C와 같은 절차적 언어로 작성된다. 시뮬레이션 언어는 시뮬레이션 상태가 바뀔 때 모듈들이 올바른 순서로 평가되도록 하는 메커니즘을 가지고 있다. 따라서 절차적 언어로 시뮬레이터를 작성할 때는, 주어진 상태 변화와 관련된 모든 것들이 적절히 평가되도록 프로그램 내의 제어 흐름을 설계해야 한다.

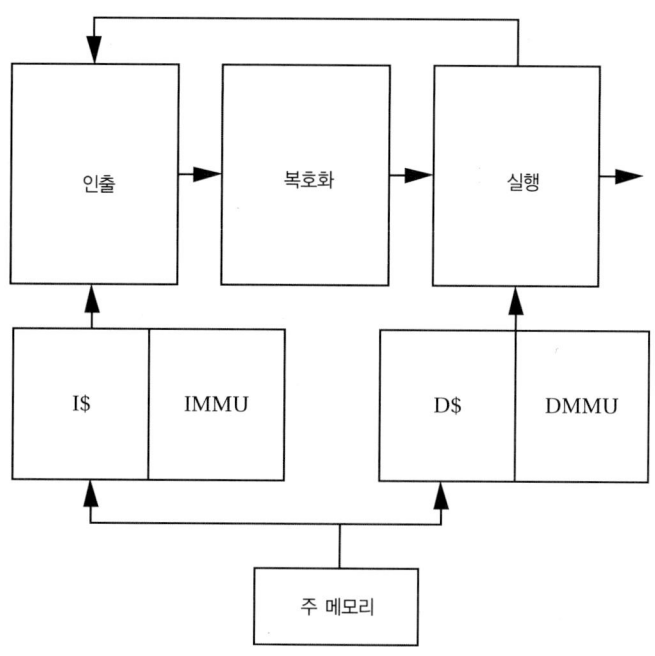

그림 2-47 시뮬레이션을 위한 마이크로 아키텍처 모델

심플스칼라   심플스칼라(SimpleScalar, *http://www.simplescalar.com*)는 시뮬레이터 설계용으로 잘 알려진 도구이다. 심플스칼라는 데이터 수집을 위한 도구들뿐만 아니라 CPU의 일반적인 컴포넌트들을 모델링하는 모듈들을 제공한다. 개인화된 시뮬레이터를 만들기 위해 이 도구들은 다양한 방법으로 함께 포함되거나 혹은 수정되거나, 추가될 수 있다. 기계 설명 파일이 마이크로 아키텍처를 나타내며, 역어셈블러와 같은 프로그래밍 도구들뿐만 아니라 시뮬레이션 엔진 부분들을 생성하는 데 사용된다.

전력 시뮬레이션   전력 시뮬레이터(power simulators)는 사이클 정확 마이크로 아키텍처 시뮬레이터를 한 단계 더 구체적으로 제공한다. CPU의 에너지/전력 소모를 파악하는 것은 성능 시뮬레이션보다 더 정확한 모델링을 필요로 한다. 예를 들어, 사이클 정확 타이밍 시뮬레이터는 버스를 직접 모델링하지 않을 수 있다. 그러나 버스는 프로세서에서 주요 에너지 소모원이므로, 전력 시뮬레이터는 레지스터 파일이나 다른 중요한 구조적 컴포넌트들뿐만 아니라 버스도 모델링할 필요가 있다. 일반적으로 전력 시뮬레이터는 프로세서의 모든 중요한 용량(capacitance)의 원천들을 모델링해야 하는데, 동적 전력 소모는 용량에 직접 관련되기 때문이다. 그러나 전력 시뮬레이터는 다른 사이클 정확 시뮬레이터들처럼, 시뮬레이션 성능과 정확도 사이에 조율이 필요하다.

와치와 심플파워　　가장 잘 알려진 전력 시뮬레이터 두 개는 와치(Wattch)[Bro00]와 심플파워 (SimplePower)[Ye00]이다. 이 둘은 모두 심플스칼라 상에 구축되고, 마이크로 아키텍처 내의 주요 장치들을 위한 용량 모델들을 추가한다.

2.9 자동화된 CPU 설계

시스템 설계자들은 오랫동안 빠른 속도로 애플리케이션을 실행하기 위해 개인화된 프로세서를 사용해왔다. 개인화된 프로세서는 비트 단편(bit-slice) CPU 컴포넌트 덕분에 1970년대와 1980년대에 인기가 있었다. 광범위한 명령어 집합을 구현하기 위해, AMD 2910 시리즈와 같은 데이터 경로와 제어기를 위한 칩들이 결합되고 마이크로 프로그램화될 수 있었다. 오늘날, 개인화된 집적 회로와 FPGA는 애플리케이션을 위한 CPU 아키텍처를 만들고자 하는 설계자들에게 완전한 자유를 제공한다. 개인화된 CPU는 종종 애플리케이션 특유의 명령어 프로세서(Application-Specific Instruction Processor, ASIP) 또는 구성 가능 프로세서(configurable processors)라고 불린다.

왜 CPU 설계를 자동화하는가　　개인화된 CPU 설계는 방법론과 도구 지원이 필요한 분야이다. 시스템 설계자들은 어떤 종류의 변경을 CPU에 적용하는 것이 최선의 결과를 얻을 수 있을지 판단하기 위해 도움을 필요로 한다. 이들은 또 이러한 변경을 구현하는 데도 도움을 필요로 한다. 오늘날 시스템 설계자들은 자신의 프로세서를 설계하는 데 도움이 되는 광범위한 도구들을 가지고 있다.

개인화의 축들　　프로세서는 여러 가지 방법으로 개인화될 수 있다.

■ 명령어 집합이 애플리케이션에 적응될 수 있다.

- 곱셈 누적(multiply-accumulate)처럼, 새 명령어가 기존 연산들이 합성된 집합을 제공할 수 있다.

- 명령어가 비터비(Viterbi) 부호화나 블록 동작 추정을 위한 처리와 같은 새 연산을 제공할 수 있다.

- 마스킹을 피하고 에너지 소모를 줄이기 위해, 비표준적인 피연산자 크기에 대해 동작하는 명령어가 추가될 수 있다.

- 애플리케이션에 중요하지 않은 명령어는 제거될 수 있다.

■ 특수화된 분기 예측 체계를 구현하는 등의 목적을 위해, 새 명령어에 사용되는 기능 장치들의 특성을 염두에 두고 파이프라인이 특수화될 수 있다.

■ 캐시 수준들을 추가/제거하거나, 캐시 구성을 선택하거나, 분할된 메모리 시스템 내에서 뱅킹 체계(banking scheme)를 선택함으로써 메모리 계층구조가 변경될 수 있다.

■ 대역폭과 I/O 요구사항을 만족시키기 위해 버스와 주변장치가 선택되고 최적화될 수 있다.

소프트웨어 도구 ASIP은 소프트웨어 개발자들이 의존해온 도구들의 개인화된 버전을 요구한다. 컴파일러, 어셈블러, 링커, 디버거, 시뮬레이터, 그리고 IDE(통합 개발 환경, Integrated Development Environments)는 모두 CPU 특성에 맞추기 위해 변경되어야 한다.

도구 지원 두 가지 중요한 도구들이 개인화된 CPU의 설계를 지원한다. 구성 도구(configuration tools)는 마이크로 아키텍처(명령어 집합, 파이프라인, 메모리 계층구조 등)를 명세로 택하고, CPU를 위한 컴파일러와 다른 도구들과 함께 CPU의 논리 설계를 만든다(일반적으로 레지스터 전송형 베리로그(Verilog)나 VHDL로). 아키텍처 최적화 도구(architecture optimization tools)는 설계자가 애플리케이션 특성에 기초하여 특정 명령어 집합과 마이크로 아키텍처를 선택하도록 도와준다.

초기 작업 미몰라(MIMOLA) 시스템[Mar84]은 아키텍처 최적화와 구성을 모두 채택한 초창기의 예이다. 미몰라는 새 명령어들의 가능성을 결정하기 위해 애플리케이션 프로그램을 분석했다. 그리고 CPU 하드웨어의 구조를 생성하고, CPU 설계의 목적인 애플리케이션 프로그램을 위해 코드를 생성했다.

개인화된 CPU용 컴파일러에 대한 설명은 다음 장으로 미루며, 이 절에서는 아키텍처 최적화와 구성에 초점을 맞춘다.

2.9.1 구성 가능 프로세서

CPU 구성에는 광범위한 접근법이 있다. 비교적 간단한 생성기 도구는 CPU에 대한 간단한 조정을 할 수 있다. 복잡한 합성 시스템은 비교적 간단한 명세로부터 대규모의 마이크로 아키텍처 설계 공간을 구현할 수 있다.

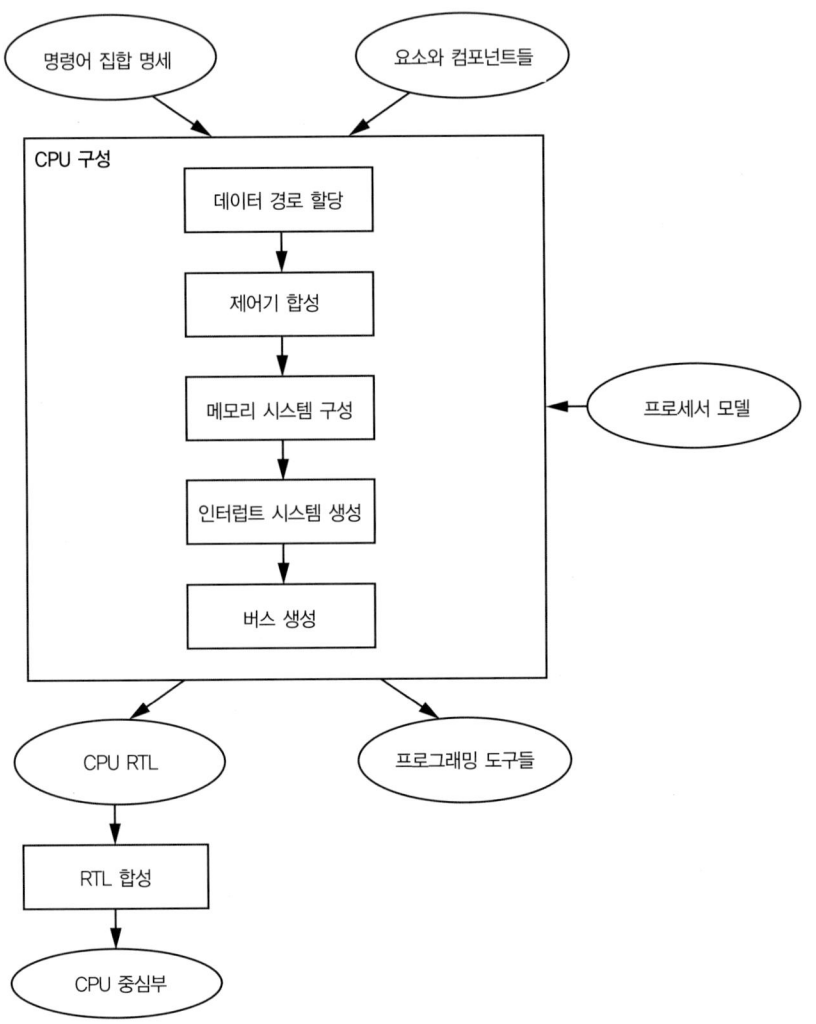

그림 2-48 CPU 구성 절차

그림 2-48은 CPU 구성을 위한 전형적인 설계 흐름을 보여준다. 시스템 설계자는 캐시 구성과 같은 다른 시스템 요소들뿐만 아니라 명령어 집합 확장도 지정할 수 있

다. 시스템은 또 프로세서 안에 집어넣을 기능 장치들을 위한 설계도 수용할 수 있다. 처음부터 마이크로 아키텍처를 합성하는 것이 가능하기는 하지만, CPU의 내부 구조는 생성되는 프로세서의 몇 가지 기본적인 특성을 정의하는 프로세서 모델을 통해 종종 구축된다. 구성 절차는 데이터 경로와 제어의 할당, 메모리 시스템 설계, I/O와 버스 설계를 포함한 몇 가지 단계를 가진다. 구성은 결과적으로 CPU 논리 설계와, 프로세서를 위한 소프트웨어 도구들(컴파일러, 어셈블러 등)을 모두 얻도록 해준다. 구성 가능 프로세서는 일반적으로 레지스터 전송 형태로 만들어지고, 소프트(soft) IP로 사용된다. 표준 레지스터 전송 합성 도구들은 프로세서를 위한 일련의 마스크 또는 FPGA 구성을 만드는 데 사용될 수 있다.

수년 간 학계와 산업계 팀들에 의해 몇몇 프로세서 구성 시스템이 만들어졌다. ASIP 마이스터(Meister)[Kob03]는 PEAS의 후속 시스템이다. 이것은 아키텍처 설계와 마이크로 연산 명세(micro-operation specification)를 작성하는 동안에 영역, 지연 시간, 전력 소모의 추정치에 기초하는 하버드 아키텍처 기계를 생성한다. 구성 가능 중심부를 가지는 ARC 군(*http://www.arc.com*)은 5단계 파이프라인의 600 시리즈와 7단계 파이프라인의 700 시리즈를 포함한다.

다음 예제는 상용 프로세서 구성 시스템을 설명한다.

예제 2-15 **텐실리카 엑스텐사 구성 가능 프로세서**

텐실리카 엑스텐사(Tensilica Xtensa) 구성 가능 프로세서[Row05]는 아주 간단한 명세로부터 광범위한 CPU가 설계될 수 있도록 설계되었다. 엑스텐사 중심부는 다음과 같은 방법으로 개인화될 수 있다.

- 명령어 집합은 기본 ALU 형식의 연산, 광폭 명령어, DSP 형식의 명령어 또는 보조 처리기로 보강될 수 있다.

- 캐시 구성이 제어될 수 있고, 메모리 보호와 변환이 구성될 수 있으며, DMA 액세스가 추가될 수 있고, 주소가 특수 목적 메모리로 매핑될 수 있다.

- CPU 버스의 폭, 프로토콜, 시스템 레지스터, 스캔 사슬(scan chain)이 최적화될 수 있다.

- 인터럽트, 예외, 원격 디버깅 기능, 타이머와 같은 표준 I/O 장치가 추가될 수 있다.

다음 그림은 개인화될 수 있는 CPU 내 기능들의 범위를 나타낸다. 명령어들은
TIE 언어를 사용하여 명시된다. TIE는 설계자가 상태 선언, 명령어 부호화와 포맷,
그리고 연산 설명을 사용하여 명령어를 선언할 수 있도록 해준다. 예를 들어, 다음
과 같은 간단한 TIE 명령어 명세를 살펴보자(출처 : 로웬(Rowen)).

```
Regfile LR 16 128 l
Operation add128
  { out LR sr, in LR ss, in LR st } {}
  { assign sr = st + ss; }
```

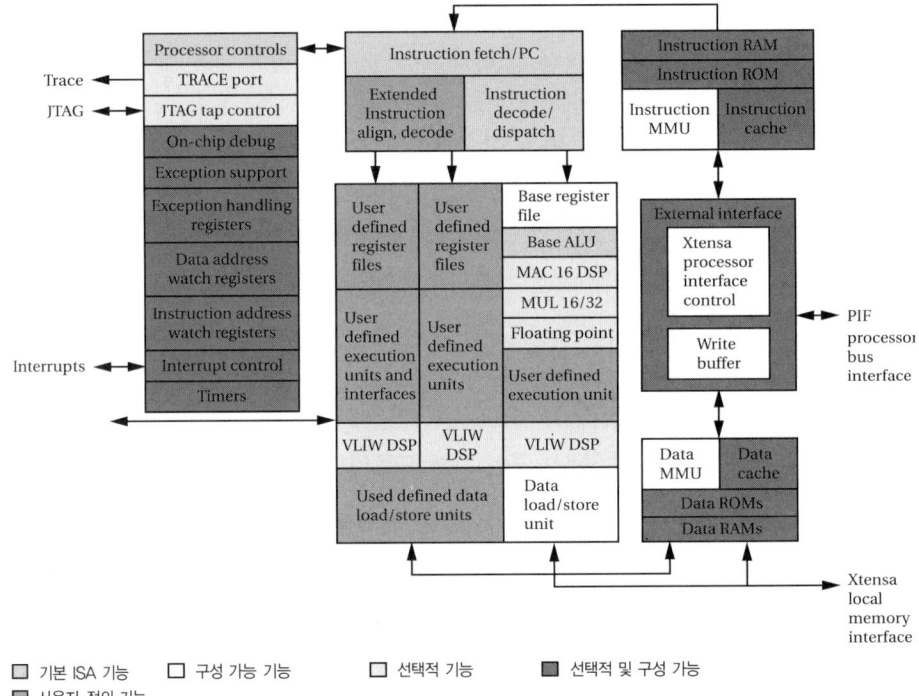

출처 : 텐실리카[Ten04]. ⓒ2004 Tensilica, Inc.

Regfile 선언은 각각 128 비트 폭의 16 개 항목을 가진 LR 이라는 큰 레지스터 파
일을 정의한다. add128 명령어 기술은 이 명령어에 대한 매개변수들의 선언으로
시작하는데, 각 매개변수는 LR 레지스터 파일 내에서 존재하도록 선언된다. 그리고
나서 명령어의 연산을 정의하는데, LR 레지스터 파일의 두 요소들을 더하고 이것을
LR 내의 제3 의 레지스터에 할당한다.

새 명령어들은 명령어로 매핑되는 내부 호출로서 프로그램 내에서 사용될 수 있다. 예를 들어, 코드 out[i] =add128(a[i] , b[i]) 는 새 명령어를 사용한다. 최적화 컴파일러도 역시 새 명령어들로 매핑할 수 있다.

EEMBC는 가전제품, 디지털 신호 처리, 네트워킹을 위한 벤치마크들 상에서 여러 프로세서들을 비교했다. 그 결과[Row05]를 아래 그림에 보여주는데, 개인화된 구성 가능 프로세서가 표준 프로세서보다 훨씬 더 높은 성능을 제공하는 것을 알 수 있다.

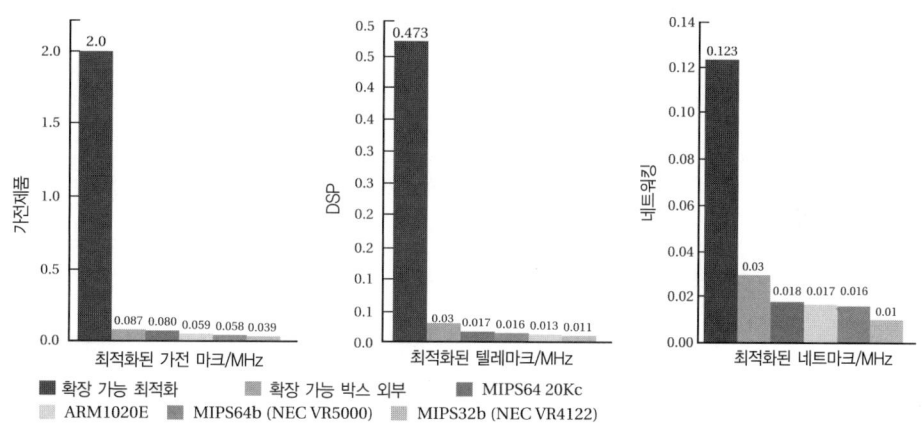

출처 : 텐실리카[Ten04]. ⓒ2004 Tensilica, Inc.

구성의 유틸리티를 평가하기 위해, 텐실리카는 다음과 같은 네 가지 다른 벤치마크 프로그램들을 위한 개인화된 프로세서를 만들었다.

■ 도트프로드(DotProd) : 두 개의 2048 요소 벡터들로 구성된 도트 제품

■ AES : 고급 암호 표준(Advanced Encryption Standard)

■ 비터비(Viterbi) : 비터비 격자 복호화기(Viterbi trellis decoder)

■ FFT : 256 점(256-point) 고속 푸리에 변환

각 벤치마크를 위해 다른 CPU가 설계되었다.

이 CPU들은 구현되고, 측정되고, 확장이 없는 기본 엑스텐사 프로세서와 비교되었다. 개인화된 프로세서를 구성하면 에너지를 크게 절감할 수 있다는 것을 다음 표 안에 프로세서들의 성능, 전력, 에너지 소모에서 알 수 있다[Ten04].

구성	측정 기준	도트프로드	AES	비터비	FFT
참조 프로세서	Area(mm²)	0.9	0.4	0.5	0.4
	Cycles(K)	12	283	280	326
	Power(mW/MHz)	0.3	0.2	0.2	0.2
	Energy(㎒)	3.36	1.16	5.75	6.6
최적화된 프로세서	Area(mm2)	1.3	0.8	0.6	0.6
	Cycles(K)	5.9	2.8	7.6	13.8
	Power(mW/MHz)	0.3	0.3	0.3	0.2
	Energy(㎒)	1.6	0.7	2.0	2.5
에너지 개선		2	82	33	22

출처 : 텐실리카[Ten04]. ©2004 Tensilica, Inc.

다른 종류의 개인화가 어떻게 프로세서 효율성에 기여할 수 있는지를 256 점 FFT 계산을 위한 프로세서의 설계가 보여준다. 다음 그림은 프로세서를 위한 아키텍처를 보여준다[Ten04].

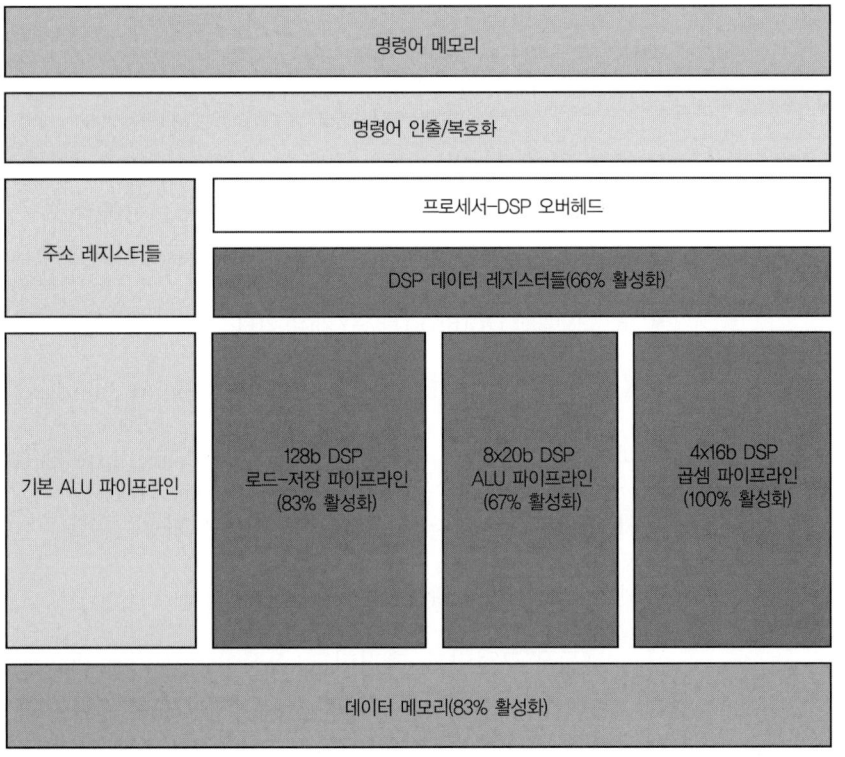

출처 : 로웬(Rowen)[Row05], 개인적 통신

프로세서 내의 하부 시스템에 대한 에너지 소모를 분석할 때, 미세한(fine-grained) 클록 게이트 제어가 에너지 효율성에 현저한 기여를 했고, 프로세서-DSP 오버헤드에서의 절감이 그 뒤를 따른다는 것을 발견할 수 있다[Ten04].

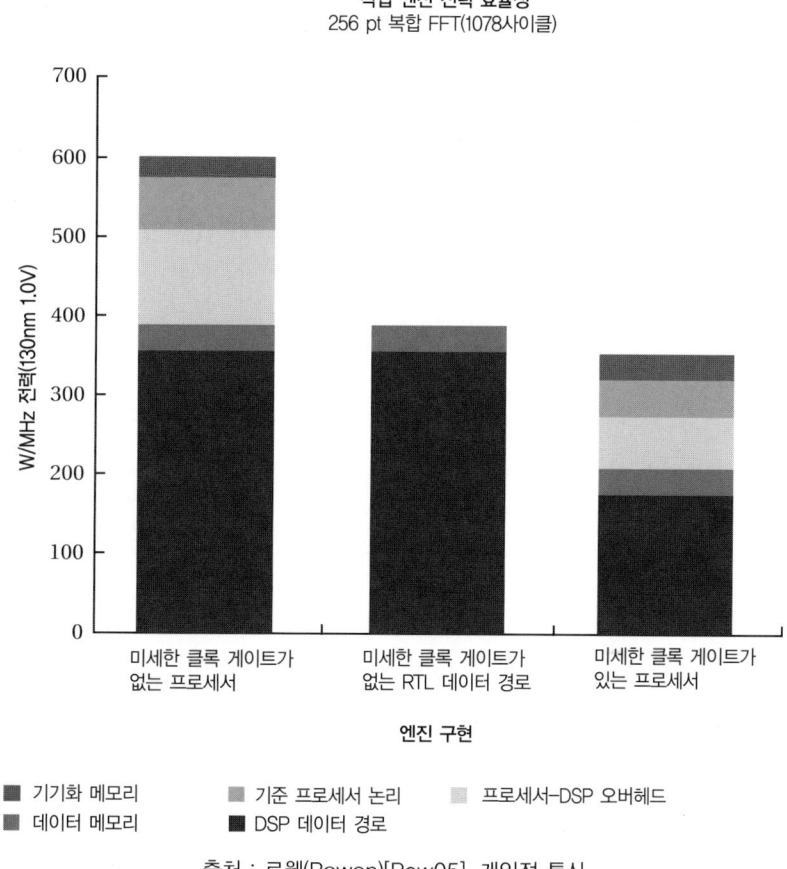

작업 엔진 전력 효율성
256 pt 복합 FFT(1078사이클)

출처 : 로웬(Rowen)[Row05], 개인적 통신

다음 예제는 매체 처리 애플리케이션을 위해 설계된 구성 가능 프로세서를 설명한다.

예제 2-16 **도시바 MeP 코어**

MeP 모듈[Tos05]은 매체 처리와 스트리밍 애플리케이션을 위해 최적화되었다. MeP 모듈은 MeP 코어(MeP core), 확장 장치, 데이터 스트리머, 전역 버스 인터페이스 장치를 포함할 수 있다. MeP 코어는 32비트 RISC 프로세서이다. 일반 RISC 기능에 추가하여, 코어는 선택적인 명령어들로 보강될 수 있다.

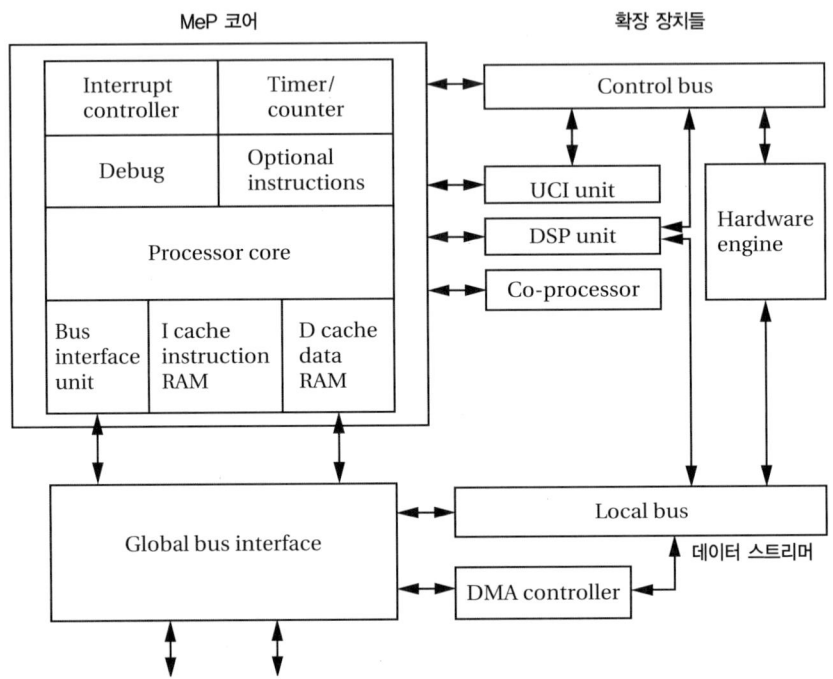

확장 장치들은 추가적인 개선을 위해 사용될 수 있다. 사용자 개인화 명령어 (user-custom instruction, UCI) 장치는 단일 사이클 명령어를 추가하는 반면, DSP 장치는 다중 사이클 명령어들을 제공한다. 보조 처리기(co-processor) 장치 는 VLIW 또는 다른 복잡한 확장을 구현하는 데 사용될 수 있다.

데이터 스트리머는 정규적인 메모리 액세스 패턴을 필요로 하는 알고리즘을 위해, 메모리에 대한 DMA 제어 액세스를 제공한다. MeP 아키텍처는 다양한 확장 장치 들에게 데이터를 공급하기 위해 버스들의 계층구조를 사용한다.

CPU 모델링   이제 CPU 마이크로 아키텍처를 위한 모델의 세부 사항과, CPU 구성을 생성하기 위해 이들이 어떻게 사용되는지를 살펴보자.

LISA   리사(LISA) 시스템[Hof01]은 리사 언어에 기술된 ASIP 를 생성한다. 이 언어는 프로세서 마이크로 아키텍처를 포착하기 위해 구조적 및 행동적 요소들을 혼합한다. 그림 2-49 는 리사 언어에서의 예제 설명을 보여준다.

```
RESOURCE {
    PROGRAM_COUNTER int PC;
    REGISTER signed int R[0..7];
    DATA_MEMORY signed int RAM[0..255];
    PROGRAM_MEMORY unsigned int ROM[0..255];
    PIPELINE ppu_pipe = {FI; ID; EX; WB};
    PIPELINE_REGISTER IN ppu_pipe {
        bit[6] Opcode; short operandA; short operandB;
    };
}
```
메모리 모델

```
RESOURCE {
    REGISTER unsigned int R([0..7])6;
    DATA_MEMORY signed int RAM([0..15]);
};
```

```
OPERATION NEG_RM {
    BEHAVIOR USES (IN R[] OUT RAM[];) {
        RAM[address] = (−1) * R[index];
    }
}
```
자원 모델

```
OPERATION COMPARE_IMM {
    DECLARE { LABEL index; GROUP src1, dest = {register};
    CODING {0b10011 index = 0bx[5] src1 dest }
    SYNTAX { "CMP" src1−"," index−"," dest }
    SEMANTICS { CMP (dest,src1,index) }
}
```

```
OPERATION register {
    DECLARE { LABEL index; }
    CODING { index = 0bx[4] }
    EXPRESSION { R[index] }
}
```
명령어 집합 모델

```
OPERATION ADD {
    DECLARE { GROUP src1, src2, dest = {register}; }
    CODING { 0b10010 src1 src2 dest }
    BEHAVIOR { dest = src1 + src2; saturate(&dest); }
};
```
동작 모델

그림 2-49 예제 리사 모델링 코드. 출처 : 호프만(Hoffman) 등[Hof01]. ©2001 IEEE.

메모리 모델은 전통적인 프로그래밍 모델의 확장된 버전으로, CPU 레지스터에 추가하여 시스템 내의 다른 메모리들도 지정한다. 자원 모델은 하드웨어 자원들과 이 자원들의 사용에 따른 제약조건들도 기술한다. OPERATION 내의 USES 절은 이 연산에 의해 어떤 자원들이 사용되는지를 지정한다. 명령어 집합 모델은 어셈블리 구문, 명령어 코딩, 그리고 명령어들의 함수를 기술한다. 동작 모델은 시뮬레이터를 생성하는 데 사용되며, 이것은 수행되는 연산에 대한 하드웨어 구조와 연결된다.

타이밍 정보는 모델의 여러 부분들로부터 오는데, 자원 영역의 PIPELINE 선언은 파이프라인의 구조를 지정하고, OPERATION 문의 한 부분인 IN 키워드는 연산들을 파이프라인 단계들에 할당하며, OPERATION 영역 내의 ACTIVATION 키워드는 명령어가 수행될 동안 다른 연산들을 시작시킨다. ENTITY 문은 여러 산술 및 논리 연산자들로부터 만들어지는 ALU 처럼, 연산들이 기능적 장치로 통합되도록 해준다.

리사 하드웨어 생성   리사는 프로세서를 위한 VHDL 을 실체들(entities)의 계층구조로 생성한다. 메모리, 레지스터, 파이프라인은 최고 수준 실체들이다. 각 파이프라인 단계는 파이프라인의 컴포넌트로 사용되는 실체인데, ALU와 같은 단계 컴포넌트는 실체들로 기술된다. 연산들을 기능적 장치로 그룹화하는 것은 VHDL 실체들로 구현된다.

리사는 단지 일부 프로세서들의 VHDL만 생성하며, 어떤 실체들은 수작업으로 구현하도록 남긴다. 일부 프로세서 컴포넌트들은 레지스터 전송과 물리적 합성이 수용 가능한 전력과 타이밍을 제공하도록 주의깊게 코딩되어야 한다. 리사는 최고 수준 실체들(파이프라인/레지스터/메모리), 명령어 복호화기, 그리고 파이프라인 복호화기를 위한 HDL 코드를 생성한다.

**PEAS/ASIP
마이스터**

PEAS-III[Ito00, Sas01]은 설계자가 말하는 다음과 같은 다섯 종류의 설명에 기초하여 프로세서를 합성한다.

- 파이프라인 단계 수, 분기 지연 슬롯(branch delay slots) 수 등을 위한 구조적 요소들

- 마이크로 연산을 구현하기 위해 사용되는 기능적 장치들의 선언

- 명령어 형식 정의

- 인터럽트 조건과 타이밍의 정의

- 마이크로 연산들에 의한 명령어와 인터럽트의 정의

**PEAS
파이프라인 구조**

그림 2-50은 단일 파이프라인 단계를 위한 PEAS-III에 의해 사용되는 모델을 보여준다. 단계의 데이터 경로 부분은 연산을 구현하는 하나 이상의 기능 장치를 포함할 수 있는데, 기능 장치는 완료를 위해 하나 이상의 클록 사이클을 차지할 수 있다. 각 단계는 이 기능 장치들이 어떻게 사용되고 언제 데이터가 순방향으로 이동하는지를 결정하는 자체적인 제어기를 가지고 있다. 데이터 경로와 제어기는 모두 결과를 다음 단계에 보여주는 레지스터들을 가진다.

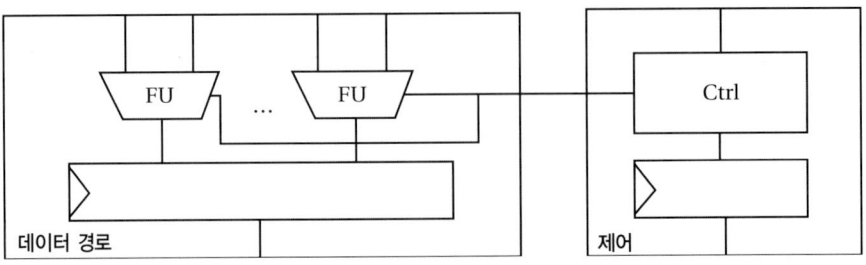

그림 2-50 파이프라인 단계의 PEAS-III 모델

파이프라인 단계 제어기는 유효(valid) 또는 무효(invalid) 상태를 가질 수 있다. 명령어 흐름 입력에 대한 다른 방해나 인터럽트 때문에 단계는 무효 상태가 될 수 있다. 또, 다중 사이클 연산, 분기 또는 명령어 처리 도중의 다른 방해로 인해 단계가 무효 상태로 될 수도 있다.

전체 프로세서를 위한 파이프라인 모델은 여러 파이프라인 단계들을 연결함으로써 구축된다. 단계들은 데이터 경로나 제어기 측에 있는 다른 자원들에 연결될 수도 있다. 데이터 경로 단계는 메모리 또는 캐시에 연결될 수 있다. 제어기 단계는 예외 동안의 활동을 조정하는 인터럽트 제어기에 연결될 수 있다.

PEAS 하드웨어 합성

PEAS-III 는 두 개의 VHDL 모델을 생성하는데, 하나는 시뮬레이션, 다른 하나는 합성을 위한 것이다. 데이터 경로는 3 단계로 생성된다. 첫째, 기능 장치 자원, 자원 내의 포트, 이 자원들 사이의 연결과 같은, 각 명령어에 필요한 구조체가 독립적으로 생성된다. 그 후 명령어를 위한 자원 집합들이 합쳐진다. 마지막으로, 다중화기와 파이프라인 레지스터들이 자원에 대한 제어 액세스에 추가된다. 데이터 경로 단계들이 합성된 후, 제어기가 생성될 수 있다. 제어기는 다음과 같이 3 단계로 합성된다.

1. 데이터 경로 다중화기와 레지스터를 위해, 필요한 제어 신호들이 생성된다.

2. 다중 사이클 연산을 위한 인터록이 생성된다.

3. 분기 제어 논리가 합성된다.

인터럽트 제어기는 허용되는 인터럽트를 위한 명세에 기초하여 합성된다.

2.9.2 명령어 집합 합성

명령어 집합 합성은 마이크로 아키텍처에 의해 구현되는 명령어 집합을 설계한다. 이 주제는 일반적으로 생각하는 것만큼 주의를 끌지 못해왔다. 1970 년대의 많은 연구자들이 고수준 언어를 위한 명령어 집합 설계를 연구했다. 그러나 이 작업은 특정 프로그램이 아니라 언어를 택하는 경향이 있었다. 명령어 집합 합성은 한편으로는 정적인 프로그램의 아주 작은 부분을 차지하는 명령어들을 만들고자 하는 설계자들을 필요로 한다. 큰 정적인 추적(large static trace)을 만들기 위해 이 작은 정적인 코드 집합이 여러 번 실행될 때 비로소 이 접근법은 정당화된다.

명령어 집합 합성은 또 CPU 구현을 자동으로 생성하는 능력을 필요로 하는데, 이것은 1970년대에는 실용화되지 못했다. CPU 구현은 이 절의 앞에서 설명한 CPU 마이크로 아키텍처 합성 도구들뿐만 아니라, 실용적인 논리 합성을 요구한다.

명령어 집합 설계 공간

썬(Sun) 등[Sun04]의 실험은 명령어 집합 설계 공간의 크기와 복잡성을 보여준다. 이들은 단어 내의 바이트들의 순서를 바꾸는 BYTESWAP() 프로그램을 연구했다. 이들은 이 프로그램을 위한 모든 가능한 명령어들을 생성했고, 482개가 가능하다는 것을 발견했다. 그림 2-51은 각각의 가능한 명령어를 이용할 때의 이 프로그램의 실행 시간을 보여준다. 명령어들은 x 축을 따라 임의로 열거되어 있다. 이 간단한 프로그램에서조차 다른 명령어들은 아주 다른 성능 결과를 보여준다.

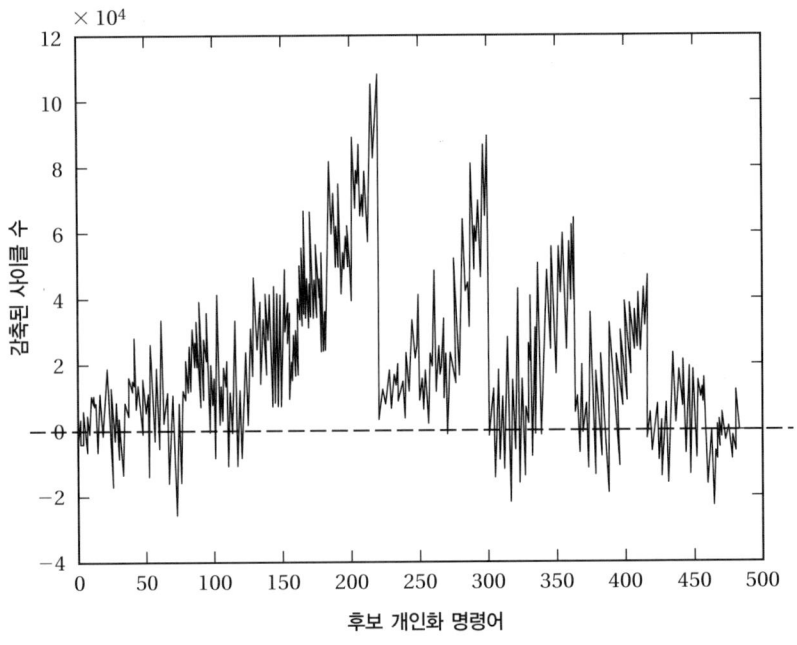

그림 2-51 작은 프로그램을 위한 명령어 집합 설계 공간. 출처 : 썬 등[Sun04]. ⓒ2004 IEEE.

명령어 집합 측정 기준

홀머(Holmer)와 데스페인(Despain)[Hol91]은 최적화 문제로 명령어 집합 합성을 공식화했는데, 이것은 최적화 절차를 안내하기 위해 최적화 함수를 선택할 것을 요구한다. 수작업으로 명령어 집합을 설계할 때 컴퓨터 설계자들은 종종 1% 규칙(벤치마크 집합에 대해 1%보다 낮은 성능 개선을 제공하는 명령어는 명령어 집합에 포함시킬 좋은 후보가 아님)을 적용한다는 것을 이들은 관찰했다. 이들은 성능 지향의 현실적인 함수를 다음과 같이 제안했다.

$$100 \ln C + I \qquad \text{(수식 2-29)}$$

여기서 C는 벤치마크 집합을 실행하는데 사용되는 사이클 수이고, I는 명령어 집합 내의 총 명령어 수이다. 로그는 $\Delta C/C$의 미분 형식이고, I 항은 많은 저이득 명령어를 추가할 때에 비해 적은 고이득 명령어를 추가할 때의 이득을 나타낸다. 이들은 또 코드 크기를 수반하는 현실적인 함수를 제안했다.

$$100 \ln C + 20 \ln S + I \qquad \text{(수식 2-30)}$$

여기서 S는 명령어의 정적인 개수이다. 이 수식은 코드 크기 개선을 위해 5% 규칙을 적용한다.

명령어 구성　홀머와 데스페인은 마이크로 연산을 스케줄링하는 데 사용되는 마이크로 코드 압축 알고리즘과 비슷한 방법을 사용하여 후보 명령어들을 식별했다. 이들은 벤치마크 프로그램에서 원시(primitive) 마이크로 연산들의 조합을 추출했다. 그리고 마이크로 연산을 후보 명령어로 결합하기 위해 분기 및 바운드(branch-and-bound) 알고리즘을 사용했다. 그 후, 마이크로 연산의 조합이 명령어로 그룹화되었다.

명령어 집합 검색 알고리즘　황(Huang)과 데스페인(Despain)[Hua95]도 명령어 선택을 위한 기준으로 $n\%$ 규칙을 사용했다. 이들은 명령어 집합 설계 공간을 검색하기 위해 시뮬레이션된 단련(simulated annealing)을 사용할 것을 제안했다. 데이터 경로에서 구현될 수 있는 마이크로 연산 집합이 주어졌을 때, 마이크로 연산들의 조합을 생성하기 위해 이들은 이동(move) 연산자들을 사용한다. 이동은 마이크로 연산을 다른 시간 단계(time step)로 바꾸거나, 두 개의 마이크로 연산을 교체하거나, 시간 단계를 삽입하거나, 삭제할 수 있다. 이동은 성능뿐만 아니라, 자원 활용과 같은 설계 제약조건을 어기지 않는지 판단하기 위해서도 평가되어야 한다.

템플릿 생성　카스트너(Kastner) 등[Kas02]은 명령어 템플릿을 생성하고 프로그램을 포함하기 위해 클러스터링을 사용한다. 전체 프로그램이 명령어들로 구현될 수 있다는 것을 보장하기 위해 포함(covering)은 필요하다. 클러스터링은 프로그램 그래프에서 자주 발생하는 하부 그래프를 찾고, 이 하부 그래프를 새 명령어에 대응되는 슈퍼 노드(supernodes)로 교체한다.

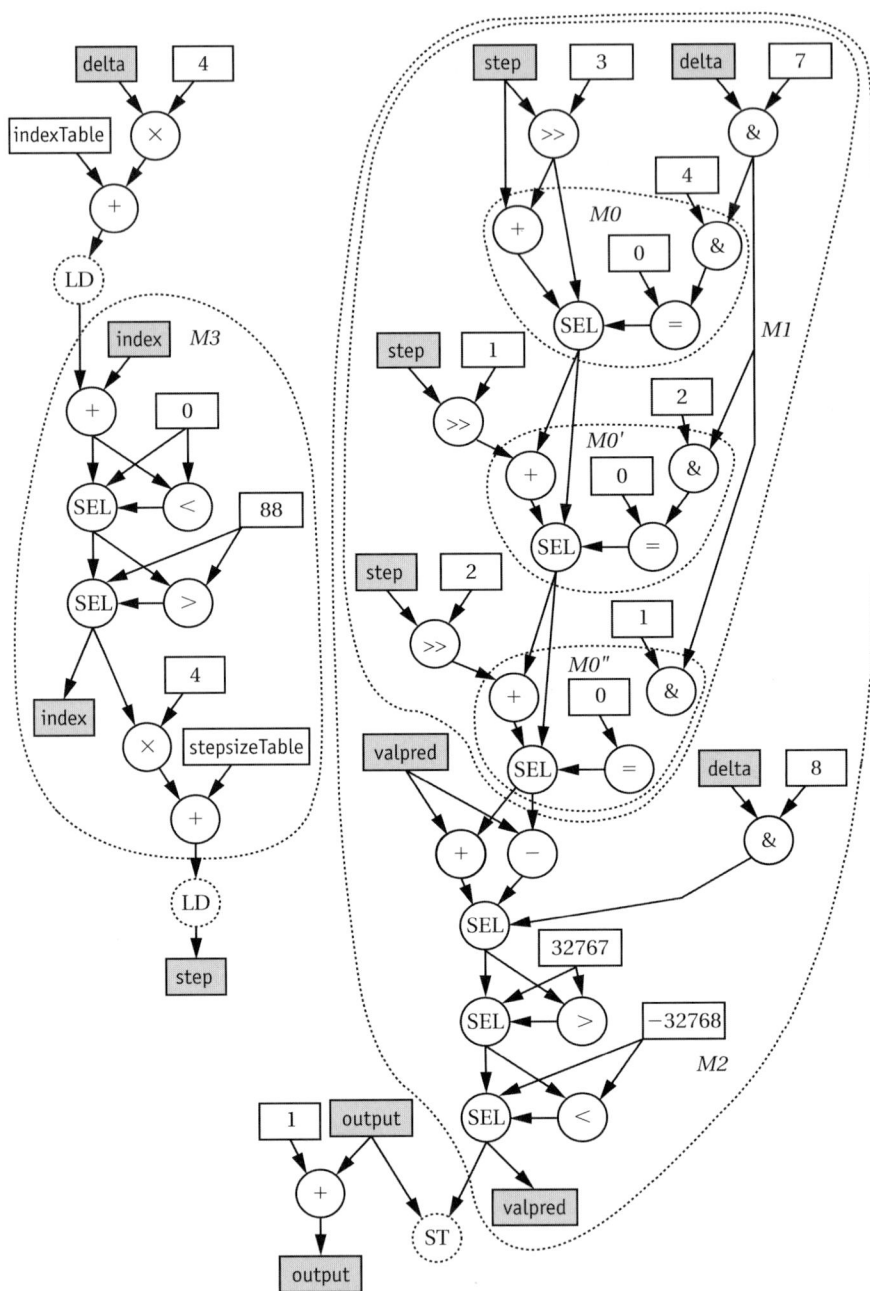

그림 2-52 adpcmde 코드 벤치마크 내의 후보 명령어들
출처 : 아타수 등[Ata03] ⓒ2003 ACM 프레스. 허가 하에 재 인쇄함.

아타수(Atasu) 등[Ata03]은 복잡한 명령어를 찾는 알고리즘을 개발했다. 그림 2-52는 *adpcmde* 코드 벤치마크의 한 부분인 연산자 그래프를 보여준다. *M2* 그래프는 크지만, 그 안의 연산자들은 아주 작다. 즉, 전체 *M2* 하부 그래프는 16×3 비트 곱셈을 구현하는데, 이것은 명령어 내의 캡슐화를 위한 좋은 후보이다. 아타수 등은 *M2* 및 *M3*와 같은 여러 개의 해체된 그래프들을 단일 명령어로 결합하는 것이 이득이 된다고 주장한다. 해체된 연산들은 병렬로 수행될 수 있고, 따라서 현저한 속도 향상을 제공한다. 이들은 또 다중 출력 연산은 특수화된 명령어를 위한 중요한 후보라고 주장한다.

큰 연산자 그래프가 명령어로 매핑되기 위해서는 볼록해야 한다. 그림 2-53에서 점선으로 구별된 그래프는 볼록하지 않다. 즉, 입력 b는 출력 a에 의존한다. 이 경우, 명령어는 중단되고, 완료하기 전에 b가 생성되기를 기다린다.

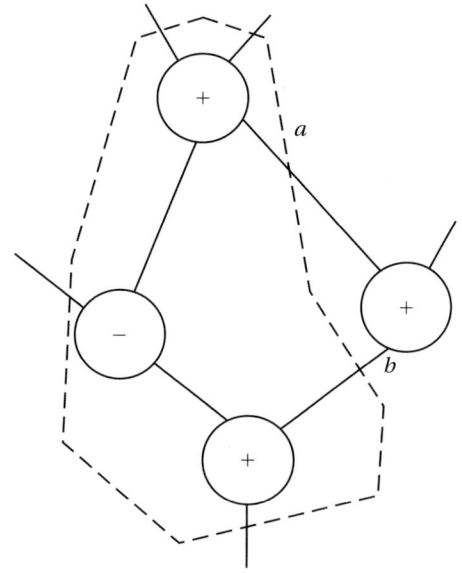

그림 2-53 볼록하지 않은 연산자 그래프

아타수 등은 명령어에 의해 제공되는 속도 향상을 최대화하는 연산자 그래프에서 큰 하부 그래프들을 발견했다. 기존의 명령어들로 그래프를 포함함으로써, 새 명령어 없이 그래프를 실행하는 데 필요한 사이클 수를 셀 수 있다. 임계 경로(critical path) 길이를 제공하는 빠른 논리 합성에 의해, 새 명령어를 실행하는 데 필요한 클록 사이클 수를 추정할 수 있고, 이것을 가능한 사이클 시간과 비교할 수 있다. 저자들은 새 명령어 하부 그래프를 정의하는 연산자 그래프 내의 잘림(cuts)을 식별하기 위해 분기 및 바운드 알고리즘을 사용한다.

비스와스(Biswas) 등[Bis05]은 명령어를 발견하기 위해 커니간-린(Kernighan-Lin) 분할 알고리즘의 한 버전을 사용한다. 이들은 최대 크기의 명령어를 찾는 것이 항상 최선의 결과를 얻는 것은 아니라는 점을 지적한다. 그림 2-54의 예에서 가장 큰 템플릿(점선 내의)은 계산에서 단지 세 번만 사용될 수 있지만, 작은 그래프(실선 내의)는 여섯 번 사용될 수 있다.

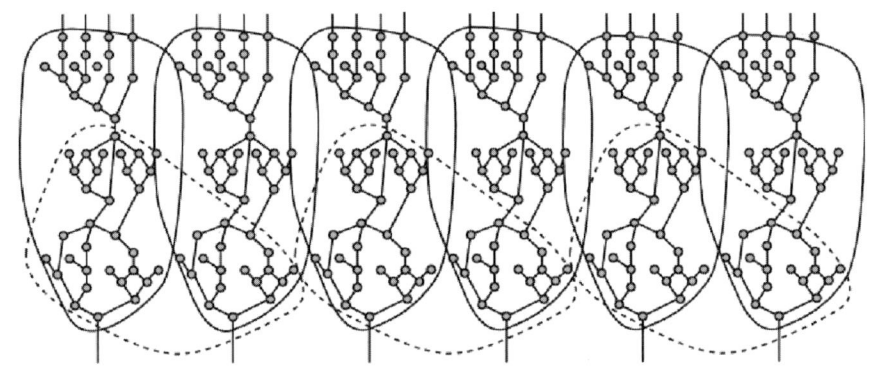

그림 2-54　명령어 템플릿 크기 대 사용 효율. 출처 : 비스와스 등[Bis05]. ⓒ2005 IEEE 컴퓨터 협회.

조합 내의 명령어

썬(Sun) 등[Sun04]은 그들의 선택을 구현하기 위해 텐실리카 엑스텐사(Tensilica Xtensa) 시스템을 사용하는 명령어 집합 합성 시스템을 개발했다. 이들의 시스템은 프로세서 합성에 사용될 수 있는 TIE 코드를 생성한다. 이들은 마이크로 명령어를 결합함으로써 프로그램으로부터 명령어를 생성한다. 그리고 각 후보 명령어에 대해 레지스터 전송 하드웨어를 합성하고, 성능과 영역을 평가하기 위해 이 하드웨어를 위한 논리와 레이아웃을 합성한다. 썬 등은 속도 향상과 영역 잠재력에 기초하여 추가적인 평가를 위한 모든 가능한 명령어들의 하부 집합을 선택하며, 이 후보 명령어들의 집합에 기초하여 프로세서 명령어 집합을 보강하는 데 사용되는 명령어들의 조합을 선택한다. 그리고 성능 목표를 만족시키면서 영역을 최소화하는 명령어들의 조합을 식별하기 위해 분기 및 바운드 알고리즘을 사용한다.

큰 명령어

포지(Pozzi)와 인네(Ienne)[Poz05]는 큰 연산을 명령어로 추출하기 위한 알고리즘을 개발했다. 마이크로 연산의 더 큰 조합은 많은 신호 처리 알고리즘에서 큰 속도 향상을 가져다준다. 큰 블록은 많은 메모리 액세스를 필요로 하므로, 큰 데이터 흐름도로부터 다중 사이클 연산을 생성하는 알고리즘을 개발했다. 이들은 레지스터 파일에서 사용할 수 있는 것보다 더 많은 메모리 포트를 필요로 하는 매핑을 식별하고, 이 연산을 다중 사이클에 걸쳐 수행하기 위해 파이프라이닝 레지스터와 순차성 (sequencing)을 추가한다.

다음 예제는 최근 산업계의 명령어 집합 합성 시스템을 설명한다.

예제 2-17   **텐실리카 엑스프레스(Tensilica Xpres)**

엑스프레스(Xpres) 컴파일러[Ten04]는 벤치마크 프로그램들로부터 명령어 집합을 설계한다. 벤치마크로부터 선택된 최적화를 제공하는, TIE 코드와 프로세서 구성을 만드는 것이다. 엑스프레스는 다음과 같은 종류의 최적화된 명령어들을 찾는다.

■ **연산자 융합**(operator fusion)은 원시 마이크로 연산들의 조합들로부터 새 명령어들을 생성한다.

■ **벡터/SIMD**(vector/SIMD) 연산은 2, 4, 또는 8개의 하부 단어 벡터 상에서 같은 연산을 수행한다.

■ **플릭스**(Flix) 연산은 독립적인 연산들을 하나의 명령어로 결합한다.

■ **특수화된**(specialized) 연산은 원천 또는 대상 레지스터들이나 다른 피연산자들을 제한할 수 있다. 이 특수화는 여러 연산들을 하나의 명령어로 결합하는 데 사용될 수 있는 연산을 위해, 더 단단한(tighter) 부호화를 제공한다.

엑스프레스 컴파일러는 아키텍처에 추가되는 명령어들을 식별하기 위해 설계 공간을 검색한다. 이것은 또 사용자에게 검색 작업을 안내할 수 있도록 해준다.

제한 정도 계산   이와 관련된 문제 하나는 디지털 신호 처리를 위한 제한 정도 계산(limited-precision arithmetic) 장치의 설계이다. 부동 소수점 계산은 폭 넓은 동적 범위에 대해 높은 정확성을 제공하지만, 영역, 전력 및 성능에 많은 비용을 부담해야 한다. 많은 경우, 가능한 값들의 범위가 결정되면 유한 정도 계산(finite-precision arithmetic) 장치가 사용될 수 있다. 말크(Mahlke) 등[Mah01]은 가변 비트 폭의

아키텍처를 합성하기 위해 PICO 시스템을 확장했다. 이들은 변수들의 필요한 비트 폭을 결정하기 위해 규칙, 설계자 입력, 그리고 루프 분석을 사용했다. 그리고 비트 폭의 전파를 분석하기 위해 정의 사용(def-use) 분석을 사용했다.

말크 등은 소수의 고유한 장치들에 필요한 정확도를 구현하려고, 소수의 고유한 비트 폭을 찾기 위해 연산들을 함께 모았다. 이들은 연산이 다중 기능 장치로 매핑될 수 있을 때 비트 폭 클러스터링이 특히 효과적이라는 것을 발견했다. 여러 벤치마크를 위한 이들의 합성 실험의 결과가 그림 2-55 에 있다. 오른쪽 막대는 비트 폭 분석만을 위한 하드웨어 비용을 보여주는 반면, 왼쪽 막대는 비트 폭 분석과 클러스터링을 한 후의 하드웨어 비용을 보여준다. 각 막대는 하드웨어 비용을 레지스터, 기능 장치, 그리고 다른 논리로 구분한다.

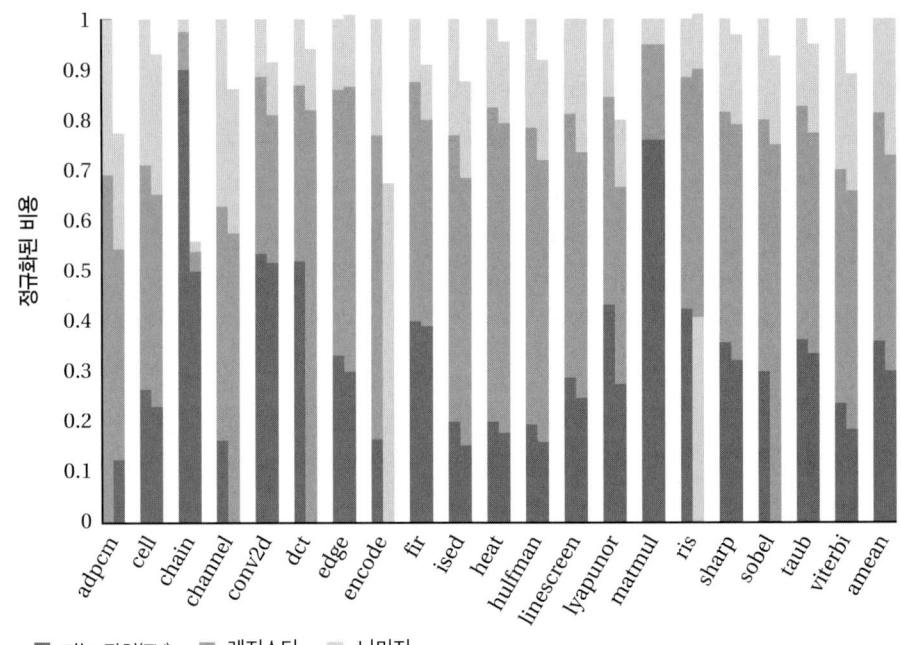

그림 2-55 다중 기능 장치를 위한 비트 폭 클러스터링의 비용. 출처 : 말크 등[Mah01]. ⓒ2001 IEEE.

알고리즘의 동적 범위를 결정하는 전통적인 방법은 시뮬레이션에 의한 것인데, 이는 긴 실행 시간뿐만 아니라 입력 데이터 집합에 대한 주의 깊은 설계를 필요로 한다. 팡(Fang) 등[Fan03]은 알고리즘의 수학적 특성을 분석하기 위해 아핀 계산(affine arithmetic)을 사용했다. 아핀 계산은 변수의 범위를 선형 방정식으로 모델링한다. 아핀 모델에서의 용어(terms)는 다른 변수들의 범위 사이에 있는 상관관계를 설명할 수 있는데, 상관관계의 정확한 분석은 변수들의 동적 범위를 더 단단하게 바운드되도록 해준다.

2.10 요약

CPU는 임베디드 컴퓨팅의 심장이다. CPU는 쓸 만한 것을 카탈로그에서 고르거나, 현재의 작업을 위해 맞춤 설계될 수도 있다. CPU의 성능, 전력 소모, 비용을 최적화하기 위해 다양한 구조적 기법들을 사용할 수 있으며, 이 기법들은 여러 가지 방법으로 결합될 수 있다. 프로세서는 수작업으로 설계될 수 있다. 설계자들이 프로세서를 개인화하는 것을 도와주기 위해 다양한 분석과 최적화된 기법들이 개발되었다.

우리가 배운 것

- RISC와 DSP 접근법들이 임베디드 CPU에서 사용될 수 있다. 임베디드 프로세서를 위한 설계 거래는 범용 프로세서의 일반적인 것과는 약간 다른 결론에 도달하게 된다.

- 다양한 병렬 실행 방법들이 사용될 수 있으며, 이들은 애플리케이션에서 사용할 수 있는 병렬성과 일치해야만 한다.

- 신호, 데이터, 그리고 프로세서 내의 명령어를 효율적으로 나타내기 위해 부호화 알고리즘들이 사용될 수 있다.

- 임베디드 프로세서는 데스크톱이나 서버 시스템에는 존재하지 않는 많은 공격들에 노출된다.

- CPU 시뮬레이션은 프로세서 설계와 소프트웨어 최적화 모두에 중요한 도구이다. 성능과 에너지 소모를 시뮬레이션하기 위해 여러 기법들(정확도와 속도 면에서 다름)이 사용될 수 있다.

- CPU는 사용될 애플리케이션의 특성과 일치하도록 설계될 수 있다. 명령어 집합, 메모리 계층구조, 그리고 다른 하부 시스템들이 현재의 작업에 맞게 모두 특수화될 수 있다.

추가로 공부할 것

콘테(Conte)[Con92]는 CPU 시뮬레이션과 컴퓨터 설계에서의 사용을 모두 설명한다. Fisher 등[Fis05]은 임베디드 컴퓨팅을 위한 VLIW 아키텍처의 자세한 분석을 제공한다. [Rot04] 내에서 로텐버그(Rotenberg)와 아난타라라만(Anantararaman)의 장은 임베디드 CPU 아키텍처에 대한 탁월한 소개를 담고 있다. SOS 연구 웹사이트 (*http://www.sosresearch.org/caale/caalesimulators.html*)는 CPU 시뮬레이터에 관한 광범위한 정보를 제공한다. 이 장은 *http://www.uspto.gov*에서 온라인으로 볼 수 있는 미국 특허를 참조한다. 위톨드 킨즈너(Witold Kinsner)는 *http://www.ee.umanitoba.ca/~kinsner/whatsnew/tutorials/tu1999/smcards.html*에서 스마트카드에 대한 훌륭한 온라인 소개를 하고 있다.

연습 문제

Q2-1. 행렬 곱셈에서 가능한 명령어들을 열거하라.

Q2-2. 고속 푸리에 변환에서 가능한 명령어들을 열거하라.

Q2-3. 하부 단어 병렬 명령어와 벡터 명령어들을 사용하여 행렬 곱셈을 수행하는 것을 비교하고 대조하라. 이 두 접근법을 위한 코드 조각들은 어떻게 다른가? 이 차이점은 성능에 어떤 영향을 미치는가?

Q2-4. 비터비 복호화기 내의 병렬성을 위한 기회들을 비교하라. 슈퍼스칼라 CPU는 VLIW 컴파일러가 발견하는 것보다 더 많은 병렬성을 비터비 복호화기에서 찾을 수 있는가?

Q2-5. 2벌(two-way) 집합 연관 캐시를 위한 모델을 구축하라. 캐시의 매개변수는 선 크기 l(비트), 선 수 n이다. 캐시의 블록 수준의 구성을 보여라. 블록 수준의 모델을 위한 공식에 기초하여 캐시의 영역 A, 지연 시간 D, 에너지 E를 나타내는 공식을 만들어라.

Q2-6. 여러 가지 블록 동작 추정 알고리즘들을 위한 캐시 구성을 평가하라. 동작 추정 검색은 16×16 매크로 블록을 사용하고, 검색 영역은 25×25이다. 각 픽셀은 8비트 폭이다. 전체 검색과 3단계 검색을 고려하라. 캐시 크기는 4,096 바이트로 고정되어 있다. 4바이트, 8바이트, 16바이트라는 세 종류의 선 폭

에서 직접 매핑(direct-mapped), 2벌, 4벌 집합 연관 캐시를 평가하라. 그리고 각각의 경우 캐시 실패율을 계산하라.

Q2-7. 코드 복원 엔진을 사용하는 프로세서를 위한 파이프라인 다이어그램을 그려라. 복호화를 계산하지 않으면 파이프라인은 4단계를 포함한다. 코드 복원 엔진은 복원에 4사이클을 필요로 한다고 가정하라. 덧셈과 뒤이은 분기의 실행을 보여라.

Q2-8. 00000, 00001, 10010, 10001, 00011과 같은 5비트 조작 부호(opcode)를 부호화하기 위해 허프만 코드를 사용하라. 허프만 코딩 트리와 각 조작 부호를 위한 코드를 보여라. 모든 조작 부호는 동등한 확률을 가진다고 가정하라.

Q2-9. 가상적인 RISC 프로세서는 산술 연산과 분기에 다른 명령어 형식을 사용한다. 산술 연산은 조작 부호와 두 개의 레지스터 숫자들을 포함한다. 조건부 분기는 조작 부호, 하나의 레지스터 숫자, 그리고 분기 오프셋을 사용한다.
 a. 전체 명령어를 부호화하기 위해 허프만 코딩을 사용하는 것과 명령어 내의 각 필드를 허프만 코딩을 사용하여 별도로 부호화하는 것의 장단점을 비교하라.
 b. 사전 방식의 코딩을 사용하여 전체 명령어를 부호화하는 것과 명령어 내의 각 필드를 별도로 부호화하는 것의 장단점을 비교하라.

Q2-10. 결합된 코드와 데이터 압축을 위해 캐시가 사용된다면, 연속 기입(write-through)과 후기입(write-back) 중 어떤 것을 선호할 것인가? 그 이유는?

Q2-11. 배열 a[10][10] (여기서 a는 주소 100에서 시작함)에 대한 주소 열을 위한 주소 버스 상의 버스 반전 코딩의 에너지 절감을 평가하라. 주소 버스의 한 비트를 변경하는 것은 e 에너지를 소모한다. 버스 반전 코딩과 부호화되지 않은 버스에서 각각 총 절감을 계산하라.
 a. 배열 a에 대한 행 우선 순차 접근
 b. a에 대한 열 우선 순차 접근
 c. JPEG DCT 부호화에서 사용되는 것(0,0 → 1,0 → 0,1 → 2,0 → 1,1 → 0,2 → ...)과 같은 대각선 접근

Q2-12. 분기는 버스 반전 코딩의 효과성에 어떤 영향을 미치는가?

Q2-13. 사전 기반의 버스 부호화기의 적절한 사전 크기를 어떻게 결정할 것인가?

Q2-14. 임베디드 애플리케이션을 위해 구성 가능 CPU 를 설계하고 있다. 캐시 크기와 구성을 어떻게 선택할 것인가?

Q2-15. 연산자 그래프 내의 볼록한 하부 그래프를 찾는 알고리즘을 설계하라.

실습 문제

L2-1. 하버드 아키텍처와 곱셈 누적 명령어를 가지는, DSP 를 위한 심플스칼라 (SimpleScalar) 모델을 개발하라.

L2-2. 곱셈 누적 명령어가 있을 때와 없을 때의 행렬 곱셈 루틴들의 성능을 비교하기 위해 여러분의 심플스칼라 모델을 사용하라.

L2-3. 동작 추적의 성능에 레지스터 파일 크기가 미치는 영향을 분석하기 위해 시뮬레이션 도구를 사용하라. 전체 검색과 3 단계 검색을 비교하라.

L2-4. 코드 복원 엔진을 위한 심플스칼라 모델을 개발하라. 복원 시간이 1 에서 10 사이클까지 변경할 때의 CPU 성능을 평가하라.

chapter 03

프로그램

- 코드 생성과 후단 컴파일
- 메모리 지향 소프트웨어 최적화
- 소프트웨어 성능 분석
- 프로그래밍 모델과 언어

3.1 소개

이 장에서는 프로그램을 어떻게 설계하고 구현하는지를 살펴본다. 여기서 프로그램이라는 것은 단일 실행 파일을 의미한다. 이 장에서 순차적 기계로 매핑되는 병렬명세를 검토하기는 하지만, 병렬처리는 뒤로 보류한다.

임베디드 컴퓨팅은 범용 컴퓨팅을 위해 개발된 프로그래밍 기법에 의존하지만, 임베디드 프로그래밍의 많은 측면은 특별한 도전을 받는다. 실시간 마감 시간을 충족시킬 필요가 있으므로 소프트웨어를 신중히 설계해야 하는데, 프로세서가 캐시를 포함할 때는 특히 그러하다. 또 우리는 프로그램의 실행 시간을 정확히 분석할 수 있어야 한다. 신호 처리 시스템은 메모리 집약적이고, 스트리밍 데이터는 특히 새로운 문제들을 제시한다. 유용한 추상화와 최적화 도구를 제공하는 고수준 프로그래밍 언어가 임베디드 소프트웨어를 설계하는 데 자주 사용된다.

우리는 상향식으로 임베디드 프로그램 설계를 검토할 것이다. 3.2 절에서 컴파일러의 후단(back end)을 살펴볼텐데 이곳은 임베디드 프로그램을 위해 많은 최적화가 발생해야 하는 곳이다. 그리고 3.3 절에서 메모리 지향의 최적화를 검토하고, 3.4 절에서 소프트웨어의 성능 분석을 연구한다. 3.5 절에서는 임베디드 애플리케이션을 위한 다양한 고수준 프로그래밍 모델을 검토한다.

3.2 코드 생성과 후단 컴파일

임베디드 프로세서는 종종 특정 알고리즘을 실행할 수 있는 능력 때문에 선택되는 데, 이 알고리즘이 특정 프로젝트를 위해 설계된 DSP 나 ASIP 와 같은 표준 부품인지가 영향을 미친다. 후단 컴파일러 단계들은 종종 프로세서 아키텍처와 애플리케이션 간의 관계를 활용하는 열쇠가 된다.

범용 대 임베디드 컴파일러

범용 컴파일러는 광범위한 목적을 위해 코드를 컴파일하도록 설계된다. 컴파일 속도는 중요한데, 대규모 소프트웨어 시스템을 설계할 때 프로그래머들은 작성/컴파일/실행/디버그 사이클을 빨리 순환해야만 한다. 그러나 임베디드 시스템을 위한 소프트웨어 개발자들은 약간 다른 요구사항을 가진다. 임베디드 소프트웨어는 종종 실행 시간, 에너지 소모, 또는 코드 크기를 위한 어려운 목표를 충족시켜야 한다. 그 결과, 임베디드 시스템을 위해 개발된 많은 컴파일 알고리즘은 최적화 알고리즘이다. 범용 컴파일러 개발자는 종종 정밀한 제약조건 충족을 포기하고 여러 사용자들의 요구사항에 대한 균형을 맞추어야 할 때도 있다. 임베디드 소프트웨어 개발자들도 컴파일러가 유용한 기능을 수행한다면, 실행 시간이 좀 더 길어져도 이를 감수할 것이다. 어떤 단계는 빠른 작성/컴파일/실행/디버그 사이클을 요구하는 반면, 다른 단계는 성능, 크기 또는 에너지 소모를 충족시키기 위해 주의 깊은 튜닝을 필요로 한다. 만약 프로그래머가 최소한의 중재만 해도 되도록 컴파일러가 작업을 수행한다면, 일반적으로 프로그래머는 컴파일러가 그 작업을 하는 동안 기꺼이 기다린다.

그림 3-1 처럼, 코드 생성의 주요 단계들은 다음과 같다[Goo97].

■ 명령어 선택은 프로그램 내의 모든 연산들을 구현하기 위해 어떤 조작 부호 (opcode)와 모드가 사용될지를 결정한다. 선택된 명령어들에 의해 추상적인 프로그램도 다루어져야 한다. 명령어들은 크기나 성능과 같은 프로그램 비용을 최소화하기 위해서도 선택될 수 있다.

■ 레지스터 할당은 프로그램 내의 값들을 보관하는 데 어떤 레지스터가 사용될지를 결정한다. 모든 명령어가 모든 레지스터에 대해 작동할 수 있는 일반적인 레지스터 기계에서 레지스터 할당은 명령어 선택 직후에 수행될 수 있다. 많은 ASIP 와 DSP 들은 이 모델에 적합하지 않은데, 몇몇 중요한 명령어들이 하나 또는 몇 개의 레지스터에서만 작동할 수 있기 때문이다. 이 경우, 명령어 선택 단계에서 중요한 값들을 레지스터에 할당해야 하고, 레지스터 할당 단계는 남

은 값들을 범용 또는 특수용 레지스터에 할당한다.

■ 주소 생성은 3.2.5절에서 설명할 코드 배치(code placement)와 같은 목적을 가지는 서비스를 제공하지는 않는다. 어떤 명령어들은 주소의 특성에 의존하는 주소 지정 모드를 사용할 수 있다. 예를 들어, 어떤 배열 지향의 명령어는 특별한 간격에서 가장 잘 작동된다. 사전 또는 사후 증가 주소 지정(pre- or post-increment addressing)은 스택을 추적하는데 사용될 수 있는데, 데이터를 제공하면 사용되는 순서대로 스택에 넣어진다.

■ 명령어 스케줄링은 파이프라인을 가진 병렬처리 기계에서 중요하다. 분기 지연 슬롯(branch delay slots)을 가진 CPU는 이 슬롯들을 적절한 명령어로 채워야 한다. VLIW 프로세서도 명령어 스케줄링을 필요로 한다.

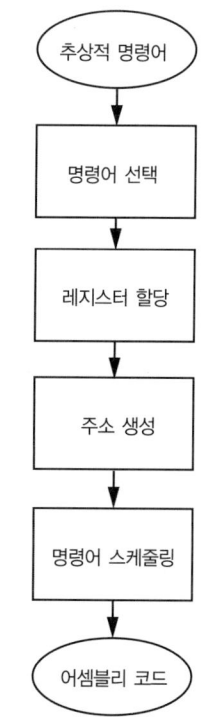

그림 3-1 후단 코드 생성 단계들

3.2.1 명령어 모델

명령어 모델링은 ASIP 컴파일러 설계의 핵심 부분이다. 특수화된 명령어를 설계할 때는 이 명령어를 사용할 수 있는 컴파일러도 설계할 필요가 있다. 일반적으로 ASIP 를 위해 컴파일러 설계자가 수작업으로 만든 컴파일러에 의존할 수 없다. 컴파일러 가 자동으로 새 명령어들에 적용되도록 하려면, 컴파일러가 코드를 생성할 수 있도 록 이 명령어들을 기술해야 한다.

투윅

복잡한 프로세서를 위한 명령어 선택 문제를 이해하기 위해, 기본적인 문제 파악 과 이를 풀기 위한 알고리즘을 살펴보자. 우리는 데이터 흐름 연산에 치중하여, 아 호(Aho) 등[Aho89]의 투윅(twig) 코드 생성기를 예제로 사용할 것이다.

템플릿 일치로서의 명령어 선택

템플릿 일치(template matching)로 명령어 선택을 정형화할 수 있다. 그림 3-2 처럼, 먼저 프로그램을 위한 데이터 흐름도를 생성한다. 그리고 프로세서 아키텍처 내의 명령어들을 같은 형식의 데이터 흐름도로 표현한다. 템플릿 일치 알고리즘은 명령어 템플릿을 프로그램과 맞춰서 명령어를 선택한다.

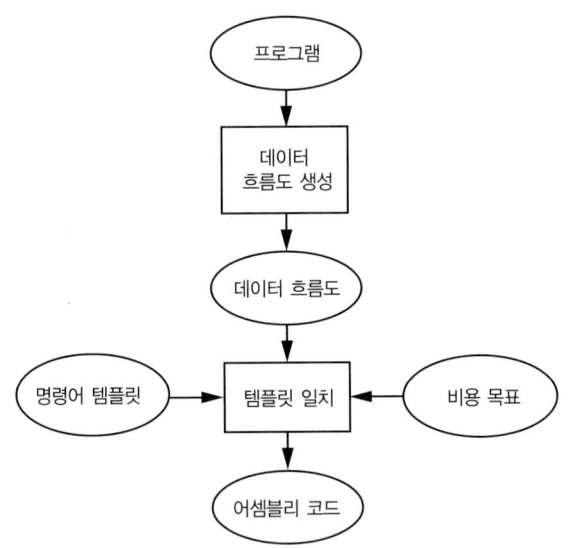

그림 3-2 템플릿 일치로서의 명령어 선택

생성된 어셈블리어 코드는 전체 프로그램을 포함하는 정확성 제약조건을 충족시 켜야 한다. 만약 프로그램 데이터 흐름도가 완전히 포함되지(fully covered) 않는 다면, 어떤 연산은 명령어로 구현되지 못한다. 정확성 외에, 템플릿 일치 알고리즘은 비용의 일부도 최적화해야 한다. 가장 기본적인 비용은 코드 크기이지만, 성능이나 에너지도 고려될 수 있다. 목표는 프로그래머에 의해 지정될 수 있는데, 알고리즘은 실행 시간이나 에너지 소모와 같은 주석을 명령어 템플릿 상에 표기할 수 있다.

재기록 규칙

트리 재기록 규칙은 다음과 같은 공식을 가진다.

$$교체 \leftarrow 템플릿 \{비용\} = 조처 \qquad (수식 3-1)$$

여기서 *템플릿*(template)은 트리이고, *교체*(replacement)는 단일 트리 노드이며, *비용*(cost)과 *조처*(action)는 코드 조각이다. 일련의 규칙이 주어질 때, 투웍은 트리 형식으로 작성된 코드 조각으로부터 낮은 비용과 일치하는 자동장치(automaton)를 생성한다.

템플릿 일치 알고리즘

그림 3-3은 트리 재기록 규칙[Aho89]의 예를 보여준다. 왼쪽의 트리는 증가(increment) 명령어를 나타내는 반면, 오른쪽의 트리는 덧셈 명령어를 나타낸다. 규칙의 오른쪽은 공식의 우변에 대응되며, 공식 좌변의 결과는 규칙의 왼쪽에 대응된다. 비용과 조처 코드 조각은 그림에 표시되지 않았다. 비용 코드 조각은 트리 일치의 상태, 비용 테이블 또는 다른 정보를 확인할 수 있는 임의의 코드를 사용하여, 주어진 일치에 대한 비용을 계산할 수 있다. 조처 루틴은 일치가 발견될 때 실행되는데, 예를 들면 필요한 코드를 생성한다.

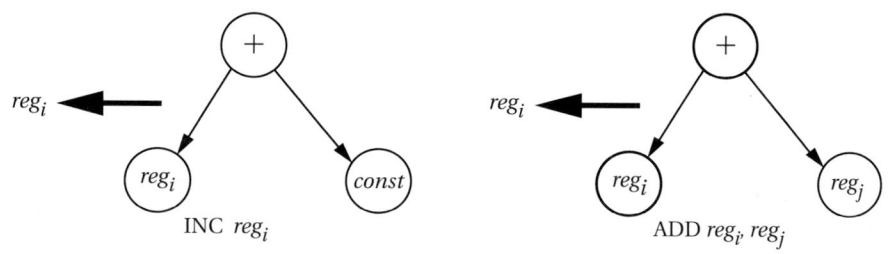

그림 3-3 투웍 재기록 규칙의 예

자동기계에 의해 코드를 생성하기 위해서 사용되는 알고리즘은 동적 프로그래밍에 기초한다. 동적 프로그래밍 절차를 안내하기 위해, 비용은 각 노드에서 평가된다.

트리 기반의 접근법은 ASIP 프로세서를 수용하기 위해 확장되어야 한다. 가장 중요한 것은 ASIP가 범용 레지스터 파일을 가지지 않고, 많은 주요 명령어들이 특수화된 레지스터를 사용한다는 점이다.

ASIP 명령어
기술

　　기존의 기계를 위한 코드 생성기를 설계할 때는 명령어가 프로그래밍 모델(프로그래머가 볼 수 있는 레지스터들)을 어떻게 변경하는지만 기술하면 된다. 그러나 개인화된 명령어로 ASIP를 생성할 때는 파이프라인 내 명령어의 완전한 동작을 기술해야 한다. 예를 들어, PEAS-III[Kob02]는 명령어가 사용하는 파이프라인 자원들을 명령어 형식과 레지스터로 기술한다. 류퍼스(Leupers)와 마워델(Marwedel)[Leu95]은 무연산(no-operations, NOP)을 포함한 레지스터 전송으로 명령어들을 모델링한다. 각 레지스터 전송은 부울 연산식으로 기술되는 실행 조건 하에서 수행된다. NOP는 나중에 사용될 유효 값을 보존하기 위해 사용된다.

3.2.2　레지스터 할당

레지스터 생존

　　레지스터 할당에 사용되는 방법들을 약간 수정하면 여러 다른 종류의 자원들을 할당하는 데 사용될 수 있다. 그림 3-4 처럼 변수를 레지스터에 할당한다고 하자. 이 경우, 프로그램 변수 v1과 v3는 동시에는 결코 사용되지 않으므로, 이들은 둘 다 레지스터 R1에 할당될 수 있다. 비슷하게, v2와 v4는 둘 다 레지스터 R1에 할당될 수 있다. 두 변수가 결코 동시에 생존하지(live) 않는다면(즉, 한 변수의 최종 사용이 다른 변수의 최초 사용보다 앞선다면) 이들은 같은 레지스터에 할당될 수 있다. 연산의 스케줄링을 전제로 하고 있으므로, 변수 값들이 언제 필요한지를 알 수 있다.

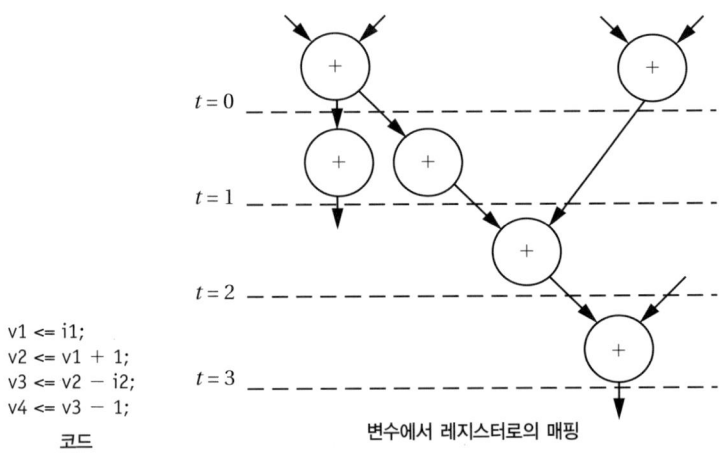

```
v1 <= i1;
v2 <= v1 + 1;
v3 <= v2 - i2;
v4 <= v3 - 1;
```
　　　코드　　　　　　　　　　변수에서 레지스터로의 매핑

그림 3-4　레지스터 할당

그림 3-5 는 스케줄링된 일련의 연산들로부터 변수 생명주기 차트(variable lifetime chart)를 작성할 수 있음을 보여준다. 연산과 그 일정은 시간 축으로 막대를 그린다. 각 변수는 하나의 열로 주어지고, 변수의 정의(definition)에서부터 마지막 **사용**(use)까지 막대가 그려진다. 어떤 선택된 시간에 그림에서 그려지는 수평선은 그 시각에 어떤 변수들이 사용 중인지를 보여준다.

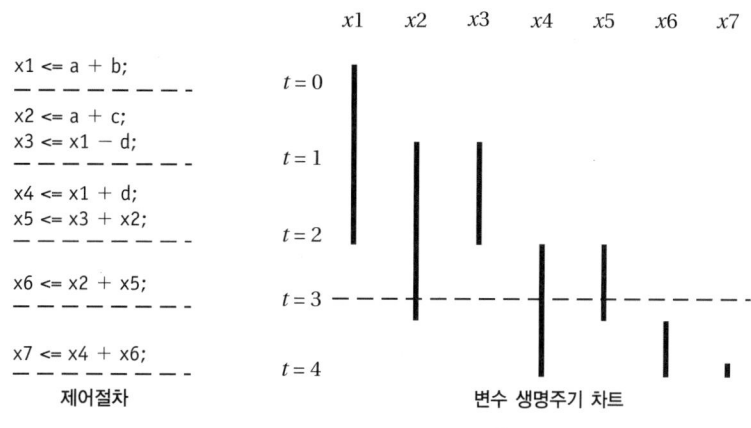

그림 3-5 변수 생명주기 분석

그림 3-5 의 예제는 오직 순차적 코드만 보여주며, 루프나 분기는 없다. 그 결과, 변수 생명주기 차트는 단순한 구조를 가진다. 생명주기는 일반적으로 그림 3-6과 같은 **충돌 그래프**(conflict graph)로 나타낼 수 있다. 각 변수는 노드로 표현된다. 두 변수가 겹치는 생명주기를 가지지 않는다면 가장자리는 두 개의 노드를 결합한다. 따라서 가장자리는 같은 레지스터에 할당될 수 있는 한 쌍의 변수들을 나타낸다. 이 쌍 정보는 스케줄링으로부터 쉽게 생성된다. 그러나 변수를 위한 레지스터를 선택하려면 모든 충돌을 고려할 필요가 있다.

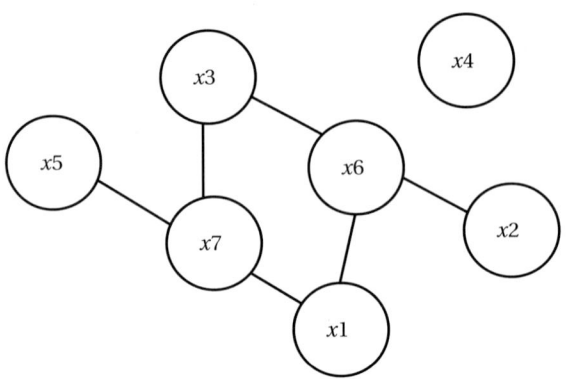

그림 3-6 충돌 그래프

군집

　　여기서 레지스터는 노드들의 **군집**(clique of nodes)으로 표현되는데, 여기서 군집은 점들의 각 쌍이 가장자리로 연결되는 집합이다. 더 큰 군집의 하부 집합인 군집이 정의되지 않도록, 군집은 완전히 연결된 노드들의 가능한 최대의 집합이어야 한다. 그래프와 군집들의 집합이 그림 3-7 에 나타나 있다. 이 그래프의 구조를 보면, 하나의 가장자리로 연결된 두 개의 노드 또는 격리된 하나의 노드처럼, 어떤 군집은 아주 작을 수 있다.

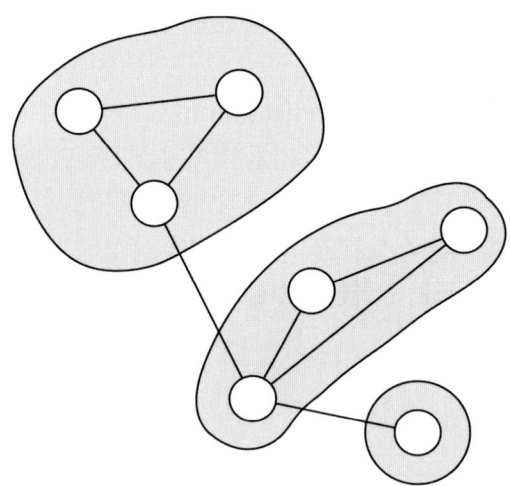

그림 3-7 그래프 내의 군집

　　각 노드가 오직 하나의 군집에만 속하도록 하면, 하나의 변수가 오직 하나의 레지스터에만 할당되도록 해준다(같은 값을 두 레지스터에 유지하는 한, 변수를 중복하는 것이 해롭지는 않으며, 레지스터와 기능 장치들 사이에 균일하지 않은 상호관계를 가진 다면 여러 개의 복사가 장점이 될 수도 있다. 그러나 대부분의 경우에 변수를 복사하는 것은 다른 변수가 사용할 수 있는 공간을 낭비할 뿐이다). 그래프 내의 각 노드가 군집 의 구성원이어야 한다는 요구에 의해, 각 변수가 레지스터를 가지도록 할 수 있다. 물론, 일반적인 그래프의 군집을 찾는 것은 NP-하드(NP-hard)이다.

그래프 채색

문제를 보는 또 하나의 방법은 두 노드가 가장자리로 연결될 때 이들이 다른 색상 을 가지도록 각 노드에 색상(color)을 할당하는 것이다. 각각의 색상이 고유한 레지 스터를 나타낸다면, 연결된 노드들이 다른 색상을 가지도록 할 경우, 겹치는 생명주 기를 가지는 변수들이 서로 다른 레지스터에 할당되도록 할 수 있다.

많은 그래프 채색(coloring) 방법이 있지만 하드웨어 설계에 적합한 것은 없다. 우리는 단순히 충돌 그래프의 군집을 찾는 것보다 더 일반적인 문제를 실제로 풀어 야 한다. 가장 단순한 비용 척도인, 필요한 레지스터의 총 수를 사용하는 *최소 비용 할당*(minimum cost allocation)은 가장 적은 군집(또는 그래프 채색에서는 최소의 색상으로 채색하기)을 필요로 한다. 우리는 이 문제를 더 정형화할 수 있는데, 비지 향성 그래프 $G = <V, E>$가 주어질 때 그래프를 $U c_i = V$와 같은 가장 적은 수의 군집들로 분할한다. 쳉(Tseng)과 시비오렉(Siewiorek)[Tse86]은 충돌 그래프에서 군집 포함(clique covering)의 최소 크기를 찾는 발견적(heuristic) 알고리즘을 개 발했다.

VLIW 레지스터 파일

VLIW 프로세서에서의 레지스터 할당은 일반적인 CPU 의 경우를 초월하는, 성능 상의 추가적 함축성을 가진다. 일반적으로 VLIW 레지스터 파일은 분할되는데, 데 이터 경로 내의 각 기능 장치는 레지스터의 부분 집합만 액세스할 수 있다. 기능 장 치가 액세스할 수 없는 레지스터 내의 값을 필요로 할 때, 이 값은 레지스터 파일의 한 파티션으로부터 다른 파티션으로 복사되어야 한다. 자콤(Jacome)과 디 베시아 나(de Veciana)[Jac99]는 분할된 레지스터 파일을 가진 VLIW 프로세서 내의 지연 시간을 측정하는 방법을 개발했다.

데이터 흐름도는 기능 장치와 데이터 경로의 레지스터 파일과 관련된다. 문제는 창들(windows)로 나뉘는데, 문제는 창의 시작과 끝 단계로 정의된다. 데이터 경로 자원은 이 창과 연관되며, 일련의 활동은 이 창의 시간 범위 내에서 스케줄링하고자 하는 자원과 관련된다. 개별 창은 데이터 흐름도 내의 단일 연산에 대해서 정의된다. 이것들은 기본 창(basic windows)을 구축하는 데 사용되며, 기본 창은 같은 자원과 스케줄링 범위를 공유하는 연산들을 그룹화한다. 기본 창들은 다시 집단 창 (aggregated windows)으로 결합되는데, 이것은 같은 데이터 경로 자원 상의 기본 창들은 결합하지만, 같은 시간대의 창을 반드시 결합하지는 않는다. 창들의 전역 타당 시간(global feasible times)을 찾기 위해, 지연 시간을 전파하는 알고리즘을 사용하여 이 창들은 스케줄링될 수 있다.

3.2.3 명령어 선택과 스케줄링

프로세서가 제한되거나 비정규적인 자원을 가질 때 명령어 선택은 중요해진다. 많은 DSP는 비정규적인 레지스터 집합과 연산들을 가지며, 따라서 명령어 선택은 이런 기계를 위해 아주 중요해진다. 제한되거나 비정규적인 프로세서 자원은 연산이 수행될 때도 영향을 미친다. 명령어 선택과 스케줄링은 자원 제한의 결과로 상호작용할 수 있다.

플렉스웨어(FlexWare) 시스템의 한 부분으로, 리엠(Liem) 등[Lie94]은 비정규적인 레지스터 파일들을 가진 ASIP를 위한 명령어 생성 시스템을 개발했다. 그림 3-8은 프로그램의 중간 표현을 나타내는데, 데이터와 제어 흐름 측면을 모두 포함한다. 목표 명령어들은 동일한 기본 형식으로 기술되었다. 각 명령어에는 레지스터들이 서로 어떻게 통신하는지를 보여주는 레지스터 클래스로 주석이 달려있다. 프로그램 그래프에 명령어들을 포함시키기 위해, 이들은 데이터 흐름 세그먼트를 위한 동적 프로그래밍과, 그래프의 제어 흐름 부분을 위한 발견적 방법(heuristics)을 사용한다.

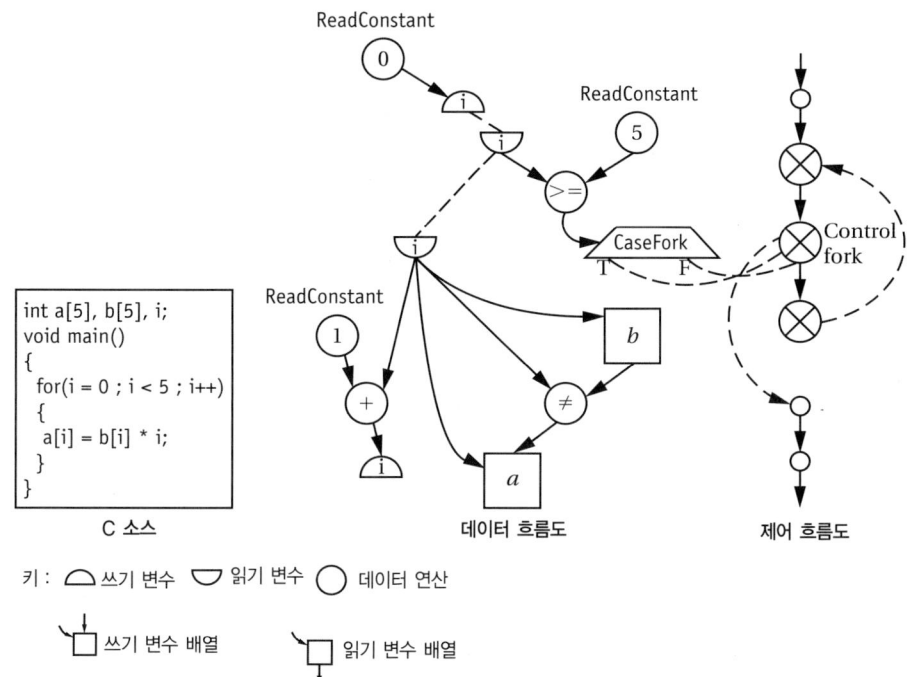

```
int a[5], b[5], i;
void main()
{
  for(i = 0 ; i < 5 ; i++)
  {
    a[i] = b[i] * i;
  }
}
```

C 소스

그림 3-8 플렉스웨어를 위한 프로그램 표현. 출처 : 리엠 등[Lie94]. ⓒ1994 IEEE.

2세대 플렉스웨어 컴파일러[Pau02]는 세 개의 주요 단계에서 코드를 생성한다. 이것은 명령어 선택을 위해 설명되었던 규칙 기반의 기법들을 먼저 사용한다. 그 후에 들여다보는 구멍(peephole) 최적화를 코드에 대해 수행한다. 마지막으로, 연산을 위한 스케줄을 만들기 위해 코드를 압축하고, 어셈블리어를 생성한다.

고바야시(Kobayashi) 등[Kob02]에 의해 작성된 PEAS-III 컴파일러 생성기는 명령어 설명에 기초한 매핑 규칙들을 생성한다. 이것은 명령어들을 산술/논리, 제어, 로드/저장, 스택 조작, 특수라는 다섯 개의 범주들로 구분한다. 컴파일러 생성기는 각 명령어가 어떻게 파이프라인 자원을 사용하는지를 추적함으로써, 그리고 각 명령어의 지연 시간과 처리량을 계산함으로써 스케줄링 정보를 생성한다.

스케줄링 제약조건 모델링   메스만(Mesman) 등[Mes97]은 코드 스케줄링에 있어서의 제약조건을 위한 모델을 개발했다. 제약조건은 연산이 스케줄링될 때 일련의 적당한 시간들을 결정하는데, 요구되는 일정을 찾기 위해 적당한 일정 공간이 검색될 수 있다. 메스만 등은 가중치가 붙은 지향성 그래프로 일련의 제약조건들을 나타낸다. 그래프 내의 점들은

연산을 나타내고, 가장자리는 우선순위 관계를 나타낸다. 제약조건은 그림 3-9 처럼 선형 부등식으로도 작성될 수 있다. 각 노드는 다른 노드로부터 제약을 받는다. 이 경우, 제약조건들의 쌍은 $a - b| ≤ 1$ 로 작성될 수 있다.

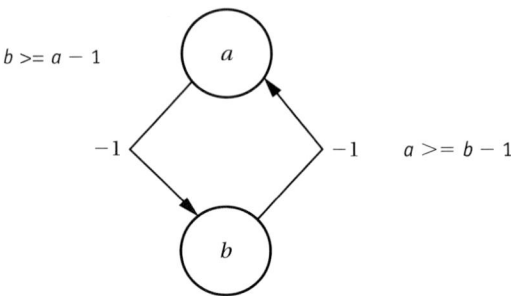

그림 3-9 제약조건 그래프와 선형 부등식

메스만 등은 여러 종류의 제약조건을 고려하였다. 데이터 의존성은 그 가중치가 연산의 실행 시간과 같은 단일(single) 가장자리에 의해 표현된다. 만약 데이터 의존성이 루프 내에 있다면 그 값은 다음 반복 전에 소모되어야 한다. 각 데이터 의존성을 위한 역방향 아크는 이 요구사항을 나타낸다. 다른 종류의 지연 시간도 단일 가장자리에 의해 표현된다. 다중 사이클 연산은 실행의 단계마다 하나의 노드를 사용하여 표현된다. 이들은 자원 충돌을 모델링하기 위해 0-1 변수를 사용한다.

제약조건들의 시스템을 해결하고, 일정을 찾으며, 연산 시간을 수정하기 위해 이들은 가장자리를 추가한다. 예를 들어, 연산들이 동시에 스케줄링되지 않았음을 보장하는 가장자리를 추가함으로써, 잠재적 자원 충돌이 방지된다. 또 하부 그래프 내의 모든 연산들이 실행할 시간이 있음을 보장하기 위해 제약조건이 추가된다. 덧붙여서, 변수 생명주기를 순차적으로 만들기 위해 가장자리가 추가될 수 있다.

결합된 명령어 선택, 레지스터 할당, 스케줄링

아라우조(Araujo)와 맬리크(Malik)[Ara95]는 하나의 위치 또는 주어진 클래스에 대해 무제한의 위치를 사용할 수 있을 때, 아키텍처 클래스 상에서의 명령어 선택, 레지스터 할당, 스케줄링을 위한 최적화 알고리즘을 개발했다. TI TMS320C25 가 이 클래스의 한 예인데, 아라우조와 맬리크는 이것을 [1, ∝] 클래스라고 부른다. 이들은 레지스터 전송 그래프를 사용하여 이 클래스를 정의하는데, 그래프의 각 노드는 레지스터 또는 주 메모리이고, 한 노드에서 다른 노드로 가는 지향성 가장자리는 가능한 데이터 전송을 가리키는데, 가장자리의 라벨은 어떤 명령어(들)이 이 전송을 수행할 수 있는지를 정의한다. 이런 레지스터 전송 그래프의 한 예가 그림 3-10으로 $r3$ 레지스터는 1 명령어를 사용하는 $r1$과 $r2$ 모두로부터 기록될 수 있으며, $r1$과 $r2$ 사이의 모든 사이클은 메모리 노드를 포함한다. 이 조건은 필요할 때 값들이 주 메모리로 유출될(spilled) 수 있도록 한다. 이 특성에 기초하여, 아라우조와 맬리크는 연산식 트리가 메모리 유출 없이 항상 스케줄링될 수 있음을 보여주었다.

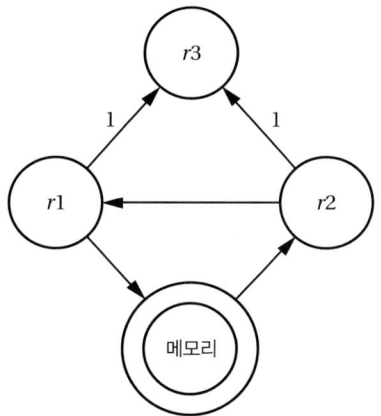

그림 3-10 [1, ∝] 조건을 충족시키는 레지스터 전송 그래프
출처 : 아라우조와 맬리크[Ara95]. ⓒ1995 ACM 프레스.

이들은 명령어를 선택하고 레지스터를 할당하기 위해 트리 문법 구문 분석기(tree-grammar parser)를 사용하는데, 명령어를 정의하는 패턴은 명령어에 의해 사용되는 레지스터들을 포함한다. 그 후에 이들은 명령어들을 스케줄링하기 위해 그림 3-11 처럼 $O(n)$ 알고리즘을 사용한다.

```
GetUsage (u)
begin
   memset(n) = φ;
   regset(u) = φ;
   if match(u) is not memory
      regset(u) = match(u);
   foreach v in children(u)
      GetUsage(v);
      if match(v) is memory
         memset(u) = memset(u) ∪ {v};
      else
         memset(u) = memset(u) ∪ memset(v);
         regset(u) = regset(u) ∪ regset(v);
      endif;
   endfor;
end

OptSchedule (u)
begin
   foreach p in memset(u)
      OptSchedule(p);
   foreach v in children(u)
      FreeSchedule(v);
   emit(u);
end

FreeSchedule (u)
begin
   if match(u) is memory
      return;
   if u is not a leaf
      v₁ = unique(children(u));
      foreach w in children(v₁)
         FreeSchedule(w);
   endif;
   emit(u);
end
```

그림 3-11 아라우조와 맬리크의 명령어 스케줄링 알고리즘
출처 : 아라우조와 맬리크[Ara95]. ⓒ1995 ACM 프레스.

3.2.4 코드 배치

메모리 내의 코드 위치는 중요한데, 이것이 메모리 시스템의 성능에 영향을 미치기 때문이다. 코드나 데이터의 일부를 단순히 한 주소에서 다른 주소로 이동하는 것으로 프로그램 속도를 높이고 에너지 소모를 줄일 수 있다.

그림 3-12는 코드 배치 절차를 나타낸다. 어셈블리어는 상대 주소를 사용한다. 캐시 액세스 시간과 분할된 메모리 액세스라는 두 종류의 메모리 액세스를 최적화하

기 위해 코드 배치는 절대 주소를 할당한다. 그 결과는 링커와 로더에게 제공할 수 있는 절대 주소들이다.

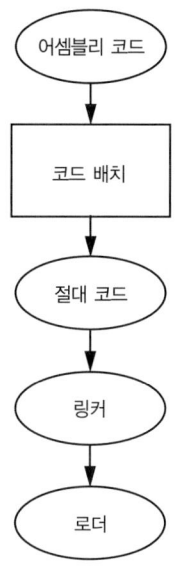

그림 3-12 어셈블리 후의 최적화

　그림 3-13은 주 메모리와 캐시 선에서 절대 주소들 사이의 관계를 나타낸다. 많은 메모리 블록들은 같은 캐시 선으로 매핑된다. 모든 충돌을 방지할 수는 없지만, 한 블록을 이동함으로써 다른 블록이 이 블록을 같은 주소로 매핑하는 것을 방지할 수 있다. 블록들이 다른 캐시 선으로 간다면 이들이 절대 충돌되지 않도록 보장할 수 있다. 잘 충돌하지 않는 두 블록을 동일한 캐시 선으로 할당하는 것은 강력하지는 않은 코드 배치 방식이다. 캐시에 남을 필요가 있는 코드의 양이 상대적으로 적다면, 주요 캐시 충돌을 방지하는 것은 발견적 방법으로 충분할 것이다. 일반적으로 최적화 알고리즘은 캐시 충돌에서 최소한의 부적합한 조합을 찾기 위해 대규모의 프로그램에서 블록들의 캐싱 동작에 대해 균형을 유지해야 한다.

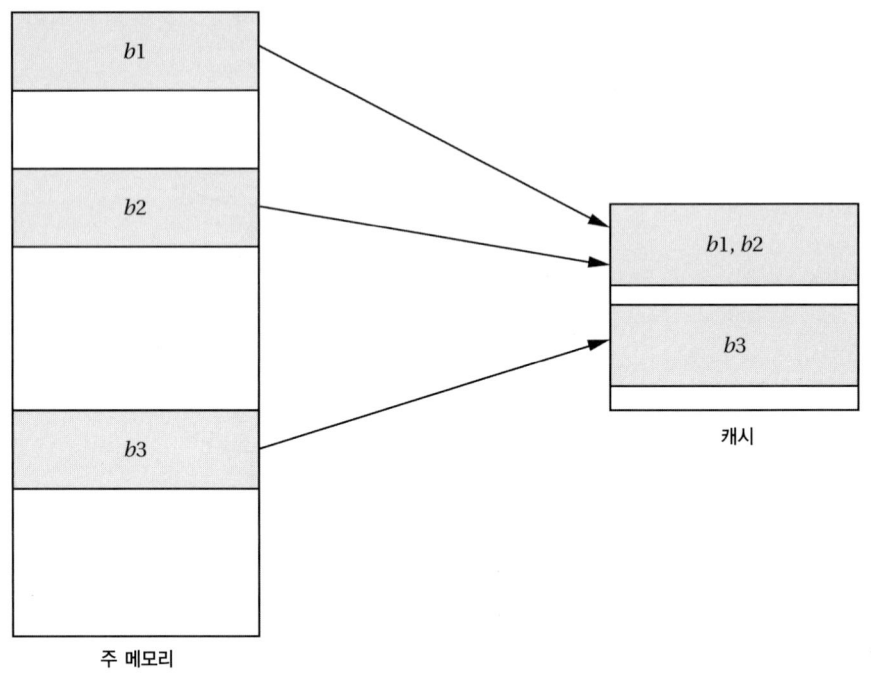

그림 3-13 주 메모리와 캐시에서의 코드 배치

후(Hwu)와 창(Chang)[Hwu89]은 명령어 캐시 성능을 개선하기 위해 명령어들을 배치했다. 이들은 코드 영역의 상대적인 실행 시간을 찾기 위해 추적을 분석했다. 함수 호출 비용을 줄이기 위해 자주 호출되는 함수들을 인라인으로 확장했고, 프로그램 이미지에서 자주 사용되는 추적들을 배치하기 위해 탐욕 알고리즘(greedy algorithm)을 사용했다.

맥팔링(McFarling)[McF89]은 간섭하지 않는 메모리 위치에 배치되어야 하는 코드 세그먼트를 파악하기 위해, 추적 정보를 이용하는 것 외에 프로그램 구조를 분석했다. 그는 루프가 실행되는 평균 횟수, 기본 블록 크기, 프로시저 호출 빈도로 프로그램에 주석을 붙였다. 그리고 라벨들을 전파시키기 위해 프로그램을 검토하고, 이 라벨에 기초하여 코드 세그먼트들을 그룹화하고, 그래프에서 간섭하지 않도록 이 코드 세그먼트들을 배치했다.

맥팔링은 또 프로시저 인라인화도 연구했다[McF91]. 그는 루프 내에서 캐시 실패의 횟수를 추정하는 다음과 같은 공식을 개발했다.

$$s_l = \sum s_b \min(1, f)$$

(수식 3-2)

$$M_l = \max(0, l - 1)\max(0, s_l - S)$$

(수식 3-3)

여기서 s_l은 효과적인 루프 본체 크기이고, s_b는 기본 블록 크기이며, f는 블록의 평균 실행 빈도이고, M_l은 루프 인스턴스 별 누락 횟수이며, l은 루프 반복의 평균 횟수이고, S는 캐시 크기이다. 맥팔링은 프로시저가 인라인화될 때 새로운 캐시 실패율을 추정하기 위해 이 모델을 사용했다. 그는 어떤 함수를 인라인화할지 결정하기 위해 탐욕 알고리즘을 사용했다.

페티스(Pettis)와 한센(Hansen)[Pet90]은 요약 데이터로부터 코드 배치를 결정하기 위해 여러 가지 방법을 검토했다. 이들은 *gprof*을 사용하여 프로그램을 요약했다. 이들은 호출자와 피호출자가 프로그램 내에서 인접해지도록 프로시저들을 배치하여 이들이 같은 페이지에서 끝날 기회를 증가시키고, 페이지 작업 집합의 크기를 줄이며, 캐시에서 서로를 내쫓는 기회를 줄였다. 이들은 호출 그래프를 구축하고, 호출자가 피호출자를 호출하는 횟수로 각 가장자리에 가중치를 붙이고, 높은 가중치의 가장자리로 연결되는 노드들을 병합함으로써 프로시저들을 정렬했다.

이들은 또 기본 블록을 위한 배치 방법도 실험했다. 페티스와 한센은 분기 내에서 가장 자주 실행되는 경로가 프로세서의 분기 예측 메커니즘을 이용하도록 if-then-else 코드로부터 블록들을 재배열했다. 이들은 주어진 경로가 실행되는 횟수로 가장자리에 주석을 붙이는 제어 흐름도를 분석함으로써 기본 블록들을 배치했다. 상향식 알고리즘은 가장 큰 가중치가 붙은 가장자리에서 시작하여 검사하고, 큰 가중치가 붙은 가장자리를 경로에 추가함으로써 노드와 가장자리들을 그룹화했다.

이들은 또 요약 내에서 결코 실행된 적이 없는 기본 블록들을 파악하고 이 블록들을 **솜털**(fluff)이라고 불렀다. 기본 블록이 요약 내에 나타나지 않는다고 이것이 생략될 수 있는 죽은 코드를 의미한다고 볼 수는 없는데, 입력 데이터 집합이 프로그램을 완전히 실행시키지 않았을 수 있기 때문이다. 그러나 솜털 블록을 별도의 프로시저로 이동하는 것은 많이 사용되는 코드를 포함하는 프로시저의 크기를 줄이고, 이들의 캐시 동작을 개선한다. 이들의 **프로시저 분할**(procedure-splitting) 알고리즘은 솜털이 아닌 코드를 솜털 코드로 연결하기 위해 긴 가지들을 추가했다.

페티스와 한센은 프로시저 배치가 실행된 긴 가지들의 수를 현저히 줄인다는 것을

발견했다. 이들은 심지어 요약 데이터를 사용하지 않고도 프로그램이 1%에서 6%
더 빨리 실행하는 것을 발견했다. 이들은 직선 코드들을 더 생성하기 위해 기본 블
록들을 배치하면 실행되는 벌칙(penalty) 분기들의 수를 42% 줄이고, 분기들 사이
의 명령어 수를 6.19에서 8.08로 증가시킨다는 것을 발견했다.

토미야마(Tomiyama)와 야수라(Yasuura)[Tom97]는 추적 배치를 정수 선형 프
로그래밍 문제로 공식화했다. 이들의 기본 방법은 일련의 벤치마크에서 코드 크기
를 13%에서 30% 증가시켰다. 이들은 병합된 추적의 크기가 캐시 선 크기의 배수가
되도록 추적들을 결합하고, 사용되지 않는 위치들을 제거함으로써 코드 크기를 줄
였다.

3.2.5 프로그래밍 환경

개인화된 프로세서를 설계할 때, ASIP 프로그래머들을 지원하기 위해 컴파일러 외
의 것들도 만들 필요가 있다. 즉, 어셈블러, 링커, 로더, 디버거, 그리고 그래픽 프로
그래밍 환경과 같은 프로그래밍 도구들의 완전한 집합을 만들어야 한다.

그림 3-14는 애플리케이션 하드웨어(a), ASIP 하드웨어(b), 임베디드 소프트웨어
와 그 개발 환경(c)을 포함한 플렉스웨어 시스템[Pau02]의 구성요소들을 보여준다.

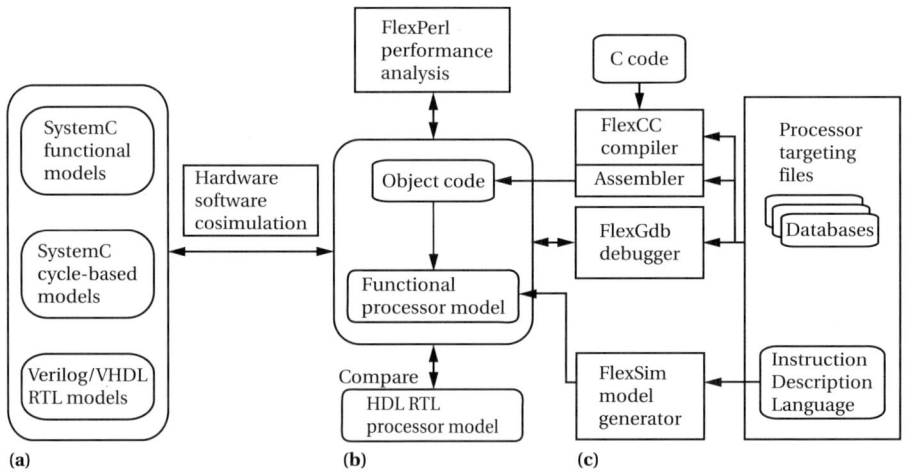

그림 3-14 플렉스웨어 시스템. 출처 : [Pau02]. ©2002 IEEE.

3.3 메모리 지향의 최적화

임베디드 시스템에서는 메모리가 주로 병목현상을 일으킨다. 많은 임베디드 컴퓨팅 애플리케이션들은 메모리를 액세스하는 데 많은 시간을 소모한다. 메모리 시스템은 성능뿐만 아니라 에너지 소모의 가장 중요한 결정요소가 된다.

메모리 최적화의 종류 메모리 시스템 최적화는 메모리 계층구조의 어떤 단계도 목표로 할 수 있다. 캐시 성능을 최적화하기 위한 많은 기법들이 범용 및 임베디드 분야에서 개발되었다. 가장 최근에는 스크래치 패드 메모리를 위한 최적화 기법이 개발되었다. 최적화는 주 메모리(특히 분할된 메모리)를 목표로 할 수도 있다.

메모리 시스템 최적화는 데이터 또는 명령어를 목표로 할 수 있다. 배열 최적화는 데이터 지향 최적화에서 매우 중요하며, 제어 흐름 분석은 명령어의 캐시 동작을 개선하기 위한 방법들을 만들도록 했다.

전역 메모리 분석은 임베디드 시스템에서 특히 중요하다. 많은 임베디드 시스템은 데이터를 서로 전달하는 여러 하부 시스템들로 구성된다. 버퍼 넘침과 메모리 낭비를 모두 방지하기 위해, 이 하부 시스템들 사이의 버퍼는 신중하게 크기를 설정해야 한다.

3.3.1 루프 변환

어떤 최적화는 목표 하드웨어에 대한 자세한 정보를 알지 못하고, 컴파일의 앞 단계에서 적용된다. 이런 변환은 나중 단계에 사용될 수 있는 병렬성을 파악하려고 한다. 루프는 이런 변환의 중요한 후보인데, 이것이 데이터 병렬성의 훌륭한 자원을 제공할 수 있기 때문이다. 루프 변환은 과학 프로그램과 최적화 컴파일러에서 사용하기 위해 수십 년간 연구되어 왔다. 그러나 본서에서는 그 핵심 연구가 어떻게 사용될 수 있는지를 보여주는 몇 가지 개념만 소개하기로 한다.

이상적 병렬성 이상적 루프는 전체가 병렬로 실행될 수 있다. 그림 3-15 의 왼쪽에 있는 코드는 모든 배열이 i로만 인덱스되어 있는 루프 본체를 가진다. 따라서 어떤 루프 반복도 다른 반복에 의존하지 않는다. 그 결과, 모든 루프 본체는 결과에 영향을 미치지 않고 임의의 순서에 따라 병렬로 실행될 수 있다. 그러나 그림의 오른쪽에 있는 코드에서는 i 번째 반복이 i-1 번째 반복의 결과에 의존한다. 이 경우, 반복 i-1 이 끝날 때까지는 반복 i를 끝낼 수 없으며, 따라서 이 루프 본체는 루프가 열거하는 순서대로 수행되어야 한다. 한 루프 반복으로부터 다른 루프 반복에 대한 데이터 의존성은 루프 전달 의존성(loop-carried dependencies)이라고 알려져 있다.

```
for (i=0; i<N; i++)              for (i=1; i<N; i++)
    c[i] = a[i] + b[i];              c[i] = a[i] + c[i-1];
    완전히 병렬처리 가능                루프 전달 의존성
```

그림 3-15 루프 내의 병렬성과 제약조건

최적화 전략

컴파일러는 연산들을 스케줄링해서 이들이 데이터 의존성에 위배되지 않도록 해야 한다. 즉, 값이 계산되기 전에 코드를 사용해서는 안 된다. 일반적으로 우리가 이 의존성들을 열거하는 방법이 있다면, 여러 가능한 일정들이 데이터 의존성을 충족시키도록 할 수 있다. 단일 루프는 약간의 기회를 제공하지만, **루프 중첩**(loop nest)은 자세한 분석을 요구하는 병렬처리를 위해 많은 가능성을 제공한다. 루프 중첩은 그림 3-16처럼 하나가 다른 것 안에 있는 일련의 루프들이다. 완전한 루프 중첩은 중첩 안에 조건식을 포함하지 않는다. 불완전한 루프 중첩은 중첩 내의 일부 명령문이 어떤 경우에는 실행되지 않도록 하는 조건식을 포함한다.

```
                              for (i=0; i<N; i++)
for (i=0; i<N; i++)               for (j=0; j<M; j++)
    for (j=0; j<M; j++)               if (i != j)
        for (k=0; k<L; k++)               for (k=0; k<L; k++)
            c[k] = a[i][j] * b[k];            c[k]= a[i][j] * b[k];
    완전한 루프 중첩                      불완전한 루프 중첩
```

그림 3-16 루프 중첩

루프 변환의 종류

루프와 루프 중첩은 많은 데이터 의존성을 가지는데, 각 반복 내의 연산은 자신의 데이터 의존성을 생성한다. 그러나 루프는 우리가 추구하는 구조와 정규성(regularity)을 제공하기도 한다. 루프와 루프 중첩에서의 몇 가지 가능한 변환에는 다음과 같은 것이 있다.

- **루프 치환**(loop permutation) : 중첩 내의 루프 순서를 바꾼다.

- **인덱스 재기록**(index rewriting) : 루프 인덱스가 표현되는 방법을 바꾼다.

- **루프 전개**(loop unrolling) : 여러 벌의 루프 본체를 만들고 루프 인덱스를 적

절히 변경한다.

■ **루프 분할**(loop splitting) : 여러 연산들을 가진 루프를 취하고, 각 연산을 위한 별도의 루프를 만든다(**루프 통합**(loop fusion)은 그 반대이다).

■ **루프 바둑판식 배열**(loop tiling) : 각각의 내부 루프가 데이터의 작은 블록에 대해 동작하는 루프 중첩으로 루프를 분할한다.

■ **루프 채우기**(loop padding) : 배열이 메모리 시스템 구조로 매핑되는 방법을 바꾸기 위해, 데이터 요소들을 배열에 추가한다.

폴리토프 모델   폴리토프 모델(polytope model)[Bac94; Dar98]은 루프 중첩 내의 데이터 의존성을 표현하고 조작하기 위해 일반적으로 사용된다. 그림 3-17은 루프 중첩을 나타내며, 루프 중첩은 행렬로 표현할 수 있는데, 각 열은 루프의 반복 한계를 나타낸다.

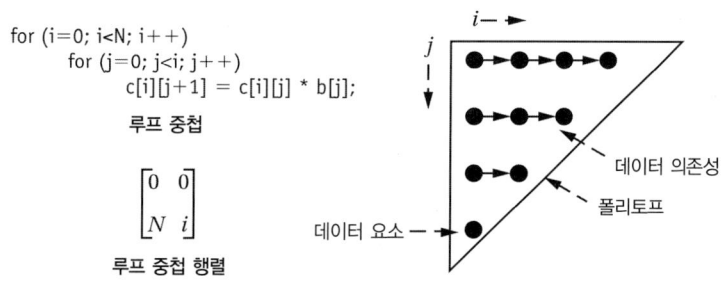

그림 3-17 루프 중첩의 폴리토프 표현

내부 루프 본체는 c의 값을 바꾸고, $c[i][j]$에서 $c[i][j+1]$로의 데이터 의존성을 만든다. 배열 내의 각 데이터 요소를 루프 반복 변수가 이 공간의 축들을 형성하는 이차원 공간 내의 노드로 표현한다. 노드들은 삼각형 모양으로 이 공간 내의 폴리토프를 정의한다. 우리는 노드들 사이에 $c[i][j]$와 $c[i][j+1]$ 사이의 루프 전달 의존성을 나타내는 가장자리를 추가한다.

폴리토프 내의 점들은 모든 루프 전달 의존성을 완벽하게 나타내지만, 아직 이 표현의 복잡성을 줄이지는 못했다. 따라서 우리는 벡터 집합의 방향과 거리를 나타내는 거리 벡터(distance vector)를 사용할 수 있다. 이 경우, 모든 데이터 의존성은 [i j] = [1 0]의 형태가 된다.

이 계산을 수행하는 루프들의 집합은 루프 전달 의존성을 충족해야 하지만, 일반적으로 많은 일정들이 가능하다. 루프가 노드들을 방문하는 순서를 나타내는 순서 벡터를 적용할 수 있으며, 루프의 형태를 조작하기 위해 행렬 대수를 사용할 수 있다.

루프 변환과 행렬

예를 들어, 외부 루프에 j를 넣고 내부 루프에 i를 넣는 루프 교환을 원한다면, 다음과 같은 행렬 교환에 의해 루프 중첩 행렬을 곱할 수 있다.

$$\begin{bmatrix} 0 & 0 \\ N & i \end{bmatrix} \cdot \begin{bmatrix} 0 & 1 \\ 1 & 0 \end{bmatrix} = \begin{bmatrix} 0 & 0 \\ i & N \end{bmatrix} \qquad \text{(수식 3-4)}$$

이것은 다음과 같은 루프 중첩을 제공한다.

```
for (j = 0; j < i; j++)
  for (i = 0; i < N; i++)
    c[i + 1][j] = a[i][j] * b[j];
```

모든 루프 변환이 올바른 것은 아니다. 울프(Wolf)와 람(Lam)[Wol91b]은 모든 변환된 의존성 벡터들이 사전적으로 양성(lexicographically positive)이라면(즉, 반복 공간에서 뒤쪽을 가리키지 않는다면), 루프 변환은 올바르다는 것을 보여주었다.

비단일 모듈 변환

모든 중요한 루프 변환이 행렬 대수로 조작될 수 있는 것은 아니다. 예를 들어, 루프 바둑판식 배열(loop tiling)은 배열 요소들이 추적되는 순서를 변경하기 위해, 큰 배열을 여러 개의 작은 배열들로 분할한다. 이 변환은 행렬 조작으로 표현될 수 없으며, 일단 루프가 바둑판식 배열이 되면 행렬 방법을 사용하여 새 루프 중첩이 분석될 수 있다.

루프 치환(loop permutation)과 루프 통합(loop fusion)[Wol96]은 행렬 요소들을 액세스하기 위해 필요한 시간을 줄이는 데 사용될 수 있다. 배열 액세스의 순서를 관련 자료 구조에서 사용되는 것으로 바꾸면, 루프 치환은 지연 시간을 줄인다. 다차원 배열은 C 언어에서 행 우선 형식으로 저장되므로, 행을 먼저 액세스한다. 그림 3-18은 루프 치환의 예를 보여준다. 루프 통합(그림 3-19의 예 참조)은 다른 루프들 내의 같은 배열에 대한 참조를 결합하고 재사용할 수 있도록 해준다.

```
for (j=0; j<M; j++)                    for (i=0; i<N; i++)
    for (i=0; i<N; i++)                    for (j=0; j<M; j++)
        x[i][j] = a[i][j] * b[j];              x[i][j] = a[i][j] * b[j];
```

원본 루프 중첩   **루프 치환 후**

그림 3-18 루프 치환의 예

```
for (i=0; i<N; i++)
    x[i] = a[i] * b[i];                for (i=0; i<N; i++)
for (i=0; i<N; i++)                        for (j=0; j<M; j++)
    y[i] = a[i] * c[i];                        x[i][j] = a[i][j] * b[j];
```

원본 루프들   **루프 통합 후**

그림 3-19 루프 통합의 예

메모리 레이아웃 변환   캐시나 병렬 메모리 시스템으로 매핑되는 방법을 변경하기 위해, 배열 요소들의 레이아웃도 바꿀 수 있다. 예를 들어, 행렬 전치(transposing)는 루프 치환의 하나의 대안이다. 데이터 요소들이 캐시 선으로 들어가는 방법을 변경하기 위해 루프는 채워질(padded) 수도 있다. 낭비된 메모리는 개선된 캐시 성능에 의해 보상된 것보다 더 클 수 있다.

루프와 에너지   메모리 시스템이 시스템 전력 소모의 중요한 요인이라는 점을 감안한다면, 루프 변환이 프로그램의 에너지 소모를 가중시키거나 도움을 줄 수 있을 것이라고 기대할 수 있다. 칸데미르(Kandemir) 등[Kan00]은 심플파워를 포함한 여러 벤치마크 프로그램들의 다른 버전들을 시뮬레이션함으로써 컴파일러 변환이 에너지 소모에 미치는 영향을 연구했다. 이 결과를 요약한 것이 그림 3-20 이다. 이들은 여러 벤치마크에 대한 다른 종류의 변환들을 실험했고, 최적화되었을 때와 되지 않았을 때의 에너지 소모를 측정했으며, 각 프로그램 구현을 위한 여러 가지 캐시 구성을 테스트했다.

이 실험에서 한 가지 흥미로운 결과는, 루프 전개(loop unrolling)에서 예외는 있지만 대부분의 최적화가 CPU 중심부의 에너지 소모량을 증가시킨다는 점이다. 칸데미르 등의 기술 인자(technology parameters)를 주었을 때, 중심부의 에너지 소모 증가는 메모리 시스템에서의 감소된 에너지 소모보다 컸다. 그러나 다른 기술은 결과적으로 이런 변환을 위한 전체 에너지 손실을 가져올 수 있다. 임의의 최적화 전략은 메모리 시스템과 중심부의 에너지 소모에 균형을 가져올 것이다. 이 실험은 또 캐시 크기와 결합성을 증가시키는 것이 캐시에서의 정적 및 동적 에너지 소모 증가로 이어지지 않음을 보여준다. 결론적으로 이 기술 인자를 위한 메모리 시스템의 나머지 부분에서의 이득보다 손실이 더 컸지만, 다른 기술은 이 균형을 바꿀 수 있다.

Program	Array Sizes	Hian Rate	Organizations
adi	100*100*1	0.0010	Linear transforms Sites
hydrosd/try	100*1	0.0000	Loop Fusion
hydrosd/try	100*100*100*S	0.2000	Loop Fusion
hydro/necessity	100*1	0.1100	Loop Fusion
toatacy	100*100	0.2400	Scalar expansion

Benchmarks and optimizations

	Core Energy (J)	Memory Energy (J)				
		1th	1-way	2-way	4-way	8-way
orig	0.0043	1K	0.1004	0.0015	0.0794	0.0772
		2K	0.1159	0.0780	0.0756	0.0757
		4K	0.1000	0.0783	0.0759	0.0760
		3K	0.0730	0.0681	0.0742	0.0766
loop	0.0054	1K	0.1418	0.0640	0.5026	0.0466
		2K	0.0844	0.0493	0.0435	0.0436
		4K	0.0000	0.0441	0.0439	0.0440
		3K	0.0578	0.4283	0.0231	0.0251
tile	0.0052	1K	0.1401	0.0731	0.0729	0.0288
		2K	0.0942	0.0640	0.0674	0.0488
		4K	0.0550	0.0426	0.0465	0.0457
		3K	0.0540	0.0226	0.0220	0.0221

adi

	Core Energy (J)	Memory Energy (J)			
		↓	1.Way	2.Way	4.Way	8.Way
orign	0.1503	1K	3.4440	3.0333	2.1170	2.0734
		2K	3.3221	2.3311	1.3908	1.3014
		4K	1.6616	1.3948	6.0333	1.1133
		8K	1.3387	0.0373	0.1942	0.8732
fiss	0.1745	1K	2.4086	4.4788	3.1001	3.2550
		2K	3.0100	8.7048	1.4469	1.2732
		4K	1.8087	1.4712	1.1003	1.1033
		8K	1.9887	0.0430	0.1362	0.8032

nasa 7≠b trix

	Core Energy (J)	Memory Energy (J)			
			1.Way	2.Way	4.Way	8.Way
orign	0.0003	1K	0.0200	0.0117	0.6070	0.0072
		2K	0.0130	0.0069	0.0000	0.0034
		4K	0.0056	0.0036	0.4051	0.0054
		8K	0.0338	0.0036	0.4055	0.0033
fiss	0.0005	1K	0.0277	0.0102	0.0073	0.0063
		2K	0.0095	0.0034	0.0001	0.0063
		4K	0.0089	0.0030	0.0030	0.0030
		8K	0.0067	0.0030	0.4050	0.0030

hydro 2d≠fct

	Core Energy (J)	Memory Energy (J)			
		↓	1.Way	2.Way	4.Way	8.Way
orign	0.2713	1K	10.0223	3.4228	7.4466	6.8610
		2K	0.0883	7.0487	7.0487	6.1011
		4K	7.6007	7.1870	0.3485	6.2203
		8K	3.4000	3.4774	0.5711	3.3755
fiss	0.2873	1K	11.0321	10.1304	9.8536	9.2634
		2K	9.4603	9.4244	9.6897	9.7468
		4K	7.4571	6.07289	0.1112	3.10101
		8K	5.2204	3.2730	6.1806	3.2317

nasa 7≠choles kg

	Core Energy (J)	Memory Energy (J)			
		1th	1-way	2-way	4-way	8-way
orig	0.0222	1K	1.3934	0.0739	0.5858	0.5731
		2K	0.8384	0.0609	0.5706	0.5707
		4K	0.7920	0.5813	0.5716	0.5720
		3K	0.7111	0.5260	0.5301	0.5296
loop	0.2875	1K	0.4256	0.0640	0.5278	0.9233
		2K	0.1753	0.0493	0.9223	0.9232
		4K	0.0228	0.0441	0.9253	0.9282
		3K	0.0924	0.4283	0.8005	0.3976

tomca tv

그림 3-20 에너지 소모에 대한 컴파일러 변환이 미치는 영향에 대한 시뮬레이션 측정
출처 : 칸데미르 등[Kan00]. ⓒ2000 ACM 프레스. 허가 하에 재 인쇄함.

3.3.2 전역 최적화

컴파일러는 아주 많은 변환들을 적용한다. 변환의 순서는 중요한데, 어떤 변환은 다른 변환들을 활성화시키고, 어떤 변환은 나중에 다른 변환을 적용할 수 없게 만든다. 범용 컴파일러와 임베디드 시스템 모두를 위한 최적화 전략이 개발되어 왔다.

실시간 자바   실시간 자바 명세(Real-Time Specification for Java, RTSJ)[Bol00]는 프로그래머들이 마감 시간을 지킬 수 있을지를 파악하기 위해 자바 프로그램의 시간적 특성을 고려할 수 있도록 해주는 자바의 표준 버전이다. 이 표준의 설계자들은 프로그램의 실시간 특성들을 결정할 수 있는 프로그래머의 능력을 제한하는 스케줄링, 메모리 관리, 동기화라는 세 가지 주요 기능들을 식별했다.

자바는 스케줄링에 대한 자세한 명세는 제공하지 않았다. RTSJ는 적어도 28개의 고유한 우선순위들을 가진 고정 우선순위 선점형 스케줄러(fixed-priority preemptive scheduler)를 필요로 한다. RealtimeThread 클래스는 이 스케줄러에 의해 제어될 수 있는 스레드를 정의한다.

자바는 범용 프로그래머를 위한 메모리 관리를 간편하게 하기 위해 폐영역 회수(garbage collection)를 사용하지만, 그 대가로 메모리 시스템의 예측 가능성은 줄어든다. 메모리 관리의 예측 가능성을 개선하기 위해, RTSJ는 프로그램이 힙 바깥에 개체를 할당하도록 허용한다. MemoryArea 클래스는 폐영역 회수가 되지 않는 메모리 영역을 프로그램이 표현할 수 있도록 허용한다. 이것은 RAM이 아닌 메모리 컴포넌트를 모델링하도록 해주는 물리적 메모리, 프로그램을 실행하는 동안에 살아 있는 지속성 메모리(immortal memory), 개체의 구문적인 범위를 사용하여 프로그램이 메모리 개체들을 관리하도록 해주는 범위 메모리(scoped memory)와 같은 세 종류의 개체들을 지원한다.

RTSJ는 우선순위 기반의 동기화를 강요하지는 않지만, 추가적인 동기화 메커니즘을 제공한다. 시스템은 자원을 기다리는 모든 스레드를 대기열에 넣어서 이들이 우선순위 순서로 자원을 획득하도록 한다. 동기화는 우선순위 반전 **프로토콜**(priority inversion protocol, 4.2.2절 참조)을 구현해야만 한다. RTSJ는 또 하드웨어 인터럽트와 같은 비동기 이벤트를 다루는 기능을 제공한다.

일반적인 전략 바콘(Bacon) 등[Bac94]은 최적화 컴파일러를 위한 흐름을 제안했다. 여기서 이 주제를 깊이있게 다루지는 못하지만, 다음과 같이 중요한 절차의 일부는 고려해야 한다.

- 프로시저 재구성(procedure restructuring) : 함수들을 인라인화하고, 꼬리 순환(tail recursion)을 제거하는 등의 처리를 한다.

- 고수준 데이터 흐름 최적화(high-level data flow optimization) : 연산들의 강도를 줄이고, 루프 불변(loop-invariant) 코드를 이동하는 등의 처리를 한다.

- 부분 평가(partial evaluation) : 계산을 단순화하고, 상수를 평가하는 등의 처리를 한다.

- 루프 준비(loop preparation) : 루프를 벗기는 등의 처리를 한다.

- 루프 순서 변경(loop reordering) : 루프 중첩을 교환, 왜곡(skew) 또는 변환한다.

다양한 저수준 변환과 코드 생성 절차들이 컴파일 작업을 마무리한다.

스트리밍 전략 캣홀(Catthoor) 등[Cat98]은 멀티미디어와 같은 스트리밍 시스템을 위한 방법론을 개발했다. 이 방법론은 전역 데이터 흐름을 관리하고 효율적인 구현을 달성하기 위해 설계되었다. 방법론 내의 절차들은 다음을 포함한다.

- 메모리 지향의 데이터 흐름 분석과 모델 추출(memory-oriented data flow analysis and model extraction) : 프로그램의 다양한 단계에서의 메모리 요구사항을 식별하기 위해 루프를 분석한다.

- 전역 데이터 흐름 변환(global data flow transformations) : 메모리 활용을 개선하기 위한 것이다.

- 전역 루프와 제어 흐름 최적화(global loop and control flow optimizations) : 시스템 수준의 버퍼를 없애고 데이터 국지성을 개선한다.

- 메모리 계층구조를 위한 데이터 재사용 결정(data reuse decisions for memory hierarchy) : 에너지 소모를 줄이고 성능을 개선하기 위해 캐시를 사용한다.

- 메모리 구성(memory organization) : 메모리 시스템과 그 포트들을 설계한다.

- 적소 최적화(in-place optimization) : 저장소 요구사항을 줄이기 위해 저수준 기법들을 사용한다.

3.3.3 버퍼, 데이터 전송, 저장소 관리

버퍼 관리 버퍼는 하부 시스템들 사이를 중재하기 때문에 중요하다. 많은 임베디드 애플리케이션에서 다양한 단계들이 어느 정도는 비정규적으로 데이터를 생산하고 소비한다. 그 결과, 생산자로부터 소비자까지 모든 데이터가 원활하게 유통되도록 하기 위해 버퍼를 필요로 한다. 버퍼가 너무 작으면 데이터는 분실된다. 그리고 버퍼가 너무 크면 메모리가 낭비된다. 지나치게 큰 버퍼는 시스템의 제조 비용을 증가시킬 뿐만 아니라, 정적 및 동적 에너지를 모두 소모하게 된다.

동적 메모리 관리에서의 문제점 전통적인 접근법 하나는 동적 메모리 관리(예를 들어, C 라이브러리 함수 `malloc()`과 `free()`)를 사용하는 것이다. 적절한 크기의 버퍼를 할당함으로써 메모리 넘침을 방지할 수 있다. 그러나 이 접근법은 검증하기가 어렵고, *메모리 누수*(memory leaks; 할당되지만 결코 해방되지 않는 메모리)가 운영 코드에 침투할 수 있다. 임베디드 시스템을 위해 중요한 만큼, 메모리 관리 루틴 자체는 성능과 에너지 소모 모두에 큰 부담이 된다. 메모리 관리 루틴의 실행 시간은 크게 데이터 의존적이므로, 이 루틴은 실시간 마감 시간을 충족시키기 어렵게 만든다. 정적 및 동적 버퍼 관리 기법들의 조합은 버퍼를 적절한 크기로 만들어서 실행 시간 비용을 훨씬 줄일 수 있다.

**데이터 전송과
저장소 관리**

디그리프(De Greef) 등[Gre95], 프랑센(Franssen) 등[Fra94], 마셀로스(Masselos) 등[Mas99]을 포함하는 IMEC의 여러 그룹들은 데이터 전송과 저장소 관리를 위한 방법론과 알고리즘들을 개발했다. 이 일련의 연구는 버퍼 메모리의 필요한 양을 최소화하고, 이 버퍼 메모리에 대한 액세스 성능을 개선하기 위해 코드를 재구성하는 시도를 한다. 데이터 전송과 저장소 관리는 루프 변환과 제어 흐름 분석을 포함하는 많은 기법들을 사용한다. 다른 루프 중첩과 같은 다른 코드 영역들 사이의 의존성을 이해하고, 전체 프로그램에 걸친 이해 관계의 균형을 맞추기 위해 애플리케이션의 완전한 분석을 필요로 한다.

**루프 변환과
버퍼링**

판다(Panda) 등[Pan01]은 버퍼 활용을 개선하기 위해 루프 변환이 어떻게 사용될 수 있는지를 보여주는 몇 가지 예를 보여준다. 다음 코드를 살펴보자.

```
for (i = 0; i < N; ++i)
  for (j = 0; j <= N-L; ++j)
    b[i][j] = 0;
for (i = 0; i < N; ++i)
  for (j = 0; j < N-L; ++j)
    for (k = 0; k < L; ++k)
      b[i][j] += a[i][j+k]
```

이 코드는 버퍼링 문제를 야기하는데, 두 루프 중첩 모두 b 배열을 변경하기 때문이다. 첫 번째 루프 중첩은 두 번째 루프 중첩이 이 위치들을 사용할 기회를 가지기 전에 b의 모든 요소들을 변경한다. 이 두 루프 중첩들을 결합한다면, b 요소들을 훨씬 더 쉽게 재사용할 수 있다.

```
for (i = 0; i < N; ++i)
  for (j = 0; j < N-L; ++j)
    b[i][j] = 0;
    for (k = 0; k < L; ++k)
      b[i][j] += a[i][j+k];
```

b의 첫 번째 정의를 다음 번 사용에 더 가까워지도록 이동하는 것은 사전 인출과 같은 메커니즘을 이용하는 저수준 최적화를 훨씬 더 쉽게 만든다.

버퍼 분석

판다 등[Pan01]은 버퍼를 더 구체적으로 분석하는 데 도움이 되는 루프 분석을 보였다. 이들은 데이터 재사용을 구체적으로 할 수 있도록 신호 복사(signal copies)를 코드에 추가했다. 버퍼 a_buf는 L 단어 길이이고, a 배열을 버퍼링한다. 그리고 b_buf는 한 단어 길이이고 b 값들을 버퍼링한다. 이 버퍼들은 프로그램에서 선언되지만 최종 구현에는 존재할 필요가 없다.

```
int a_buf[ L] ;
int b_buf;
for (i = 0; i < N; ++i) {
  initialize a_buf;
  for (j = 0; j < N-L; ++j) {
    b_buf = 0;
    a_buf[ (j+L-1) % L] = a[ i][ j+L-1] ;
  for (k = 0; k < L; ++k)
    b_buf += a_buf[ (j+k) % L] ;
  b[ i][ j] = b_buf;
  }
}
```

일단 복사가 구체적으로 수행되면, 이 버퍼 내의 값들의 생명주기를 결정하기 위해 분석 방법들이 사용될 수 있다.

3.3.4 캐시와 스크래치 패드 지향의 최적화

캐시 적중률 개선

캐시 지향의 최적화는 두 가지 다른 캐시 효과를 이용한다. 어떤 최적화는 메모리 액세스 패턴에 의해 야기되는 충돌의 횟수를 줄임으로써 캐시 적중률을 개선하기 위해 설계되었다. 데이터를 재배열하여 중요한 요소들이 서로를 캐시에서 내보내지 않도록 함으로써, 에너지 소모를 줄일 뿐만 아니라 성능을 크게 개선할 수 있다.

사전 인출

데이터는 사전 인출(prefetching)을 이용하기 위해 캐시 내에서 재배열될 수 있다. 가상적으로 모든 캐시는 동시에 한 단어 이상을 인출할 수 있다. 하나의 캐시 실패가 여러 개의 관심 있는 연속적인 값들을 가져오도록 데이터를 구성할 수 있다면, 캐시 선의 다른 요소들을 위한 액세스 시간을 크게 줄일 수 있다.

**스칼라 변수
배치**

판다(Panda) 등[Pan97]은 캐시 충돌을 줄이기 위해 메모리 내의 데이터를 배치하는 알고리즘을 개발했다. 스칼라 변수를 위한 이들의 방법론은 다음과 같은 네 단계를 포함한다.

1. 액세스들 사이의 관계를 나타내는 인접 그래프(closeness graph)를 구축한다.

2. 변수들을 캐시 선 크기의 장치들로 모은다.

3. 클러스터들이 캐시 내에서 어떻게 상호작용하는지를 나타내는 클러스터 충돌 그래프(cluster interference graph)를 구축한다.

4. 클러스터 배치를 최적화하기 위해 이 클러스터 충돌 그래프를 사용한다.

```
Procedure  AssignClusters
Input: CIG(V,E) — Cluster Interference Graph
Output: Assignment of Clusters to Memory Locations
    Sort the vertices of CIG in descending order of S(u)
    — S(u) is the sum of edge weights incident on vertex u
    Let X be this sorted list of vertices
    while (X ≠ ɸ) do
        Create new page P in memory
        while (size of page P < k) and (X ≠ ɸ) do
        u = head of list X
        Assign u to line i of page P, where cost(u, i) is minimum
        over i = 0 ... k − 1
        Delete u from X
    end while
  end while
end Procedure
```

그림 3-21 충돌을 최소화하기 위해 스칼라 변수들의 클러스터를 메모리에 할당하는 알고리즘
출처 : 판다 등[Pan97]. ⓒ1997 ACM 프레스. 허가 하에 재 인쇄함

인접 그래프는 변수들의 액세스 패턴으로부터 구축되며, 이것은 변수 당 하나의 노드를 가지고 가중치가 붙은 완전히 연결된 무지향성 그래프이다. 각 가장자리 {u, v}의 가중치는 u와 v 사이의 경로 길이와 같다. 그래프의 노드들을 크기 L 이하의 클러스터로 그룹화하는데, 여기서 L은 캐시 선 내의 단어 수이다. 이들은 탐욕적 발견적 방법(greedy heuristic)을 사용한다. 클러스터 충돌 그래프는 클러스터 당 하나의 노드를 가진다. 가장자리 {u, v}의 가중치는 클러스터 u와 v가 교대로 실행되는 횟수와 같다. 이들은 클러스터를 메모리에 배치하기 위해 그림 3-21의 탐욕 알고리즘을 사용한다.

배열 배치   배열 충돌을 평가하는 데 필요한 방법은 스칼라들에 사용되는 단순한 테스트보다 더 복잡하지만, 판다 등[Pan97]은 내부 루프에 의해 액세스되는 배열들을 배치하기 위해 비슷한 기법을 사용한다. 우리는 직접 매핑된 캐시의 경우에 치중할 것이다. 이들은 먼저 노드가 배열인 충돌 그래프를 구축하는데, 가장자리 { u, v} 의 가중치는 두 배열 사이에 발생할 수 있는 캐시 충돌의 수와 같다. 배열 배치를 최적화하기 위해, 이들은 같은 루프 내의 두 배열이 같은 캐시 선에 매핑될지를 계산할 필요가 있다. 두 개의 주소 X와 Y가 주어졌을 때 직접 매핑된 캐시는 선 크기 k를 가지고, 한 선은 M 단어를 가진다. 그러면 다음 조건을 만족할 때 X와 Y는 같은 캐시 선에 매핑된다.

$$\left(\left\lfloor \frac{X}{M} \right\rfloor - \left\lfloor \frac{Y}{M} \right\rfloor \right) \bmod k = 0 \qquad \text{(수식 3-5)}$$

이것은 다음과 같이 재작성될 수 있다.

$$(nk - 1) < \frac{X - Y}{M} < (nk + 1) \qquad \text{(수식 3-6)}$$

여기서 n은 정수이다.

그림 3-22 는 주소들을 배열에 할당하기 위한 판다 등의 알고리즘이다. 이들은 충돌을 최소화하기 위해 배열들을 따로따로 이동하는 탐욕 전략을 사용한다. AssignmentCost 함수는 충돌할 수 있는 모든 다른 배열들에 대해 배열 A 를 배치하는 테스트를 하고, 특정 주소 할당의 비용을 반환하기 위해 (수식 3-6)을 사용한다.

```
Procedure  AssignArrayAddresses
Input: IG – Interference Graph, k – no. of cache lines
Output: Assignment of addresses to all arrays (nodes in IG)
    Address  A = 0
    Sort nodes in IG in decreasing order of S(u) (sum of incident edge weights)
    Let the list of nodes be: v_0 ... v_{n-1}
    for  i = 0 ... n−1
        Initialize cost c = ∞
        min = 0  — keeps track of cache line with minimum mapping cost
        for j  = 0 ... k − 1
            if AssignmentCost(v_i, A + j) < c then
                c = AssignmentCost(v_i, A + j)
                min = j
            end if
        end for
        Assign address (A + min) to first element of v_i
        A = A + min + size(v_i)  — updating A for next iteration
    end for
end Procedure
```

그림 3–22 직접 매핑된 캐시 충돌을 최소화하기 위해 주소를 배열에 할당하는 알고리즘
출처 : 판다 등[Pan97]. ⓒ1998 ACM 프레스. 허가 하에 재 인쇄함.

결합된 데이터 및 루프 변환

칸데미르(Kandemir) 등[Kan99a]은 캐시 성능을 최적화하기 위해 데이터와 루프 변환을 결합하는 방법론을 개발했다. 이들은 대상 배열(할당의 좌변에 있는 배열)이 하나의 배열 차원 내의 유일한 요소로 가장 안쪽의 인덱스를 가지고 이 인덱스가 다른 차원에서는 사용되지 않도록, 먼저 루프 중첩을 변환한다. 그 후 좌변의 액세스 패턴과 일치하도록 우변 행렬들에 대한 참조를 조정한다. 이들은 최선의 대안을 찾기 위해 우변에서 다양한 변환들을 검색한다.

스크래치 패드

스크래치 패드 메모리는 최적화를 위한 새로운 기회를 제공한다. 데이터값들은 캐시와 스크래치 패드 사이에 분할되어야 한다. 또 스크래치 패드 내용을 정적으로 관리할지 동적으로 관리할지를 결정해야 한다.

스크래치 패드 관리

판다 등[Pan00]은 변수들을 스크래치 패드에 할당함으로써 스크래치 패드 내용을 관리하는 방법을 개발했다. 이들은 정적 변수는 정적으로(할당 결정이 컴파일 시간에 만들어지는) 가장 잘 관리된다고 파악했다. 이들은 배열과 스칼라 사이의 캐시 충돌을 만드는 것을 피하기 위해 모든 스칼라를 스크래치 패드에 매핑하도록 선택했다.

배열은 캐시 또는 스크래치 패드 중 하나로 매핑될 수 있다. 만약 두 개의 배열이 겹치지 않는 생명주기를 가진다면, 이들의 상대적인 할당은 중요하지 않다. 겹치는 생명주기를 가진 배열들은 충돌할 수 있으며, 어떤 것이 캐시로, 어떤 것이 스크래

치 패드로 매핑될지를 결정하기 위한 분석이 필요하다. 판다 등은 충돌을 분석하기 위한 몇 가지 측정 기준을 정의한다.

- 변수 u의 변수 액세스 카운트(variable access count)인 $VAC(u)$는 u가 생명 주기 동안에 액세스되는 횟수를 카운트한다.

- 변수 u의 충돌 액세스 카운트(interference access count)인 $IAC(u)$는 u의 생명주기 동안에 다른 변수들($v \neq u$)이 액세스되는 횟수를 카운트한다.

- u의 충돌 카운트(interference factor)인 $IF(u)$는 다음과 같이 정의된다.

$$IF(u) = VAC(u) + IAC(u)$$

(수식 3-7)

높은 IF 값을 가지는 변수들은 캐시와 충돌되기 쉽고, 스크래치 패드로 승격시킬 좋은 후보가 된다.

판다 등은 변수 u의 루프 충돌 요소(loop conflict factor) 또는 LCF로 알려진, 루프 지향의 충돌 측정 기준을 정의하기 위해 이 측정 기준들을 사용한다.

$$LCF(u) = \sum_{1 \le i \le p} \left[k(u) + \left(\sum_v k(v) \right) \right]$$

(수식 3-8)

이 수식에서 $k(a)$ 함수는 변수 a에 대한 액세스 횟수를 나타낸다. 바깥쪽 합계는 u가 액세스되는 모든 p 루프들에 대한 것이고, 안쪽 합계는 i번째 루프에서 액세스 되는 모든 변수 $v \neq u$에 대한 것이다.

배열 u에 대한 총 충돌 요소(total conflict factor) TCF는 다음과 같다.

$$TCF(u) = LCF(u) + IF(u)$$

(수식 3-9)

스크래치 패드 할당 알고리즘 이 측정 기준은 스크래치 패드와 주 메모리/캐시 사이에서 변수들을 할당하기 위한 알고리즘들에 의해 사용된다. 이 문제를 다음과 같이 공식화할 수 있다.

각각 TCF 값, 크기, 그리고 크기 S의 SRAM을 가진 일련의 배열이 다음과 같이 주어질 때

$$\{A_1, TCF(A_1), S_1\}, \dots, \{A_n, TCF(A_n), S_n\}$$

$S \geq \sum_{i \in Q} S_i$ 이고 $\sum_{i \in Q} TCF(i)$ 가 최대화되는 배열 Q의 최적의 하부 집합을 찾아라.

이 문제는 겹치지 않는 생명주기를 가진 여러 배열들이 스크래치 패드에서 교차할 수 있는, 일반화된 배낭(knapsack) 문제이다.

판다 등의 알고리즘은 스크래치 패드 공간을 공유할 수 있는 배열들을 모으면서 시작된다. 그리고 다음의 액세스 밀도 AD로 주어진 것처럼, 항목들을 가중치 당 값들로 먼저 정렬하는 점근법(approximation) 알고리즘을 사용한다.

$$AD(c) = \frac{\sum_{v \in c} TCF(v)}{\max\{size(v), v \in c\}} \qquad \text{(수식 3-10)}$$

그 후, 가장 큰 AD 값을 가지는 배열에서 시작하여 스크래치 패드가 가득 찰 때까지, 스크래치 패드에 할당되기 위해 배열들이 탐욕적으로 선택된다.

그림 3-23은 판다 등의 할당 알고리즘을 보여준다. 스칼라 변수들은 스크래치 패드에 할당되고, 너무 커서 스크래치 패드에 적합하지 않은 배열들은 주 메모리에 할당된다. 호환성 있는 생명주기를 가진 배열들을 파악하기 위해 호환성 그래프가 만들어진다. 그리고 군집들(cliques)이 할당되는데, 이 알고리즘은 전체 군집 또는 군집의 적절한 하부 집합을 스크래치 패드에 할당할 수 있다. 군집 분석에는 $O(n^3)$의 시간이 소요되며, 이 알고리즘은 n번 반복할 수 있으므로, 이 알고리즘의 전체 복잡도는 $O(n^4)$이다.

```
Algorithm Memory Assign
Input: Application Program P with Register-allocated variables marked;
SRAM_Size: Size of Scratch-Pad SRAM
Output: Assignment of arrays to SRAM/DRAM
        AuSpace = SRAM_ Size -- Available SRAM space
        Let U = {array u|u is an array in P}
        -- U is the set of all behavioral arrays in program P
        Let W = φ — W is the set of arrays assigned to DRAM
        for all variables v
            if v is a scalar variable or constant
                Assign v to SRAM
                AvSpace = AvSpace — size(v)
            else
                if size(v) > SRAM_Size
                    W = W ∪ {v} -- Assign υ to DRAM
                end if
            end if
        end for
        Generate compatibility graph G from life-times of remaining arrays
        U = U–W -- U is the set of all arrays < SRAM size
        while (U = φ)
            for each arrays u ϵ U
                Find largest clique c (u) in G such that u ϵ c(u) and
                size(v) ≤ size (v)∀v ϵ c(u)
```

$$\text{Compute sccess density } AD(u) = \frac{\Sigma v \epsilon c(u) \ TC\delta(u)}{size(u)}$$

```
            end  for
            Assign clique c(i) to SRAM, where AD(i) = max {AD(u)|u ϵ U}
            -- Assign cluster with highest access density to SRAM
            AuSpace  = AuSpace − size(c) -- size(c) = size of largest arrays in c
            X = {vϵ U|size(u) > AuSpace}
            -- X = set of arrays in U larges than AuSpace
            W = W ∪ X -- Arrays in X are mapped to DRAM
            U = U− {v|(v ϵ c)}−X
            -- Remove from U arrays assigned to SRAM and arrays in X
        end while
        Assign arrays in W to DRAM
end Algorithm
```

그림 3-23 스크래치 패드 할당 알고리즘
출처 : 판다 등[Pan00]. ©2000 ACM 프레스. 허가 하에 재 인쇄함.

**스크래치 패드
평가**

　　그림 3-24 는 벤치마크 상에서의 스크래치 패드 할당 알고리즘들의 성능을 보여준다. 이 실험은 SRAM 만을 위한 칩 상의 메모리를 사용하는 것, 데이터 캐시만을 위한 칩 상의 메모리를 사용하는 것, 사용할 수 있는 SRAM 의 절반을 차지하는 스크래치 패드에 무작위 할당하는 것, 그리고 사용할 수 있는 SRAM 의 절반을 차지하는 스크래치 패드에 판다 등의 할당 알고리즘을 사용하는 것을 비교했다.

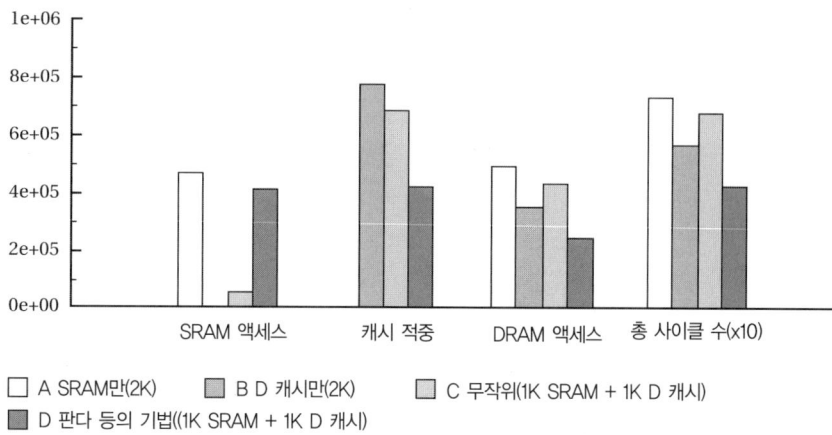

그림 3-24 스크래치 패드 할당의 성능 비교. 출처 : 판다 등[Pan00]. ⓒ2000 ACM 프레스.

3.3.5 주 메모리 지향의 최적화

메모리 칩의 이상적인 모델은 메모리에 대한 주소를 제시하면 일정한 지연 시간 후에 원하는 메모리 위치를 받는 기능이다. 그러나 더 높은 성능과 더 낮은 에너지 소모를 제공하는 고성능 메모리 시스템은 이 간단한 모델을 파괴한다.

- 연속 액세스 모드(burst access modes) : 일련의 메모리 위치들을 액세스한다.

- 페이지 메모리(paged memories) : 액세스 시간을 줄이기 위해 메모리 컴포넌트의 특성을 이용한다.

- 뱅크 메모리(banked memories) : 병렬 액세스를 허용하는 메모리 컴포넌트들의 시스템이다.

연속 모드   연속 모드는 램버스(Rambus)와 같은 메모리 하부 시스템뿐만 아니라 일부 메모리 컴포넌트들에 의해 제공된다. 연속 모드 액세스는 시작 주소와 길이를 제공하는데, 길이는 펄스 열 또는 이진 카운트로 제공될 수 있다. 메모리는 주어진 위치에서 시작하여 연속적인 위치들을 액세스한다. 연속 액세스는 메모리로 보내져야 하는 주소 수를 줄인다. 이것은 또 전송률을 높이기 위해 내부 레지스터를 이용한다.

페이지 주소
지정 메커니즘   대부분의 대규모 메모리 컴포넌트들은 어떤 형태이든 페이지 주소 지정(paged addressing)을 지원한다. 세부 내용은 장치마다 다르지만, 주소는 페이지와 오프셋이라는 두 부분으로 나뉜다(이것은 행과 열로 불리기도 한다). 페이지가 먼저 제시되고 오프셋이 뒤따른다. 페이지는 메모리 컴포넌트 내의 레지스터에도 저장되어, 후속적인 액세스에서 사용될 수 있다. 같은 페이지에 대한 연속적인 액세스는 페이지들을 건너뛰는 액세스보다 훨씬 적은 시간을 소요한다. 이것은 페이지 번호를 컴포넌트로 보내지 않음으로 인한 시간 절감뿐만 아니라, 메모리 컴포넌트 내에서의 신호 전파 때문이기도 하다. 어떤 페이징 메커니즘은 순차적인 액세스가 참조될 때 더 빠르다. 다른 체계는 오직 같은 페이지 상의 주소들만 액세스되도록 요구된다.

컴파일러는 데이터와 주소 패턴을 적절히 배치함으로써 페이지 주소 지정을 이용할 수 있다. 스칼라 데이터는 같은 메모리 페이지 상의 인접한 위치에 있는 연속적인 참조들을 배치함으로써 페이지 주소 지정을 이용할 수 있다. 배열 데이터 액세스도 국소성(locality)을 이용할 수 있다.

뱅크 메모리   그림 3-25 처럼, 뱅크 메모리(banked memory)는 페이지 액세스를 지원하거나 하지 않는 여러 개의 병렬 메모리 컴포넌트들로 구축된다. 뱅크 메모리는 여러 개의 칩들로 구축될 수 있는데, 어떤 단일 칩 메모리 컴포넌트는 여러 개의 메모리 뱅크를 제공한다. 일부 주소 비트들은 어떤 칩에 대해서 주소 지정이 되는지 선택하기 위해 메모리 컴포넌트의 바깥에서 복호화된다. 버스 프로토콜이 제대로 설계된다고 할 때, 메모리 시스템은 하나의 주소를 하나의 뱅크에 제시함으로써 이 뱅크에서 첫 번째 액세스를 시작할 수 있고, 첫 번째 액세스가 끝나기를 기다릴 동안 다른 뱅크에서 두 번째 액세스를 시작할 수 있다.

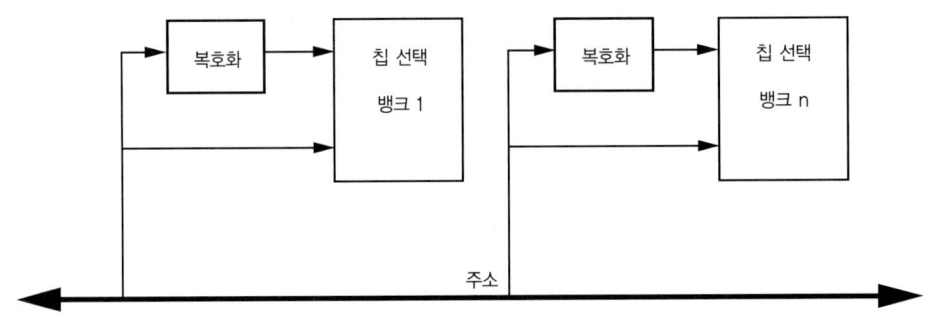

그림 3-25 뱅크 메모리 시스템

판다 등[Pan99c]은 배열을 위한 다중 메모리 뱅크를 가진 개인화된 메모리 시스템을 설계했다. 그룬(Grun) 등[Gru00]은 명령어 스케줄링을 도와줄 타이밍 분석기를 사용했다. 이들은 파이프라인 상태에 기초하여 메모리 액세스의 실제 지연 시간을 파악하기 위해 파이프라인과 메모리를 모델링했다.

3.4 프로그램 성능 분석

하드웨어 시스템을 설계하기 위해서는 어떤 속도로 하드웨어 모듈들이 실행되는지를 알 필요가 있듯이, 복잡한 소프트웨어 시스템을 구축하기 위해서는 프로그램의 성능을 분석할 필요가 있다. 불행히도 소프트웨어 성능 분석은 하드웨어 타이밍 분석보다 훨씬 더 어렵다. 동기화된 하드웨어 설계는 디지털 논리의 구조를 제한하므로, 약간의 노력만 하면 지연 시간을 정확히 파악할 수 있다. 이와는 대조적으로, 소프트웨어 설계자는 튜링 기계의 완전한 능력을 강조하므로, 실행 시간을 정확하게 파악하는 것을 훨씬 더 어렵게 만든다.

성능 척도   일반적으로 프로그램의 실행 시간은 어떤 입력을 받는 프로그램 시작 시점부터 최종 출력을 전달하는 종료 시점까지 측정한다. 소프트웨어 성능에는 몇 가지 다른 척도가 있다.

- 최악 경우 실행 시간(worst-case execution time, WCET) : 어떤 가능한 입력 조합에 대한 가장 긴 실행 시간

- 최선 경우 실행 시간(best-case execution time, BCET) : 어떤 가능한 입력 조합에 대한 가장 짧은 실행 시간

- 평균 경우 실행 시간(average-case execution time) : 일반적인 입력의 경우

평균 성능의 사용   평균 경우 성능은 최악 경우와 최선 경우 실행 시간과는 아주 다른 목적을 위해 사용된다. 평균 성능은 소프트웨어(그리고 근간이 되는 하드웨어 플랫폼)의 튜닝을 위해 사용되는데, 평균 성능 데이터는 이것이 전체 프로그램이 아니라 프로그램 단위(units)를 위해 기록될 때 특히 유용하다. 평균 경우 특성은 잘못된 알고리즘, 나쁜 코딩, 잘못된 명령어 선택, 또는 다른 원인에 의한 장애 지점(hot spots)을 찾는 데 사용될 수 있다. 평균 성능은 일반적으로 2장에서 설명했던 것과 같은 CPU 시뮬레이터를 사용하여 평가된다.

**WCET와
BCET의 사용**

이와는 달리, 최악 경우와 최선 경우 실행 시간은 스케줄링 가능성 분석 (schedulability analysis)에서 사용된다. 4장에서 보게 될 많은 스케줄링 알고리즘과 분석 방법들은 실행 시간에 대한 지식에 기초하여 스케줄링 가능성을 보장한다. 많은 스케줄링 알고리즘은 프로그램의 실행 시간이 고정된다고 가정하는데, 이것은 대부분의 프로그램에서 데이터 의존적인 특성이 주어질 때 비현실적인 것이 된다. WCET는 종종 정확한 실행 시간의 대체품으로 사용된다. 그러나 짧은 실행 시간은 모든 프로그램이 최악 경우의 극한에서 실행될 때는 발생하지 않는 스케줄링 문제를 일으킬 수 있으므로, 최악 경우와 최선 경우 실행 시간을 모두 측정하는 것이 더 유용한 전략이다.

**성능 분석의
난관**

시뮬레이션을 통해서는 실행 시간을 측정할 수 없는데, 관심의 대상이 되는 프로그램들은 너무 많은 입력 조합들을 가지기 때문이다. 타이밍 특성을 파악하기 위해서는 프로그램을 분석할 필요가 있다. 최대 클록 속도를 파악하기 위해 하드웨어를 분석할 때, 결합 논리는 일반적으로 분석을 단순화하기 위해 비순환적(acyclic)이라는 사실에 의존한다. 그러나 프로그램을 분석할 때는 임의의 제어 흐름을 다루어야 한다. 그림 3-26 처럼, 성능 분석 알고리즘은 분기뿐만 아니라 루프와 다른 종류의 순환적 제어 흐름을 다루어야 한다.

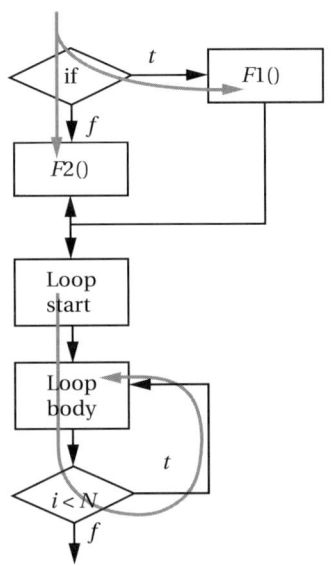

그림 3-26 프로그램 내의 실행 경로들

성능 = 경로 + 타이밍

오늘날까지 적용되고 있는 최악 경우 실행 시간 분석에 대한 기본적인 접근법은 샤우(Shaw)[Sha89]에 의해 제안되고 파크(Park)와 샤우(Shaw)[Par91]에 의해 확장되었다. 이들은 WCET 분석을 두 단계로 나누었다.

1. 프로그램에서의 최악 경우 경로를 찾기 위해 프로그램을 분석한다. 이 문제는 경로 분석(path analysis)이라고 종종 불린다.

2. 최악 경우 경로를 따라 실행 시간을 측정한다. 이 문제를 경로 타이밍(path timing)이라 부르기로 한다.

이 방법론의 첫째 단계는 프로그램에서의 최악 경우 경로를 효율적으로 찾는 것이었다. 파크와 샤우는 좋은 결과를 보여준 68000 의 성능 모델을 개발했다. 불행히도 최근의 고성능 마이크로프로세서들은 훨씬 더 복잡하며, 명령어 열들의 타이밍이 훨씬 더 어렵다. 지난 20 년 이상의 연구는 경로 식별 절차와 프로세서 성능 모델 모두를 개선했다.

복잡한 기계에서는 경로 분석과 경로 타이밍이 어느 정도 상호 작용을 한다. 둘 다 캐시 또는 파이프라인인 경우처럼 명령어의 실행 시간이 이전 명령어에 의존한다면, 경로 세그먼트의 타이밍을 자세히 분석하지 않고는 긴 경로를 쉽게 찾을 수 없다. 추상적 타이밍 모델로 긴 후보 경로를 찾고, 그 다음에 더 작은 경로 집합 상에서 자세한 타이밍 모델을 사용하여 분석을 정제함으로써 이 문제를 다룰 수 있다.

3.4.1 성능 모델

명령어로부터의 성능

프로그램 조각으로부터 성능을 판단하는 것은 일반적으로 고수준 언어 코드를 명령어들로 변환하는 것을 필요로 한다. 컴파일러는 고수준 언어 프로그램에 대해 많은 복잡하고 상호작용이 필요한 변환을 수행하므로, 고수준 언어 명령문의 실행 시간을 직접 파악하는 것은 어렵다.

CPU 성능의 편차

CPU 와 명령어 열이 주어지면 프로세서 상에서 이 열의 WCET 를 파악하고 싶어 한다. 모든 명령어들이 실행하는 데 같은 시간을 사용한다면 가장 간단한 경우가 될 텐데, 이때는 단순히 명령어를 세고 여기에 실행 속도를 곱하기만 하면 된다. 그러나 이런 이상적인 세계는 결코 존재하지 않는다. 심지어 초창기 컴퓨터들도 다른 명령어를 실행할 때 다른 시간을 소요하도록 설계되었다. 예를 들어, PDP-8 은 가장 빠른 명령어와 가장 느린 명령어 사이에 큰 차이를 보였다. 파크와 샤우가 68000을 위해 개발한 성능 모델은 오늘날의 기준으로 보면 비교적 단순했다. 비록 큰 명령어 집합을 가졌지만, 단지 하나의 파이프라인뿐이었고 캐시는 없었다. 제조업체는 다양한 조작 부호의 실행 시간을 나타내는 테이블을 제공했다. 다양한 명령어들의 실행 시간을 살펴봄으로써 코드 조각을 위한 실행 시간은 정확히 파악할 수 있었다.

오늘날의 프로세서는 이런 단순한 접근법을 수용하지 않는데, 프로세서의 실행 시간이 다양한 방법으로 프로세서의 상태에 의존하기 때문이다. 파이프라인이 변동의 중요한 한 원천이다. 명령어의 실행 시간은 부분적으로는 파이프라인 내의 다른 명령어들의 동작에 의존한다. 같은 자원을 놓고 경쟁하는 두 명령어는 동시에 실행하면 다른 시간대에 실행되는 것보다 더 느리다. 메모리 시스템은 더 큰 변동의 원천이다. 캐시는 액세스가 적중하는지 실패하는지에 따라 10의 n승 또는 그 이상의 변동을 가져온다. 병렬 메모리 시스템은 DRAM 재충전(refreshing), 페이지 모드, 그리고 메모리 컴포넌트가 사용하는 다른 동작에 따라 더 큰 변동을 가져올 수 있다.

빌헬름(Wilhelm)[Wil04]은 프로그램 내의 명령어 시간 증가의 원인을 설명하기 위해 타이밍 사고(timing accident)라는 용어를 사용했고, 증가된 양을 설명하기 위해 타이밍 벌점(timing penalty)이라는 용어를 사용했다. 타이밍 사고는 프로그램 실행의 임의 단계에서 여러 다른 메커니즘들로부터 올 수 있다. 빌헬름은 이 메커니즘들 사이의 충돌이 예측할 수 없는 결과들(최선의 경우에는 시스템의 한 부분이 총 실행 시간 연장을 초래한다)을 가져온다고 지적한다.

3.4.2 경로 분석

**호환성과
경로 분석**

추상적 프로그램 흐름 분석의 목표는 타당한 경로들의 집합을 찾는 것이다. 경로 분석은 중단 문제(halting problem)와 대등하므로, 경로들의 정확한 집합을 찾을 수 없고, 타당하지 않은 경로를 포함할 수 있다.

푸시너(Puschner)와 코자(Koza)[Pus89; Pus93]는 구조화 프로그램(structured programs)의 실행 시간을 분석했다. 이들은 프로그램을 구문적으로 분석하고, 구문 트리 내의 각 요소에 실행 시간을 할당했다. 프로그램의 실행 시간은 명령문들의 실행 시간 합계로 계산되었다. 이들은 프로그래밍 언어에 MAX COUNT 구문을 추가해서, 루프가 실행될 최대 횟수를 프로그래머들이 지정할 수 있도록 했다.

**ILP에 의한
경로 분석**

    오늘날 많은 WCET 방법론들이 경로를 함축적으로 해결하기 위해 정수 선형 프로그래밍(integer linear programming, ILP)을 사용한다. 일련의 제약조건들이 프로그램의 구조와 그 특성의 일부 측면을 설명한다. 어떤 해결자(solver)가 프로그램에서 가장 긴 경로를 나타내는 변수의 값을 찾는데, 이것은 모든 경로를 열거하지 않고 수행된다.

    리(Li)와 맬리크(Malik)[Li97c]는 제약조건의 시스템으로 프로그램을 모델링했는데, 구조적 제약조건들이 조건식과 다른 제어 흐름을 기술한다. 유한성과 시작 제약조건은 루프 반복을 찾는 데 도움이 되고, 압박(tightening) 제약조건은 사용자에게서 오거나, 수행할 수 없는 경로의 분석에서 온다.

    뒤의 그림 3-31은 구조적 제약조건을 사용하는 것을 보여준다. CDFG의 각 가장자리는 프로그램 제어 흐름이 이 가장자리를 통과하는 횟수와 같은 값을 가지는 변수로 표현된다. 흐름의 보존이 다음과 같은 몇 가지 사실을 알려준다. 조건식이 들어온 것과 같은 횟수만큼 나갔으므로 i5o이며, 비슷한 이유로 i5a1b 및 o5r1s이다. 그리고 이것은 a1b5r1s를 함축한다. 각 가장자리가 실행된 횟수를 찾기 위해 제약조건 해결자는 프로그램에서 수집된 모든 제약조건을 사용할 수 있다.

    그림 3-27은 while 문을 위한 프로그램 흐름 제약조건을 보여준다. 이 경우, $i + b = o + t$이다. C는 while 루프를 이용하여 for 루프를 정의하므로[Ker78], for 루프를 구축하는 데도 역시 이 식을 사용할 수 있다. 사용자 제약조건은 정수 선형 프로그래밍에 쉽게 추가될 수 있다. 예를 들어, while 루프의 b 변수를 포함하는 부등식을 작성함으로써 사용자는 while 루프의 반복 횟수를 찾을 수 있다.

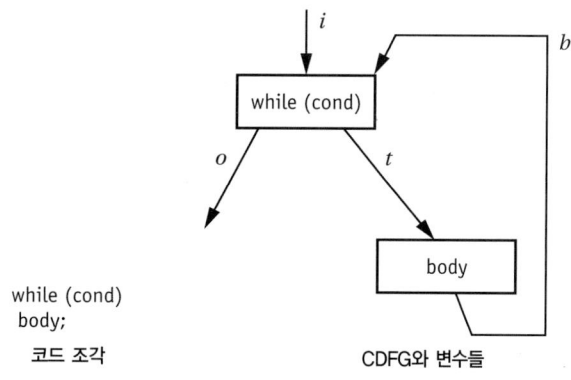

그림 3-27 while 루프 내의 프로그램 흐름 명령문들

정수 선형 프로그램이 목적으로 하는 기능은 네트워크를 통한 전체 흐름을 최소화
하는 것이다. 리와 맬리크[Li97c]는 이 제약조건 시스템들을 해결하기 위해 표준 해
결자(standard solvers)를 사용했다. 이들은 최악의 경우 입력과 관련된 실행 시간
한계를 찾기 위해 여러 벤치마크 프로그램들을 분석함으로써 그들의 기법을 평가했
다. 그림 3-28은 이들의 실험 결과를 보여주는데, 여기서 이들은 수작업으로 분석한
WCET 한계와, 인텔 i960 CPU 상에서 최악의 경우 입력에 대해 측정한 실행 시간
을 모두 비교 분석했다.

프로그램	제약조건 집합	추정된 한계		계산된 한계		비관적	
		하한값	상한값	하한값	상한값	하한값	상한값
check_data	4 ⇒ 2	35	1,193	35	1,193	0.00	0.00
circle	1	431	15,958	431	15,726	0.00	0.01
des	2	73,912	672,298	75,033	667,127	0.01	0.01
dhry	8 ⇒ 3	314,266	1,326,475	314,266	1,326,475	0.00	0.00
djpeg	1	12,703,432	122,838,368	12,925,769	98,696,050	0.02	0.24
fdct	1	5,587	16,693	5,587	16,693	0.00	0.00
fft	1	1,589,026	3,974,624	1,593,122	3,974,601	0.00	0.00
line	1	380	9,148	380	9,148	0.00	0.00
matcnt	1	1,722,105	8,172,149	1,722,105	8,172,149	0.00	0.00
piksrt	1	236	5,862	236	5,862	0.00	0.00
sort	1	13,965	50,244,928	13,965	50,244,928	0.00	0.00
stats	1	1,007,815	2,951,746	1,007,815	2,951,746	0.00	0.00
whetstone	1	5,634,926	14,871,610	5,634,926	14,871,610	0.00	0.00

WCET 한계 대 계산된 한계

프로그램	추정된 한계		계산된 한계		비관적	
	하한값	상한값	하한값	상한값	하한값	상한값
check_data	35	1,193	35	430	0.00	1.77
circle	431	15,958	585	14,483	0.26	0.10
des	73,912	672,298	111,468	243,676	0.34	1.76
dhry	314,266	1,326,475	575,492	575,622	0.45	1.30
djpeg	12,703,432	122,838,368	14,975,268	35,636,948	0.15	2.45
fdct	5,587	16,693	7,616	9,048	0.27	0.84
fft	1,589,026	3,974,624	1,719,813	2,204,472	0.08	0.80
line	380	9,148	929	4,836	0.59	0.89
matcnt	1,722,105	8,172,149	2,202,276	2,202,698	0.22	2.71
piksrt	236	5,862	337	1,705	0.30	2.44
sort	13,965	50,244,928	16,492	9,991,172	0.15	4.03
stats	1,007,815	2,951,746	1,158,142	1,158,469	0.13	1.55
whetstone	5,634,926	14,871,610	6,935,612	6,935,668	0.19	1.14

WCET 한계 대 측정된 한계

그림 3-28 정확도 기반의 WCET 분석의 실험적 평가. 출처 : 리 등[Li97c]. ⓒ1997 IEEE 컴퓨터 협회.

캐시 특성과 경로

리 등[Li95]은 명령어 캐시 특성을 모델에 추가했다. 이들은 프로그램을 캐시 선의
단위들로 분해함으로써 이를 수행했다. 기본 모델에서 CDFG 내의 블록은 직선 코

드를 나타낸다. 확장 모델은 직접 매핑된 명령어 캐시를 다룬다. 각 직선 코드 세그먼트는 캐시 선에 대응되는 *I*-블록(*I*-blocks)이라고 알려진 하나 이상의 단위들로 분해된다. 각 *I*-블록은 두 가지 실행 시간을 가지는데, 하나는 캐시 적중을 위한 것이고, 또 하나는 캐시 실패를 위한 것이다. 하나의 *I*-블록 실행이 다른 *I*-블록을 캐시로부터 내보낸다면, 두 개의 캐시 선은 충돌한다. 두 개의 *I*-블록이 동일한 캐시 선으로 매핑되지 않는다면 이들은 충돌할 수 없다. 캐시 선들의 상태를 관리하기 위해, 둘 이상의 충돌하는 *I*-블록을 가지는 모든 캐시 선들을 위해 *캐시 충돌 그래프*(cache conflict graph)가 구축된다.

그림 3-29 처럼, 이 그래프는 캐시 선에 매핑된 각각의 *I*-블록을 위한 노드뿐만 아니라, 시작 노드 *s*와 종료 노드 *e*를 가진다. 첫 번째 기본 블록으로부터 두 번째 블록으로 가는 경로가 있으면 그래프는 한 노드에서 다른 노드로 가는 가장자리를 가지며, 이 경로는 같은 캐시 선으로 매핑된 다른 *I*-블록을 통과하도록 요구하지는 않는다. 바꿔 말하면, 가장자리는 하나의 *I*-블록이 다른 것을 캐시로부터 내보낼 때 야기되는 직접 충돌을 나타낸다. 캐시 충돌 그래프로부터의 제약조건은 솔루션에 추가된다.

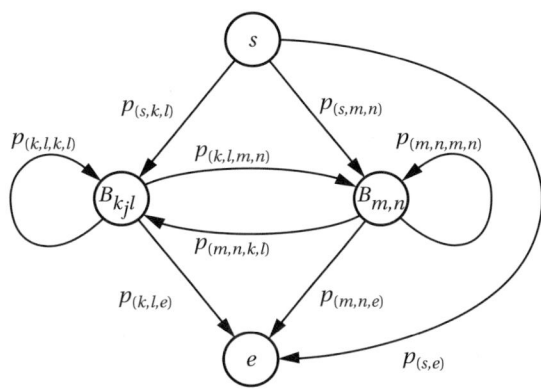

그림 3-29 두 캐시 블록을 위한 캐시 충돌 그래프. 출처 : 리 등[Li95]. ⓒ1995 IEEE.

사용자 제약조건 프로그래머는 타이밍 분석 도구가 재연하기 어려운 프로그램의 특성에 대한 지식을 가질 수 있다. 많은 타이밍 분석 방법론은 그들의 분석에 사용자 제약조건을 포함시킬 수 있도록 한다. 사용자 제약조건은 더 엄격한 한계를 제공할 수 있는데, 물론 이 제약조건이 프로그램 특성을 정확하게 반영한다고 가정했을 경우이다. 이런 사용자 제약조건이 정확히 어떻게 분석에 포함될지는 사용되는 분석 기법에 의존한다.

3.4.3 경로 타이밍

여러 수준의 추상화에서 경로 타이밍을 분석하기 위해 여러 기법들이 사용된다. 추상적 해석은 프로그램의 실행 상태를 보다 정확하게 이해하기 위해 프로그램의 특성을 자세히 분석한다. 데이터 흐름 분석은 프로그램이 어떻게 동작하는지에 대해서 더 자세히 보여준다. 가장 확실한 기법은 시뮬레이션인데, 이것은 프로세서가 프로그램에 어떻게 반응하는지를 자세히 파악하는 데 사용된다.

루프 반복 대부분의 프로그램에서 많은 실행 시간이 루프에서 소모되므로, 루프의 반복 횟수를 파악하는 것은 WCET를 위해서 특히 중요하다. FIR 필터와 같은 어떤 루프는 분석하기가 쉽다.

```
for (i = 0; i < N; i++)
  y[i] = c[i] * x[i];
```

그러나 조건식을 가지는 루프는 문제를 만든다.

```
for (i = 0; i < N; i++)
  for (j = 0; j < M; j++)
    if (i != j)
      c[i][j] = a[i] * b[i][j];
    else
      c[i][j] = 0;
```

힐리(Healy) 등[Hea99a]의 알고리즘은 루프 반복을 네 단계로 구분한다.

1. 먼저, 반복 횟수에 영향을 미치는 분기를 식별하기 위해 반복적 알고리즘을 사용한다.

2. 루프 의존적 분기가 방향을 바꾸는 루프 반복을 식별한다.

3. 단계 1에서 발견된 분기들이 언제 도달하는지 결정한다.

4. 마지막으로, 반복 한계를 계산하기 위해 이 결과들을 사용한다.

그림 3-30은 힐리 등의 루프 반복 찾기 예를 보여준다. 루프는 복잡한 조건에 의해 종료될 수 있다.

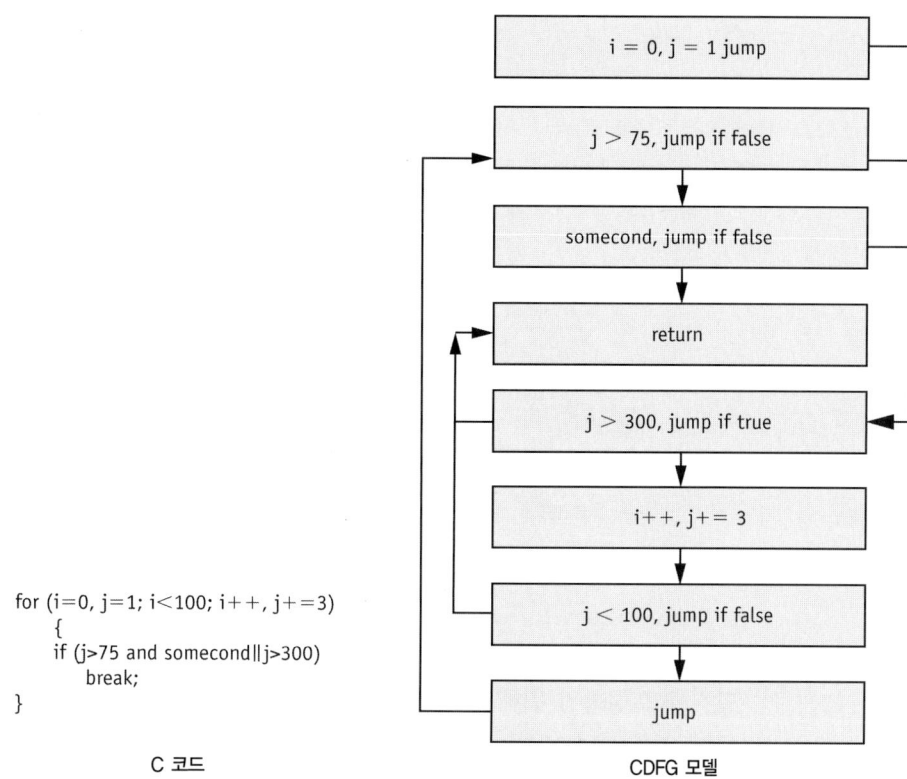

```
i = 0, j = 1 jump

j > 75, jump if false

somecond, jump if false

return

j > 300, jump if true

i++, j+= 3

j < 100, jump if false

jump
```

```
for (i=0, j=1; i<100; i++, j+=3)
    {
    if (j>75 and somecond||j>300)
        break;
    }
```

C 코드   CDFG 모델

그림 3-30 루프 반복 찾기 예. 출처 : 힐리 등[Hea99a].

첫 번째 단계에서 루프 의존적인 분기가 방향을 바꿀 수 있는 위치인 건너뛰기 (jump)를 가진 네 개의 제어 흐름 상자들을 식별한다. 그리고 첫 번째 조건부 분기 인 j > 75가 26 번째 반복에서 발생한다는 것을 파악한다(왜냐하면 j는 각 반복에서 3씩 증가하기 때문이다). 조건 j > 300은 조건 j < 100 처럼 101 번째 반복에서 발 생한다. 이것은 반복 횟수의 한계를 최소 26, 최대 101 로 설정한다.

매개변수 타이밍 분석

비반코스(Vivancos) 등[Viv01]은 무한 루프를 가진 프로그램의 타이밍 특성을 파 악하기 위해 매개변수 타이밍 분석(parametric timing analysis) 방법을 제안했다. 이들은 0 번 반복에서 시작하여 각 단계에서 반복 횟수를 하나씩 증가시키면서, 반 복적으로 프로그램의 최악 경우 실행 시간을 테스트한다. WCET 가 안정화될 때 이 들의 테스팅은 종료된다. 그림 3-31 은 간단한 조건식, 거기에 연관된 CDFG, CDFG 내의 가장자리에 할당된 흐름 변수를 보여준다.

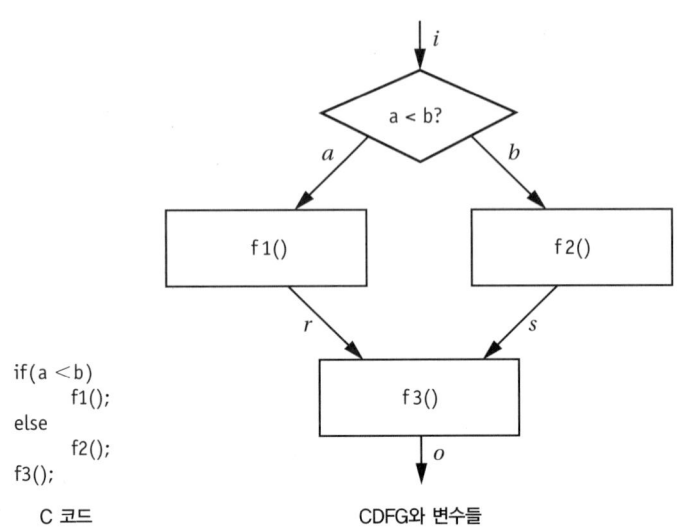

```
if(a < b)
        f1();
else
        f2();
f3();
```

C 코드   CDFG와 변수들

그림 3-31 if 문 내의 프로그램 흐름 제약조건

클러스터 분석   엘메달(Ermedahl) 등[Erm05]은 프로그램의 어떤 부분이 한 단위로 처리되어야
할지를 결정하기 위해 클러스터링 기법을 사용한다. 이들은 프로그램의 제어 흐름
도에 **흐름 사실**(flow facts)로 주석을 다는데, 여기에는 정의 범위(defining
scope), 문맥 한정자(context specifier), 제약조건 연산식이 포함된다. 제약조건
은 실행 카운트 변수와 상수들을 포함할 수 있다. 그림 3-32에서 볼 수 있듯이, 이들
은 중첩된 루프에서처럼 흐름 사실이 적용될 최대 범위를 찾기 위해 사실들을 클러
스터링한다.

명령어 캐싱   힐리(Healy) 등[Hea99b]은 캐시 내에서 각 명령어의 특성을 범주화하기 위해 정
적 캐시 시뮬레이션을 사용한다. 프로그램을 위한 CDFG가 주어질 때, 각 기본 블
록으로 들어오고 나가는 동안 캐시에 있을 수 있는 프로그램 행들을 파악하기 위해
이들은 반복적인 알고리즘을 사용한다. 이들은 명령어 캐시 내의 명령어들의 특성
을 범주화했다. 최악 경우 범주는 다음을 포함한다.

- 항상 실패(always miss) : 참조될 때 캐시 내에 있는 것이 보장되지 않는다.

- 항상 적중(always hit) : 참조될 때 캐시 내에 있는 것이 보장된다.

- 첫 번째 실패(first miss) : 첫 번째 루프 반복에서는 캐시 내에 있는 것이 보장
  되지 않지만, 그 후의 반복에서는 캐시 내에 있는 것이 보장된다.

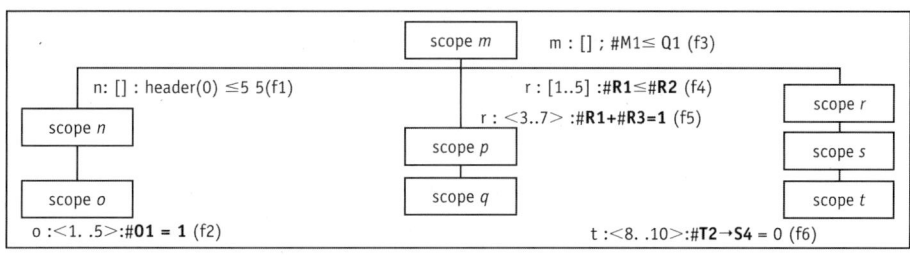

```
void foo(bool x) {    // scope: m
...
for (i=0 ; i<10 ; i++)  // scope: n, loop bound: 10
  for (j=i ; j<10 ; j++) // scope: o, loop bound: 10
  {... 01 ; ...}    // code including block 01
...
if ( ... )
x = true ;    // block M1
bar(x) ;

for ( ... )   // scope: r
  {...
    bar () ;  // code including
    ... }     // blocks R1, R2, R3
}
```

삼각형 루프

멀리 미치는 의존성

조건부 의존성

```
void bar(bool x) {   // scope: p
  for ( ... )        // scope: q
  if (x==true)
    Q1 ;             // block Q1, execution
  ...                // implied by M1
}
```

```
void bar () {   // scope: s
  ...           // code including blocks S1, S2, S3
  for ( ... )   // scope: t, loop bound: 10
  if (T2) {     // block T2, jalse during last 3 iters
    S4 ;        // block S4, big chunk of work
    break; }
  ...           // code including block S5
}
```

예제 코드

scope m   m : [] ; #M1≤ Q1 (f3)

n: [] : header(0) ≤5 5(f1)   r : [1..5] :#R1≤#R2 (f4)

r : <3..7> :#R1+#R3=1 (f5)

scope n   scope r

scope p   scope s

scope o   scope q   scope t

o :<1. .5>:#01 = 1 (f2)   t :<8. .10>:#T2→S4 = 0 (f6)

(a) 관련 사실들을 가진 범위-계층구조 예제

Fact	Defining scope	Span def scope	Covered scopes
f1	n	1..lb(n)	{n,o}
f2	o	1..5	{o}
f3	m	1..lb(m)	{m,p,q}
f4	r	1..5	{r}
f5	r	3..7	{r}
f6	o	8..10	{o}

(b) 사실들에 관한 정보

Fact cluster	Defining scope	Span def scope	Covered scopes
{f1,f2}	n	1..lb(n)	{n,o}
{f2}	o	1..5	{o}
{f3}	m	1..lb(m)	{m,p,q}
{f4,f5}	r	1..7	{r}
{f6}	o	8..10	{o}

(c) 사실 클러스터에 관한 정보

흐름 사실과 클러스터

그림 3-32 예제 코드(꼭대기)와 흐름 사실 및 클러스터(아래쪽)
출처 : 엘메달 등[Erm05]. ⓒ2005 IEEE.

■ 첫 번째 적중(first hit) : 첫 번째 루프 반복에서는 캐시 내에 있는 것이 보장되지만, 그 후의 반복에서는 캐시 내에 있는 것이 보장되지 않는다.

최선 경우 범주는 다음을 포함한다.

■ 항상 실패(always miss) : 첫 번째 참조될 때 캐시 내에 없다는 것이 보장된다.

■ 항상 적중(always hit) : 참조될 때마다 아마도 캐시 내에 있을 것이다.

■ 첫 번째 실패(first miss) : 첫 번째 루프 반복에서는 캐시 내에 없다는 것이 보장되지만, 그 후의 반복에서는 아마도 있을 것이다.

■ 첫 번째 적중(first hit) : 첫 번째 루프 반복에서는 명령어가 아마도 캐시 내에 있겠지만, 그 후의 반복에서는 캐시 내에 없다는 것이 보장된다.

파이프라인 내의 명령어 특성을 분석하기 위해 힐리 등은 명령어의 종류별로, 파이프라인의 각 단계에서 필요한 최악 경우와 최선 경우의 사이클의 수를 기술하는 테이블을 사용했다. 이들은 여러 기본 블록들로 구성될 수 있는, 루프 반복 내의 반복 또는 한 번의 함수 호출을 분석했다. 경로에 대한 최악 경우 타이밍을 파악하기 위한 이들의 알고리즘이 그림 3-33 에 나와 있다.

```
void Time_Path  (struct path_node  *path) {
    struct block_node  *block;
    struct inst_node  *instruction;

    path->wc_pipeline_information  =  NULL.
    FOR each block in path->block_list DO
        FOR each instruction in block->inst_list DO
            IF  (Instruction->cat_list->wc_cat == first miss AND
                this instruction has not been encountered already) OR
                (instruction ->cat_list->wc_cat == first hit AND
                this instruction has been encountered already) OR
                instruction->cat_list->wc_cat == miss THEN
                Treat this instruction fetch as a miss in the pipeline.
            ELSE
                Treat this instruction fetch as a hit in the pipeline.
            Concatenate w.c. pipeline information for instruction->inst_type
                with path->wc_pipeline_information.
        END FOR
    END FOR
    path_ptr->wcot = temporal length of path->WC_pipeline_information.
}
```

그림 3-33 최악 경우 경로 분석을 위한 알고리즘. 출처 : 힐리 등[Hea99b]. ⓒ1999 IEEE.

추상적 해석   추상적 해석(Abstract interpretation)은 구체적인 숫자 값을 사용하는 대신 기호 값을 사용하여 프로그램을 실행한다[The99]. 이 기법은 타당한 계산 시간 내에 변수 값들에 대한 프로그램 실행 관련 정보를 일반화하도록 해준다. 추상적 해석은 캐시나 파이프라인 특성과 같은 프로그램 특성의 특별한 측면을 나타내는, 프로그램을 위한 구체적 의미(concrete semantics)를 먼저 파악한다. 이 구체적 의미에 기초하여, 프로그램의 추상적 도메인에서 작동하는 추상적 의미가 구축된다. 프로그램의 추상적 도메인의 한 요소는 구체적 도메인 요소들의 집합을 나타낸다. 추상적 상태는 구체적 상태들의 집합을 나타내는데, 추상적 표현은 실제로 발생하지 않는 구체적 상태들을 포함한다는 점에서 보수적(conservative)일 수 있다.

캐시 상태를 위한 구체적 의미는 캐시 선이 어떻게 메모리 블록으로 매핑될지를 나타낸다. 추상적 캐시 상태는 하나의 캐시 선을 일련의 캐시 블록들로 매핑한다. 테일링(Theiling) 등은 **필수 분석(must analysis)**, **가능성 분석(may analysis)**, **내구성 분석(persistence analysis)**이라는 추상적 상태 분석의 세 가지 종류를 기술했다.

필수 분석은 메모리 블록 수명들(ages)의 상한선을 살펴본다. 두 개의 캐시 상태를 결합할 때 메모리 블록은 그것이 두 전임자에 있고 이들의 수명 중 더 큰 것을 받을 때만 추상적 캐시에 머문다. 이 연산은 교집합과 비슷하다.

가능성 분석은 메모리 블록 수명들의 하한선을 살펴본다. 블록은 그것이 하나의 전임자에 있고 캐시 수명들 중 가장 작은 것을 받을 때 추상적 캐시에 머문다. 내구성 분석은 첫 번째 액세스가 적중할지 실패할지를 알지 못하지만, 후속 액세스들이 적중할 것은 보장한다.

추상적 해석과 ILP

빌헬름[Wil04]은 타이밍 분석에 모듈화 접근법을 주장하는데, 여기서는 전임자 특성을 분석하기 위해 추상적 해석이 사용되고, 프로그램 경로 특성을 분석하기 위해 정수 선형 프로그래밍이 사용된다. 추상적 해석은 발생할 수 없는 타이밍 사고를 제외하는 데 도움이 되고, 실행 문맥 내에서 기본 블록들의 최악 경우 실행 시간을 제공한다. ILP는 실행 시간의 상한선 및 연관된 경로를 파악한다.

시뮬레이션 기반의 타이밍 분석

프로그램 성능의 몇 가지 측면은 프로세서 상태를 자세히 이해할 것을 요구한다. 이 효과들이 프로그램의 작은 부분으로 격리될 수 있는 한, 시뮬레이션은 자세한 WCET 분석을 위한 타당하고 가치 있는 도구가 된다. 엥블롬(Engblom)과 엘메달(Ermedahl)[Eng99a]은 파이프라인 효과를 분석하기 위해 시뮬레이션을 사용했다. 이들은 코드 열의 실행 시간을 개별 실행 시간과 후속자를 위한 타이밍 효과로 분리했다. 타이밍 효과는 명령어들 사이의 상호작용을 포착한다. 엥블롬과 엘메달은 일련의 명령어들의 실행 시간을 파악하기 위해 사이클 정확 시뮬레이터를 사용한다. 이들은 명령어들의 조합이 타이밍 효과를 가지고 있는지 파악하기 위해 정적인 분석을 사용하지는 않는데, CPU는 데이터값에 의존하고 잘 문서화되지 않을 수 있는, 많은 수의 명령어 간 의존성을 노출할 수 있기 때문이다. 그 대신 엥블롬과 엘메달은 연속적으로 더 긴 코드 열을 실행함으로써 타이밍 효과를 발견하기 위해 시뮬레이터를 사용한다. 테스트되는 열의 길이는 시간의 길이로 제한되는데, 일반적으로 파이프라인의 길이와 같다(여기서 CPU는 명령어 간 파이프라인 효과를 노출할 수 있다).

힐리(Healy) 등[Hea99b]은 명령어 열에서의 파이프라인 상호작용을 분석하기 위해 구조적 테이블과 데이터 장애(data hazards)를 사용한다.

엥블롬과 존슨(Jonsson)[Eng02]은 단일 배출의 순서 붙은(single-issue in-order) 파이프라인을 위한 모델을 개발했다. n 단계의 파이프라인이 주어질 때, 명령어는 $r_i^1, \ldots, r_i^n$ 으로 표현되는 각 단계에서 필요로 하는 자원들에 따라 임의의 수의 클록 사이클을 취한다. 파이프라인 내의 m 명령어 열은 다음과 같은 두 가지 제약조건을 따른다.

$$p_i^{j+1} \geq p_i^j + r_i^j \qquad \text{(수식 3-11)}$$

여기서 p_i^j는 명령어 i가 파이프라인 단계 j로 들어갈 때의 시각이다.

$$p_{i+1}^j \geq p_i^{j+1} \qquad \text{(수식 3-12)}$$

이것은 마지막 명령어가 종료될 때까지 다음 명령어가 어떤 단계로 들어가는 것을 제한한다. 분기 명령어는 분기가 결정되고 명령어가 인출되는 단계 사이에 다음과 같은 의존성을 생성한다.

$$p_{i+1}^1 \geq p_i^{j+1} \qquad \text{(수식 3-13)}$$

데이터 의존성은 다음과 같은 추가적인 의존성을 생성한다.

$$p_i^j \geq p_k^{l+1} \qquad \text{(수식 3-14)}$$

여기서 데이터 의존성은 명령어 i와 k 사이에 있으며, k 명령어는 i 명령어가 진행하기 전에 단계 *l*을 끝내야 한다. 이런 제약조건 시스템을 해결하기 위해 최장 경로 알고리즘이 사용될 수 있다.

엥블롬과 존슨은 어떤 종류의 파이프라인이 긴 타이밍 효과를 가지는지 파악하기 위해 이 공식을 사용했다. 이들은 교차하는 임계 경로(crossing critical path)를 정의하고, 이 특성을 가지는 파이프라인은 실행 시간을 증가시키는 긴 타이밍 효과를 가지지 않음을 보여주었다. 이들은 분기와 데이터 의존성에 의해 야기되는 각 제약조건이 인접한 명령어 사이에서 발생하거나 (수식 3-11)과 (수식 3-12)의 기본 제약조건이 적용될 경우, 하나의 순서 붙은 파이프라인이 교차하는 임계 경로 특성을 가지는 것을 검증하였다. 분기(forks)를 가진 파이프라인은 일반적으로 교차하는 임계 경로 특성을 노출하지 않으며, 이런 파이프라인은 고성능 프로세서에서 많이 사용된다. 예를 들어, 별도의 부동 소수점 파이프라인을 가진 대부분의 프로세서는 교차하는 임계 경로 특성을 보이지 않는다.

3.5 계산 및 프로그래밍 모델

우리가 고수준 프로그래밍 언어로 간주하는 것은 1960년대의 알골(Algol)부터 시작되었다. 아주 많은 고수준 프로그래밍 언어들이 제안되었지만, 프로그래머들은 아직도 알골 형식의 언어를 사용하고 있다. 임베디드 컴퓨팅은 고수준 프로그래밍 언어가 실제로 사용되어 온 한 분야이다. 신호 처리 언어는 프로그래머 생산성을 증가시키고, 명령문 프로그래밍이 불편한 알고리즘 설계자들을 위해 자연스러운 모델을 제공한다. 제어 지향의 언어는 외부 이벤트에 반응하는 시스템을 설계하는 데 사용되어 왔다. 각종 동향은 고수준 프로그래밍 언어가 임베디드 시스템에서 계속 사용될 것이라는 것을 제시하고 있다. 즉, 임베디드 컴퓨팅 애플리케이션은 종종 정확성에 높은 점수를 주고, 소프트웨어가 알골 형식의 프로그래밍 언어에 불편을 느끼는 알고리즘 설계자들에 의해 개발될 수 있으며, 소프트웨어 합성 방법은 효율적인 구현을 위해 이런 언어들의 설명적인 능력을 이용할 수 있는 것이다.

여기서 우리가 설명하는 많은 언어들은 알골 형식의 언어와 같은 메모리 지향의 프로그래밍 모델을 사용하지 않는다. 메모리 지향의 프로그래밍을 포기하는 것은 프로그래머에게 훨씬 더 추상적인 플랫폼을 제공하지만, 새로운 컴파일 기술을 필요로 한다. 메모리가 보편적인 통신 메커니즘으로 사용되지 않을 때 통신 메커니즘은 아주 중요해진다.

동기식 언어입력을 변환하거나 입력에 반응하는 컴퓨팅 시스템은 반응적 시스템(reactive system)이라고 불린다. 반응적 시스템 언어의 중요한 범주는 동기식 언어(synchronous languages)[Ben91]이다. 이 언어는 디지털 하드웨어 의미론과 어느 정도 비슷한 점을 가지는, 계산 모델에 기초한다. 동기식 언어는 입력과 그 연관된 출력이 동시에 그리고 동기식으로 발생한다고 가정한다. 따라서 입력에 대한 시스템의 반응 시간은 0이다. 이런 가정은 제어 명세가 작업이 완료될 수 있도록 서로 통신하는 통신 컴포넌트들로 분할될 수 있도록 해준다.

동기식 언어는 프로그램이 뒷부분에 나오는 그림 3-40에서 보인 모듈들과 비슷한, 여러 통신 모듈들로 작성될 수 있도록 해준다. 동기식 언어의 규칙에는 벤베니스티(Benveniste)와 베리(Berry)[Ben91]가 설명한 다음과 같은 것들이 포함된다.

- 모듈 내의 상태 변화는 이 모듈이 받는 입력과 동시에 발생한다.

- 모듈로부터 나가는 출력은 상태 변화와 동시에 발생한다.

- 모듈들 사이의 통신은 동기식 및 순간적으로 발생한다.

- 모듈의 출력 특성은 전적으로 두 입력 신호의 전역적 삽입(global interleaving)에 의해 결정된다.

동기식 언어는 결정론적(deterministic)이다. 이것은 세마포어를 사용하는 호아 방식(Hoare-style)의 통신과는 접근법에 중요한 차이가 있다. 호아의 세마포어는 비동기식으로 통신하는 프로그램을 위해 설계되었다. 동기식 언어는 제어 명세를 단순화하는데 사용되며 구현 결과가 동기식 가설을 충분히 만족시키도록 저수준 추상화 기법이 사용될 수 있다.

언어와 스케줄링에 대해서는 4.3절에서 설명할 것이다. 4.3절에서는 스레드 수준의 스케줄링과 동시성에 치중한다. 4.3절과 이 절은 명확하게 구별하기 힘들고, 일부 내용은 4.3절에 포함될 것이다.

먼저 인터럽트 처리를 설명하기 위해 설계된 언어를 다루고 그 다음에 데이터 흐름 지향의 언어와 제어 지향의 언어를 설명할 것이다. 3.5.4절에서는 자바를 설명하고, 3.5.5절에서 계산의 이종 모델을 살펴본다.

3.5.1 인터럽트 지향 언어

인터럽트는 임베디드 시스템에서 중요한 현상인데, 이것이 I/O와 타이밍을 가능하게 만들기 때문이다. 인터럽트 드라이버는 정확해야 하고, 디버깅하기가 매우 어렵다. 인터럽트 드라이버는 병렬 프로그래밍 연산을 수행하는데, 그 이유는 CPU와 장치가 병렬로 작동하기 때문이다. 이것은 저수준 기법을 사용하여 이루어진다. 추상적 장치들로 소프트웨어의 계층구조를 만들면 드라이버를 느리게 만들고, 이것이 나머지 시스템의 실시간 응답성을 느리게 만든다. 특수화된 코드로 컴파일하는 것은 효율적이고 정확한 드라이버를 만들기 위한 매력적인 대안이다.

비디오 드라이버   티볼트(Thibault) 등[Thi99]은 X 윈도우 서버의 비디오 장치 드라이버를 위한 도메인 특유의 언어를 개발했다. 이들의 언어는 비디오 어댑터를 기술하는 추상적 기계에 기초한다. 이 추상적 기계는 몇 가지 일반 연산, 데이터 전송, 그리고 제어 연산을 정의한다. 이 언어는 해상도와 같은 디스플레이 특성, 포트, 레지스터, 필드, 매개변수, 클록, 비디오 카드 식별, 연산 모드 등의 비디오 어댑터 각 항목들의 명세를 정의할 수 있게 해준다. 티볼트 등은 기존의 C로 작성된 X 서버 드라이버는 35,000행 이상의 코드로 구성되었으나, 그들의 언어로 기술된 드라이버는 C 드라이버보다 9배나 더 작다는 것을 파악했다.

NDL   콘웨이(Conway)와 에드워드(Edwards)[Con04]는 장치 드라이버를 위한 언어로 NDL을 개발했다. NDL은 I/O 장치의 상태를 프로그램의 일부로 선언할 수 있게 해준다. 메모리 매핑 I/O(memory-mapped I/O) 위치들은 C의 struct와 비슷한 ioport 기능을 사용하여 정의되고 기술될 수 있다. NDL 프로그램은 또 장치의 상태를 위한 일련의 상태 선언들을 포함할 수 있다. 상태는 이름과 처리 열을 가지는데, 후자는 레지스터를 테스트 또는 설정하거나 드라이버가 다른 상태로 전이될 수 있도록 해준다. NDL은 한 장치 선언이 다른 장치의 특성을 상속받도록 해주므로 장치 기술을 단순화하지만, NDL이 완전한 객체지향 언어는 아니다. 인터럽트 처리 함수에는 그 활성화를 제어하는 부울 연산식이 붙는다.

NDL 컴파일러는 C 언어로 된 드라이버를 생성한다. 컴파일러는 레지스터에 대한 중복적인 기록을 제거한다. 많은 장치 드라이버는 상태 변경에는 응답하지만 같은 값을 반복적으로 기록하는 것에는 응답하지 않는데, NDL은 이런 레지스터를 등멱원(等冪元, idempotent)이라고 부른다. 컴파일러는 또 주어진 주소 내에서 액세스들을 비트들로 집계한다. 예를 들어, 하나의 상태는 다른 뜻을 가지는 여러 비트들을 가질 수 있는데, 레지스터를 여러 번 액세스하는 대신, 최적화된 코드는 이것을 한 번만 액세스하고 구성 비트들을 개별적으로 조작한다.

방법론 레거(Reghr)[Reg05]는 인터럽트 프로그래밍을 위한 제한된 규정을 제안했다. 타이머에서 오는 것과 같은 많은 인터럽트들은 프로그램에 의해 요청된다. 이 규정은 인터럽트가 요청된 시각과 실행되는 시각 사이를 제외하고는 비활성화되도록 요구한다. 레거는 이 방법론을 테스팅 방법론을 구현하는 데 사용한다.

3.5.2 데이터 흐름 언어

데이터 흐름(data flow)이라는 용어는 레지스터 시스템 설계에서 여러 다른 방법으로 사용되어 왔다. 데이터 흐름 기계는 CPU 내의 스케줄링 연산에 대한 대체 수단으로 1960년대와 1970년대에 설계되었다. 여기서 우리는 신호 처리 시스템을 위한 모델로 데이터 흐름을 주로 사용한다.

동기식 데이터 1.5.3절에서 동기식 데이터 흐름(synchronous data flow, SDF) 그래프[Lee87]
흐름 를 소개했었다. SDF는 신호 처리와 주기적(periodic) 시스템의 특성을 모델링한다. 이것은 신호 처리에서 일반적인 다중 속도 처리를 다룰 수 있도록 설계되었다. 리(Lee)와 메서슈미트(Messerschmitt)는 계산 단위를 나타내기 위해 블록(block)이라는 용어를 사용한다. 3.5.5절에서는 계산 단위를 위해 *행위자*(actor)라는 용어를 사용할 것이다. 그림 3-34의 예에서 a와 b는 지향성 그래프 내의 계산 블록들이다. a 블록은 속도 r_1으로 데이터를 생산하고, b는 속도 r_2로 데이터를 소비한다. 기본적으로 데이터는 그래프 내의 원천에서 목적지로 지연 없이 전달되지만, 저장된 샘플 수와 동일한 지연 시간으로 가장자리에 주석이 붙을 수 있다.

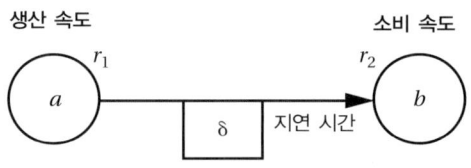

그림 3-34 동기식 데이터 흐름도의 요소들

스케줄링 가능성 컴퓨터에 대해 SDF 그래프를 구현하려면 그래프 내의 연산들을 스케줄링할 필요가 있고 플랫폼에 따라, 여러 종류의 스케줄링이 유효할 수 있다. 순차적 프로세서의 경우, 순차적 스케줄링이 필요하다. 리와 메서슈미트는 SDF를 위한 스케줄링의 중요한 범주로 주기적 수용가능 순차적 일정(periodic admissible sequential schedule, PASS)을 정의했다. SDF의 스케줄링 가능성을 판단하기 위해 행렬 대수를 사용할 수 있다.

그림 3-35는 SDF 그래프의 예를 보여준다. 그래프를 나타내기 위해 *토폴로지 행렬*(topology matrix)을 만들 수 있는데, 열은 노드를 나타내고, 행은 가장자리를 나타내며, 가장자리의 가중치는 주어진 노드로부터(노드로 들어가는 흐름은 음수의 가중치가 붙는다) 가장자리를 따라 흐르는 데이터의 양에 대응된다. SDF를 구현하는 데 사용되는 연산들의 스케줄링을 그림에서처럼 스케줄링 행렬로 표현할 수 있다. 각 열은 스케줄링에서의 시간 단계(timestep)를 나타내는데, 1 항목은 이 행에 의해 표현되는 노드가 활성화된다는 것을 보여준다. 또 스케줄을 *abc*와 같은 문자열로 쓸 수도 있는데, 하부 열을 괄호로 묶고 반복을 위한 표시를 추가할 수도 있는데, 예를 들어 *abcbc*는 *a(2bc)*로 표현될 수 있다.

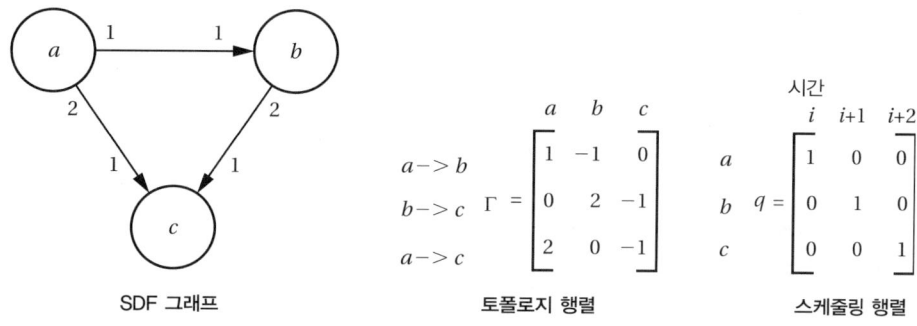

그림 3-35 동기식 데이터 흐름도, 그 토폴로지 행렬, 그리고 스케줄링 행렬

리와 메서슈미트는 그래프 내의 블록 수가 *s*와 같으면, PASS 스케줄의 존재를 위한 필요조건은 토폴로지 행렬의 등급이 *s*−1과 같아야 한다는 것을 보여주었다. 노드들 사이에 전달된 값들을 보관하기 위해 필요한 버퍼는 다음 조건을 만족할 때만 (if and only if) 그 크기가 제한된다는 것을 보여주었다.

$$\Gamma q = O$$

(수식 3-15)

여기서 *O*는 0 항목들로만 구성된 행렬이다. *Γ*의 등급이 *s*보다 낮을 것을 요구하는데, 다른 조건들은 등급이 *s*−1보다 낮지 않을 것을 요구한다.

바타차르야(Bhattacharyya) 등[Bha95]은 축약된 코드를 생성하기 위해 SDF 그래프를 스케줄링하는 알고리즘을 개발했다. 이들은 데이터 흐름 노드의 반복된 실행을 나타내기 위해 반복(iteration)이라는 용어를 사용하며, 연산을 반복적으로 실행하는 데 사용되는 프로그램 요소를 위해 루핑(looping)이라는 용어를 사용한다.

SDF 그래프 G가 주어졌을 때, 두 번째 하부 그래프의 어떤 샘플도 생산된 것과 같은 스케줄링 기간에 첫 번째 하부 그래프에 의해 소비되지 않을 때, 한 하부 그래프는 다른 하부 그래프의 하부 독립적(subindependent)이다. 하나가 다른 것의 하부 독립적인 관계를 가지는 두 하부 그래프로 분할될 수 있을 때, 그래프 G는 느슨하게 상호 의존적(loosely interdependent)이다. 단일 출현 일정(single-appearance schedule)은 각 SDF 노드가 오직 한 번만 나타나는 일정이다. 강하게 연결된 G의 구성요소가 두 개의 하부 그래프로 분할될 수 있고, 하나가 다른 것의 하부 독립적인 관계를 가지며, 각 분할이 단일 출현 일정을 가질 때만 이런 일정이 G에 존재한다.

그림 3-36은 연산들을 클러스터링하는 방법을 잘못 결정하는 것이 단일 출현 일정을 어떻게 파괴할 수 있는지에 관한 두 가지 예를 보여준다. 위쪽 예에서는 B와 C를 하나의 노드로 클러스터링한다. 결과적인 그래프는 밀접하게 상호 의존적(tightly interdependent)이어서 단일 출현 일정을 가지지 않는, Ω와 D로 구성되는 하부 그래프를 가진다. 두 번째 예에서 하부 그래프 {B,C,D}는 밀접하게 상호 의존적이지만, A는 밀접하게 상호 의존적인 하부 그래프에 있지 않고 따라서 일정 내에서 오직 한 번만 나타날 수 있다. 그러나 A와 B를 클러스터링하면 더 이상 A의 오직 한 번만 나타나는 일정을 찾을 수 없고, 새 그래프를 위한 최단 일정은 $ABC(2D)AB$가 된다.

우리는 SDF를 스케줄링하기 위해 단일 출현 일정의 순환적인 특성을 사용할 수 있다. 스케줄링 알고리즘은 일정을 파악하기 위해 순환적으로 그래프를 하부 독립적인 조각들로 분해한다.

SDF에서의 버퍼 관리

바타차르야와 리[Bha94b]는 효율적인 버퍼링 체계를 구현하는 데 사용될 수 있는 스케줄링 방법을 개발했다. 이들은 일정의 반복 구조를 나타내기 위해 그림 3-37처럼 일정의 **공통 코드 공간 집합 그래프**(common code space set graph)를 사용한다. 그래프의 노드 내 연산자는 **공통 코드 공간 집합**(common code space set)이라고 불린다.

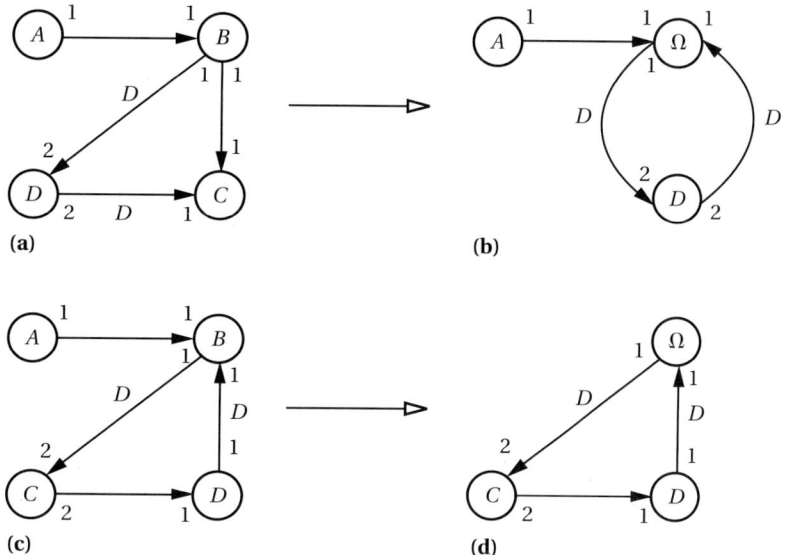

그림 3-36 클러스터링과 단일 출현 일정. 출처 : 바타차르야[Bha94a].

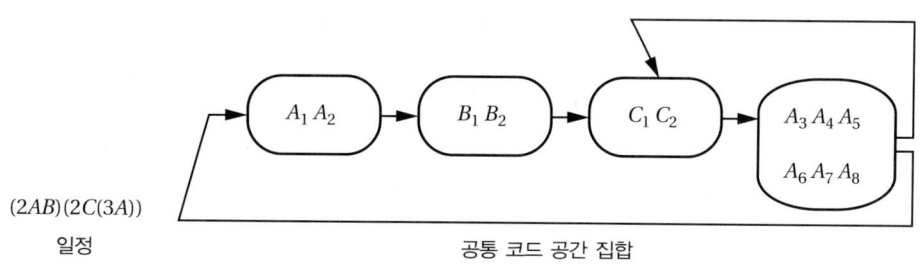

그림 3-37 SDF 일정의 공통 코드 공간 집합 그래프

이들은 i번째 샘플이 항상 버퍼 내의 같은 위치에 나타나는 버퍼를 설명하기 위해 *정적 버퍼*(static buffer)라는 용어를 사용한다. 소프트웨어 구현에서의 버퍼 상태는 SDF 그래프에서는 두 노드를 연결하는 아크의 상태로 표현되는데, 좀 더 구체적으로 말하면 아크의 목적지 노드에서 처리되는, 아크 상에서 기다리는 토큰의 수와 순서이다. 정적 버퍼링 체계는 주소 지정을 단순화하는데, 샘플을 사용하는 코드가 주소를 계산하지 않아도 되기 때문이다. 공통 코드 공간 집합의 모든 구성원이 동일 오프셋에서 주어진 아크를 액세스한다면, 이 아크는 정적으로 액세스된다.

바타차르야와 리는 주어진 연산자가 비정적으로(nonstatically) 아크를 액세스하는 공통 코드 공간 집합 그래프 내에 사이클이 있을 때만 버퍼를 가리키는 포인터가 메모리로 유출되어야 한다는 것을 보였다. 이들은 1차 도달 테이블(first-reaches table)을 사용하여 그래프를 분석한다. 여기서의 행과 열은 공통 코드 공간 집합 그래프 내의 집합이다. 열 집합에 대응되는 SDF 노드의 다른 집합을 통과하지 않고, 행 집합으로부터 열 집합으로 가는 제어 경로가 있을 때만 항목은 사실이다.

어떤 샘플은 버퍼 내에 중첩되는 것처럼, 더 긴 일정에서는 연산을 스케줄링하는 것이 가능할 수 있다. 그림 3-38은 {B,D}와 {C,E} 하부 그래프가 독립적으로 동작하는 예를 보여준다. 예를 들어, B를 두 번 실행하고 D를 20번 실행하는 일정은 큰 버퍼를 필요로 할 것이다. 10개 샘플의 집합이 생산되고 소비되도록 일정을 잡는다면, {B,D}와 {C,E} 하부 그래프 사이에 버퍼를 공유할 수 있을 뿐만 아니라, 필요한 버퍼링의 양도 줄일 수 있다.

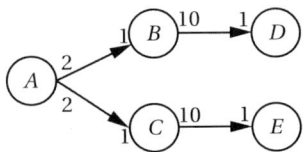

(a) 일정 : AB(10D)C(10E)B(10D)C(10E)

$$A_1B_1D_1 \dots D_{10}C_1E_1 \dots E_{10}B_2D_{11} \dots D_{20}C_2E_{11} \dots E_{20}$$

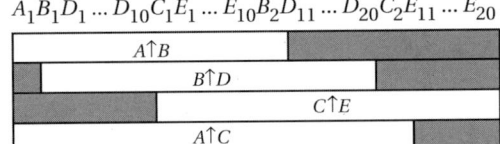

(b) 집계 버퍼 생명주기

$$A_1B_1D_1 \dots D_{10}C_1E_1 \dots E_{10}B_2D_{11} \dots D_{20}C_2E_{11} \dots E_{20}$$

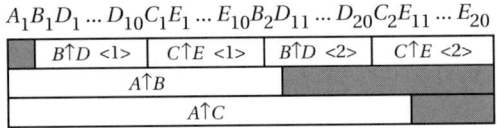

(c) 버퍼 주기 생명주기

그림 3-38 버퍼 내의 중첩 샘플로 스케줄링하기. 출처 : 바타차르야와 리[Bha94b]. ⓒ1994 IEEE.

러스터

러스터(LUSTRE)[Hal91]는 동기식 데이터 흐름 언어이다. 러스터 내의 변수들은 모두 동시에 발생하는 (무한대가 가능한) 값들의 열인 흐름(flows)을 나타내며, 시계는 이 값들의 시간 열(sequence of times)을 나타낸다. 흐름의 값은 시각 n에서의 열의 n번째 구성원과 같다. 러스터 프로그램은 연산식을 형성하는 변수들로 구성된다.

러스터는 명령문 언어(imperative language)가 아니므로, 등식은 고유하게 변수를 정의한다. 러스터는 표준 수학 연산자와 4개의 시간적 연산자를 포함한다.

■ `pre(E)`는 흐름 E의 이전 값을 제공한다.

■ `E->F`는 첫 번째 값이 E로부터 오고 후속 값들이 F로부터 오는 새 흐름을 생성한다.

■ `E when B`는 B가 참인 시점에 흐름 E로부터 값을 받는, 더 느린 시계를 가진 흐름을 생성한다.

■ `current` 연산자는 시계가 스트림의 원래 시계보다 더 빠르게 바뀐 스트림을 생성한다.

러스터 프로그램의 구현은 그 데이터 의존성을 반드시 충족시켜야 한다. 또 그 공식이 유효한 시계 연산을 구성하도록 점검되어야 한다. 기본 연산은 같은 시계를 가진 흐름 상에서 수행되어야 한다. 결정 불가(undecidable) 문제가 발생하는 것을 방지하기 위해, 러스터 컴파일러는 흐름을 생성하는 연산식 내의 시계를 구문식으로 교체함으로써, 신호의 시계들이 통합될 수 있는지의 여부를 점검한다.

시그널 시그널(SIGNAL)[LeG91]은 프로그램이 등식과 블록 다이어그램으로 작성되는 동기식 언어이다. 시그널과 러스터는 값들의 열을 보는 관점에서 약간 다르다. 신호(signal)는 함축적 시간 열을 가진 데이터의 열이다. 신호는 어떤 시점에 없거나 있을 수 있다. 어떤 시점에 동시에 존재하는 두 신호는 같은 클록을 가진다. 시그널은 신호의 시간 인덱스를 변경하지 않는 표준 부울 및 산술 연산자들을 포함한다. 시그널은 신호 y를 i 시간 단위 동안 지연시키는 것을 나타내기 위해 연산식 `y $ i`를 사용한다.

연산식 `Y when C`는 Y와 C가 모두 존재하고 C가 참일 때 Y를 생성하고, 그 밖의 경우에는 아무 것도 생성하지 않는다. 연산식 `Y default X`는 Y와 X를 병합한다는 의미이다. 즉, X와 Y 중 하나가 존재할 때 이것은 그 신호를 생성하고, 둘 다 존재하면 Y를 전달한다.

신호는 보다 더 복잡한 특성을 가진 프로세스를 만들기 위해 구성될 수 있다. 등식 시스템은 블록 다이어그램에서 표현될 수 있다. 신호는 그 클로킹 조건이 일관성 있는지 파악하기 위해 분석될 수 있다. 클로킹의 일관성을 점검하기 위해 공식과 순환 그래프의 조합이 사용된다.

분산 구현 컴파일

카스피(Caspi) 등[Cas99]은 러스터, 시그널 또는 에스테렐(Esterel)과 같은 언어로 동기식 프로그램의 분산된 구현을 만들기 위해 컴파일 방법을 개발했다. 이들의 알고리즘은 프로그램 변수들을 처리 요소들에 할당하는 것으로 시작하며, 다음과 같은 다섯 단계로 구성된다.

1. 복제와 지역화

2. put 의 삽입

3. get 의 삽입

4. 스레드의 동기화

5. 중복 출력의 제거

첫 번째 단계는 어떤 처리 요소(processing elements, PE)가 각 변수와 출력을 계산할지를 결정한다. 이것은 어떤 제어와 할당 문들이 각 PE 에서 수행되어야 하는지를 결정하기 위해 이 정보를 이용한다. 각 PE 는 제어 동작을 수행해야 하는데, 변수를 소유하는 PE 는 이 변수에 대한 할당을 수행해야 한다.

스레드 간 통신은 비동기식 메시지 전달에 의해 수행된다. put 과 get 을 삽입할 때 통신 동작의 수를 최소화하고자 하는 것이다. 스레드는 잎이 스레드를 끝내는 goto 이고 중간 노드는 프로그램 동작인 DAG 로 표현될 수 있다. 변수를 필요로 하는 PE 가 필요하기 전에 그 변수를 받을 수 있도록, put 을 삽입하기 위해 DAG 를 따라갈 수 있다.

카스피 등은 두 개의 알고리즘을 개발했다. 필요할 때(when-needed) 알고리즘은 잎으로부터 거꾸로 정보를 전파한다. 이것은 정의 사용(def-use) 형식의 분석을 사용하여 필요한 변수들을 파악하고, 어떤 변수에 쓰기 직전에 put 을 삽입한다. 가능한 한 일찍(as-soon-as-possible) 전략은 변수가 계산된 직후에 put 을 삽입한다. 비슷하게, 프로그램 DAG 를 분석함으로써 get 이 삽입될 수 있다. get 은 늦게 또는 일찍 보내진 값이 아니라, 올바르게 받은 값이 삽입되도록 해야 한다.

노드를 생성만 하는 노드로 의사(dummy) 통신을 추가함으로써 스레드가 동기화된다. 이것은 생산자가 임의로 너무 일찍 실행하여 버퍼를 넘치게 하는 것을 방지한다.

필요한 대로(as-needed) 통신 전략이 사용될 때 조건문은 중복된 출력을 야기할 수 있다. 만약 분기를 하기 전에 값이 보내지고 한 쪽 가지에서 변경된다면, 이 값은 다시 보내졌을 수 있다. 정적 분석은 이런 중복된 통신을 제거할 수 있다.

컴파안

컴파안(Compaan)[Kie02]은 매트랩(Matlab) 기술로부터 프로세스 네트워크 모델을 합성한다. 이것은 먼저 매트랩 프로그램을 단일 할당 코드로 변환한다. 그리고 특성을 분석하기 위해 다면체 축소 의존성 그래프(polyhedral reduced dependence graph, PRDG)를 사용한다(그림 3-39 참고). 3.3.1 절에서 보았듯이, 폴리토프는 프로그램의 데이터 의존성 그래프 내의 폴리토프 모델링 노드들 내의 점들을 가진 루프 중첩을 모델링한다. PRDG 의 노드 도메인(node domain)은 폴리토프 집합, 함수, 그리고 포트 도메인들의 집합으로 구성된다. PRDG 의 각 노드는 다면체를 나타낸다. 포트 도메인(port domain)은 입력 또는 출력 포트들의 집합이다. 입력 포트와 출력 포트는 각각 함수의 입력과 출력에 대응된다. *가장자리 도메인*(edge domain)은 포트 도메인의 정렬된 쌍에 더하여, 가장자리를 정의하는 노드 도메인의 정렬된 쌍이다. PRDG 의 가장자리는 다면체 사이의 데이터 의존성을 나타낸다.

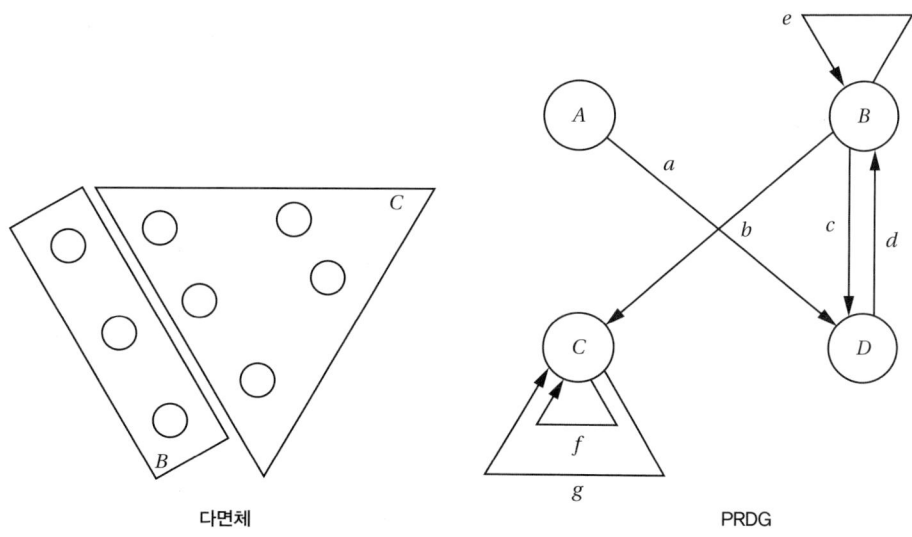

그림 3-39 다면체 축소 의존성 그래프와 다면체

프로세스 네트워크 모델은 *SBF* 모델로 불린다. 다른 종류의 프로세스 모델처럼, 읽기 포트는 무제한의 대기 행렬(unbounded queues)에 의해 보호된다. 모델 내

의 함수 집합은 읽기 포트로부터 토큰을 받고 쓰기 포트에 토큰을 생성할 수 있다. 제어기와 SBF 개체의 현재 상태는 이 함수들의 정확한 동작을 결정한다.

PRDG는 프로세스 네트워크 구현을 만들기 위해 SBF 모델로 매핑된다. PRDG 의 각 노드는 단일 SBF 개체로 매핑된다. PRDG의 각 가장자리는 두 SBF 개체의 출력 포트와 입력 포트 사이의 연결이 된다. 각 SBF 개체를 위한 제어기는 중첩 루 프 프로그램에 의해 정의되는 사전적 순서에 기초하여 구축된다.

3.5.3 제어 지향 언어

제어와 반응적 시스템

1.5.2절에서 제어 지향의 모델링을 소개했었는데, 이 절에서는 언어들을 더 자세히 검토한다. 제어 지향 언어들은 반응적 시스템(reactive systems)을 모델링하는 데 자주 사용된다. 반응적 시스템은 어떤 입력에 응답한다. 제어 시스템은 반응적 시스템의 한 예이다. 반응적 시스템의 특성은 그 상태에 의존하는데, 이것은 현재의 입력뿐만 아니라 입력들의 이력까지 포함한다.

제어 분해

모듈성(modularity)은 프로그래밍의 모든 분야에서 매력적인 개념이다. 전통적인 프로그래밍 언어에서는 제어가 크게 모듈화되었다고 보이지 않는다(서브루틴은 제외하고). 구조적 언어는 제어를 if 문들로 나누지만, 제어들을 결합하기 위한 풍부한 메커니즘은 제공하지 않는다. 제어의 분해는 하드웨어에서 일정 정도 더 자연스럽다. 시스템이 유한 상태 기계(finite-state machine, FSM)와 카운터로 분해된 그림 3-40 의 예를 살펴보자. FSM은 일반적으로 더 많은 무작위 제어(random control)를 가진다. 카운터는 아주 구조화된 상태-전이 그래프를 가진 특별한 종류의 제어라고 생각될 수 있다. 우리는 FSM과 카운터로 제품을 구성함으로써 하나의 대등한 제어기를 구축할 수도 있지만, 이 기계는 훨씬 더 많은 상태들을 가질 것이다.

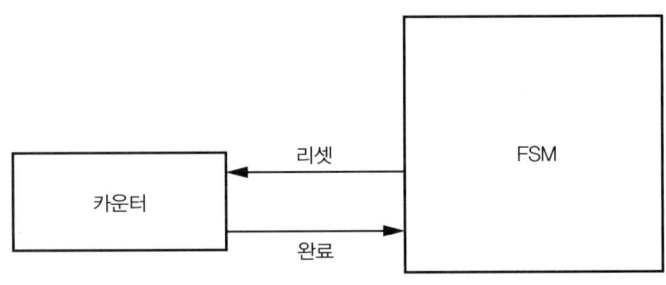

그림 3-40 제어 분해의 단순한 예

임베디드 컴퓨팅에 대한 제어 지향 언어의 중요한 공헌 중 하나는 제어를 분해하고 모듈화하는 새로운 방법들이다. 많은 임베디드 시스템에서 제어는 중요한 부분인데, 아주 많은 임베디드 프로세서들이 반응적 시스템에서 사용되기 때문이다. 임베디드 컴퓨팅에서는 정확성이 높은 점수를 받으므로, 이 분야는 제어를 기술하고 조작하기 위한 새로운 방법들을 개발하도록 장려해왔다.

이벤트 반응형 상태 기계

이벤트 반응형 상태 기계(event-driven state machine) 모델은 널리 사용된다. 이 용어는 입력이 값을 바꿀 때처럼 비반복적으로(aperiodically) 반응하는 기계들을 나타내는 데 일반적으로 사용된다. 이것은 어느 정도는 단순히 상태 기계에서의 시간 개념을 해석하는 문제이다. 입력 열은 실제 값에 대해 주기적으로 매핑하든가 비반복적으로 매핑하는 것으로 나눌 수 있다. 이벤트 반응형 기계에서의 주된 개선은, 입력이 변하지 않을 때 기계를 같은 상태로 유지하는 자체 루프(self-loops)를 상태가 필요로 하지 않는다는 것이다.

상태도

널리 알려진 초창기의 이벤트 반응형 모델은 상태도(statecharts)[Har87]이다. 상태도 형식론은 *AND* 상태와 *OR* 상태라는 두 가지 기본적인 요소들을 사용하여 상태들의 계층구조를 제공한다. 상태도는 형식적으로 표준 FSM 보다 표현력이 더 강하지 않으므로, 어떤 상태도 FSM 으로 변환할 수 있다. 그러나 상태도는 대등한 FSM 보다 기하급수적으로 더 작을 수 있다.

그림 3-41 은 상태도 *OR* 상태를 나타낸다. *OR* 상태 *S12*는 두 하부 상태 *S1*과 *S2*를 결합한다. 하부 상태는 다양한 조건 하에서 들어갈 수 있다. 만약 기계가 *S12*의 어떤 하부 상태에 있을 때 입력 *i3*를 받는다면, 상태는 *S3*로 이동한다. 그림 3-42 는 상태도 *AND* 상태를 나타낸다. 입력 *i1*은 기계가 상태 *SAND*로 들어가도록 하는데, 이것은 두 개의 하부 상태 파티션을 가진다. 한 파티션에서 상태는 *S1*과 *S2* 사이를 전환할 수 있고, 다른 쪽에서는 *S3*로 다시 돌아갈 수 있다. 이 기계의 상태는 파티션들 내의 하부 상태의 교차 곱셈(cross-product)이다.

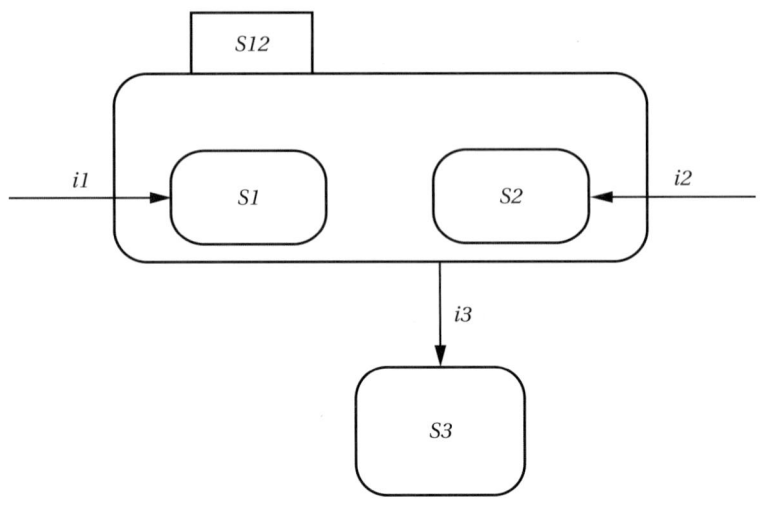

그림 3-41 상태도 OR 상태

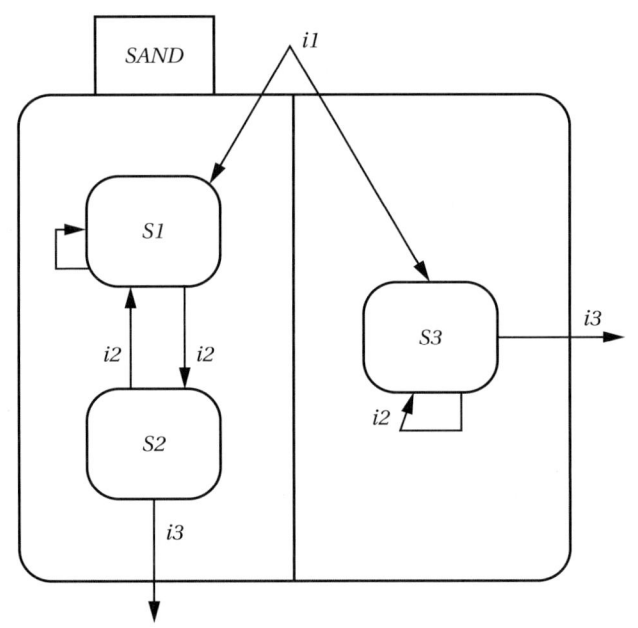

그림 3-42 상태도 AND 상태

상태도는 유한 상태 기계의 중요한 변형인데, 이것이 명세를 더 작게 또 더 이해하기 쉽게 만들어주기 때문이다. 상태도와 그 변형들은 많은 소프트웨어 프로젝트에서 사용되어 왔다. 예를 들어, TCAS-II 항공기 충돌 방지 시스템은 레베슨(Leveson)

듯[Lev94]이 만든, 상태도 형식의 계층적 상태를 포함하는 언어를 사용하여 설계되었다.

스테이트메이트(STATEMATE)[Har90] 시스템은 상태도 형식의 기술을 위해 그래픽한 항목을 제공한다. 스테이트메이트는 구조적(structural), 기능적(functional), 그리고 행동적(behavioral)이라는 관점에서 시스템을 파악한다. 반응적 시스템의 구조적 관점은 하드웨어 블록 다이어그램과 비슷하다. 이것은 물리적 컴포넌트와 이들 사이의 통신 경로를 보여준다. 이 다이어그램은 스테이트메이트의 모듈 차트(module charts)라고 불린다. 활동 차트(activity charts)는 기능적 관점을 보여주는데, 이것은 시스템 내의 데이터 흐름을 보여준다. 활동 차트 내의 각 블록은 기능이다. 직선은 데이터 흐름을 나타내고, 점선은 제어 흐름을 나타낸다. 상태도는 시스템의 행동적 관점을 나타낸다. 상태도의 *AND*와 *OR* 상태는 제어 분해의 새롭고 유용한 형태를 제공한다.

상태도 해석   바소프스키(Wasowski)[Was03]는 상태도 프로그램을 컴파일하는 효율적인 방법을 설명한다. 프로그램은 상태도의 상태에 의해 정의된 상태 공간 내의 현재 상태를 관리할 필요가 있다. 프로그램의 평탄한(flat) 표현은 각 상태에서의 프로그램 활동을 관리하기 위해 비트 벡터를 사용할 수 있다. 바소프스키는 프로그램의 상태를 더 간결하게 나타내기 위해 **계층 트리**(hierarchy tree)를 사용한다. 계층 트리의 수준들은 *AND*와 *OR* 상태 사이를 교체한다. 실행 과정에 프로그램은 상태들 사이의 선구자(ancestor) 관계를 점검해야 하는데, 이것은 계층 트리 내의 두 상태 사이에 경로가 존재하는지를 파악하는 것과 같다. 라벨 부여 체계는 선구자를 테스트하는 데 필요한 시간을 줄여준다.

상태도 검증   알러(Alur)와 야나카키스(Yannakakis)[Alu01]는 순차적 계층적 상태 기계(sequential hierarchical state machines)를 위한 검증 알고리즘을 개발했다. 이들은 불변자(invariants)가 더 효율적으로 점검될 수 있다는 것을 보였는데, 컴포넌트 FSM은 나타나는 모든 상황에서 독립적으로 확인되는 것이 아니라 단지 한 번만 확인되면 되기 때문이다. 저자들은 깊이 우선 검색 알고리즘(depth-first search algorithm)을 사용하여 상태-전이 그래프의 도달 가능성을 분석했다. 이들은 또 선형 시간 요구사항(linear-time requirements)과 분기 시간 요구사항(branchingtime requirements)을 위한 효율적인 알고리즘도 제공했다.

에스테렐　에스테렐(Esterel)[Bou91]은 또 하나의 동기식 언어이다. 에스테렐에서 신호 (signal)라는 용어는 이벤트를 가리키는 데 사용된다. 에스테렐의 `await` 문은 입력 에 반응하는데, 이 문의 매개변수로 주어진 신호가 들어올 때까지 실행은 중단된다. `emit` 문은 시스템 전체에 방송되는 신호를 보낸다.

　스테이트메이트와는 달리, 에스테렐은 구조적 관점과 행동적 관점을 하나의 텍스트 형태의 프로그램으로 결합한다. 그림 3-43은 부세노(Boussinot)와 데시몽(De Simone)[Bou91]이 작성한 간단한 에스테렐 예제이다. 프로그램은 주 모듈, 카운터 모듈, 출력 모듈과 같이 3개의 모듈로 나뉜다(여기서 *emission*은 출력에 해당되는 일반적인 프랑스 용어이다). 카운터 모듈은 클릭(외부 클록 신호)할 때마다 카운트를 갱신하는데, 값이 갱신될 때마다 값을 출력하며 리셋 신호도 감시한다. 출력 모듈은 카운터 값을 테스트한다. 만약 카운터 신호 VAL이 0이면 NONE 출력을 내보내고, 카운터가 1이면 SINGLE을 내보내며, 카운터가 1보다 크면 MANY를 내보낸다. Mouse를 위한 주 모듈은 ‖ 연산자로 지정된 것처럼, 하나의 카운터와 하나의 출력이 병렬로 실행되도록 한다. 이것은 또 TOP 신호를 5번 받을 때마다 하나의 RST를 출력하는 세 번째 프로세스도 포함한다.

```
module Mouse:
input CLICK,TOP;
output NONE, SINGLE, MANY;

signal RST, VAL (integer) in
  loop
    copymodule Counter
  ‖
    await 5 TOP;
    emit RST;
  ‖
    copymodule Emission
  end
end
```

```
module Counter:
input RST, CLICK;
output VAL(integer);

var v : integer in
  do
    v := 0;
    every immediate CLICK do
      v := v+1;
    watching RST;
    emit VAL(v);
end
```

```
module Emission:
input VAL(integer);
output  NONE, SINGLE,
MANY;
  await VAL;
  if?VAL = 0 then
    emit NONE
  else
    if ?VAL = 1 then
      emit SINGLE
    else
      emit MANY
  end
end
```

　　　　주 모듈　　　　　　　　　　　카운터 모듈　　　　　　　　　　출력 모듈

그림 3-43 부세노와 데시몽[Bou91]의 에스테렐 프로그램 예제. ⓒ1991 IEEE.

에스테렐 컴파일　에스테렐 프로그램은 제어를 구현하는 자동장치(소프트웨어 또는 하드웨어)로 컴 파일함으로써 구현된다. 에스테렐을 소프트웨어로 컴파일하기 위한 첫 번째 방법은 에스테렐 기술로 된 자동장치의 생산 기계를 만들고, 그 후에 이 생산 기계를 위한 프로그램을 만드는 것이다. 이 방법은 에스테렐 프로세스들 간의 통신에 시간을 전

혀 소요하지 않도록 해주었다. 그러나 용납할 수 없을 정도로 큰 기계에서는 상태 폭발(state explosion)이 발생할 수 있다.

다른 방법은 에스테렐 프로그램을 결합 논리로 변환하고, 이 논리식을 소프트웨어로 변환한다. 이 방법은 상태 폭발을 방지할 수는 있지만, 이런 결합 논리에 의해 포착될 수 있는 에스테렐 프로그램만 허용한다. 즉, 연산들은 각 상태에서 같은 순서로 실행되어야 한다.

에드워즈(Edwards)[Edw00]는 다중 스레드를 가진 C로 에스테렐을 컴파일했다. 병렬 제어 흐름도(concurrent control flow graph, CCFG)는 plain, conditional, fork, join이라는 4종류의 노드를 가진다. 어떤 에스테렐 문들은 CCFG로 구현하는 것은 쉬운데, emit는 할당이 되고, loop는 for 루프가 되며, present-then-else 문은 조건식이 된다. 에스테렐의 pause 문은 프로세스를 멈추고 다음 사이클에서 계속되게 한다. 이것은 다음 상태를 설정함으로써 구현될 수 있다. exit 문은 트랩에서 포착될 예외(exception)를 발생시킨다. 이것은 각 스레드가 사이클의 끝에 종료 수준을 설정하도록 함으로써 구현될 수 있다.

사이클의 끝에 다음 사이클에서 실행할 상태를 선택하기 위해 스레드는 switch 문을 사용한다. fork 문은 스위치 내의 라벨로 제어를 전달한다. join 문은 계속하기 전에 모든 스레드가 자신에게로 분기할 때까지 기다린다. 컴파일러는 동시성 처리 절차를 준비하기 위해 먼저 루프를 제거한다. 그 후 스레드를 멈추고 재시작시키기 위해 코드를 추가함으로써 동시성을 제거하는데, 그 결과 CCFG는 fork나 join 노드를 가지지 않게 된다. 명령어들은 스케줄링되어서 모두 데이터가 준비될 때만 실행되도록 한다. 이 스케줄링은 프로그램의 데이터 의존성을 충족시켜야만 한다. 스케줄링은 구현에 필요한 문맥 전환(context switch)의 수를 줄이도록 최적화될 수 있다.

CCFG의 순차적 버전은 원본 CCFG에서 스케줄링에 의해 지시된 위치의 노드들을 복사하고, 필요한 제어 경로를 제공하는 가장자리를 추가함으로써 구현된다. 그림 3-44는 간단한 에스테렐 프로그램에 대한 처리를 나타낸다. 동시성 그래프 내의 점선 화살표는 왼쪽 스레드가 어떻게 오른쪽 스레드를 인터럽트하는지를 보여준다. 노드가 스케줄링된 위치로 복사되면, 같은 가지의 다른 스레드들은 중단되며, 선택된 노드는 실행된다. 다음에, 노드의 잠재적 노드들로부터 아크가 추가된다. 마지막으로, 노드는 동시성 그래프 내의 직계 상속자들 각각의 잠재 노드가 된다. 스레드

를 다시 시작하는 것은 어떤 스레드를 다음에 실행할지를 결정하기 위해 스레드의
상태 변수를 테스트하는 것을 필요로 한다. 최종적인 C 코드는 그림에서 볼 수 있듯
이 중첩된 조건식들로 구현된다.

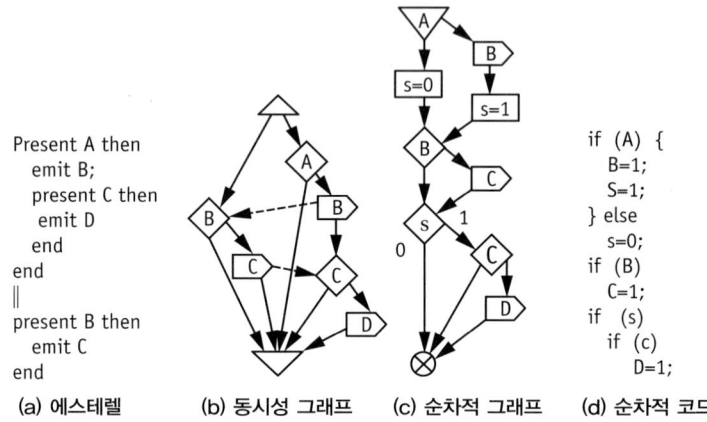

```
Present A then
    emit B;
    present C then
      emit D
    end
end
‖
present B then
    emit C
end
```

```
if (A) {
    B=1;
    S=1;
} else
    s=0;
if (B)
    C=1;
if (s)
    if (c)
      D=1;
```

(a) 에스테렐   (b) 동시성 그래프   (c) 순차적 그래프   (d) 순차적 코드

그림 3-44 에스테렐 조각을 순차적 코드로 컴파일하기. 출처 : [Edw00]. ⓒ2000 ACM 프레스.

3.5.4 자바

자바는 서버로부터 휴대용 장치에 이르기까지 다양한 플랫폼에서 사용될 수 있는
단일 언어를 제공하기 위해 설계되었다. 자바는 호스트 플랫폼 상에서 실행될 수 있
는 자바 가상 기계(Java Virtual Machine, JVM)에 상대적으로 정의된다.

바이트 코드   자바의 중간 표현은 바이트 코드(bytecodes)라 불린다. 자바 컴파일러는 자바 소
스 코드를 JVM에서 해석될 수 있는 바이트 코드로 번역한다. 바이트 코드는 한 바
이트의 조작 부호(opcode)와 0 개 이상의 피연산자로 구성된다. 자바는 피연산자
의 수를 최소화하는 데 도움이 되는 스택 지향의 실행 모델을 가진다. 바이트 코드
는 표 3-1 처럼 기호 형태로 역어셈블될 수도 있다.

기호	바이트 코드
istore_0	3b
iload_0	1a
goto_7	a7 ff f9

표 3-1 자바 기호와 바이트 코드

소형 가상 기계   제한적 접속 장치 구성(Connected Limited Device Configuration, CLDC) [Sun05]은 제한된 자원을 가진 장치를 위한 가상 기계와 API를 정의한다. 쉐일러 (Shaylor) 등[Sha03]은 CLDC에 기초한 JVM 구현을 설명한다.

즉석 컴파일   즉석(just-in-time, JIT) 컴파일은 자바와 C#과 같은 언어에서 인기를 얻고 있다. 이런 언어들은 종종 네트워크를 통해 배포되고, 같은 코드가 다양한 플랫폼 상에서 실행된다. 그러나 일종의 인터프리팅을 필요로 하는 플랫폼 독립적인 표현은 토산 (native) 코드보다 빨리 실행할 수 없다. JIT 컴파일러는 플랫폼 독립적인 코드를 토산 명령어로 즉각적으로(on the fly) 번역한다.

언제 JIT 컴파일러를 이용하는가   JIT 설계자를 위한 일차적인 결정은 언제 코드를 컴파일하고 언제 인터프리팅에 의존할 것인가 하는 것이다. 한 번 실행되는 함수는 컴파일할 가치가 없으나, 여러 번 실행되는 함수는 컴파일할 가치가 충분할 것이다. 많은 함수들은 이 두 극단 사이에 존재하며, 언제 JIT 컴파일러를 호출할지를 결정하기 위해 일종의 발견적 방법 (heuristics)이 사용되어야 한다.

JIT 컴파일   JIT 컴파일러는 한 번에 오직 하나의 함수에 대해서만 작용을 하며, 이것이 프로그램을 최적화하는 능력을 어느 정도 제한한다. JIT 컴파일러는 레지스터를 할당하고 명령어들을 배출해야 하고, 제어 흐름도 어느 정도 최적화하는 경우가 있다.

메모리 관리   자바는 개체를 위한 메모리 할당을 자동으로 관리하고, 더 이상 필요하지 않은 개체에 의해 사용되었던 메모리를 재활용하기 위해 폐영역 회수(garbage collection)를 사용한다. 전통적인 폐영역 회수기(garbage collector)는 실시간 또는 저전력 연산을 감안하여 설계되지는 않았다. 폐영역 회수 연구에서, 폐영역 회수를 필요로 하는 애플리케이션 프로그램은 종종 촉발자(mutator)라고 불린다.

김(Kim) 등[Kim99]은 비반복적으로 폐영역 회수기를 스케줄링할 것을 제안했다. 이들은 최고 우선순위 작업으로 폐영역 회수기를 실행했고, 폐영역 회수기에 총 CPU 시간에서 미리 설정된 부분을 할당했다. 이들은 또 하드웨어 지원을 포함한, 변경된 폐영역 회수 알고리즘을 제안했다.

베이콘(Bacon) 등[Bac03a; Bac03b]은 임베디드 자바 시스템에서 사용할 폐영역 회수기를 개발했다. 이들의 폐영역 회수기는 다음과 같은 여러 원칙들에 기초한다.

- 개체들을 위한 메모리는 격리된 빈칸 목록(segregated free lists)에 할당된다. 메모리 블록들은 각각의 크기에 기초한 별도의 빈칸 목록으로 분할된다.

- 개체들은 일반적으로 복사되지 않는다. 어떤 메모리 관리자는 메모리를 재할당하고 메모리 시스템의 조각 모음을 위해 자주 개체들을 복사하지만, 베이콘 등은 조각화가 비교적 드물다는 것을 발견했다.

- 페이지가 조각나면 그 개체들은 일반적으로 가장 꽉 찬(mostly full) 다른 페이지로 이동된다.

- 각 개체의 헤드에 있는 전달 포인터는 개체의 재배치를 돕는다.

- 증분 표시-청소 알고리즘(incremental mark-sweep algorithm)을 사용하여 폐영역은 회수된다.

- 큰 배열은 고정 크기의 조각들로 나뉜다. 이것은 조각화를 줄이고 스캔하거나 복사하는 데 필요한 시간을 제한한다.

이들은 또 효율적이면서 더 예측 가능한 메모리 관리 타이밍을 제공하는, 폐영역 회수기를 위한 시간에 기초한 스케줄러도 개발했다. 이 스케줄러는 회수기와 촉발자(mutator) 사이에 삽입되어서 이들 각각에 대해 고정 시간 할당량을 할당한다. 최대 촉발자 사용 효율(maximum mutator utilization, MMU)은 폭 Δt 의 모든 간격에 대한 촉발자의 최대 CPU 사용 효율이다. 베이콘 등은 그들의 시간 기반 알고리즘의 MMU 가 다음 수식에 접근한다는 것을 보였다.

$$u_T = \frac{Q_T}{Q_T + C_T}$$

(수식 3-16)

여기서 Q_T는 촉발자의 시간 할당량이고, C_T는 폐영역 회수기의 시간 할당량이다.

이들의 폐영역 회수기에 의해 요구되는 최대 초과 공간(maximum excess space)은 개체를 해방시키는 데 필요한 회수 개수에 의해 결정된다. 첫 번째 회수는 개체를 회수한다. 만약 개체가 회수 직후에 생성되었다면 다음 회수 때까지는 발견되지 않을 것이다. 만약 개체가 복사될 필요가 있다면, 회수를 하나 더 추가할 것이다.

3.5.5 계산의 이종 모델

임베디드 시스템은 데이터 스트림에 대해서 다양한 종류의 계산을 종종 수행해야한다. 예를 들어, 오디오 재생기는 파일 시스템을 읽고, 오디오 패킷 스트림을 분석하며, 무손실 복원을 수행하고, 오디오를 재구성하기 위해 디지털 필터를 통해 샘플을 실행한다. 다른 단계의 처리에는 다른 방식의 프로그래밍이 유용할 것이다. 같은 언어를 사용하더라도, 시스템 내의 이 프로그램이 적절히 통신하면서 데이터를 분실하거나 다른 문제를 일으키지 않도록 해야 한다.

조정 언어

리(Lee)와 팍스(Parks)[Lee95]는 신호 처리 시스템을 위한 조정 언어(coordination language)의 형식론을 개발했다. 이들의 모델은 병렬 계산 모델인 칸 프로세스 네트워크(Kahn process network)에 기초하고 있다. 이 모델에서 프로세스는 무제한의 대기 행렬(unbounded queues)을 통해 통신한다. 프로세스에 대한 각각의 입력은 무한 용량의 FIFO 로 보호된다. 채널은 값들의 열 또는 스트림을 보낼 수 있다. 프로세스는 입력 FIFO 로부터 토큰을 소비하는데, 일단 토큰이 소비되면 다시 소비될 수는 없다. 프로세스는 출력으로 새 토큰을 생산한다.

물리적 신호 처리 시스템은 인과관계를 가지므로(출력은 입력에 의해 예측 가능한 방법으로 발생되므로), 우리는 이런 종류의 네트워크를 위한 대등한 특성을 보이고자 한다. 그러나 칸 프로세스 네트워크는 똑딱이는 시계로서의 시간에 대한 구체적인 개념없이 단지 순서 부여(ordering)의 관점으로서만 시간을 본다. 칸 프로세스 네트워크를 위한 인과관계에 관련된 특성은 '고정성(monotonicity)'이다. 이 특성은 다음과 같이 공식으로 나타낼 수 있다.

$$X \subseteq X' \Rightarrow F(X) \subseteq F(X')$$

(수식 3-17)

이것은 새 입력 토큰은 이전의 출력을 변경할 수 없고, 단지 향후의 출력만 변경할 수 있다는 뜻이다. 리와 팍스는 고정적인 프로세스들의 네트워크는 자체적으로 고정적이라고 주장하는데, 이것은 우리가 일관성 있는 특성들로 복잡한 시스템을 구축할 수 있음을 의미한다.

데이터 흐름
행위자

리와 팍스는 이 조정 언어 모델 위에 어떻게 데이터 흐름 언어를 구축할지를 보여주었다. 데이터 흐름 시스템의 프로세스는 종종 행위자(actors)로 불리는데, 행위자는 일련의 점화 규칙(firing rule)에 의해 관리된다. 어떤 조건 하에서 행위자가 점화되는데, 입력에서 어떤 토큰들을 소비하고 출력에서 다른 토큰들을 생산한다. 리와 팍스는 칸 모델에서 요구되는 것보다 더 엄격한 조건을 행위자의 동작에 부과한다. 이들은 행위자의 출력이 현재 입력 토큰들의 함수이어야 하고 어떤 이전 상태의 함수여서는 안 된다고 요구하며, 또 행위자가 부작용을 일으켜서도 안 된다고 요구한다. 덧붙여서, 이들은 점화 규칙들이 입력으로부터의 읽기 차단만 사용하여 고정된 순서로 적용될 것을 요구한다.

간단한 행위자 모델은 디지털 필터이다. 행위자는 각 입력에서 하나의 토큰을 소비하고 출력에서 하나의 토큰을 생산한다. 점화 규칙도 선택을 포함할 수 있다. 예를 들어, 다중화기(multiplexer)는 두 개의 데이터 입력과 하나의 제어 입력을 가진다. 이것은 제어 입력을 읽고, 제어 입력 값에 기초하여 데이터 입력 중 하나를 읽는다. 이 행위자는 매 입력에서 항상 같은 수의 토큰을 읽지는 않는다.

프톨레미 프톨레미(Ptolemy) II 시스템[Eck03; Pto05]은 데이터 흐름 행위자 모델을 주축으로 하여 구축되었다. 프톨레미는 데이터 흐름 행위자 모델에 의해 조정되는 다양한 방식으로 대규모의 이종 시스템이 모델링될 수 있도록 해준다. 그래픽 사용자 인터페이스는 시스템 설계자에게 통합된 시스템 관점을 제공한다.

행위자는 원소적이거나 복합적일 수 있다. 행위자는 포트를 통해 네트워크에 연결된다. 최고 수준의 복합 모델은 포트가 없어도 허용된다. 프톨레미 II 의 실행 절차는 다음과 같은 세 단계를 가진다.

1. 셋업 단계는 사전 초기화와 초기화 하부 단계들로 나뉜다. 사전 초기화는 동적으로 생성되는 행위자를 구축할 수 있고, 포트의 폭을 결정하는 등의 작업을 수행한다. 초기화는 행위자의 내부를 처리한다.

2. 반복 단계는 행위자의 유한한(finite) 계산이다. 각 반복은 사전 점화(조건 테스트), 점화(작업 수행), 그리고 사후 점화(상태 갱신)로 구분된다.

3. 종결(wrapup) 단계는 실행 과정에 사용되었던 자원들을 해방한다.

복합 행위자는 다른 수준의 추상화에서 행위자를 기술하는 데 사용할 수 있는 하나 이상의 도메인에서 구현될 수 있다. 순차적 프로세스들의 통신, 연속적인 시간, 이산적인 이벤트와 같은 여러 도메인들이 프톨레미 II 에 구현되어 있다. 도메인의 수신자 클래스(receiver class)는 이 도메인에서 사용되는 통신 메커니즘을 정의한다. 도메인 내에서 행위자의 실행 순서는 관리자 클래스(director class)에 의해 정의된다.

메트로폴리스 메트로폴리스(Metropolis)[Bal05]는 임베디드 시스템 설계를 위한 메타 모델이다. 메트로폴리스는 임베디드 시스템 내의 광범위한 의미를 파악하고 합성, 시뮬레이션, 검증을 지원하기 위해 설계되었다. 메트로폴리스는 설명에 관한 세 가지 주요 축들을 정의한다.

1. 계산 대 통신

2. 기능적 명세 대 구현 플랫폼

3. 기능적/행동적 대 비기능적 요구사항(메트로폴리스가 성능 인덱스(performance index)라 부르는 것)

시스템의 기능은 스레드(threads)로 알려진, 동시에 실행되는 순차적 프로그램들을 나타내는 개체들의 집합으로 기술된다. 스레드는 개체에 정의된 포트를 통해 통신하는데, 포트와 이들의 연결은 네트워크에 의해 정의된다. 객체지향 프로그래밍 언어처럼, 개체는 포트를 통해 액세스될 수 있는 메소드들을 정의한다.

통신상의 제약조건이나 프로세스 간의 조정은 병렬처리 시스템을 모델링하고 검증하는 데 널리 사용되는 선형 시간 시간적 논리(linear-time temporal logic)를 사용하여 정의된다. 수량에 대한 제약조건을 규정하기 위해, 메트로폴리스는 다음과 같이 여러 가지 중요한 종류의 수량들을 기술할 수 있도록 해주는 제약조건 논리를 정의한다.

- $t(e_{i+1}) - t(e_i)\ 5\ P$ 형태의 속도(rates)

- $t(o_j) - t(i_j) \le L$ 형태의 지연 시간(latencies)

- $|t(o_j) - j \times P| - J$ 형태의 흐트러짐(jitter)

- $t(o_i + E) - t(o_i) \le T$ 형태의 처리량(throughput)

- $t(i_j + E) - t(i_j) > T$ 형태의 연속성(burstness)

아키텍처 모델은 아키텍처의 서비스와 이들의 효율성에 의해 기본적으로 정의되며, 아키텍처의 구조적 모델은 이 기술들을 지원한다. 아키텍처의 기능성은 메소드로 기술되는 일련의 서비스들에 의해 정의된다. 각 서비스는 그 특성을 나타내는 일련의 이벤트들로 분해되며, 이 이벤트들은 그 후에 성능이나 에너지와 같은, 이벤트의 비용으로 주석이 붙는다.

발라린(Balarin) 등[Bal02]은 메트로폴리스 메타 모델을 위한 시뮬레이션 알고리즘을 설명한다. 시뮬레이터는 스레드를 행동 자동장치(action automaton)로 모델링한다. 행동은 메소드 호출의 실행이며, 행동의 시작을 표시하는 이벤트와 행동의 끝을 표시하는 다른 이벤트에 의해 표시된다. 각 행동은 이벤트들을 차단함으로써 보호되고, 자신이 종료될 때 다른 행동들을 해방한다.

모델 통합 개발　　　카르사이(Karsai) 등[Kar03]은 도메인 특유의 모델링 언어(domain-specific modeling language)로부터 소프트웨어를 생성하는 **모델 통합 컴퓨팅(model-integrated computing)**이라 불리는 방법론을 사용한다. 모델은 애플리케이션에 따라 다른 요소들을 가질 수 있지만, 일반적인 모델은 다음과 같은 몇 가지 측면들을 포함한다.

- 시스템이 동작하는 환경에 대한 모델

- 애플리케이션/알고리즘에 대한 모델

- 하드웨어 플랫폼에 대한 모델

모델링 언어는 개념(concepts), 속성(attributes), 그리고 구성 규칙(composition rules)을 포함한다. 개념은 알고리즘 또는 플랫폼과 연관될 수 있으며, 속성은 애플리케이션, 컴포넌트 성능 등의 비기능적 요구사항일 수 있다.

모델링 언어는 메타 모델(metamodel)로 기술된다. 그림 3-45는 계층적 신호 흐름도를 나타내는 데 사용되는 언어의 메타 모델이다.

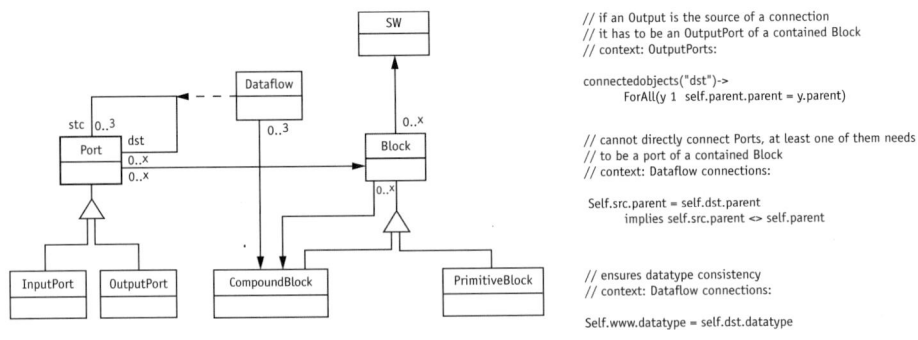

그림 3-45 계층적 신호 흐름도를 위한 제약조건을 가진 메타 모델
출처 : 카르사이 등[Kar03]. ⓒ2003 IEEE.

통합 모델링 언어(Unified Modeling Language, UML) 표기법이 이 언어를 설명한다. 이 언어의 최고 수준 요소는 SW인데, 이것은 Block 형식 등의 모델들을 포함한다. 그림의 오른쪽은 개체 제약 언어(Object Constraint Language, OCL) 연산식으로 기술된 몇 가지 적격성 규칙(well-formedness rules)을 보여준다.

카르사이 등은 임베디드 시스템은 복잡하지만 반드시 신뢰성이 있어야 하므로, 단순하게 평이한 영문 설명이 아니라 잘 정의된 의미를 가진 언어로 설계되어야 한다고 주장한다. 도메인 특유의 모델링 언어의 의미를 규정하는 한 가지 일반적인 방법은 *메타 모델링*(metamodeling)인데, 이것은 잘 정의된 의미를 가진 다른 언어로 의미를 작성한다. 지(Z)와 라치(Larch)는 메타 모델링을 위해 사용되는 언어의 예이다.

한 가지 다른 방법은 도메인 특유의 모델링 언어를 잘 이해되는 의미를 가진 다른 언어로 매핑을 규정하는 것이다. 메타 모델은 일관성을 위해 점검되어야 한다. 메타 모델의 다양한 구성요소와 규칙은 명확하지 않은 방법으로 상호작용하여, 합성이 의도하지 않은 의미를 가지도록 할 수 있다.

도메인 특유의 모델링 언어로 작성된 기술은 생성기(generator)를 사용해서 구현으로 바꿀 수 있다. 생성기는 검색과 최적화를 가진 구문 지향의 변환을 결합할 필요가 있다. 생성기는 메타 생성기(metagenerators)의 도움으로 만들어질 수 있다. 메타 생성기는 변환이 구체적으로 기술되도록 해주는 그래프 문법을 통해 구축될 수 있는데, 매핑 작업을 수행하는 데 도움을 받기 위해 추적(traversal) 전략이 사용될 수 있다.

시뮬링크   시뮬링크(Simulink)는 복잡한 시스템의 분석과 설계를 위한 상용 시스템이다. 시뮬링크는 시뮬레이션 엔진 위에 구축되고, 모델 라이브러리와 코드 생성 기능도 제공한다. 다음 예제는 자동차 설계에서의 시뮬링크 사용을 설명한다.

예제 3-1   **시뮬링크를 사용한 유선 핸들 설계**

랑겐월터(Langenwalter)와 엘키넨(Erkkinen)[Lan04]은 자동차 유선 핸들(steer-by-wire) 시스템을 설계하는 데 시뮬링크를 사용하는 방법을 설명했다. 이 시스템은 핸들 축 회전을 바퀴로 전달하기 위해 전자 제어를 사용한다. 랑겐월터와 엘키넨은 개념에서 검증된 시스템으로 연속적으로 정제하기 위해 모델 기반의 설계 방법론을 사용한다.

시스템의 행동적 모델은 물리적 설비(이 경우에는 자동차)와 제어 시스템의 간단한 모델을 포함한다. 행동적 모델은 자동차가 유선 핸들 알고리즘에 의해 제어되면서 잘 작동하도록 시뮬레이션될 수 있다. 시스템은 타이밍 정확도 대 프로그래밍 용이성의 요구사항에 따라 다르지만, 다양한 플랫폼에서 시제품이 만들어질 수 있다. 의도된 목적 플랫폼을 사용하는 것은 타이밍과 인터페이스에 대한 더 자세한 정보를 제공하는 반면, 고성능 마이크로프로세서는 더 편리한 환경을 제공한다.

자세한 소프트웨어 설계는 여러 가지 작업을 포함한다. 알고리즘은 제어 시스템의 특성을 유지하기 위해 충분한 정밀도를 가지고 고정 소수점으로 변환되어야 한다. 함수들은 프로세스에 매핑되어야 하며, 테스팅과 진단 부분이 코드에 추가되어야 한다. 자세한 소프트웨어는 코드를 실제 플랫폼에서 실행하기 전에 자동차 모델 상에서 실행될 수 있다. 이 시뮬레이션은 자동차의 다른 코드 조각들을 실행하는 다중 프로세서를 염두에 둘 수 있다.

3.6 요약

임베디드 소프트웨어는 실시간 성능, 에너지, 그리고 크기 제약조건을 만족시키도록 설계되어야 한다. 이런 목표를 달성하기 위해, 새로운 추상적 프로그래밍 언어에서부터 후단 컴파일러 알고리즘에 이르는 각종 기법들을 이용할 수 있다. 임베디드 소프트웨어 도구는 범용 컴파일러와는 다르게 설계되는 경향이 있다. 임의의 코드를 위한 컴파일러는 광범위한 프로그램에 대해 적절하게 좋은 결과를 얻을 수 있도록 설계된다. 이와는 대조적으로, 임베디드 소프트웨어를 설계할 때는 성능, 에너지등을 염두에 두고 구체적인 목표를 가진다. 그리고 목표를 정밀하게 만족시킬 수 있도록 소프트웨어를 최적화하기 위해 이 정보를 사용할 수 있다. 니콜라스 할브와치(Nicholas Halbwachs)는 '반응적 시스템의 동기식 프로그래밍 : 지침서와 주석붙은 참고 문헌(Synchronous Programming of Reactive Systems: A Tutorial and Commented Bibliography)' 이라는 제목으로 반응적 프로그래밍 언어에 대한 훌륭한 지침서를 제작했는데, 이것은 *http://www.citeseer.ist.psu.edu*에서 볼 수 있다.

우리가 배운 것

- 광범위한 CPU 아키텍처가 임베디드 시스템에서 사용되는데, 이것은 다양한 컴파일 방법들을 개발하도록 요구한다.

- 메모리 시스템을 이용하는 소프트웨어는 버퍼 관리, 데이터스 케줄링, 데이터 재사용과 같은 메모리 시스템의 모든 추상화 수준을 적절하게 사용하도록 설계되어야 한다.

- 정확한 최악 경우 실행 시간 분석은 흐름의 추상적인 분석과 프로세서 플랫폼의 자세한 모델 모두를 필요로 한다.

- 고수준 프로그래밍 언어는 특별한 종류의 계산을 위한 추상화를 제공하는데, 이 언어로 포착한 정보는 소프트웨어를 분석 및 합성하는 데 사용될 수 있다.

추가로 공부할 것

베이콘(Bacon) 등[Bac94]은 추상화에서부터 기계 의존적인 변환에 이르는, 루프 최적화 기법의 광범위한 검토를 제공한다. 달테(Darte) 등[Dar98]은 루프 변환의 역사와 사용에 대한 철저한 검토를 제공한다. 구센스(Goossens) 등[Goo97]은 범용 기계뿐만 아니라 ASIP 및 DSP를 위해 특별히 개발된 기법들을 포함하여, 임베디드 소프트웨어를 위한 컴파일러 기법들을 설명한다. 여러 저자들이 메모리 시스템과 컴파일에 대한 조사를 했는데, 판다(Panda) 등[Pan01], 울프(Wolf)와 칸데미르(Kandemir)[Wol03], 칸데미르와 더트(Dutt)[Kan05] 등이 있다. 푸시너(Puschner)와 번즈(Burns)[Pus99]는 최악 경우 실행 시간 분석의 개발에 대한 탁월한 조사 결과를 제공한다.

연습 문제

Q3-1. 다음 명령어를 위한 명령어 템플릿을 작성하라.

    a. 덧셈 : `ADD r1, r2, r3`

    b. 곱셈 누적 : `MAC m1, a1`

    c. 증가 : `INCR r1`

Q3-2. 명령어 스케줄링과 레지스터 할당이 어떻게 상호작용하는가? 범용 레지스터 아키텍처(ARM과 같은)는 이 상호작용을 단순화하는가, 아니면 더 어렵게 만드는가?

Q3-3. 여러 다른 종류의 레지스터를 가지고 각각 어떤 종류의 연산 결과를 받을 수 있는 기계를 다루기 위해, 레지스터 할당을 위한 그래프 채색 기반의 알고리즘을 어떻게 변경할 것인가?

Q3-4. 어떤 레지스터를 유출할지(spill) 결정하기 위한 탐욕적 및 비탐욕적 알고리즘들의 장단점을 비교하라.

Q3-5. 직접 매핑된 캐시와 집합 연관 캐시 중 어떤 것을 위해 코드 배치가 더 중요한가?

Q3-6. 프로시저 호출 그래프가 코드 배치를 안내하기 위해 어떻게 사용될 수 있는지 설명하라.

Q3-7. 루프 교환(loop interchange)이 다음 각 요소에 어떤 영향을 미치는지 설명하라.
  a. 프로그램 성능
  b. 프로그램 에너지 소모

Q3-8. 루프 통합(loop fusion)이 다음 각 요소에 어떤 영향을 미치는지 설명하라.
  a. 프로그램 성능
  b. 프로그램 에너지 소모

Q3-9. 어떤 스칼라 변수들이 캐시 내에서 서로 가깝게 배치되어야 한다고 결정할 때 도움이 되는 특성은 무엇인가?

Q3-10. 다음과 같은 루프가 주어졌을 때,

```
for (i = 0; i < N; i++)
  for (j = i; j < N; j++){
    a[j] = b[i][j] + c[j][i];
    d[j] = f(c[i][j]);
  }
```

a[ ]와 d[ ]를 위한 루프 충돌 요소(loop conflict factor)는 무엇인가? 모든 행렬들이 충돌한다고 가정하라.

Q3-11. 다음 코드를 통과하는 가장 긴 실행 경로를 찾아라.

```
for (sx = 0; sx < X; sx++){
  for (sy = 0; sy < Y; sy++) {
    best = 0; bpx = 0; bpy = 0;
    for (i = 0; i < N; i++)
      for (j = 0; j < N; j++) {
        val = iabs(t[ i][ j] - f[ sx + ox][ sy + oy]);
        if (val > best) {
          best = val;
          bpx = sx;
          bpy = sy;
        }
      }
  }
}
```

Q3-12. 다음 코드 조각을 통과하는 흐름을 기술하는 제약조건을 작성하라.

```
if (a < b) {
  while (c < 50)
    if (b[ c] == 0) c = c + 2;
    else c++;
} else {
  for (i = 0; i < 20; i++)
    b[ i] = x[ i] * y[ i];
}
```

Q3-13. Q3-11 의 코드를 위한 흐름 사실(flow facts)의 집합을 추출하라.

Q3-14. C++와 같은 객체지향 프로그래밍 언어와 동기식 언어를 비교하고 대조하라.

Q3-15. 인터럽트 처리기를 기술하기 위해 객체지향 기법을 어떻게 사용할 것인가?

Q3-16. 그림 3-35 의 SDF 그래프는 주기적 수용가능 순차적 일정(periodic admissible sequential schedule)을 가지는가? 그 이유는?

Q3-17. 어떤 종류의 프로그램 변환이 다면체 축소 의존성 그래프(polyhedral reduced dependence graph) 상에서 수행될 수 있는가?

Q3-18. 복잡한 장치를 다루는 장치 드라이버를 기술하기 위해 상태도(statecharts) OR 과 AND 상태를 사용하라. 이 처리기(handler)는 하나의 인터럽트를

받고, 어떤 하부 장치가 이 인터럽트를 생성했는지 파악하며, 하부 장치의 상태를 테스트하고, 그리고 요청된 처리를 수행한다.

Q3-19. 칸 프로세스 네트워크(Kahn process network)는 SDF 그래프와 어떻게 다른가?

Q3-20. 여러분은 오디오 압축과 네트워킹이라는 두 가지 다른 종류의 임베디드 시스템을 기술하기 위해 도메인 특유의 모델링 언어(domain-specific modeling language)를 사용한다. 이 두 시스템을 위한 메타 모델(metamodel)은 어떻게 다른가? 어떻게 하면 이들이 같아질 수 있을까?

실습 문제

L3-1. DSP와 범용 레지스터 기계를 위해 컴파일된 코드를 비교하라. 이들이 레지스터와 명령어들을 어떻게 사용하는지 비교하라.

L3-2. 동작 추정 알고리즘과 같은 간단한 프로그램의 캐시 특성을 분석하라.

L3-3. 16진(radix-16) 고속 푸리에 변환(FFT)을 위한 최악 경우 실행 시간을 분석하라.

L3-4. 3단계 검색(three-step search)과 같은 블록 동작 추정 알고리즘을 위한 최악 경우 실행 시간을 분석하라.

L3-5. 예제 프로그램을 택하고 프로그램을 통과하는 최악 경우 실행 경로를 육안으로 파악해보라. 여러분의 결과를 WCET 분석 도구의 것과 비교하라.

L3-6. 앤티록(antilock) 브레이크 시스템을 위한 에스테렐(Esterel) 프로그램을 작성하라. 앤티록 브레이크 제어기는 미끄러지는 동안 브레이크를 규칙적으로 밟아준다.

프로세스와 운영체제

- ● 실시간 스케줄링
- ● 전력/에너지를 위한 스케줄링
- ● 성능 추정
- ● 운영체제 메커니즘과 오버헤드
- ● 임베디드 파일 시스템
- ● 병렬처리 시스템 검증

4.1 소개

많은 임베디드 시스템은 여러 가지 작업을 동시에 수행해야 한다. 실시간 운영체제
(real-time operating system, RTOS)는 하나의 CPU가 여러 프로세스를 다룰 수
있도록 해준다. 범용 운영체제와는 달리, RTOS는 엄격한 타이밍 요구사항을 지켜
야 한다. 이들은 이런 타이밍 요구사항을 지키면서 에너지 소모를 최소화해야 하는
경우도 있다.

이 장에서는 실시간 스케줄링 방법들을 설명하는 것으로 시작하는데, 여기에는
전통적인 스케줄링 알고리즘과 더 복잡한 조건들을 위한 새로운 알고리즘이 모두
포함된다. 4.3절에서는 프로그래밍 언어와 스케줄링 사이의 관계를 살펴보는데, 특
히 정적인 스케줄링을 가능하게 해주는 언어와 컴파일 방법을 검토할 것이다. 4.4절
은 실시간 운영체제의 구현을 살펴보는데, 여기에는 문맥 전환(context switching)
오버헤드, 전력 관리, 파일 시스템이 포함된다. 이 장은 4.5절에서 병렬처리 시스템
을 검증하는 방법론들에 대한 설명으로 마무리한다.

4.2 실시간 프로세스 스케줄링

먼저 몇 가지 일반적인 용어를 정의하면서 시작하기로 하자. 그 후에 전통적인 실시간 스케줄링 알고리즘들을 검토할 것이다. 다음 4.2.2 절에서 새로운 범주를 위한 전통적 스케줄러들의 확장을 살펴보고, 4.2.3 절에서는 동적 전압 크기 조정을 위한 실시간 스케줄링에 치중할 것이다. 그리고 다중 프로세스 시스템을 위한 성능 추정에 대한 설명으로 마무리할 것이다.

4.2.1 준비

이 절에서는 실시간 시스템 상의 프로세스들을 스케줄링하기 위한 알고리즘들을 조사한다. 스케줄링은 많은 상황에서 연구되어 왔다. 몇몇 일반적인 스케줄링 기법은 실시간 시스템에 적용되며, 다른 기법들은 실시간 컴퓨터 시스템의 아주 특별한 특성을 위해 설계되었다.

프로세스와 스케줄링 컴퓨팅에서 가장 기본적인 추상화 중 하나는 프로세스(process)이다. 프로세스는 프로그램의 고유한 실행(unique execution)으로, 이것은 프로그램과 그 상태 모두를 포함한다. 운영체제는 문맥 전환(context switching)이라 불리는 기법을 사용하여 프로세스의 실행을 끼워 넣음(interleaving)으로써 하나의 CPU 상에서 동시에 여러 프로세스들이 실행될 수 있도록 해준다. 스케줄링을 위한, 운영체제의 연속적인 선점들(preemptions) 사이의 시간을 시간 할당량(time quantum)이라 부른다. 또 CPU 상에서 프로세스가 실행되는 시간은 일정(schedule)이다.

프로세스 대 작업 문헌에서는 비슷한 개념들을 위해 몇몇 다른 단어들이 사용되고, 종종 같은 단어가 다른 용도로 사용되기도 한다. 스케줄링에서는 용어 스레드(thread), 프로세스(process), 작업(task)이 모두 다양한 방법으로 사용된다. 우리는 용어 스레드를 다른 스레드와 주소 공간을 공유하는 약식 프로세스를 의미하는 것으로 사용하며, 프로세스는 프로그램 실행을 나타내는 일반적인 용어로 사용한다. 그리고 작업은 함께 실행되어야 하는 프로세스들의 집합을 의미하는 것으로 사용한다. 작업은 종종 데이터 의존성에 의해 연관된다. 단어 작업은 종종 우리가 프로세스라 부르는 것을 가리키는 데 사용되지만, 단일 프로그램과 프로그램들의 집합을 구별하는 것이 유용하다는 것을 알게 된다. 작업을 구성하는 프로세스들은 하부 작업(subtasks)이라 불리기도 한다.

정적 대 동적   스케줄링 알고리즘은 두 가지 일반적인 범주로 구분될 수 있다. 정적 스케줄링 알고리즘은 시스템이 작동을 시작하기 전에 오프라인으로 일정을 결정한다. 반면 동적 스케줄링 알고리즘은 실행하는 동안에 즉각적으로 일정을 구축한다. 많은 스케줄링 알고리즘은 NP 완전(NP-complete)이다. 그 결과, 이 문제를 해결하기 위해 발견적 방법(heuristics)을 사용해야 한다.

구성적 대 반복적 개선   정적 스케줄링 알고리즘은 하드웨어와 소프트웨어 설계 모두에 폭넓게 사용된다. 정적 스케줄러의 주된 종류에는 구성적(constructive) 및 반복적 개선(iterative improvement)이 있다. 구성적 스케줄러는 일정에서 다음 작업을 선택하기 위해 규칙을 사용한다. 반복적 개선 스케줄러는 이와 대조적으로, 일정을 바꾸기 위해 결정한 것을 재검토한다.

우선순위 스케줄러   실시간 시스템에 대한 동적 스케줄러는 일반적으로 우선순위 스케줄러(priority schedulers)이다. 이 스케줄러는 (정수 또는 실수 값으로) 우선순위를 할당하고, 어떤 프로세스를 다음에 실행할지 결정하기 위해 이 우선순위를 사용한다.

실시간 대 범용   실시간 스케줄링 알고리즘은 범용 운영체제를 위한 스케줄링 정책들과는 아주 다르다. 범용 시스템은 어떤 프로세스가 다른 것들보다 더 자주 실행하는 것을 허용하기는 하지만, 일반적으로 어떤 프로세스의 계산 시간이 결핍되지 않도록 하는 공정성에 관심을 둔다. 이와는 대조적으로, 실시간 스케줄링은 마감 시간(deadlines)에 관심을 둔다. 마감 시간을 놓친데 대한 벌칙은 다를 수 있지만, 어쨌든 실시간 스케줄링 알고리즘은 마감 시간 또는 처리량 요구사항을 충족시킬 것을 목표로 하고 있다.

엄격함 대 유연함   문헌에서는 엄격한 실시간(hard real-time)과 유연한 실시간(soft real-time)을 구별한다. 어떤 사람은 엄격한 실시간을 안전 필수 계산(safety-critical computations)만을 의미하는 것으로 사용하지만, 우리는 마감 시간을 지키지 못하면 어떤 계산도 실패하게 된다는 의미로 사용하고자 한다. 예를 들어, 레이저 프린터는 마감 시간을 지키지 못할 때 비록 이로 인해 사람을 죽게 만들지는 않지만, 잘못된 페이지를 인쇄할 수 있다. 유연한 실시간 시스템은 마감 시간을 지키는 것을 선호하지만, 지키지 못한다 하더라도 재앙이 일어나지는 않는다는 의미로 사용한다. 디지털 텔레비전에서의 사용자 인터페이스는 유연한 실시간 마감 시간을 충족시키는 시스템의 예이다.

마감 시간 정의   마감 시간을 규정하고 프로세스 특성을 기술하기 위해 몇 가지 용어를 정리할 필요가 있다. 그림 4-1 처럼, 마감 시간(deadline)은 모든 계산이 완료되어야 하는 시각이다. 많은 경우 프로세스는 직전 마감 시간의 끝에서 실행을 시작하는데, 직전 마감 시간 이후에 시동 시간(release time)을 정의하기를 원하는 경우도 있다. 주기(period) Ti 는 연속적인 마감 시간들 사이의 간격이다. 마감 시간과 시작 시간은 모두 원하는 특성의 명세들이다. 상대적인 마감 시간(relative deadline)은 프로세스의 해방 시간에서부터 마감 시간 끝까지의 간격이다.

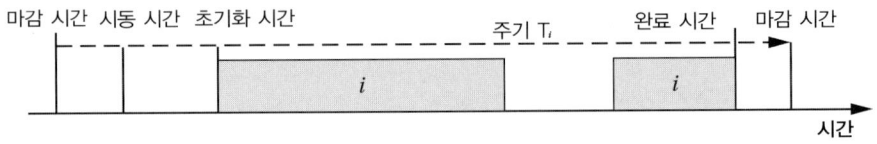

그림 4-1 마감 시간 관련 용어들

프로세스의 실제 실행을 기술할 필요도 있다. 초기화 시간(initiation time)은 프로세스가 실제로 실행을 시작하는 시각이고, 완료 시간(completion time)은 그것이 끝나는 시각이다. 프로세스의 응답 시간(response time)은 시동할 때부터 완료할 때까지의 시간이다. 그림 4-1 처럼, 프로세스는 매번 초기화될 때마다 실행하는 것은 아니다. 우리가 C_i 라고 부르는 실행 시간(execution time) 또는 CPU 시간은 프로세스가 실행하는 시간의 총량인데, 이것은 일반적으로 초기화 시간과 무관하며 입력 데이터에 의존하는 경우가 많다.

주기적인 프로세스에 대해서 마감 시간을 정의하는 경우가 많은데, 비주기적인 프로세스에 대해서도 마감 시간을 정의할 수 있다. 그런 프로세스를 스케줄링하는 것은 프로세스가 실행될 때 시스템의 상태를 고려해야 하지만, 마감 시간의 기본적인 정의는 크게 바뀌지 않는다.

프로세스 명세   프로세스의 실시간 요구사항을 정의하기 위해, 그 주기(그리고 아마도 시작 시간)를 지정한다. 여러 프로세스들로 작업을 만들 때는 전체 작업의 마감 시간을 정의한다. 그림 4-2는 3 개의 프로세스와 이 프로세스들 사이의 데이터 의존성을 보여준다. 작업의 주기는 작업 내의 모든 프로세스들의 실행을 포함한다. 시스템은 각각 자신의 속도로 실행되는 여러 작업들을 포함할 수 있다.

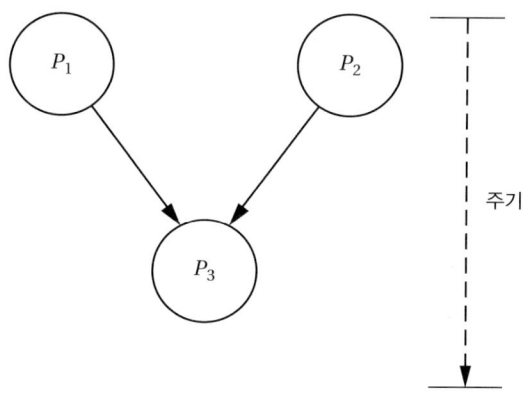

그림 4-2 여러 프로세스들로 구성된 작업

사용 효율 프로세스와 일정들을 가진 시스템의 몇 가지 기본적인 특성을 살펴볼 수 있다. 분명히, 모든 프로세스의 총 실행시간은 총 가용 시간(total available time)보다는 작아야 한다. 프로세스 $1...n$의 집합이 주어질 때 모든 프로세스를 완료하는 데 필요한 총 실행시간은 다음과 같다.

$$C = \sum_{1 \le i \le n} C_i$$

(수식 4-1)

프로세스들을 실행하는 데 사용할 수 있는 시간을 t 라고 한다면, CPU 의 사용 효율(utilization) 또는 최대 사용 효율(maximum utilization)은 다음과 같다.

$$U = \frac{C}{t}$$

(수식 4-2)

사용 효율은 종종 퍼센트로 표현된다. 당연히 CPU 의 최대 사용 효율은 100%를 초과하지 못한다.

4.2.2 실시간 스케줄링 알고리즘

정적 스케줄링 알고리즘 정적 스케줄링 알고리즘은 상점 바닥 스케줄링(shop floor scheduling)에서부터 하드웨어/소프트웨어 공동 설계에 이르기까지 다양한 상황에서 연구되어 왔다. 이 절에서는 소프트웨어 설계에 유용한 몇 가지 정적 스케줄링 기법들을 살펴본다. 정적 스케줄링과 코드 합성 사이에는 연관성이 많다. 앞 장에서는 정적 스케줄링 알고리즘으로 간주될 수 있는 코드 합성 기법들을 살펴보았다.

데이터 의존성과 스케줄링

정적 스케줄러는 프로세스들 간의 데이터 의존성을 자주 살펴본다. 데이터 의존성은 스케줄링 문제를 훨씬 더 어렵게 만든다. 데이터 의존성이 없다면 정적 스케줄러를 사용할 필요가 거의 없다. 데이터 의존성은 노드가 프로세스인 그래프에서 지향성 가장자리로 표현된다. 가중치가 붙지 않은 지향성 가장자리는 단순히 순서를 지정한다. 가중치가 붙은 지향성 가장자리는 원천 노드 프로세스의 완료와 목적지 노드 프로세스의 초기화 사이에 필요한 최소 시간을 지정한다.

데이터 의존성을 가진 일련의 프로세스들에서 스케줄링 알고리즘을 안내하는 데 사용될 수 있는 몇 가지 간단한 한계들을 계산할 수 있다. 일련의 프로세스들을 위한 가능한 한 일찍(as-soon-as-possible, ASAP) 일정은 데이터 의존성에 의해 제한되는 가능한 가장 이른 시각을 각 프로세스에 설정함으로써 구축된다. 가능한 한 늦은(as-late-as-possible, ALAP) 일정은 각 프로세스가 가능한 가장 늦은(latest) 시각에 발생한다. 만약 프로세스가 ASAP와 ALAP 일정 모두에서 동일한 위치를 차지한다면, 이것은 일정 내의 임계 프로세스(critical process)이다. 그래프의 원천에서 목적지까지의 임계 노드와 가장자리들의 집합은 임계 경로(critical path)이다.

자원 의존성

데이터 의존성과는 대조적으로, 자원 의존성(resource dependencies)은 구현에서 온다. 예를 들어, 같은 메모리 위치를 필요로 하는 두 프로세스는 같은 자원을 요구한다. 자원 의존성은 프로세스 그래프에서 무지향성 가장자리로 표현될 수 있다. 같은 자원을 필요로 하는 두 프로세스는 일반적으로 특별한 순서로 실행될 필요는 없지만, 동시에 실행될 수는 없다. 만약 프로세스들이 특별한 순서로 자원을 액세스해야 한다면, 이 사실을 나타내기 위해 데이터 의존성이 사용될 수 있다.

구현

정적 스케줄러는 여러 가지 방법으로 구현할 수 있다. 여러 프로그램들로부터 통합된 프로그램을 만들기 위해 코드를 끼워 넣을(interleave) 수 있다. 또 프로세스를 호출하기 위해 서브루틴 또는 동시 실행 루틴(co-routines)을 사용하는 상태 기계를 구축할 수도 있다. 이 프로그램들 중 어떤 것도 타이머를 사용하지는 않는데, 타이머는 오버헤드를 줄이지만 프로그램 타이밍의 정확성도 제한한다. 다음에 프로세스가 실행해야 할 시간에 타이머를 설정할 수도 있는데, 이 타이머는 프로그램과 같은 상태 기계의 제어 하에 둔다.

목록 스케줄러   구성적 스케줄러의 일반적인 형태는 목록 스케줄러(list scheduler)이다. 이름이 함축하는 것처럼, 이 알고리즘은 스케줄링되는 프로세스들의 목록을 형성하고, 일정을 만들기 위해 목록의 머리 부분에서 프로세스들을 택한다. 스케줄링의 발견적 방법(heuristic)은 목록의 어디에 프로세스가 위치할지를 결정하는 알고리즘에 포함된다.

그림 4-3은 목록 스케줄러의 예제 문제를 보여준다. 목록을 구축하기 위해 두 가지 각기 다른 발견적 방법이 주어질 때, 두 가지 다른 일정을 얻는다. 첫 번째 발견적 방법은 CPU 시간 순서로 프로세스들을 목록에 추가하는데, 가장 작은 CPU 시간을 가진 프로세스가 제일 먼저 온다. 이 경우 두 가지 일정이 가능한데, 2와 4가 같은 양의 CPU 시간을 가지기 때문이다. 두 번째 발견적 방법은 주기(periods) 순서로 프로세스들을 목록에 추가하는데, 가장 짧은 주기가 제일 먼저 온다. 이 두 경우의 프로세스 순서는 아주 다르다. 어떤 발견적 방법이 최선인지는 환경과 시스템의 목표에 따라 달라진다.

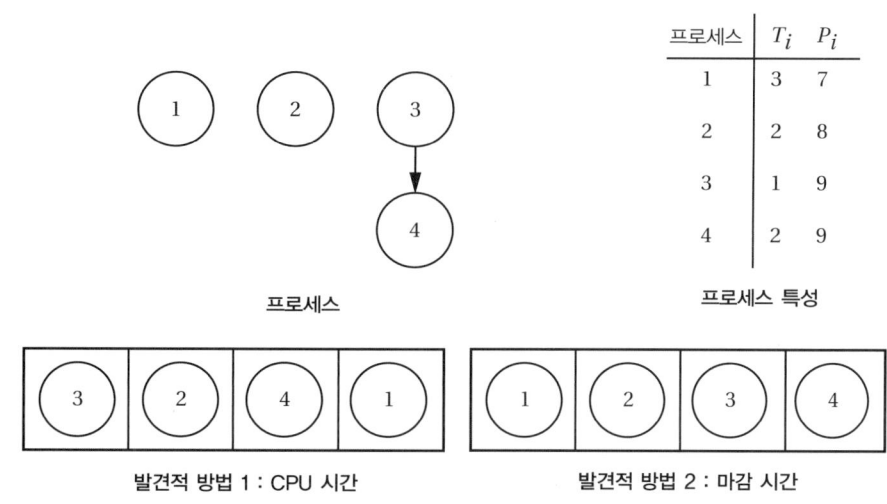

프로세스	T_i	P_i
1	3	7
2	2	8
3	1	9
4	2	9

프로세스

프로세스 특성

발견적 방법 1 : CPU 시간

발견적 방법 2 : 마감 시간

그림 4-3 목록 스케줄링

간격 스케줄링   초우(Chou)와 보리엘로(Borriello)는 마감 시간 지향의 처리를 정적으로 스케줄링하기 위해 간격 스케줄링(interval-scheduling) 모델[Cho95a]과 알고리즘을 개발했다. 이들은 가중치가 붙은 지향성 그래프로 프로세스와 그 타이밍 제약조건을 표현한다. 그래프의 각 노드는 프로세스를 나타내는데, 노드는 노드 실행 시간의 하한선과 상한선을 나타내는 [1, u] 쌍으로 가중치가 붙는다. 각각의 지향성 가장자리는 원천에서 목적지 프로세스까지 필요한 최소 지연 시간으로 가중치가 붙는다.

간격 스케줄링 알고리즘은 순환적 프로시저로 구현될 수 있는 구성적 알고리즘이다. 알고리즘은 그래프 내의 순방향(forward) 가장자리의 위상적(topological) 순서로 각 하부 그래프를 검색한다. 각 단계에서 부분적 일정이 유효하도록 스케줄링되는 노드를 선택한다. 이것은 최소 실행(min-run)과 최대 실행(max-run)이 둘 다 유효하도록 요구함으로써 보장된다. 이 알고리즘은 그림 4-4[Cho95a]에 요약되어 있다.

정확한 일정을 제공할 뿐만 아니라 이차적인 최적화 기준을 만족시키는 알고리즘을 선택하기 위해 발견적 방법이 사용될 수 있다. 실행 시간의 하한선과 상한선 사이의 가장 작은 차이를 가지는 후보 노드를 선택하는 것이 사용할 수 있는 간격(slack)을 최소화하는 데 도움이 된다. 부모로부터 가장 적게 떨어진 후보를 선택하는 것은 일정에서 적은 휴지 시간(idle time)을 필요로 한다. 가장 높은 인입 수(indegree, 역주 : 지향성 그래프에서 한 노드로 들어오는 가장자리의 수)를 가진 노드를 선택하면 고갈(starvation)을 줄이는 데 도움이 된다.

동적 및 우선순위 지향의 스케줄링

프로세스들의 주기적 집합을 위한 동적 스케줄링 알고리즘은 종종 우선순위 지향의 스케줄링(priority-driven scheduling)이 된다. 우선순위 지향의 스케줄러는 각 프로세스에 우선순위를 할당한다. 그리고 가장 높은 우선순위를 가진 프로세스를 다음에 실행할 프로세스로 선택한다.

정적 대 동적 우선순위

우선순위 지향의 스케줄러는 정적 우선순위(static priorities) 또는 동적 우선순위(dynamic priorities)를 사용할 수 있다(다음에 실행할 프로세스의 실행 시간이 결정되면 우선순위 지향의 스케줄링은 동적이지만, 스케줄러는 스케줄링을 결정하기 위해 정적으로 할당되는 우선순위를 사용할 수도 있다). 정적 우선순위 시스템에서 프로세스의 우선순위는 실행하는 동안 바뀌지 않는다. 이와는 대조적으로 동적 우선순위 시스템에서는 프로세스의 우선순위가 즉각적으로 바뀐다.

```
Boolean
ScheduleInterval(extended graph G, anchor a, current vertex c
{
    form Gₗ=(V[G], E[G], L[G], w[G]);
    if (not SingleSourceLongestPath(Gₗ, a))
        or (not VerifyUpper (G',a) ) return false;
    C := Candidates(C);
    if (C = ∅ ) return true;
    while (C ≠ ∅ ) {
      p : = SelectCandidate(C);
      foreach q ∈ C, p ≠ q {
            E[G'] : = E [G'] U (p, q ) with weight  δₗ(p)
      }
      append p to O[G'];
      if (ScheduleInterval(G', a, p)) return true;
      G: = G'; // Undo
    }
        return false;
}
Boolean
VerifyUpper(extended graph G, anchor a)
{
    foreach edge (p,q) ∈ E[G] {
      if ((p, q) are adjacent in O[G] )
            W(p, q ) := L[G](q) − L [G](P)+ δᵥ (p) − δₗ (p);
      else W (p, q) := w(p, q);
    }
    form Gᵥ : = (V[G], E[G], L', W);
    return SingleSourceLongestPath (Gᵥ, a);
}
```

그림 4-4 간격 스케줄링 알고리즘. 출처 : 초우와 보리엘로[Cho95a]. ©1995 ACM 프레스.

류와 레이랜드   류(Liu)와 레이랜드(Layland)[Liu73]는 그들의 고전적인 논문에서 정적 및 동적 우선순위 스케줄링 알고리즘들의 예를 분석했다. 이들의 정적 우선순위 알고리즘은 속도 고정 스케줄링(rate-monotonic scheduling, RMS) 또는 속도 고정 분석(rate-monotonic analysis, RMA)으로 불린다. 이들의 동적 우선순위 알고리즘은 최초 마감 시간 우선(earliest-deadline first, EDF)으로 불린다. 이들의 분석은 몇 가지 일반적인 가정을 전제로 한다.

- 프로세스 간에는 데이터 의존성이 없다.

- 프로세스 주기들은 임의의 관계를 가질 수 있다.

- 문맥 전환 오버헤드는 무시할 수 있다.

- 각 프로세스의 시동 시간은 주기의 시작 부분에 있다.

- 프로세스 실행 시간(C)은 고정된다.

여기서 낮은 숫자의 프로세스는 높은 우선순위를 가진다고 가정하므로, 1이 가장 높은 우선순위이다(류와 레이랜드의 논문을 읽는 독자들은 우리가 프로세스로 부르는 것을 이들은 *작업*이라고 부르는 점에 유의해야 한다). RMS와 EDF와 관련된 가정들은 이 정책들을 사용하여 스케줄링된 시스템은 정적 스케줄러로도 스케줄링될 수 있음을 의미한다. 새로 도착하는 작업들이 없으면(이 경우 작업이 수용할 수 있는 것인지 점검하고 이것을 어떻게 스케줄링할지를 결정하기 위해 RMS와 EDF를 사용할 수 있다) RMS와 EDF는 부분적으로 구현 기법이 된다.

프로세스의 마감 시간은 어떤 방법으로도 연관될 필요가 없으므로, 마감 시간의 많은 다른 조합들이 가능하다. 스케줄링 가능성을 평가하기 위해 모든 가능한 마감 시간 집합을 열거하는 것은 불가능하다. 류와 레이랜드의 속도 고정 스케줄링의 분석은 임계 순간(critical instant)에 치중한다. 그림 4-5처럼, 임계 순간은 프로세스의 초기화 시간에 가장 긴 지연을 야기할 프로세스 실행의 최악 경우 조합이다. 류와 레이랜드는 프로세스 i를 위한 임계 순간은 모든 더 높은 우선순위 프로세스들이 실행할 준비가 될 때(즉, 모든 더 높은 우선순위 프로세스들의 마감 시간이 방금 만료되고 새 주기가 시작될 때) 발생하는 것을 보여주었다. 그림 4-5에서 프로세스 4의 임계 순간은 프로세스 1, 2, 3이 준비가 될 때 발생하며, 프로세스 4가 실행을 시작하려면 처음 세 프로세스들이 실행을 완료해야 한다.

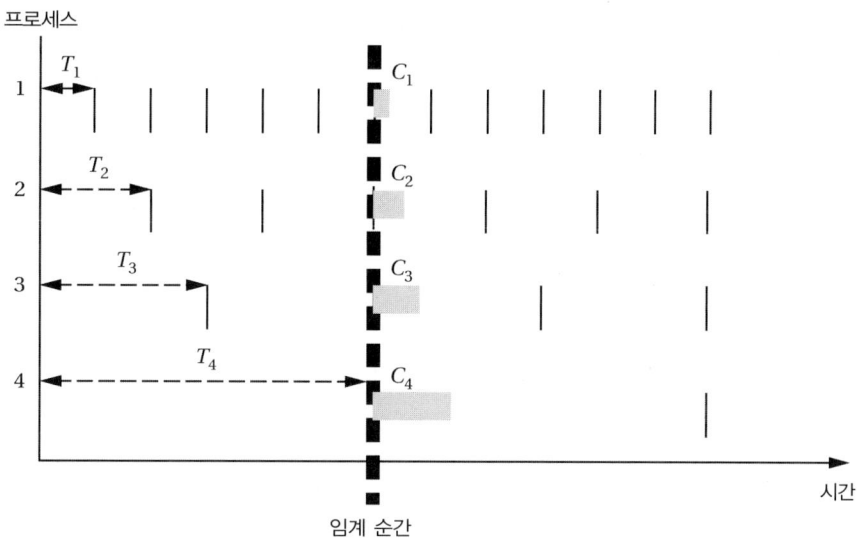

그림 4-5 속도 고정 스케줄링에서 임계 순간

RMS 우선순위 할당

류와 레이랜드는 가장 짧은 우선순위 프로세스가 가장 높은 우선순위를 받는, 주기의 순으로 프로세스 우선순위가 할당되어야 함을 보여주기 위해 임계 순간 분석을 사용했다. 이 우선순위 체계는 '속도 고정'(rate-monotonic)이라는 용어의 동기가 되었다. 이들의 분석은 두 개의 프로세스 1과 2를 사용했는데, 여기서 1이 더 짧은 주기를 가졌다. 만약 프로세스 2에 더 높은 우선순위가 주어지고 결과적인 시스템이 타당한 일정을 가진다면, 다음 조건이 참이다.

$$C_1 + C_2 < T_1 \qquad \text{(수식 4-3)}$$

프로세스 1이 스케줄링 가능하기 위한 조건은 다음과 같다.

$$\left\lfloor \frac{T_2}{T_1} \right\rfloor C_1 + C_2 \leq T_2 \qquad \text{(수식 4-4)}$$

수식 4-3은 수식 4-4가 만족할 때 만족되므로, 프로세스 1이 더 낮은 우선순위를 가지고 프로세스 2가 타당할 때 프로세스 1은 타당한 일정을 가진다. 그러나 그 역은 참이 아닌데, 어떤 경우에는 프로세스 1이 더 높은 우선순위를 가질 때 프로세스 1과 2는 타당하지만, 프로세스 2가 더 높은 우선순위가 가진다면 타당하지 않다.

류와 레이랜드는 타당한 정적 우선순위 할당을 가지는 임의의 프로세스 집합을 위해 RMS는 타당한 일정이라는 것을 보여주었다.

RMS 사용 효율 류와 레이랜드는 프로세스 사용 효율을 구성요소 프로세스들의 사용 효율의 합계로 정의했다.

$$U = \sum_{1 \le i \le m} \frac{C_i}{T_i} \qquad \text{(수식 4-5)}$$

이들은 RMS로 스케줄링되는 m 작업들의 집합을 위한 사용 효율의 최소 상한선이 다음과 같다는 것을 보여주었다.

$$U = m(2^{1/m} - 1) \qquad \text{(수식 4-6)}$$

만약 프로세스의 주기들이 단순하게 연관되어 있다면, 실제로 사용 효율이 100%에 이르도록 허용하는 일정이 있을 수 있다. 그러나 광범위한 환경에서 CPU 사용 효율은 큰 m에 대해서 $ln2$에 접근한다. 이 결과는, 모든 프로세스가 마감 시간을 지키도록 하려면 CPU의 100%를 항상 사용할 수는 없음을 의미한다.

최초 마감 시간 우선 류와 레이랜드는 마감 시간 중심의 스케줄링(deadline driven scheduling)이라고 부르는 최초 마감 시간 우선(earliest deadline first) 스케줄링도 연구했다. 프로세스의 마감 시간까지 남은 시간에 기초하여 우선순위가 프로세스에 할당되었는데, 가장 높은 우선순위의 프로세스는 마감 시간 도달에 가장 임박한 것이다. 이 우선순위들은 잠재적 문맥 전환(potential context switch) 때마다 갱신된다. 류와 레이랜드는 어떤 알고리즘에 의해 일련의 프로세스들이 스케줄링될 수 있다면, EDF에 의해서도 스케줄링될 수 있다는 것을 보였다. 그러나 어떤 경우에는 EDF가 넘쳐서(overflow) 모든 프로세스의 마감 시간을 만족시키지 못하는 것도 가능하다는 것을 보였다.

류[Liu00]는 EDF를 사용하여 프로세스 시스템의 스케줄링 가능성을 위한 타당성 조건을 제시했다. n 프로세스들의 집합이 주어질 때 D_i는 프로세스 i의 상대적인 마감 시간이라고 하자. 그러면 이 프로세스 집합은 다음 관계를 만족시켜야 한다.

$$\sum_{1 \le i \le n} \frac{T_i}{\min(D_i, C_i)} \le 1 \qquad \text{(수식 4-7)}$$

앨버스(Albers)와 슬롬카(Slomka)[Alb05]는 EDF 스케줄링된 시스템을 위한 효율적인 타당성 테스트를 개발했다.

최소 이완 우선   EDF의 한 변형은 최소 이완 우선(least-laxity first, LLF) 스케줄링이다. 이완(laxity) 또는 느슨함(slack)은 프로세스를 마치는 데 필요한 잔여 계산 시간과 마감 시간까지 남은 시간 사이의 차이이다. 최소 이완 우선 스케줄링은 가장 작은 이완 또는 느슨함 값을 가진 프로세스에 가장 높은 우선순위를 할당한다. LLF는 잔여 계산 시간을 고려한다는 점에서 EDF와는 다르다. EDF는 프로세스가 작업을 마치기 위해 잔여 기간이 아주 짧다 하더라도 높은 우선순위를 부여한다. 이와는 대조적으로, LLF는 마감 시간까지 끝내기가 가장 어려운 시간을 가지는 프로세스에 우선순위를 부여한다.

우선순위 반전   RMA와 EDF의 분석은 프로세스가 항상 선점될 수 있다고 가정하지만, 실제 시스템에서 항상 그렇지는 않다. 프로세스가 임계 영역을 포함하면 그것이 임계 영역에 있는 동안에는 선점될 수 없다. 임계 영역은 프로세스가 공유 자원을 액세스하는 것을 보호하는 데 종종 사용된다. 임계 영역은 더 높은 우선순위의 프로세스가 실행에서 제외되도록 한다. 이 현상은 우선순위 반전(priority inversion)이라고 불린다.

스케줄링에서의 우선순위 반전의 예는 그림 4-6에 있다. 우선순위 1은 최고 우선순위 프로세스이다. 이것은 정상적인 처리를 하는 동안에는 프로세스 3을 선점할 수 있다. 그러나 프로세스 3이 임계 영역에 들어갈 때는 이것은 프로세스 1과 공유하며, 따라서 프로세스 1은 프로세스 3이 임계 영역을 끝낼 때까지는 이를 선점할 수 없다. 그러나 이 임계 영역을 공유하지 않는 프로세스 2는 더 높은 우선순위를 가지므로 원하는 만큼 얼마든지 프로세스 3을 선점할 수 있다. 비록 프로세스 1이 2와 3 둘보다 높은 우선순위를 가지고 있지만, 프로세스 2의 선점은 임의의 긴 시간동안 프로세스 3을 지연시킬 수 있다.

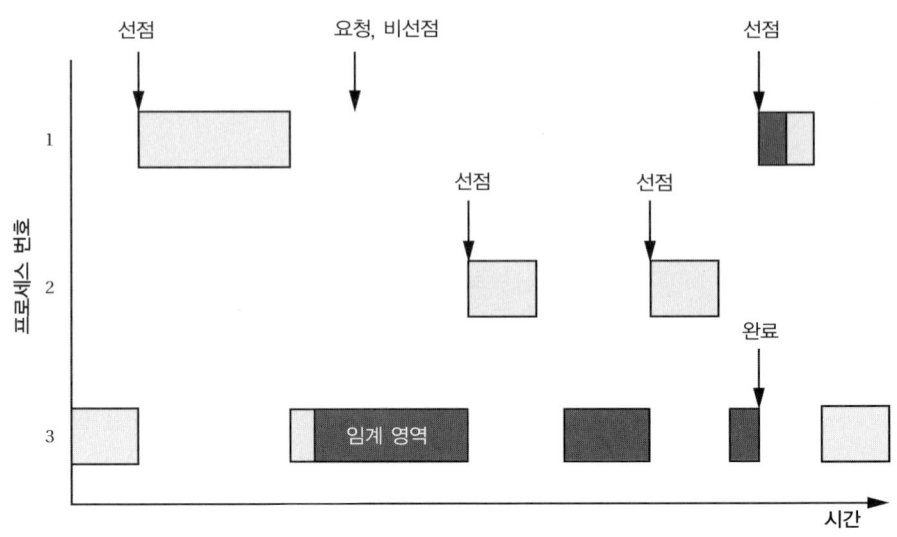

그림 4-6 우선순위 반전의 예

우선순위 상속 프로토콜

샤(Sha) 등[Sha90]은 우선순위 반전을 방지하기 위해 우선순위 상속 프로토콜 (priority inheritance protocol)을 소개했다. 이들은 메사(Mesa) 운영체제 [Lam80]에서의 우선순위 반전을 처음 발견한 것을 램프슨(Lampson)과 레델 (Redell)의 공으로 돌린다. 샤 등은 일시적으로 변하는 우선순위는 우선순위 반전의 효과를 줄이는 데 도움이 된다는 것을 발견했다.

기본 우선순위 상속 프로토콜(basic priority inheritance protocol)은 임계 영역 내에 있는 프로세스는 이 임계 영역을 공유하는 어떤 프로세스보다 높은 최고의 우선순위로 실행하도록 해준다. 그림 4-6의 예에서 이것은 프로세스 3이 임계 영역에 있을 때 프로세스 2가 프로세스 3을 중단시키지 못함을 의미한다. 그 결과, 프로세스 3은 더 빨리 끝나며, 프로세스 1이 실행되도록 해준다. 그러나 만약 프로세스가 여러 개의 임계 영역을 필요로 할 경우, 다른 프로세스들이 이 임계 영역들 각각을 순차적으로 차단할 수 있고, 그 결과 더 높은 우선순위 프로세스의 속도를 떨어뜨리는 차단 연쇄(blocking chain)를 야기할 수 있음을 샤 등은 발견했다. 기본 프로토콜은 또 교착 상태(deadlocks)에 취약하다.

우선순위 상한 프로토콜

샤 등은 기본 프로토콜의 한계를 극복하기 위해 우선순위 상한 프로토콜(priority ceiling protocol)을 개발했다. 프로세스 i가 주어질 때 이 프로세스를 스케줄링하고자 한다. 이 프로토콜에서는 임계 영역을 지키는 각 세마포어 S_j에 그 자체의 우선순위 상한 $\Pi(S_j)$가 할당된다. 이전처럼, 세마포어의 우선순위 상한은 이 세마포어를 사용할 수 있는 최고 우선순위 프로세스의 우선순위와 같게 된다. i 이외의 프로세스에 의해 현재 잠긴 세마포어들의 집합이 주어질 때, 우리는 이 집합 내의 세마포어를 최고 우선순위 상한 S^*라고 부른다. 프로세스 i가 세마포어 S_j를 얻으려면 $\Pi(S^*)$보다 높은 우선순위를 가져야 한다. 임계 영역에서 프로세스 i는 프로세스 i에 의해 차단되었을 수 있는 최고 우선순위 작업의 우선순위를 상속받으며, 우선순위들은 이행적으로(transitively) 상속된다.

샤 등은 우선순위 상한 프로토콜 하에서 작업의 스케줄링 가능성을 파악하기 위해 류와 레이랜드의 RMS 분석(즉, 수식 4-5)을 확장했다. 프로세스 i가 더 낮은 우선순위 프로세스들에 의해 차단될 수 있는 최악 경우 시간을 B_i라 한다면, 다음과 같다.

$$\frac{C_1}{T_1} + \frac{C_2}{T_2} + \ldots + \frac{C_i}{T_i} + \frac{B_i}{T_i} \leq i(2^{1/i} - 1) \qquad \text{(수식 4-8)}$$

핫 스와핑 어떤 시스템은 프로세스의 실행 시간에 큰 변화를 주기 위해 프로세스의 여러 가지 구현을 사용하거나, 프로세스 매개변수를 변경할 수 있다. 예를 들어, 통신 시스템은 변하는 채널 특성에 적응하기 위해 즉석에서 오류 정정 코드를 바꿀 수 있다. 프로세스 실행 시간이 크게 바뀔 경우, 새 시스템의 안정된 상태 조건(steady-state condition)뿐만 아니라 이 전환으로 인한 전이 효과를 처리하기 위해 시스템을 스케줄링해야 한다. 리 등[Lee02a]은 오프라인 분석과 온라인 스케줄링을 결합한 핫 스와핑(hot-swapping) 알고리즘을 개발했다. 핫 스와핑 모델에서는 프로세스를 하나의 구현에서 다른 구현으로 전환하는 것은 새 구현을 위한 셋업 시간에 대응되는 추가적인 계산 시간을 야기한다. 설계 시간에 이들은 구현 교체들(implementation swaps)의 가능한 조합을 분석하고, 운영체제에 의해 사용되는 테이블을 구축한다. 실행 시간에 운영체제는 작업의 새 구현으로 어떻게 전이를 스케줄링할지 결정하기 위해 이 테이블을 사용한다.

4.2.3 동적 전압 크기 조정을 위한 스케줄링

동적 전압 크기 조정을 위한 스케줄링 동적 전압 크기 조정(dynamic voltage scaling, DVS)을 구현하는 프로세서 상에서 작업을 어떻게 스케줄링할지에 대해 많은 그룹이 연구해왔다. 야오(Yao) 등[Yao95]은 DVS를 위한 초창기 스케줄링 알고리즘들을 개발했다. 이들은 프로세서 시계가 지속적으로 바뀔 수 있다고 가정했다. 이들은 도착 시간 a_j, 마감 시간 b_j, 그리고 필요한 CPU 사이클 수 R_j를 가진 각 프로세스 j를 모델링했다(실행 시간은 클록 사이클의 수뿐만 아니라 클록 주파수에도 의존한다). 이들은 일정 내의 간격 $I = [z, z']$의 밀도를 다음과 같이 정의했다.

$$g(I) = \frac{\sum R_j}{z' - z} \qquad \text{(수식 4-9)}$$

간격의 밀도(intensity)는 타당한 일정을 만드는 데 필요한 평균 처리 속도의 하한선을 정의한다. 야오(Yao) 등은 밀도를 최대화하는 간격을 (I^*로 알려진) 임계 간격(critical interval)이라 부르고, 이 간격 내에서 실행하는 프로세스 집합을 임계 그룹(critical group)이라 불렀다. 이들은 프로세스 집합을 위한 최적 일정이 임계 간격 g(I^*)의 밀도와 같다는 것을 보였다. 이들은 반복적으로 임계 간격을 파악하고 임계 그룹을 스케줄링하는 최적 오프라인 스케줄링 알고리즘을 개발했다. 그리고 온라인 스케줄링의 발견적 방법도 개발했다. 이들의 **평균 속도 발견적 방법**(average rate heuristic, AVR)은 프로세서 속도를 다음과 같이 설정한다.

$$s(t) = \sum_j \frac{R_j}{b_j - a_j} \qquad \text{(수식 4-10)}$$

프로세스들이 실행되는 순서는 EDF 정책을 사용하여 결정된다. 이들은 평균 속도 발견적 방법이 최적 일정에 대한 에너지의 상수 인자 내에서 최적이라는 것을 보였다. 프로세스의 감속 요소(slowdown factor)는 종종 a 또는 h로 불린다.

필래이(Pillai)와 신(Shin)[Pil01]은 최대 사용 효율을 감속 요소로 곱함으로써 전압 크기 조정 하에서의 EDF 또는 RMS 스케줄링의 타당성 테스팅을 제안했다. 이들은 또 작업의 실제와 최악 경우 실행 시간 사이의 차이를 측정하고, 사용되지 않는 실행 시간을 조정하기 위해 프로세서 주파수를 조정하는 사이클 보존(cycle-conserving) 스케줄링 알고리즘도 제안했다. 이들은 또 작업이 끝나기 전에 프로세서 주파수를 조정하기 위해, 실행 시간을 예측하고 이 정보를 이용할 것을 제안했다.

불연속 전압과 주파수　　연속적으로 조정할 수 있는 주파수에 대한 야오 등의 가정은 이론적인 것이다. 실제로 프로세서 클록과 전원 공급기 전압은 프로세서의 작동 범위 내에서 비교적 적은 수의 불연속 값들로 설정될 수 있다.

이시하라(Ishihara)와 야스우라(Yasuura)[Ish98a]는 불연속 전압들을 가진 DVS에 관한 몇 가지 유용한 정리들을 증명했다. 이들은 CPU가 정확히 마감 시간에 마치도록 프로세스를 실행하는 전압을 가리키는 데 v_{ideal}을 사용했다. 프로세서가 적은 수의 전압 수준들로 제한되면, 시간 제약 하에서 총 에너지 소모를 최소화하는 데 두 개의 전압 수준으로 충분하다는 것을 보였다. 이 요구사항은 다음과 같이 공식화될 수 있다.

$$V_1^2 x1 + V_2^2 x2 + V_3^2 x3 \geq V_1^2 y1 + V_2^2 y2 \qquad \text{(수식 4-11)}$$

두 일정의 실행 시간과 실행 사이클들이 동일하다고 가정하면 다음과 같다.

$$\frac{x1 V_1}{(V_1 - V_T)^\alpha} + \frac{x2 V_2}{(V_2 - V_T)^\alpha} + \frac{x3 V_3}{(V_3 - V_T)^\alpha} = \frac{y1 V_1}{(V_1 - V_T)^\alpha} + \frac{y2 V_2}{(V_2 - V_T)^\alpha} \qquad \text{(수식 4-12)}$$

$$x1 + x2 + x3 = y1 + y2 \qquad \text{(수식 4-13)}$$

$x1 \geq y1$ 일 때만 제약조건들은 충족된다. 이 경우, 제약조건들을 다음과 같은 형식으로 재작성할 수 있다.

$$V_1^2(x1 - y1) + V_3^2 x3 \geq V_2^2(y2 - x2) \qquad \text{(수식 4-14)}$$

수식 4-14는 v_{ideal}이 V_1과 V_2 사이에 있을 때 세 개의 전압으로 전압 스케줄링을 하는 것은 에너지 소모를 최소화할 수 없음을 함축한다. 비슷하게, v_{ideal}이 V_2와 V_3 사이에 있을 때 세 개의 전압은 에너지를 최소화할 수 없다. 따라서 두 개의 전압 수준이 에너지 소모를 최소화한다.

이시하라와 야스우라는 또 사용할 두 개의 전압이 v_{ideal}의 바로 이웃들이라는 것을 보여주었다. 그림 4-7은 이를 증명하는데, 여기서는 연속적인 시간–에너지 곡선과 선형 근사(linear approximations)를 둘 다 보여준다. 예를 들어, 시간 제약이 t_2와 t_3 사이에 있다면 V_2에서 V_3로 가는 선은 V_1에서 V_3로 가는 선보다 더 작은 에너지 소모를 나타낸다.

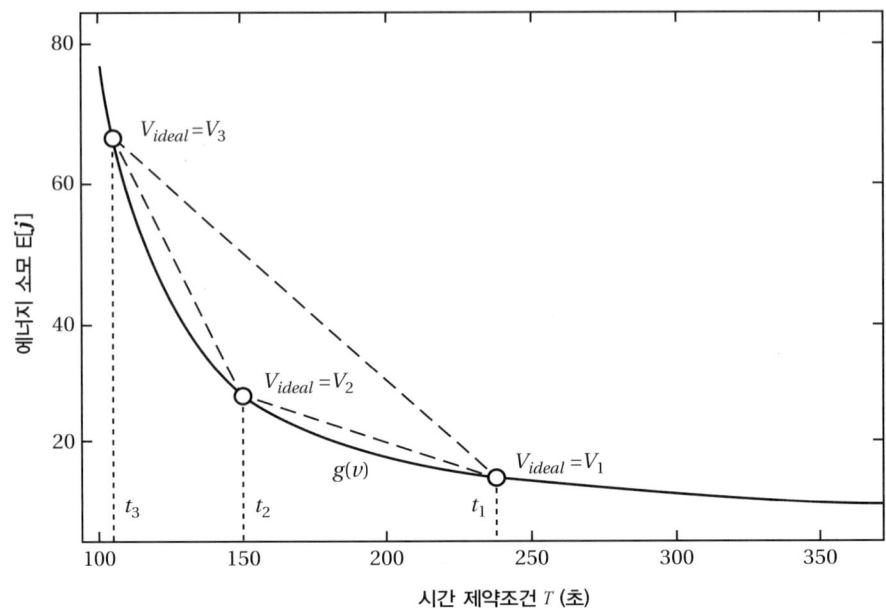

그림 4-7 두 개의 전압을 사용한 전압 크기 조정 기반의 스케줄링
출처 : 이시하라와 야스우라[Ish98a]. ⓒ1998 IEEE.

킴(Kim) 등[Kim02]은 프로세서 전압을 조정하기 위해 프로세스로부터 간격 (slack) 시간을 사용하는 알고리즘을 개발했다. 이들의 알고리즘은 높은 우선순위 와 낮은 우선순위 작업들 모두로부터 온 간격을 이용한다. 사용할 수 있는 간격을 파악하는 이들의 알고리즘이 그림 4-8에 있다.

Input : the active task T_α, waitQ, readyQ, current time t_{cur};

Output : the available execution time $S(T_\alpha)$ for T_α;

$T_H(T_\alpha, t_{cur})$ = the set of already completed higher-priority task instances;

$T_L(T_\alpha, t_{cur})$ = the set of already completed lower-priority task instances;

$S_H = \sum r_i \in T_H (r_\alpha, t_{cur}) U_i^{rem} + U_\alpha^{rem}$;

$S_L = 0$;

t_α^h = the earliest arrival time of a task instance whose priority is higher than T_α;

if $t_{cur} + S_H < t_\alpha^h$ then

$\quad t_\alpha$ = the worst case completion time of T_α with the clock speed of $\dfrac{W_\alpha^{rem}}{S_H}$

$\quad$ if there will be no activated task instance (i.e., readyQ $= \varnothing$) at t_a **then**

$\quad\quad$ let $t'_\alpha = \mathbf{min}(a_i \setminus T_i \in \text{waitQ}))$;

$\quad t_\alpha = \max(t_\alpha, t'_\alpha)$;

$\quad T_\beta$ = the task instance expected to be scheduled at t_α;

$\quad T'_L(T_\beta, t_{cur})$ = the set of completed task instances whose priorities are

$\quad\quad\quad\quad\quad$ higher than or equal to that of T_β but less than that of T_α;

$\quad S_L = (U_\beta^{rem} - W_\beta^{rem}) + \Sigma r_i \in T'_L(T_\beta, t_{cur}) U_i^{rem}$;

$\quad t_\beta^h$ = the earliest arrival time of task instance whose priority is

$\quad\quad$ higher than T_β;

$\quad S_L = \min(S_L, t_\beta^h - t_\alpha)$;

end if

$S(T_\alpha) = \min(S_H + U_\alpha^{rem} + S_L, d_\alpha - t_{cur})$;

Output $S(T_\alpha)$;

그림 4-8 동적 전압 크기 조정 기반의 스케줄링을 위한 간격 추정 알고리즘
출처 : 킴 등[Kim02]. ⓒ2002 IEEE 컴퓨터 협회.

검사점 중심의 스케줄링

아제베도(Azevedo) 등[Aze02]은 DVS 스케줄링을 안내하기 위해 프로필 정보를 사용했다. 이들은 다양한 입력에 대한 프로그램의 성능과 에너지 소모를 파악하기 위해 시뮬레이터를 사용하여 프로그램을 요약했다. 성능과 에너지를 측정하기 위해 설계자는 프로그램의 임의 위치에 검사점(checkpoints)을 삽입할 수 있다. 실행하는 동안, 프로그램은 각 검사점에서 이벤트를 발생시킨다. 스케줄러는 평균 전력 또는 최대 전력 비용을 목표로 사용할 수 있다. 프로그램을 스케줄링하기 위해, 스케줄러는 현재의 검사점에서부터 마감 시간까지 발생할 수 있는 모든 이벤트들을 고려한다. 그리고 전력과 시간 제약조건에 기초하여 최적의 주파수를 계산한다. 아제베도 등의 스케줄링 알고리즘이 그림 4-9에 있다.

1. At a checkpoint execution, create a new CDB with the active checkpoint transitions.
2. Check type of current node in the HCFG.

    Case 1: Node type is normal (not function call nor loop header).

        I. Estimate the number of cycles C from curr node to all active checkpoint transitions.

        Formula 1:

            C = longest_path(curr node, active checkpoint transition end point)

            Or for inherited time constraints:

            C = longest_path_length(curr node, end node of curr sub-CFG) + extraC,

            Where extraC is obtained by

            extraC = remaining number of iterations * max cycle per iter + inherited max cycle

            (for parent node of type loop header)

            or extraC = inherited max cycle (for parent node of type function)

        Formula 2:

            C = max profiled number of cycles for active checkpoint transition –

                    elapsed number of cycles for active checkpoint transition

        II. Select for each checkpoint transition

            $C = C_{Formula1}$ or $C = C_{Formula2}$ or $C = min(C_{Formula1}, C_{Formula2})$

        III. Create a new CPDB using C for each active checkpoint transition.

        IV. Invoke DVS algorithm from Section 2 using new CDB and CPDB.

        V. Continue with program execution.

    Case 2: Node is function call or loop header.

        I. Calculate the tightest active checkpoint transition selecting by frequency

            max(longest_path(curr node, active checkpoint transition end point)/time constraint

            Name tightest time constraint as inherited and compute max cycle C:

            C = longest_path(next node, active checkpoint transition end point) – inherited max cycle

        II. Add an end-node to the curr node's sub-CFG with max cycle = C.

        III. Add inherited time constraint to CDB with time = inherited constraint remaining time.

        IV. Continue with program execution.

그림 4-9 검사점 중심의 DVS 스케줄링 알고리즘
출처 : 아제베도 등[Aze02]. ⓒ2002 IEEE 컴퓨터 협회.

누수 최소화 휴지(idle) 모드는 전압 크기를 조정하는 것보다 더 큰 프로세서 에너지를 절감하는데, 이것은 높은 누수 속도(leakage rates)를 가진 프로세서의 경우에 특히 그렇다. 그러나 휴지 모드로 들어가고 나오는 것은 에너지와 성능 모두에 현저한 비용을 야기하므로, 휴지 시간의 길이는 최대화하고 고유한 휴지 시간들의 수는 최소화하기를 원한다. 지연 스케줄링(procrastination scheduling)은 휴지 기간의 길이를 최대화하기 위해 설계된 일군의 스케줄링 알고리즘들이다.

제주리카(Jejurikar) 등[Jej04]은 휴지 기간을 최대화하기 위해 지연 스케줄링을 사용했다. 이들은 프로세서의 전력 소모를 동적 전력, 정적 전력 소모, 켜진 상태 전력(on-state power)이라는 세 가지 구성요소로 모델링했다.

$$P = P_{AC} + P_{DC} + P_{on}$$ (수식 4-15)

켜진 상태 전력은 시계, I/O 장치들, 그리고 주변장치 회로에 의해 소모된다. 이들은 종료(shutdown)를 위한 최소 균형(minimum breakeven) 시간을 다음과 같이 계산한다.

$$t_{threshold} = \frac{E_{shutdown}}{P_{idle}}$$ (수식 4-16)

일련의 프로세스가 주어질 때, 이들은 마감 시간이 주기와 알려진 최악 경우 실행 시간과 같은 EDF 스케줄링을 사용한다. 새 작업이 들어오면 이들은 프로세서를 즉시 깨우지 않고, (EDF 정책을 사용하여) 프로세서를 깨우고 최고 우선순위 작업을 시작하기 전에 지연 타이머가 만료되기를 기다린다. 프로세스의 지연 간격은 Z_i이다. 이들은 모든 $i \in 1....n$ 이고 모든 $k < i$, $Z_k \leq Z_i$ 일 때 지연 간격이 다음을 충족하면 지연 알고리즘이 모든 프로세스 마감 시간을 지킨다는 것을 보여주었다.

$$\frac{Z_i}{T_i} + \sum_{1 \leq k \leq i} \frac{C_k}{T_k \eta_k} \leq 1$$ (수식 4-17)

이들은 이들의 정책이 DVS 보다 5%의 에너지를 절감하고, 비–DVS 스케줄링보다는 20%를 절감한다는 것을 보여주었다.

4.2.4 성능 추정

프로세스의 계산 시간이 고정된다고 가정하는 것은 현실적이지 않다. 프로그램 내의 데이터 의존적인 경로가 실행 시간을 변하게 할 뿐만 아니라, 캐시도 실행 시간에 큰 변화를 초래한다. 그러나 캐시가 프로그램에 미치는 영향을 추정하도록 모델링할 수는 있다.

멀티태스킹과 캐시

캐시 상에서 다중 작업의 영향에 대해 우리는 특별히 관심을 가진다. 커크(Kirk)와 스트로스나이더(Strosnider)[Kir90]는 분할되고(segmented) 잠겨진(locked) 캐시를 제안했다. 프로그램은 캐시 내의 선들의 범위를 잠가서 다른 프로그램이 이 캐시 위치들을 변경할 수 없도록 할 수 있다. 이것은 프로그램이 선점한 후에 캐시 내에 자신의 일부를 유지하도록 해준다. 그러나 이럴 경우 잠금을 가진 프로그램뿐만 아니라 시스템 내의 다른 프로그램들을 위한 캐시 크기도 줄인다.

캐시를 위한 프로그램 배치

뮤엘러(Mueller)[Mue95]는 여러 프로세서들에 의해 사용될 수 있도록 캐시를 분할하는 소프트웨어적인 방법을 사용했다. 그는 컴파일러가 명령어 캐시 파티션의 크기에 기초하여, 코드를 같은 크기의 부분들로 분할하는 방법을 사용했다. 각 파티션은 무조건 점프에서 끝난다. 비슷하게, 이 방법은 데이터를 더 작은 단위로 분할한다. 어떤 경우에는 배열과 같은 큰 자료구조를 분할하는 것은 이 자료구조를 조작하는 프로그램의 일부를 변환할 필요가 있을 때도 있다. 지역 데이터는 캐시 포인터를 조작함으로써 파티션들로 분할된다. 정적으로 링크되는 라이브러리는 고정 크기의 파티션들을 만들도록 변환될 수 있지만, 동적으로 링크되는 라이브러리는 문제가 있다.

단순화된 프로세스 캐싱 모델

리(Li)와 울프(Wolf)[Li97b]는 캐시 내에서의 멀티태스킹을 위한 모델을 개발했다. 이들은 캐시 내의 일련의 선들을 점유하는 것으로 프로그램을 특성화했다. 각 프로그램은 두 가지 상태를 가지는 기계로 모델링되었는데, 한 상태는 캐시 내의 프로그램을 나타내고, 다른 상태는 캐시 바깥의 프로그램을 모델링한다. 캐시의 총 상태는 캐시를 사용하는 프로그램들을 위한 모든 모델들의 결합(union)으로 주어진다. 리와 울프는 프로그램이 캐시 내에 있지 않을 때의 최악 경우 실행 시간과 프로그램이 캐시 내에 있을 때의 평균 경우 실행 시간이라는 두 가지 중요한 숫자들에 의해 프로그램의 성능을 모델링했다(합성을 목적으로, 이들은 캐시 실패가 없다고 가정할 때의 최선 경우 시간도 사용했는데, 이것은 가능한 일정들을 찾기 위해서만 사용되었다).

캐시 상태 모델과 각 프로세스의 성능 특성이 주어질 때, 이들은 멀티태스킹 시스템의 실행 시간에 근접하는 추상적 일정을 구축할 수 있었다. 그리고 다양한 프로세스들의 코드에서 삽입된 부분들을 사용하여, 프로그램들의 구체적인 시뮬레이션과 비교함으로써 이 모델의 정확성을 테스트했다. 그림 4-10은 두 가지 상태 모델에 의해 예측된 실행 시간과, QPT와 디네로(Dinero)[Li98b]를 사용하여 삽입된 프로세스들을 위한 시뮬레이션 명령어 추적을 비교하는 시뮬레이션 결과를 보여준다.

예제	작업 수	일정 길이 WCET / 작업 인스턴스 수	시뮬레이션된 실행 시간	추적 길이	평균 오류 (퍼센트)	표준 편차 (퍼센트)
이미지 처리	7	1,814,375/32	1,679,822	1,078,139	7.6	2.3
배열	3	3,843,337/11	3,656,839	3,071,293	4.7	1.2

그림 4-10 두 가지 상태 캐시 모델의 실험적인 검증. 출처 : 리[Li98b].

캐시와 스케줄링 카스트너(Kastner)와 테싱(Thesing)[Kas98]은 캐시 특성을 고려한 스케줄링 알고리즘을 개발했다. 이들의 분석은 연관 캐시(associative cache)를 다룬다. 이들은 프로그램 내의 주어진 위치에서 어떤 메모리 선들이 캐시 내에 있어야 할지를 결정했다. 이들의 스케줄링 알고리즘은 실행 시간을 더 정확히 추정하기 위해 스케줄링 결정 위치에서 캐시 상태를 점검한다.

멀티태스킹과 스크래치 패드 CPU 상에서 여러 프로그램들이 실행될 때, 캐시에 대해서 경쟁하듯이 모든 프로그램은 스크래치 패드에 대해서 경쟁한다. 그러나 스크래치 패드는 소프트웨어적으로 관리되므로, 할당 알고리즘은 멀티태스킹을 고려해야만 한다. 판다(Panda) 등은 스크래치 패드를 세그먼트들로 분할하고, 각 작업을 자신의 세그먼트에 할당할 것을 제안한다. 이 접근법은 스크래치 패드 관리를 위한 실행 시간 오버헤드를 줄여주지만, 스크래치 패드의 일부에 대한 사용 효율을 떨어뜨리는(underutilization) 결과를 얻게 된다. 프로그램들에 우선순위가 부여되면 이들은 높은 우선순위 작업이 더 큰 가중치를 가지도록, 작업 우선순위에 의해서 총 충돌 요소(total conflict factor, TCF, 3.3.4절 참고)로 가중치를 부여한다(이것은 최고 우선순위 작업에 우선순위 1이 주어지는 실시간 시스템에서의 관례와는 반대라는 점에 유의하기 바란다).

4.3 언어와 스케줄링

작업과 프로세스 간 통신에 관한 정보를 파악하기 위해 프로그래밍 언어를 사용할 수 있다. 프로그래밍 언어는 작업이 할 수 있는 것을 제약할 수 있으므로, 다른 방법으로는 불가능할 어떤 종류의 스케줄링을 가능하게 할 수도 있다. 이 절에서는 시스템 활동을 위한 작업 수준의 모델을 제공한다.

CFSM

공동 설계 유한 상태 기계(codesign finite state machine, CFSM)[Bal96]는 하드웨어와 소프트웨어의 조합으로 구현되도록 구체적으로 설계된 제어 모델이다. 전통적인 자동장치처럼, CFSM 은 입력과 출력 이벤트, 이 입력과 출력 이벤트들에 대한 가능한 평가(valuations), 어떤 출력 이벤트를 위한 초기 값, 그리고 전이 관계로 정의된다. CFSM 은 네 단계 사이클을 반복적으로 수행한다.

1. 휴지(idle)

2. 입력 이벤트들을 감지함

3. 현재 상태와 입력에 기초하여 새 상태로 이동함

4. 출력을 내보냄

CFSM 은 각 입력을 위해 하나의 입력 버퍼를 가지고, 각 출력을 위해 하나의 출력 버퍼를 가지는 자동 장치에 의해 모델링된다.

치오도(Chiodo) 등[Chi95]은 에스테렐을 컴파일하는 데 사용될 수 있는 제어 FSM 을 위한 컴파일러를 개발했다. 이들의 컴파일러는 CFSM 의 전이 기능을 나타내는 s 그래프(s-graph)를 먼저 생성했다. s 그래프는 *시작*(begin), *끝*(end), *테스트*(test), *할당*(assign)이라는 네 종류의 노드를 가지는, 제어 데이터 흐름도(control data flow graph, CDFG) 형태이다. *시작*과 *끝*은 각각 원천과 목적지 노드들이다. *할당* 노드는 변수 할당으로 라벨이 붙는다. *테스트* 노드는 두 자식을 가지는데, 하나는 참 조건을 위한 것이고 하나는 거짓 조건을 위한 것이다.

s 그래프는 s 그래프를 분석하고 최소화하기 위해, 샤논 분해를 사용하여 생성된다. s 그래프는 CFSM 의 전이 기능을 나타내므로, 이것은 작업이 하나의 실행을 나타내며, 이 작업의 반복이 운영체제에 의해 수행된다. 이것은 소프트웨어의 성능을 추정하기 위해 최단 경로와 최장 경로 알고리즘들이 사용될 수 있음을 의미한다. 코드 크기는 테이블 조회(lookup) 또는 어셈블리 코드를 생성하고 분석함으로써 추정될 수 있다. 대부분의 최적화는 s 그래프 상에서 수행되는데, 이것은 궁극적으로 C 코드로 변환된다. 테스트 노드는 하나의 if와 두 개의 goto로 되고, 할당 노드는 C 할당문이 된다.

페트리 네트   린(Lin)과 주(Zhu)[Lin98; Zhu99]는 페트리 네트(Petri nets)를 이용하여 프로세스들을 정적으로 스케줄링하는 알고리즘을 개발했다. 프로그램을 위한 페트리 네트 모델이 주어지면, 이들은 프로그램의 최대 비순환(acyclic) 조각들을 찾고, 각 조각에서 연산들을 스케줄링한다. 이들은 모든 전이가 적어도 하나의 입력 또는 출력 위치(place)를 가지고, 적어도 하나의 위치는 입력 전이를 가지지 않으며, 적어도 하나의 위치는 출력 전이를 가지지 않는 비순환 페트리 네트로 페트리 네트 모델의 **확장**(expansion)을 정의한다. 극한 확장(maximal expansion)은 네트의 초기 표식 m에 상대적으로 정의되며 이행적으로 닫혀있다(transitively closed). 즉, 각 전이 또는 확장 내의 위치를 위해 m으로부터 도달할 수 있는 모든 선행 위치와 전이들은 극한 확장 내에도 있다. 표식 m_c가 m으로부터 도달할 수 있고 어떤 전이도 촉발되도록 활성화되지 않으면, 차단 표식(cut-off marking)이라고 불린다. 그림 4-11은 페트리 네트, 그 극한 확장, 그리고 두 개의 다른 차단 표식들을 보여준다.

코드는 세그먼트 내의 연산들을 사전 정렬(pre-ordering)함으로써 극한 확장된 조각으로부터 생성된다. 사전 정렬은 페트리 네트 조각 내에 정의된 우선순위 제약 조건을 충족하는 그래프 내의 연산들에 시간들을 할당한다. 사전 정렬을 만족하는 조각을 위해 제어 흐름도가 생성된다. 이것은 C 구현을 생성하는 데 사용될 수 있다.

소프트웨어 스레드 통합   소프트웨어 스레드 통합(software thread integration, STI)[Dea04]은 여러 스레드가 단일 프로그램 내에서 구현될 수 있도록 스케줄링한다. 소프트웨어 스레드 통합은 그 일부가 실시간 마감 시간을 가질 수 있는 스레드들의 집합으로 시작한다. 그 결과는 모든 스레드들의 실시간 응답성을 보장하는, 스레드들의 실행을 끼워 넣는(interleaves) 단일 프로그램이다.

그림 4-12의 왼쪽에 있는 주 스레드(primary thread)는 실시간 요구사항을 가지는데, 실시간 요구사항을 가지지 않는 스레드는 부 스레드(secondary thread)로 불린다. 소프트웨어 스레드 통합은 주 스레드의 일부를 부 스레드로 복사해서 주 스레드가 올바르게 실행되고 그 마감 시간을 지키도록 한다. 통합된 스레드는 문맥 전환 메커니즘을 필요로 하지 않으므로, 실행 시간을 단축시킨다. 이 기법의 주된 비용은 주 스레드가 올바르게 실행되도록 하기 위해 주 스레드 부분들의 몇몇 복제물을 부 스레드로 삽입할 필요가 있다는 데 있다.

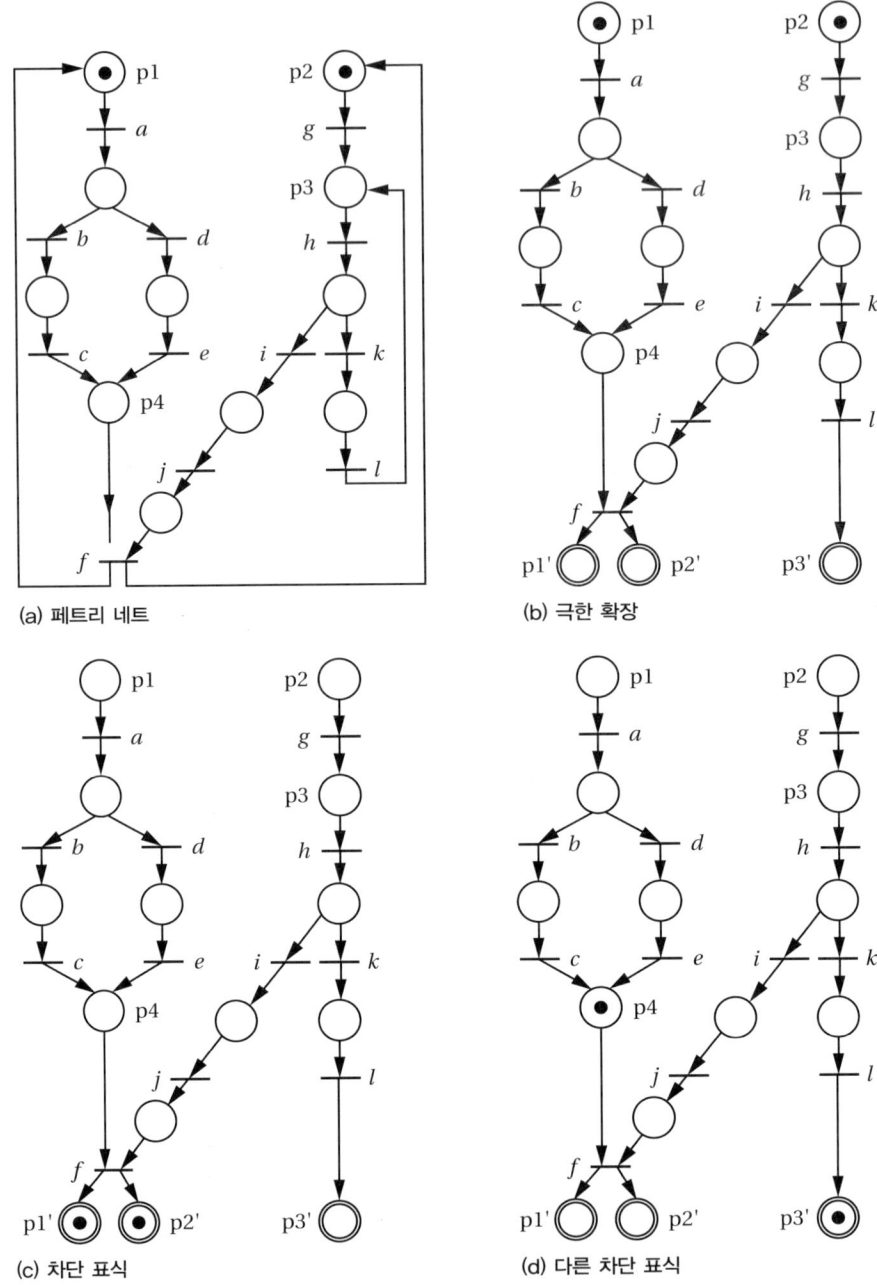

(a) 페트리 네트

(b) 극한 확장

(c) 차단 표식

(d) 다른 차단 표식

그림 4-11 페트리 네트의 극한 확장과 차단 표식들
출처 : 린과 주[Lin98]. ⓒ1998 IEEE 컴퓨터 협회.

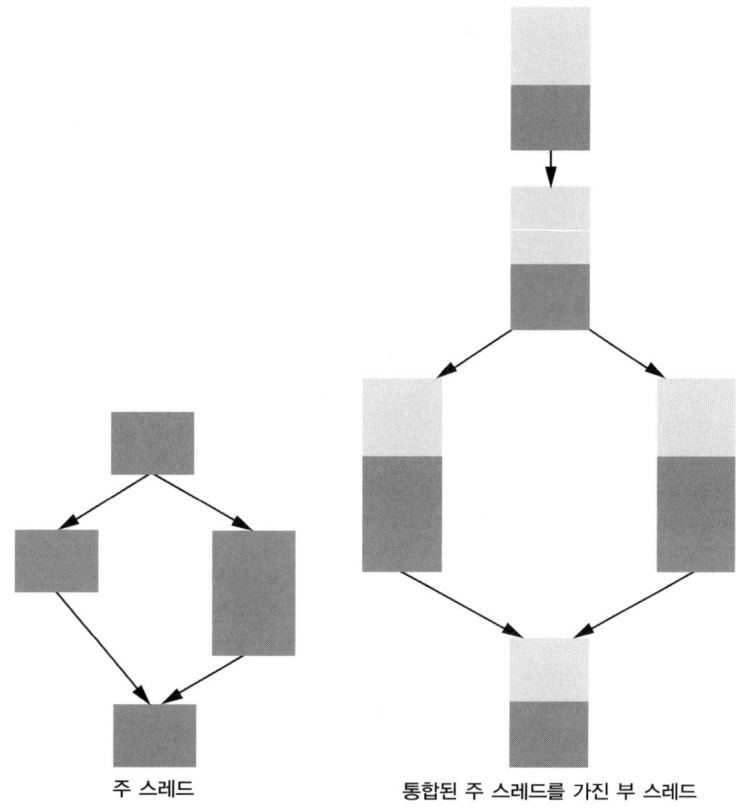

주 스레드   통합된 주 스레드를 가진 부 스레드

그림 4-12 스레드들을 단일 실행 프로그램으로 통합하기

각 스레드는 각 기본 블록/조건부 테스트를 위한 노드와 각 제어 결정을 위한 가장자리를 가진 제어 의존성 그래프(control dependence graph, CDG)[Fer87]로 표현된다. 그림 4-13은 프로그램의 CDFG와 여기서 파생된 CDG를 보여준다. 블록 $B6$는 항상 실행되기 때문에 CDG의 최고 수준에 있다는데 유의해야 한다. CDG는 중첩된 조건식의 각 수준을 위해 그래프의 새 수준을 가지는, 제어 흐름의 수준이 부여된(levelized) 형태이다.

소프트웨어 스레드 통합은 제어 의존성 그래프 내의 각 노드에 관한 실행 시간 정보를 필요로 하는데, 이 정보는 WCET 분석 또는 프로그래머 주석에서 올 수 있다. 각 CDG는 각 블록을 위한 실행 시간으로 주석이 붙어있다. 실행 시간에 덧붙여, 주 스레드는 타이밍 제약조건을 요구한다. 주 스레드 내의 각 블록에는 최근의 시작 시각과 종료 시각이 할당되어 있다.

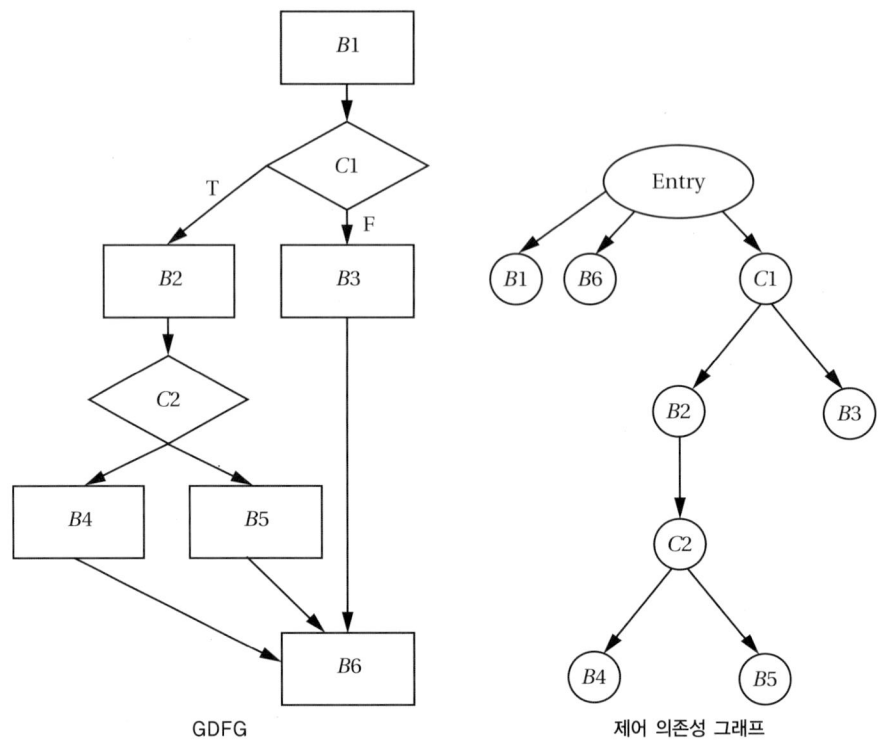

GDFG

제어 의존성 그래프

그림 4-13 제어 의존성 그래프의 예

부 스레드는 타이밍 제약조건이 없으므로, 주 스레드에서 오는 코드는 임의의 위치에 삽입될 수 있다. 기본 스케줄링 알고리즘은 부 스레드 내의 위치에 주 스레드를 탐욕적으로 할당한다. 주 스레드 블록은 시작 시각 요구사항을 만족하는 두 블록들 사이의 첫 번째 간격에 스케줄링된다. 무조건적 블록이 타당한 시작 시각을 제공하고 조건적 노드가 요구되는 시간 창 내에 있다면, 이 알고리즘은 부 스레드의 제어 노드로 내려갈(descend) 수 있다. 코드가 CDG의 조건적 하부 트리로 삽입되면, 스케줄러는 선택된 주 스레드 노드를 이 노드의 모든 조건적 가지에 복사해야 한다. 그 결과는 코드 폭발(code explosion)을 야기한다.

노드의 실행 시간이 너무 크다면, 프로그램 변환을 통해 이것을 여러 개의 작은 노드로 분할할 수 있다. 예를 들어, 루프 벗기기(loop peeling)는 루프의 한 반복을 제거하여 이 루프를 두 개의 노드로 분할할 수 있다. 루프 분할(loop splitting)은 루프를 두 개의 루프로 분할하여, 요구되는 반복 공간에 두 루프의 반복이 함께 포함되게 된다.

조토   조토(Giotto)[Hen03]는 병렬처리 시스템(concurrent systems)을 기술하기 위한 언어이다. 조토 작업(task)은 표준 프로그래밍 언어로 구현될 수 있는 순차적 프로그램이다. 작업은 일련의 입력 및 출력 포트들을 가지는데, 포트는 일반적으로 점대 점 통신에 사용된다. 시스템의 주된 입력과 출력은 각각 센서 포트(sensor ports)와 **시동자 포트**(actuator ports)로 불린다. 실행은 **모드**(modes)로 구성되는데, 모드는 고정된 순서로 작업 열을 반복적으로 호출(invocation)하는 것이다. 모드는 주기, 모드 포트, 작업 호출, 시동자 갱신, 그리고 모드 스위치로 지정된다. 모드의 단일 호출은 라운드(round)로 불린다.

그림 4-14는 예제 모드 명세를 보여준다. 모드는 두 개의 입력 포트 i_1과 i_2를 가지고, 하나의 출력 포트 $x1$을 가진다. 또 모드 포트 Q_1을 가진다. 모드 포트의 값은 모드가 활성화되어 있을 동안에는 상수를 유지한다. 모드의 어떤 출력도 모드 포트로 간주되며, 모드로 들어갈 때 초기화되어야 한다. 모드는 주기 π를 지정한다. 각 작업은 자신의 호출률(invocation rate) v를 가지는데, 이것은 주기 동안에 작업이 호출되는 횟수와 같다. 그림에서 t_1은 사이클마다 한 번 호출되지만, t_2와 t_3는 두 번 호출된다. 포트의 값은 주기율(period rate)에서 바뀌므로, 작업은 주기 내에서 여러 번 호출되는 동안 포트에서 같은 값을 볼 수 있다.

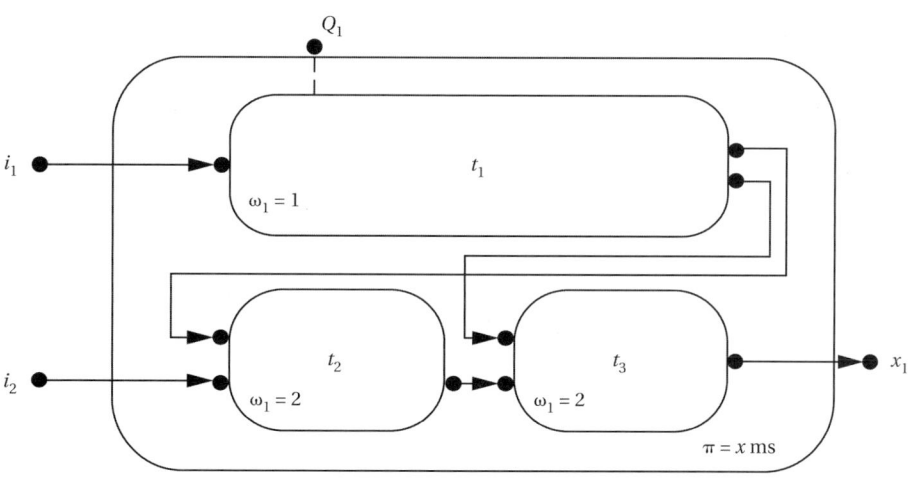

그림 4-14 세 개의 작업을 가진 조토 모드

모드 스위치(mode switch)는 여러 요소들에 의해 지정된다. 스위치 주파수(switch frequency)는 모드 스위치가 평가되는 주파수를 나타내는 ω 값이다. 드라이버

(driver)는 포트에 값을 제공하며, 포트는 모드가 전환할지를 결정하는 **종료 조건**(exit condition)에 의해 보호된다. 전환이 되면 **목적지 모드**(target mode)가 실행을 시작한다.

조토의 실행 사이클은 9 단계로 구성된다.

1. 작업 출력과 내부 포트가 갱신된다.

2. 시동자 포트가 갱신된다.

3. 센서 포트가 갱신된다.

4. 모드가 갱신되며, 어떤 목적지 모드를 선택할 수 있다.

5. 모드 포트가 갱신된다.

6. 모드 시간이 갱신되어, 목적지 모드에서 모드 스위치들이 라운드 끝에 가능한 한 가까운 시간으로 건너뛴다.

7. 작업 입력 포트가 갱신된다.

8. 활성화된 일련의 작업들이 갱신된다.

9. 시간 클록이 갱신된다.

조토는 구현 정보를 위한 별도의 명세를 허용한다. 플랫폼 명세는 하드웨어/소프트웨어 공동 설계(7.4.2 절에서 이 모델을 설명한다)에서 사용되는 것과 비슷한 기법을 사용하는 하드웨어 플랫폼을 정의한다. 흐트러짐 내성(jitter tolerance)은 작업 타이밍이 얼마나 많이 변할 수 있는지를 정의한다. 조토 프로그램을 플랫폼으로 구현하기 위해 다양한 스케줄링과 할당 알고리즘들이 사용될 수 있다. 조토는 합성을 위한 힌트를 제공하기 위해 사용될 수 있는 주석 메커니즘을 제공한다.

SHIM   SHIM[Edw05]은 고정된 통신 채널을 통해 순차적 프로세스들을 연결하는 프로그래밍 모델이다. 프로세스들은 랑데부 방식(rendezvous-style)의 통신을 하는데, 이것은 버퍼를 사용하지 않는다(버퍼는 기본 통신 메커니즘에서 추가될 수 있다). 이 모델은 결정적(deterministic)인데, 각 통신 채널은 오직 하나의 구독자(reader)와 하나의 작성자(writer)만 가지기 때문이다. SHIM 명세는 린(Lin)과 주(Zhu)의 스케줄러 또는 다른 알고리즘을 사용하는 단일 스레드 프로그램으로 구현될 수 있다.

4.4 운영체제 설계

범용 대 실시간 범용 운영체제와 실시간 운영체제 사이의 가장 기본적인 차이점은 스케줄러의 목표이다. 범용 운영체제는 공정성에 주안점을 두며, 프로세스들을 CPU 액세스 결핍이 되지 않도록 방지하려고 한다. 이와는 달리, 실시간 운영체제는 마감 시간을 지키는 데 주안점을 둔다.

그러나 임베디드 시스템을 위한 실시간 운영체제는 종종 범용 운영체제가 제공하는 기능들 중 많은 것을 제공하도록 요구된다. 임베디드 시스템은 종종 파일 시스템을 유지하며, TCP/IP를 통해 통신하며, 대규모 프로그램 군을 실행하고, 메모리 관리를 제공하며, 계정을 다룬다. 물론 리눅스와 같은 범용 운영체제가 실시간 시스템 용도로 적용될 수도 있다.

1980년대의 헌터/레이디 OS(Hunter/Ready OS)처럼 초창기 실시간 운영체제는 매우 작았다. 마치(Mach)[Tok90]는 본격적인 CPU 상에서 실행되고 최신 서비스들을 제공하는 운영체제에 실시간 특성들을 구축하고자 한 초창기 시도들 중 하나였다. 그 이후로 POSIX에서부터 다양한 상용 RTOS에 이르기까지, 풍부한 기능들을 제공하는 실시간 운영체제가 점점 더 일반화되어 왔다.

4.4.1절에서는 임베디드 운영체제에서의 메모리 관리를 살펴보고, 4.4.2절에서는 RTOS의 구조를 설명한다. 4.4.3절에서는 RTOS 운영에서의 오버헤드를 살펴본다. 4.4.4절에서는 실시간 스케줄링을 위한 지원 메커니즘들을 간단히 살펴보고, 4.4.5절에서는 프로세스 간 통신을 어떻게 구현할지를 배운다. 4.4.6절에서는 전력 관리, 그리고 4.4.7절에서는 임베디드 파일 시스템을 연구한다.

4.4.1 임베디드 운영체제에서의 메모리 관리

메모리 관리는 실시간 운영체제보다는 범용 운영체제에 더 자주 결합되지만, 앞에서 언급했듯이 RTOS는 범용 작업들을 수행할 것을 종종 요구받는다. RTOS는 여러 가지 이유로 메모리 관리를 제공할 수 있다.

- 메모리 매핑 하드웨어는 외부 프로그램이 임베디드 시스템에서 실행될 때 프로세스들의 메모리 공간을 보호할 수 있다.

- 메모리 관리는 프로그램이 큰 가상 주소 공간을 사용할 수 있도록 해준다.

다음의 예제는 윈도우 CE 의 메모리 관리 구조를 설명한다.

예제 4-1 **윈도우 CE의 메모리 관리**

윈도우 CE[Bol03]는 경량 가전 장치들을 위한 실시간의 완전한(full-featured) 운영체제로 설계되었다. 윈도우 데스크톱 애플리케이션들은 윈도우 CE 에서 직접 실행될 수는 없지만, 윈도우 애플리케이션들을 윈도우 CE 로 쉽게 이식(porting)할 수 있도록 운영체제가 설계되었다.

윈도우 CE 는 가상 메모리를 지원하는데, 페이징 메모리는 디스크와 같은 전통적인 장치뿐만 아니라 플래시 메모리로도 지원될 수 있다. 운영체제는 평탄한 32 비트 가상 주소 공간을 지원한다. 주소 공간의 아래쪽 2GB 는 사용자 프로세스를 위한 것이고, 위쪽 2GB 는 커널을 위한 것이다. 커널 주소 공간은 주소 공간에 정적으로 매핑된다.

사용자 주소 공간은 동적으로 매핑된다. 이것은 각각 32MB 의 64 개 슬롯으로 분할된다. 슬롯 0 은 현재 실행 중인 프로세스를 가지고 있고, 슬롯 1-33 은 프로세스들을 가지는데 슬롯 1 은 동적 링크 라이브러리(Dynamically Linked libraries, DLL)를 가진다. 따라서 이것은 한 시점에 32 개 프로세스만 실행될 수 있음을 의미한다. 슬롯 33-62 는 메모리 매핑 파일(memory mapped files), 운영체제 개체 등을 위한 것이다. 마지막 슬롯은 자원 매핑을 가진다.

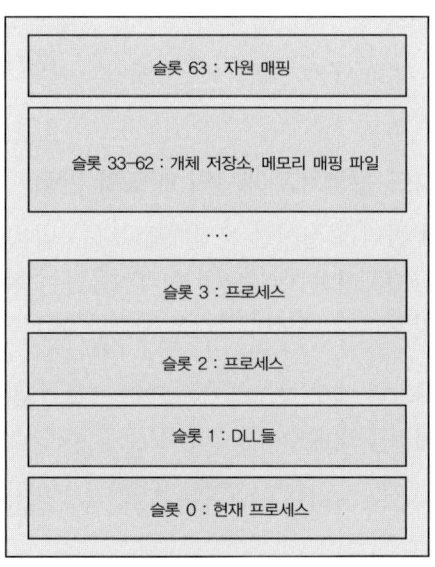

각 프로세스 슬롯은 몇 개의 영역들로 나뉜다. 아래쪽 64KB 는 보호 영역(guard section)으로 사용된다. 사용자 코드는 아래에서 위쪽으로 확장된다. 프로세스에 의해 호출되는 DLL 에서 필요로 하는 메모리는 메모리 공간의 위에서부터 아래쪽으로 확장된다.

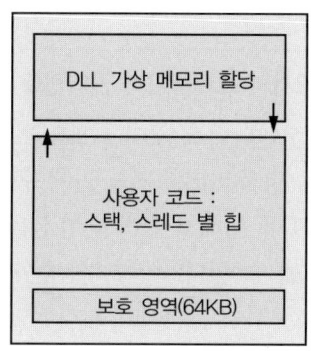

4.4.2 실시간 운영체제의 구조

인터럽트와 스케줄링

실시간 운영체제의 두 가지 핵심 요소는 인터럽트 처리 메커니즘과 스케줄러이다. 이 두 요소는 RTOS 의 실시간 특성을 결정한다. 4.2 절에서 설명했던 스케줄링에서는 인터럽트를 무시했지만, 실제로 인터럽트는 운영체제의 실시간 특성을 파괴하지 않도록 신중히 다루어져야 한다.

인터럽트 시스템은 인터럽트 처리기를 위해 자체적인 우선순위를 제공한다. 인터럽트 처리기는 운영체제의 정규 프로세스들과는 분리된, 별도의 프로세스 집합으로 간주될 수 있다. 인터럽트 시스템 우선순위는 하드웨어에 의해 결정된다. 게다가 모든 인터럽트 처리기는 운영체제 프로세스들보다 높은 우선순위를 가지는데, 인터럽트는 마스크되지 않는 한, 자동적으로 처리되기 때문이다. 그 결과, 인터럽트가 운영체제의 스케줄러를 깨뜨리지 않도록 RTOS 는 주의 깊게 구성되어야 한다.

ISR과 IST

반응적(responsive) 운영체제의 설계에서 중요한 경험 법칙은 하드웨어 인터럽트 시스템에 의해 처리되는 인터럽트 처리기가 가능한 한 짧은 시간을 소모하기를 원한다는 것이다. 그러나 많은 실제 장치들은 어디선가 수행되어야 할 상당한 양의 계산을 필요로 한다. 그 결과, 장치 지향의 처리는 종종 인터럽트 서비스 루틴(interrupt service routine, ISR)과 인터럽트 서비스 스레드(interrupt service thread, IST)라는 두 부분으로 나뉜다. ISR은 하드웨어 인터럽트 시스템에 의해 처리되지만, IST는 사용자 모드 프로세스이다. ISR은 인터럽트를 처리하는 데 필요한 최소한의 작업만 수행하며, 작업을 끝낼 수 있는 IST에 데이터를 넘긴다.

다음 예제는 윈도우 CE에서의 스케줄링과 인터럽트를 설명한다.

예제 4-2 **윈도우 CE에서의 스케줄링과 인터럽트**

윈도우 CE는 인터럽트 처리를 ISR과 IST로 나눈다[Bol03]. 이것은 두 종류의 ISR을 제공한다. 정적 ISR은 커널 안에 구축되는데, 이것은 ISR의 스택도 제공한다. 정적 ISR은 IST에 대해서 단방향 통신을 제공한다. 설치 가능한 ISR은 커널 내에 동적으로 로드될 수 있다. 설치 가능한 ISR은 통신을 위해 공유 메모리를 사용할 수 있다. ISR들은 설치된 순서로 처리된다.

인터럽트는 여러 단계에 걸쳐 처리된다. 인터럽트 지연 시간은 여러 요인에 기인할 수 있다. ISR 지연 시간의 주요 구성요소는 인터럽트를 끄는 데 필요한 시간과 인터럽트의 방향을 바꾸고(vector), 레지스터에 저장하는 등에 필요한 시간이다. 이 요인들은 모두 CPU 플랫폼에 의존한다. IST 지연 시간의 주요 구성요소는 ISR 지연 시간, 커널에서 소요된 시간(kcall), 스레드 스케줄링 시간이다.

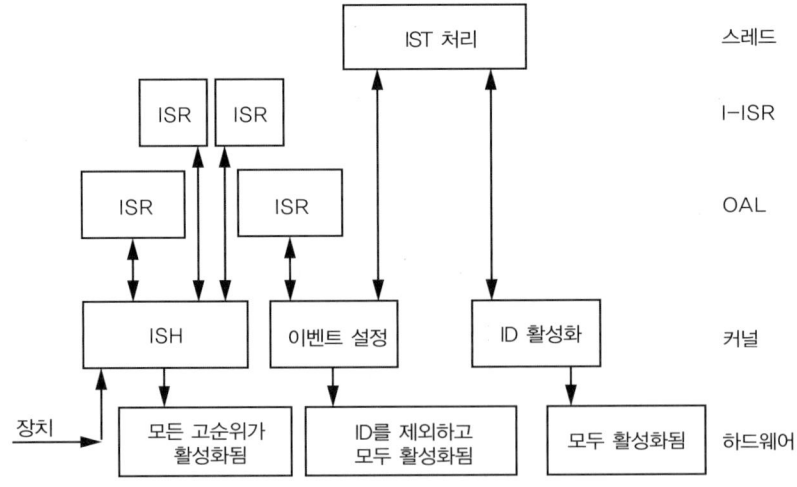

윈도우 CE는 두 종류의 선점형 멀티태스킹(preemptive multitasking)을 제공한다. 더 범용적인 방식의 스케줄링에서는 시간 할당량의 끝까지 스레드가 실행된

다. 더 실시간적인 방식의 스케줄링에서는 더 높은 우선순위의 스레드가 실행 준비가 될 때까지 스레드가 실행된다. OS는 총 256개 우선순위를 제공한다. 한 우선순위 수준에서 스레드들은 순차 실행(round-robin) 모드로 실행된다. 윈도우 CE는 우선순위 상속 프로토콜을 제공한다. 시스템 타이머는 1ms 틱(tick)을 정상적으로 사용한다.

4.4.3 운영체제 오버헤드

대부분의 스케줄링 분석은 문맥 전환 시간은 무시할 만하다고 가정한다. 문맥 전환 시간이 프로세스의 실행 시간에 비해 작을 때 이 가정은 타당하다. 그러나 매우 짧은 프로세스 또는 아주 높은 사용 효율에서는 사용할 수 있는 CPU 시간의 상당 부분을 문맥 전환이 차지한다.

OS 시뮬레이션　　문맥 전환 오버헤드의 효과는 시뮬레이터를 사용하여 검토될 수 있다. 브이엑스웍스(VxWorks)와 같은 RTOS는 인터럽트, 운영체제 호출 등을 위한 CPU 시간을 정확히 모델링하는 시뮬레이터를 제공한다. 이 시뮬레이터는 추적이 가능하며, 총 실행 시간뿐만 아니라 시간에 따라 CPU에 의해 수행되는 동작들을 보여주는 타이밍 다이어그램을 제공한다. 시뮬레이터는 실시간 시스템을 디버깅할 때 매우 유용하다.

오버헤드 검토　　로데스(Rhodes)와 울프(Wolf)[Rho99]는 시뮬레이션을 사용해서 문맥 전환 오버헤드의 효과를 연구했다. 이들은 하나의 버스를 가진 두 개의 프로세서 시스템을 검토했지만, 그 결과는 단일 프로세서 시스템에서의 상황을 보여준다. 이들은 100개의 무작위 작업 그래프를 생성하고, 각각에 대해서 일정들을 생성했고, 인터럽트 서비스 시간과 문맥 전환 시간이라는 두 가지 설계 요소를 변경했다. 그리고 간격 없음, 10% 간격, 20% 간격, 40% 간격이라는 변화하는 간격(slack)의 크기를 제공하기 위해 작업의 마감 시간도 조정했다. 그 결과가 그림 4-15에 있다. 각 도면에서 시스템은 작은 인터럽트 서비스와 문맥 전환 시간을 가진 영역 내의 많이 스케줄링 가능한 상태로부터, 큰 인터럽트 서비스와 문맥 전환 시간을 가진 영역 내의 스케줄링 불가능한 상태로 급격히 변한다. 인터럽트와 문맥 전환 오버헤드는 거래될(traded off) 수 있다.

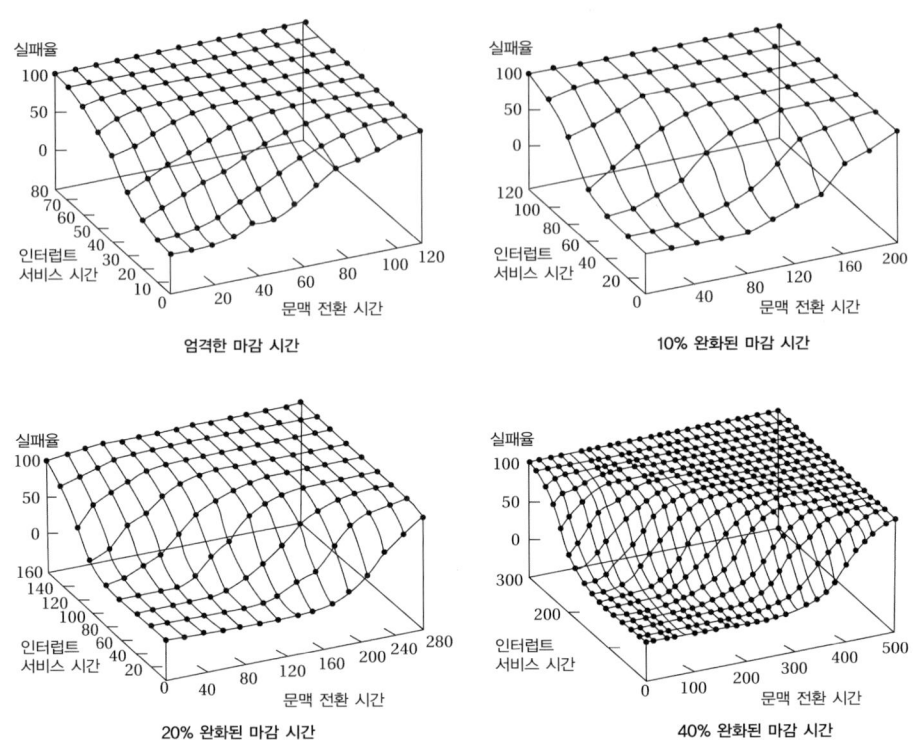

그림 4-15 인터럽트와 계산 시간의 함수로서의 일정 실패율
출처 : 로데스와 울프[Rho99]. ⓒ1999 IEEE 컴퓨터 협회.

4.4.4 스케줄링 지원

RTU 아도맷(Adomat) 등[Ado96]은 RTU라 불리는 실시간 스케줄링을 위한 가속기를 개발했다(이들은 이것을 보조 처리기라고 설명했지만, CPU 명령어 배출 메커니즘에 의해 제어되는 것은 아니다). 이들의 가속기는 3개까지의 프로세서를 지원할 수 있다. 이벤트들이 제한된 시간 내에 처리될 수 있도록 하기 위해 시스템 버스는 순차 실행(round-robin) 방식으로 조정된다(arbitrated). RTU는 각 CPU에서 다음에 어떤 프로세스가 실행되어야 할지를 결정하기 위해, 하드웨어를 사용하여 프로세스 준비와 우선순위를 평가했다.

스프링 스케줄러 불레슨(Burleson) 등[Bur99]은 스프링(Spring)을 위한 스케줄링 가속기를 설계했다. 이들은 이 장치를 보조 처리기라고 부르지만, 이것은 CPU 버스에 부착된 메모리 매핑 장치이다. 시스템은 동적으로 나타나는 작업들을 지원하도록 설계되었다.

일단 작업이 마감 시간까지 완료되도록 보증서(guarantee)를 받게 되면 이 보증서는 침해되지 않지만, 이전 작업들에 대해 만들어진 약속 때문에 나중의 작업들은 시스템에서 허용되지 않을 수 있다. 이들의 스케줄링 알고리즘은 한 번에 하나의 프로세스를 부분 일정에 추가함으로써 일정을 잡는다. 만약 새 작업이 일정을 실행할 수 없게 만든다면, 스케줄러는 되돌아가서 부분 일정에 다른 작업을 추가하려는 시도를 한다.

이들의 가속기 아키텍처는 그림 4-16과 같다. 먼저, 프로세서를 위한 최초로 가능한 시작 시간들(earliestpossible start times)이 생성된다. 이 값들에 기초하여, 발견적 방법 스케줄링 함수가 평가된다(이들은 여러 가지 다른 스케줄링 발견적 방법들을 다루었다). 평가된 발견적 방법 함수에 기초하여 부분 일정이 타당할 경우에는 작업이 프로세스들의 대기열에 추가된다.

RTM　　코하웃(Kohout) 등[Koh03]은 실시간 운영체제에서의 스케줄링과 시간 및 이벤트 관리를 지원하기 위해 실시간 작업 관리자인 RTM을 개발했다. RTM은 메모리 매핑된 인터페이스를 가진 주변 장치이다. 이 장치는 프로세스를 위한 여러 개의 레코드들을 포함한다(이들의 설계에서는 64개 레코드였다). 각 레코드는 다음을 포함한다.

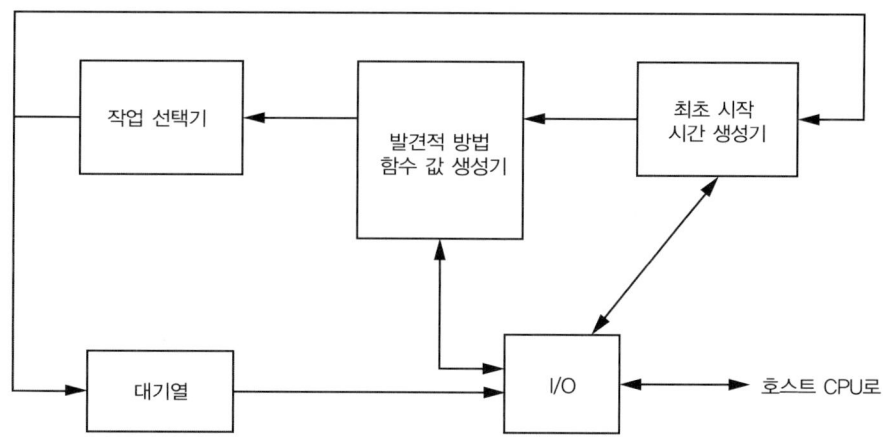

그림 4-16 스프링 스케줄링 가속기의 아키텍처[Bur99]

■ 프로세스가 실행 준비가 되었는지와 같은, 레코드의 상태를 나타내는 상태 비트들

- 프로세스의 우선순위

- 프로세스 ID

- 주기의 시작 이후 얼마나 오랫동안 지연 작업이 실행되었는지를 말하는 지연 필드

필드는 준비 테스트 셀들(ready test cells)의 트리를 사용하여 평가된다. 각 셀은 입력으로 우선순위와 두 프로세스들의 준비 비트들을 가진다. 셀은 더 높은 우선순위 프로세스를 위해 이 우선순위와 준비 비트를 내보낸다. 이 트리 네트워크를 통과하는 지연은 융통성이 있어서, 하드웨어 내에서 많은 수의 프로세스들이 빨리 평가될 수 있도록 해준다.

4.4.5 프로세스 간 통신 메커니즘

프로세스 간 통신(interprocess communication, IPC) 메커니즘은 프로그램에 의해 추상적 장치로 사용되지만, 운영체제 내에서 여러 가지 방법으로 구현될 수 있다. 프로세스 간 통신을 구현하는 데 사용되는 메커니즘은 성능과 에너지 소모에 영향을 미칠 수 있다.

범용 시스템에서의 IPC
    범용 운영체제는 많은 양의 데이터를 이동하기 위해 프로세스 간 통신을 사용한다. IPC 전송은 트랜잭션 지연의 대가로 전반적인 성능을 개선하기 위해 버퍼를 많이 사용할 수 있다. 실시간 시스템은 시스템을 통해 많은 양의 데이터를 다룰 수도 있지만, 실시간 요구사항을 충족하기 위해 최적화도 되어야 한다.

편지함
    편지함(mailboxes)은 작은 데이터 전송에 사용될 수 있다. 편지함은 오직 하나의 작성자(writer)만 허용하지만 많은 구독자(readers)를 허용한다. 편지함은 소프트웨어로 구현될 수도 있지만, 종종 하드웨어 장치로 구현된다. 하드웨어 편지함은 고정된 수의 레지스터 또는 위치를 가지므로, 규모가 큰 통신은 감당할 수 없다. 편지함은 오직 하나의 작성자만 가질 수 있으므로, 경쟁은 발생하지 않는다. 예를 들어, TI OMAP 시스템은 두 개의 프로세서를 위한 네 개의 편지함을 제공한다. 각 CPU는 작성을 위해 두 개의 편지함을 소유한다.

스트리밍과 대규모 전송
    스트리밍 데이터는 임베디드 시스템에 일반적인, 대규모 데이터 전송의 한 범주이다. 다른 덜 주기적인(less periodic) 전송도 대규모의 데이터를 이동할 수 있다.

특수화된 메모리가 이런 데이터를 보관하기 위해 사용될 수 있다. 임베디드 시스템의 많은 데이터 전송이 하나의 작성자와 하나 이상의 구독자를 가진 생산자-소비자(producer-consumer)이므로, 특수화된 버퍼가 더 예측 가능한 액세스를 제공할 수 있다.

4.4.6 전력 관리

앞에서 보았듯이, 하드웨어는 수면 모드(sleep modes)와 클록 속도 제어를 포함하여, 전력을 관리하기 위해 다양한 메커니즘을 제공할 수 있다. 전력 소모를 최적화하기 위해 시스템 상태를 재구성하는 방법은 동적 전력 관리(dynamic power management)라고 불린다. 이 메커니즘은 일반적으로 운영체제에 의해 관리되는데, 시스템 작업들에 대한 소프트웨어 인터페이스를 제공한다. 운영체제는 다른 자원들과 함께 관리되는 하나의 자원으로 전력 상태를 취급한다. 운영체제 내의 전력 관리 메커니즘의 제어를 중앙 집중화하는 것은 OS가 전력 관리 상태의 어떤 변화에 대해서 모든 필요한 구성요소들이 통지를 받을 수 있도록 해준다.

고급 구성 및 전력 인터페이스(Advanced Configuration and Power Interface, ACPI)[Int96]는 전력 모드를 관리하기 위해 PC에서 널리 사용된다. ACPI는 특별한 전력 관리 메커니즘을 지정하지 않고, 전력 관리의 수준을 전역 전력 상태들(global power states)로 정의한다.

- G3는 기계적으로 꺼진(mechanical off) 상태이다.

- G2는 소프트웨어적으로 꺼진(soft off) 상태로, 더 높은 수준의 시스템 준비를 위해 이 상태를 벗어날 때 운영체제가 리부팅되어야 한다.

- G1은 수면 상태(sleeping state)로, 시스템은 꺼진 것처럼 보인다.

- G0는 작동 상태(working state)로, 시스템은 켜져 있다.

- 기존 상태(legacy state)는 비 ACPI 전력 모드를 나타낸다.

베니니(Benini) 등[Ben99]은 전력 관리를 위한 시스템 동작의 확률론적 모델(stochastic models)을 구축했다. 이들은 시스템과 작업 부하(workload)를 둘 다 마르코프 연쇄(Markov chains)로 모델링했다. 서비스 요청자(service requester)

는 작업 부하를 일련의 서비스 요청들로 모델링한다. 서비스 제공자는 확률이 전력 관리에서 오는 명령어에 의해 제어되는 마르코프 연쇄이다. 전력 관리는 서비스 요청과 서비스 제공자 상태를 전력 관리 조처들로 매핑한다. 비용 행렬의 집합이 시스템 최적화를 하는 동안 사용된다. 이들은 주어진 성능 제약조건을 만족하는 최소 전력 정책을 찾는 것이 선형 프로그램으로 가능하다는 것을 입증했다.

4.4.7 임베디드 장치 내의 파일 시스템

최신 임베디드 시스템은 정교한 파일 시스템을 지원해야 한다. 전력 소모와 코드 크기에 대한 제한은 임베디드 파일 시스템이 워크스테이션 지향의 파일 시스템과는 다소 다르게 설계되도록 한다. 그러나 가장 중요한 차이점은 임베디드 파일 시스템 (embedded file systems)에서는 플래시 메모리가 저장소 컴포넌트로 자주 사용된다는 사실 때문에 야기된다.

임베디드 파일 시스템   임베디드 파일 시스템은 임베디드 컴퓨팅 시스템의 많은 종류에서 사용된다. 음악 재생기는 대량의 음악과 다른 정보(재생 목록과 같은)를 싣는데, 저장소로 플래시, 자기 디스크 또는 CD를 사용할 수 있다. 디지털 카메라도 이미지와 다른 정보를 위해 대규모의 저장소를 제공한다. 임베디드 파일 시스템은 몇 가지 측면에서 달라질 수 있다.

- 호환성(Compatibility) : 어떤 임베디드 시스템은 파일 시스템을 다른 컴퓨터에 직접적으로 노출하지 않으며, 따라서 파일 시스템은 임의의 내부 구조를 사용할 수 있다. 다른 장치(특히 휴대용 매체를 사용하는)는 자신의 파일 저장소가 다른 종류의 컴퓨터에서 마운트될 수 있으며, 따라서 이 시스템들과 호환되어야 한다.

- 기록 가능성(Writeability) : CD 플레이어와 같은 어떤 장치는 파일을 읽기만 하면 된다. 디지털 카메라와 같은 다른 장치는 파일을 기록할 수도 있어야 한다.

호환성은 어떤 종류의 가전 장치에서는 중요한 문제가 된다. 오디오 CD 뿐만 아니라 압축된 MP3 파일을 재생하는 CD/MP3 플레이어는 호환성이 야기하는 복잡성의 좋은 예를 제시한다. MP3를 포함한 CD는 어떤 확립된 표준이 없이 PC 공동체에서 나왔다. 그 결과, CD가 다양한 종류의 컴퓨터에 의해 만들어질 수 있을 뿐만 아니라, 디렉터리 구조도 다르게 생성될 수 있다. 결과적으로 CD/MP3 플레이어는 디스크를 읽기만 하는데도 불구하고 복잡한 파일 시스템을 구현해야만 한다.

**플래시 기반
파일의 난제**

플래시 기반의 메모리는 읽기뿐만 아니라 쓰기까지 가능해야 한다는 점을 넘어서 새로운 난제들을 도입한다. 첫 번째 중요한 차이점은 플래시가 RAM처럼 단어 단위로 기록할 수 없다는 점이다. 플래시 메모리는 먼저 큰 블록이 지워진 후에 기록되어야 한다. 플래시 메모리 블록은 64KB 만큼이나 커질 수 있는데, 이것은 일반 자기 디스크 섹터보다 훨씬 더 크다. 또한 지우는 것은 읽는 것보다 훨씬 더 많은 시간이 걸린다. 두 번째 중요한 차이점은 프로그램/지우기 사이클은 장치 상에 현저한 마모(wear)를 남긴다. 프로그램/지우기 사이클 과정에 적용되는 전압은 메모리 내의 미세한 산화물에 압력을 가하며, 궁극적으로 메모리 셀을 고장나게 만든다. 오늘날의 플래시 메모리는 백만 번의 프로그램/지우기 사이클을 견딜 수 있지만, 파일 시스템을 부주의하게 설계하면 필요한 것보다 훨씬 더 많은 쓰기를 야기하며, 이것이 메모리 장치의 수명을 단축시킨다.

**NAND 대 NOR
플래시**

플래시 메모리를 위한 두 가지 주요 기술은 NAND와 NOR 플래시인데, 이들은 메모리 요소들을 위한 회로 구조가 다르다. NOR 플래시는 RAM에서 사용되는 것과 비슷한 프로시저를 사용하여 읽기가 가능하다. 그러나 NAND 메모리는 블록 장치로 액세스된다. NAND 메모리 블록은 사용 도중에 실패할 수 있으며, 제조할 때부터 잘못된 블록을 가질 수도 있다. 또 NAND 플래시는 순간적인 읽기 오류가 발생하기 쉽다. 그 결과, 많은 개발자들은 NAND 기반과 NOR 기반의 플래시 메모리를 위한 다른 파일 시스템들을 구현한다.

마모 평탄화

플래시 메모리는 쓰기를 할 때 다른 종류의 영구 저장소보다 더 빨리 마모되므로, 플래시 메모리 시스템은 플래시 메모리의 수명을 최대화하기 위해 마모 평탄화(wear leveling) 기법을 사용한다. 마모 평탄화 방법은 한 블록을 과다하게 사용하는 것을 피하기 위해 메모리에서 쓰기를 분산시킨다. 그러나 플래시 메모리 시스템의 아킬레스 건 하나는 파일 할당 테이블이다. 파일이 생성되고 파괴되고 크기가 바뀔 때마다 파일 할당 테이블은 갱신되어야 한다. 따라서 파일 할당 테이블은 플래시 메모리의 다른 부분보다 훨씬 더 빨리 마모된다. 많은 장치 제조업체에서 개별 파일을 삭제하는 것보다 플래시 메모리를 포맷 또는 대량 삭제(bulk erasing)할 것을 권장하는 이유 중 하나가 바로 이 때문인데, 대량 삭제는 파일 단위의 삭제보다 훨씬 더 적은 프로그램/지우기 사이클을 수행한다.

가상 매핑

그림 4-17은 가상 매핑(virtual mapping) 기반의 플래시 메모리 시스템의 구성을 보여준다[Ban95]. 가상 매핑 시스템은 마모 평탄화와 플래시 메모리 기반의 파

일 시스템에 특유한 다른 처리들을 수행한다. 파일 시스템은 메모리를 가상 주소로 주소 지정이 되는, 바이트들의 선형 배열로 본다. 가상 매핑 시스템은 이 가상 주소를 플래시 메모리 내의 물리적 주소로 변환하기 위해 가상 메모리 매핑 테이블을 사용한다. 가상 매핑 테이블은 전체가 플래시에 저장되거나, 호스트 프로세서에 있는 RAM에 캐시될 수도 있다. 가상 매핑 시스템은 다음과 같은 여러 가지 작업을 수행할 수 있다.

- 블록 프로그램/지우기 연산들의 스케줄링을 관리한다.

- 블록 내의 어떤 데이터를 새 위치로 이동하여, 이 블록을 비워서 블록이 삭제되거나 재사용될 수 있도록 데이터를 정리한다.

- 자기 디스크 컨트롤러가 불량 섹터를 양호한 섹터로 교체하는 것과 비슷하게, 메모리의 불량 블록을 식별한다.

- 메모리 전체의 마모 평탄화를 위해, 드물게 변경되는 데이터를 가끔씩 새 위치로 이동한다.

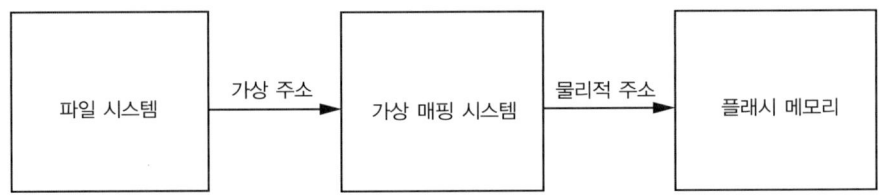

그림 4-17 가상 매핑 기반의 플래시 메모리 시스템의 구성

**로그 구조의
파일 시스템**
　　일부 임베디드 파일 시스템은 파일 시스템이 오염되는 것에 대한 내구성을 키우기 위해 범용 컴퓨터를 위해 개발된 기법들을 사용한다. 로그 구조의 파일 시스템(log-structured file system)[Ros92]은 현재 버전의 파일 디렉토리를 저장하지 않는다. 그 대신, 파일 변경에 대한 로그를 저장한다. 로그 구조화는 실행 기록(journaling)이라고 불리기도 한다.

　　실행 기록 플래시 파일 시스템(Journaling Flash File System, JFFS)[Axi05])은 갑작스럽게 전원이 꺼질 때 일관성을 유지하기 위해 설계되었다. JFFS는 리눅스 기반의 시스템을 위한 플래시 파일 시스템을 제공하기 위해 설계되었고, 이것은 리눅스 가상 파일 시스템(Linux Virtual File System) 상에서 적용되지만 파일 시스템의 버퍼 캐시는 사용하지 않는다. 이것은 플래시 메모리가 지워져야 하는 횟수를 최소화하도록 설계되었다. 플래시 메모리는 대기열(queue)로 구성되어서 새로운 데이터는 플래시 대기열의 꼬리 부분에 기록되고, '쓰레기(dirt)'로 불리는 오래된 데이터는 대기열에서 특별하게 표시된다.

또 하나의 플래시 파일링 시스템(Yet Another Flash Filing System, YAFFS) [Ale05]은 NAND 플래시 메모리를 위한 로그 구조의 파일 시스템이다. YAFFS는 리눅스 가상 파일 시스템에서 작동되도록 설계되었다. 파일 데이터는 플래시 페이지의 크기와 같은 조각(chunk)에 저장된다. 각 플래시 페이지는 파일 ID와 조각 번호를 포함한다.

블록 장치 에뮬레이션　　어떤 플래시 파일 시스템은 PC에서 사용되는 블록 구조의 파일 시스템을 에뮬레이션한다. FTL-LITE[Int98]는 FTL 파일 시스템의 임베디드 버전으로, DOS와 호환되는 파일 할당 테이블을 제공한다. FTL-LITE는 마모 평탄화와 재생(reclamation)을 지원한다.

다음 예제는 플래시 기반의 파일 시스템을 설명한다.

예제 4-3　　**인텔 플래시 파일 시스템**

인텔 플래시 파일 시스템(Intel Flash File System)[Int04]은 플래시 메모리 장치를 위한 POSIX 인식 파일 시스템이 되도록 설계되었다. 파일 시스템은 다음과 같은 계층들로 구성된다.

- OS 래퍼(wrapper) 계층은 운영체제에 대한 기본 인터페이스를 제공한다.

- 파일 시스템 계층은 기본 파일 시스템 정보를 관리한다.

- 데이터 개체 계층은 개체를 조각들(fragments)로 분해한다.

- 기본 할당 계층은 공간을 할당한다.

- 플래시 인터페이스 계층은 저수준 함수를 이용하여 플래시 읽기와 쓰기를 구현한다.

- 저수준 계층은 기본 플래시 연산을 제공하고, 인터럽트 및 타이밍을 다룬다.

플래시 쓰기 연산은 여러 단계로 수행된다. 파일 시스템 계층은 현재의 위치와 크기를 파악하기 위해 파일 정보를 조회한다. 새 데이터는 사용되지 않는 위치에 기록된다. 기본 쓰기 연산은 상당한 시간을 소요하므로, 인터럽트로 처리된다. 파일 시스템은 또 파일의 상태를 기억하기 위해 파일 시스템 테이블을 갱신해야 한다.

플래시 읽기 연산은 약간 더 단순하다. 파일 시스템 계층이 일단 읽을 주소를 파악하면 읽기 요청을 일련의 데이터 개체 읽기들로 분할한다. 읽기는 플래시 상의 저수준 읽기 명령어들로 변환된다. 쓰기와는 달리, 읽기는 고속으로 수행된다.

4.5 검증

운영체제는 프로세스들의 병렬 실행을 허용한다. 병렬 실행은 순차적 코드보다 설계와 구현이 훨씬 더 어렵다. 병렬로 실행되는 프로세스들은 디버깅하는 것도 더 어렵다. 그 결과, 병렬처리 시스템을 분석하고 검증하기 위해 정형화된 방법들이 개발되어왔다.

공수 시스템과 장비 인증을 위한 소프트웨어적 고찰(Software Considerations for Airborne Systems and Equipment Certification)[RTC92]이란 문서에서는 공수(空輸) 소프트웨어의 인증을 위한 표준을 정의한다.

프로그램 모델 코드를 검증할 필요가 있을 때 종종 병렬처리 시스템의 더 추상적인 모델들에 대해서 작업한다. 모델을 검증하는 한 가지 이유는 자세한 구현에 시간을 소모하기 전에 설계를 검증하려는 것이다. 어떤 구현은 너무 복잡해서 어떤 특성을 효율적으로 검증하기 위해 모델을 구축할 필요가 있다.

특성 정형화된 방법은 점검되어야 할 일반적인 특성들을 지정할 수 있을 때 가장 유용하다. 병렬처리 시스템의 중요한 특성의 간단한 예는 **생명성**(liveness)이다. 그림 4-18의 상태 기계는 프로세스의 동작을 나타낸다. 상태 S3는 들어갈 수는 있지만 이 상태에서 나올 수 있는 방법은 없다. 그 결과, 프로세스가 일단 이 상태로 들어가면 계속 이곳에 머물게 된다. 상태 기계는 또 일련의 상태들을 무기한으로 돌면서 이 상태들에서 빠져나오지 못할 수도 있다.

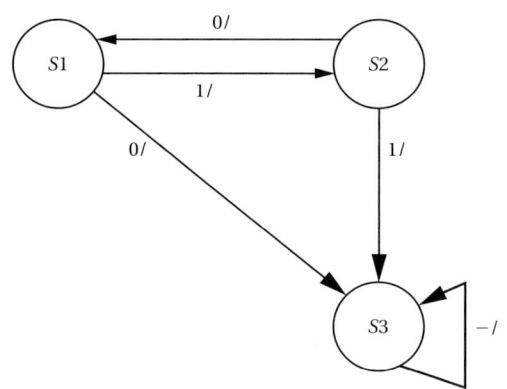

그림 4-18 생명을 유지할 수 없는 상태 기계

교착 상태　　　　통신 프로세스의 중요한 특성 하나는 교착 상태(deadlock)이다. 두 프로세스가 각각 상대편으로부터 신호나 자원을 요청하지만 결코 받지 못할 때 교착 상태가 발생할 수 있다. 그림 4-19의 예를 살펴보자. 두 대의 기계가 두 가지 신호 x와 y를 통해 통신한다. M1이 상태 $S1$에 있고 $M2$가 상태 $T1$에 있을 때, $M1$을 상태 $S3$로 만들고 $M2$를 상태 $T2$로 만들기 위해 이들은 각각 입력을 상대편에 제공한다. 그러나 일단 이 상태에 들어오면, 기계들은 이 상태를 빠져나오기 위해 필요한 입력들을 다른 기계에 제공할 수 없게 된다.

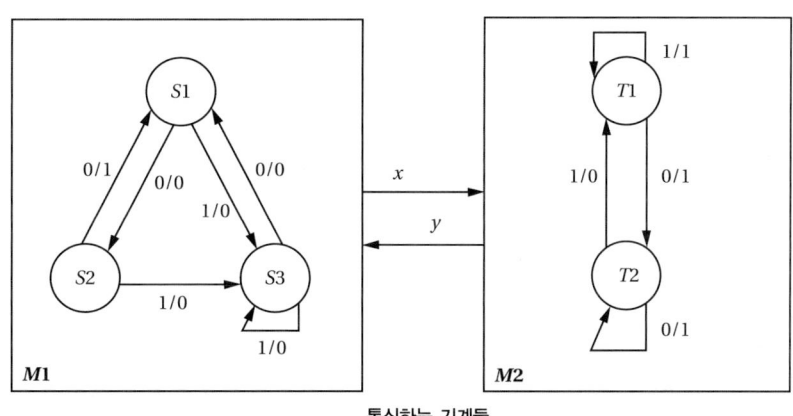

통신하는 기계들

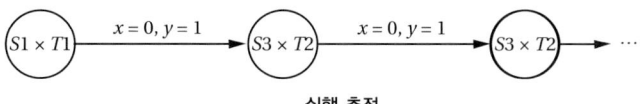

실행 추적

그림 4-19 통신하는 기계들에서의 교착 상태의 예

특성 명세 설계자는 자신의 특성들을 점검하고자 할 것이다. 특성을 기록하는 한 가지 방법은 시간적 논리(temporal logic)이다. 여러 종류의 시간적 논리가 공식화되었는데, 이 논리들은 시간을 포함하는 공식을 작성할 수 있도록 해준다. 시스템은 일련의 상태들로 이동하는데, 각 상태는 특별한 시간으로 식별된다. 선형 시간 시간적 논리(linear-time temporal logic)는 하나의 방출하는 상태 열(one evolving sequence of states)로 시간을 모델링한다. 이와는 대조적으로, 분기 시간 시간적 논리(branching-time temporal logic)는 주어진 시간/상태로부터 두 개 이상의 별개 상태가 방출될 수 있도록 해준다.

시간적 논리 공식은 시간에 대해 정량화될 수 있다. 예를 들어, 연산식이 항상 발생하도록 다음과 같이 정량화할 수 있다.

$$[]f(x) \qquad \text{(수식 4-18)}$$

이 경우, $f(x)$는 항상 참이어야 한다.

곱셈 기계 동기식 언어들처럼, 구성요소 프로세스들의 곱셈 기계(product machine)를 생성함으로써 통신 프로세스들의 네트워크를 분석할 수 있다. 시스템 동작은 곱셈 기계로 설명되는데, 어떻게 컴포넌트들이 상호작용하는지를 말해준다.

그러나 비교적 적은 프로세스들의 곱셈도 적절하게 검색될 수 없는 큰 곱셈 기계를 만들 수 있다. 대규모 시스템을 효과적으로 분석하려면 다음과 같이 특수화된 기법들을 사용할 필요가 있다.

- 한 번에 전체 기계를 생성하지 않고, 곱셈 기계를 점진적으로 생성할 수 있다.

- 구체적으로 생성하지 않고 곱셈 기계를 함축적으로 검색할 수 있다.

디버깅 원하는 특성이 충족되지 않는다는 것을 단순히 안다는 것만으로는 충분하지 않다. 시스템을 디버깅해서 무엇이 문제를 일으켰는지를 알 필요가 있다. 설계자에게 유용한 디버깅 정보를 제공하기 위해, 자동화된 증명과 더불어 시뮬레이션이 사용될 수 있다. 일단 디버깅되어야 할 특성을 시스템이 파악하면, 이 특성(예를 들어, 그림 4-19의 교착 상태)을 포함하는 시스템 동작의 추적을 생성할 수 있다. 설계자는 명세에서 무엇이 잘못되었고 어떻게 고칠지를 밝혀내기 위해 이 추적을 사용할 수 있다.

다음 예제는 잘 알려진 모델 검사기를 설명한다.

예제 4-4 **SPIN 모델 검사기**

SPIN[Hol97]은 분산 소프트웨어 시스템을 위한 모델 검사기이다. 이것은 프로멜라 (PROMELA) 언어로 작성된 기술을 받아들이며, 선형 시간적 논리로 명시된 정확성 주장(correctness claims)도 수용한다. SPIN은 다양한 도구들을 포함한다.

SPIN은 부치(Buchi) 자동 기계로 시스템을 표현하는데, 이것은 무제한의 입력 열에 대해 정의한다. 부치 자동 기계는 허용되는 상태 또는 허용되는 상태들의 집합을 무한대 횟수로 통과시킴으로써 입력 열을 받아들인다. SPIN은 부정적인 특성들을 찾기 위해 그 테스트를 공식화하는데, 만약 특성이 만족되지 않으면 대응되는 기계는 크기 0이 되고, 테스트를 더 효율적으로 만든다.

SPIN은 자동 기계를 효율적으로 구축하고 그들의 특성을 결정하기 위해 다양한 기법을 사용한다. 이것은 효율적인 비트맵 표현을 사용하여 자동 기계를 운행하기 위해 중첩된 깊이 우선 검색을 사용한다. 또 모든 가능한 경로를 열거하지 않고 함축적으로 경로 집합을 나타내는, 축소된 자동 기계를 구축한다. 게다가 메모리를 관리하기 위해 다양한 방법을 사용한다.

다음은 클라이언트/서버 시스템을 위한 스케줄링 문제의 예제이다.

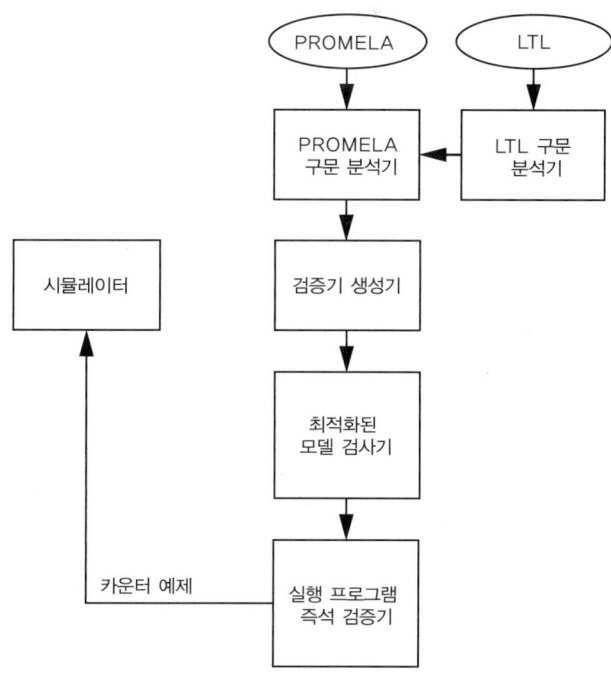

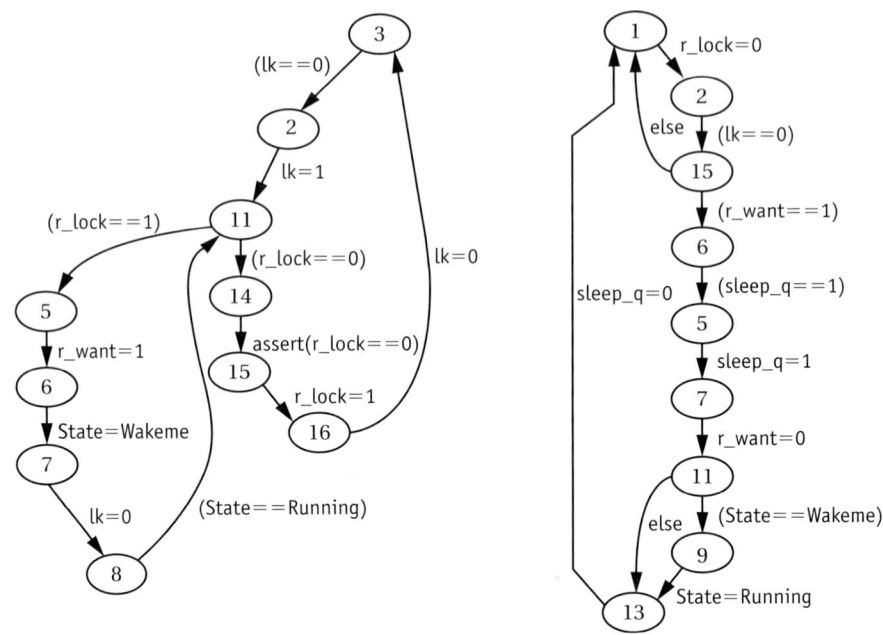

출처 : 홀츠만(Holzmann)[Hol97] ⓒ1997 IEEE.

다음 표는 약간의 수기 주석과 함께 이 명세 내에 오류 조건의 추적을 보여준다. 오류는 클라이언트가 영원히 대기 상태로 들어가도록 하는 경쟁 조건(race condition)에 의해 야기된다.

클라이언트 프로세스	서버 프로세스	행번호	로컬 상태	주석
[r_lock = 1]		22	16,15	Consume resource
[lk = 0]		23	3,15	Release the lock
[lk==0]		10	2,15	Test the lock
[lk = 1]		10	11,15	Set the lock
[r_lock==1]		12	5,15	Resource not available
[r_want = 1]		13	6,15	Set want flag
	[r_want==1]	33	6,6	Server checks the flag
	[sleep_q==0]	35	6,5	Wait lock on sleep_q
	[sleep_q = 1]	35	6,7	Set it
	[r_want = 0]	37	6,1	1Resets the flag
	[else]	44	6,13	No process sleeping!
	[sleep_q = 0]	46	6,1	Release the lock
	[r_lock = 0]	30	6,2	Provide new resource

클라이언트 프로세스	서버 프로세스	행번호	로컬 상태	주석
[State = Wakeme]		14	7,2	Client goes to sleep!
	[lk = 0]	15	8,2	Release the lock
	[lk==0]	31	8,15	Server checks the lock
	[else]	47	8,1	No flag is set
Nonprogress cycle	[r_lock = 0]	30	8,2	The server repeats this
	[lk==0]	31	8,15	forever, while the client
	[else]	47	8,1	remains suspended

출처 : 홀츠만(Holzmann)[Hol97] ⓒ1997 IEEE.

4.6 요약

우리는 보통 하드웨어를 절감하고 에너지도 절감하기 위해서 단일 CPU 상에서 여러 프로세스를 실행한다. 멀티태스킹의 비용은 모든 실시간 마감 시간을 맞출 수 있도록 CPU를 주의 깊게 공유해야 한다는 것이다. 문헌들의 많은 부분이 다양한 실행 조건과 가정들을 고려하는 실시간 스케줄링에 대해 작성되어 왔다. 실시간 운영 체제는 스케줄링, 인터럽트 처리, 프로세스 간 통신과 같은 기본 연산들을 효율적으로 구현하도록 설계되어야 한다.

우리가 배운 것

■ 기본적인 실시간 특성을 보장하기 위해 여러 스케줄링 프로토콜들이 사용될 수 있다. 그러나 모든 마감 시간을 만족시키고자 한다면 CPU의 100%를 사용할 수는 없다.

■ 동적 전압 크기 조정을 위한 스케줄링은 더 느린 실행에 의해 허용되는 더 낮은 동작 전압을 이용하기 위해, 단지 마감 시간을 지키려고 프로세스들의 실행 시간을 연장하려고 한다.

■ 문맥 전환과 인터럽트 오버헤드는 많이 활용되는 시스템에서 중요할 수 있다.

■ 플래시 메모리에서 구현되는 파일 시스템은 플래시 메모리의 마모를 방지하기 위해 특수한 기법을 사용해야 한다.

■ 병렬처리 시스템 검증은 원하는 특성들이 만족되는지를 파악하기 위해 상태 기계 모델들을 구축하고 검색한다.

추가로 공부할 것

류[Liu00]는 실시간 스케줄링에 관한 탁월하고 깊이 있는 설명을 제공한다. 데이빗 슨(Davidson) 등[Dav81]은 그들의 마이크로 코드 압축 알고리즘 연구의 일환으로 다양한 스케줄링 알고리즘들을 설명한다.

연습 문제

Q4-1. 다음과 같은 류(Liu)와 레이랜드(Layland)의 정리 1을 증명하라.
어떤 프로세스를 위한 임계 순간(critical instant)은 이 프로세스가 모든 더 높은 우선순위 프로세스들에 대한 요청들과 동시에 요청될 때마다 발생한다.

Q4-2. 500MHz CPU를 사용하여 임베디드 시스템을 설계하고 있다. 만약 스케줄링 선점(preemption)이 1ms 시간 할당량의 1% 이하를 차지할 것을 원한다면, 스케줄링 인터럽트 동안에 얼마나 많은 명령어를 실행할 수 있을까? 그리고 어떤 요소가 역할을 할까?

Q4-3. 여러분은 다음과 같은 세 가지 작업을 스케줄링하고 있다.

■ *P1*은 주기 10ms와 CPU 시간 1ms를 가진다.

■ *P2*는 주기 20ms와 CPU 시간 1ms를 가진다.

■ *P3*는 주기 25ms와 CPU 시간 3ms를 가진다.

순차 실행(round-robin), RMS, EDF 스케줄링 정책 하에서 이 세 프로세스의 초기 100ms의 실행 시간을 비교하라. 각 프로세스에서 최악 경우 응답 시간을 찾아라. 그리고 총 CPU 사용 효율도 찾아라.

Q4-4. 우선순위 상한 프로토콜(priority ceiling protocol)을 구현하는 의사 코드(pseudocode)를 작성하라.

Q4-5. 동적 전압 크기 조정으로 스케줄링할 때, 시간 할당량은 프로세서 주파수에 따라 바뀌어야 할까? 그 이유는?

Q4-6. 두 개의 전압 수준에서 작동하는 DVS 스케줄러를 위한 의사 코드를 작성하라.

Q4-7. 직접 매핑 캐시(direct-mapped cache)를 가진 CPU가 주어졌다. 이 기계는 단어로 주소 지정이 가능하고(word-addressable), 각 명령어는 한 단어 길이이다. 캐시는 각각 4개의 명령어를 가지는 256선을 가진다. 여러분은 5,000개의 명령어를 가진 프로그램에 대해 뮤엘러(Mueller)의 소프트웨어 캐시 분할 기법을 적용하고자 한다. 프로그램은 얼마나 많은 파티션을 가져야 하고, 이들이 점유하는 주소 범위는 무엇일까?

Q4-8. 상태 전이 그래프로부터 CFSM의 전이 함수를 생성하는 의사 코드를 작성하라.

Q4-9. 스레드를 위한 제어 의존성 그래프로부터 소프트웨어 스레드 통합 구현의 크기를 예측할 수 있는가? 그 이유는?

Q4-10. 메모리 관리가 어떻게 실시간 스케줄링에 영향을 미치는가?

Q4-11. 로그 구조의 파일 시스템(log-structured file system)이 플래시 메모리에 왜 유용한가?

Q4-12. 작업 그래프와 BFSM 중 어떤 것이 SPIN 형식의 검증을 위한 명세에 더 유용한가? 그 이유는?

실습 문제

L4-1. 운영체제의 문맥 전환 시간을 측정하라.

L4-2. RTOS는 얼마나 정확하게 구형파(square wave)를 생성하는지 측정하라.

L4-3. 일련의 프로세스들의 실행 시간에서의 변동이 프로세스들의 응답 시간에 어떤 영향을 미치는지 측정하라.

L4-4. 부하가 걸린 하나 이상의 DVS 스케줄링 알고리즘들을 평가하라.

L4-5. 플래시 파일 시스템을 위한 마모 평탄화(wear leveling) 알고리즘을 설계하라.

chapter 05

다중 프로세서 아키텍처

- 왜 임베디드 다중 프로세서를 설계하는가
- 임베디드 다중 프로세서의 아키텍처
- 임베디드 다중 프로세서들의 상호 접속 네트워크
- 임베디드 다중 프로세서를 위한 메모리 시스템
- 물리적으로 분산된 다중 프로세서
- 임베디드 다중 프로세서의 설계 방법론

5.1 소개

이 장은 임베디드 다중 프로세서에 대해 자세히 검토한다. 다중 프로세싱은 임베디드 컴퓨팅 시스템에서 매우 흔한데, 이것이 성능, 비용, 에너지/전력 소모 목표들을 달성시켜주기 때문이다. 임베디드 다중 프로세서는 여러 종류의 프로세서들로 구성된 이종(heterogeneous) 다중 프로세서인 경우가 많다. 다중 프로세서는 그 특성을 최대한 살릴 수 있도록 주의 깊게 설계되어야 하는 정교한 소프트웨어를 실행한다.

다중 프로세서는 여러 개의 처리 요소(processing element, PE)들로 구성된다. 그림 5-1 처럼, 다중 프로세서는 세 가지 주요 하부 시스템들로 구성된다.

1. 데이터에 대한 연산을 수행하는 처리 요소

2. 데이터 값을 저장하는 메모리 블록

3. 처리 요소와 메모리 사이의 상호 접속 네트워크

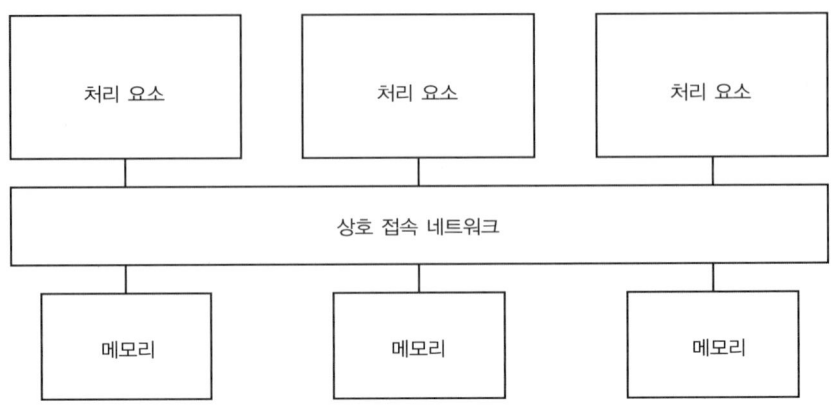

그림 5-1 일반적인 다중 프로세서

다중 프로세서 설계를 할 때는 얼마나 많은 처리 요소들을 사용하고, 메모리를 얼마나 사용하고 어떻게 분할하며, PE와 메모리 사이의 상호 접속은 얼마나 많아야 (rich)할 지를 결정해야 한다.

그러나 임베디드 다중 프로세서를 설계할 때는 일반적인 다중 프로세서보다 더 다양하고 복잡한 선택을 해야 한다. 서버는 일반적으로 동일한 처리 요소들과 균일한 메모리로 구축된 대칭형 다중 프로세서(symmetric multiprocessors)를 사용한다. 이것은 기계를 프로그래밍하는 것을 간단하게 만든다. 그러나 임베디드 시스템 설계자는 몇 가지 추가적인 변수를 제공하는 비용/성능/에너지/전력 때문에 프로그래밍 복잡성이 다소 증가하는 것은 감수하려고 한다.

- 처리 요소의 종류를 바꿀 수 있다. 모든 PE가 같은 종류일 필요는 없다. 몇 가지 다른 종류의 CPU를 사용할 수 있고, 프로그래밍이 불가능하고 오직 한 가지 기능만 수행하는 PE를 사용할 수도 있다.

- 다른 크기의 메모리 블록을 사용할 수 있으며, 모든 처리 요소가 모든 메모리를 액세스하도록 할 필요는 없다. 비공개(private) 메모리 또는 일부 PE에게만 공유되는 메모리를 사용하면, 이 메모리를 사용하는 장치의 성능을 개선할 수 있다.

- 일부 접속만 제공하는 특수화된 상호 접속 네트워크를 사용할 수 있다.

임베디드 다중 프로세서는 분명히 SIMD 병렬처리 기법을 사용하지만, MIMD 아키텍처는 임베디드 컴퓨팅을 수행하는 병렬처리 기계의 주도적인 모드이다. 이 장에서 보겠지만, 임베디드 다중 프로세서는 과학용 다중 프로세서보다 더 다양하다. 과학용 병렬처리 컴퓨터는 같은 종류의 처리 요소들을 여러 개 사용하는 경향이 있지만, 임베디드 다중 프로세서는 다른 종류의 처리 요소들을 자주 사용한다.

이 장에서는 물리적으로 분산된 다중 프로세서도 살펴본다. 이런 시스템은 실시간 제어와 다른 기능을 제공하기 위해 물리적으로 분리된 처리 요소들을 연결하는 네트워크를 사용한다.

5.2 절에서는 임베디드 애플리케이션에서 왜 다중 프로세서를 사용할 필요가 있는지를 살펴본다. 5.3 절에서는 다중 프로세서를 위한 기본 설계 기법들을 소개하며, 5.4 절에서는 임베디드 다중 프로세서들의 예를 검토한다. 5.5 절에서는 임베디드 다중 프로세서에서 처리 요소들의 선택을 간단히 살펴보며, 5.6 절에서는 칩 상의 네트워크(networks-on-chips)를 포함하여, 다중 프로세서를 위한 상호 접속 네트워크를 설명한다. 5.7 절에서는 임베디드 다중 프로세서를 위한 메모리 시스템을 논의하며, 5.8 절에서는 물리적으로 분산된 다중 프로세서를 위한 네트워크를 살펴본다. 마지막으로 5.9 절에서는 임베디드 다중 프로세서 자체에 대한 우리들의 지식에 기초하여, 임베디드 다중 프로세서의 설계 방법론을 깊이 있게 살펴본다.

5.2 왜 임베디드 다중 프로세서인가?

다중 프로세서는 일반적으로 과학용 및 업무용 서버를 구축하는 데 사용되는데, 임베디드 컴퓨팅 시스템에서는 왜 이것을 필요로 하는 것일까? 임베디드 컴퓨터는 비록 작고 대수롭지 않게 보일지 모르지만, 이중 많은 것들은 상당한 양의 계산을 처리해야 한다. 그리고 이 요구사항을 충족시키기 위한 최선의 방법은 다중 프로세서를 이용하는 것이다. 실시간 제약조건을 충족해야 하고, 전력 소모를 걱정해야 하는 경우에는 특히 더 그러하다.

임베디드 다중 프로세서는 과학용 프로세서보다 더 많은 제약조건에 직면한다. 이들은 모두 높은 성능을 제공해야 하지만, 임베디드 시스템은 다음을 포함하여 몇 가지 추가적인 지원을 해야만 한다.

임베디드 시스템의 요구사항

■ 실시간 성능을 제공해야 한다. 과학용 다중 프로세서의 많은 기능들은 예측 가능성을 대가로 하여 평균 성능을 개선하도록 설계된다. 실시간 프로세스는 엿보기 캐시(snooping cache)와 같은 기능에도 불구하고 신뢰성 있게 작동하지 않을 수 있다. 예측 가능한 성능을 제공하기 위해서는 하드웨어와 소프트웨어 기법들의 조합이 사용되어야 한다.

■ 낮은 에너지 또는 전력 수준에서 실행되어야 하는 경우가 많다. 모든 임베디드 시스템이 전력에 제약을 받는 것은 아니지만, 에너지와 전력은 임베디드 컴퓨팅을 정의하는 주제에 속한다. 낮은 전력은 가열 문제와 시스템 비용을 줄이고, 낮은 에너지 소모는 배터리 수명을 늘린다. 과학용 및 범용 컴퓨팅 시스템은 전력과 에너지 소모에 훨씬 덜 민감하다.

설계 기법

■ 임베디드 컴퓨터는 비용 대비 효과적이어야 한다. 임베디드 컴퓨터는 과다한 양의 하드웨어를 사용하지 않고도 고성능을 제공해야 한다.

임베디드 컴퓨팅의 엄격한 요구사항은 몇 가지 설계 기법들을 강요한다.

■ 이종 다중 프로세서는 대칭형 다중 프로세서보다 에너지 측면에서 더 효율적이고, 비용에 대해서도 더 효과적이다.

■ 이종 메모리 시스템은 실시간 성능을 개선한다.

■ 칩 상의 네트워크는 이종 아키텍처를 지원한다.

이 절에서는 이런 기법들에 대한 동기 부여에 대해서 자세히 살펴본다.

5.2.1 임베디드 시스템의 요구사항

고성능 임베디드 컴퓨팅

먼저 임베디드 컴퓨터를 사용하는 애플리케이션의 계산적인 요구사항을 살펴보자. 다음의 두 가지 예제에서는 휴대폰과 비디오 카메라를 검토한다.

예제 5-1 **휴대폰에서의 계산**

휴대폰은 전화의 기본적인 다양한 기능을 수행해야 한다.

■ 오류 정정 코드를 계산하고 점검한다.

- 음성 압축과 복원을 수행한다.

- 셀룰러(cellular) 네트워크와의 통신을 관리하는 프로토콜에 응답한다.

이에 덧붙여, 최신 휴대폰은 법규에 의해 요구되거나 시장에서 요구되는 다양한 다른 기능들을 수행해야 한다.

- 미국 내 휴대폰은 사용자가 응급 서비스를 받아야 하는 경우에, 스스로의 위치를 추적해야 한다. 휴대폰의 위치를 찾는 데 위성 위치 확인 시스템(Global Positioning System, GPS)이 자주 사용된다.

- 많은 휴대폰은 MP3 오디오를 재생한다. 또 벨소리를 위해 MIDI 나 다른 방법들을 사용하는 경우도 있다.

- 고급 휴대폰은 사진과 비디오 촬영을 위해 카메라를 제공한다.

- 휴대폰은 네트워크로부터 애플리케이션 코드를 다운로드할 수 있다.

예제 5-2 **비디오 카메라에서의 계산**

비디오 압축은 작은 이미지라 하더라도 막대한 양의 계산을 필요로 한다. 대부분의 비디오 압축 시스템은 다음과 같은 세 가지 기본적인 방법들을 조합한다.

- 무손실 압축은 비디오 데이터스트림의 크기를 줄이기 위해 사용된다.

- 이산 코사인 변환(discrete cosine transform, DCT)은 이미지를 양자화하고 손실 부호화에 의해 비디오 스트림의 크기를 줄이는 데 사용된다.

- 동작 추정과 보상은 다른 프레임의 동작에 의해 한 프레임의 내용이 표현될 수 있도록 해준다.

이 세 가지 중에서 동작 추정이 계산상으로 가장 강도 높은 작업이다. 효율적인 동작 추정 알고리즘이라 하더라도 비디오 프레임의 여러 위치에서 16×16 상관관계(correlation)를 수행해야 하고, 이것이 전체 프레임에서 수행되어야 한다. 예를 들어, 휴대폰에서 일반적으로 사용되는 QCIF 프레임은 크기가 176×144 픽셀이다. 이 프레임은 동작 추정을 위해서 11×9 개의 16×16 매크로 블록들(macroblocks)

로 나뉜다. 매크로 블록마다 단지 7 개의 상관관계만 수행한다면, 11×9×16×16 = 25,344 픽셀 비교를 수행해야 하고, 거의 매 프레임에서 이 모든 계산이 수행되어야 한다(초당 15 내지 30 프레임의 속도로).

DCT 연산자도 역시 계산 강도가 높다. 효율적인 알고리즘도 비디오와 이미지 압축에 일반적으로 사용되는 8×8 DCT 를 수행하기 위해 많은 수의 곱셈을 필요로 한다. 예를 들어, 파이그(Feig)와 위노그라드(Winograd) 알고리즘[Fei92]은 8×8 이차원 DCT 를 수행하기 위해 94 회의 곱셈과 454 회의 덧셈을 한다. 이것은 1,584 블록을 가진 크기의 프레임에서는 프레임 당 148,896 회의 곱셈이 된다.

5.2.2 성능과 에너지

앞 절에서 보았듯이, 많은 임베디드 애플리케이션은 상당한 처리 성능을 필요로 한다. 그러나 속도만으로는 충분하지 않으며, 이런 계산이 효율적으로 수행되어야 한다.

오스틴(Austin) 등[Aus04]은 임베디드 시스템 성능 문제를 *이동형 슈퍼컴퓨팅* (mobile supercomputing)이라고 주장했다. 오늘날의 PDA 나 휴대폰은 이미 많은 계산을 수행하고 있지만, 이런 장치가 전통적으로 대규모의 프로세서를 필요로 했던 기능들을 수행하도록 확장하는 것을 검토해보자.

- 음성 인식

- 비디오 압축과 인식

- 고해상도 그래픽

- 고대역폭 무선 통신

오스틴 등은 이동형 슈퍼컴퓨팅의 작업 부하는 10,000 SPECint 의 성능을 필요로 한다고 추정하는데, 이것은 2GHz 인텔 펜티엄 4 프로세서 성능의 약 16 배에 해당하는 성능이다.

이동형 환경에서 모든 계산은 아주 낮은 에너지 상태로 수행되어야 한다. 배터리 전력은 매년 약 5% 정도밖에 증가하지 않고 있지만, 오늘날 최고 성능의 배터리는 다이너마이트에 가까운 에너지 밀도를 가졌다는 것을 감안할 때, 사람들이 기꺼이 소지하려고 하는 양의 에너지에 근접했다고 볼 수 있다. 머지(Mudge) 등[Mud04]

은 2006년경의 배터리로 5년간 이동형 슈퍼컴퓨터에 전력을 공급하려면, 전체 시
간 중 20%만 사용한다고 볼 때 75밀리와트(mW) 이상을 소모해서는 안 될 것이라
고 추정했다.

애석하게도 범용 프로세서는 이런 동향을 충족시키지 못한다. 그림 5-2는 데스크
톱 프로세서의 성능 동향을 보여준다. 무어의 법칙(Moore's Law)은 매 18개월마
다 칩 크기가 두 배가 될 것이라고 예측하는데, 그 결과 회로는 더 빨리 실행된다. 모
든 잠재력을 속도 증가에만 투입한다면 10,000 SPECint 성능 목표를 달성할 수 있
을 것이다. 그러나 동향은 이 성능 목표를 따라잡지 못한다는 것을 보여준다. 몇몇
상용 프로세서의 성능과 예상 동향을 이 그림은 보여준다. 애석하게도, CPU 설계자
들이 무어의 법칙과 관련된 성능 개선을 얻을 수 있도록 도와주었던 파이프라이닝,
명령어 수준 병렬처리와 같은 전통적인 최적화가 점점 그 효과를 잃고 있다.

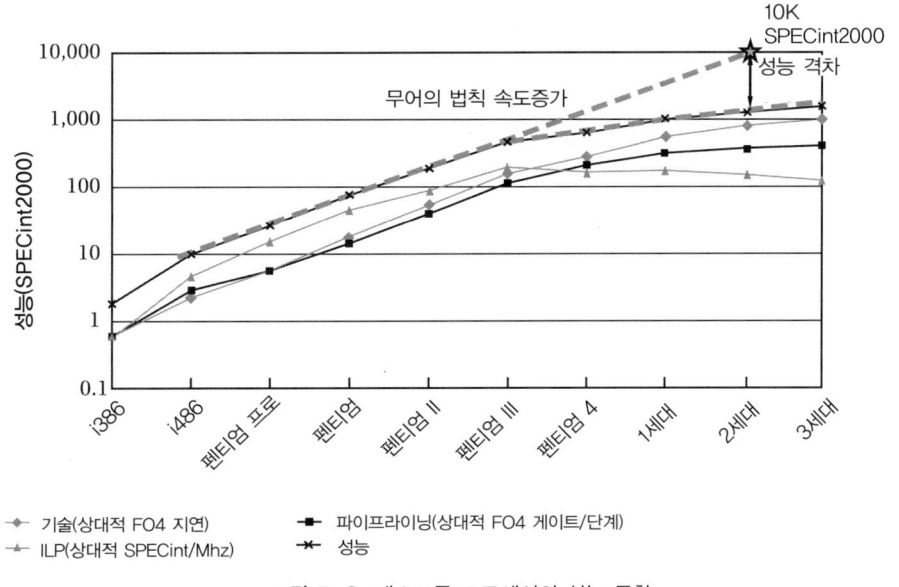

그림 5-2 데스크톱 프로세서의 성능 동향
출처 : 오스틴 등[Aus04]. ⓒ2004 IEEE 컴퓨터 협회 프레스.

전력 소모는 더 나빠지고 있음을 그림 5-3이 보여준다. 프로세서의 에너지 소모를
이동형 슈퍼컴퓨터 수준으로 줄일 필요가 있지만, 데스크톱 프로세서는 차세대로
발전할수록 더 많은 전력을 소모한다.

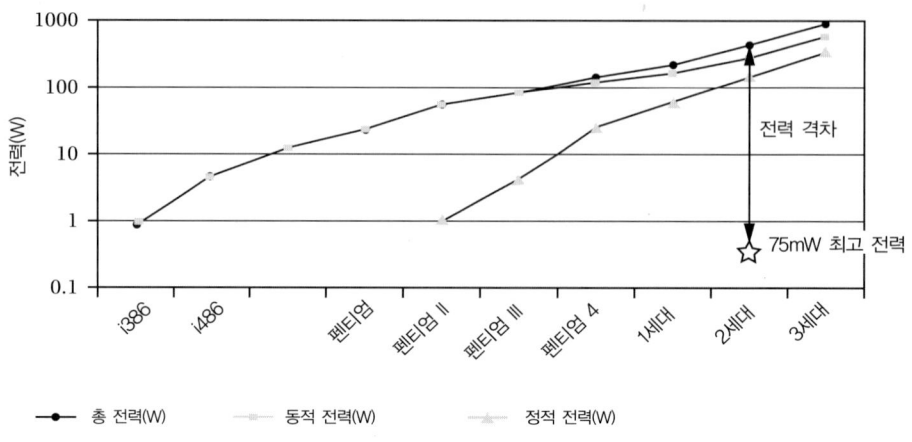

그림 5-3 데스크톱 프로세서의 전력 소모 동향
출처 : 오스틴 등[Aus04]. ⓒ2004 IEEE 컴퓨터 협회 프레스.

이런 동향에서 벗어나려면 문제의 특성을 이용할 필요가 있다. 즉, 수행할 필요가 있는 핵심 연산에 맞춘 장치를 추가하고, 성능에 직접 기여하지 못하는 하드웨어를 제거하는 것이다. 더 효율적으로 성능 목표를 충족시키는 하드웨어를 설계함으로써 시스템의 전력 소모를 줄일 수 있다.

임베디드 시스템 설계자가 이용할 수 있는 한 가지 핵심적인 이점은 작업 수준의 병렬처리이다. 많은 임베디드 애플리케이션이 서로 통신하는 여러 개의 작업(tasks) 또는 단계(phases)로 깨끗이 분할되는데, 이것은 자연스럽고 쉽게 찾을 수 있는 병렬처리의 대상이 된다. 데스크톱 프로세서는 성능을 개선하기 위해 명령어 수준의 병렬처리에 의존하지만, 대부분의 프로그램에서는 사용할 수 있는 명령어 수준의 병렬처리가 크게 제한된다. 애플리케이션에서 작업 수준의 병렬처리를 반영하고, 훨씬 저렴한 비용과 훨씬 적은 에너지를 소모하면서 성능 목표를 충족시켜주는, 맞춤형 다중 프로세서 아키텍처를 구축할 수 있다.

5.2.3 특수화와 다중 프로세서

다중 프로세서를 사용하도록 유도하는 것은 고성능, 저전력, 실시간의 조합이다. 그리고 이 요구사항들은 과학용 계산에 사용되는 대칭형 다중 프로세서와는 완전히 대조되는 이종 다중 프로세서(heterogeneous multiprocessors) 쪽으로 우리를 이끈다.

다중 프로세싱 대 단일 프로세싱

같은 종류의 CPU 여러 벌로 다중 프로세서를 구축하더라도 단일 프로세서를 사용할 때보다는 더 효율적인 시스템을 구성할 수 있다. 그런데 마이크로프로세서의 제조 비용은 클록 속도에 대해서 비선형적 함수이므로, 고객은 클록 속도의 증가에 대해 훨씬 더 많은 비용을 지불한다. 따라서 시스템 기능을 여러 프로세서에 분산시키는 것이 더 저렴하다.

실시간과 다중 프로세싱

실시간 요구사항도 우리를 다중 프로세싱으로 이끈다. 같은 CPU 상에서 여러 실시간 프로세스들을 실행시키면 이들은 사이클에 대해 경쟁을 한다. 4장에서 설명했듯이, 실시간 마감 시간들을 충족시키려면 CPU를 항상 100% 사용하도록 보장받을 수는 없다. 더욱이, 균일하지 않은 높은 클록 속도에서는 일부 사이클들을 예약해 두어야 한다.

다중 프로세싱과 가속기

대칭형 다중 프로세서를 초월하는 다음 단계는 이종 다중 프로세서이다. 처리 요소, 메모리, 상호 접속 네트워크와 같은 다중 프로세서의 모든 측면들을 특수화할 수 있다. 특수화는 당연히 전력 소모를 줄이며, (직관적으로 이해하기는 쉽지 않지만) 실시간 특성도 개선할 수 있다.

특수화

임베디드 시스템에서 일정 부분들이 특수화된 구현에 적합하다.

- 일부 연산(특히 표준에 의해 정의된 것)은 변경하기 어렵다. 예를 들어, 8×8 DCT는 JPEG에서 원래 기능보다 더 많이 사용된다. 빈도와 용도의 다양성을 감안할 때, DCT 뿐만 아니라 특히 8×8 형식에서 최적화하는 것이 중요하다.

- 어떤 기능은 CPU의 데이터 연산에 잘 매핑되지 않는 연산을 요구한다. 이 불일치는 여러 가지 이유 때문이다. 예를 들어, 일부 CPU에서 비트 연산은 효율적으로 수행하기가 어려운데, 이 연산이 너무 많은 레지스터를 필요로 하거나, 산술의 정밀도를 제어하는데 문제가 있을 수 있다. 이런 기능을 수행하기 위해서는 특수화된 CPU 또는 특수 목적의 하드웨어 장치를 설계할 수 있다.

- 높은 응답률을 가진 입출력 연산은 부착된 I/O 장치에 대한 가속기에 의해 가장 잘 수행될 수 있다. 데이터가 아주 까다로운 마감 시간을 충족하도록 데이터를 읽고 처리하고 기록해야 한다면(예를 들어 엔진 제어처럼), CPU 보다는 전용 하드웨어 장치가 더 효율적일 수 있다.

비용 대 전력 이종(heterogeneity)은 전력 소모를 줄이는데, 이것이 불필요한 하드웨어를 제거하기 때문이다. 기능들을 일반화하는 데 필요한 추가적인 하드웨어는 동적 및 정적 전력 소모를 모두 증가시킨다. 지나친 특수화는 과다한 통신 비용을 추가시켜서 특수화로 인한 에너지 절감을 상쇄시킬 수 있지만, 올바른 기능들을 특수화하면 현저한 에너지 절감을 얻을 수 있다.

실시간 성능 비용 절감에 덧붙여, 다중 CPU를 사용하는 것은 실시간 성능에도 도움이 될 수 있다. 시간이 중요한 프로세스를 별도의 CPU에 할당하면, 훨씬 더 쉽게 마감 시간을 맞추고 상호작용에 대해 더 반응적이 될 수 있다. 특수화된 메모리 시스템과 상호 접속도 프로세스의 응답 시간을 더 예측하기 쉽게 해준다.

5.2.4 유연성과 효율성

하드웨어와 소프트웨어의 사용 왜 프로그램 가능한 프로세서를 필요로 하는지도 살펴보아야 한다. 일부 디지털 시스템은 기능을 수행하기 위해, 실제로 서로 연결된 배선에 의한(hardwired) 장치들(데이터 경로, 상태 기계 등)의 네트워크에 의존한다. 그러나 많은 임베디드 시스템은 전적으로 하드웨어로 구현하기에는 너무 어려운 복잡한 기능들을 수행한다. 이것은 표준 기반의 시스템일 때 특히 그러하다. 1.4.3절에서 보았듯이, 표준은 일반적으로 표준 프로그래밍 언어로 된 참조 구현을 생성한다. 모든 표준을 하드웨어로 변환하는 것은 너무 많은 시간을 소모하고 비싸다.

더욱이, 다중 표준은 소프트웨어적 구현을 장려한다. 예를 들어, 가전 오디오 장치는 MP3, 돌비 디지털, 오그 보비스(Ogg Vorbis)와 같은 여러 가지 다른 형식으로 오디오 데이터를 재생할 수 있어야 한다. 이 표준들은 비슷한 처리를 수행하지만, 몇 개의 하드웨어 장치로 쉽게 통합될 수는 없다. 구현되어야 할 수십만 행의 코드가 있을 때, 소프트웨어를 실행하는 프로세서(어쩌면 몇 가지 핵심적 하드웨어 장치의 도움을 받아서)가 설계에서 유일하게 타당한 선택이 된다.

5.3 다중 프로세서 설계 기법

임베디드 다중 프로세서 자체의 세부 내용으로 들어가기 전에, 이 절에서는 임베디드 다중 프로세서를 설계하는 데 사용되는 기법들을 간단히 살펴본다. 먼저 설계 방법론을 살펴보고, 그 후에 다중 프로세서 시뮬레이션 방법을 알아본다. 5.9 절에서는 다중 프로세서 자체에 대한 우리들의 지식에 기초하여, 임베디드 다중 프로세서의 설계 방법론을 깊이 있게 살펴볼 것이다.

5.3.1 다중 프로세서 설계 방법론

임베디드 다중 프로세서의 설계는 데이터 중심적이고 프로그램 분석에 의존한다. 이런 프로그램을 작업 부하(workload)라고 부르는데, 이것은 컴퓨터 아키텍처에서 많이 사용하는 *벤치마크*(benchmark)라는 용어와 대조된다. 임베디드 시스템은 실시간 제약조건과 전반적인 처리량 하에서 작동되므로, 전반적인 시스템 성능을 평가하기 위해 애플리케이션의 예제 집합을 종종 사용한다. 이런 프로그램들은 최종 시스템에서 실행되는 코드와 정확하게 일치하지 않을 수 있으며 최종 시스템은 많은 모드를 가질 수 있지만, 작업 부하를 사용하는 것은 유용하고 중요하다. 벤치마크는 일반적으로 독립적인 실체들로 취급되지만, 임베디드 다중 프로세서 설계는 프로그램들 사이의 상호작용을 평가할 필요가 있다. 실제로 작업 부하는 프로그램 자체뿐만 아니라 데이터 입력도 포함한다.

그림 5-4 는 다중 프로세서에 기초한 임베디드 시스템을 설계하기 위한 간단한 방법론을 보여준다. 이 작업 부하는 하드웨어 플랫폼의 설계와 이 플랫폼에서 실행되는 소프트웨어를 모두 포함한다.

아키텍처를 평가하기 위해 작업 부하가 사용되기 전에, 일반적으로 **플랫폼 독립적 최적화**(platform-independent optimizations)를 통해 정형화되어야 한다. 많은 프로그램은 임베디드 플랫폼 제약조건, 실시간 성능 또는 저전력을 염두에 두고 작성되지 않는다. 무제한의 주 메모리와 비실시간 모드에서 작동되도록 설계된 프로그램을 사용하면 잘못된 구조적 결정을 내릴 수 있다.

작업 부하 프로그램이 일단 정형화되면, **플랫폼 독립적 측정**(platform-independent measurements)을 얻기 위한 아키텍처를 정의하기 전에 간단한 실험을 할 수 있다. 동적 명령어 카운트와 데이터 액세스 패턴과 같은 간단한 측정은 작업 부하의 특성에 대한 중요한 정보를 제공한다.

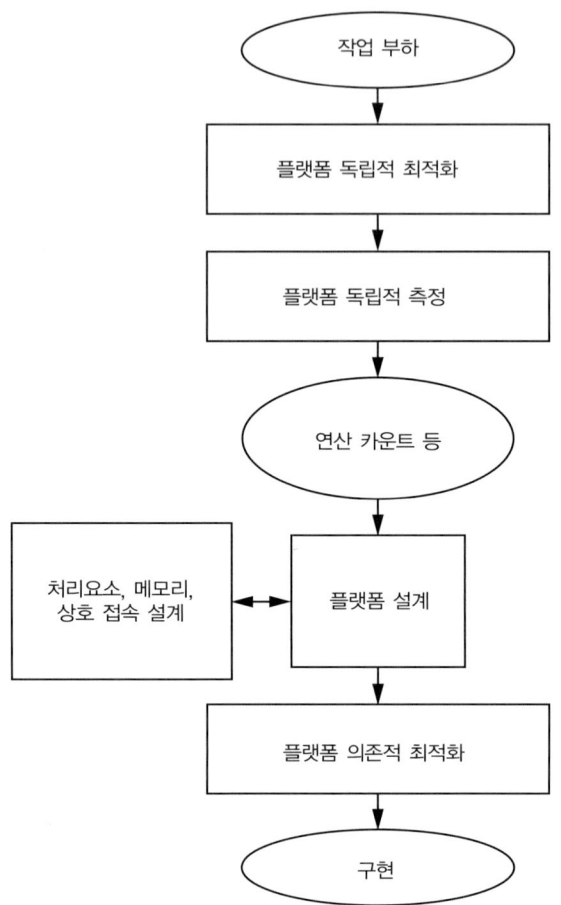

그림 5-4 다중 프로세서 기반의 임베디드 시스템 설계 방법론

　이런 플랫폼 독립적인 측정 기준을 사용하여, 초기 후보 아키텍처(candidate architecture)를 파악할 수 있다. 플랫폼이 정적 할당에 의존한다면, 작업 부하 프로그램을 플랫폼에 매핑할 필요가 있을 것이다. 그 후에 플랫폼 의존적 특성(platform dependent characteristics)을 측정한다. 이 특성들에 기초하여, 수치적 측정과 판단을 통해 아키텍처를 평가한다. 플랫폼이 만족스럽다면 완료되고, 그렇지 않다면 플랫폼을 변경하고 측정의 새 라운드를 시작한다. 이런 방법을 통해 처리 요소, 메모리 시스템, 상호 접속이라는 다중 프로세서의 컴포넌트들을 설계할 필요가 있다.

　일단 플랫폼에 대해 만족한다면 소프트웨어를 플랫폼에 매핑할 수 있다. 이 작업을 하는 동안 컴파일러뿐만 아니라 코드 라이브러리의 도움을 받을 수 있다. 이 단계에서 수행되는 대부분의 최적화는 플랫폼 특유의 것이어야 한다. 연산을 처리 요소에, 데이터를 메모리에, 그리고 통신을 링크에 할당해야 한다. 또한 언제 처리가 발생할지도 결정해야 한다.

5.3.2 다중 프로세서 모델링과 시뮬레이션

2.8 절에서는 CPU 시뮬레이션에 대해 거론했고, 이 절에서는 명령어 수준의 시뮬레이션을 어떻게 다중 프로세서로 확장하는지를 설명하기로 한다.

모델링 접근법 카이(Cai)와 가즈스키(Gajski)[Cai03]는 디지털 시스템을 위한 모델링 방법의 계층구조를 정의하고 그 특성을 비교했다. 이들의 구분이 그림 5-5 에 요약되어 있다. 이들은 모델의 여섯 개 수준을 정의한다.

	통신 시간	계산 시간	통신 체계	PE 인터페이스
명세	아니오	아니오	가변	PE 없음
컴포넌트 어셈블리	아니오	근사	가변 채널	추상적
버스 중재	근사	근사	추상적 버스 채널	추상적
버스 기능적	사이클 정확	근사	프로토콜 버스 채널	추상적
사이클 정확	근사	사이클 정확	추상적 버스 채널	핀 정확
구현	사이클 정확	사이클 정확	배선	핀 정확

그림 5-5 다중 프로세서 기반의 임베디드 시스템 설계 방법론. 출처 : 카이와 가즈스키[Cai03]

1. 구현 모델(implementation model) : 하드웨어에 직접 대응된다. 계산과 통신이 모두 사이클 정확이 되도록 파악한다.

2. 사이클 정확 계산 모델(cycle-accurate computation model) : 계산 시간은 정확하게 파악하지만, 통신 시간은 대략적으로 파악한다.

3. 시간 정확 통신 모델(time-accurate communication model) : 통신은 사이클 정확이 되도록 파악하지만, 계산 시간은 대략적으로 파악한다.

4. 버스 트랜잭션 모델(bus-transaction model) : 버스 조정 체계의 기본적인 기능을 모델링하지만, 버스의 사이클 정확 모델은 아니다.

5. PE 어셈블리 모델(PE-assembly model) : 채널들을 통해 통신하는 처리 요소들로 시스템을 나타낸다. 통신은 시간 제어를 하지 않으며(untimed), PE 실행은 대략적으로 시간 제어를 한다.

6. 명세 모델(specification model) : 구현 세부 사항이 없는 일차적인 기능적 모델이다.

통신 시뮬레이터 대부분의 다중 프로세서 시뮬레이터는 통신 시뮬레이터(communicating simulators)이다. 컴포넌트 시뮬레이터는 CPU, 메모리 요소, 그리고 경로 배정 네트워크를 나타낸다. 다중 프로세서 시뮬레이터 자체는 이 컴포넌트 시뮬레이터들 사이의 통신을 교섭한다.

병렬 컴퓨팅으로서의 시뮬레이션 다중 프로세서 시뮬레이터를 구축하는 데 병렬 컴퓨팅의 기법을 사용할 수 있다. 각 컴포넌트 시뮬레이터는 시뮬레이션 은유(metaphor)와 호스트 CPU 의 운영체제 상에서 실행되는 프로세스이다. 운영체제는 다중 프로세싱을 위해 필요한 추상화를 제공하는데, 구현에서 각 PE 가 자신의 상태를 가지듯이 각 시뮬레이터는 자신의 상태를 가진다. 시뮬레이터는 컴포넌트 시뮬레이터들 사이의 통신을 관리하기 위해 호스트 컴퓨터의 통신 메커니즘(세마포어, 공유 메모리 등)을 사용한다.

처리 요소로부터 메모리 요소(memory element, ME)로 기록하는 시뮬레이션을 살펴보자. PE 와 ME 각각은 호스트 CPU 상에서 프로세스로 실행되는 컴포넌트 시뮬레이터이다. 기록 연산은 PE 시뮬레이터로부터 ME 시뮬레이터로 보내는 메시지를 필요로 한다. 이 메시지 내의 데이터는 기록 주소와 기록될 데이터를 포함한다. PE 시뮬레이터는 이 데이터를 포함하는 다중 프로세서 시뮬레이터로 메시지를 생성한다. 다중 프로세서 시뮬레이터는 어떤 시뮬레이션 프로세스가 이 기록 연산의 주소에 대응되는지를 파악함으로써 이 메시지를 전송해야 한다. 필요한 매핑을 수행한 후, 이것은 기록을 수행할 것을 요청하면서 메모리 요소 시뮬레이터로 메시지를 보낸다.

이종 시뮬레이터 전통적인 다중 프로세서 시뮬레이터는 완전히 대칭적인 다중 프로세서를 위해 설계되는데, 일반적으로 모든 처리 요소가 같은 종류라고 가정한다. 반면에 임베디드 다중 프로세서는 일반적으로 몇 가지 다른 종류의 PE 들을 사용한다. 이것이 주된 장애물은 아니지만, 대칭형 다중 프로세서를 위해 설계된 시뮬레이터는 모든 PE 가 같은 종류라고 가정할 수 있는 약간의 프로그래밍 변형을 필요로 한다.

SystemC

SystemC(*http://www.systemc.org*)는 이종 다중 프로세서의 트랜잭션 수준의 설계를 위해 널리 사용되는 프레임워크이다. 이것은 배선에 의한 블록과 프로그래밍 가능한 프로세서의 조합으로 구축되는 이종 아키텍처의 시뮬레이션을 지원하기 위해 설계되었다. C++ 위에 구축되는 SystemC는 시뮬레이션되고 있는 시스템을 기술하는 데 사용되는 일련의 클래스들을 정의한다. 시뮬레이션 관리자는 시뮬레이터의 실행을 안내한다.

5.4 다중 프로세서 아키텍처

많은 임베디드 시스템이 비용에 매우 민감하므로, 이종 다중 프로세서는 단일 칩 상에 구성되는 경우가 많다. 칩 상의 시스템(system-on-chip, SoC)은 단일 칩 상에 구축되는 완전한 디지털 시스템이다. 칩 상의 시스템은 임베디드 프로세서를 반드시 포함할 필요는 없지만, 실제로 포함하는 경우가 많다. 다중 프로세서인 SoC는 칩 상의 다중 프로세서 시스템(multiprocessor system-on-chip, MPSoC)이라고 불린다. MPSoC는 칩으로부터 최대한의 성능을 내도록 하기 위해 이종 프로세서인 경우가 많은데, 아키텍처를 애플리케이션에 맞춤으로써 불필요한 요소들을 제거하고, 성능에 더 직접적으로 기여하거나 에너지/전력 소모를 줄이는 컴포넌트를 위해 이 공간을 사용할 수 있다.

다음의 두 예제에서는 휴대폰과 멀티미디어 애플리케이션을 위해 설계된 다중 프로세서를 살펴본다.

예제 5-3

퀄컴 MSM5100

퀄컴(Qualcomm) MSM5100[But02]은 3세대(3G) CDMA 휴대폰을 위한 기저대역(즉, 라디오 주파수가 아닌) 기능을 제공하도록 설계되었다. 이 칩은 휴대폰을 위한 아주 다양한 기능들을 제공한다. 첫째, 이것은 여러 가지 다른 통신 표준들을 위한 기저대역 기능을 제공한다.

- CDMA 휴대폰을 위한 CDMA IS-2000

- IS-95 CDMA 표준

- AMPS 아날로그 휴대폰 표준

- 위치 정보를 위한 GPS

- 개인 영역 네트워크를 위한 블루투스

이 칩은 또 몇 가지 다른 기능도 지원한다.

- MP3 음악 재생

- 멀티미디어(이미지 및 사운드) 프레젠테이션을 위한 소형 매체 확장(Compact Media Extension, CMX)

- MMC 대용량 저장소 제어기

다음은 이 칩에 대한 버틀러(Butler) 등의 블록 다이어그램이다.

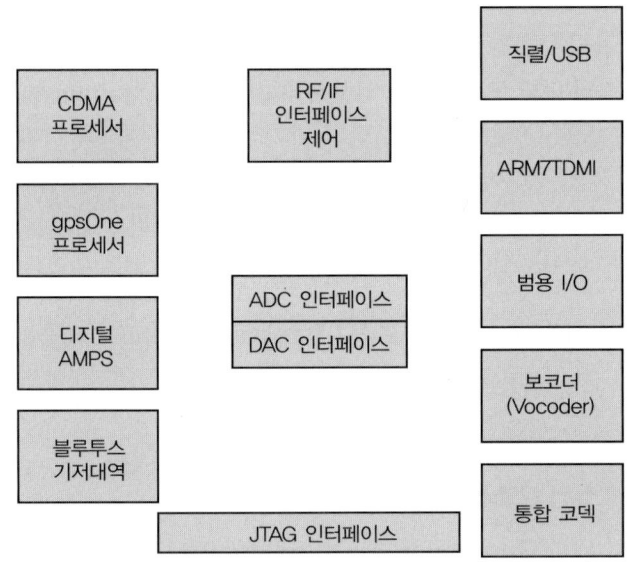

출처 : 버틀러(Butler) 등[But02]

MSM5100은 필요한 기능들을 제공하기 위해 여러 개의 작은 프로세서들을 사용한다. 많은 기능들이 동시에 수행되므로, 전용 프로세서들은 실시간 성능을 유지하도록 도와준다. ARM7 프로세서는 다른 코드 실행뿐만 아니라 MP3 복호화에도 사용될 수 있다. 많은 다른 기능들은 자신의 프로세서를 가진다. 즉 음성 부호화, 데이터 부호화, 블루투스, AMPS, GPS, 그리고 CDMA는 모두 별도의 전용 프로세서를 가지고 있다.

예제 5-4

필립스 넥스페리아

필립스 넥스페리아(Nexperia)[Dut01]는 디지털 비디오와 텔레비전 애플리케이션을 위해 설계된 칩 상의 다중 프로세서 시스템이다. 이것은 셋톱 박스(케이블 TV 또는 위성 네트워크와 가입자의 텔레비전 사이의 인터페이스), 개인용 비디오 레코딩, 그리고 고속 인터넷 액세스를 구축하는 데 사용되어 왔다. 바이퍼(Viper) 칩은 넥스페리아 아키텍처에 대한 첫 번째 구현인데, 이것은 1,920×1,080 비월(interlaced) 픽셀 해상도에서 HDTV를 복호화할 수 있도록 설계되었다. 이것은 셋톱 박스 시장에서 경쟁할 수 있도록 낮은 비용으로 강도 높은 비디오를 처리할 수 있는, 두 개의 강력한 CPU와 여러 특수화된 기능 장치들을 결합한 정교한 이종 다중 프로세서이다.

다음은 바이퍼 넥스페리아의 블록 다이어그램이다.

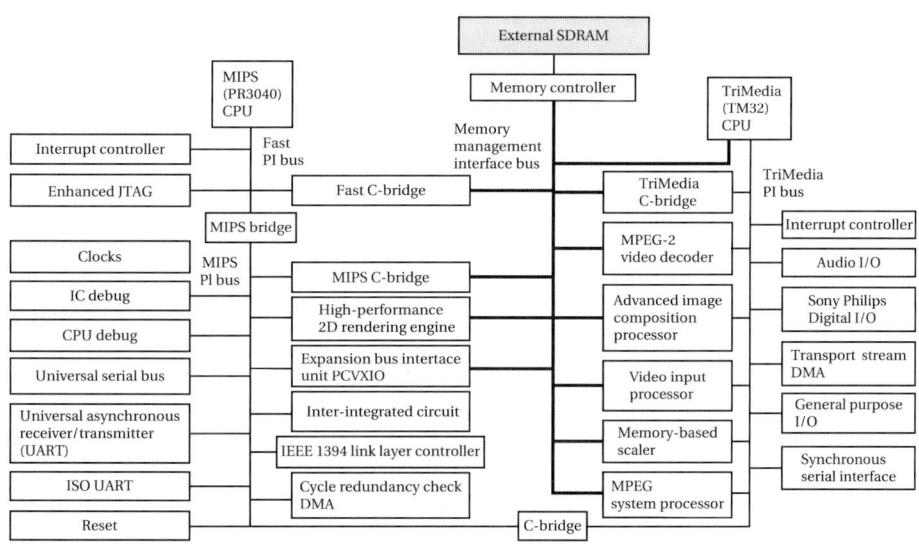

C-bridge Crossover bridge   PI Peripheral interconnect   XIO Extended I/O
DMA Direct memory access   PCI Peripheral component interconnect   ISO International Organization for Standardization

출처 : 두타(Dutta) 등[Dut01]. ⓒ2001 IEEE.

이 아키텍처는 두 개의 프로세서와 네 개의 버스를 포함한다. 프로세서 하나는 MIPS PR3040 RISC CPU 이고 다른 하나는 트리미디어(Trimedia) TM32 VLIW 프로세서이다. MIPS 프로세서는 실시간 운영체제를 실행하고, 네트워크와의 통신 등을 수행한다. 트리미디어 프로세서는 비디오 복호화와 같은 매체 처리에 치중한다.

비디오는 아주 많은 메모리를 필요로 하므로, 바이퍼는 대용량 저장소를 위해 동기식 DRAM 인터페이스를 포함한다. 버스 하나는 SDRAM 의 칩 상의 메모리 제어기를 시스템의 다른 부품들과 연결한다. 트리미디어 프로세서는 자체적인 버스를 가지고 있다. MIPS 프로세서는 빠른 버스에 직접 연결되고, 브리지가 빠른 MIPS 버스를 저속 주변장치를 위한 느린 MIPS 버스에 연결한다. 다른 브리지는 메모리 버스를 MIPS 와 트리미디어 버스들로 연결하고, 트리미디어 버스를 느린 MIPS 버스에 연결한다.

바이퍼는 다음과 같은 광범위한 I/O 장치들을 포함한다.

- 1 개의 USB 호스트 제어기

- 3 개의 UART

- 2 개의 I2C 인터페이스

- 소프트 모뎀을 위한 1 개의 직렬 인터페이스

- 2 개의 I^2S 와 1 개의 SPDIF 디지털 오디오 인터페이스

- 범용 I/O 핀들

그리고 매체 애플리케이션을 위해 설계된 몇몇 특수 목적의 기능 장치와 가속기들을 포함한다.

- 화면 속 화면(picture-in-picture) 또는 메뉴 정보와 같은 이미지를 주 메모리로부터 합성하는 이미지 합성 엔진

- 비디오와 그래픽의 크기 조정에 사용될 수 있는 크기 조정 장치(scaler unit)

- MPEG-2 비디오 복호화기

- NTSC 와 PAL 방송 표준을 수신하는데 사용될 수 있는 2 개의 비디오 입력 프로세서들

- 다양한 2D 그래픽 기능을 수행할 수 있는 그리기 엔진(drawing engine)

- MPEG-2 입력을 해석하기 위한 3개의 전송 스트림 프로세서들(transport stream processors)

이런 특수 목적의 장치들은 CPU로부터 일부 작업을 분담하며, 칩이 범용 CPU로 수행하는 것보다 훨씬 적은 실리콘으로 필요한 작업을 수행할 수 있도록 해준다.

다음 예제는 더 대칭적인 임베디드 다중 프로세서를 설명한다. 그 후에 예제 5-6에서는 이동형 멀티미디어를 위한 두 가지 플랫폼을 소개한다.

예제 5-5 **루슨트 데이토너 다중 프로세서**

루슨트 데이토너(Lucent Daytona) 다중 프로세서[Ack00]는 신호 처리 애플리케이션을 위한 MIMD 다중 프로세서이다. 이것은 여러 개의 병렬 채널들을 처리할 필요가 있는 무선 통신 기지국 및 다른 환경을 위해 설계되었다. 데이토너의 기본적인 아키텍처는 다음과 같다.

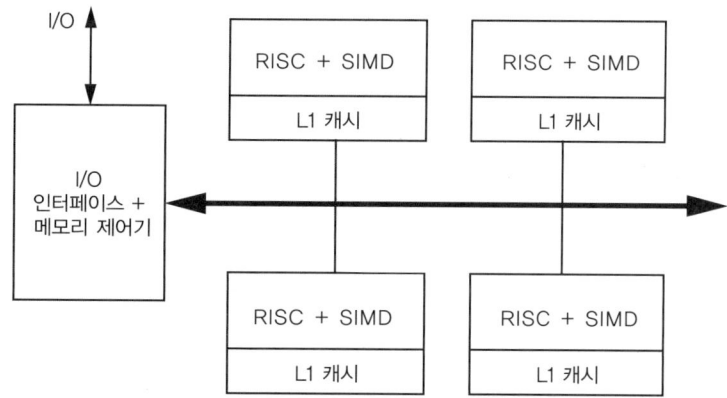

각 처리 요소는 고성능 CPU이다. PE는 32비트 RISC 프로세서인 SPARC V8에 기초하고 있다. 이것은 16×32 곱셈/나눗셈 절차, 조건부 호출 등을 위한 DSP 지향의 명령어들로 개선된 것이다. 그리고 데이터를 명확히 사전 인출(prefetch)하기 위한 touch 명령어와 캐시된 데이터의 후기입(write-back)을 강요하기 위한 force

명령어를 포함한다. 또 처리 요소는 축소 정밀도 벡터 장치(reduced precision vector unit) 또는 RVU로 불리는 64비트 벡터 보조 처리기를 포함한다. RVU는 벡터 데이터를 위해 16×64비트 레지스터 파일을 포함한다. 레지스터 파일은 병렬 액세스를 위한 5개의 포트를 가지고 있으며 최고 성능은 초당 24억 연산이다.

데이토너 설계자는 다른 기능에 더 많은 트랜지스터를 제공하기 위해, 칩 상에 더 작은 캐시들을 사용하기로 결정했다. 제한된 양의 캐시를 더 유용하게 사용하기 위해, 이들은 재구성 가능한 1수준 캐시를 만들었다. 각 PE는 16개의 뱅크로 분할되는 8KB의 캐시를 가진다. 각 뱅크는 독립적으로 명령어 캐시, 데이터 캐시 또는 스크래치 패드 메모리로 구성될 수 있다. 이것은 캐시의 집합 연관성뿐만 아니라 캐시의 크기도 변경될 수 있도록 해준다.

PE는 고속 분할 트랜잭션 버스인 데이토너 버스에 의해 접속된다. 각 버스 트랜잭션은 분할 트랜잭션의 다양한 부분들과 일치시키는 데 사용되는 트랜잭션 ID를 전송한다. 읽기는 두 단계로 수행된다.

첫째, 주소가 4사이클 버스 연산으로 보내진다.

1. 주소 버스를 중재한다(arbitrate).

2. 트랜잭션 ID, 방향, 주소, 크기, 우선순위를 포함하는 트랜잭션 데이터를 보낸다.

3. 트랜잭션을 복호화하고 응답을 결정한다.

4. *재시도*(retry), *응답*(acknowledge), *메모리 금지*(memory inhibit, 캐시 내에서 변경된 데이터를 위해), 또는 *공유*(shared)로 응답한다.

둘째, 데이터가 3사이클 연산으로부터 반환된다.

1. 데이터 버스를 중재한다.

2. 트랜잭션 ID를 보낸다.

3. 데이터를 보낸다.

예제 5-6 | **ST마이크로일렉트로닉스 노매딕 다중 프로세서**

노매딕(Nomadik)[STM04]은 휴대폰, PDA, 자동차 오락 시스템과 같은 이동형 멀티미디어 시스템을 위해 설계되었다. ARM926을 호스트 프로세서로 사용하고, 위치 파악, 비디오, 오디오, 2D 및 3D 그래픽, 개인 영역 및 광역 네트워킹, 보안과 같은 다양한 작업들을 효율적으로 구현하기 위해 프로그램 가능한 가속기들을 사용한다.

다음 그림은 시스템 아키텍처를 보여준다. 시스템 컴포넌트들은 다층 AMBA 크로스바 상호 접속으로 연결된다. ARM 중심부는 제이젤(Jazelle) 자바 가속을 포함한다.

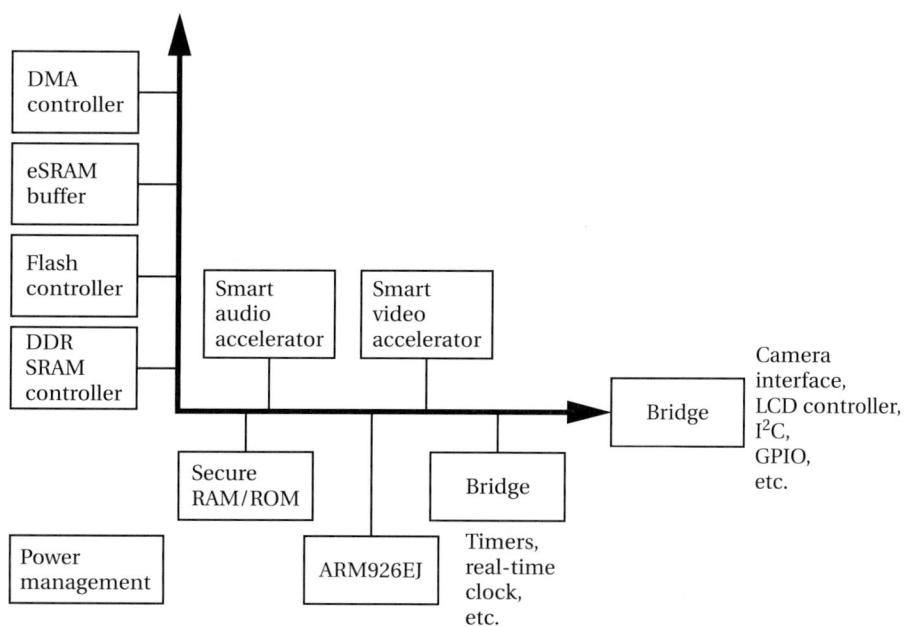

가속기들은 매 사이클 당 하나의 명령어를 실행하고 16비트와 24비트 고정 소수점 및 32비트 부동 소수점 데이터를 지원하는 MMDSP+ 중심부 주변에 구축된다.

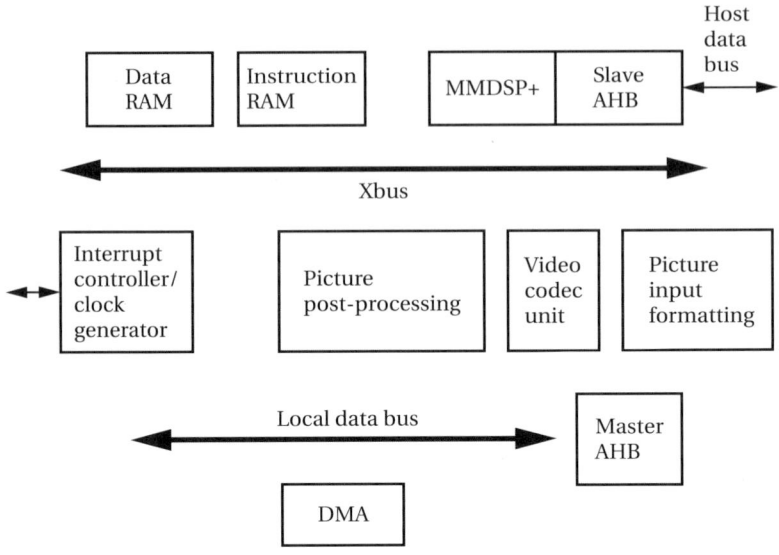

비디오 가속기는 초당 24 프레임의 VGA 해상도(640×480) 또는 초당 30 프레임과 384 Kbps 의 CIF 해상도(352×288)에서 MPEG-4를 부호화 또는 복호화하기 위해 설계되었다. 이것은 몇 가지 비디오 가속기뿐만 아니라 MMDSP 도 포함한다.

다음 그림처럼, 오디오 가속기는 광범위한 오디오 코덱들을 지원하도록 설계되었다.

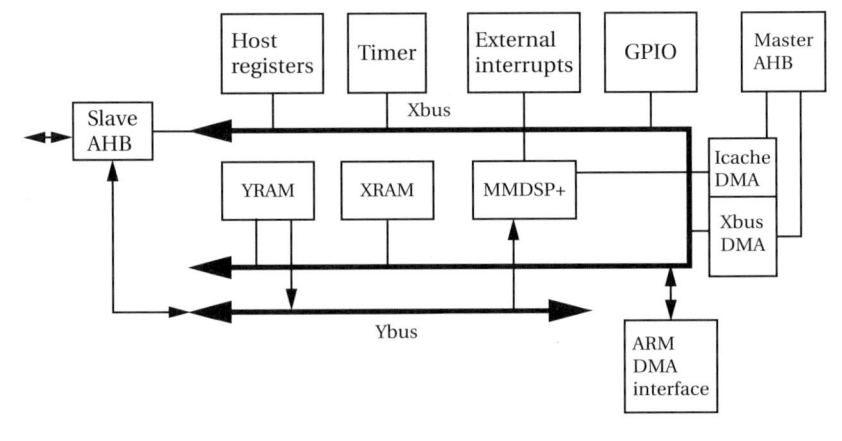

예제 5-7

TI OMAP 다중 프로세서

텍사스 인스트루먼츠의 OMAP 다중 프로세서 군은 카메라 폰, 휴대용 이미징 장치 등의 이동형 멀티미디어 애플리케이션들을 위해 설계되었다. OMAP 표준은 멀티미디어 다중 프로세서를 위한 하드웨어 및 소프트웨어 인터페이스를 정의하는 표준인 OMAPI 표준을 준수한다. OMAPI는 특별한 다중 프로세서 구성을 정의하지는 않는다. TI OMAP 군의 일부 구성원은 실제로 단일 프로세서이지만, 우리에게 가장 흥미로운 OMAP은 이종 다중 프로세서이다. 이것은 RISC 프로세서(ARM9)와 DSP(TI C55x)를 포함한다. 공유 메모리 인터페이스는 두 프로세서가 효율적으로 통신할 수 있도록 해준다.

다음 그림은 OMAP 하드웨어/소프트웨어 아키텍처의 전반적인 구조를 보여준다. DSP/BIOS 브리지는 다중 프로세서 통신 인터페이스를 위한 추상화이다. 시스템은 ARM이 DSP 실시간 기능의 고수준 제어를 제공하도록 구성되어 있다. 이것은 DSP가 고속 신호 처리를 수행할 동안에 저속의 제어 작업으로부터 해방되도록 해준다. C55x 상에서 실행되는 DSP 관리자 서버(DSP manager server)는 ARM9 상에서 실행되는 대응되는 DSP 관리자(DSP manager)에게 서비스를 제공한다.

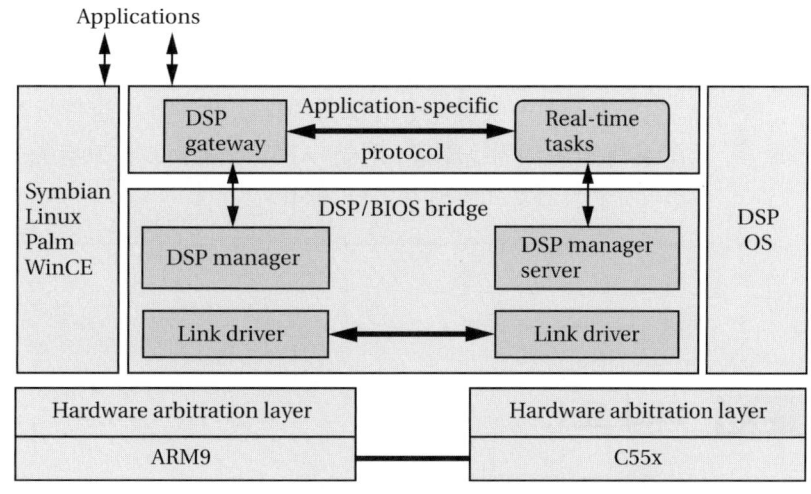

다음의 블록 다이어그램은 OMAP 군의 한 구성원인 OMAP 5912[Tex05]를 보여준다. 메모리 인터페이스 트래픽 제어기(memory interface traffic controller)는 공유 메모리 트래픽을 중재한다. 비디오를 위한 프레임 버퍼(frame buffer)는

주 데이터 및 프로그램 메모리와는 다른 별도의 메모리 블록임에 유의하기 바란다. 이것은 메모리 인터페이스 트래픽 제어기에 의해 관리된다(프레임 버퍼는 칩 상에 포함되는 반면, 플래시 메모리와 SDRAM은 칩 바깥에 있다).

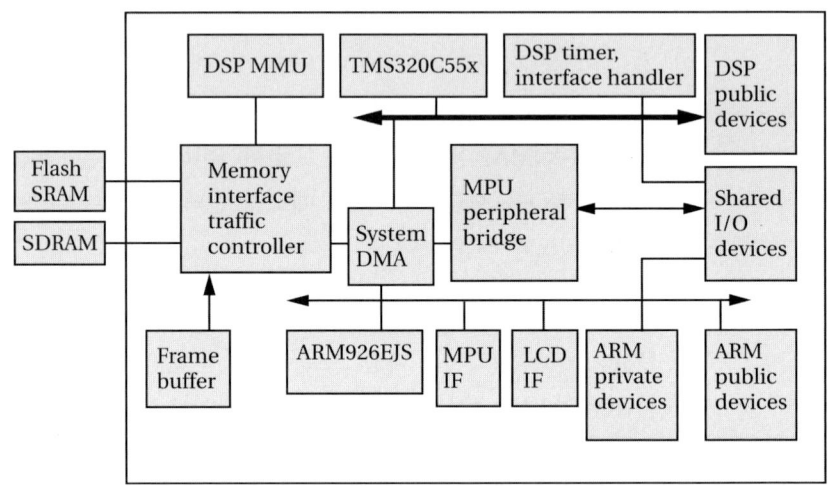

OMAP은 다중 프로세서 통신을 위해 하드웨어에 4개의 편지함을 제공한다. 2개는 ARM9가 기록할 수 있고 어떤 프로세서이든 읽을 수 있다. 그리고 2개는 C55x가 기록할 수 있고 어떤 프로세서이든 읽을 수 있다.

각 프로세서는 몇몇 전용 I/O 장치들을 가진다. 이들은 또 MPU 주변장치 브리지를 통해 일부 장치들을 공유한다. ARM9와 C55x가 모두 사용할 수 있는 장치들만 주변장치 브리지 버스에 연결될 것이다.

5.5 처리 요소

다중 프로세서 플랫폼의 처리 요소(processing elements)는 시스템의 기본적인 계산을 수행한다. PE는 단지 하나의 프로세스만 실행할 수도 있고, 여러 프로세스들에 의해 공유될 수도 있다. 과학용 프로세서는 프로그래밍을 간단히 하기 위해 일반적으로 모든 PE에 같은 종류의 CPU를 사용한다. 그러나 임베디드 프로세서는 배선에 의한 단일 기능의 논리 블록을 포함하여, 광범위한 PE들을 사용할 수 있다.

임베디드 다중 프로세서를 설계할 때 처리 요소에 관한 다음과 같은 두 가지 중요한 질문에 답변해야 한다.

1. 얼마나 많은 처리 요소가 필요한가?

2. 각 PE에 어떤 종류의 프로세서를 사용해야 하는가?

이 질문들은 어느 정도 서로 연관성이 있다. 즉, 시스템 기능의 일부를 특별히 빠른 속도로 실행하는 특수화된 처리 요소를 사용한다면, 다른 종류의 PE를 사용할 때보다 처리 요소들의 수를 줄일 수 있을 것이다. 그러나 이 두 질문을 가능한 한 분리하는 것이 더 유용할 때가 많다.

훌륭한 설계 방법론은 애플리케이션을 지침으로 삼는다.

1. 애플리케이션의 각 프로세스 성능 및 전력 요구사항을 파악하기 위해 각 애플리케이션을 분석한다.

2. 각 프로세스를 위한 프로세서 종류를 선택하는데, 일반적으로 일련의 후보 프로세서 종류에서 선택한다.

3. 요구되는 수의 PE를 파악하기 위해 어떤 프로세스들이 CPU를 공유할 수 있는지를 파악한다.

다중 프로세서에 포함시킬 CPU를 선택하고 정제하기 위해 2장에서 설명했던 모든 기법들을 사용할 수 있다. 특정 종류의 CPU 상에서 프로세스가 얼마나 빨리 실행할지를 파악하기 위해 소프트웨어 성능 분석이 사용될 수 있다. 표준 CPU 혹은 구성 가능 프로세서를 사용할 수 있다.

5.6 상호 접속 네트워크

처리 요소와 메모리를 연결하는 상호 접속 네트워크는 복잡한 다중 프로세서에서 핵심 컴포넌트이다. 이 네트워크의 대역폭은 성능에서 중요한 요소가 되며, 네트워크 설계는 전력 소모에서도 결정적인 역할을 수행한다.

용어

우선 네트워크를 위한 몇 가지 용어를 정리할 필요가 있다. 네트워크에 연결된 송신자나 수신자를 가리키는 데 **클라이언트**(client)라는 용어를 사용한다. **포트**(port)는 클라이언트 상에서의 네트워크 연결이며, **링크**(link)는 두 클라이언트 사이의 연결이다. 그리고 **반이중**(half-duplex)과 **전이중**(full-duplex)이란 용어를 보게 되는데, 전이중 연결은 양방향으로 동시에 데이터를 전송할 수 있고, 반이중 연결은 한 번에 한 방향으로만 전송할 수 있다.

토폴로지

상호 접속 네트워크는 일반적으로 링크 구성을 나타내는 **토폴로지**(topology)로 구분된다. 네트워크 토폴로지는 네트워크의 많은 특성을 파악하는 데 도움이 되지만, 토폴로지는 성능, 전력 소모, 그리고 상호 접속의 비용을 분석하는 하나의 수단일 뿐이다.

네트워크 측정 기준

설계하는 동안 네트워크를 평가하고 비교하기 위해서 네트워크의 몇 가지 중요한 특성들을 다른 수준의 추상화에서 사용할 수 있다.

- **처리량**(throughput) : 우리는 한 노드에서 다른 노드로 가는, 최대로 가능한 처리량에 자주 관심을 가진다. 그리고 시간에 따르는 데이터 속도의 변화와 이 변화가 네트워크 특성에 미치는 영향에도 관심을 가진다.

- **지연 시간**(latency) : 우리는 패킷이 출발지에서 목적지까지 이동하는 데 소요되는 시간에 자주 관심을 가진다. 노드들의 경로 배정을 하는 네트워크에서처럼 지연 시간이 변한다면, 최선 경우와 최악 경우 지연 시간에 관심을 가진다.

- **에너지 소모**(energy consumption) : 우리는 네트워크를 통해 한 비트를 보내는 데 필요한 에너지의 양에 관심을 가지는데, 이것은 일반적인 척도이다.

- **영역**(area) : 네트워크에 의해 소모되는 칩은 제조 비용을 결정한다. 네트워크는 전력 소모에 대해서도 어떤 것을 알려줄 수 있다. 이것은 두 가지 방법으로 측정될 수 있는데, (1) 트랜지스터의 실리콘 영역, 그리고 (2) 배선에서의 금속 영역이다. 배선이 전체 네트워크에서 큰 부분을 차지한다면, 금속 영역은 네트워크의 용량(capacitance)과 동적 에너지 소모까지 알려줄 수 있는 중요한 비용 척도가 된다.

애플리케이션 수준의 특성에 대한 중요한 범주는 연속 또는 스트리밍 데이터와 관련된다. 많은 임베디드 애플리케이션은 데이터가 서비스 품질(quality-of-service,

QoS)로 구체화되듯이, 정규적이고 신뢰성 있게 전달될 것을 요구한다. 이 절에서 일부 QoS의 특성을 살펴보겠지만, 자세한 내용은 6.4.3절에서 검토할 것이다.

일부 네트워크 설계 결정은 칩 내(on-chip) 또는 칩 외(off-chip)라는 구현 기법에 좌우된다. 그러나 네트워킹의 일부 측면은 모든 종류의 네트워크에서 이해될 수 있다.

이 절은 네트워크 토폴로지와 네트워크 특성을 모두 설명한다. 네트워크 요소들의 몇 가지 기본적인 모델을 개발하는 것에서 시작할 것이다. 5.6.2절에서는 네트워크 토폴로지를 살펴보고, 5.6.3절에서는 경로 배정과 흐름 제어를 소개한다. 5.6.4절은 칩 상의 다중 프로세서 시스템을 위한 칩 상의 네트워크를 조사한다.

5.6.1 모델

네트워크를 평가하려면 네트워크 비용의 일부를 캡슐화(encapsulates)하는 네트워크 링크의 간단한 모델을 구축한다. 이 링크 모델은 네트워크 비용을 네트워크 크기의 함수로 평가하는 것을 좀 더 쉽게 해준다.

그림 5-6은 네트워크 링크의 일반적인 모델을 보여준다. 이 모델은 원천(source), 회선(line), 말단(termination)이라는 세 개의 주요 부분으로 구성된다. 원천은 회선을 이용하여 말단으로 정보를 보낸다. 원천과 말단은 각각 트랜지스터와 논리를 포함하며, 회선은 리피터를 포함할 수 있지만 논리는 포함하지 않는다. 원천과 말단은 레지스터를 포함할 수 있지만 다중 패킷 버퍼는 포함하지 않는다.

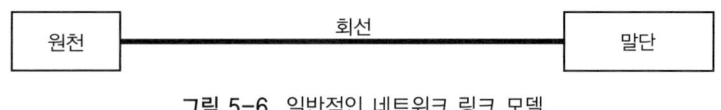

그림 5-6 일반적인 네트워크 링크 모델

링크 상에서 여러 가지 네트워크 특성을 직접 측정할 수 있다.

- 링크 상에서는 충돌이 없으므로, 처리량 T와 지연 시간 D를 직접 측정할 수 있다.

- 링크 전송 에너지 소모 E_b는 한 비트를 보내는 데 필요한 에너지이다. 이 값을 파악하기 위해 일반적으로 회로(circuit) 모델을 사용한다. 많은 경우, 링크 전

송 에너지는 회선의 용량(capacitance)에 의해 좌우된다.

- 네트워크를 비교하기 위해 링크 L의 물리적인 길이를 사용할 수 있다. 더 긴 링크는 일반적으로 더 긴 전송 시간을 필요로 하고, 더 많은 에너지를 소모한다. 원천, 말단, 회선 영역의 조합으로 링크 A의 총 영역도 측정할 수 있다.

다음 예제는 다중 칩 DSP 다중 프로세서를 위한 직렬 포트를 설명한다.

예제 5-8 **텍사스 인스트루먼츠 McBSP**

McBSP[Tex05]는 다중 프로세서에 여러 개의 TI DSP들을 연결할 수 있도록 설계된 고속 직렬 인터페이스이다. DSP는 32비트 주변장치 버스를 통해 McBSP 장치들과 통신한다. 데이터 전송은 전이중인데, DR 핀으로 데이터를 받고 DX 핀으로 데이터를 보낸다. 클로킹과 프레임 동기화는 5개의 추가 핀들을 통해 보내진다.

데이터 처리량을 극대화하기 위해 통신은 이중 버퍼 데이터 레지스터를 사용한다. McBSP는 T1/E1 프레임기, IIS, SPI 장치들과 같은 다양한 표준 네트워크와 직접 인터페이스되도록 설계되었다. 장치는 최대 128채널까지 송수신할 수 있다. 인터페이스는 μ법칙(μ-law)과 A-법칙(A-law) 압신(companding)을 즉석에서 수행할 수 있다.

트래픽 모델 트래픽 모델은 네트워크 상의 트래픽 특성을 파악한다. 전반적인 트래픽의 크기뿐만 아니라 시간에 따라 데이터 트래픽이 어떻게 변하는지도 이해할 필요가 있다.

단위 시간당 발생하는 이벤트의 수에 관심이 있을 때, 통신 네트워크와 다른 시스템에서 트래픽을 모델링하는 데 푸아송(Poisson) 모델이 널리 사용되어 왔다. 전화 호출은 독립적인 이벤트이다. 즉, 하나의 전화 호출 시각은 일반적으로 다른 전화 호출이 발생하는 시각에 의존하지 않는다. 푸아송 분포는 이런 종류의 트래픽을 설명하는데 적합하다.

μ가 주어진 간격에서 이벤트가 발생하는 평균 횟수라면, 푸아송 무작위 변수 X가 어떤 값 x가 될 확률은 다음 공식으로 주어진다.

$$P(X = x) = \frac{\mu^x e^{-\mu}}{(x)!} \quad , \quad x = 0, 1, \ldots \tag{수식 5-1}$$

이것은 다음과 같은 푸아송 분포의 기대 값과 분산으로 표현될 수 있다.

$$E(x) = \mu, \, Var(x) = \mu \tag{수식 5-2}$$

전화 호출이 발생하는 비율처럼, 이벤트가 발생하는 평균 속도를 안다면, 이 μ의 값을 푸아송 분포 공식에 적용할 수 있다.

다음 예제는 트래픽 모델링에서 푸아송 분포의 사용을 예시한다.

예제 5-9   **네트워크 트래픽을 위한 푸아송 모델**

다중 프로세서 내의 처리 요소가 평균적으로 매 마이크로 초당 한 번씩 데이터를 방출한다고 가정할 때 다음과 같다.

$$E(x) = \mu = 1 \text{ event} / \mu\text{sec}$$

매 마이크로 초당 네 번씩 데이터가 방출될 확률을 알고자 할 때, x = 4로 설정한다.

$$P(x = 4) = \frac{1^4 e^{-1}}{4!} = 0.015$$

스트리밍   한 편, 주기적으로 생성되는 스트리밍 데이터가 있다. 데이터 스트림은 일반적으로 데이터가 생성되는 속도와 데이터별 비트 수로 그 특성을 파악한다. 즉, 스트리밍 데이터는 일반적으로 속도 σ와 연속성(burstiness) ρ로 그 특성을 파악한다.

5.6.2 네트워크 토폴로지

지금까지 많은 네트워크 구조들이 개발되고 분석되어 왔다. 이 절에서는 사용할 수 있는 네트워크 옵션의 범위를 기본적으로 이해하기 위해, 몇 종류의 네트워크를 비교하고 대조한다.

버스

가장 단순한 상호 접속 네트워크는 버스이다. 버스는 일련의 송신자와 수신자 사이의 일반적인 연결이 된다. 버스는 모든 클라이언트들 사이에서 한 벌의 배선을 공유하므로, 다른 네트워크에 비해서 상대적으로 작다. 그러나 이 작은 크기의 대가로 성능 저하와 에너지 소모 증가를 종종 감수해야 한다.

버스가 주(master) 클록에 의해 작동된다고 가정할 때 버스의 성능을 추정해보자. 매 버스 트랜잭션에서 한 단어를 전송하는 단순한 버스라면, 이 버스의 처리량을 다음과 같이 모델링할 수 있다.

$$T_1 \ = \ P\left(\frac{1}{1+C}\right) \text{단어/초} \qquad \text{(수식 5-3)}$$

여기서 C는 트랜잭션 오버헤드(주소 지정 등)에 필요한 클록 사이클 수이고, P는 버스의 클록 주기이다. 버스가 블록 전송을 지원한다면, n 단어 블록의 블록 트랜잭션을 위한 처리량은 다음과 같다.

$$T_b \ = \ P\left(\frac{n}{n+C}\right) \text{단어/초} \qquad \text{(수식 5-4)}$$

버스의 에너지 소모를 모델링하기 위해, 동적 에너지 소모에 치중하기로 하자. 동적 에너지 소모는 지원되어야 하는 용량에 의해 결정된다. 버스의 용량은 버스의 배선과 클라이언트의 부하라는 두 가지 요소로부터 온다. 만약 버스가 많은 수의 클라이언트를 가진다면 클라이언트의 용량은 버스 전체의 용량에서 큰 부분을 차지할 수 있다.

왜 버스가 다른 네트워크보다 더 많은 에너지를 소모할까? 그 이유는 버스의 배선이 모든 클라이언트에 연결되어야 하기 때문이다. 즉, 버스는 가장 먼 클라이언트 쌍끼리도 연결할 수 있어야 한다. 이것은 임의의 버스 트랜잭션은 시스템 내에서 가장 긴 상호 접속을 지원해야 함을 의미한다. 다음에 설명할 크로스바와 같은 다른 네트워크는 같은 수의 클라이언트를 가진 버스보다 물리적으로는 더 크지만, 클라이언트가 부담해야 하는 최악 경우 부하는 훨씬 더 적다.

다중 프로세서를 위해서 왜 버스를 사용하지 않을까? 실제로 많은 과학용 및 임베디드 다중 프로세서들이 버스로 구축되었다. 그러나 버스를 이용하여 대량의 (more than a handful) 처리 요소들을 가진 다중 프로세서를 유용하게 구축하는 것은 어렵다. 버스는 공유되므로 트래픽으로 쉽게 포화되고, 버스가 포화되면 버스를 기다리느라 모든 처리 요소의 속도가 저하된다.

크로스바　　　크로스바(crossbar)는 이와는 대조적인 것이다. 크로스바는 완전히 연결된 네트워크이다. 즉, 모든 입력 포트로부터 모든 출력 포트로 가는 경로를 제공한다. 그림 5-7은 4×4 크로스바를 보여준다. 크로스바라는 이름은 네트워크 내의 배선 구조로부터 얻어졌다. 각각의 입력과 출력은 배선을 가진다. 즉, 임의의 입력과 출력 배선 사이의 교차점은 프로그래밍 위치(programming point)이다. 프로그래밍 위치가 활성화되면 수평과 수직 배선에 연결된 입력과 출력 사이에 연결이 설정된다.

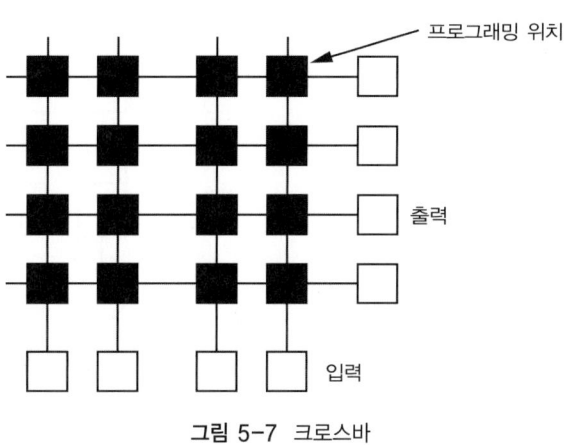

그림 5-7　크로스바

풍부한 구조 때문에 크로스바는 임의의 입력과 출력 사이에 완전한 연결을 제공할 뿐만 아니라, 임의의 출력들의 조합에 대해서도 완전한 연결을 제공한다. 한 입력으로부터 모든 출력으로 방송을 할 수 있다. 또 한 입력으로부터 몇몇 선택된 출력으로 **멀티캐스트**(multicast)할 수도 있다. 풍부한 연결성 덕분에 어떤 조합의 노드들로도 멀티캐스트할 수 있다.

크로스바의 단점은 크기이다. 크로스바에 n 개의 입력과 n 개의 출력이 있다면 그 영역은 n^2에 비례한다. 그러나 배선과 프로그래밍 위치는 아주 작으므로, 실제로는 적절한 수의 입력과 출력들을 수용할 수 있다. 예를 들어, 크로스바를 통해 전송되는 단어의 폭이 지나치게 넓지 않다면, 8×8 크로스바는 최신 VLSI 칩에 적절할 것이다. 그러나 심지어 1 비트 폭의 단어라 하더라도 10,000×10,000 크로스바는 타당하지 않다.

크로스바의 영역 때문에 입력 개수를 감당할 수 없다면, 버퍼 방식의 크로스바를 사용할 수 있다. 그림 5-8 처럼, 크로스바의 입력에 대기열(queues)을 추가할 수 있고, 각 대기열은 트래픽의 여러 원천으로부터 입력을 받을 수 있다. 이 트래픽 원천들은 크로스바 입력을 공유한다. 이때, 어떤 패킷이 다음으로 대기열에 들어올지를 결정하고(대기열에 한 번에 한 패킷만 들어올 수 있다고 가정할 때), 대기열이 꽉 찼을 때 어떻게 할지를 결정하는 대기열 제어기도 필요하게 된다.

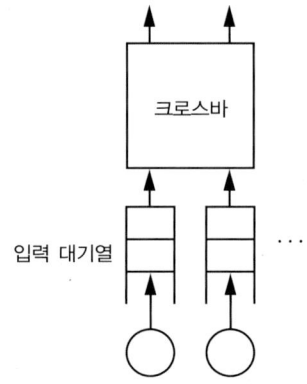

그림 5-8 입력 버퍼 방식의 크로스바

그림 5-9 처럼, 크로스바 내의 전환점(switching points)에 버퍼를 추가할 수도 있다. 이 구성은 크로스바의 물리적 크기를 증가시키지만, 전송 스케줄링에 많은 융통성을 제공한다.

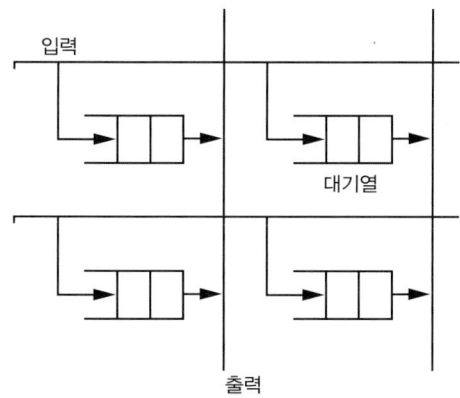

그림 5-9 내부 버퍼 방식의 크로스바

클로스 네트워크　　　클로스 네트워크(Clos network)[Clo53]는 적은 비용으로 크로스바의 이점을 제공하기 위해 설계되었다. 클로스 네트워크는 작은 크로스바들을 여러 단계로 서로 연결함으로써 구성된다. 클로스 네트워크는 크로스바처럼 점 대 점 연결에서 차단하지는 않지만 멀티캐스트 연결은 차단한다. 클로스 네트워크에서 입력의 수는 크로스바보다는 더 느리게 증가하므로, 대규모 네트워크에서 완전한 크로스바보다는 크기가 훨씬 더 작아진다.

망 네트워크　　　그림 5-10 처럼, 망(mesh)은 각 노드가 모든 이웃들과 연결된 네트워크이다. 망은 3차원을 초과하는 것을 포함하여, 여러 차원으로 구축할 수 있다. n + 1 차원의 네트워크는 n 차원의 망을 가지는 하부 네트워크들을 포함하는 방식으로, 망 네트워크(mesh network)는 크기를 조정할 수 있다. 망 네트워크는 링크 비용과 연결의 균형을 잡는다. 모든 링크는 아주 짧지만, 망은 풍부한 연결들과 여러 개의 데이터 경로를 제공한다. RAW 기계[Tay04]는 2D 망 연결 프로세서의 한 예이다.

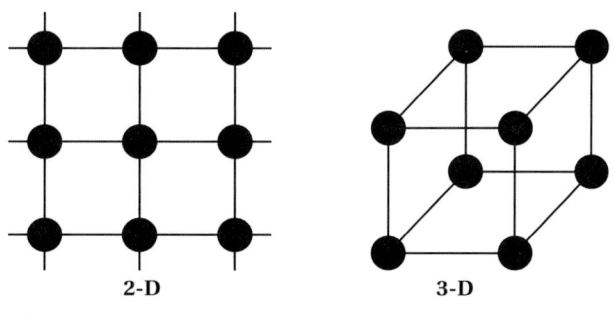

2-D　　　　　　3-D

그림 5-10　2차원 및 3차원 망

망 네트워크에서 두 노드 사이의 최단 경로는 맨해튼 거리(Manhattan distance)와 같은데, 이것은 일반적으로 출발지와 목적지 노드들의 인덱스 차이의 합이다.

애플리케이션 특유의 네트워크 몇몇 애플리케이션 특유의 네트워크(application-specific networks)는 임베디드 다중 프로세서를 위해 개발되어 왔다. 애플리케이션 특유의 네트워크는 어떤 특별한 종류의 토폴로지가 아니라, 애플리케이션의 특성과 일치하는 토폴로지이다. 애플리케이션 특유의 네트워크는 동등한 전반적 성능을 가진 정규 네트워크보다 훨씬 더 저렴하고 적은 에너지를 소모한다. 대부분의 임베디드 애플리케이션은 여러 다른 작업들을 동시에 수행하므로, 아키텍처의 다른 부분은 그 처리를 지원하기 위해 다른 양의 네트워크 대역폭을 필요로 한다. 필요한 곳에 대역폭을 투입하고 덜 중요한 노드의 용량을 줄임으로써, 애플리케이션의 성능을 희생하지 않고 네트워크를 더 효율적으로 만들 수 있다.

5.6.3 경로 배정과 흐름 제어

패킷이 네트워크로 보내지는 방법은 네트워크의 비용과 성능에 영향을 미치는 중요한 요소이다[Ni93]. 패킷 흐름은 다음과 같은 네트워크 설계의 두 가지 측면에 의해 결정된다.

1. 경로 배정(routing) : 출발지에서 목적지까지 이동할 때 패킷이 따르는 경로를 결정한다.

2. 흐름 제어(flow control) : 패킷이 네트워크에서 이동할 때 링크와 버퍼가 할당되는 방법

경로 배정 경로 배정 알고리즘은 여러 가지 다른 형태를 취할 수 있다. 경로는 결정적 또는 적응적으로 결정될 수 있다. 결정적 경로 배정(deterministic routing)은 데이터의 출발지와 목적지 주소와 같은 시스템의 정적인 특성만으로 결정된다. 반면, 적응적 경로 배정(adaptive routing)은 현재의 네트워크 조건에 기초하여 경로를 조정한다. 경로 배정은 연결을 이용하거나 연결이 없는 형태로 수행될 수 있다. 연결 지향의 경로 배정은 서비스 품질을 제공하기 위해 사용될 수 있다. 어떤 경로 배정 알고리즘은 가끔씩 패킷을 분실할 수 있으나(예를 들어 경로 상의 버퍼가 가득 찰 때), 다른 알고리즘은 패킷 전달을 보장한다.

웜홀 경로 배정(wormhole routing)은 다중 프로세서의 상호 접속 네트워크에서 널리 사용된다[Dal90]. 패킷은 여러 개의 플릿(flits, flow control digits 의 단축어)으로 분할된다. 헤더 플릿은 패킷 내의 나머지 플릿들이 따라갈 경로를 결정한다. 만약 헤더 플릿이 차단된다면, 채널이 준비될 때까지 차단된다. 뒤따르는 플릿들은 경로 상의 플릿 버퍼들에 저장된다. 가상 컷스루 경로 배정(virtual cutthrough routing)은 웜홀 경로 배정과 비슷하지만, 전송을 시작하기 전에 전체 경로가 있음을 보장한다. 축적 전송 경로 배정(store-and-forward routing)은 네트워크 상의 중간 위치에서 패킷을 저장한다.

흐름 제어   댈리(Dally)[Dal92]는 네트워크 자원들을 할당하는 데 도움을 받기 위해 가상 채널 흐름 제어(virtual channel flow control)를 사용했다. 가상 채널은 플릿 버퍼와, 연관된 상태 정보를 포함한다. 가상 채널은 다른 가상 채널에 있는 플릿들을 다르게 취급함으로써 통신 자원의 사용 효율을 개선한다.

5.6.4 칩 상의 네트워크

칩 상의 네트워크(networks-on-chip, NoC)는 단일 칩 다중 프로세서를 위한 상호 접속 네트워크이다. VLSI 기술이 발전하여 진정한 단일 칩 다중 프로세서를 설계할 수 있게 됨에 따라, 많은 그룹이 칩 상의 네트워크를 개발하고 있다. 판데(Pande) 등[Pan05]은 NoC 를 위한 설계 방법론을 조사했다. 이들은 트래픽 패턴과 네트워크 분석, 성능 분석, 스위치 노드 설계, 토폴로지 설계, 그리고 네트워크 토폴로지를 중요한 주제로 제시한다. 이 절에서는 여러 예제 네트워크들을 살펴본다. 칩 상의 네트워크를 위한 프로토콜 스택에 대해서는 6 장에서 설명할 것이다.

노스트럼   노스트럼(Nostrum) 네트워크[Kum02; Pam03]는 망구조의 네트워크이다. 그림 5-11 처럼, 각 스위치는 두 개의 단방향 링크들을 사용하여 4 개의 가장 가까운 이웃들과 연결하고, 추가적인 하나의 링크를 사용하여 망 내 해당 위치에서의 프로세서나 메모리와 연결한다. 프로세서 또는 메모리는 자원(resources)으로 불린다. 60nm CMOS 기술에서, 단일 칩은 10×10 의 자원 및 네트워크 망을 위한 공간을 허용한다. 각 네트워크 링크는 256 데이터 비트와 제어 및 신호용 배선을 가진다. 각 스위치는 각각의 입력에 대기열을 가지며, 출력에 있는 선택 논리는 어떤 패킷을 출력 링크로 보낼지에 관한 순서를 결정한다.

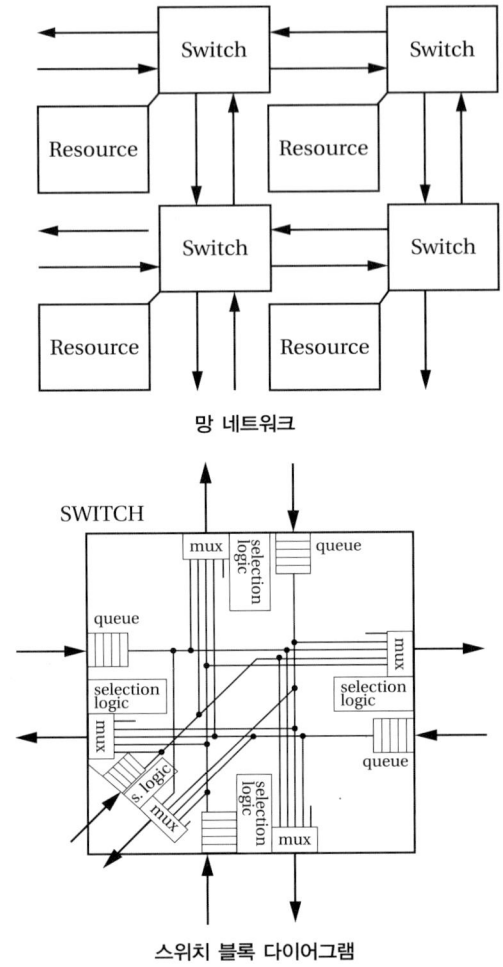

망 네트워크

SWITCH

스위치 블록 다이어그램

그림 5-11 노스트럼 네트워크의 구성
출처 : 쿠마르(Kumar) 등[Kum02]. ⓒ2002 IEEE 컴퓨터 협회.

SPIN   SPIN 네트워크[Gue00]는 다양한 칩 상의 시스템을 위한 크기 조정이 가능한 네트워크로 설계되었다. SPIN 네트워크에서 사용되는 토폴로지는 뚱뚱한 트리(fat-tree)[Lei85]이다. 이 네트워크는 트리를 따라 올라갔다가 다시 내려오는 트리 방식으로 메시지를 경로 배정하도록 설계되었지만, 표준 트리보다는 상위 수준에서 더 많은 대역폭을 제공하도록 설계되었다. 16 개 단말을 가지는 뚱뚱한 트리 네트워크의 블록 다이어그램이 그림 5-12 에 있다.

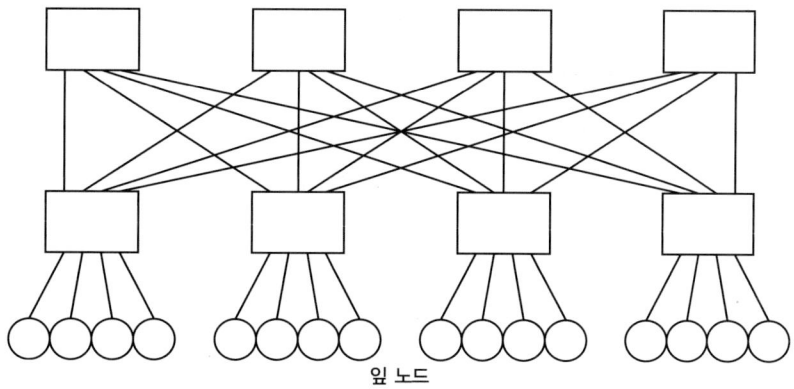

그림 5-12 SPIN 네트워크의 뚱뚱한 트리 구조

이 경우, 잎 노드들은 처리 요소와 메모리 요소들이다. 하나의 PE가 다른 PE로 메시지를 보내려면 메시지가 공통 조상 노드에 도달할 때까지 트리를 따라 올라가며, 그 후 네트워크를 따라 내려온다. 트리와는 달리, 트리의 상위 수준에 더 많은 링크와 대역폭이 할당되어, 충돌을 줄인다.

뚱뚱한 트리 네트워크의 한 가지 장점은 모든 경로 배정 노드들이 동일한 경로 배정 기능을 사용한다는 것이다. 이것은 네트워크 전체에 동일한 경로 배정 노드 설계를 적용할 수 있도록 해준다. SPIN 네트워크는 두 개의 32비트 데이터 경로를 사용하는데, 각각 한쪽 방향을 맡아서 전이중 링크를 제공한다. 라우터는 사용할 수 있는 여러 개의 동등한 경로들 중 하나를 자유롭게 선택한다.

패킷은 32비트 단어들의 열로 구성된다. 패킷 헤더는 하나의 단어에 들어간다. 패킷은 임의 개수의 단어들을 포함할 수 있다. 검사 합(checksum)을 포함하는 꼬리(trailer) 단어는 전용 제어 선에 의해 표시된다. 경로 배정 체계는 신용 기반(credit-based)의 제어 흐름을 사용한다. 출발지는 카운터를 사용하여 목적지의 버퍼 넘침을 검사한다. 수신자는 전용 피드백 회선을 사용하여 소모되는 모든 데이터에 응답한다. 네트워크는 그림 5-13처럼 입력 대기열과 부분적인 크로스바를 사용하여 구현된다.

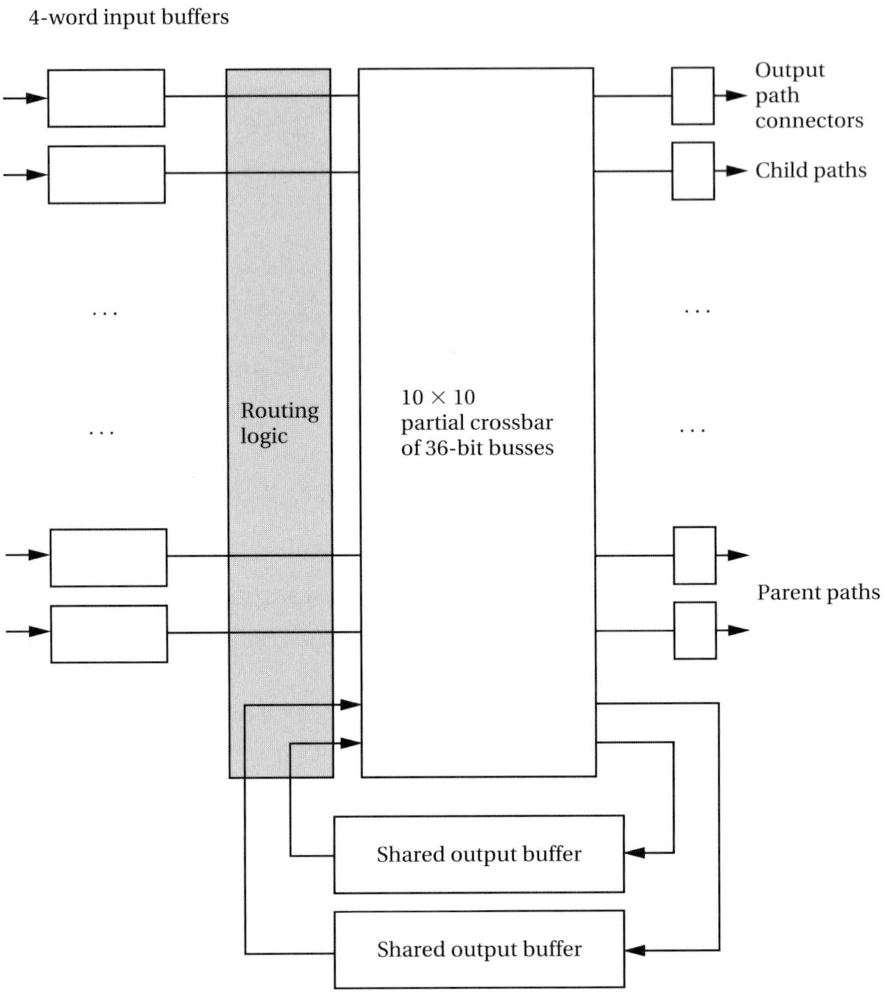

4-word input buffers

그림 5-13 SPIN 내의 입력 대기열과 부분적인 크로스바
출처 : 구리에(Guerrier)와 그라이너(Greiner)[Gre00]. ⓒ2000 ACM 프레스. 허가 하에 재 인쇄함.

에너지 모델링   예(Ye) 등[Ye03]은 칩 상의 네트워크를 위한 에너지 모델을 개발했다. 이들은 패킷 당 에너지는 패킷의 데이터나 주소와는 무관하다고 가정했다. 이들은 플릿 전송을 위한 경로 길이의 분포를 파악하기 위해 히스토그램을 사용했다. 그리고 주어진 종류의 패킷 에너지 소모를 다음과 같이 모델링했다.

$$E_{packet} = \sum_{1 \leq h \leq M} h \times N(h) \times L \times E_{flit}$$

(수식 5-5)

여기서 M은 네트워크 상에서 가능한 최대 홉(hops) 수이고, b는 홉 수이며, $N(b)$는 b번째 히스토그램 버킷의 값이고, L은 패킷 당 플릿 수이며, E_{flit}은 플릿 당 에너지이다.

슬림 스파이더

슬림 스파이더 네트워크(Slim-spider network)[Lee05]는 계층형 성상 토폴로지(hierarchical star topology)를 사용한다. 전역 네트워크는 성상으로 구성되고, 각 노드는 더 작은 성상으로 구성된다. 리(Lee) 등은 노드 전환의 비용을 줄이기 위해 직렬 연결을 사용했다. 성상 네트워크는 망 네트워크보다 더 작은 영역을 차지하고, 9 개 이하의 클러스터를 가진 작은 네트워크에서 현저하게 적은 전력을 소모한다는 것을 이들의 분석이 보여주었다.

칩 상의 네트워크 설계

여러 그룹이 칩 상의 네트워크를 위한 설계 방법론을 개발했다. 우리는 특별한 애플리케이션 영역의 다중 프로세서를 설계하고 있으므로, 아키텍처를 이 애플리케이션의 특성에 맞추는 것이 타당하다. 애플리케이션 특유의 NoC 는 애플리케이션에서 오는 하향식 정보와 구현 기법의 가능성에 관한 상향식 정보를 모두 고려할 것을 요구한다.

QoS 의존적 설계

구센(Goossens) 등[Goo05]은 칩 상의 네트워크 설계를 위한 방법론을 개발했다. 이 방법론은 멀티미디어와 같은 QoS 집약적인 애플리케이션을 위한 네트워크를 설계하기 위해 의도된 것으로, 몇 가지 원칙에 기초한다.

1. 자원 사용을 특성화하기 위해 QoS 를 사용한다.

2. 예측할 수 없는 자원의 특성을 추정하기 위해 조정(calibration)을 사용한다.

3. 공유 자원을 할당하기 위해 자원 관리를 사용한다.

4. 자원을 사용자에게 할당하기 위해 보장된 서비스를 사용한다.

이 설계 방법론이 그림 5-14 에 있다.

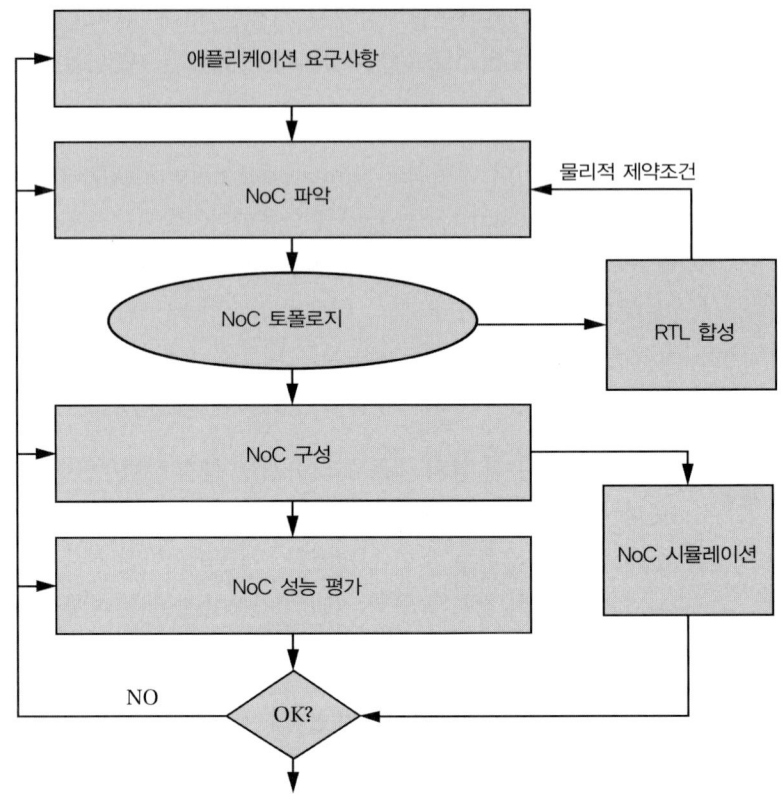

그림 5-14 칩 상의 네트워크를 위한 설계 방법론

애플리케이션의 요구사항이 특성화된 후에 네트워크에서 요구되는 성능이 파악된다. 다음에 네트워크 토폴로지가 결정되고, 네트워크가 처리 요소 및 메모리 요소와 함께 구성된다. 네트워크는 실제 성능을 평가하기 위해 시뮬레이션된다. 이 성능 결과에 기초하여 네트워크는 변경될 수도 있다.

OCCN 코폴라(Coppola) 등에 의하면, OCCN[Cop04]은 칩 상의 통신 시스템을 위한 방법론이자 도구 집합이다. OCCN 은 다음과 같은 세 계층을 사용하여 모듈 간 통신을 모델링한다.

1. NoC 통신 계층 : OSI 스택의 낮은 수준들을 구현한다. SystemC 에서는 `sc_channel` 클래스를 사용하여 기술된다.

2. 적응(adaptation) 계층 : OSI 스택의 중간 계층들을 구현하기 위해 하드웨어와 소프트웨어를 사용하며, SystemC 에서는 `sc_port` 개체를 사용하여 모델링된다.

348

3. 애플리케이션 계층 : OSI 애플리케이션 계층을 구현하며, 통신 API 상에서 구축된다.

프로토콜 데이터 단위(protocol data unit)는 최소 메시징 단위를 정의한다. MasterPort/SlavePort API는 점 대 점 및 다중 위치 통신 요소들과 함께 메시지 전달 인터페이스를 만든다. 시뮬레이션 패키지는 네트워크 특성에 관한 순간적 및 장기간 통계를 자동으로 수집한다.

QNoC

QNoC[Bol04]는 서비스 품질 연산을 지원하고 애플리케이션을 위한 정밀 조정을 위해 설계되었다. 기본 네트워크는 2차원의 망이다. 패킷들은 웜홀을 사용하여 경로 배정이 된다. 고정 x-y 경로 배정 알고리즘은 플릿이 따라갈 경로를 결정한다. 네트워크는 네 가지 다른 종류의 서비스를 지원한다. 각 수준의 서비스는 자체 버퍼를 가진다. 다음 버퍼 상태(next-buffer-state) 테이블은 다음 입력 포트의 버퍼에 있는 각 서비스 클래스를 위해 각 출력 포트에서 사용할 수 있는 슬롯의 수를 기록한다. 출력 포트는 다음 단계의 버퍼에서 사용할 수 있는 슬롯의 수, 지연되고 있는 플릿들의 서비스 수준, 한 서비스 수준 내에서의 플릿들의 순차 실행 순서에 기초하여 플릿 전송을 스케줄링한다.

일반적인 네트워크는 애플리케이션 특유의 네트워크를 만들기 위해 맞춰진다(customized). 시뮬레이션 연구는 애플리케이션의 트래픽 특성을 파악하고, 시뮬레이션은 전반적인 트래픽 수준과 각 서비스 클래스 내의 트래픽 양을 모두 보여준다. 그 다음 시스템을 위한 바닥 설계(floor plan)가 구축된다. 처리 요소의 위치와 네트워크 링크에 대한 트래픽 할당이 주어지면, 구조가 최적화될 수 있다. 바닥 설계 적용 결과에 기초하여 일부 링크는 제거될 수 있다. 경로 배정 알고리즘이 선택된 후에, 각 링크의 배선 수를 변경함으로써 링크의 대역폭을 최적화할 수 있다. 링크 대역폭 최적화의 결과를 검토한 후에 버퍼와 라우터의 크기가 적절히 조정될 수 있다.

엑스파이프와 넷칩

엑스파이프(xpipes)[Oss03]와 넷칩(NetChip)[Jal04; Mur04]은 칩 상의 네트워크 구현을 생성하는 일련의 IP 생성 도구들이다. 엑스파이프는 네트워크 스위치와 링크를 위한 소프트 IP 매크로 라이브러리이고, 넷칩은 엑스파이프의 컴포넌트를 사용하여 맞춤 NoC 설계를 생성한다. 링크는 파이프라인되고, 파이프라인 단계의 수는 필요한 시스템 처리량에 기초하여 선택될 수 있다. 링크 수준의 오류 제어를 위해 패킷 CRC 코드의 조건에 기초한 재전송 체계가 사용된다.

H.264 설계
쑤(Xu) 등[Xu06]은 H.264 복호화기를 위한 범용 및 애플리케이션 특유의 네트워크들을 비교했다. 그림 5-15는 비디오 복호화기의 블록 다이어그램과 다중 프로세서 아키텍처로의 매핑을 보여준다. H.264 복호화기는 처리 요소들 사이의 통신을 추적하도록 시뮬레이션된다. PE 들에 이 할당을 지원하기 위해 몇 종류의 네트워크가 개발되었다. RAW 형식의 망 네트워크가 한 후보로 사용되었다. 몇몇 이종 아키텍처들도 시도되었는데, 이 네트워크들의 대부분은 PE 를 클러스터로 구성하는 여러 개의 스위치를 사용했다. 가장 우수한 이종 아키텍처가 그림 5-16 에 있다.

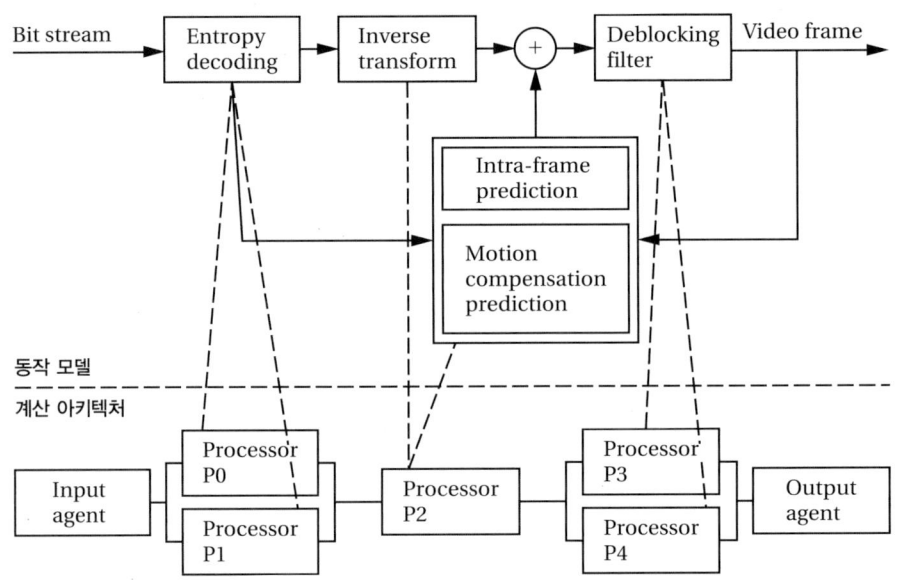

그림 5-15 H.264 복호화기의 다중 프로세서 아키텍처로의 매핑
출처 : 쑤 등[Xu06]. ⓒ2006 ACM 프레스. 허가 하에 재 인쇄함.

프로세서, 메모리, 그리고 네트워크는 배선의 길이와 다른 물리적 비용을 추정하기 위해 바닥 설계가 되었다. 그리고 네트워크를 시뮬레이션하기 위해 OPNET 이 사용되었다. 그림 5-17 은 RAW 와 가장 우수한 애플리케이션 특유의 네트워크 사이의 비교 결과를 요약한다. 애플리케이션 특유의 네트워크는 더 높은 성능을 제공했고 프레임 당 에너지를 적게 소모했다.

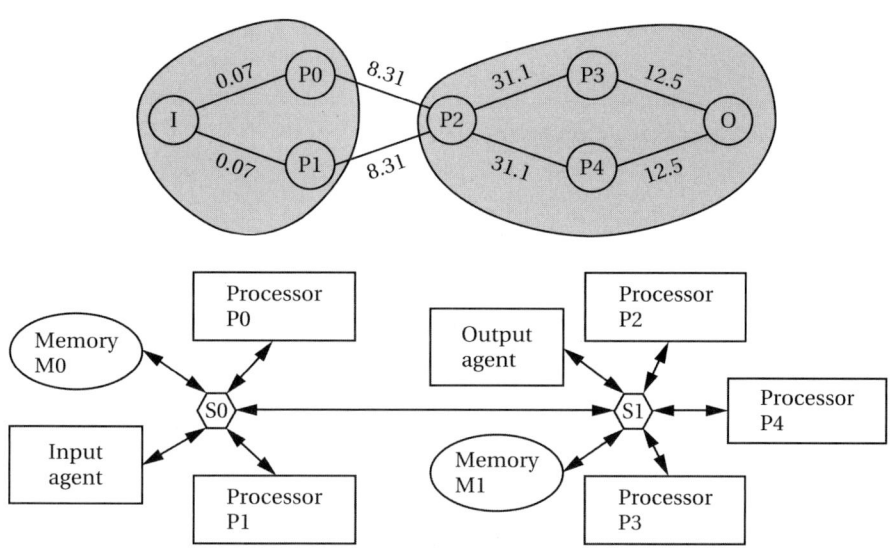

그림 5-16 H.264를 위한 프로세스 분할 및 다중 프로세서 아키텍처
출처 : 쑤 등[Xu06]. ⓒ2006 ACM 프레스. 허가 하에 재 인쇄함.

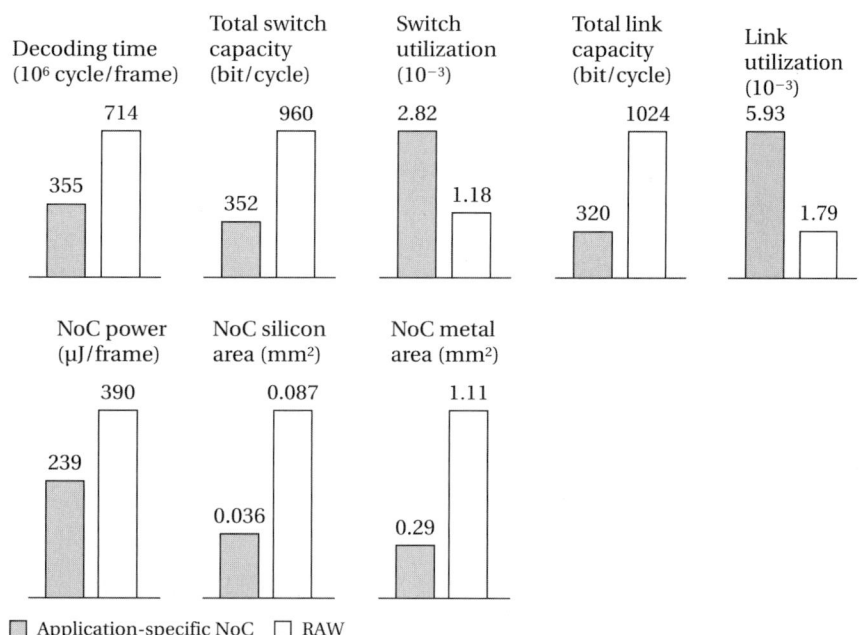

그림 5-17 H.264 복호화기를 위한 네트워크 구현들의 비교
출처 : 쑤 등[Xu06]. ⓒ2006 ACM 프레스. 허가 하에 재 인쇄함.

다음 예제는 상용 칩 상의 네트워크를 설명한다.

예제 5-10

소닉스 실리콘백플레인 III

실리콘백플레인(SiliconBackplane) III[Son02]는 멀티미디어 애플리케이션에서 필요로 하는 비차단 스트리밍 통신을 위해 설계되었다. 이것은 300MHz에서 4.8GBps의 미가공(raw) 데이터 대역폭을 제공한다. 스트리밍 멀티미디어 통신을 구현하기 위해 특수한 장비가 사용될 수 있다. 네트워크는 데이터를 멀티캐스트하기 위해 실행 시간에 구성될 수 있다.

5.7 메모리 시스템

메모리 시스템은 오랫동안 컴퓨팅의 병목현상이었다. 메모리가 프로세서보다 더 느릴 뿐만 아니라, 프로세서 클록 속도는 메모리 사이클보다 훨씬 빨리 속도가 증가하고 있다. 먼저 과학용 다중 프로세서에서의 병렬 메모리 시스템을 살펴본 후, 메모리 모델과 이종 메모리 시스템의 배경을 살펴본다. 그리고 임베디드 다중 프로세서에서 어떤 종류의 일관성 메커니즘이 필요한지를 살펴볼 것이다.

5.7.1 전통적인 병렬 메모리 시스템

과학용 프로세서는 시스템 성능을 높이기 위해 전통적으로 병렬의 동종 메모리 시스템을 사용한다. 다중 메모리 뱅크는 여러 메모리 액세스들이 동시에 발생하도록 해준다.

다중 메모리 뱅크

그림 5-18은 여러 개의 메모리 뱅크로 구성되는 다중 뱅크 메모리 시스템의 구조를 보여준다. 각 뱅크는 독립적으로 주소 지정이 가능하다(주소 및 데이터 회선은 버스로 구성된다. 연결들은 다중 동시 액세스를 허용하는 프로토콜과 함께 설계되어야 한다). 예를 들어, 뱅크 0에서 read가 수행될 때, 뱅크 1에서 동시에 write가 가능하다.

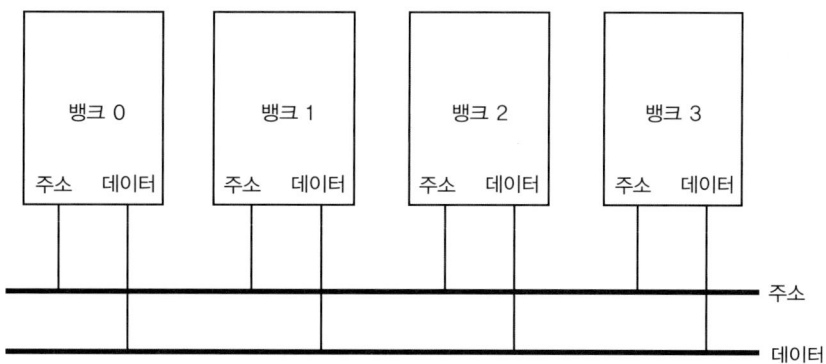

그림 5-18 다중 뱅크 메모리 시스템의 구조

최고 액세스 속도

메모리 시스템이 n 개의 뱅크를 가진다면, n 개의 액세스가 병렬로 수행될 수 있다. 이것을 최고 액세스 속도(peak access rate)라고 부른다. 메모리 위치와 액세스 패턴이 적절히 놓인다면, 프로그램의 어떤 부분을 위해 이 최고 속도를 달성할 수 있다. 예를 들어, 뱅크들을 0, 1, 2, 3, 0, 1, 2, 3, ...의 순서로 액세스한다면, 항상 모든 뱅크가 바빠지게 만들 수 있다.

평균 액세스 속도

그러나 실제 시스템에서는 메모리를 항상 바쁘게 유지할 수가 없다. 간단한 통계 모델이 무작위 액세스 프로그램의 성능을 추정하도록 해준다. 프로그램이 임의 횟수의 순차적 위치들을 액세스한 후, 다른 위치로 이동한다고 가정하자. λ를 비순차적 메모리 액세스(불연속적인 데이터 위치가 되도록 하는 코드 내의 분기)의 확률이라고 부르자. 그러면 k 순차적 액세스 열의 확률은 다음과 같다.

$$p(k) = \lambda(1-\lambda)^{k-1} \qquad \text{(수식 5-6)}$$

순차적 액세스 열의 평균 길이는 다음과 같다.

$$L_b = \sum_{1 \le k \le \infty} kp(k)$$
$$= \frac{1-(1-\lambda)^m}{\lambda} \qquad \text{(수식 5-7)}$$

비순차적 액세스의 평균 확률을 추정하고 메모리 시스템을 적절히 설계하기 위해 프로그램 통계를 사용할 수 있고, 그 후에 어디서든 액세스 열의 길이를 극대화하기 위해 소프트웨어적 기법들을 사용할 수 있다.

5.7.2 메모리 모델

메모리 시스템을 설계할 때, 설계 결정을 내리기 위해 메모리 컴포넌트와 시스템을 모델링할 필요가 있다. 병렬 메모리 설계를 위한 메모리 컴포넌트의 간단한 모델은 주어진 크기의 메모리 컴포넌트에 대한 세 가지 중요한 요소들을 포함한다.

1. 영역 : 논리적 컴포넌트의 물리적 크기이다. 이것은 칩 설계에서 가장 중요하지만, 기판 설계의 비용과도 연관된다.

2. 성능 : 컴포넌트의 액세스 시간이다. 읽기 및 쓰기 시간, 페이지 모드 액세스 등과 같은 변형을 포함하여 한 가지 이상의 인자들이 있을 수 있다.

3. 에너지 : 매 액세스에 필요한 에너지이다. 다중 모드에 의해 성능이 특성화된다면, 에너지 소모는 비슷한 모드들을 노출할 것이다.

다중 프로세서 설계를 위한 메모리 컴포넌트를 설명하기 위해 2.6.1 절에서 논의한 메모리 컴포넌트 모델들을 사용할 수 있다. 임베디드 메모리 시스템 설계에서 중요할 수 있는 메모리 컴포넌트에 관한 몇 가지 일반적인 관찰을 할 수 있다.

- 지연 시간은 메모리 크기에 대한 비선형 함수이다. 두 배 많은 단어들을 가진 메모리 블록을 사용한다면, 이 메모리를 액세스하는 시간은 두 배 이상 걸릴 것이다. 비트 선 지연은 액세스 시간을 주도하며, 이 회선을 통한 지연 시간은 회선 길이의 비선형적 함수이다.

- 지연 시간과 에너지는 포트 수에 대한 비선형 함수이다. 여러 처리 요소들로부터 메모리를 액세스하고자 한다면, 다중 포트 SRAM 메모리를 사용하는 것이 나을 것이다. 여러 포트로부터 동시에 액세스하는 것(물론 각각 다른 위치를 액세스해야 한다)을 허용하기 위해 이 메모리 설계는 각 메모리 셀에 다중화기(multiplexer)를 넣는다. 이 회로 설계의 세부 사항은 메모리 지연 시간이 포트 수에 대한 비선형 함수가 되도록 한다.

두타(Dutta) 등[Dut98]은 병렬 메모리 시스템의 설계를 위한 방법론을 개발했다. 그림 5-19처럼, 이 방법론은 하향식 및 상향식 정보를 모두 사용한다. 처리 요소의 수와 클록 사이클은 애플리케이션과 메모리 모듈에 관한 영역 및 지연 시간 정보에 의해 결정된다. 클록 속도는 사용될 수 있는 메모리 모듈의 최대 크기를 결정한다. 이 정보는 다시 네트워크 상의 포트 수를 결정한다. 이 요소들을 맞추기 위해 다양한 토폴로지들이 고려될 수 있다. 네트워크는 회로 지연 시간 정보뿐만 아니라 스케줄링 정보를 사용하여 평가된다. 두타 등은 PE의 수나 메모리 사이클 시간을 위한 다른 값들을 위해서는 다른 네트워크 토폴로지가 최선일 수 있음을 보여주었다.

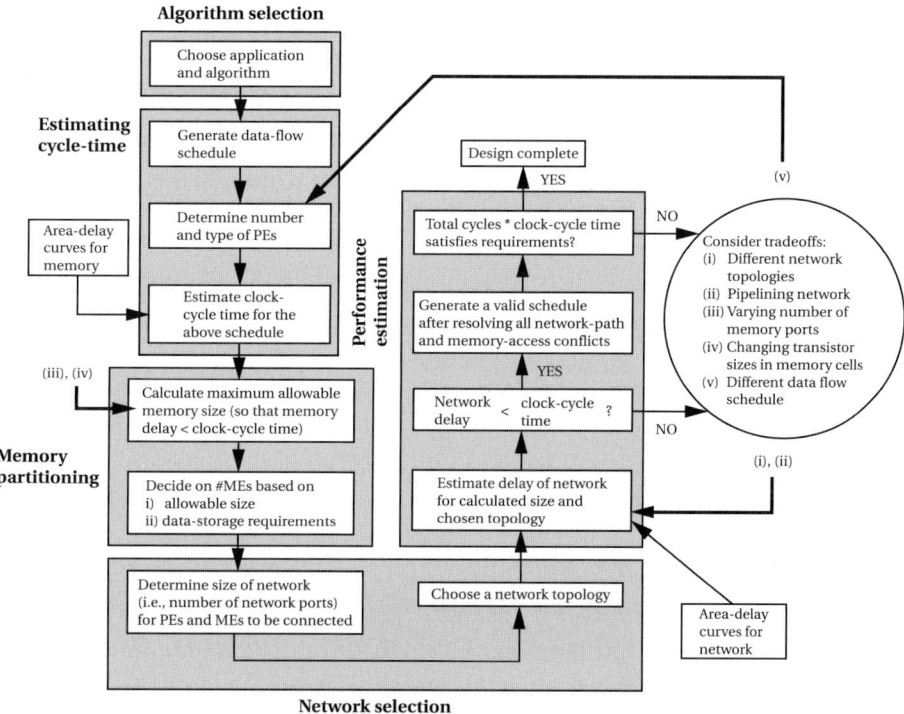

그림 5-19 병렬 메모리 시스템 설계를 위한 방법론. 출처 : 두타 등[Dut98]. ⓒ1998 IEEE.

5.7.3 이종 메모리 시스템

임베디드 시스템은 다중 뱅크 메모리 시스템을 사용할 수 있지만, 이종 메모리 아키텍처를 더 많이 사용한다. 그 이유는 실시간 성능을 개선하고 메모리 시스템의 전력 소모를 낮추기 위한 것이다.

실시간 성능 이종 메모리 시스템은 왜 실시간 성능을 개선할까? 모든 데이터를 하나의 큰 공통 메모리 풀에 넣는 것은 기능성만을 고려할 때는 손쉬운 일이지만, 실시간 응답성을 고려할 때는 문제를 야기한다. 여러 처리 요소들 사이에서 메모리 컴포넌트를 공유한다면, 이 PE들은 메모리에 대해서 경쟁을 할 것이다. 일반적으로 PE는 다른 PE가 액세스 끝내기를 기다려야 하며, 대부분의 애플리케이션에서 언제 이런 충돌이 발생할지 정확하게 예측할 수 없다. 실시간 마감 시간을 충족하면서 액세스해야 할 하나의 메모리 블록이 있고, 오직 하나의 PE만 이 메모리를 액세스한다면, 이 PE를 위해 특수화된 메모리를 구축할 경우 충돌 방지를 보장할 수 있다. 둘 이상의 PE가 실시간으로 메모리 블록을 액세스해야 한다면, 이 메모리를 꼭 필요로 하는 PE에만 연결함으로써 실시간 성능을 개선할 수 있다.

전력 소모 이종 메모리는 전력 소모를 줄이는 데에도 도움이 된다. 메모리 액세스를 수행하는 데 필요한 에너지는 부분적으로 액세스되는 메모리 블록의 크기에 의존한다. 이종 메모리는 더 작은 메모리 블록을 사용할 수 있으므로, 액세스 시간을 줄인다. 액세스 당 에너지는 메모리 블록에 있는 포트 수에도 의존한다. 주어진 메모리 부분을 액세스할 수 있는 장치들의 수를 줄임으로써, 이종 메모리 시스템은 메모리 공간의 이 부분을 액세스하는 데 필요한 에너지를 줄일 수 있다.

다음 예제는 실시간 성능을 위해 설계된 이종 메모리 시스템을 살펴본다.

예제 5-11 **HP 디자인젯 프린터**

HP 디자인젯(DesignJet)[Boe02; Meb92]은 제도를 위해 사용되는 대형 잉크젯 플로터이다. 이 플로터는 HP-GL2 또는 PostScript로 된 페이지 기술 언어(page description language) 형식의 입력을 받아들여서 최대 36인치 폭의 도면을 출력한다. 말린 종이를 사용하여 아주 긴 도면도 출력할 수 있다.

도면을 출력하기 위해 이 플로터는 페이지 기술 언어 형식의 페이지를 픽셀로 변환해야 한다. 아주 큰 도면을 출력할 수도 있으므로, 출력을 시작하기 전에 전체 도면을 생성하지는 않는다. 그 대신, 도면의 한 구획(swath)을 래스터라이즈(rasterizes, 비트맵화)한다. 한 구획을 인쇄하면서 다른 구획을 래스터라이즈한다.

이 플로터는 여러 종류의 프로그램 가능 프로세서와 ASIC들을 사용한다(다음 그림 참조).

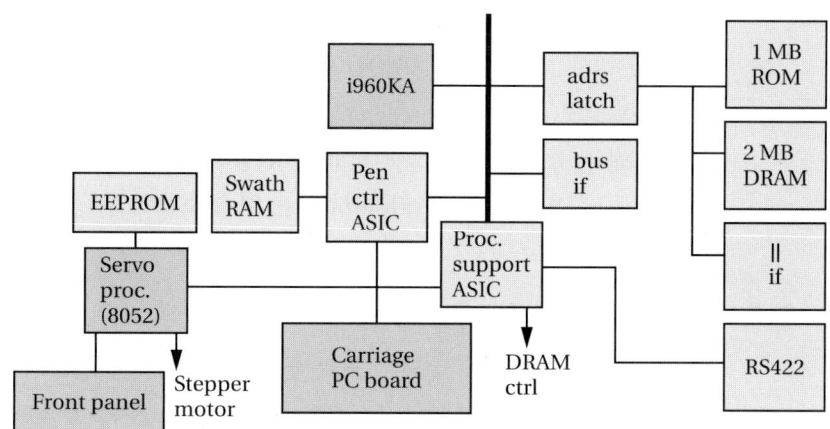

출처 : 미베인(Mebane) 등[Meb92]

i960은 페이지 기술 언어 형식의 도면을 픽셀들로 래스터라이즈하는 것을 포함하여, 다양한 기능을 수행하는 32비트 마이크로프로세서이다. 펜 제어 ASIC은 픽셀 값들을 잉크젯 헤더로 보낸다. i960과 펜 제어 ASIC은 구획 RAM을 통해 통신하는데, 이것은 i960의 주 버스 상에는 없다. 구획 RAM은 잉크젯 펜이 페이지 위를 이동할 때 데이터를 보내야 하므로, 액세스 시간은 아주 신뢰성이 있어야 한다. 구획이 i960 버스 상의 메모리에 저장되었다면 CPU와 I/O 장치들로부터 여러 가지 영향을 받았을 것이다. 별도의 메모리를 사용함으로써 메모리의 액세스 시간을 아주 신뢰성 있게 만들고, 따라서 펜을 위한 추가적인 버퍼링을 생략할 수 있다.

전력/에너지   이종 메모리 시스템에서 어떻게 하면 전력/에너지 소모를 낮출 수 있을까? 다시 말하지만, 메모리를 꼭 필요로 하는 컴포넌트에만 연결하면 전력/에너지 소모를 줄일 수 있다. 더 일반적인 메모리 시스템은 더 많고 긴 배선을 가지며, 이것이 메모리 전력 소모를 증가시킨다. 2.6.1절에서 메모리 컴포넌트를 위한 모델을 설명했었다. 시스템 수준의 상호 접속을 포함하도록 그 시스템을 확장할 수 있다. 메모리 트랜잭션의 동적 전력 소모는 메모리 모듈, 상호 접속 네트워크 내의 스위칭 블록, 그리고 이들을 연결하는 배선에 의해 결정된다.

$$E_M = \sum_{i \in modules} E_{i, module} + \sum_{j \in switch} E_{j, switch} + \sum_{k \in wires} E_{k, wire} \quad \text{(수식 5-8)}$$

배선의 전력 소모는 길이와 버퍼링에 의존한다. 그러나 배선은 메모리 액세스의 원천과 대상 사이의 최단거리보다 더 길 수 있다. 메모리 모듈 또는 제어 블록은 많은 신호 소모처(sinks)를 가진 버스 또는 다른 긴 배선을 가질 수 있다. 다중 원천 (multisource), 다중 소모처(multisink)를 가진 메모리 시스템에 의해 야기되는 과다한 용량 부하(capacitive loading)는 전력 소모의 주된 원인이 된다.

5.7.4 일관성 있는 병렬 메모리 시스템

병렬 메모리 시스템에서 단일 프로세서에서는 걱정할 필요가 없는 여러 가지 문제점들을 다루어야 한다(처리 요소 역할을 하는 I/O 장치들에 의해, 이런 문제는 일부 단일 프로세서에서도 야기된다). 모든 다중 프로세서에서 이런 문제점은 공통적이지만, 임베디드 다중 프로세서를 구축할 때 이 문제점들을 해결하는 방법은 경우에 따라 달라질 수 있다.

공유 변수 두 개의 프로세서가 공유 변수(shared variable)의 같은 상태를 보는지에 대해 신경을 써야 한다. 두 프로세서의 읽기와 쓰기가 뒤섞인다면(interleaved), 한 프로세서가 변수에 값을 쓴 후에 다른 프로세서가 그 변수에 다시 쓸 수 있고, 이로 인해 프로세서가 이 변수의 값을 잘못 파악하도록 만들 수 있다. 중요한 연산이 올바른 순서로 이루어지도록 하기 위해, 세마포어에 의해 보호되는 임계 영역을 사용할 수 있다. 그리고 메모리의 작은 조각을 보호하기 위해 원소적 테스트 및 설정(atomic test-and-set) 연산(스핀 잠금(spin lock)이라고 종종 불린다)도 사용할 수 있다.

악굴(Akgul)과 무니(Mooney)[Akg02]는 칩 상의 시스템을 위한 잠금 메커니즘을 제공하기 위해 SoC 잠금 캐시(lock cache)를 제안했다. SoC 잠금 캐시는 다중 프로세서 설계에 들어올 수 있는 IP의 조각으로 생각될 수 있다. 이 잠금 캐시는 짧은 시간 동안에(1,000 사이클 이내의) 변수를 액세스하기 위한 활성화 및 대기 (busy-wait) 메커니즘과, 장시간 동안에 조작되어야 하는 자료구조를 액세스하기 위한 블록 동기화 메커니즘을 제공한다. 이 잠금 캐시의 핵심 연산들은 하드웨어로 구현하고, 시스템을 더 융통성 있게 만들기 위해 잠금 구현의 일부는 소프트웨어에 맡긴다. 잠금 캐시는 또 어떤 PE가 잠금을 요청하는지도 관리하며, 따라서 공평성 알고리즘을 구현할 수 있다.

캐시 일관성   캐시 일관성에 대해서도 관심을 가져야 한다. 그림 5-20에 문제가 있다. 만약 두 개의 프로세서가 같은 메모리 위치를 액세스한다면, 각각은 자신의 캐시에 이 위치의 복제물을 가지게 된다. 하나의 처리 요소가 이 위치에 기록한다면, 다른 쪽은 이 변경 사항을 즉시 확인할 수는 없으며, 따라서 부정확한 계산을 하게 된다.

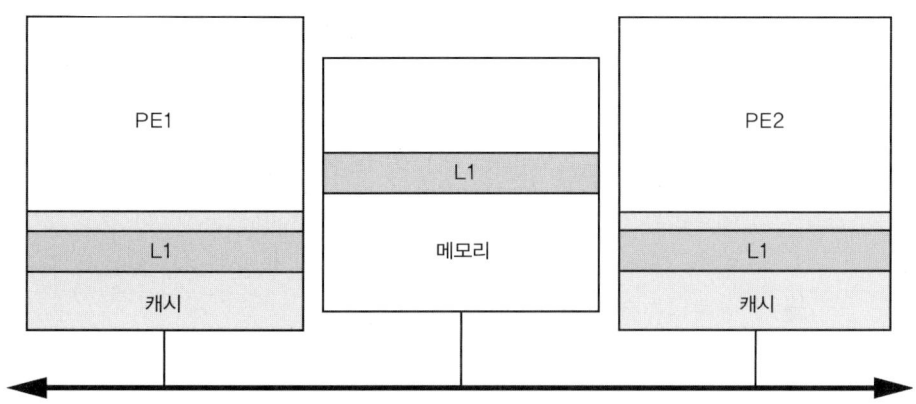

그림 5-20   다중 프로세서에서의 캐시 일관성

엿보기 캐시   이 문제에 대한 해결책은 과학용 다중 프로세서에 일반적으로 사용되는 엿보기 캐시(snooping cache)이다. 이런 종류의 캐시는 메모리 트랜잭션을 위해 다중 프로세서 상호 접속을 관찰하는 추가적인 논리를 포함한다. 현재 포함하고 있는 위치에 대한 기록을 관찰하면, 이 위치를 무효화한다. 정상적인 캐시 메커니즘은 이 위치가 사용되기 전에 다시 읽히도록 한다. 스텐스트롬(Stenstrom)[Ste90]은 캐시 일관성 메커니즘에 대한 조사를 했다.

다양한 소프트웨어 기반의 캐시 일관성 방법들이 제안되었다. 타르탈자(Tartalja)와 밀루티노빅(Milutinovic)[Tar97]은 소프트웨어 기반의 캐시 일관성 방법들을 분류했다. 모쇼보스(Moshovos) 등[Mos01]은 엿보기 캐시 시스템의 에너지 소모를 줄이기 위해 작은 캐시 비슷한 메모리를 사용했다. JETTY는 버스와 각 프로세서의 2수준 캐시 사이에 들어간다. 한 위치가 요청될 때 JETTY는 L2 캐시에 복제물이 없다고 보증하는 응답을 할 수 있으며, 이 경우 캐시 자체는 액세스될 필요가 없다. 만약 캐시가 이 위치를 가지고 있지 않다는 것을 JETTY가 보증할 수 없다면, 시스템은 캐시 액세스를 한다.

**임베디드
프로세서에서의
메모리 일관성**

　메모리 일관성은 많은 임베디드 시스템에서 중요한 문제이다. 이런 문제를 해결하기 위해 엿보기 캐시를 사용할 수 있다. 그러나 메모리 공간 전체에 걸쳐서 메모리 일관성을 강화하기 위해 엿보기 캐시를 사용하지 않아도 된다. 과학용 프로세서는 종종 같은 애플리케이션 코드를 여러 프로세서에서 실행하며, 둘 이상의 프로세서가 병렬 알고리즘에서 같은 데이터를 액세스할 필요가 있을 수 있다. 그러나 임베디드 애플리케이션은 일반적으로 작업 수준의 병렬처리를 노출하는데, 이것은 다른 프로세서들이 다른 데이터에 대해 동작하는 다른 프로그램을 실행함을 의미한다. 두 프로세서가 특정 위치를 공동으로 사용하지 않는다는 것을 안다면, 하드웨어는 이에 대한 대책을 마련할 필요가 없다. 그리고 작업 병렬처리 시스템에서 많은 공유 메모리는 생산자-소비자 데이터를 위해 사용되는데, 이 경우 오직 하나의 기록자만 있다. 데이터 버퍼를 위한 생산자-소비자 트랜잭션을 보호하기 위해 우리는 간단한 메커니즘을 구축할 수 있다.

　다음 예제는 구성 가능한 캐시 일관성 메커니즘을 가진 임베디드 다중 프로세서를 설명한다.

예제 5-12

ARM 엠피코어 다중 프로세서

ARM 엠피코어(MPCore) 다중 프로세서는 ARM11 프로세서로부터 구축되었다. 엠피코어는 4개까지의 프로세서들로 구성될 수 있는데, 각각은 16KB에서 64KB 범위의 명령어 캐시와 데이터 캐시를 가진다.

　블록 다이어그램은 엠피코어가 전통적인 대칭형 다중 프로세서임을 보여주는데, 동일한 CPU들이 엿보기 캐시에 의해 공유 메모리에 연결된다. 그러나 메모리 시스템은 대칭형 처리뿐만 아니라 비대칭형 처리도 지원하도록 구성될 수 있다. 다중 프로세서의 메모리는 영역들로 나뉠 수 있고, 일부 영역은 공유 메모리로, 다른 영역은 비밀(private) 메모리로 동작한다. 이것은 프로세서들이 대칭형 및 비대칭형 다중 프로세서들의 조합으로 사용되도록 해준다.

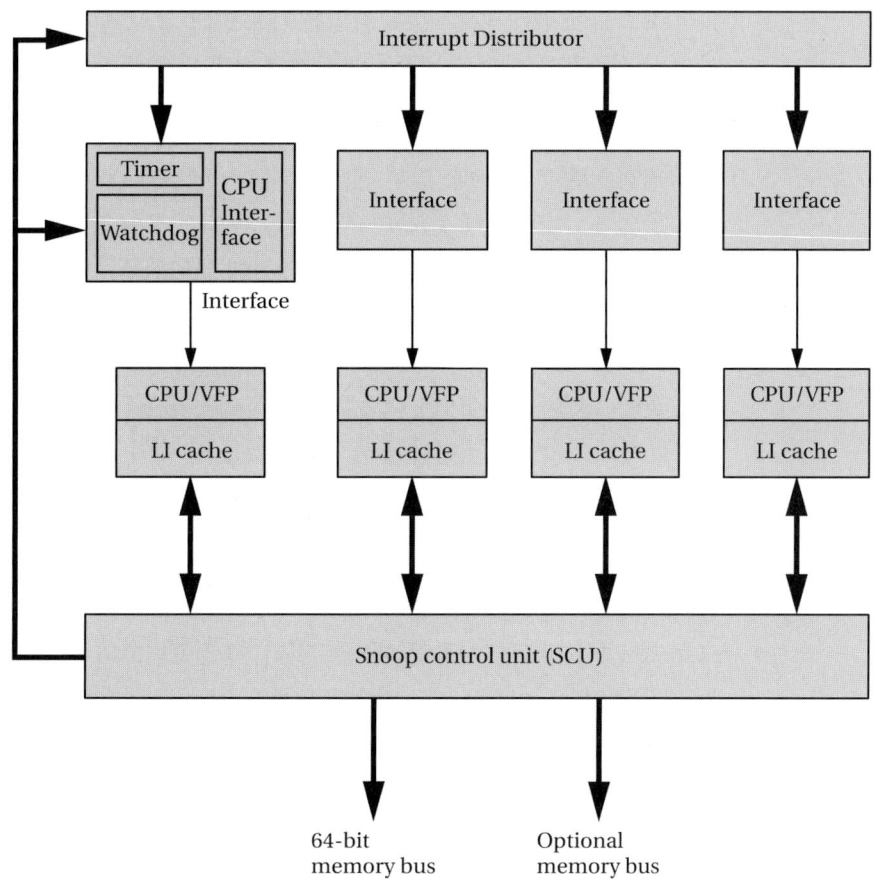

엠피코어는 또 인터럽트들을 프로세서에 할당하는 인터럽트 분배기(interrupt distributor)도 포함한다. 인터럽트 처리는 전통적인 과학용 다중 프로세서에서는 주요 관심사가 아니다.

5.8 물리적으로 분산된 시스템과 네트워크

이 절은 자동차, 비행기 등을 위한 물리적으로 분산된 임베디드 시스템을 구축하는 데 사용될 수 있는 네트워크를 설명한다. 이 시스템은 다중 프로세서보다는 느슨하게 결합되는데, 이들은 일반적으로 공유 메모리를 사용하지 않는다. 애플리케이션은 처리 요소들에 분산되고, 일부 작업은 네트워크 상의 각 노드에서 수행된다. 물론 이 분산 시스템은 실시간 동작을 보장해야 한다.

네트워크 기반의 다중 프로세서를 구축하는 몇 가지 이유가 있다. 처리하는 작업이 물리적으로 분산될 때, 일부 계산 능력을 이벤트가 발생하는 곳에 가깝게 배치할 필요가 있을 수 있다. 예를 들어 자동차에서 엔진 제어처럼 작업 지연 시간이 짧아야 할 경우, 적어도 이 작업의 일부는 엔진에 물리적으로 가까운 곳에서 수행될 필요가 있다. 데이터 축소는 분산 처리를 하는 또 하나의 중요한 이유이다. 어떤 초기 신호 처리는 크기를 줄이기 위해 포착된 데이터에 대해서 수행하는 것이 가능한데, 예를 들어, 샘플링된 데이터 스트림 내에서 어떤 종류의 이벤트를 감지하는 것이다. 분리된 프로세서에서 데이터를 축소하는 것은 이 데이터를 사용하는 프로세서의 부하를 크게 줄일 수 있다.

모듈성(modularity)은 네트워크 기반의 설계를 위한 또 다른 동기가 된다. 예를 들어, 기존의 컴포넌트들로부터 대규모 시스템이 조합될 때, 이 컴포넌트들은 마이크로프로세서 버스를 사용할 때와는 달리 이 컴포넌트의 내부 동작을 방해하지 않는 깨끗한 인터페이스로 네트워크 포트를 사용할 수 있다. 분산 시스템은 또 디버깅하기도 더 쉬운데, 네트워크의 한 부분에 있는 마이크로프로세서는 네트워크의 다른 부분에 있는 컴포넌트를 조사하는 데 사용될 수 있다. 마지막으로, 어떤 경우에는 네트워크가 시스템에 결함 허용 기능을 구축하는 데 사용될 수 있다. 분산 임베디드 시스템 설계는 하드웨어/소프트웨어 공동 설계의 또 하나의 예인데, 네트워크 노드 상에서 실행되는 소프트웨어뿐만 아니라 네트워크 토폴로지도 설계해야 하기 때문이다.

먼저 실시간 분산 네트워크의 중요한 범주인, 시간 촉발 아키텍처를 설명한다. 그 후에 수송 수단을 위한 비교적 새로운 네트워크인 플렉스레이(FlexRay)를 살펴보고, 비행기를 위한 네트워크에 대한 간단한 설명으로 마치기로 한다.

5.8.1 시간 촉발 아키텍처

시간 촉발 아키텍처(time-triggered architecture, TTA)[Kop97; Kop03]는 실시간 제어를 위한 분산 아키텍처이다. 이것은 안전 필수 시스템을 충분히 신뢰성 있게 만들고, 고속의 물리적 프로세스들을 충분히 제어할 만큼 정확하게 만들기 위해 설계되었다.

실세계 시간   TTA는 실시간 개념을 가지고 있다는 점에서, 분산 컴퓨팅에 대한 전통적인 컴퓨터 과학의 개념과 다르다. 많은 분산 컴퓨팅 알고리즘들은 이벤트의 올바른 부분적인 순서를 유지하는 데 주된 관심을 보인다. 그러나 실제 시스템을 제어할 때는 실제 시스템의 시간 제약 내에 반응할 수 있도록, 실시간 특성에 주의를 해야 한다. 이 절에서는 클록이라고 할 때 시스템 내의 디지털 논리에서 순차적인 실행을 제어하는 펄스 생성기가 아니라, 실시간 클록을 가리킨다.

TTA는 위성 위치 확인 시스템(Global Positioning System, GPS)에 기초한 타임 스탬프를 사용하는 시간을 나타낸다. 인스턴트(instant)는 아래쪽 3바이트는 초의 일부를 포함하고 위쪽 5바이트는 전체 초를 포함하는 64비트 값으로 표현된다. 시간 값 0은 GPS의 기원이 되는 출발점인데, 이것은 1980년 1월 6일 0:00:00 협정 세계시(coordinated universal time, UTC)를 말한다.

성긴 시간 모델   물리적 시스템들은 연속적인 시간에서 작동되지만, 컴퓨터는 일반적으로 불연속적인 시간 모델에서 작동된다. 이 두 가지가 신뢰성 있게 상호작용하도록 해주는 시간 모델이 필요하다. 시간 촉발 아키텍처는 그림 5-21처럼 시간을 성기게 (sparsely) 모델링한다. 시간은 ε로 표시되는 활성 기간과 Δ로 표시되는 휴지 기간을 반복적으로 교체한다. 이벤트는 ε 간격 동안에 발생할 수 있지만, Δ 간격 동안에는 발생할 수 없다. 이 간격들의 지속 시간은 클록 사이클보다는 더 길게 선택된다.

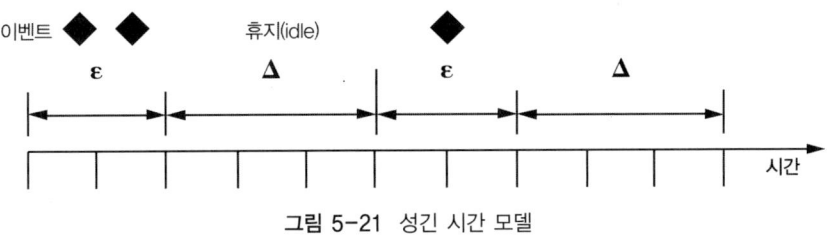

그림 5-21 성긴 시간 모델

성긴 시간 모델은 노드들 사이에서 클록이 약간 변한다고 이벤트가 재정렬되지 않도록 해준다. 밀집된(dense) 타이밍 모델에서는 도착하는 이벤트가 다른 노드들 사이에서의 클록 값의 변동으로 인해 두 개의 다른 시간을 가진 타임 스탬프가 찍힐 수 있다. 성긴 모델은 시스템 내에서 클록 동기화를 수행하는 것보다 더 큰 단위로 실세계 이벤트를 처리하므로, 의도하지 않은 이벤트 재정렬을 방지해준다.

통신 인터페이스   통신 네트워크 인터페이스(communications network interface, CNI)는 시간에 대한 일관성 있는 관점을 유지하는 데 도움을 준다. 그림 5-22처럼, CNI는 네트워크에 대한 저수준 인터페이스를 제공하는 **통신 제어기**(communications controller)와 **호스트 노드**(네트워크 상의 처리 요소에 대한 TTA 용어) 사이에 있다. CNI는 데이터의 한 쪽 방향 흐름을 강요한다. 각 CNI는 두 개의 채널을 제공하는데, 하나는 들어오는 것이고 하나는 나가는 것이다. 이들 각각은 오직 한 방향으로만 작동된다. 버퍼링은 호스 상의 작업들이 예측할 수 없는 통신 지연으로 인해 지체되지 않도록 해준다.

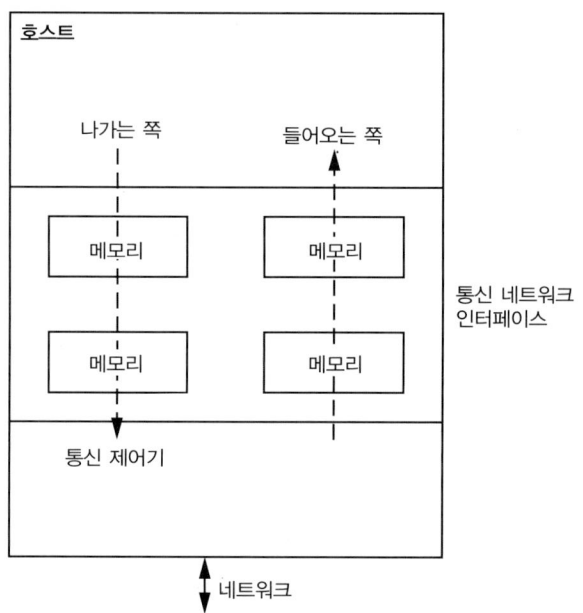

그림 5-22 TTA 내의 통신 네트워크 인터페이스의 역할

**상호 접속
토폴로지**   시간 촉발 아키텍처는 버스와 성상(star)이라는 두 가지 방식의 상호 접속 상에 구현될 수 있다. 그림 5-23처럼 버스 기반의 시스템은 복제된 버스를 사용하는데, 이 버스들은 실패할 수 있는 컴포넌트를 방지하기 위해 수동적이다. 각각의 물리적 노드는 버스 송수신기(transceiver)뿐만 아니라 하나의 노드와 두 개의 감시자(guardians)를 포함한다. 감시자는 노드의 전송을 모니터링하고, 이 노드의 적절한 시간 슬롯의 바깥에 있다고 판단할 경우에는 전송을 차단한다. 그림 5-23의 성상 구성은 더 비싸지만 일반적으로 신뢰성은 더 높다.

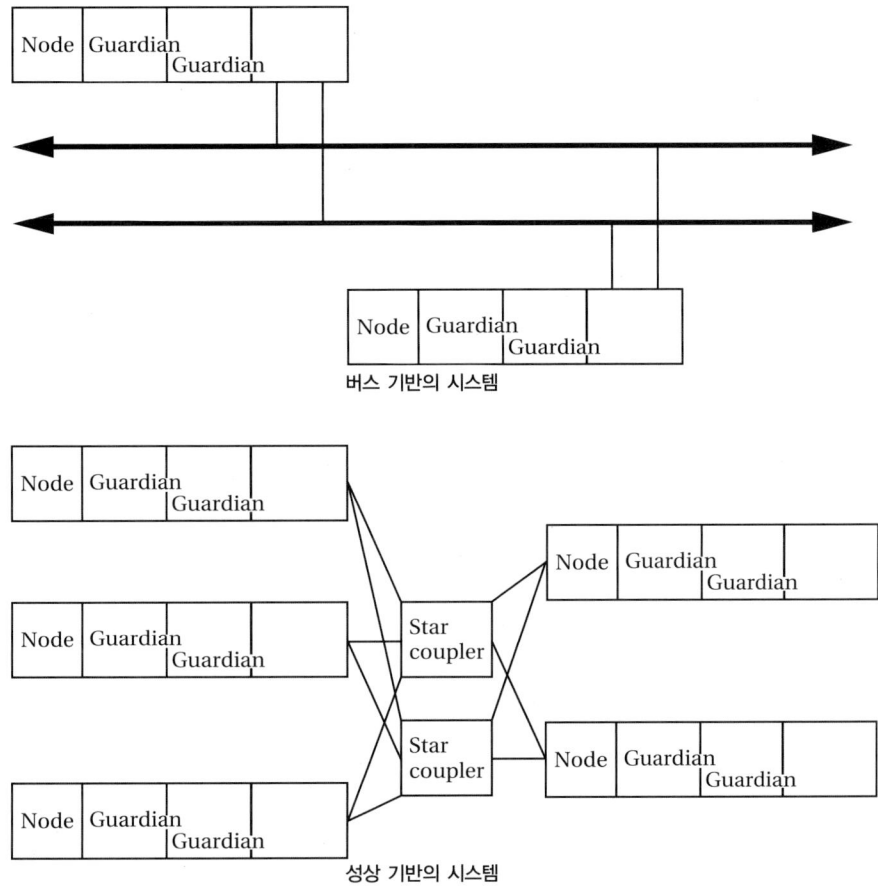

버스 기반의 시스템

성상 기반의 시스템

그림 5-23 시간 촉발 아키텍처 토폴로지

군집   결함 허용 시스템은 실패를 내부적인 불일치로 파악한다. 시스템 내의 다른 노드들이 시스템 상태에 대한 다른 관점을 가진다면, 그 노드들에 의해 부적절하고 잠재적으로 해로운 조처들이 취해질 수 있다. TTA는 시스템 상태에 일관성이 없다고 프로토콜이 파악할 때 잘못된 노드를 찾기 위해 **군집 방지 알고리즘**(clique avoidance algorithm)을 사용한다. 잘못된 노드가 일단 발견되면, 결함으로부터 복구하기 위해 취해지는 조처는 애플리케이션의 몫이다.

5.8.2 플렉스레이

플렉스레이(*FlexRay, http://www.flexray.com*)는 자동차 네트워크를 위한 2세대 표준이다. 이것은 CAN이 제공하는 것보다 더 추상적인 서비스뿐만 아니라 더 큰 대역폭을 제공하기 위해 설계되었다. 이것은 5.8.1절에서 설명한 시간 촉발 네트워크의 몇 가지 원칙에 기초한다.

블록 다이어그램   그림 5-24는 일반적인 플렉스레이 시스템[Fle05]의 블록 다이어그램이다. 호스트는 애플리케이션을 실행하는데, 고수준 기능을 제공하는 통신 제어기와 저수준 버스 드라이버 모두와 통신한다.

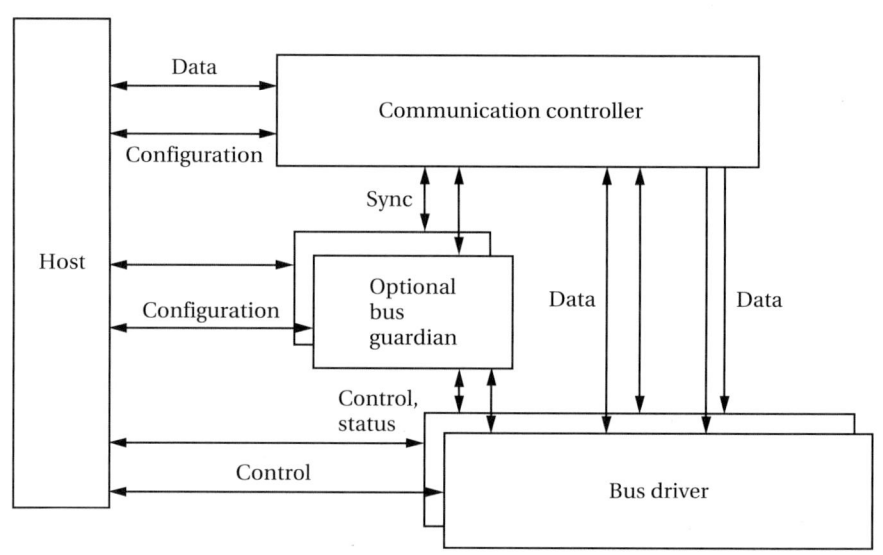

그림 5-24 플렉스레이 블록 다이어그램

버스 감시자   네트워크의 동작을 관찰하고 잘못된 동작을 발견할 때는 조처를 취하는 노드를 버스 감시자(bus guardian)라고 부른다(네트워크가 실제로 버스이든 아니든). 플렉스레이는 활성화된 별(stars)에서 오류를 검사하기 위해 버스 감시자를 사용한다.

플렉스레이 타이밍   플렉스레이는 실시간 제어를 위해 설계되었으므로, 실시간 성능을 보장하는 네트워크 스케줄링 단계를 제공한다. 이 모드는 **정적 단계**(static phase)라고 불리는데, 프레임들의 스케줄링이 정적으로 선택되기 때문이다. 그리고 정적 모드와 충돌하지 않고, 시간이 중요하지 않으며 비주기적인 데이터를 위해 **동적 단계**(dynamic phase)라고 불리는 모드도 제공한다. 정적 단계에서의 전송은 보장된 대역폭을 가지며, 동적 단계 메시지들은 정적 단계를 방해할 수 없다. 이 방법은 시간 의존 전송과 시간 비의존 전송 사이에 **시간적 방화벽**(temporal firewall)을 만든다.

그림 5-25는 플렉스레이에서 사용되는 타이밍 구조의 계층구조를 보여준다. 작은 타이밍 요소들로부터 큰 타이밍 단계들이 구축된다. 계층구조의 가장 낮은 수준에서 시작하면 다음과 같다.

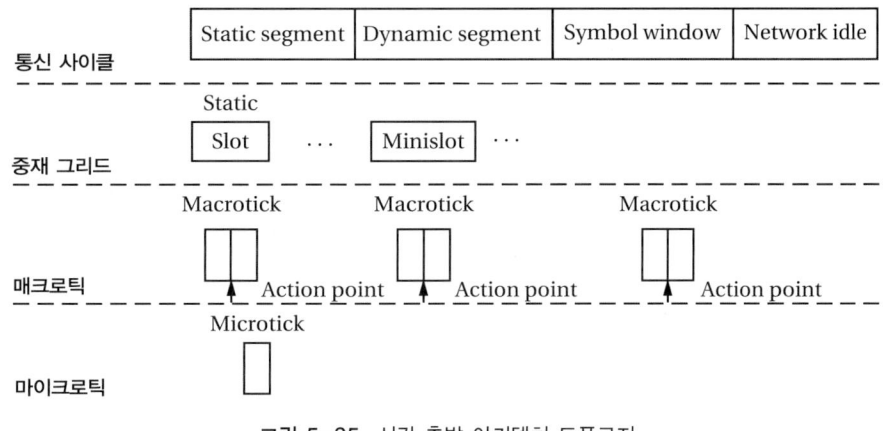

그림 5-25 시간 촉발 아키텍처 토폴로지

- **마이크로틱**(microtick) : 노드 자체의 내부 클록 또는 타이머로부터 파생되며, 전역 플렉스레이 클록에서 오지 않는다.

- **매크로틱**(macrotick) : 이와는 대조적으로, 클러스터 차원의 동기화 클록으로부터 파생된다. 매크로틱은 항상 정수 개의 마이크로틱을 포함하지만, 노드의 로컬 클록들 사이의 차이를 보정하기 위해 다른 매크로틱은 다른 수의 마이크로틱을 포함할 수 있다. 일부 매크로틱들 사이의 경계선은 **행동 지점**(action point)으로 지정되는데, 이것은 정적 및 동적 세그먼트들을 위한 경계를 만든다.

- **중재 그리드**(arbitration grid) : 정적 또는 동적 세그먼트 내의 메시지 사이의 경계선을 파악한다. 중재 알고리즘은 행동 지점에 의해 결정되는 슬롯들 내에서 어떤 노드가 전송이 허용되는지를 결정한다.

- **통신 사이클**(communication cycle) : 정적 세그먼트, 동적 세그먼트, 기호 창 (symbol window), 네트워크 휴지 시간이라는 4가지 기본 요소들을 포함한다. 기호 창은 애플리케이션이 사용하는, 중재되지 않은 하나의 시간 슬롯이다.

휴지 시간에는 노드에서의 타이밍 보정과 부수적인 작업을 허용한다.

**플렉스레이
네트워크 스택**

그림 5-26 처럼, 플렉스레이는 5 수준의 추상화로 구성된다.

1. 물리적 수준 : 연결 구조를 정의한다.

2. 인터페이스 수준 : 물리적 연결을 정의한다.

3. 프로토콜 엔진 : 프레임 형식과 통신 모드, 그리고 메시지나 동기화 같은 서비스들을 정의한다.

4. 제어기 호스트 인터페이스 : 상태, 구성, 메시지에 대한 정보와 호스트 계층을 위한 제어를 제공한다.

5. 호스트 계층 : 애플리케이션들을 제공한다.

그림 5-26 플렉스레이의 추상화 수준들

활성 별

그림 5-27 처럼, 플렉스레이는 버스를 중심으로 구성되지 않는다[Fle05]. 그 대신, (라우터 노드가 활성화되기 때문에) 활성 별(active star)로 불리는 성상 토폴로지를 사용한다. 활성 별 내의 두 노드 사이의 최대 지연 시간은 250ns 이다. 결과적으로, 활성 별은 목적지로 전달하기 전에는 완전한 메시지를 저장하지 않는다.

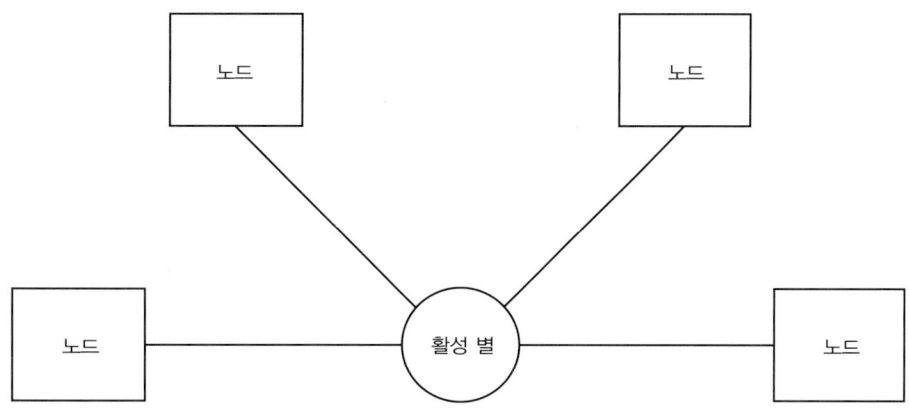

그림 5-27 활성 별 네트워크

하나의 활성 별이 실패할 경우에 대한 대책으로, 노드는 둘 이상의 별에 연결될 수 있다. 그림 5-28에서 다른 노드들은 오직 하나의 별에 연결되지만, 일부 노드는 별 A와 B에 모두 연결된다.

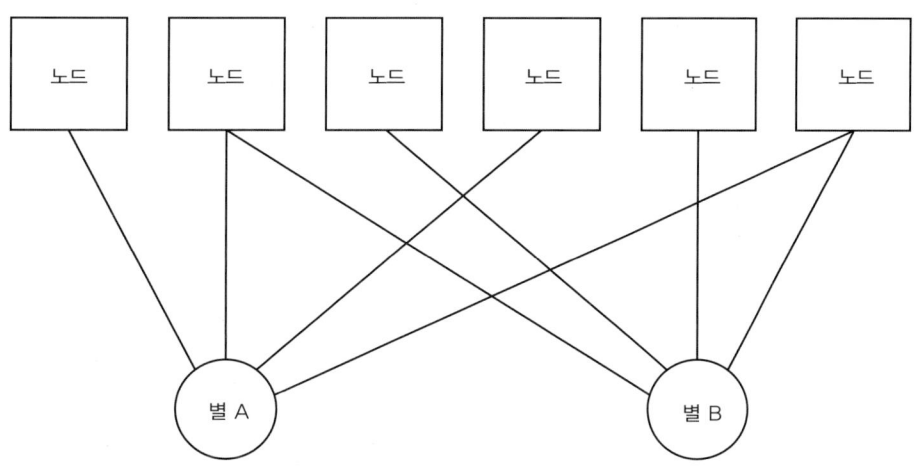

그림 5-28 중복 활성 별

물리적 계층　　플렉스레이는 그림 5-29와 같은 차분(differential) 비제로 복귀(non-return-to-zero, NRZ) 부호화를 사용하는 링크로 비트들을 전송한다. 저전력 휴지 단계는 0 볼트에서 작동된다. 휴지 단계는 중간 수준의 전압을 전송하며, 비트들은 이 값 주변에서 변조된다. 링크는 10Mbps로 전송하는데, 이것은 링크의 길이와는 무관하다. 플렉스레이는 비트들에 대해서 중재하지 않으므로, 링크 길이는 중재 충돌에 의해 제한받지 않는다.

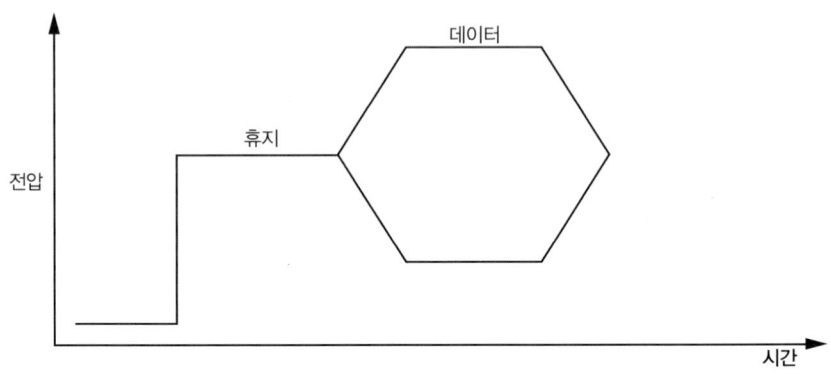

그림 5-29 플렉스레이 데이터 전송

그림 5-30은 기본 프레임 종류인 정적 프레임의 부호화를 보여준다. 데이터는 바이트들로 전송된다. TSS는 전송 시작 열(transmission start sequence)을 나타내는데, 낮은 전압의 5 내지 15 비트들로 구성된다. FSS(프레임 시작 열, frame start sequence)는 높은 전압의 한 비트이다. BSS는 바이트 시작 열(byte start sequence)을 나타내며, FES는 프레임 끝 열(frame end sequence)을 나타내는데, 이것은 LO 뒤에 HI가 온다. 이 절의 뒤에서 설명될 동적 프레임은 동적 추적 순차 필드(dynamic trailing sequence field)를 추가한다.

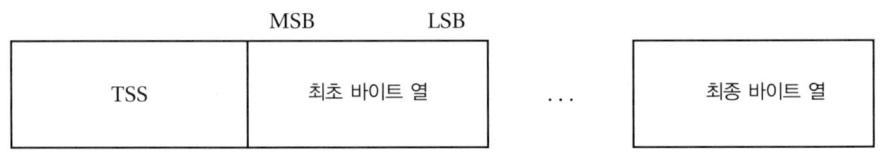

그림 5-30 플렉스레이 프레임 부호화

프레임 필드   그림 5-31은 다음과 같은 형식의 플렉스레이 프레임을 보여준다.

- 프레임 ID(frame ID) : 프레임의 슬롯을 식별한다. 값의 범위는 0 … 2,047이다.

- 페이로드 길이(payload length) : 페이로드 영역 내의 16비트 단어들의 개수이다. 통신 사이클에서 정적 영역 내의 모든 메시지는 동일한 길이의 페이로드를 사용해야 한다.

- 헤더 CRC(header CRC) : 오류 정정을 제공한다.

- 사이클 카운트(cycle count) : 프로토콜 사이클들을 열거한다. 이 정보는 클록 동기화를 안내하기 위해 프로토콜 엔진 내에서 사용된다.

- 데이터 필드(data field) : 0에서 254바이트 크기의 페이로드를 제공한다. 앞에서 설명했듯이, 정적 영역 내의 모든 패킷은 같은 길이의 데이터 페이로드를 제공해야 한다.

- 꼬리 CRC(trailer CRC) : 추가적인 오류 정정을 제공한다.

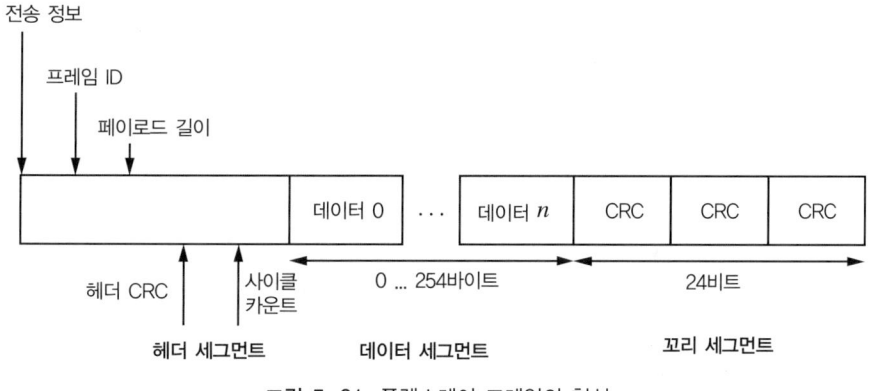

그림 5-31 플렉스레이 프레임의 형식

정적 세그먼트　　정적 세그먼트는 시간이 중요한 메시지를 위한 기본적인 타이밍 구조이다. 그림 5-32는 플렉스레이 정적 세그먼트의 구성을 보여준다. 정적 세그먼트는 시분할 다중 액세스 규범을 사용하여 스케줄링되는데, 이것은 시스템이 메시지를 위해 일정량의 대역폭을 보장하도록 해준다. TDMA 규범은 정적 세그먼트를 고정된 같은 길이의 슬롯들로 나눈다. 모든 슬롯은 각 세그먼트에서 같은 순서로 사용된다. 정적 세그먼트 내의 슬롯 수는 0 … 1,023의 범위에서 구성될 수 있다.

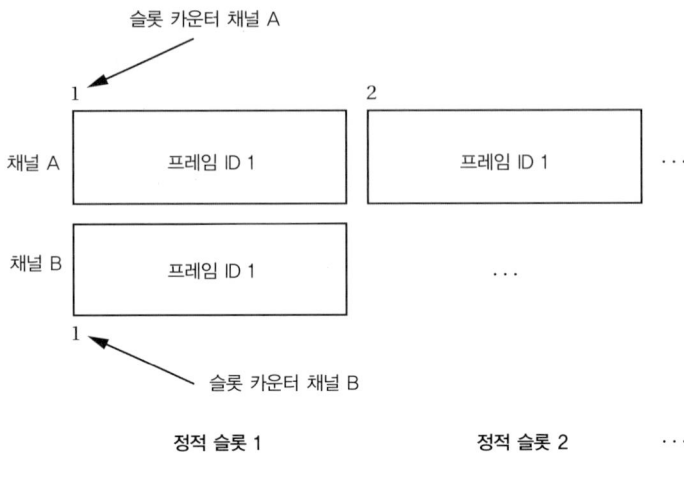

그림 5-32 플렉스레이 정적 세그먼트

정적 세그먼트는 두 개의 채널에 분할되며 동기화 프레임은 양쪽 채널에 모두 제공된다. 메시지는 한 쪽 또는 양쪽 채널로 보내질 수 있는데, 덜 중요한 노드는 단지한 채널에만 연결되도록 설계될 수 있다. 슬롯은 증가하는 프레임 ID 번호를 가진메시지에 의해 점유된다. 슬롯 번호는 타이밍에 사용되지는 않고, 메시지들을 식별하는 소프트웨어에 의해 사용된다(페이로드 영역 내의 메시지 ID도 메시지들을 식별하는 데 사용될 수 있다).

동적 세그먼트   동적 세그먼트는 비동기식의 예측 불가능한 통신을 위한 대역폭을 제공한다. 동적 세그먼트의 슬롯들은 결정적 메커니즘을 사용하여 중재된다. 그림 5-33은 동적세그먼트의 구성을 보여준다. 동적 세그먼트는 두 개의 채널을 가지는데, 각 채널은자신의 메시지 대기열을 가질 수 있다.

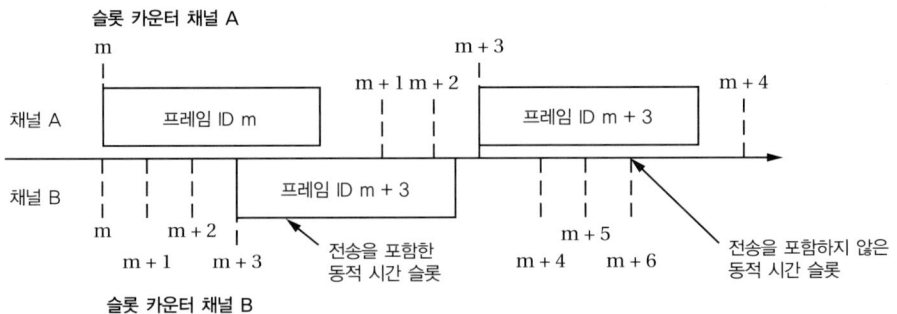

그림 5-33 플렉스레이 동적 세그먼트의 구조

그림 5-34는 동적 세그먼트의 타이밍을 보여준다. 메시지는 미니 슬롯(minislot) 경계선에서 전송될 수 있다. 만약 미니 슬롯으로 메시지가 전송되지 않으면 짧은 휴지(idle) 메시지로 대체된다. 메시지가 전송되면 이것은 미니 슬롯보다 더 긴 간격을 점유한다. 결과적으로, 송신기는 각각의 미니 슬롯이 점유되는지 여부를 파악하기 위해 메시지를 관찰해야 한다.

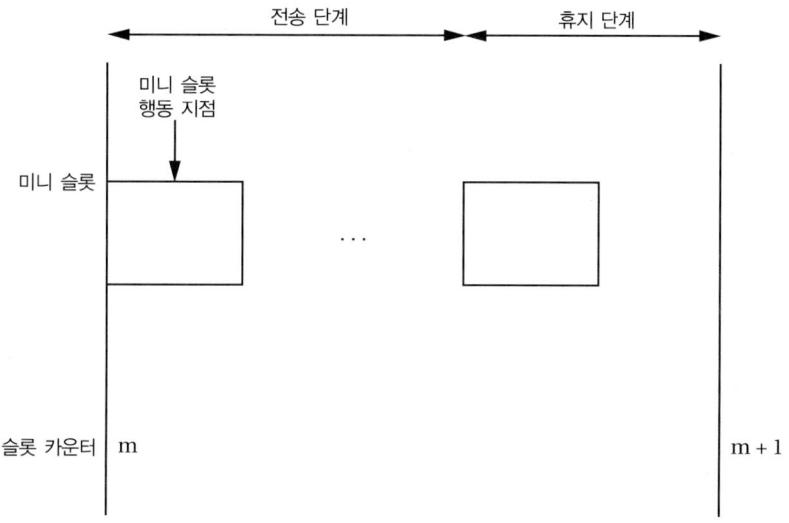

그림 5-34 플렉스레이 동적 세그먼트 타이밍

프레임 ID는 슬롯의 번호를 부여하는 데 사용된다. 첫 번째 동적 프레임의 번호는 마지막 정적 세그먼트의 번호보다 하나 더 크다. 메시지는 프레임 ID 순으로(가장 작은 번호가 제일 먼저) 전송된다. 프레임 ID 번호는 메시지 우선순위 역할을 한다. 한 동적 세그먼트 안에서 전송해야 할 메시지가 대기열에 너무 많으면, 이 메시지들은 다음 동적 세그먼트로 넘어간다.

시스템 시작   플렉스레이처럼 복잡한 타이밍을 가진 네트워크는 올바르게 시작되어야 한다. 플렉스레이는 노드들을 켜는 깨우기(wake-up) 프로시저로 시작한다. 그리고 나서 TDMA 프로세스를 시작하는 초기 시동(coldstart)을 수행한다. 시스템 내에 적어도 두 개의 노드가 초기 시동을 수행할 수 있도록 지정되어야 한다. 네트워크는 노드들이 깨어나도록 통지하기 위해 한 채널로 깨우기 패턴을 보낸다. 깨우기 프로시저는 동시에 깨어나서 전송하려고 하는 노드들 사이의 충돌을 쉽게 감지하도록 설계되었다.

시각 관리   플렉스레이와 같은 TDMA 네트워크는 메시지들을 동기화하기 위해 전역 시각 원천을 필요로 한다. 전역 시각은 분산 시각 관리 알고리즘을 사용하는 노드의 클록으로부터 **클록 동기화 프로세스**(clock synchronization process, CSP)에 의해 동기화된다. 전역 시각은 기본적인 시각 관리 장치인 매크로틱의 경계선을 파악하는 데 사용된다. 매크로틱은 클록 및 CSP가 제공하는 임의의 업데이트에 적용되는 매크로틱 **생성 프로세스**(macrotick generation process)에 의해 관리된다. 그림 5-35는 플렉스레이 클록 동기화 프로세스를 나타낸다. CSP는 주기적으로 클록을 측정하고 정정한다.

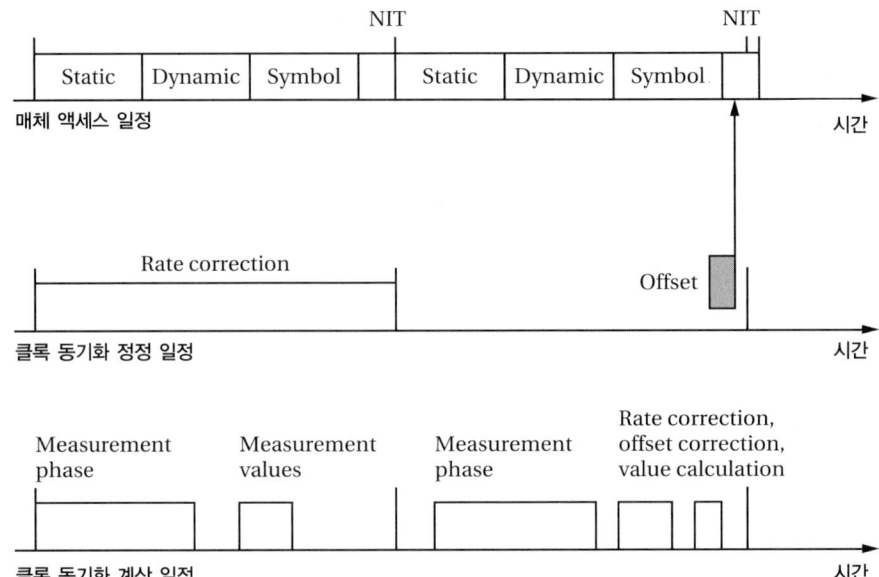

그림 5-35 플렉스레이 클록 동기화 프로세스

버스 감시자   버스 감시자(bus guardian)의 역할은 일정 이외의 시각에 노드가 전송하는 것을 방지하는 것이다. 플렉스레이는 버스 감시자를 요구하지는 않지만, 안전 필수 시스템에서는 이것이 반드시 포함되어야 한다. 버스 감시자는 시스템 내에서 감시하는 모든 노드로 *활성화*(enable) 신호를 보낸다. 버스 감시자는 버스 동작을 관찰하기 위해 자체적인 클록을 사용한다. 만약 잘못된 시각에 메시지가 나온다면, 이 메시지를 보내고 있는 노드로부터 활성화 신호를 제거한다.

제어기 호스트 인터페이스 제어기 호스트 인터페이스(controller host interface, CHI)는 호스트에 서비스들을 제공한다. 어떤 서비스는 필수적이고 다른 것은 선택적이다. 하드웨어에서 제공되는 이런 서비스에는 상태(매크로틱 등), 제어(인터럽트 서비스, 시작 등), 메시지 데이터(버퍼링 등), 그리고 구성(노드와 클러스터)을 포함한다.

5.8.3 비행기 네트워크

항공 전자장비 항공기 설계는 어떤 측면에서는 자동차 설계와 비슷하지만, 더 엄격한 요구사항을 가진다. 비행기는 자동차보다 무게에 더 민감하다. 항공기는 3차원에서 비행해야 하므로 더 복잡한 제어가 필요하다. 그리고 대부분의 항공기 설계, 운행 그리고 관리는 통제된다.

항공기 전자장비는 계측, 운항/통신, 제어라는 세 가지 범주로 대략 구분된다. 고도계나 인공 수평과 같은 계측기는 항공기의 특성을 감지하기 위해 기계적, 공압적 또는 수압적 방법을 사용한다. 전자장비의 주된 역할은 이런 시스템들을 감지해서 그 결과를 출력하거나 다른 시스템으로 보내는 것이다. 운항과 통신은 라디오에 의존한다. 항공기는 몇 가지 다른 종류의 라디오를 사용하는데, 각종 동작들이 특별한 종류의 라디오로 수행되도록 법규가 강요하기 때문이다. 통신은 음성 또는 데이터에 의해 수행될 수 있다. 운항은 여러 가지 기법을 사용하는데, 예를 들어 운항 데이터를 지도 디스플레이 상에서 통합하는 것은 일반 항공기에서도 흔하다. 디지털 전자장비는 주파수 설정과 같은 라디오 제어와, 라디오의 출력을 나타내는 데 모두 사용될 수 있다. 제어 시스템은 엔진과 비행 조종 익면(예를 들어, 보조 날개, 승강타, 방향타)을 작동시킨다.

항공기 네트워크 범주 이런 다양한 용도 때문에, 최신 상용 항공기는 몇 가지 다른 종류의 네트워크를 사용한다.

- 제어 네트워크 : 이 네트워크는 계측과 제어를 위해 엄격한 실시간 작업들을 수행해야 한다. 일반적으로 TDMA 모드에서 작동된다.

- 관리 네트워크 : 이 네트워크는 비핵심 장치들을 제어한다. 평균 성능을 개선하고 무게를 줄이기 위해 이더넷과 같은 보장되지 않은 모드를 사용할 수 있다.

- 승객 네트워크 : 일부 비행기는 현재 유선 또는 무선 연결을 통해 승객들에게 인터넷 서비스를 제공한다. 인터넷 트래픽은 위성 링크를 통해 경로 배정이 된다.

이런 네트워크는 기존의 표준을 사용하고, 방화벽에 의해 항공기의 운항 네트워크와는 분리된다.

항공기 네트워크 표준 항공기 데이터 네트워크를 위한 많은 표준이 개발되었다. 이 표준들 중 몇 가지는 미 항공회사들을 위한 라디오 통신을 조정하기 위해 미 의회에 의해 승인된 에어크래프트 라디오 사(Aircraft Radio, Inc., ARINC)에 의해 개발되었다. 표준에는 비행 데이터 기록기를 위한 ARINC 429, ARINC 629, CDSB, ARINC 573, 그리고 기상 레이더 데이터를 위한 ARINC 708이 포함된다.

ARINC 664 ARINC 664[Air04]는 항공기 네트워크를 위한 새로운 명세인데, 특히 일정이 잡힌 항공기들이 사용한다. ARINC 664는 이더넷 표준에 기초하고 있는데, 이전의 항공기 데이터 네트워크보다 더 큰 대역폭을 제공하며, 항공기 제조업체들이 기성품 네트워크 컴포넌트를 사용할 수 있도록 해준다. 그러나 기본적인 이더넷은 항공기가 요구하는 실시간 성능과 신뢰성을 제공하는 프로토콜과 아키텍처와 함께 사용된다.

ARINC 664는 항공기 네트워크를 다음과 같은 4가지 도메인으로 분할하며, 이들 사이에 방화벽을 설치한다.

1. 비행 날개(deck) 네트워크는 실시간 제어를 위한 결정적인 동작을 제공한다.

2. 별도의 네트워크가 외부 제조업체(주문자 상표 부착 생산 또는 OEM)에서 제공되는 장비들을 지원한다. 이 계층은 시간적 결정성(temporal determinism)도 제공하지만, 비행 날개 하부 네트워크의 제어된 지연 시간과 같은 수준은 아니다.

3. 비행기 시스템의 하부 네트워크는 비행 중의 오락과 같은 부수적 처리를 지원한다.

4. 승객 하부 네트워크는 승객들에게 인터넷 액세스를 제공한다.

5.9 다중 프로세서 설계 방법론과 알고리즘

이 절에서는 다중 프로세서(주로 칩 상의 시스템을 위한)를 위한 설계 방법론과 도구들을 살펴본다. 칩 상의 시스템은 미리 설계된 많은 하드웨어와 소프트웨어 모듈들로 구성된다. 추가적인 하드웨어와 소프트웨어 모듈들은 이런 기존의 컴포넌트들 사이의 인터페이스를 만들기 위해 합성되거나 변경되어야 한다. 모듈 인터페이스의 관리는 이종 임베디드 다중 프로세서의 설계에서 중요한 문제가 된다.

설계 재사용에 대한 일반적인 접근법은 몇 가지 핵심 컴포넌트와 그 인터페이스에 대해 표준화를 하는 것이다. 예를 들어, 몇몇 방법론은 표준화된 버스를 중심으로 구축되었다. ARM AMBA 버스, IBM 코어커넥트(CoreConnect) 버스, 소닉스 실리콘(Sonics Silicon) 백플레인(Backplane)은 칩 상의 시스템을 구축하는 데 사용되는 잘 알려진 버스들이다. 다른 방법으로, 표준과 도구가 프로세서 인터페이스를 중심으로 구축될 수 있다. 가상 소켓 인터페이스 동맹(Virtual Socket Interface Alliance, VSIA)은 가상 컴포넌트와 기능적 인터페이스를 정의한다. 코웨어 (CoWare) N2C와 케이던스(Cadence) VCC는 칩 상의 시스템 통합 방법론을 위한 도구들을 제공한다.

중심부 기반의 전략　　중심부 기반의(core-based) 접근법의 한 예는 IBM 코어커넥트 버스[Ber01]를 기반으로 한 것이다. 그림 5-36처럼, 코어커넥트는 다음과 같은 세 종류의 버스를 제공한다.

1. 고속 프로세서 지역 버스(processor local bus, PLB)

2. 칩 상의 주변장치 버스(on-chip peripheral bus, OPB)

3. 장치 제어 레지스터(device control register, DCR)

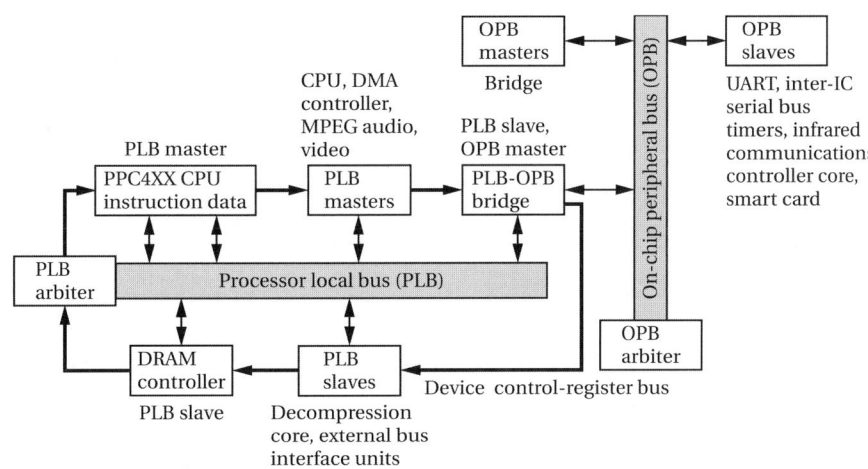

그림 5-36 IBM 코어커넥트 버스 아키텍처를 사용한 SoC 템플릿
출처 : 벨가마쉬(Bergamaschi) 등[Ber01]. ⓒ2001 IEEE 컴퓨터 협회.

IBM 코럴(Coral) 도구는 코어커넥트 기반의 아키텍처를 위한 칩 상의 시스템을 구성하는 데 필요한 많은 작업을 자동화해준다. 가상 컴포넌트(virtual components)는 실제 컴포넌트의 종류를 설명하는 데 사용된다. 예를 들어, 파워피씨(PowerPC) 가상 컴포넌트는 모든 파워피씨를 위한 일반적인 특성을 설명한다. 가상 컴포넌트는 실체화를 하는 동안 특수화될 수 있는 가상적인 인터페이스를 제공한다.

그림 5-37은 가상 중심부와 핀을 위한 분류 계층구조를 보여준다.

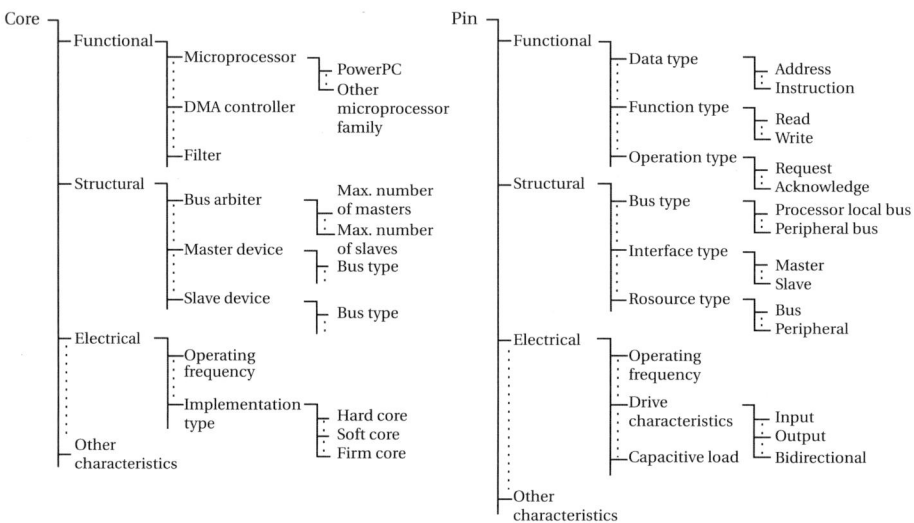

그림 5-37 중심부와 핀을 위한 분류 계층구조
출처 : 벨가마쉬 등[Ber01]. ⓒ2001 IEEE 컴퓨터 협회.

코럴은 컴포넌트들 사이의 접착제(glue) 논리를 합성한다. 일부 인터페이스 논리는 중심부에 의해 직접 제공된다. 간단한 부울 기능을 위한 다른 논리는 요구하는 대로 자동으로 생성된다. 이 방법론을 위해 설계되지 않은 서드 파티 중심부가 이 설계에 통합될 필요가 있을 때는 래퍼(wrappers)와 함께 기술될 필요가 있다. 그림 5-38은 합성 절차이다.

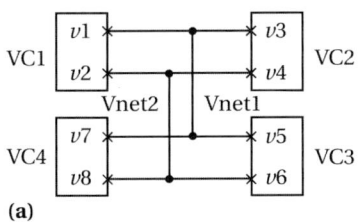

(a)

```
Virtual pin v1 maps to real pin r1(0:0),      output
                      real pin r2(0:15),      input, CONNECTION_LOGIC = CONCAT
Virtual pin v2 maps to real pin r3(0:15),     output
                      real pin r4(0:0),       output, PRIORITY = 2
Virtual pin v3 maps to real pin r5(0:0),      input, CONNECTION_LOGIC = XOR
                      real pin r6(0:3),       output
Virtual pin v4 maps to real pin r7(0:7),      input
                      real pin r8(0:0),       output, PRIORITY = 0
Virtual pin v5 maps to real pin r9(5:11),     output
                      real pin r10(0:0),      output
Virtual pin v6 maps to real pin r11(0:3),     input, CONNECTION_LOGIC = CONCAT
Virtual pin v7 maps to real pin r12(4:0),     output
                      real pin r13(0:0),      output
Virtual pin v8 maps to real pin r14(0:0),     output, PRIORITY = 1
```
(b)

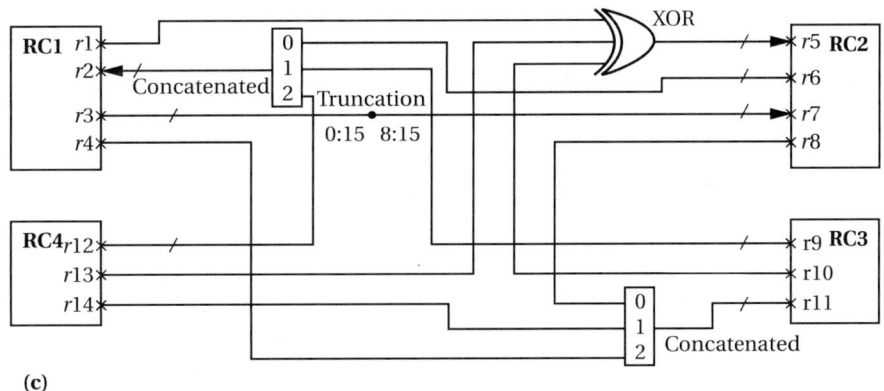

(c)

그림 5-38 인터페이스 논리 삽입을 위한 가상에서 실제 합성 : 가상 설계(a), 가상에서 실제로의
인터페이스 매핑(b), 실제 설계(c). 출처 : 벨가마쉬 등[Ber01]. ⓒ2000 IEEE 컴퓨터 협회.

상호 접속 엔진은 여러 가지 검사를 수행하고 가상 컴포넌트와 핀들을 어떻게 실
체화할지를 결정하면서 넷리스트(netlist)를 생성한다. 가상 컴포넌트와 핀들의 특
성은 부울 함수로 기술된다. 부울 결정 다이어그램(Boolean decision diagrams,
BDD)은 이 기술들을 효율적으로 비교하고 조작하는 데 사용될 수 있다.

래퍼

세자리오(Cesario)와 제라야(Jerraya)[Ces05]는 하드웨어와 소프트웨어를 모두 컴포넌트로 취급하는 래퍼(wrappers)에 기초하는 설계 방법론을 개발했다. 그림 5-39 처럼, 래퍼는 한 모듈과 다른 모듈을 인터페이스하는 설계 장치이다. 래퍼는 하드웨어 또는 소프트웨어일 수 있으며, 둘 다 포함할 수도 있다. 래퍼는 프로토콜 변환과 같은 저수준 적응(adaptations)만 수행한다.

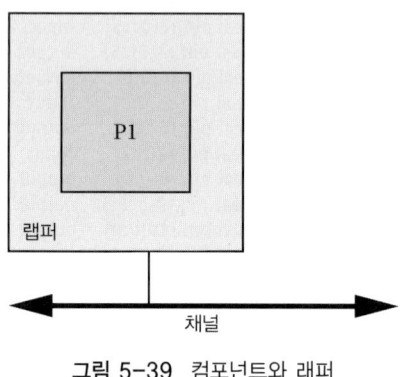

그림 5-39 컴포넌트와 래퍼

이종 다중 프로세서는 다음과 같은 여러 종류의 문제를 야기한다.

■ 많은 칩은 네트워크를 처리 요구에 맞추기 위해 여러 통신 네트워크들을 가진다. 네트워크 경계 사이에서 통신을 동기화하는 것은 네트워크 내에서 통신하는 것보다 더 어렵다.

■ 특수화된 하드웨어는 프로세스 간 통신을 가속화하고 더 시급한 계산 때문에 CPU를 해방하기 위해 종종 필요하다.

■ 통신 요소는 공유 메모리보다는 추상화의 더 높은 수준에 있어야 한다.

전용 CPU가 시스템에 추가될 때, 그 소프트웨어는 몇 가지 방법으로 적응되어야 한다.

1. 소프트웨어는 플랫폼의 통신 요소를 지원하기 위해 업데이트되어야 한다.

2. 프로세스 간 통신을 위해 호스트 프로세서의 통신 기능에 대한 최적화된 구현이 제공되어야 한다.

3. 동기화 기능이 제공되어야 한다.

**시스템 수준의
설계 흐름**

그림 5-40은 시스템 수준의 설계 흐름을 보여준다. 시스템 요구사항, 소프트웨어 모델, 그리고 하드웨어 컴포넌트 모델의 조합으로부터 추상적 플랫폼이 만들어진다. 애플리케이션의 성능과 전력/에너지 소모를 파악하기 위해 이 추상적 플랫폼이 분석된다. 이 분석의 결과에 기초하여, 플랫폼에 대해서 소프트웨어가 할당되고 스케줄링된다. 이 결과는 구현을 하는 데 사용될 수 있는 황금(golden) 추상적 아키텍처가 된다.

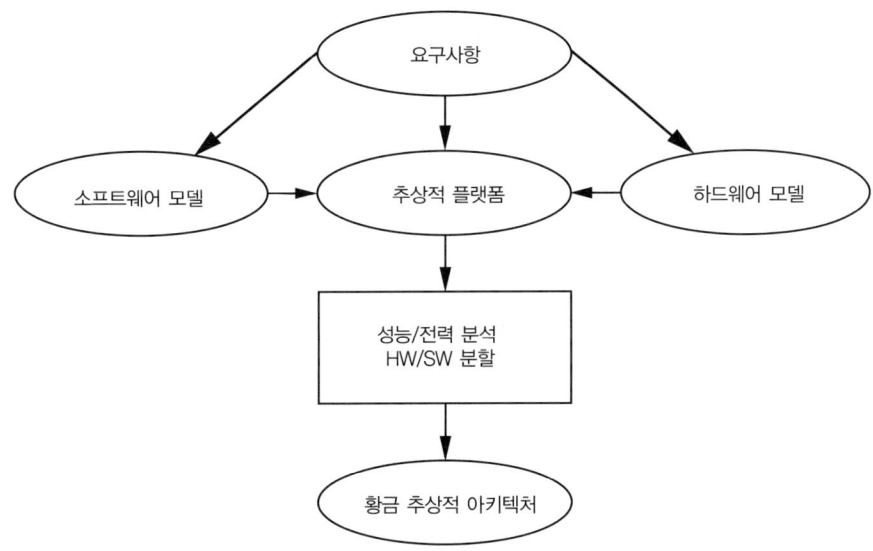

그림 5-40 시스템 수준의 설계 흐름

**추상적 아키텍처
템플릿**

그림 5-41은 다음과 같은 세 가지 중요한 요소를 가진 추상적 아키텍처 템플릿의 형태를 보여준다.

1. 소프트웨어 작업들은 데이터 및 스케줄링 의존성에 의해 기술된다. 이들은 API 와 인터페이스한다.

2. 하드웨어 컴포넌트는 중심부와 인터페이스로 구성된다.

3. 하드웨어/소프트웨어 통합은 소프트웨어를 실행하는 CPU와 하드웨어 IP 중심부를 연결하는 통신 네트워크에 의해 모델링된다.

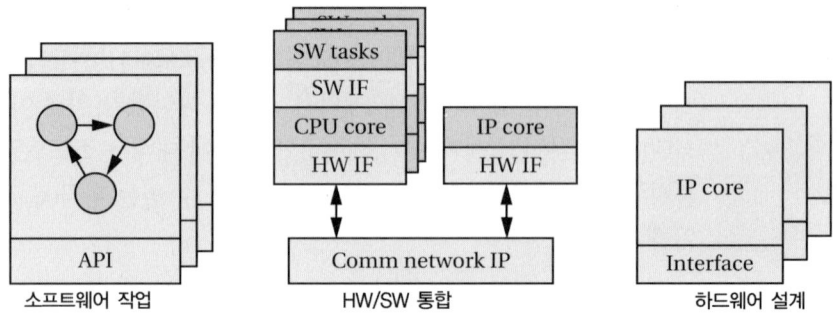

그림 5-41 추상적 아키텍처 템플릿

하드웨어와 소프트웨어 추상화

   그림 5-42는 하드웨어와 소프트웨어 컴포넌트들을 통신 네트워크와 인터페이스시키는 추상화를 보여준다. 하드웨어 측에서는 신호와 프로토콜을 변환하는 래퍼로 충분하다. 소프트웨어 측에서는 다음과 같은 여러 계층들이 필요하다.

- 애플리케이션 라이브러리는 애플리케이션 특유의 기능들을 제공한다.

- 운영체제와, API를 수반하는 통신 시스템은 스케줄링과 자원 관리를 제공한다.

- 하드웨어 추상화 계층과 그 API는 클록과 인터럽트와 같은 저수준 기능들을 제공한다.

- CPU는 소프트웨어의 모든 수준들을 실행한다.

- CPU 래퍼는 CPU와 통신 네트워크 사이에서 신호 수준과 프로토콜을 변환한다.

   래퍼 지향의 설계 방법론은 여러 가지 문제를 제기한다. 첫째, 이 방법론은 래퍼를 자동으로 생성하고 아키텍처 내에서 이것을 적용하는 도구에 의해 지원되어야 한다. 래퍼 설계는 사람이 할 경우, 지루하고 오류가 발생할 수 있다. 실제 칩들은 여러 종류의 상호 접속을 사용하므로, 래퍼 생성기는 여러 다른 종류의 프로토콜들을 위한 래퍼들을 구축할 수 있어야 한다. 더욱이, 어떤 래퍼는 두 가지 다른 프로토콜들과 인터페이스해야 할 수도 있다. 래퍼 생성기는 하드웨어와 소프트웨어 요소들을 모두 생성해야 한다. 마지막으로, 래퍼는 혼합 수준의(mixed-level) 공동 시뮬레이션을 지원하도록 설계되어야 한다.

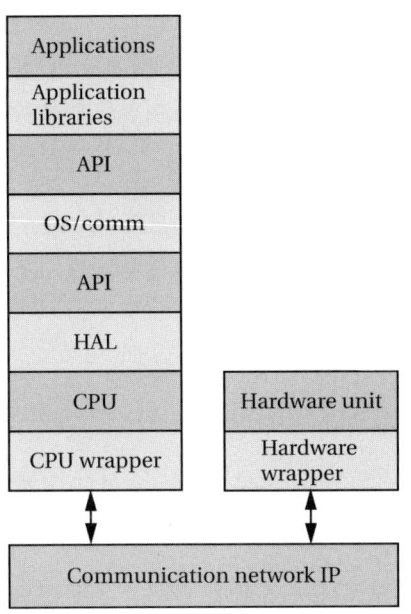

그림 5-42 하드웨어와 소프트웨어 추상화 계층들
출처 : 세자리오(Cesario)와 제라야(Jerraya)[Ces05]. ⓒ2005 모건 카우프만(Morgan Kaufmann).

레지스터 전송 구현 황금 아키텍처 모델이 주어지더라도, 여전히 최종 소프트웨어 래퍼뿐만 아니라 하드웨어의 완전한 레지스터 전송(register-transfer) 설계를 생성할 필요가 있다. 레지스터 전송 설계는 모든 필요한 컴포넌트를 열거하고 이들을 서로 연결한다. 레지스터 전송 생성에서 중요한 절차 하나는 메모리 하부 시스템의 생성이다. 이 하부 시스템은 내부 메모리 블록들 사이의 연결과 상호 접속 네트워크에 대한 인터페이스를 모두 포함할 수 있다.

5.10 요약

다중 프로세서는 적어도 과학용 컴퓨팅에서 만큼은 임베디드 컴퓨팅에서도 중요하다. 다중 프로세서는 실시간 계산을 제공하기 위해 중요하며, 에너지 측면에서 단일 프로세서보다 더 효율적일 수도 있다. 이종 다중 프로세서는 임베디드 애플리케이션에서 널리 사용된다.

다중 프로세서의 모든 주요 컴포넌트들을 최적화와 맞춤에 적응시킬 수 있다. 아키텍처에서 필요한 융통성을 없애지 않기 위해 물론 주의는 기울여야 하지만, 맞춤은 비용과 전력 소모에서 큰 이점을 얻을 수 있다.

애플리케이션 특유의 다중 프로세서를 설계하는 데 도움을 받을 수 있는 다양한 방법론과 도구들이 있다. 하드웨어/소프트웨어 공동 설계 기법들은 다중 프로세서 아키텍처를 애플리케이션에 맞추는데 사용될 수 있다.

우리가 배운 것

■ 다중 프로세서는 처리 요소와 메모리 요소, 그리고 상호 접속 네트워크로 구성된다.

■ 임베디드 다중 프로세서는 실시간 성능을 제공해야 하고, 에너지 측면에서 효율적이어야 한다.

■ 다중 프로세서 시뮬레이터는 각각 별도의 프로세스로 실행되는 여러 개의 단일 프로세서 시뮬레이터들을 연결함으로써 구축된다. 다중 프로세서는 추상화의 다른 수준에서 시뮬레이션될 수 있다.

■ 메모리 시스템은 불필요한 액세스로부터 메모리의 부품들을 격리시킴으로써, 실시간 성능을 개선하고 에너지 소모를 줄이기 위해 맞춰질 수 있다.

■ 상호 접속 네트워크는 정규적 및 비정규적 구성을 모두 포함하여, 많은 다른 토폴로지들을 중심으로 구성될 수 있다.

■ 물리적으로 분산된 다중 프로세서는 실시간 작업을 신뢰성 있게 수행할 수 있도록, 신뢰성 있는 시간 기반을 필요로 한다.

■ 임베디드 다중 프로세서를 위한 설계 방법론은 여러 공급자들로부터 오는 하드웨어와 소프트웨어를 통합할 수 있어야 한다.

추가로 공부할 것

댈리(Dally)와 타울레스(Towles)[Dal04] 그리고 듀아토(Duato) 등[Dua02]은 다중 프로세서를 위한 상호 접속 네트워크를 연구한다. 잔치(Jantsch)와 텐후넨(Tenhunen)[Jan03]이 편집한 책은 칩 상의 네트워크에 치중한다. 제리가드(Bjerregaard)와 마하드반(Mahadevan)[Bje06]은 칩 상의 네트워크에 대한 알기 쉬운 검토를 했다. 드미첼리(De Micheli) 등[DeM01]은 하드웨어/소프트웨어 공동 설계에 관한 많은 논문들을 수집했다. 제라야(Jerraya)와 울프(Wolf)[Jer05]가 편집한 책은 칩 상의 네트워크 설계를 포함하여, 다중 프로세서 칩 상의 시스템에 관한 한 장(Chapter)을 포함한다. 코페즈(Kopetz)[Kop97]는 분산 임베디드 시스템의 설계에 관한 자세한 소개를 한다. 페터슨(Peterson)과 다비(Davie)[Pet03] 그리고 스톨링(Stallings)[Sta97; Sta04]은 데이터 네트워킹에 대한 훌륭한 소개를 한다. 헬프릭(Helfrick)[Hel04]은 항공기 네트워크를 포함한 항공 전자장비를 설명한다. 계측 비행의 원리에 관심이 있는 사람을 위해 도간(Dogan)[Dog99]은 탁월한 소개를 한다.

연습 문제

Q5-1. CPU를 위한 벤치마크를 설계하는 것보다 다중 프로세서를 위한 작업 부하를 만드는 것이 얼마나 더 어려운가?

Q5-2. 이동형 슈퍼컴퓨터를 위한 계산적 작업 부하를 추정하라. 일련의 작업을 정의하고, 이 작업들을 위해 필요한 초당 연산 수를 추정하라. 그리고 이 작업들을 수행하는 데 필요한 메모리 양을 추정하라.

Q5-3. 버스 기반의 다중 프로세서와 더 일반적인 상호 접속 구조를 가진 다중 프로세서를 비교하고 대조하라.

Q5-4. 임베디드 다중 프로세서가 두 종류 이상의 처리 요소를 사용해야 할지를 어떻게 결정할 것인가?

Q5-5. 처리 요소로 배선에 의한 장치가 타당한지를 어떻게 결정할 것인가?

Q5-6. 일련의 동일한 CPU들로 구축된 다중 프로세서와, 한 종류의 주 CPU 하나와 각각 다른 종류의 종 CPU들로 구성된 다중 프로세서를 비교하고 대조하라.

Q5-7. 휴대폰에서는 어떤 종류의 특수화된 처리 요소가 유용할까?

Q5-8. n개의 처리 요소를 가진 다중 프로세서가 주어질 때, 망 네트워크에서 최악 경우와 평균 경로 길이는 어떻게 n의 함수로 증가할까? 트리 네트워크에서는 어떨까?

Q5-9. 어떤 요소가 네트워크 토폴로지의 선택에 영향을 미칠까? 그리고 어떤 요소가 흐름 제어의 선택에 영향을 미칠까?

Q5-10. 패킷은 왜 플릿(flits)들로 분할되는가?

Q5-11. 실시간 연산을 지원하기 위해 메모리 장치는 어떤 특성을 가져야 하는가?

Q5-12. TTA 네트워크의 올바른 동작을 보장하는 데 필요한, 활성 기간과 휴지 기간의 상대적인 크기는 어떻게 결정할 것인가?

Q5-13. 처리 요소 내의 결함이 어떻게 네트워크 상에서의 불일치를 만드는가? 이 불일치는 네트워크에 의해 어떻게 감지되는가?

Q5-14. 항공기와 자동차 네트워크의 요구사항은 어떻게 다른가? 그리고 어떤 면에서 비슷한가?

Q5-15. 다음과 같은 OSI 호환 수준들에서 플렉스레이(FlexRay) 버스를 설명하라.
- **a.** 물리적
- **b.** 데이터 링크
- **c.** 네트워크
- **d.** 전송

Q5-16. 엄격한 실시간 제어를 위해 이더넷과 같은 방송형 네트워크를 어떻게 사용할 것인가? 어떤 가정을 해야 하는가? 이 네트워크에 어떤 제어 메커니즘이 추가될 필요가 있는가?

Q5-17. 임베디드 다중 프로세서를 구축하는데 사용되는 IP 컴포넌트의 특성에서 어떤 종류의 변형이 예상되는가?

실습 문제

L5-1. 무작위로 생성된 푸아송(Poisson) 트래픽을 사용하는 몇 가지 네트워크를 시뮬레이션하라. 버스, 4x4 크로스바, 그리고 2차원 망을 비교하라.

L5-2. 다른 명령어 집합 프로세서들을 시뮬레이션하는 두 가지 다른 시뮬레이터를 연결할 수 있는 프로그램을 개발하라.

L5-3. MPEG-2와 같은 애플리케이션 내의 버퍼 트래픽을 검토하라. 애플리케이션을 시뮬레이션함으로써, 요구되는 평균 및 최악 경우 버퍼 크기를 파악하라.

L5-4. TTA 방식의 네트워크를 위한 시간 기반(time base)을 구축하라. 시간 기반은 모든 전역 노드에 동일한 시각을 제공한다.

L5-5. 임베디드 네트워크 상에서의 메시지들을 모니터링하도록 해주는 실험적인 셋업을 구축하라. 컴포넌트에 오류를 주입하고, 네트워크 정보를 사용하여 문제를 파악하도록 해보라.

L5-6. 단일 명령어와, 감지 네트워크 노드를 위한 단일 패킷의 전송을 위한 에너지를 측정하라.

L5-7. 여러분이 선택한 애플리케이션을 위한 완전한 임베디드 다중 프로세서를 구축하는 데 필요한 IP 블록들을 파악하라.

chapter **06**

다중 프로세서 소프트웨어

- 다중 프로세서 소프트웨어의 성능 분석
- 미들웨어와 소프트웨어 서비스
- 다중 프로세서 소프트웨어의 설계 검증

6.1 소개

실시간 운영체제는 단일 프로세서 상에서는 외형적인 병렬처리를 제공하지만, 다중 프로세서 플랫폼에서는 진정한 병렬처리를 제공한다. 다중 프로세서가 제공하는 병렬처리의 성능은 매우 강력하지만, 분석과 디버깅이 더 어렵기도 하다.

다음 절에서는 단일 프로세서 임베디드 시스템 및 범용 시스템과 비교해서 다중 프로세서 소프트웨어가 어떤 점에서 독특한지를 간단히 살펴본다. 6.3 절에서는 다중 프로세서 상에서 실행되는 다중 작업들의 스케줄링과 성능 분석을 연구한다. 그리고 6.4 절에서는 미들웨어와 소프트웨어 스택뿐만 아니라 이들을 위한 설계 기법도 검토한다. 마지막 6.5 절에서는 다중 프로세서 시스템의 설계 검증을 살펴본다.

6.2 임베디드 다중 프로세서 소프트웨어는 무엇이 다른가?

임베디드 다중 프로세서 상에서 실행되는 소프트웨어를 살펴보면, 두 가지 종류의 차이점을 발견하게 된다.

- 임베디드 다중 프로세서 소프트웨어는 전통적인 범용 다중 프로세서 소프트웨어와 어떻게 다를까? 우리는 많은 기법들을 범용 컴퓨팅으로부터 빌려올 수

있지만, 임베디드 컴퓨팅 시스템 내의 일부 문제들은 독특하기 때문에 새로운 방법을 필요로 한다.

■ 다중 프로세서 내의 소프트웨어는 단일 프로세서 기반의 시스템에 있는 소프트웨어와는 어떻게 다를까? 소프트웨어를 설계하는 데 적절한 추상화를 사용한다면 최소의 노력으로 임베디드 애플리케이션을 단일 프로세서에서 다중 프로세서로 이식할 수 있지 않을까 기대해볼 수 있다. 그러나 몇 가지 중요하고 기본적인 차이점이 있다.

이종 프로세서 첫 번째 대두되는 차이점은 우리가 5장에서 보았듯이, 임베디드 다중 프로세서는 여러 종류의 처리 요소, 특수화된 메모리 시스템, 그리고 비정규적인 통신 시스템을 갖춘 이종(heterogeneous)인 경우가 많다는 것이다. 이종 다중 프로세서는 범용 컴퓨팅에서는 그리 흔하지 않다. 그리고 이것은 임베디드 단일 프로세서에서보다 훨씬 더 많은 어려움을 야기한다. 이종은 다음과 같은 몇 가지 문제를 제기한다.

■ 소프트웨어를 여러 종류의 프로세서에서 함께 작동시키는 것은 어려움을 야기할 수 있다. 엔디안(endianness)은 일반적인 호환성 문제 중 하나이며, 라이브러리 호환성은 또 다른 문제이다.

■ 이종 다중 프로세서를 위한 개발 환경은 느슨하게 결합되는(loosely coupled) 경우가 많다. 프로그래머는 컴포넌트 프로세서들을 위한 각종 도구들을 배우느라 고생할 수 있다. 여러 종류의 CPU로 확장되는 디버깅 문제도 어렵다.

■ 다른 프로세서는 다른 종류의 자원과, 이 자원들에 대한 다른 인터페이스를 제공할 수 있다. 이것은 프로그래밍을 복잡하게 할 뿐만 아니라, 실행 시간에 내리는 결정을 어렵게 만들기도 한다.

가변성 또 하나의 중요한 차이점은 다중 프로세서에서는 지연 시간을 예측하기가 훨씬 더 어렵다는 사실이다. 지연 시간 변동은 다중 프로세서에 의한 진정한 병렬처리, 다중 프로세서의 크기 증가, CPU의 이종성, 메모리 시스템의 구조와 사용 등 다양한 원인으로부터 온다. 더 큰 지연 시간과 지연 시간에서의 편차는 다음과 같은 많은 문제를 낳는다.

■ 지연 시간 변동은 테스트하기가 어렵고 고치는 것은 더 어려운, 타이밍 의존적 버그가 쉽게 발생하도록 한다. 타이밍 버그를 방지하는 방법론은 병렬처리 관

런 타이밍 문제를 해결하는 것이 최선의 방법이다.

- 계산 시간의 변동은 시스템 자원을 효율적으로 사용하기 어렵게 만들고, 실행 시간에 더 많은 결정을 하도록 만든다.

- 메모리 액세스에서의 큰 지연 시간은 데이터 의존적 처리를 수행하는 코드의 실행을 더 어렵게 만든다.

다중 프로세서를 스케줄링하는 것은 단일 프로세서를 스케줄링하는 것보다 훨씬 더 어렵다. 최적 스케줄링 알고리즘은 대부분의 실제 다중 프로세서 구성에서는 존재하지 않으며, 따라서 발견적 방법(heuristics)이 사용되어야 한다. 마찬가지로 중요한 것은, 한 프로세서가 올바른 스케줄링 결정을 내리는 데 필요한 정보가 멀리 떨어진 다른 프로세서에 있는 경우가 많다.

다중 프로세서 스케줄링이 어려운 이유 중 하나는 통신이 더 이상 자유롭지 않다는데 있다. 회선을 통해 직접 신호를 보낸다 하더라도 여러 클록 사이클을 소요할 수 있으며, 원격 메모리에 있는 위치에 대한 요청에 응답하기 위해서는 메모리 시스템이 수십 클록 사이클을 소요할 수 있다. 다른 프로세서들의 상태에 관한 정보를 얻는 데는 시간이 너무 많이 걸리므로, 스케줄링 결정은 프로세서들의 상태에 관한 완전한 정보가 없이 이루어져야 한다. 긴 지연 시간은 또 운영체제 상에서 실행되는 소프트웨어 프로세스들에 문제를 야기할 수도 있다.

물론 낮은 에너지와 전력 소모는 단일 프로세서에서처럼 다중 프로세서에서도 중요하다. 임베디드 다중 프로세서 소프트웨어의 모든 문제들에 대한 해결책이 발견되어서 에너지 효율적인 기법이 사용될 수 있어야 한다.

자원 할당　이런 문제들의 많은 부분은 자원 할당으로 요약된다. 자원은 효율적으로 사용하기 위해 동적으로 할당되어야 한다. 다중 프로세서에서는 단순히 어떤 자원이 사용 가능한 상태인지 아는 것도 어려우며, 즉석에서(on-the-fly) 어떤 자원이 사용 가능한 상태인지 파악하는 것도 역시 어렵다. 그리고 요청을 충족시키기 위해 이 자원들을 어떻게 사용할지 결정하는 것은 더 어렵다. 6.4 절에서 설명했듯이, 미들웨어가 다중 프로세서 전체에 관련된 시스템 자원들을 관리하는 작업을 수행한다.

<table>
<tr><td>**6.3**</td><td>## 실시간 다중 프로세서 운영체제</td></tr>
</table>

이 절에서는 일반적인 다중 프로세서 실시간 운영체제(real-time operating systems, RTOS)와 다중 프로세서 스케줄링을 살펴본다. 6.3.1 절에서는 다중 프로세서 운영체제의 구성을 간단히 살펴보고, 6.3.2 절에서는 다중 프로세서를 위한 스케줄링 분석과 알고리즘들을 연구한다. 6.3.3 절에서는 동적으로 생성된 작업에서의 스케줄링을 검토한다.

6.3.1 운영체제의 역할

임베디드 다중 프로세서는 진정한 다중 프로세서 운영체제를 가질 수도 있고 그렇지 않을 수도 있다. 많은 경우, 다양한 프로세서들은 각종 활동을 조정하기 위해 통신하는 자신의 운영체제를 실행한다. 다른 경우에는 더 밀접하게 통합된 운영체제가 여러 처리 요소(PE)들 사이에서 실행된다.

주/종   다중 프로세서 운영체제의 간단한 형태는 하나의 주(master)와 하나 이상의 종(slaves)으로 구성된다. 주 PE 프로세서는 자신과 모든 종 프로세서들의 일정을 결정한다. 각각의 종 PE는 단순히 주가 할당해준 프로세스를 실행한다. 이 구성 체계는 개념적으로 간단하고 구현하기 쉽다. 스케줄링을 위해 필요한 모든 정보는 주 프로세서가 관리한다. 이 체계는 동일한 프로세서들의 풀(pools)로 구성되는 동종 프로세서에 더 적합하다.

PE 커널   그림 6-1 은 하드웨어와 관련된 다중 프로세서 운영체제의 구성을 보여준다. 각 프로세서는 PE 커널이라고 불리는 자신의 커널을 가진다. 이 커널은 다른 프로세서에게는 보이지 않는 장치 같은 순수한 지역 자원들을 관리하고, 전역 자원들에 대한 결정할 책임이 있다. PE 커널은 다음에 실행할 프로세스를 선택하고 필요에 따라 문맥 전환을 한다.

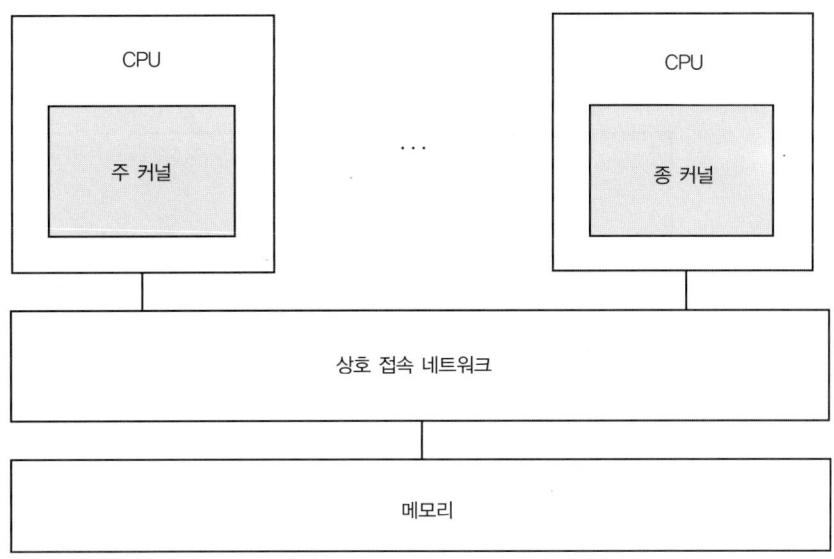

그림 6-1 다중 프로세서 내의 커널들

그러나 PE 커널은 어떤 프로세스를 다음에 실행할지를 자체적으로는 결정할 수 없을 수도 있다. 그리고 다른 처리 요소에서 실행되는 커널로부터 명령어를 받을 수 있다. 주 PE에서 동작하는 커널은 종 PE들로부터 정보를 수집한다. 종들의 현재 상태와 종에서 실행하기를 원하는 프로세스들에 기초하여, 주 PE 커널은 일정에 관한 명령어를 종들에게 내보낸다. 물론 주 PE는 자신의 작업도 실행할 수 있다.

제한된 스케줄링 정보　분산 스케줄러를 설계할 때의 한 가지 문제점은 통신이 자유롭지 못하고, 다른 PE들에 관한 스케줄링 결정을 하는 임의의 프로세서는 일반적으로 그 PE의 상태에 관한 불완전한 정보를 가지게 된다는 점이다. 커널이 자신의 프로세서를 스케줄링할 때는 프로세서 상태를 쉽게 확인할 수 있다. 그러나 커널이 다른 프로세서의 상태를 확인하기 위해 원격 읽기를 수행해야 한다면, 커널이 요청하는 정보의 양은 주의 깊게 설정되어야 한다.

스케줄링과 통신　버코테렌(Vercauteren) 등[Ver96]은 맞춤된 이종 프로세서를 위한 커널 아키텍처를 개발했다. 그림 6-2처럼, 커널 아키텍처는 스케줄링 계층과 통신 계층이라는 두 개의 계층을 포함한다. 기본적인 통신 처리는 인터럽트 서비스 루틴(interrupt service routine, ISR)에 의해 구현되지만, 통신 계층은 더 추상적인 통신 처리를 제공한다. 통신 계층은 두 종류의 통신 서비스를 제공한다. 커널 채널은 오직 커널 대

커널 통신을 위해서만 사용되는데, 높은 우선순위를 가지고 성능을 위해 최적화되어 있다. 데이터 채널은 애플리케이션에 의해 사용되며, 더 일반적인 목적을 가진다.

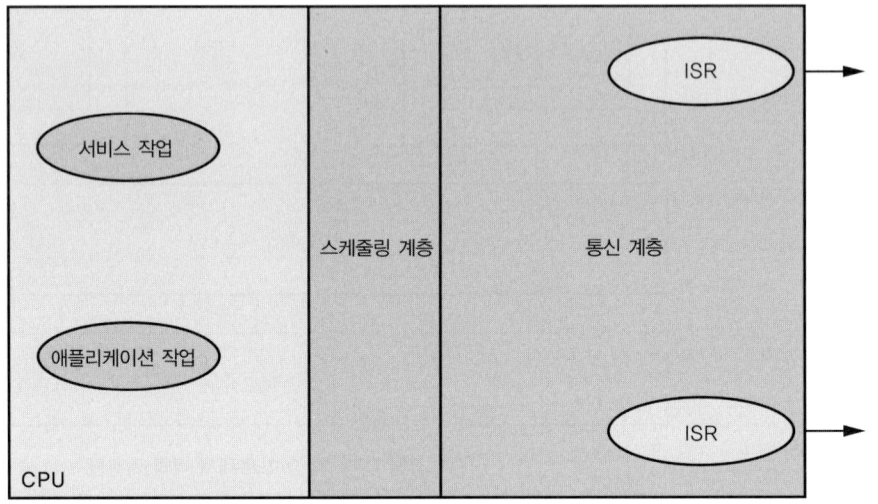

그림 6-2 맞춤 다중 프로세서 스케줄러와 통신

다음 예제는 TI OMAP 상의 운영체제를 살펴본다.

TI OMAP에서의 운영체제와 통신

5장에서 보았듯이, OMAPI 표준은 멀티미디어 시스템을 위한 몇 가지 핵심적인 기능을 정의한다. OMAPI가 정의하지 않는 것 중의 하나는 다중 프로세서에서 사용되는 운영체제이다. TI OMAP 군은 OMAPI 아키텍처를 구현한다. 다음 그림은 하드웨어와 운영체제를 포함한 TI OMAP의 하위 계층들을 보여준다.

OMAPI 표준은 운영체제를 정의하지 않을 뿐 아니라, OMAP 다중 프로세서도 하나로 통합된 운영체제를 실행하지 않는다. 각 프로세서는 그 프로세서를 위해 이미 개발되어 있는 기존의 OS를 실행한다. DSP 측에서는 C55x가 기존의 C55 운영체제를 실행한다. ARM은 잘 알려진 여러 OS들 중 하나를 실행할 수 있다.

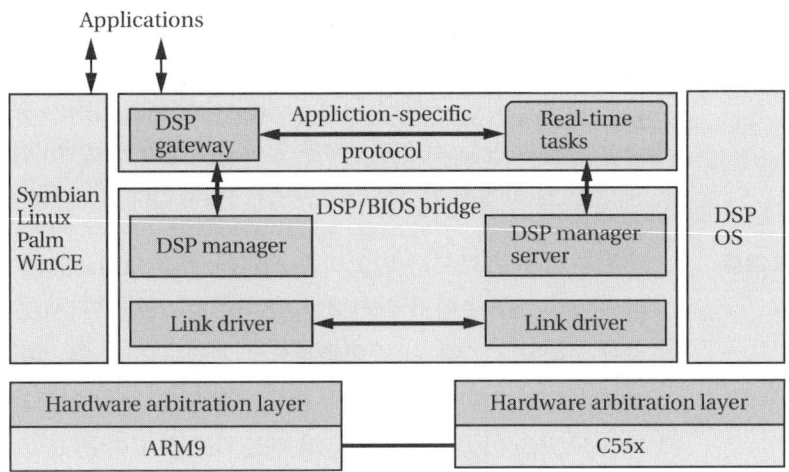

OMAP에서의 주요 통합 구조는 DSP 브리지(DSPBridge)인데, 이것은 DSP와 RISC 프로세서가 통신할 수 있도록 해준다. 이 브리지는 소프트웨어 계층에 의해 추상화되는 일련의 하드웨어 명령어를 포함한다. 이 브리지는 ARM이 주가 되고 C55x가 종이 되는 주/종 시스템으로 구성된다. 이것은 대부분의 멀티미디어 애플리케이션의 특성에 적합한데, DSP는 몇 가지 중요한 기능을 효율적으로 구현하는 데 사용되고 RISC 프로세서는 애플리케이션의 더 높은 수준들을 실행한다. DSP 브리지 API는 몇 가지 기능을 구현하는데, DSP 작업을 초기화하고 제어하며, DSP로 메시지를 교환하고, DSP로 오가는 데이터를 스트리밍하며, DSP의 상태를 확인하는 것이 그것이다.

OMAP 하드웨어는 몇몇 편지함 요소(양쪽에서 액세스될 수 있는, 주소 지정 가능한 분리된 메모리들)를 제공한다. OMAP 5912에서 편지함 2개는 C55x만 쓸 수 있고 C55x와 ARM이 모두 읽을 수 있는 반면, 2개는 ARM만 쓸 수 있고 두 프로세서가 모두 읽을 수 있다.

6.3.2 다중 프로세서 스케줄링

일반적으로 다중 프로세서 스케줄링은 NP-완전(NP-complete)이다[Gar79]. 이것은 임의의 프로세서 상에서 총 실행 시간을 최소화하려고 할 때, 다항식(polynomial) 시간에서 가장 짧은 일정을 찾기 위한 알려진 방법이 없음을 의미한다. 물론 많은 NP-완전 문제들이 유용한 근사법과 발견적 방법을 가지고 있다. 다중 프로세서 구조에 관한 지식을 이용하거나, 프로세스 실행들의 조합을 제한하거나, 또는 다른 단순화를 통해서 여러 가지 단순하기는 하지만 유용한 다중 프로세서 스케줄링 방법을 만들 수 있다. 예를 들어, 두 개의 프로세서를 가지는 다중 프로세서는 어떤 조건 하에서 최적으로 스케줄링될 수 있다.

네트워크 흐름 최초의 다중 프로세서 알고리즘 하나가 스톤(Stone)[Sto77]에 의해 개발되었다. 그는 이것이 스케줄링과 관련되어 있다고 하지만, 프로세스를 실행할 CPU를 선택하면서 실행될 시간은 단지 함축적으로 지정하므로, 더 정확하게 말하면 이것은 할당과 관련되어 있다. 그는 이 문제를 네트워크 흐름 알고리즘을 사용하여 풀었다. 스톤의 모델은 이종 프로세서들의 네트워크를 고려했다. 그는 두 프로세서의 스케줄링 문제에 대한 정확한 해결책과, 임의 개수의 프로세서로 구성되는 시스템의 스케줄링을 해결하기 위한 발견적 방법을 찾았다.

그림 6-3 처럼, 문제는 두 부분으로 스케줄링된다. 모듈 간 연결 그래프(intermodule connection graph)는 다른 프로세서에 할당된 두 프로세스 사이의 통신에 있어서의 시간 비용을 나타낸다. 참고로 동일한 프로세서 상의 프로세스들 사이의 통신은 비용이 0이다. 실행 시간 테이블은 각 프로세서 상의 프로세스들의 실행 시간을 명시한다. 모든 프로세스가 두 프로세서 상에서 실행하는 것이 가능하지 않을 수도 있다.

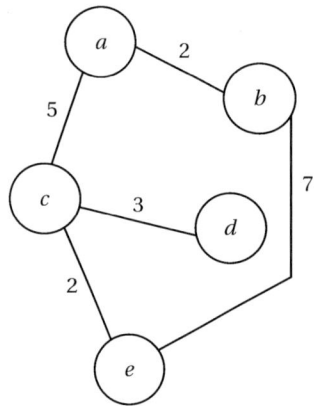

프로세스	CPU 1 실행 시간	CPU 2 실행 시간
a	8	7
b	5	–
c	12	15
d	3	6
e	4	4

모듈 간 연결 그래프　　　　　　　　　　**실행 시간 테이블**

그림 6-3 스톤의 다중 프로세서 스케줄링 알고리즘을 위한 모델. 출처 : 스톤[Sto77]

최소 실행 시간은 통신 비용과 실행 비용 사이의 균형을 맞춘다. 스톤은 스케줄링 문제를 모듈 간 연결 그래프의 수정된 버전인 컷셋(cutset) 찾기로 공식화한다.

- 두 개의 프로세서를 나타내기 위해 두 개의 노드가 추가된다. 이 노드들 중 하나는 그래프의 출발지이고(CPU 1을 나타냄), 다른 하나는 목적지(CPU 2를 나타냄)이다.

- 각각의 목적지가 아닌 노드로부터 출발지와 목적지로 가는 가장자리들이 추가된다. 출발지로 가는 가장자리의 가중치는 CPU 2(목적지)에서 이 노드의 모듈을 실행하는 비용과 같고, 목적지로 가는 가장자리의 가중치는 CPU 1(출발지)에서 이 노드의 모듈을 실행하는 비용과 같다.

컷셋은 모듈 간 연결 그래프를 두 개의 집합으로 나누는데, 각 집합 내의 노드들은 같은 프로세서에 할당된다. 컷셋의 가중치는 컷셋에 의해 주어지는 대로 두 프로세서에 노드들을 할당하는 비용이다. 총 실행 시간을 최소화하는 할당을 찾으려면 그래프 상에서 최대 흐름 문제를 풀어야 한다.

스톤은 컷셋의 개념을 일반화함으로써, 이 문제를 n개의 프로세서로 확장했다. 일반화된 컷셋은 적절한 컷셋의 하부 집합도 컷셋이 되도록, 그래프를 n개의 이산된 하부 집합들로 나눈다. 그는 노드들을 단순히 출발지와 목적지로 구분하는 대신, n종류의 고유한 노드들을 포함하도록 노드를 일반화했다. 이 문제를 해결하기 위한 그의 발견적 방법은 n개 프로세서 할당을 찾기 위해 두 개의 프로세서 할당들을 반복적으로 사용했다.

왜 정적인 작업인가?

많은 임베디드 시스템은 프로세스를 처리 요소에 정적으로 할당한다. 이런 다중 프로세서 시스템의 프로세스 실행 시간의 한계는 효율에서 찾을 수 있다. 이때 일련의 프로세스들 사이에는 데이터 의존성이 있다고 가정한다. 일반적으로 이들은 하나 이상의 하부 작업들을 형성할 수 있다. 또 각 CPU는 속도 고정 스케줄링을 사용하여 프로세스들을 스케줄링한다고 가정한다. 데이터 의존성이 없다면 일정을 쉽게 파악할 수 있겠지만, 데이터 의존성과 속도 고정 스케줄링의 조합은 문제를 다룰 수는 있지만 더욱 어렵게 만든다.

버퍼 크기 최소화

바타차르야(Bhattacharyya) 등[Bha97]은 다중 프로세서 상에서 동기식 데이터 흐름도를 효율적으로 스케줄링하는 방법을 개발했다. 그림 6-4는 노드들이 다중 프로세서의 처리 요소들에 할당된 SDF 그래프를 보여준다. 순차적 일정을 생성하는

다른 방법들을 사용하여 프로세서 상의 각 SDF를 스케줄링할 수 있으므로, 우리는
주로 PE들 사이의 통신에 관심을 가진다. 역시 이 그림에 있는, **프로세스 간 통신 모
델링**(interprocessor communication modeling, IPC) 그래프를 사용하여 시스
템을 모델링한다. IPC 그래프는 SDF 그래프와 같은 노드들을 가진다. IPC 그래프
는 SDF 그래프의 모든 가장자리에 더하여 추가적인 가장자리를 가진다. 각 PE 상
에서의 순차적 일정을 모델링하기 위해 가장자리를 IPC 그래프에 추가하는데, 이것
은 그림에서 점선으로 표시된다.

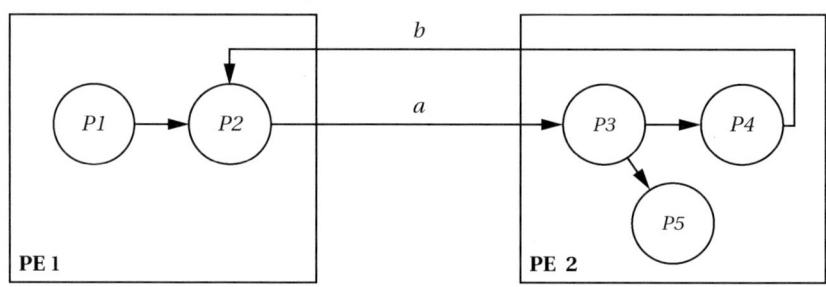

SDF 그래프와 프로세서 할당

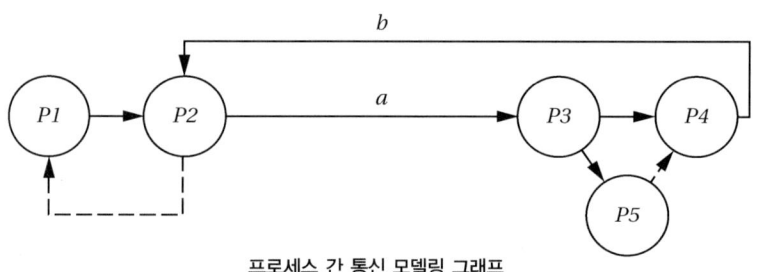

프로세스 간 통신 모델링 그래프

그림 6-4 맞춤 다중 프로세서 스케줄러와 통신

프로세서 경계를 가로지르는, 할당된 SDF 그래프 내의 가장자리들은 IPC 그래프
에서 IPC 가장자리로 불리는데, 이들이 프로세스 간의 통신을 정의하기 때문이다.
IPC 가장자리를 통한 어떤 통신도 프로세서 사이의 경계를 가로지르기 위해 프로세
스 간 통신 메커니즘을 사용해야 한다.

각 IPC 가장자리를 통한 통신이 제한된(bounded) 것인지 판단할 수 있는데, 강
하게 연결된 컴포넌트(strongly connected component, SCC)에 있지 않은 가장자
리는 제한된 것이 아니다. 제한되지 않은 가장자리 상에서의 프로세스 간 통신을 구

현할 때, 이 가장자리를 가로지르는 토큰들의 수가 미리 결정된 버퍼 크기를 초과하지 않도록 보장하는 프로토콜을 사용할 수 있다. 제한된 가장자리에 대해서는 더 간단한 프로토콜을 사용하여 프로세스 간 통신을 구현할 수 있다.

IPC 그래프는 일부 중복된 가장자리를 가질 수 있다. 가장자리 e를 통한 지연 시간보다 더 긴 지연 시간을 가지는, $source(e)$로부터 $sink(e)$로 가는 다른 경로가 있다면 e 는 중복이다. 중복된 가장자리의 최대 개수를 유지하기 위해 중복된 가장자리를 삭제할 때는 어떤 특별한 순서로 삭제할 필요는 없다.

강하게 연결된 IPC 그래프 G를 위한 근사 반복 주기(asymptotic iteration period) T 는 다음과 같다.

$$T = \sum_{cycle\, C \in G} \frac{\sum_{v \in C} t(v)}{delay(C)}$$ (수식 6-1)

여기서 C는 그래프 내의 사이클이고, $t(v)$는 노드 v 의 실행 시간이며, $delay(C)$는 경로 C에서의 지연 시간의 합이다. T 는 **사이클 평균**(cycle mean)이라고도 부른다. IPC 그래프의 최대 사이클 평균 λ_{max} 는 그래프 내의 임의의 SCC 를 위한 가장 큰 사이클 평균이다. 사이클 평균이 최대값과 같은 사이클은 **임계 사이클**(critical cycle)이라고 부른다.

강하게 연결된 컴포넌트들 사이에 가장자리를 추가함으로써, 강하게 연결된 동기화 그래프를 만들 수 있다. 출발지 SCC 들을 서로 연결하는 가장자리들, 목적지 SCC 들을 서로 연결하는 가장자리들, 그리고 그래프의 최종 목적지를 출발지에 연결하는 가장자리 하나를 추가한다(목적지와 출발지가 모두 강하게 연결된 컴포넌트에 있는 가장자리가 출발지 SCC 이다. 목적지 SCC 는 출발지와 목적지가 모두 SCC 에 있는 가장자리이다).

버퍼 메모리에 대응되는 가장자리에 지연 시간을 추가할 필요가 있는데, 이로써 시스템이 교착 상태에 빠지지 않고 모든 IPC 가장자리에 대한 버퍼 한계들의 합계를 최소화할 수 있도록 해준다. 이런 지연 시간을 파악하는 데 도움을 얻기 위해, 추가된 가장자리를 사용할 수 있다. 추가된 가장자리는 그래프를 구성하는 데 도움이 되도록 흩어진 집합들로 분할될 수 있다. 그래프가 하나의 출발지 SCC 와 하나의 목적지 SCC를 가지고 있을 때 지연 시간은 최적으로 추가될 수 있다. 만약 그래프의 구조가 더 복잡하다면 발견적 방법을 사용할 수 있다. 그래프의 사이클 평균이 초과되지 않도록 각 가장자리의 최소 지연 시간을 결정할 수 있다.

매터(Mathur)[Mat98]는 다중 작업 시스템의 속도를 분석하기 위해 RATAN 도구를 개발했다. 그림 6-5 처럼, 프로세스는 단일 스레드의 CDFG 형식의 모델로 구성된다. 데이터 의존성은 한 프로세스 내의 노드로부터 다른 프로세스 내의 노드로 확장될 수 있다. 프로세스 자체와 그들 사이의 가장자리만 볼 때, 제어 가장자리는 프로세스를 위한 활성화 신호에서부터 실행 시작까지 측정된 [최소값, 최대값] 지연 시간으로 라벨이 붙는다. 이 한계값들은 허용될 수 있는 지연 시간에 대한 명세이다. 우리의 목표는 이 한계값들을 충족시킬 수 있는, 프로세스들의 실행 속도를 찾는 것이다. 프로세스는 모든 가능한 활성화 신호들이 준비된 후에 실행을 시작한다.

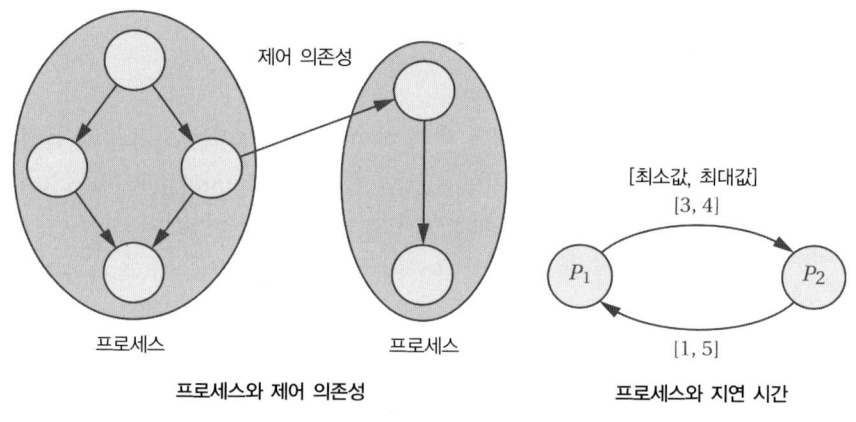

프로세스와 제어 의존성　　　　**프로세스와 지연 시간**

그림 6-5 RATAN 프로세서 모델

그래프 내의 가장자리 $i \rightarrow j$의 지연 시간을 d_{ij}라고 표시한다면, 프로세스 그래프 내의 사이클 C 의 지연 시간은 다음과 같이 주어진다.

$$d(C) = \sum_{(i,j) \in C} \delta_{ij}$$

(수식 6-2)

사이클의 평균 지연 시간은 다음과 같다.

$$\frac{d(C)}{|C|} \qquad \qquad \text{(수식 6-3)}$$

여기서 $|C|$ 는 C 내의 가장자리 개수이다. 최대 평균 사이클 지연 시간은 λ로 불린다. 강하게 연결된 그래프에서는 모든 노드가 같은 속도 λ로 실행된다.

하부 그래프 X의 속도 하한값과 상한값을 $[r_l(X), r_u(X)]$라고 부른다. 그래프에서 두 개의 최대 SCC인 P와 C를 가지고 이 그래프가 P에서 C로 가는 가장자리를 가진다면, P는 생산자이고 C는 소비자이다. 따라서 소비자 C를 위한 실제 속도 간격은 다음과 같다.

$$[\min\{r_l(P), r_l(P)\}, \min\{r_u(P), r_u(C)\}] \qquad \qquad \text{(수식 6-4)}$$

데이터 의존성과 스케줄링

데이터 의존성으로 인해 생기는 문제점이 그림 6-6 에 있다. 여기서는 2 개의 하부 작업이 3 개의 프로세서에 분산되어 있다. 예를 들어, 처리 요소 M_1 을 보자. CPU 는 분명히 서로의 일정에 영향을 미치는 두 개의 프로세스를 실행한다. 그런데 M_1 상의 프로세스들의 완료 시각은 시스템 내의 모든 다른 PE 들에 있는 프로세스들의 동작에도 의존한다. 데이터 의존성은 P_1과 P_2를 연결하는데, 이것은 상호 연관된 PE 들의 집합에 M_2를 추가한다. P_3와 P_4 사이의 데이터 의존성 또한 M_3를 시스템에 추가한다.

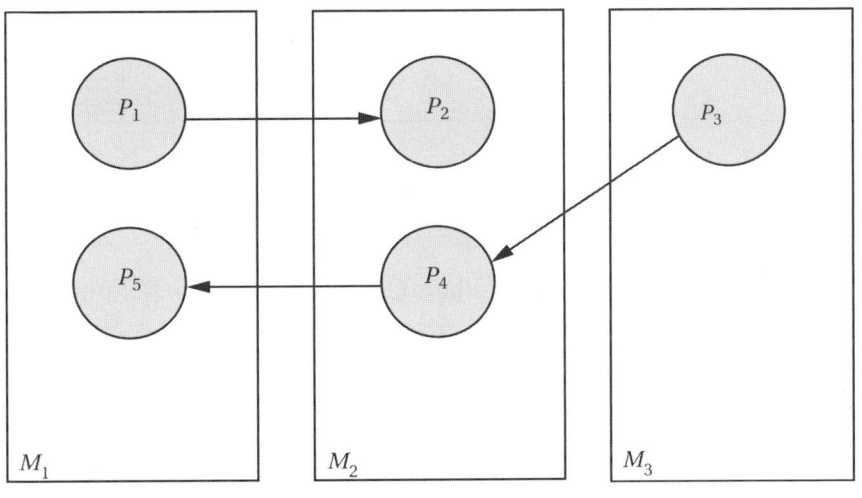

그림 6-6 선점과 스케줄링

프로세스를 더 빨리 실행하는 것이 항상 도움이 되지는 않는다. 그림 6-7을 살펴보자. 이 예에서 프로세스 Px의 계산 시간을 바꾸는 것은 P_3의 응답 시간을 바꾸는 것인데, 이들이 서로 다른 프로세서에서 실행할 경우에도 마찬가지이다. 데이터 의존성은 Px의 계산 시간을 단축시키며, 이로써 P_2가 더 빨리 실행해서 P_3를 선점하는 결과를 낳는다.

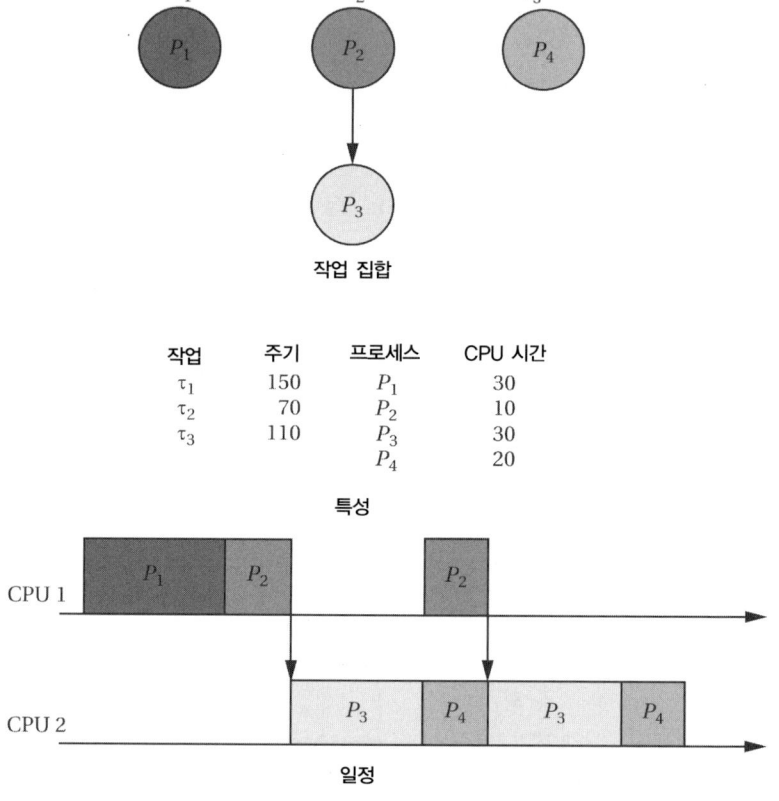

작업	주기	프로세스	CPU 시간
τ_1	150	P_1	30
τ_2	70	P_2	10
τ_3	110	P_3	30
		P_4	20

특성

그림 6-7 주기 시프트. 출처 : 옌(Yen)과 울프(Wolf)[Yen98]. ⓒ1998 IEEE.

전개된 일정　　　라맘리탐(Ramamritham)[Ram90b]은 전개된 일정(unrolled schedule)에 대한 스케줄링을 제안했다. 그는 일련의 프로세스를 위해 고려되어야 하는 최대 간격은 그 주기들의 **최소 공배수**(least common multiple, LCM)임을 파악했다. 더 긴 일정에서 프로세스들의 순서는 반드시 자체적인 반복을 포함해야 한다. 그는 LCM 간격을 사용하는 일정도 구축했다.

응답 시간 이론   시스템 내의 CPU에 대해 제약을 가하려면 레혹지(Lehoczy) 등[Leh89]의 정리를 이용할 수 있다. 이들은 단일 CPU 상에서 실행되는 일련의 독립적인(데이터 의존성이 없는) 프로세스들에 대한 응답 시간을 제한했다. 프로세스들은 $\{P_1, P_2, ...\}$인데 여기서 P_1이 가장 높은 우선순위를 가진 프로세스이다. i번째 프로세스의 최소 주기는 p_i이고, 그 최악 경우 실행 시간은 c_i이다. P_i의 최악 경우 응답 시간은 w_i인데, 이것은 다음과 같은 최소 비음수 근(smallest non-negative root)으로 계산될 수 있다.

$$x = g(x) = c_i + \sum_{j=1}^{i-1} \lceil x/p_j \rceil \qquad (\text{수식 } 6\text{-}5)$$

c_i 항은 프로세스의 계산 시간이다. x/p_j 항은 i번째 프로세스의 실행을 지연시키는 각 프로세스 주기의 일부이다. 이 수식을 직접 풀 수는 없으나, 계산적 방법으로 이를 풀 수 있다. 시스템 일정을 푸는 데 도움을 얻기 위해 다양한 프로세스들의 최악 경우 응답 시간을 사용할 수 있다. 그러나 이 수식은 충분하지 않은데, 그 이유는 CPU 사이 또는 CPU 내의 데이터 의존성을 고려하지 않기 때문이다. 이런 데이터 의존성을 다루려면 더 복잡한 그래프 알고리즘을 사용할 필요가 있다.

정적 스케줄링 알고리즘   옌(Yen)과 울프(Wolf)[Yen98]는 여러 CPU와 데이터 의존성을 다루는 알고리즘을 개발했다. 이 알고리즘은 실행되는 프로세스들을 하나 이상의 하부 작업들을 가질 수 있는 작업 그래프로 모델링한다. 작업 그래프 내의 각 프로세스는 계산 시간의 한계값들이 $[c_i^{lower}, c_i^{upper}]$로 주어진다. 이것은 하나의 고정된 계산 시간보다는 더 일반적이지만, 프로세스의 계산 시간을 엄격히 제한할 수 있다고 가정한다. 각 하부 작업은 간격 $[p_i^{lower}, p_i^{upper}]$로 모델링되는 주기를 가진다. 플랫폼의 아키텍처는 프로세서 그래프로 모델링된다. 작업 그래프 내에서 각 프로세스의 처리 요소 할당은 그림 6-8과 같다.

이 알고리즘은 프로세스의 시작 및 종료 시간들의 한계값들을 찾는다. 프로세스 Pi가 주어지면 시작 시각은 최초의 $[P_i$ 요청]과 최후의 $[P_i$ 요청]으로 할당된다. 그리고 종료 시각은 최초의 $[P_i$ 종료]와 최후의 $[P_i$ 종료]로 할당된다.

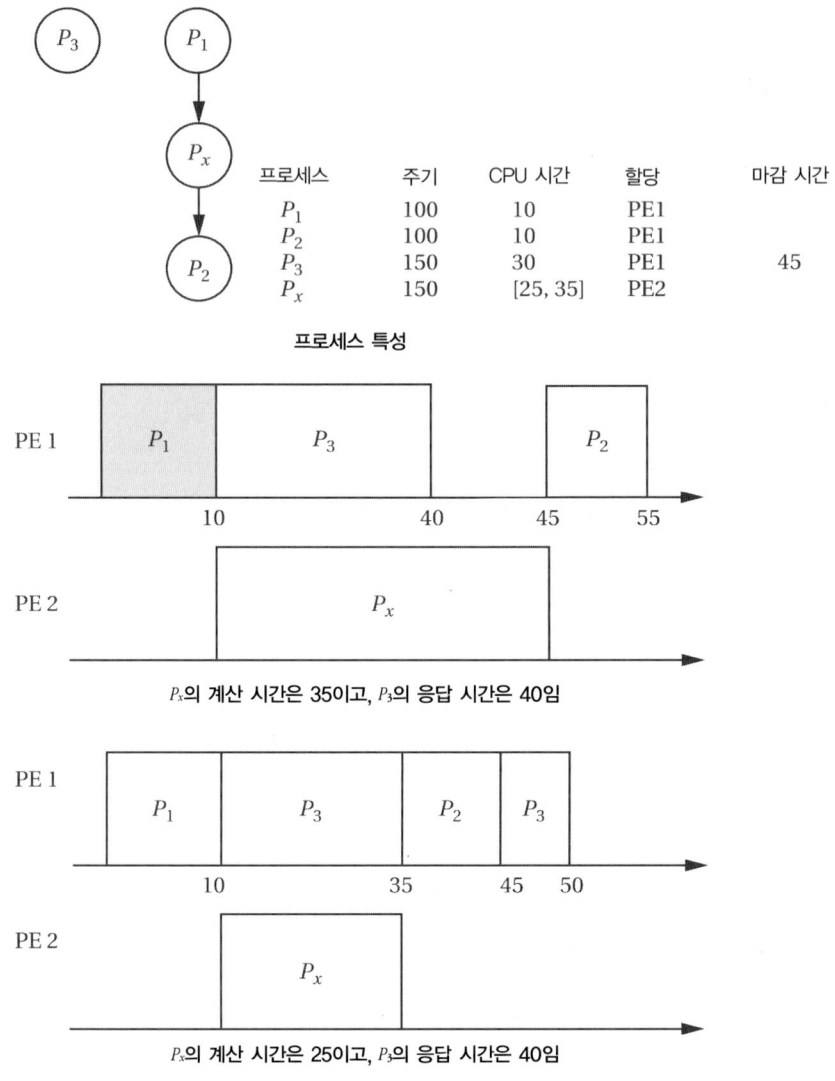

프로세스	주기	CPU 시간	할당	마감 시간
P_1	100	10	PE1	
P_2	100	10	PE1	
P_3	150	30	PE1	45
P_x	150	[25, 35]	PE2	

프로세스 특성

P_x의 계산 시간은 35이고, P_3의 응답 시간은 40임

P_x의 계산 시간은 25이고, P_3의 응답 시간은 40임

그림 6-8 더 긴 응답 시간을 낳는 단축된 계산 시간의 예. 출처 : 옌과 울프[Yen98].

지연 시간 추정 알고리즘

아래 코드는 지연 시간 추정 알고리즘을 요약한 것이다. maxsep[,] 자료구조는 각 프로세스를 위한 earliest[ ] 와 latest[ ] 한계값들을 가진다. 이것은 프로세스들을 위해 무한대의(제한되지 않은) 시간으로 시작한다. 이 성능 분석 알고리즘은 이 한계 값들이 더 이상 바뀌지 않을 때까지(또는 미리 결정된 반복 한계에 도달할 때까지) 반복적으로 압축한다(tightens).

```
maxsep.lower = maxsep.upper = infinity;
step = 0; /* 반복 횟수를 추적함 */
do {
    /* 요청 및 종료 시간들을 찾기 위해 최장 경로 알고리즘을 사용함 */
    foreach Pi { EarliestTimes(Gi); LatestTimes(Gi);
    /* 최대 제약조건들을 처리함 */
    foreach Pi { MaxSeparations (Gi);
    step++;
} while (maxsep has changed and step < limit);
```

각각의 반복에서 이 알고리즘은 두 종류의 연산을 수행한다. `EarliestTimes()`/
`LatestTimes()` 프로시저들은 수정된 최장 경로 알고리즘을 사용하여 데이터 의존
성을 분석한다. `MaxSeparations()` 프로시저는 발생할 수 없는 프로세스 실행들의
조합을 찾기 위해 수정된 최대 제약 알고리즘을 사용한다. 이 프로시저들 각각은 작
업 그래프 내의 하부 작업 P_i에 별도로 적용되지만, P_i를 업데이트하는 동안 프로세
스들은 모든 다른 하부 작업들의 실행 시간을 살펴본다.

왜 이 두 단계가 필요한지 이해하기 위해, 그림 6-9의 예를 살펴보자. 얼핏 봐서는
두 작업을 마치는 데 필요한 총 시간이 80이라는 결론을 내릴지도 모른다. 그러나
두 가지 조건은 이것을 더 짧아지게 만든다. 첫째, $P1$은 작업의 단일 실행에서 $P2$
와 $P3$ 모두를 선점할 수는 없다. 둘째, $P2$는 $P3$를 선점할 수 없는데, $P3$가 시작하
기 전에 $P2$는 끝나야 하기 때문이다. 따라서 두 작업을 실행하기 위한 최악 경우 지
연 시간은 단지 45일 뿐이다.

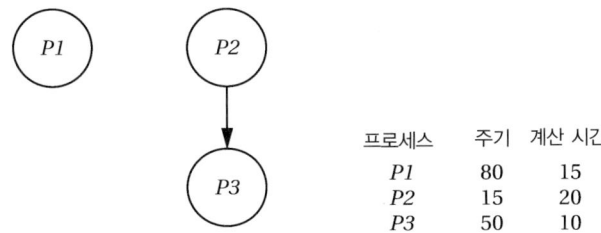

프로세스	주기	계산 시간
P1	80	15
P2	15	20
P3	50	10

그림 6-9 단계 조정과 분할 분석의 예. 출처 : 옌과 울프[Yen98]. ©1998 IEEE.

단계 제약조건 선점된 프로세스와 선점하는 프로세스 사이의 관계를 요약하기 위해 단계 제약조
건(phase constraints)을 사용할 것이다. 이 알고리즘은 두 종류의 단계를 사용한다.

- 요청 단계(request phase) φ^i_{jr} : 코드 내에서 phase[i,j,r] 로 호출하는데, 한 반복에서 P_i의 실행과 P_j의 후속 반복 사이의 최소 간격을 나타낸다.

- 종료 단계(finishing phase) φ^i_{if} : 코드 내에서 phase[i,j,f] 로 호출하는데, 한 반복에서의 P_i의 종료 시각과 P_j의 다음 반복에서의 최초 요청 시각 사이의 최소 간격을 나타낸다.

이 정의들은 그림 6-10 에 예시되어 있다. 상자들의 끝에 있는 회색 상자들은 최소/최대 타이밍 한계값들을 나타낸다.

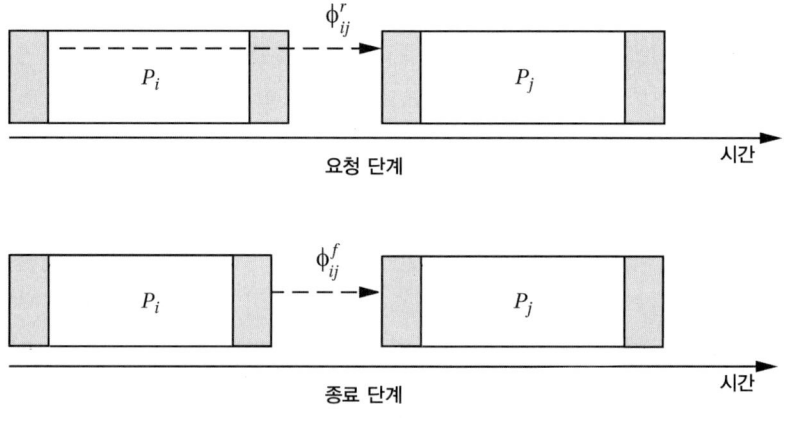

그림 6-10 요청과 종료 단계들

데이터 의존성은 프로세스의 상대적인 실행 시간에 대한 제약조건의 한 형태이다. LatestTimes()과 EarliestTimes()은 데이터 의존성에 기초하여 프로세스의 타이밍과 간격을 결정하는, 수정된 최장 경로 알고리즘이다. LatestTimes()를 위한 의사 코드는 다음과 같다(출처는 [Yen98]임). 이것은 EarliestTimes() 프로시저와 형태가 비슷하다.

```
LatestTimes(G) {
  /* 초기화 */
  foreach (process Pi) {
    latest[ Pi,request] = 0;
    foreach (process Pj) phase[ i, j ,r] = 0;
  }
  foreach (process Pi in topological order) {
```

```
wi = worst-case response time of Pi with phase adjustment phase[ i,j,r] ;
foreach (process Pj such that priority(Pj) > priority(Pi)) {
  latest[ Pi,finish]  = latest[ Pi,request] +wi
  calculate phase[ i,j,f]  relative to latest[ Pi,finish]  for each j;
  foreach (immediate successor Pk of Pi) {
    delta = latest[ Pk,request]  2 latest[ Pi,finish] ;
    if (latest[ Pk,request]  < latest[ Pi,finish] )
      latest[ Pk,request]  = latest[ Pi,finish]
    update phase[ k,j,r]  for each process Pj according to
      phase[ i,j,f]  and delta;
  }
}
}
}
```

이 알고리즘은 작업 그래프에 나타나는 순서대로 그래프를 따라간다. 최악 경우 응답 시간 wi 는 수식 6-6 을 사용하여 계산하는데, 요청된 단계를 감안하도록 합계 내의 항이 수정된다.

$$x = g(x) = c_i + c\sum_{j=1}^{i-1} \left\lceil (x - \phi_{ij}^r)/p_j \right\rceil$$ (수식 6-6)

wi 를 계산한 후에, latest[Pi, finish] 에 상대적인 단계들을 계산한다. P_j 가 P_i 를 선점하는 경우와 P_j 가 P_i 를 선점하지 않는 경우가 있다. 요청 단계들을 업데이트하는 것은 P_i 의 후속자 P_k 들을 검사하는 하나의 반복을 미리 살펴볼 필요가 있다. $\delta > 0$ 이라면, P_i 의 마지막 종료 시각과 P_k 의 마지막 요청 시각 사이의 간격이 존재한다. $\delta > 0$ 이라면 요청 단계 ϕ_{jr}' 은 업데이트되어야 한다. 그 후에 다음을 업데이트한다.

$$\phi_{kj}^r = \min\left(\phi_{kj}^r, \phi_{ij}^f\right)$$

이 관계가 그림 6-11 에 있다.

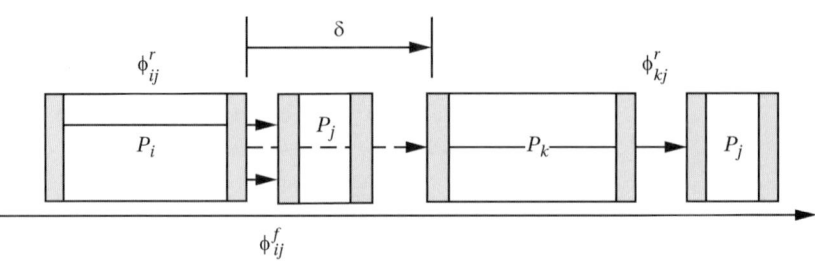

그림 6-11 단계들과 연관된 관계들

`MaxSeparations()` 프로시저는 실행 시간의 한계들을 더 엄격하게 만드는 것을 방해할 수 없는 프로세스들의 조합을 사용한다. 이것은 선점을 고려한 프로세스의 단계 분리를 검사하기 위해 `LatestTimes()` `EarliestTimes()`에서 수행된 단계 분석의 결과들을 사용한다.

`max` 제약조건은 프로세스와 그 선행자 사이의 관계를 모델링하는데, 프로세스의 초기화 시간은 그 선행자의 종료 시각들의 `max` 값이다. `max` 제약조건은 데이터 의존성에 의해 야기되는 선형 제약조건들보다 해결하기가 더 어렵다. 이 제약조건들을 해결하기 위해 맥밀란(McMillan)과 딜(Dill)[McM92]에 의해 개발된 수정된 버전의 알고리즘을 사용할 수 있다.

이벤트 지향의 분석

성능 분석을 위한 다른 접근법인 SymTA/S는 이벤트[Hen05]에 기초한다. 시스템 및 처리 요소들 사이의 입출력들은 이벤트로 모델링된다. 주기 당 하나의 이벤트를 가정하는 속도 고정 분석과는 달리, SymTA/S 모델은 언제 이벤트가 발생할 수 있고 발생해야만 하는지에 대한 복잡한 설명을 가능하게 해준다. SymTA/S는 일련의 입력 이벤트들뿐만 아니라 작업과 이들의 처리 요소에 대한 매핑을 포함한 시스템의 기술로부터 시작한다. 이것은 출력 이벤트와, 부작용에 의해 내부 이벤트들까지 생성한다. SymTA/S는 엄밀히 말하면 프로세스를 위한 일정을 제공하지는 않지만, 입력 요청을 충족시키기 위해 프로세스가 언제 스케줄링될 수 있는지에 관한 엄격한 한계는 제공한다.

이벤트 모델

이벤트는 원소적 동작이다. 이벤트의 타이밍 특성에 따라 몇 가지로 분류할 수 있다. 단순 이벤트 모델(simple event model)은 주기 P에 의해 정의된다. 이 이벤트는 엄격히 주기적으로 발생한다. 흐트러짐 이벤트 모델(jitter event model)은 주기와 흐트러짐 (P, J)를 가진다. 이 이벤트는 대략적으로 기술된 주기마다 발생하지만,

그림 6-12처럼 흐트러짐 간격 내에서도 발생할 수 있다. 이벤트 함수 모델(event function model)은 간격 내의 이벤트 수가 변하는 것을 허용한다. 간격 Δt 내의 이벤트 수의 범위는 $\eta^l(\Delta t)$에서 $\eta^u(\Delta t)$까지이다.

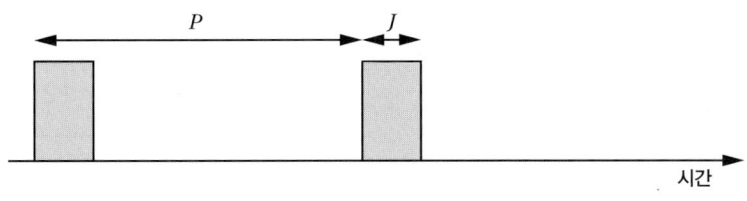

그림 6-12 흐트러짐 이벤트 모델

이벤트 함수는 간격 내의 이벤트 수를 세므로, 단위 단계(unit steps)를 가진 구분적인(piecewise) 상수 함수이다. 즉, 각 단계는 시스템에 이벤트 하나를 더 추가한다. 흐트러짐을 포함한 주기적 이벤트 모델을 다음과 같이 정의할 수 있다.

$$\eta^{l}_{P+J} = \max\left(0, \left\lfloor \frac{\Delta t - J}{P} \right\rfloor\right) \qquad \text{(수식 6-7)}$$

$$\eta^{u}_{P+J} = \left\lceil \frac{\Delta t + J}{P} \right\rceil \qquad \text{(수식 6-8)}$$

N이 2 이상인 이벤트들 사이에서 최소 및 최대 거리를 정의하는 최소 거리 함수(minimum distance function) $\delta^{min}(N)$과 최대 거리 함수(maximum distance function) $\delta^{max}(N)$도 정의할 수 있다. 그리고 단위 시간 당 이벤트 수에 대한 하한값을 0으로 가지는 주기적 이벤트 스트림을 산발적 이벤트(sporadic events)라고 정의한다.

출력 이벤트 타이밍

그림 6-13처럼, 처리 요소는 입력 이벤트를 소모하고 출력 이벤트를 방출한다. SymTA/S는 입력과 출력 사이의 기능성이 아니라 타이밍을 모델링하는 데 치중한다. 이 이벤트 모델들은 비교적 단순하므로, 입력 이벤트가 주어지면 출력 이벤트의 타이밍은 쉽게 계산할 수 있다. 엄격하게 주기적인 입력 이벤트는 엄격하게 주기적인 출력 이벤트를 생성한다. 흐트러짐을 포함하는 이벤트의 경우, 출력 이벤트의 흐트러짐을 찾기 위해 단순히 응답 시간 흐트러짐(이것은 최소 및 최대 응답 시간들 사이의 격차이다)을 입력 흐트러짐에 추가한다.

$$d(J_{out} = J_{in} + (t_{\text{resp,max}} - t_{\text{resp,min}}))$$ (수식 6-9)

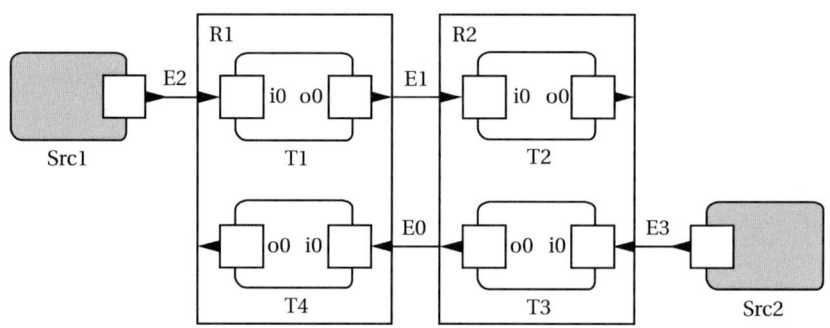

그림 6-13 입력 이벤트가 출력 이벤트를 생성한다.

시스템 타이밍 분석

한 처리 요소의 출력과 다른 처리 요소의 입력 사이의 관계를 계산함으로써 처리 요소 시스템의 타이밍을 분석할 필요가 있다. 분석은 설계자에 의해 주어지는 입력 이벤트의 정의에서 시작한다. 분석은 시스템 출력에서의 이벤트들을 파악하고, 처리 요소들 사이의 내부 이벤트들을 생성한다.

그림 6-14처럼, 어떤 시스템은 순환적인 스케줄링 의존성을 가지기 때문에 분석할 수 없을 수도 있다. 이 그림은 두 개의 입력 이벤트를 보여주는데, 각 처리 요소(R1과 R2)는 입력이 누락된 작업을 가진다. 이 PE들은 통신하지만, 우리는 R1(이것이 R2로 이벤트를 제공한다)의 출력을 계산하기 위해 R2의 타이밍을 알 필요가 있으며, R2(이것이 R1으로 이벤트를 제공한다)의 출력을 계산하기 위해 R1의 타이밍도 알 필요가 있다. 이벤트들 사이의 이런 의존성은 분석의 시작과 종료를 불가능하게 만든다.

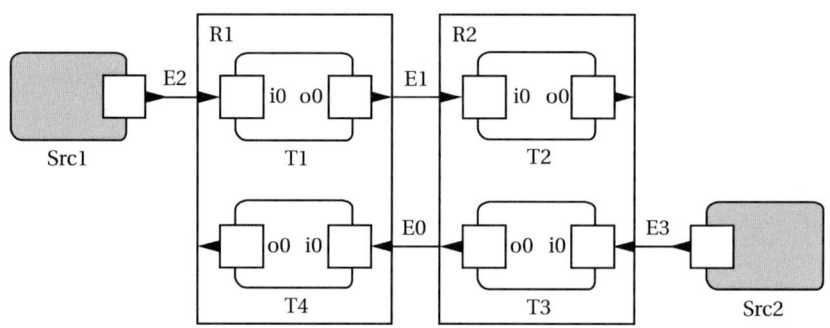

그림 6-14 순환적 스케줄링 의존성. 출처 : 헤니아(Henia) 등[Hen05]. ⓒ2005 IEEE.

작업 활성화   이벤트는 작업을 활성화한다. 작업을 활성화하기 위해 필요한 이벤트들의 조합을 정의할 수 있다. AND 활성화는 활성화할 일련의 이벤트 전부를 필요로 하며, OR 활성화는 활성화할 일련의 이벤트 중 일부만을 필요로 한다. 그러나 NOT 활성화는 허용되지 않는데, 이는 이벤트를 소멸시키고 분석을 진행할 수 없게 만들기 때문이다.

AND 활성화   그림 6-15처럼, AND 활성화 작업은 입력으로 이벤트들을 받는데, 모든 입력이 준비가 될 때 비로소 작동한다. 각 입력은 대기열로 버퍼링되는데, 이벤트들이 모두 동시에 도달하지 못할 수 있기 때문이다. 그러나 버퍼를 유한한 크기로 만들기 위해서는 AND 활성화 작업으로 들어오는 모든 입력은 동일한 도달 속도를 가질 것을 요구한다. AND 활성화 작업의 활성화 흐트러짐은 임의의 입력에서의 가장 큰 흐트러짐에 의해 결정된다.

$$J_{AND} = \max_i(J_i) \qquad \text{(수식 6-10)}$$

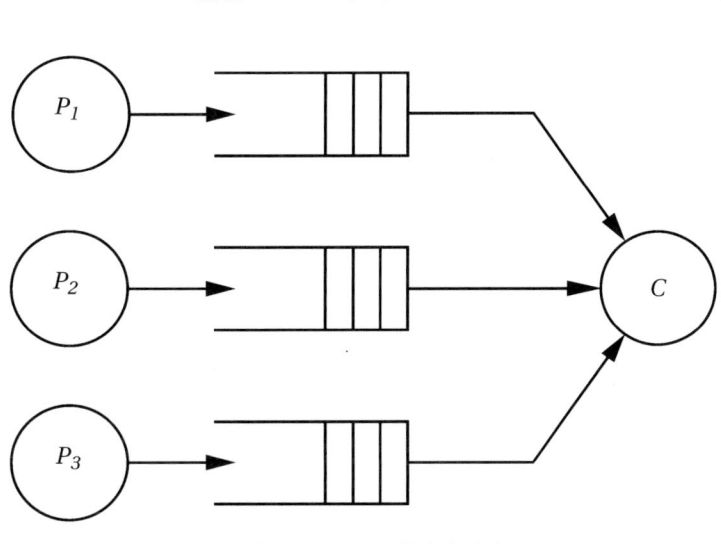

그림 6-15 AND 활성화 작업

OR 활성화   OR 활성화 작업은 입력 버퍼를 필요로 하지 않는데, 어떤 입력 이벤트도 즉시 소모되기 때문이다. 그러나 OR 활성화 작업은 AND 활성화 작업보다 더 복잡한데, OR 활성화 작업이 더 쉽게 활성화되기 때문이다. 그림 6-16은 한 쌍의 입력 이벤트와 그들의 결과적인 OR 활성화를 보여준다. 한 입력 스트림은 $P_1 = 4$, $J_1 = 2$인 반면, 다른 것은 $P_2 = 3$, $J_2 = 2$이다.

각 입력 이벤트 스트림은 이 이벤트 모델로 특성화될 수 있지만, OR 활성화 스트림은 불가능하다. 이 입력 이벤트 스트림들의 OR 조합은 분석 가능한 어떤 이벤트 모델에도 적합하지 않은 비정규적인 패턴을 가진다. 따라서 흐트러짐을 포함한 주기적 모델을 사용하여 그림 6-16의 (d)와 같은 근사(approximation)를 사용해야 한다.

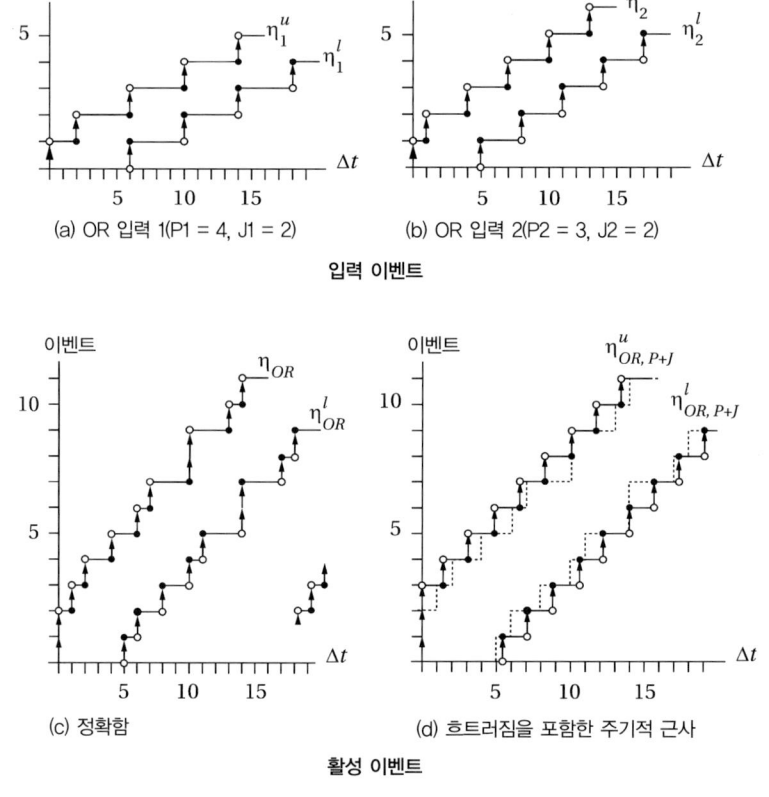

입력 이벤트

(a) OR 입력 1(P1 = 4, J1 = 2)   (b) OR 입력 2(P2 = 3, J2 = 2)

활성 이벤트

(c) 정확함   (d) 흐트러짐을 포함한 주기적 근사

그림 6-16 OR 활성화와 근사치. 출처 : 헤니아(Henia) 등[Hen05]. ©IEEE.

OR 활성화 주기   OR 활성화의 주기는 초주기(hyperperiod)를 찾기 위해 일정을 전개함으로써 파악된다. 입력 이벤트 주기들의 최소 공배수를 찾고, 이것을 이 초주기에서의 모든 입력 이벤트들의 합계로 나눈다(흐트러짐은 없다고 가정한다). 이것은 다음과 같은 수식으로 작성될 수 있다.

$$P_{OR} = \frac{LCM(P_i)}{\displaystyle\sum_{i=1}^{n} \frac{LCM(P_i)}{P_i}} = \frac{1}{\displaystyle\sum_{i=1}^{n} \frac{1}{P_i}}$$

(수식 6-11)

OR 활성화 흐트러짐

OR 활성화 흐트러짐은 그림 6-16 처럼 근사를 필요로 한다. 우리는 다음의 부등식들을 만족하는 가장 작은 흐트러짐을 찾고자 한다.

$$\left\lceil \frac{\Delta t + J_{OR}}{P_{OR}} \right\rceil \geq \sum_{i=1}^{n} \left\lceil \frac{\Delta t + J_i}{P_i} \right\rceil$$

(수식 6-12)

$$max\left(0, \left\lfloor \frac{\Delta t - J_{OR}}{P_{OR}} \right\rfloor\right) \geq \sum_{i=1}^{n} max\left(0, \left\lfloor \frac{\Delta t - J_i}{P_i} \right\rfloor\right)$$

(수식 6-13)

OR 활성화 흐트러짐을 찾기 위해 (수식 6-12)를 구분적으로(piecewise) 평가할 수 있다. 각 구분은 다음과 같이 작성될 수 있다.

$$\left\lceil \frac{\Delta t + J_{OR,j}}{P_{OR}} \right\rceil \geq k_j, \ \Delta t_j \leq \Delta t \leq \Delta t_{j+1}$$

(수식 6-14)

여기서 k_j는 자연수이다. 상한(ceiling) 함수는 Δt에서 단조 증가하므로, Δt의 최소값에 대해서만 평가하면 되는데, 이것은 Δt_j에 접근한다. 그 결과는 다음과 같다.

$$J_{OR,j} \geq (k_j - 1)P_{OR} - \Delta t_j$$

(수식 6-15)

순환적 작업 의존성

작업들은 순환적으로 연결될 수 있다. 순환에는 작업의 출력이 자신의 입력으로 들어오는 단순 순환(primitive cycles)과, 일련의 작업들이 자신에게로 되돌아오는 긴 순환(long cycles)이 있다. AND 활성화는 순환을 포함한 작업들을 위한 자연스러운 모드이다. 그러나 우리의 기본 분석에서 AND 활성화된 작업은 그 입력에서보다 출력에서 더 큰 흐트러짐을 가진다. 이것은 작업의 순환이 결코 안정화될 수 없음을 의미한다. 작업을 분석하려면 순환을 끊고, 열린 루프 시스템을 분석하고, 닫힌 루프 상황에서 결과를 점검한다.

상황적 분석   기본적인 이벤트 모델은 이벤트들 사이의 상관관계는 설명하지 않는다. 그러나 실제 시스템에서는 타당한 일정의 범위를 유용하게 좁힐 수 있도록 이벤트들이 상관관계를 가질 수 있다. 상관관계는 종종 **상황 의존적 동작**(context-dependent behavior)으로부터 오는데, 이것은 다른 종류의 이벤트와 작업의 내부 모드라는 두 가지 원천 중 하나로부터 올 수 있다. **이벤트 내 스트림 상황**(intra-event stream context)이라 불리는 단일 스트림 내에서의 상관관계를 정의하기 위해 이 특성들을 사용할 수 있다. 그리고 두 개의 서로 다른 스트림 사이의 오프셋과 같은 관계를 찾을 수 있도록 해주는 **이벤트 간 스트림 상황**(inter-event stream contexts)도 사용할 수 있다.

분산 소프트웨어 합성   강(Kang) 등[Kan99b]은 신호 처리 알고리즘의 분산된 구현들을 합성하기 위해 도구 군을 개발했다. 이들의 방법론이 그림 6-17에 나와 있다. 설계자는 작업 그래프, 하드웨어 플랫폼 아키텍처, 그리고 마감 시간과 같은 설계 제약조건을 제공한다. 그리고 확률 분포 함수 형태의 프로세스 특성에 관한 통계적 정보도 제공한다.

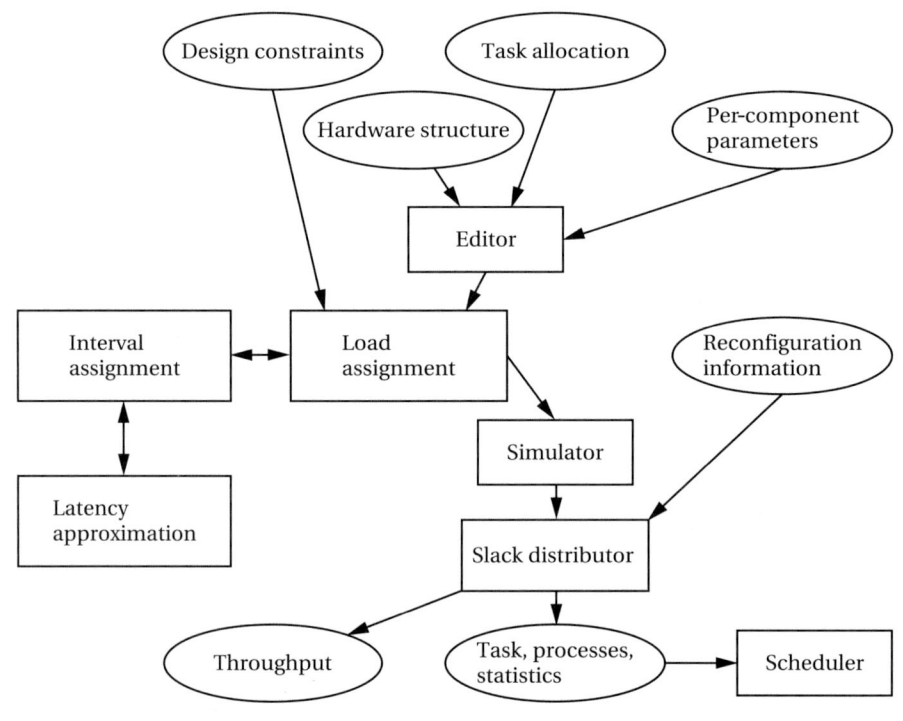

그림 6-17 분산 소프트웨어 합성을 위한 방법론

합성 과정에서 작업 그래프의 각 하부 그래프는 독립적인 채널로 취급된다. 하부 그래프의 프로세스는 의사 순환적으로(quasicyclically) 실행된다. 시간은 할당량 (quanta)으로 분할되고, 각 프로세스에는 시간 예산이 할당되고, 간격이라 불리는 일정 내의 위치도 할당된다. 부하가 너무 작아서 추가적인 할당량을 사용할 수 있다면, 프로세스는 추가적인 시간 할당량을 사용할 수 있다.

부하 한계 추정기(load threshold estimator)는 프로세스의 일정을 결정한다. 이것은 각 채널에서 필요로 하는 처리량을 파악하고, 부하 균배를 위해 프로세스들을 처리 요소들에 할당하고, 지연 시간을 최소화하기 위해 간격을 스케줄링한다. 부하는 통계적으로 모델링되므로, 프로세스 할당을 위해서는 반복적인 알고리즘이 사용되어야 한다. 채널을 분석하려면 추정기는 이것을 체인으로 분해하고 각 체인을 별도로 분석하며, 그 후에 완전한 채널을 위해 이 추정들을 전반적인 추정으로 결합한다. 부하는 변할 수 있으므로, 시스템 특성은 시뮬레이션을 통해 검증된다.

6.3.3 동적 작업에 대한 스케줄링

동적 작업

작업들이 시스템에 동적으로 도달하면, 요구사항을 충족시킬 것이라고 보장할 수가 없다. 작업의 원천이 자신을 제한하지 않는 한, 이것은 시스템에 허용되는 것보다 더 많은 작업 요청을 생성할 수 있다. 동적으로 할당되는 작업을 받는 시스템은 작업을 받을지 여부를 즉석에서 결정해야 하고, 다중 프로세서의 경우에는 어떤 처리 요소가 이 작업을 맡을지도 결정해야 한다. 이 결정은 빨리 이루어져야 할 필요가 있다. 작업 할당이 다른 작업을 수행하는 노드에 의해 수행된다면, 스케줄링 오버헤드는 유용한 작업을 할 수 있는 CPU 시간을 잠식한다. 작업 할당이 전용 프로세서에 의해 수행된다 하더라도, 더 긴 결정 시간은 작업의 실행 시작을 지연시키며, 따라서 마감 시간 이전에 완료하기 위한 시간을 줄이게 된다.

범용 마이크로프로세서는 일반적으로 사용자로부터 동적 작업을 받는다. 다중 프로세서 운영체제는 시스템 부하에 기초하여 작업을 프로세서에 할당한다. 그러나 범용 다중 프로세서는 동종인 경우가 많으며, 이것은 여러 가지 스케줄링 결정을 단순화시킨다. 임베디드 다중 프로세서는 이종인 경우가 많다. 그 결과, 모든 노드 상에서 모든 작업이 실행되지 않을 수 있다. 오직 한 노드에서만 실행하는 작업은 그 노드에서 반드시 실행되어야 한다는 것은 스케줄링 결정을 단순화시키지만, 다른 문제를 복잡하게 만든다. 만약 처리 요소가 범용 작업과 특수화된 작업의 조합을 실행할 수 있다면, 특수화된 작업을 실행할 필요가 있다는 것을 알기 전에 범용 작업을 수용할 수 있다. 운영체제는 특수화된 작업을 위해 처리 요소를 예약함으로써 계산 능력을 낭비하든가, 특수화된 작업을 위한 공간을 마련하기 위해 즉석에서 작업들을 이동시켜야 할지 모른다.

동적 작업 스케줄링

라마리탐(Ramaritham) 등[Ram90a]은 실시간 작업의 동적 스케줄링을 위해 근시 알고리즘(myopic algorithm)을 개발했다. 이들의 알고리즘은 새로 도착한 작업의 적합한 일정을 찾기 위해 발견적 방법 검색을 수행한다. 작업은 비주기적이고 비선점식으로(nonpreemptively) 실행된다고 가정하며, 작업들 사이에 데이터 의존성은 없다고 가정한다. 각 작업은 도착 시각 T_A, 마감 시간 T_D, 최악 경우 처리 시간 T_P, 그리고 자원 요구사항 $\{T_R\}$로 특성화된다.

검색 측정 기준

검색 과정에서 어떤 프로세스를 다음에 스케줄링할지를 선택하는 요소는 결정 함수 H에 의해 캡슐화될 수 있다. 가능한 결정 함수는 최단 마감 시간 우선, 최단 처리 시간 우선, 최소 최초 시작 시간 우선, 또는 최소 이완 우선을 포함한다.

스케줄링을 위한 검색 알고리즘

검색 알고리즘은 검색하는 동안에 스케줄링이 필요한 일련의 작업 $P = \{p_i\}$에서 시작하여, 부분적인 일정들을 만든다. 더 완전한 일정을 만들기 위해 작업들을 일정에 추가한다. 그리고 다른 해결책을 찾기 위해 부분 일정으로부터 작업들을 제거할 수도 있다. 검색의 각 위치에서 P로부터 작업이 선택되어서 부분 일정 S에 추가된다. 빼앗기는(depleted) 작업 집합을 P, 그리고 잔류 작업들을 P_R이라고 부른다. 부분 일정 자체가 타당하고, 실행할 작업을 위한 모든 가능한 다음 선택도 역시 타당한 부분 일정을 만든다면, 부분 일정은 확실히 타당하다(strongly feasible).

근시 알고리즘은 검색하는 과정에 잔류 작업들의 하부 집합만을 대상으로 한다. P_R을 마감 시간별로 정렬하며, 집합에서 처음 k개 작업만 택한다. 그리고 이 k개 작업 중에서 H만을 평가하며, 최선의 작업을 선택해서 부분 일정에 추가한다. 만약 k가 전체 작업 수에 비해 작다면 이 처리는 전체 작업 수에 거의 비례한다.

부하 균배

부하 균배(load balancing)는 작업들이 내부 원천에서 오는, 동적 작업 할당의 한 형태이다. 처리 요소는 다음과 같은 여러 가지 이유 때문에 이 작업들 중 하나를 시스템 내의 다른 곳으로 이동시키는 결정을 내릴 수 있다. 즉, 모든 작업을 끝내는 가능성을 부정확하게 추정했거나, 캐시 동작 또는 다른 성능 기준을 개선하려고 하거나, 가용 PE들의 하부 집합에서만 실행할 수 있는 작업을 받아들일 필요가 있거나 하는 경우이다.

프로세서 부하의 균형을 맞추기 위해서는 한 PE에서 실행 중인 작업을 멈추고, 그 상태를 저장하고, 새 처리 요소에서 이 상태를 복원할 수 있는데, 이 절차는 종종 작업 또는 프로세스 이주(migration)라고 불린다. 이 작업은 상황에 따라 직관적이거나 복잡하다.

- 공유 메모리를 가진 동종 다중 프로세서 : 이 경우, 구 PE로부터 신 PE로 작업의 활성화 기록을 복사하고 PE를 재시작할 수 있다.

- 공유 메모리를 가진 이종 다중 프로세서 : 구 PE와 신 PE 모두에서 실행될 수 있는 버전의 코드를 가지고 있다고 가정해야 한다. 이 경우, 한 종류의 프로세서에서 다른 종류의 프로세서로 활성화 기록을 단순히 복사할 수 없다. 어떤 경우에는 두 PE의 활성화 기록 정보 사이에 간단한 변환이 있을 수 있다. 일반적으로는 작업 상태를 메모리에 저장해서 활성화 기록을 일부러 전송할 필요가 없도록 해주는 특수한 코드를 프로세스 내에서 사용해야 한다.

- 비공유 메모리를 가진 다중 프로세서 : PE들이 공유 메모리 영역에서 작업을 실행하지 않는다면, 모든 프로그램 데이터를(그리고 아마도 코드도) 구 PE에서 새 PE로 복사해야 한다. 이것은 일반적으로 많은 비용이 들기 때문에 공유 메모리 없이 유용하게 작업이 이주되기는 어렵다.

부하 균배 알고리즘

신(Shin)과 창(Chang)[Shi89]은 실시간 마이크로프로세서를 위한 부하 균배 알고리즘을 개발했다. 시스템 내의 각 처리 요소는 작업을 공유할 수 있는, 노드들의 동료 목록(buddy list)을 유지한다. 예를 들어 프로세서 간의 통신 비용에 의해 동료가 결정될 수 있다. 스케줄링 결정을 빨리 하기 위해, 처리 요소는 자신의 상태를 동료 목록 상의 PE로 보낸다. 각 PE는 약한 부하(underloaded), 중간 부하(medium loaded), 완전 부하(fully loaded)라는 3개의 상태 중 하나에 있다. PE가 상태를 바꿀 때 모든 동료에게 업데이트를 보낸다.

각 PE는 동료 목록을 선호 목록(preferred list)으로 더 조직화하는데, 이것은 처리 요소의 통신 거리에 의해 정렬된다. PE가 다른 노드로 작업을 이동하고자 할 때, 선호 목록 상의 첫 번째 약한 부하인 PE로부터 도움을 요청한다. 선호 PE 목록을 적절하게 구성하면, 시스템은 각 처리 요소가 하나 이상의 다른 PE의 우위에 있지 않음을 보장할 수 있다. 이것은 한 PE가 여러 작업 이주 요청들에 의해 압도당하는 기회를 줄여준다.

6.4 임베디드 다중 프로세서를 위한 서비스와 미들웨어

이 절에서는 임베디드 다중 프로세서가 제공하는 서비스들을 살펴본다. 이런 서비스들은 운영체제 또는 다른 소프트웨어 패키지에 의해 제공될 수 있지만, 이 서비스들은 애플리케이션을 구축하는 데 사용된다. 서비스들은 비교적 저수준의 연산들, I/O 장치 처리, 프로세스 간 통신, 스케줄링을 포함할 수 있다. 물론 고수준의 서비스들도 제공할 수 있다.

미들웨어란 무엇인가?

많은 서비스들은 미들웨어(middleware)에 의해 제공된다. 미들웨어라는 용어는 분산 시스템과 다중 프로세서에서 애플리케이션들을 위한 서비스를 제공하는 소프트웨어를 나타내는 것으로, 범용 시스템에서 유래된 것이다. 미들웨어는 애플리케이션 자체는 아니며, 운영체제에서 제공하는 근본적인 서비스도 아니다. 미들웨어는 다른 엔디안 또는 다른 데이터 포맷 문제를 가진 프로세서들 간에 데이터를 전송하는 것과 같은, 아주 일반적인 데이터 서비스를 제공할 수 있다. 그리고 애플리케이션 특유의 서비스도 제공할 수 있다.

미들웨어는 다음과 같은 여러 가지 목적으로 임베디드 시스템에서 사용된다.

- 애플리케이션이 더 빨리 개발될 수 있도록 해주는 기본적인 서비스들을 제공한다. 이 서비스들은 특정 처리 요소 또는 I/O 장치에 국한될 수 있다. 또는 고수준의 통신 서비스들을 제공할 수 있다.

- 한 임베디드 시스템에서 다른 임베디드 시스템으로 애플리케이션을 이식하는 작업을 쉽게 해준다. 미들웨어 표준은 특히 유용한데, 이 미들웨어를 지원하는 어떤 플랫폼으로도 애플리케이션 자체가 이식될 수 있기 때문이다.

- 핵심적인 기능이 효율적이고 정확하게 구현될 수 있도록 해준다. 사용자가 직접 모든 기능을 구현하는 대신, 개발사는 플랫폼의 기능을 진열하는 미들웨어를 제공할 수 있다.

미들웨어와 자원 할당

미들웨어와 소프트웨어 라이브러리의 중요한 차이점 중 하나는 미들웨어는 자원을 동적으로 관리한다는 점이다. 단일 프로세스에서 운영체제는 프로세서 상의 자원들(예를 들어, CPU 자체, 장치들 등)을 관리하며, 소프트웨어 라이브러리는 이 할당에 기초하여 계산 작업을 수행한다. 분산 시스템 또는 다중 프로세서에서는 미들웨어가 시스템 자원들을 할당하고, 이러한 결정들을 구현하기 위해 개별 프로세서 상의 운영체제에 요청을 보낸다.

자원들이 설계자 결정에 의해 정적으로 할당되는 것이 아니라 실행 시간에 할당되어야 하는 이유는 시스템에 의해 수행되는 작업이 시간에 따라 바뀌기 때문이다. 만약 자원들을 정적으로 할당한다면, 많은 비용이 들 뿐만 아니라 훨씬 더 많은 전력을 소모하는, 과다 설계된 시스템이 되고 만다. 동적 할당은 자원을 훨씬 더 효율적으로 사용할 수 있도록 해준다(그리고 현재의 모든 요청들을 적절하게 처리하기에는 충분한 자원이 없을 경우도 해결해준다). 임베디드 시스템은 점차 미들웨어를 채택해 가고 있는데, 자원 요청을 정적으로는 쉽게 평가할 수 없는 복잡한 작업들을 수행해야 하기 때문이다.

임베디드 대 범용 스택

일반성 대 효율성은 중요한 거래이다. 범용 컴퓨팅 시스템은 세분성(granularity)의 다른 수준에서 유용한 추상화를 제공하는 소프트웨어 스택으로 구축된다. 이런 스택은 깊고 풍부한 일련의 기능들을 제공하는 경우가 많다. 전력/에너지 소모, 메모리 공간, 실시간 성능과 같은 임베디드 컴퓨팅 시스템 상의 제약조건은 소프트웨어 스택을 더 신중하게 설계하도록 강요하는 경우가 많다.

임베디드 시스템 설계자는 다양한 미들웨어 아키텍처로 실험해왔다. 어떤 시스템은 인터넷 프로토콜(IP), CORBA 등과 같은 일반적인 표준들을 자유롭게 사용한다. 다른 시스템은 자신의 서비스와 지원을 정의한다. 미들웨어를 구축하기 위해 표준 서비스 또는 맞춤 서비스를 어느 정도로 사용할지는 임베디드 다중 프로세서와 분산 시스템 설계를 위한 중요한 결정이 된다.

다음 절에서는 표준에 기초한 미들웨어를 살펴보고, 6.4.2 절에서는 칩 상의 시스템을 위한 미들웨어를 검토한다. 그리고 6.4.3 절에서는 많은 임베디드 시스템에서 중요한 종류의 서비스인 서비스 품질(QoS)에 치중한다.

6.4.1 표준 기반의 서비스들

많은 미들웨어 시스템이 표준 프로세서들의 다양한 조합을 사용하여 구축되어 왔는데, 인터넷 프로토콜은 자주 사용되는 것 중 하나이다. CORBA도 분산 임베디드 서비스를 위한 모델로 사용되어 왔다.

공통 개체 요청 매개자 아키텍처(Common Object Request Broker Architecture, CORBA)[Obj06]는 미들웨어 서비스를 위한 아키텍처로 널리 사용된다. 이 자체는 특별한 프로토콜이 아니며, 객체지향 서비스를 기술하는 메타 모델이다. CORBA 서비스는 데이터뿐만 아니라 기능적 인터페이스를 조합한 개체(objects)에 의해 제공된다. 개체에 대한 인터페이스는 대화식 데이터 언어(interactive data language, IDL)로 정의된다. IDL 명세는 언어 독립적이어서 여러 다른 프로그래밍 언어로 구현될 수 있다. 이것은 애플리케이션과 개체가 동일한 프로그래밍 언어로 구현될 필요가 없음을 의미한다. IDL은 완전한 프로그래밍 언어가 아니며, 이것의 중요한 역할은 인터페이스를 정의하는 것이다. 개체와, 개체에 수반되는 변수들은 형식(types)을 가진다.

개체 요청 매개자

그림 6-18처럼, 개체 요청 매개자(object request broker, ORB)는 서비스를 제공하는 개체에 클라이언트를 연결한다. 각 개체 인스턴스는 고유한 개체 참조(object reference)를 가진다. 클라이언트와 개체는 같은 기계에 존재할 필요가 없으며, 원격 기계에 대한 요청은 여러 ORB들을 호출할 수 있다. 클라이언트 측의 스텁(stub)은 클라이언트를 위한 인터페이스를 제공하는 반면, 뼈대(skeleton)는 개체에 대한 인터페이스이다. 개체는 논리적으로 단일 실체로 나타나지만, 서버는 다양한 클라이언트를 위한 개체 호출을 구현하기 위해 스레드 풀(thread pool)을 유지할 수 있다. 클라이언트와 개체는 IDL에서 정의된 것처럼 같은 프로토콜을 사용하므로, 개체는 자신이 구현되어 있는 처리 요소와는 독립적이며 일관성 있는 서비스를 제공할 수 있다.

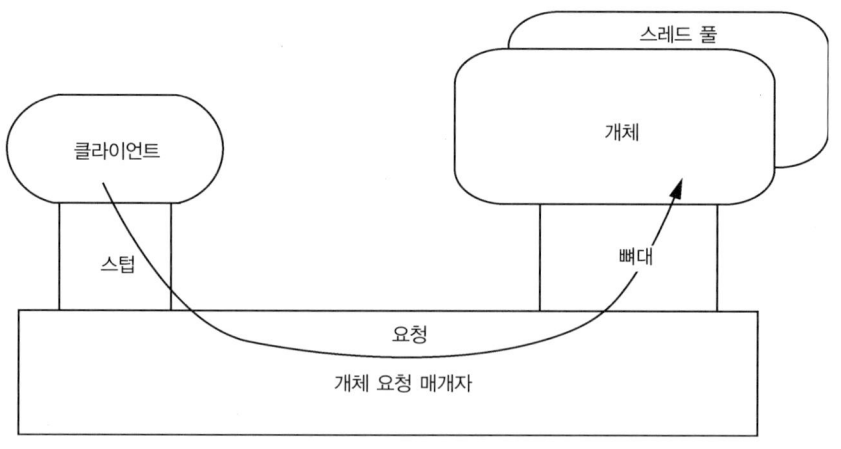

그림 6-18 CORBA 개체 요청

구현 문제　　　　CORBA는 애플리케이션 프로그래머로부터 많은 구현 세부 사항을 감춘다. CORBA 구현은 부하 균배, 결함 허용, 그리고 서비스를 유용하고 확장성 있게 만드는 여러 가지 다른 기능들을 제공한다.

RT-CORBA　　　　RT-CORBA[Sch00]는 실시간 시스템을 위한 CORBA 메커니즘을 기술하는, CORBA 명세의 한 부분이다. RT-CORBA는 고정 우선순위 시스템을 위해 설계되었고, CORBA 또는 자체 형식으로 우선순위가 정의될 수 있도록 해준다. 우선순위 모델은 사용되고 있는 우선순위 시스템을 기술하는데, 이것은 서버에서 선언되었거나 클라이언트로부터 올 수 있다. 서버는 또 시스템 상태에 기초하여 우선순위를 변환할 수 있는 우선순위 변환을 선언할 수도 있다.

스레드 풀 모델은 서버가 개체 구현의 실시간 응답성을 제어하는 데 도움을 준다. 풀 내의 스레드는 **통로들**(lanes)로 분할될 수 있는데, 각 통로에는 우선순위 특성이 주어진다. 통로를 포함한 스레드 풀은 서버가 여러 서비스들에 대한 응답성을 관리하도록 해준다.

RT-CORBA는 클라이언트가 자신을 구체적으로 서버 서비스에 연결되도록 (bind) 해준다. 표준 CORBA는 함축적 바인딩만 제공하는데, 이것은 프로그래밍을 간단히 만들어주지만 실시간 서비스에 대해서는 허용되지 않고 가변적인 지연 시간을 야기할 수 있다.

울패(Wolfe) 등[Wol99]은 실시간 요청을 지원하기 위해 동적 실시간 CORBA 시스템을 개발했다. 실시간 데몬(real-time daemon)은 실시간 서비스의 동적 측면을 구현한다. 클라이언트는 **시간제한 분산 메소드 호출**(timed distributed method invocation, TDMI)이라고 불리는 메소드를 사용하여 실행 과정에 제약조건을 지정한다. 이 제약조건은 마감 시간과 중요성을 기술할 수 있다. 이 메소드 호출은 실시간 데몬에 의해 처리되는데, 이 정보는 데몬이 관리하는 자료구조 내에 저장된다.

서버 개체와 다른 실체들은 이 특성들을 조사할 수 있다. 커널은 시스템 개체가 마감 시간에 상대적인 시간을 파악하기 위해 사용할 수 있는 **전역 시간 서비스**(global time service)도 제공한다. **지연 시간 서비스**(latency service)는 통신에 필요한 시간들을 파악하기 위해 개체들과 함께 사용될 수 있다. 이것은 추정된 지연 시간, 측정된 지연 시간 또는 분석적 지연 시간을 제공할 수 있다. 이 한계값들은 일정 등을 파악하는 데 사용될 수 있다. **우선순위 서비스**(priority service)는 시스템 개체들을 위한 우선순위를 기록한다.

실시간 이벤트 서비스(real-time event service)는 명명된 이벤트들을 교환한다. 이벤트들의 우선순위는 생산자와 소비자들의 우선순위에 의해 결정된다. 이벤트의 마감 시간은 전역 시계에 상대적이든가 이벤트에 상대적일 수 있다. 이벤트 서비스는 IP 멀티캐스팅을 사용하여 구현된다. 실시간 데몬은 이벤트를 위해 지정된 멀티캐스트 그룹을 청취하고, 이벤트를 생성하기 위해 멀티캐스트 메시지를 보낸다. 각 이벤트는 고유한 식별 번호를 가진다.

ARMADA ARMADA[Abd99]는 결함 허용과 서비스 품질을 위한 미들웨어 시스템이다. 이것은 실시간 통신, 그룹 통신과 결함 허용을 위한 미들웨어, 신뢰성 도구라는 세 가지 주요 영역으로 구성된다.

ARMADA 그룹은 QoS 지향의 통신을 위한 세 가지 중요한 요구사항을 가진다. 첫째, 한 채널 상의 오류나 악의적인 동작이 다른 채널을 고갈시키지 않도록, 다른 연결들은 격리되어야 한다. 둘째, 서비스 요청은 긴급성에 기초하여 서로를 차별화하도록 해야 한다. 셋째, 시스템이 과부하일 때는 유연하게 성능을 낮추어야 한다.

통신 보증서는 클립(clip)으로 추상화되는데, 이것은 임의의 시각까지 임의 개수의 패킷들이 전달되었다는 것을 보장하는 개체이다. 각 클립은 통신 시스템을 위한 최대 응답 시간을 지정하는 마감 시간을 가진다. 이런 서비스를 제공하는 실시간 채널은 유닉스 소켓과 비슷한 인터페이스를 제공한다. 실시간 연결 배열 프로토콜(Real-Time Connection Ordination Protocol)은 연결을 생성하고 파괴하는 요청을 관리한다. 클립은 각 채널의 끝에서 생성된다. 각 클립은 개체에 대한 인터페이스에서의 메시지 대기열, 처리를 스케줄링하는 통신 처리기, 그리고 채널에 대한 인터페이스에서의 패킷 대기열을 포함한다. 통신 처리기는 EDF 정책을 사용하여 스케줄링된다.

ARMADA는 시간이 제한된 원소적 메시지를 배포하는 그룹 멀티캐스트 서비스를 지원한다. 입장 제어 서비스와 그룹 회원제 서비스는 서비스의 구성과 작동을 관리한다. 클라이언트 측은 시스템 상태를 관찰하고, 그 상태 복제물을 업데이트하도록 서버로 메시지를 보낸다.

실시간 주 백업 서비스(real-time primary-backup service)는 결함 허용을 관리하기 위해 상태가 복제되도록 한다. 이 서비스는 서버에서 유지되는 시스템의 복제물을 포함하는 외부 일관성과, 시스템 내의 다른 개체들 사이의 내부 일관성이라는 두 종류의 일관성을 제공한다. 백업 서비스는 IP를 위한 UDP 프로토콜 위에 구축된다.

ARMADA 프로젝트는 신뢰성 특성 분석을 위한 메시지 수준의 결함 주입 도구(fault injection tool)를 개발했다. 결함 주입 계층은 통신 시스템과 테스트되는 프로토콜 사이에 삽입된다. 결함 주입 계층은 새로운 메시지, 필터 메시지 또는 지연 메시지를 주입할 수 있다.

다음 예제는 MPI 통신 미들웨어 시스템을 간단히 설명한다.

예제 6-2

MPI

MPI(다중 프로세서 인터페이스, MultiProcessor Interface)는 다중 프로세서 통신을 위한 미들웨어 인터페이스의 명세이다(MPICH는 잘 알려진 MPI 구현 중 하나이다). 이것은 동종 프로세서들 위에서 과학 계산용 애플리케이션을 쉽게 개발하고 이식할 수 있도록 설계된 것으로, 임베디드 컴퓨팅 시스템에서는 이제 막 사용되기 시작했다.

MPI는 몇 개의 통신 명령어에 기초하여 풍부한 통신 서비스들을 제공한다. MPI는 노드 수, 노드에 대한 프로세스 또는 데이터 매핑 등과 같은 병렬처리 시스템의 설정을 자체적으로는 정의하지 않는다. 이런 설정은 MPI 활동이 시작되기 전에 제공된다.

최소한의 MPI 프로그램은 다음과 같다.

```
MPI_Init(&argc,&argv); /* 초기화 */
MPI_Comm_rank(MPI_COMM_WORLD,&r); /* 이 노드의 인덱스(index)를 구함 */
MPI_Comm_size(MPI_COMM_WORLD,&s); /* 총 노드 수를 구함 */
MPI_Finalize(); /* 청소 */
```

이 프로그램은 단순히 시스템을 설정하고, 이 노드의 이름(등급)을 파악하고, 전체 시스템 크기를 파악하고, MPI를 떠난다. r과 s의 값은 MPI가 시작되기 전에 초기화되었다. 노드 수와 노드에 대한 프로그램 할당이 프로그램을 재작성하지 않고도 극적으로 바뀔 수 있도록 프로그램이 작성될 수 있다.

기본적인 MPI 통신 함수들은 `MPI_Send()`와 `MPI_Recv()`이다. 이것들은 점 대 점,

차단(blocking) 통신을 제공한다. MPI는 이 루틴들이 데이터 형식을 포함하도록
해서 애플리케이션이 쉽게 여러 형식의 데이터를 구별할 수 있도록 해준다.

MPI는 프로그램이 프로세스들의 그룹을 만들 수 있도록 해준다. 그룹은 이름 또
는 토폴로지에 의해 정의될 수 있다. 그룹은 그 후에 멀티캐스트와 방송을 수행할
수 있다.

MPI 표준은 약 160개의 함수를 포함할 정도로 크다. 그러나 최소한의 MPI 시스
템은 `MPI_Init()`, `MPI_Comm_rank()`, `MPI_Comm_size()`, `MPI_Send()`, `MPI_Recv()`,
`MPI_Finalize()`의 6개 함수만으로 제공될 수 있다. 나머지 함수들은 이것들을 이용
해서 구현된다.

6.4.2 칩 상의 시스템 서비스

칩 상의 시스템(SoC)의 출현은 표준 서비스와 모델에 덜 의존하는 새로운 세대의
맞춤 미들웨어를 낳았다. SoC 미들웨어는 다음과 같은 여러 가지 이유로 인해 완전
히 새로 설계되었다. 첫째, 이 시스템들은 전력과 에너지 제약이 큰 경우가 잦으므
로, 서비스들은 아주 효율적으로 구현되어야 한다. 둘째, SoC가 외부 표준 서비스
들에 맡겨지더라도, 칩 내에서 표준을 사용하도록 강요되지는 않는다. 셋째, 오늘날
SoC는 비교적 적은 수의 프로세서들로 구성된다. 장래의 프로세서 50개를 가진 시
스템은 산업 표준 서비스를 더 많이 사용하겠지만, 오늘날의 칩 상의 시스템은 맞춤
미들웨어를 더 많이 사용한다.

그림 6-19는 임베디드 SoC 다중 프로세서를 위한 일반적인 소프트웨어 스택을
보여준다. 이 스택은 몇 가지 요소들을 가진다.

- 하드웨어 추상화 계층(hardware abstraction layer, HAL) : 장치와 다른 하드
  웨어 요소들을 위한 균일한 추상화를 제공한다. HAL은 장치 자체와 프로세서
  의 어떤 요소들로부터 소프트웨어의 나머지 부분을 추상화한다.

- 실시간 운영체제(real-time operating system) : 프로세스 스케줄링과 메모리
  와 같은 기본적인 시스템 자원들을 제어한다.

- 프로세스 간 통신(interprocess communication) 계층 : 추상화 통신 서비스를
  제공한다. 예를 들어, 프로세스들이 같은 PE에 있든 다른 PE에 있든, 통신을

위해 한 가지 함수를 사용한다.

■ 애플리케이션 특유의 라이브러리(application-specific libraries) : 애플리케이션에 특유한 계산 또는 통신을 위해 유틸리티들을 제공한다.

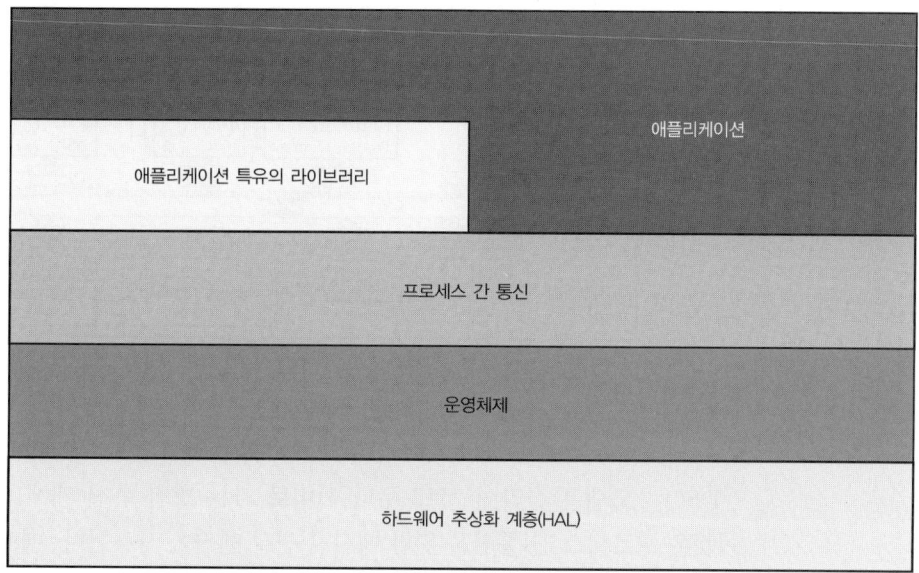

그림 6-19 임베디드 다중 프로세서에서의 소프트웨어 스택과 서비스들

애플리케이션 코드는 최종 서비스 또는 기능을 제공하기 위해 이 계층들을 사용한다.

멀티플렉스　　폴린(Paulin) 등[Pau02a; Pau06]은 하드웨어 가속기에 의해 지원되는 다중 프로그래밍 모델을 지원하기 위해 멀티플렉스(MultiFlex) 프로그래밍 환경을 개발했다. 멀티플렉스는 분산 시스템 개체 컴포넌트(distributed system object component, DSOC)와 대칭형 다중 프로세싱(symmetric multiprocessing, SMP) 모델을 둘 다 지원한다. 각각은 고수준 프로그래밍 인터페이스에 의해 지원된다. 그림 6-20은 멀티플렉스 아키텍처와 DSOC, SMP 하부 시스템을 보여준다. 시스템의 다른 부분은 아키텍처의 다른 부분에 매핑되어 있다. 즉, 제어 함수는 호스트 프로세서 상의 OS에서 실행될 수 있고, 비디오와 같은 일부 고성능 함수들은 가속기에서 실행될 수 있으며, 일부 병렬처리 가능한 연산들은 프로세서들의 하드웨어 다중 스레드 집합에서 실행될 수 있고, 일부 연산은 DSP로 갈 수 있다. 아키텍처 내의 DSOC와 SMP 장치들은 여러 하부 시스템들 사이의 통신을 관리한다.

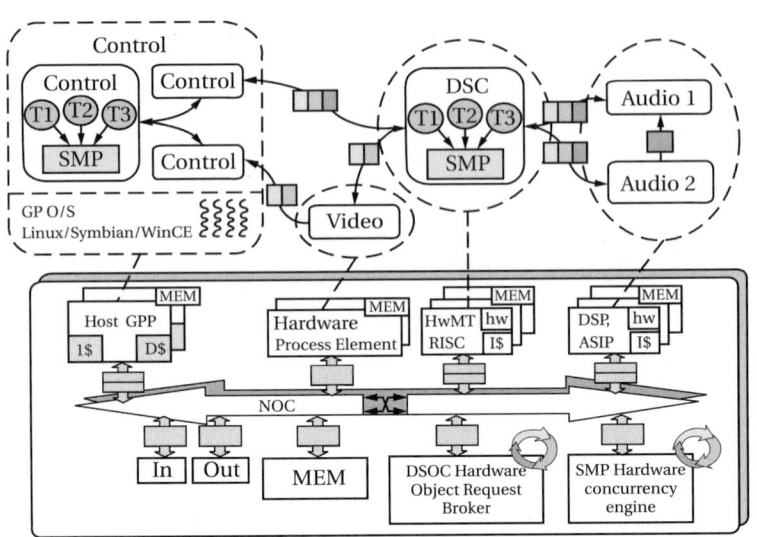

그림 6-20 멀티플렉스 내의 개체 매개자와 SMP 병렬처리 엔진
출처 : 폴린 등[Pau06]. ⓒ2006 IEEE.

DSOC 모델은 클라이언트로부터 서버로 가는 병렬 통신 개체 모델에 기초한다. 이것은 프로세스 간 통신을 위한 메시지 전달 엔진을 사용한다. 메시지를 전달할 때, 클라이언트 측의 래퍼는 호출에 필요한 데이터를 마샬링(marshal)해야 한다. 마샬 링은 데이터 형식을 맞추거나, 더 잘 액세스되는 위치로 데이터를 옮기는 등의 처리 를 필요로 할 수 있다. 서버 측에서는 또 하나의 래퍼가 클라이언트에서 사용할 수 있도록 데이터를 언마샬링(unmarshal)해야 한다.

개체 요청 매개자는 개체의 통신을 조정한다. 이것은 병렬로 실행되는 많은 병렬 개체들을 다룰 수 있어야 한다. 서버 군(server farm)은 대량의 개체 요청을 실행하 기 위한 자원들을 확보한다. ORB는 클라이언트 요청을 사용 가능한 서버로 연결해 준다. 클라이언트는 요청이 충족될 때까지 멈춘다. 서버는 요청을 받고 테이블에서 적절한 개체 서버를 찾은 다음, 결과를 반환한다. 폴린(Paulin) 등[Pau06]은 300MHz RISC 프로세서는 초당 약 3,500만회의 개체 호출을 수행할 수 있다고 보 고했다.

SMP 모델은 하드웨어 병렬처리 엔진 상의 소프트웨어를 사용하여 구현된다. 이 엔진은 각각의 병렬처리 개체를 위해 일련의 메모리 매핑된 주소들을 가진 메모리 매핑 장치로 나타난다. 이 개체의 주소 영역 내의 적절한 주소를 기록함으로써 개체를 위한 보호 영역으로 들어갈 수 있다.

ENSEMBLE   ENSEMBLE[Cad01]은 겹침(overlapping) 계산과 통신을 허용하는 대규모의 데이터 전송을 위한 라이브러리이다. 이 라이브러리는 단일 프로그램, 다중 데이터 실행을 위해 배열 액세스와 데이터 의존성이 분석될 수 있도록 해주는, 자바의 주석붙은 형태로 사용하도록 설계되었다. 라이브러리는 인접한 버퍼들을 위한 특수화된 버전을 포함하여, 보내기와 받기 함수들을 제공한다. `emb_fence()` 함수는 지체하고 있는 보내기와 받기를 처리한다. 데이터 전송은 DMA 시스템에 의해 처리되며, 전송과 동시에 프로그램 실행이 가능하다.

다음 예제는 TI OMAP 을 위한 미들웨어를 설명한다.

예제 6-3   **TI OMAP의 미들웨어와 서비스 아키텍처**

아래 그림은 OMAP 기반 시스템의 소프트웨어 계층들을 보여준다. DSP 는 기능들에 대한 소프트웨어 인터페이스를 제공한다. C55x 는 알고리즘을 기술하기 위해 eXpressDSP 라고 불리는 표준을 지원한다. 이 표준은 애플리케이션 코드로부터 일부 메모리와 알고리즘의 인터페이스 요구사항들을 숨긴다.

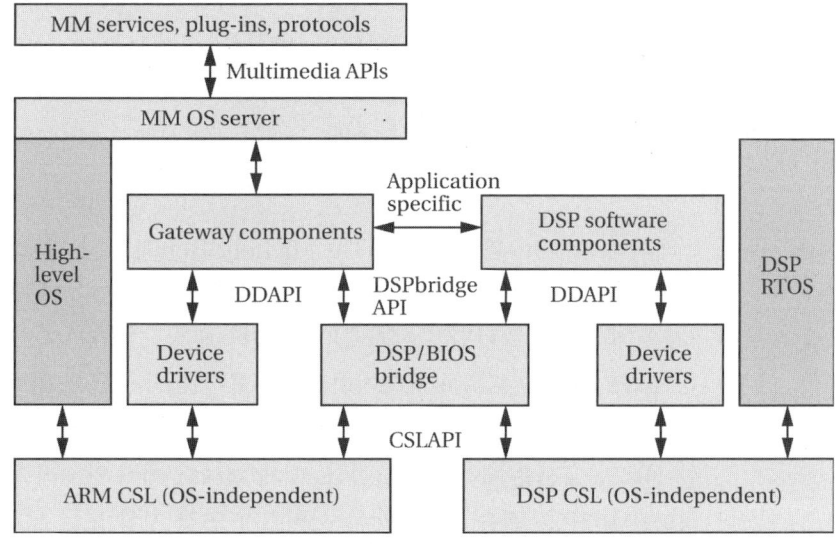

DSP 자원 관리자는 DSP 기능들을 위한 기본 API를 제공한다. 이것은 작업, DSP와 CPU 사이의 데이터 스트림, 그리고 메모리 할당을 제어한다. 또한 CPU 시간, CPU 사용 효율, 메모리와 같은 자원들도 관리한다.

OMAP 내의 DSPBridge는 아키텍처 특유의 인터페이스이다. 이것은 주 CPU와 이종 DSP의 특별한 경우에만 추상적 통신을 제공하며, 맞춤식 미들웨어 서비스의 좋은 예이다.

노스트럼 스택　　노스트럼(Nostrum) 칩 상의 네트워크(network-on-chip, NoC)는 통신 프로토콜 스택[Mil04]에 의해 지원된다. 시스템이 제공하는 기본 서비스는 대상 프로세스 식별자(destination process identifier)를 가진 패킷을 받아서 이것을 목적지로 전달하는 것이다. 시스템은 3개의 필수적인 계층을 요구하는데, 물리적 계층은 칩 상의 네트워크이고, 데이터 링크 계층은 동기화, 오류 정정, 흐름 제어를 다루며, 네트워크 계층은 경로 배정과 논리적 주소의 목적지 프로세스 ID로의 매핑을 처리한다. 네트워크 계층은 데이터그램과 가상 회로 서비스를 둘 다 제공한다.

칩 상의 네트워크 서비스　　스그로이(Sgroi) 등[Sgr01]은 칩 상의 네트워크 설계 방법론을 메트로폴리스(Metropolis)에 기초하였다. 이들은 어댑터를 추가함으로써 프로토콜을 성공적으로 정제하였다. 어댑터는 다양한 변환을 수행하는데, 처리 어댑터(behavior adapter)는 다른 계산 모델을 가진 컴포넌트 또는 통신을 위한 프로토콜들을 허용하며, 채널 어댑터(channel adapter)는 신뢰성이나 성능처럼 요구되는 채널 특성과 선택된 실제 채널 특성 사이의 불일치를 중재한다.

전력 관리　　베니니(Benini)와 드미켈리(De Micheli)[Ben01b]는 칩 상의 네트워크의 전력 관리를 위한 방법론을 개발했다. 이들은 물리적 계층, OSI의 데이터 링크/네트워크/전송 계층들로 구성되는 아키텍처 및 제어 계층, 그리고 시스템과 애플리케이션들로 구성되는 소프트웨어 계층이라는 3개의 주요 수준들을 가진 마이크로 네트워크(micronetwork) 스택을 주장한다. 데이터 링크 계층에서는 오류 정정 코드의 적절한 선택과 재전송 체계가 핵심이다. 매체 액세스 제어 알고리즘은 전력 소모에도 큰 영향을 미친다. 전송 계층에서는 서비스가 연결 지향 또는 무연결일 수 있으며, 흐름 제어도 에너지 소모에 큰 영향을 미친다.

6.4.3 서비스 품질

프로세스의 서비스 품질(quality-of-service, QoS)은 프로세스가 주어진 계산 시간 내에 신뢰성 있게 주기적으로 스케줄링되는 것을 의미한다. RMS와 같은 스케줄링 기법은 근본적으로 프로세스 수준의 QoS를 제공한다. 다른 스케줄링 방법을 사용하거나 스케줄링 정책들을 혼합한다면, 서비스 품질을 필요로 하는 프로세스가 요구되는 서비스의 수준을 얻을 수 있도록 보장해야 한다.

QoS 모델

서비스 품질은 3가지 기본 개념을 사용하여 모델링될 수 있다. 첫째, 약정(contract)은 제공될 자원들을 지정한다. 클라이언트는 대역폭의 크기나 패킷 누락율과 같은 일련의 항목들을 제안할 수 있지만, 서버는 가용 자원에 기초한 다른 항목들을 제안할 수 있다. 둘째, **프로토콜**은 약정 체결과 그 구현을 관리한다. 셋째, 스케줄러는 약정의 항목들을 구현하고, 버퍼 크기를 설정하고, 대역폭을 관리하는 등의 처리를 한다.

QoS와 자원

RMS와 같은 QoS 친화적인 스케줄링 정책을 실행한다고 가정하면, QoS 프로세스는 마감 시간을 맞추는 데 필요한 자원들을 확보하도록 보장해야 한다. QoS 방법은 네트워킹과 운영체제에서 폭넓게 연구되어 왔다. 단순히 교착 상태를 피하거나 로컬 스케줄링 지연 시간을 최소화하기 위해 즉석에서 결정을 내리는 자원 관리 알고리즘은 QoS 지향의 프로세스가 제때에 자원들을 얻도록 보장하는 데는 충분하지 않다. 따라서 주기적 예약 방법이 필요할 때 자원들을 얻을 수 있도록 도와줄 수 있다.

접근법

미들웨어의 경우처럼, QoS 서비스를 설계하거나 맞춤 시스템을 설계하기 위해 표준을 사용할 수 있다. 초창기 접근법들은 표준에 치중했다. 칩 상의 시스템(특히 칩 상의 네트워크)의 출현은 맞춤 QoS 설계에 새 물결을 일으켰다.

다중 패러다임 스케줄링

길(Gill) 등[Gil03]은 다른 스케줄링 정책들을 혼합할 수 있는 스케줄링 프레임워크를 사용했다. 이들의 코큐(Kokyu) 프레임워크는 정적 우선순위 스케줄링, 동적 우선순위 스케줄링, 그리고 혼합 알고리즘들의 조합을 허용한다. 그림 6-21은 이들의 스케줄링 시스템이 서비스 스택에 어떻게 적용되는지를 보여준다. 이들은 속도 고정 스케줄링, 최소 이완 우선, 그리고 RMS와 최소 이완 우선의 조합이라는 3가지 정책을 사용하여 시스템 특성을 측정했다. 다른 정책은 어느 정도 다른 특성들을 가지며, 스케줄링 정책들 사이를 전환할 수 있는 시스템은 더 높은 수준의 서비스를 제공할 수 있음을 이들은 보여주었다.

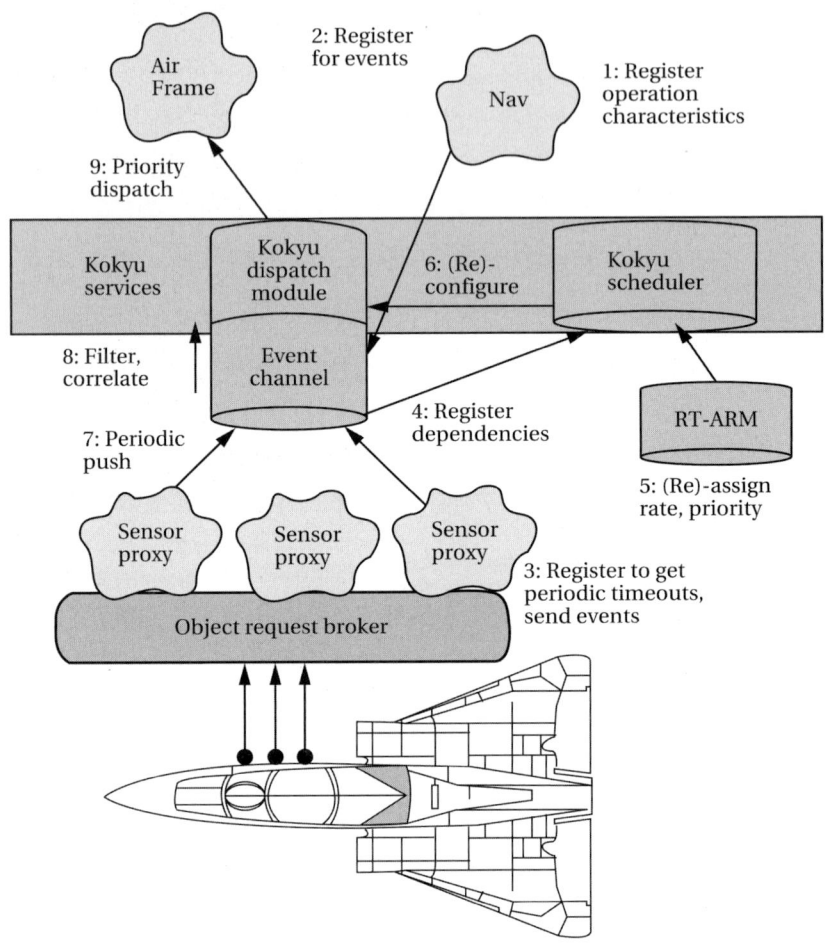

그림 6-21 다중 패러다임 스케줄링을 위한 미들웨어 구성. 출처 : 길 등[Gil03]. ⓒ2003 IEEE.

미세한 스케줄링　　콤바즈(Combaz) 등[Com05]은 임계(critical) 및 최선 노력(best-effort) 통신들을 모두 다룰 수 있는 QoS 소프트웨어를 생성하기 위한 방법론을 개발했다. 이들은 일정을 파악하기 위해 제어 이론적 방법을 사용하고, 이 일정을 구현하기 위한 정적으로 스케줄링된 코드를 생성하기 위해 코드 합성을 사용한다. 그림 6-22 처럼, 제어되는 시스템(장치, plant)은 품질 관리자와 스케줄러를 조합한 것의 제어를 받는다. 제어기는 주어진 수준의 품질을 위해 일정을 생성하고, 어떤 일정을 실행할지 선택하기 위해 이 일정들의 타당성을 평가한다. QoS 동작을 구현하는 데 필요한 코드의 실행 시간이 주어지면, 제어기는 마감 시간에 상대적인 일정의 타당성을 파악한다.

품질에 대한 다른 선택은 다른 일정을 낳게 된다. 일정들은 온라인 점진적 알고리즘을 사용하여 생성되고 선택된다.

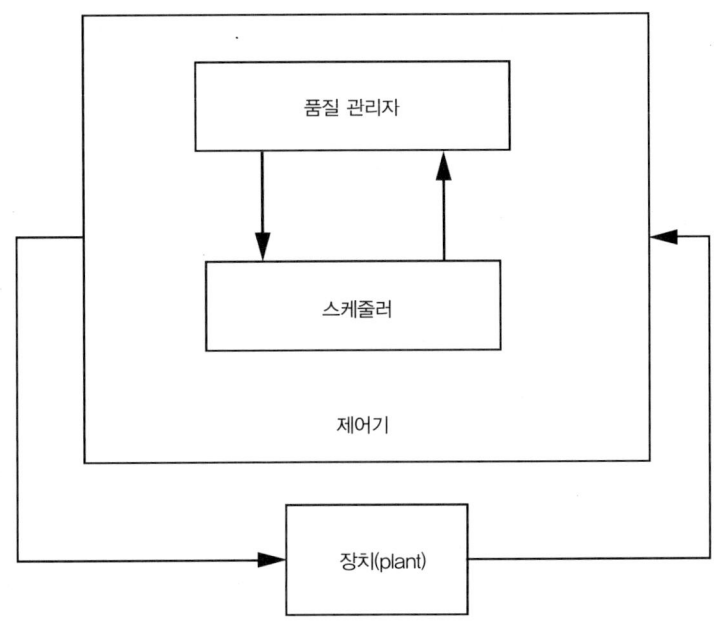

그림 6-22 제어로서의 QoS 관리

제약조건 모델링   알루왈리아(Ahluwalia) 등[Ahl05]은 반응적 시스템을 모델링하고 실시간 CORBA를 사용하여 이 특성들을 모니터링하기 위한 프레임워크를 개발했다. 이들은 상호작용 서비스를 위한 아키텍처 정의 언어를 개발했다. 이 모델의 UML 기술이 그림 6-23에 있는데, 상호작용 부분은 모델에서 점선으로 표시되었다. InteractionElement 형식은 상호작용을 지정하는데, 이것은 원소적 또는 복합적일 수 있다. 일련의 연산자들이 결합되는 상호작용 요소들을 허용하며, 피연산자 상호작용으로부터 이 조합의 마감 시간이 생성되는 방법을 정의한다. 연산자에는 seq, par, alt, loop, 그리고 join이 있다. 이 명세로부터 생성되는 코드는 지정된 마감 시간에 대한 시스템 동작을 점검하는 모니터를 포함한다.

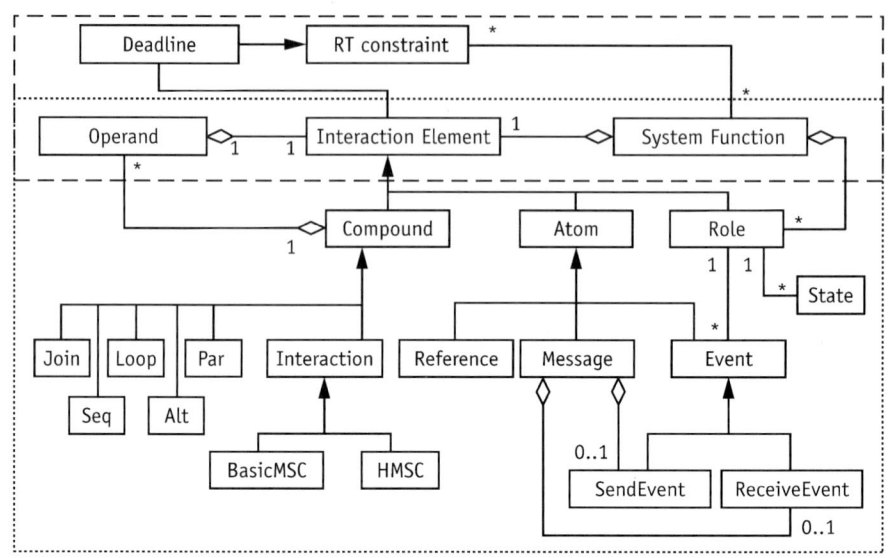

그림 6-23 상호작용 도메인과 시스템 서비스 모델
출처 : 알루왈리아 등[Ahl05]. ©2005 ACM Press.

CORBA와 QoS 크리쉬나머티(Krishnamurthy) 등[Kri01]은 CORBA 기반의 QoS를 위한 방법을 개발했다. 그림 6-24와 같은 QuO 모델은 서비스 품질을 관리하기 위해 다양한 메커니즘을 사용한다. 약정 개체(contract objects)는 제공되는 서비스의 수준에 관한 클라이언트와 시스템 사이의 약정을 캡슐화하며, 품질 기술 언어(quality description language)는 이 약정을 기술하는 데 사용된다. 위임 개체(delegate objects)는 원격 개체들에 대한 로컬 프록시 역할을 한다. 시스템 조건 개체(system condition objects)는 서비스 품질을 제어하고 측정하는 기반 시스템에 대한 인터페이스 역할을 한다. 속성 관리자(property managers)는 서버를 위한 QoS 특성들의 구현을 다룬다. 개체 요청 매개자(object request broker)도 기반 서비스의 QoS 특성들을 다루기 위해 변경되어야 한다. 코드 생성기는 이 기능들을 구현하는 데 필요한 다양한 개체들을 생성한다.

알림 서비스 알림 서비스(notification service)는 이벤트를 전파하기 위해 출판/구독 시스템을 제공한다. 고어(Gore) 등[Gor01]은 QoS 서비스를 지원하는 CORBA 알림 서비스를 개발했다. 이들의 시스템은 도메인, 형식과 이벤트 이름, 이벤트를 위한 QoS 특성, 그리고 데이터 집합을 포함하는 구조적 이벤트를 다룬다. 시스템 명세는 여러 가지 QoS 특성들을 기술한다.

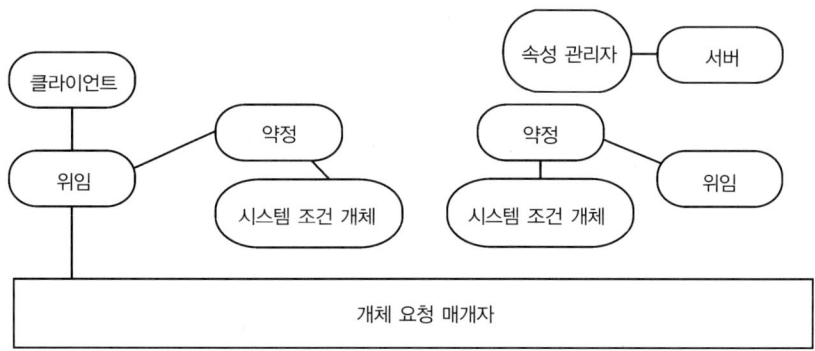

그림 6-24 서비스 품질 관리를 위한 QuO 개체들

- 신뢰성(reliability) : 신뢰성이 명시되고 지원되면, 중단된(crash) 후에 알림 서비스는 재연결하고 이벤트를 전달해야 한다.

- 우선순위(priority) : 이 채널의 다른 사용자와 연관된다.

- 만료 시간(expiration time) : 이벤트가 유효한 시간 범위이다.

- 최초 전달 시간(earliest deliveries time) : 이벤트가 전달될 수 있는 최초의 시각이다.

- 소비자 당 최대 이벤트(maximum events per consumer) : 채널 내에서 대기하고 있는 이벤트 수이다.

- 순서 정책(order policy) : 전달을 위해 이벤트들이 버퍼링되는 순서이다.

- 폐기 정책(discard policy) : 대기열이 꽉 찰 때 이벤트를 버리는 정책이다.

채널은 이벤트의 공급자와 소비자를 가진다. 공급자 또는 소비자는 밀기(push) 또는 당기기(pull) 방식을 사용할 수 있다. 밀기와 당기기 서비스의 공급자 또는 소비자 측에는 프록시 컴포넌트들이 있다. 이벤트 채널은 QoS를 관리하기 위해 공급자 및 소비자 관리자 컴포넌트들과 함께 작동된다.

QoS와 NoC   칩 상의 네트워크는 멀티미디어 및 다른 속도에 민감한 애플리케이션들을 지원하기 위해 QoS 기능을 제공해야 한다. NoC는 일반적으로 인터넷 프로토콜을 실행하지 않으므로, QoS를 효율적으로 제공하기 위해 물리적 계층을 이용하는 경우가 많다.

GMRS   GMRS 시스템[Hua99]은 이종 다중 프로세서에서 QoS 서비스들을 제공한다. 이들은 자원들과 협상하기 위해 **파문 스케줄링**(ripple scheduling) 방법론을 사용한다. 그리고 QoS 의존적 통신에 필요한 경로를 따르는 자원들을 모델링하기 위해 스케줄링 스패닝 트리(scheduling spanning tree)를 구축한다. 협상과 적응 프로토콜은 QoS 요청을 충족하기 위해 요구되는 자원들을 할당하려고 이 트리를 사용한다. 이 프로토콜은 요구되는 자원이 있는지 확인하기 위해 먼저 경로를 점검한다. 그 후 자원들을 모으기 위해 승인 신호를 전파하거나, 필요하다면 중지 신호를 전파한다.

QNoC   QNoC 칩 상의 네트워크[Bol04]는 4개 수준의 서비스를 제공한다. 신호 처리(signaling)는 긴급하고 짧은 메시지를 위해 사용되며, 가장 높은 우선순위가 주어진다. 실시간 서비스는 연결을 위한 대역폭과 지연 시간을 보장한다. 읽기/쓰기 서비스는 마이크로프로세서 버스 연산과 비슷하며, 메모리와 레지스터 액세스를 위해 사용된다. 블록 전송 서비스는 마이크로프로세서 시스템 내의 DMA와 비슷하게, 긴 전송을 위해 사용된다.

루프 컨테이너   밀버그(Millberg) 등[Mil04b]은 노스트럼 칩 상의 네트워크 내에서 QoS를 제공하기 위해 루프 컨테이너(looped containers)를 사용했다. 연결에 의해 필요한 패킷들을 위해 네트워크 상의 점(spot)을 유지하기 위해, 이들은 메시지가 사용된 후에 수신자로부터 송신자에게 이 메시지를 반환한다. 송신자 측에서는 패킷이 데이터와 함께 로드되고 네트워크로 전송된다. 목적지에 도달한 후, 데이터는 사용되고 패킷은 출발지로 되돌려진다. 그리고 이것이 도달하면 새 데이터로 다시 로드될 수 있다. 각 처리 요소는 요청을 처리하기 위해 분산 시스템 자원 관리자를 실행한다. 이 대행자들은 자원을 점검하기 위해 서로 협상을 할 수 있다. 자원 관리 대행자들은 CPU, 네트워크 또는 PE 상의 다른 자원들을 나타내는 대행자들에 의존할 수 있다. 이들의 물리적 네트워크 구조는 패킷들의 조합이 서로를 간섭하지 않도록 보장한다. 불간섭 및 루프 컨테이너(noninterference plus looped containers)는 노스트럼이 네트워크 상에서 여러 QoS 채널들을 제공하도록 해준다.

6.5 설계 검증

이 절에서는 다중 프로세서 소프트웨어의 시스템 검증을 간단히 살펴본다. 검증 소프트웨어는 항상 어렵지만, 다음과 같은 몇 가지 이유로 다중 프로세서 소프트웨어 검증은 단일 프로세서 소프트웨어 검증보다 더 어렵다.

- 중요한 데이터를 관찰하거나 제어하기가 더 어렵다.

- 시스템의 어떤 부분을 요구되는 상태로 전환하는 것이 더 어렵다.

- 타이밍 효과를 생성하고 테스트하는 것이 더 어렵다.

소프트웨어는 대상 플랫폼에서 완전히 디버깅될 필요는 없다. 소프트웨어의 일부 측면은 다른 종류의 기계에서 적절히 다루어질 수 있다. 그러나 이식(porting)한 후에 설계자는 이식에 고유한 특성의 정확성을 주의 깊게 검증해야 한다. 덧붙여서, 어떤 숨겨진 플랫폼 가정들(assumptions)은 디버깅 플랫폼 상에서는 테스트되지 않았을 수 있으며, 대상 플랫폼에서 이를 노출시키기 위해 집중적인 테스트가 필요할 수 있다.

임베디드 시스템은 성능, 전력/에너지, 그리고 크기 제약조건을 충족해야 하므로, 정확성뿐만 아니라 이런 비기능적인 특성들 때문에라도 소프트웨어를 검증해야 한다. 성능과 에너지 소모에 관한 자세한 정보를 얻기 위해 사이클 정확 다중 프로세서 시뮬레이터를 사용할 수 있다.

다음 두 예제는 임베디드 다중 프로세서를 위한 시뮬레이터를 설명한다.

예제 6-4 **바스트시스템즈의 CoMET 시뮬레이터**

CoMET 시뮬레이터[Hel99]는 임베디드 프로세서 시스템을 시뮬레이션하기 위해 설계되었다. CoMET에서 사용되는 프로세서 모델은 가상 프로세서 모델(virtual processor model, VPN)로 불린다. VPN의 일부는 애플리케이션 코드로 구축되는데, 이 맞춤 모델은 정적으로 결정될 수 있는 코드의 특성을 반영한다. VPN의 다른 부분은 I/O, 캐시 등과 같이 동적으로 모델링되어야 하는 프로세서의 부분들을 포함한다. 정적 및 동적 모델링의 이런 조합은 VPN이 아주 높은 속도로 실행될 수 있도록 해준다. 시뮬레이션 프레임워크는 하드웨어 모델들뿐만 아니라 다양한 가상 프로세서 모델들을 연결하는 백본(backbone)을 포함한다.

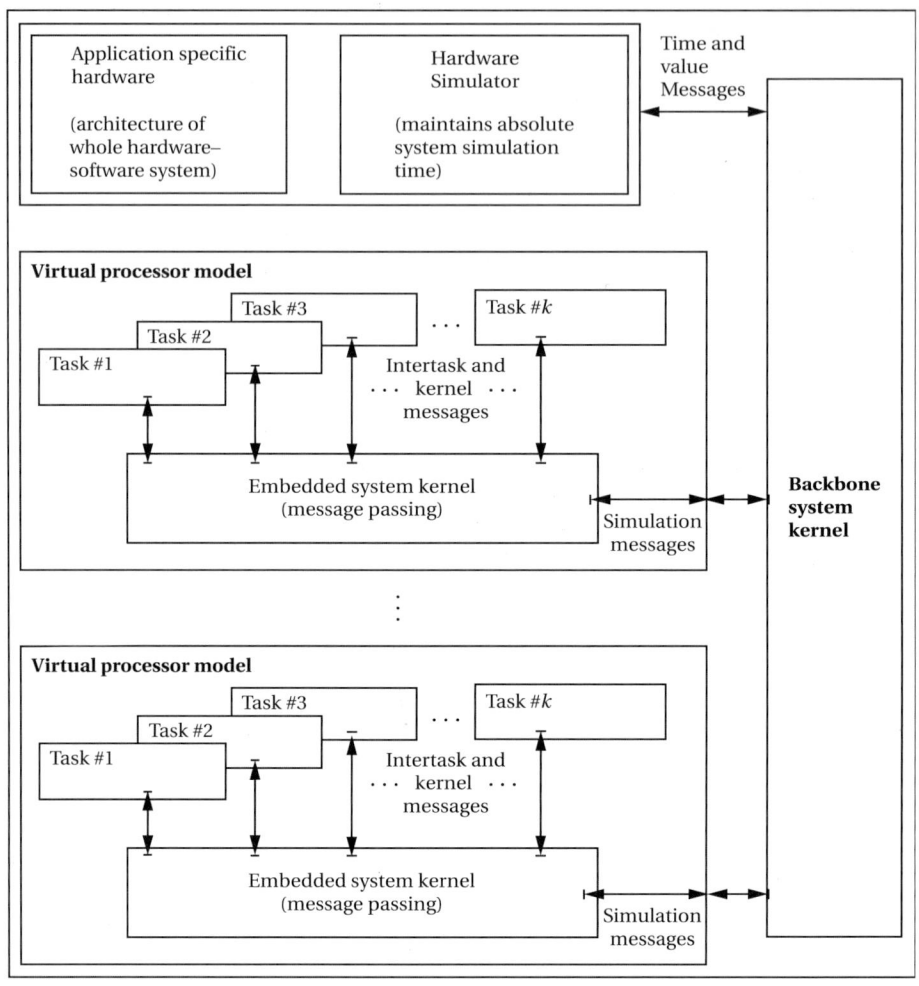

출처 : 헬레스트랜드(Hellestrand)[Hel1999]. ⓒ1999 IEEE.

백본 시스템은 사이클 정확 시뮬레이션을 위해 여러 다른 종류의 시뮬레이터들이 결합될 수 있도록 해준다.

예제 6-5 **MESH 시뮬레이터**

MESH[Pau02b]는 논리적 및 물리적 시간을 연결하는 이종 시스템 시뮬레이터이다. 이벤트는 한 쌍의 태그와 값이다. 태그는 시간을 나타내는데, 시간은 반드시 시계의 시각이 아닐 수도 있다. 스레드의 특성은 이벤트들의 순서 붙은 집합으로 주어진다.

시스템이 모델링되는 세부 사항의 수준에 따라, 이벤트는 물리적 시간 또는 논리적 순서에 매핑될 수 있다. 간단한 경우에는 단순히 시간 절차들을 논리적 순서에 추가함으로써, 논리적 순서의 시뮬레이션을 물리적 시간의 시뮬레이션으로 변환할 수 있다. 그러나 대부분의 경우, 논리적 특성에서 물리적 특성으로 매핑하는 것은 그렇게 간단하지 않다. MESH는 매크로 이벤트(macro events)와 마이크로 이벤트(micro events)를 사용하여 논리적/물리적 시간 사이의 더 복잡한 관계를 모델링한다. 각 매크로 이벤트는 일련의 마이크로 이벤트들을 포함하며, 따라서 시간의 두 개념이 대응되도록 한다.

6.6 요약

단일 프로세서 운영체제를 위해 개발된 많은 기법들이 다중 프로세서에도 마찬가지로 적용된다. 그러나 다중 프로세서는 근본적으로 더 어려운데, 이것이 단순히 외형적인 병렬처리를 제공하는 것이 아니라 진정한 병렬처리를 제공하기 때문이다. 다중 프로세서 소프트웨어가 얼마나 빨리 실행될지를 결정하는 것은 더 어렵지만, 정확한 추정을 하는 것은 가능하다. 소프트웨어 스택은 기반 플랫폼을 추상화하는 데 도움이 되지만, 소프트웨어 계층들을 너무 비효율적으로 만들지 않도록 주의해야 한다.

우리가 배운 것

- 임베디드 다중 프로세서 소프트웨어는 타이밍, 에너지, 그리고 크기 제약조건을 충족시켜야 한다. 이것은 이종 플랫폼 상에서 실행하는 동안에 충족되어야 한다.

- 다중 프로세서 상에서 실행되는 여러 프로세스들의 실시간 성능을 추정하기 위한 방법들이 여러 가지 있다.

- 소프트웨어 스택과 미들웨어는 시스템 내에 미들웨어가 관리하는 자원들을 가지고 설계자들이 효율적이고 이식 가능한 임베디드 소프트웨어를 개발하는 것을 도와준다.

- 미들웨어는 표준을 중심으로 설계되거나, 하드웨어 플랫폼에 맞춰질 수 있다.

- 설계 검증은 기능성뿐만 아니라 타이밍과 성능도 고려해야 한다.

추가로 공부할 것

칩 상의 다중 프로세서 시스템(Multiprocessor Systems-on-Chips)[Jer05] 책은 다중 프로세서 소프트웨어와 애플리케이션 개발에 여러 장을 할애한다. 개체 관리 그룹(Object Management Group, OMG, http://www.omg.com)은 UML 과 CORBA 표준들을 발표하고 있다.

연습 문제

Q6-1. 어떤 종류의 자원이 임베디드 다중 프로세서 상에서 관리될 필요가 있는가?

Q6-2. 주/종 RTOS 의 장·단점은 무엇인가?

Q6-3. 다음과 같이 두 개의 다른 CPU 상에서 구현될 수 있는 일련의 프로세스들이 주어졌다.

프로세스	CPU 1 실행 시간	CPU 2 실행 시간
P1	2	3
P2	12	9
P3	7	–
P4	–	5
P5	5	6

    a. 이 시스템을 위한 모듈 간 연결 그래프를 그려라.
    b. 총 실행 시간을 최소화하도록 프로세스들을 CPU 에 할당하라.

Q6-4. 2 개의 처리 요소 상에서 실행되는 3 개의 프로세스를 위한 일정을 구축하라. P_1의 실행 시간은 3 이고 그 마감 시간은 7 이다. P_2의 실행 시간은 19 이고 그 마감 시간은 25 이다. P_3의 실행 시간은 7 이고 그 마감 시간은 14 이다.

Q6-5. 2 개의 프로세서 상에서 실행되는 3 개의 프로세스를 위한 일정을 구성하라. 여기서 마감 시간은 일정하며, 실행 시간은 변한다. P_1의 마감 시간은 9 이고 실행 시간은 3 에서 5 사이에서 변한다. P_2의 마감 시간은 12 이고 실행 시간은 4 에서 7 사이에서 변한다. P_3의 마감 시간은 24 이고 실행 시간은 5 에서 12 사이에서 변한다. 스케줄링 공간에서 어떤 영역이 타당한지 보여라.

Q6-6. 일련의 프로세스들이 모두 최악 경우 실행 시간(WCET)으로 실행할 때는 스케줄링이 가능하지만, 한 프로세스가 WCET보다 빨리 실행할 때는 마감 시간을 놓치는 예를 구성하라. 2개의 처리 요소를 가진 다중 프로세서와 2개의 작업을 가진 애플리케이션을 고려하라.

Q6-7. 3가지 다른 프로세서 중 하나에 할당되는 일련의 프로세스들이 다음과 같이 주어졌다.

프로세스	실행 시간	마감 시간	할당
P1	2	10	PE 1
P2	4	20	PE 2
P3	9	60	PE 2
P4	4	40	PE 3
P5	3	30	PE 3
P6	2	15	PE 1

    a. 이 프로세스 집합을 위한 데이터 의존성과 최대 제약조건들을 작성하라.
    b. LatestTimes의 반복을 한 번 수행하고, 각 프로세스의 최근 요청과 종료 시각들을 파악하라.

Q6-8. 흐트러짐(jitter)을 가진 2개의 이벤트가 다음과 같이 주어졌다. 하나는 주기가 1ms이고 흐트러짐이 0.1ms이고, 또 하나는 주기가 3ms이고 흐트러짐이 0.15ms이다. 이 두 이벤트의 OR 활성화의 흐트러짐을 모델링하라.

Q6-9. 그림 6-3의 그래프에서, 지연 시간 $a = 4$ 그리고 $b = 5$로 설정하라. 노드들의 계산 시간은 다음과 같다.

프로세스	CPU 시간
P1	2
P2	3
P3	4
P4	2
P5	3

a. 그래프에서 모든 강하게 연결된 컴포넌트들을 식별하라.

b. 강하게 연결된 각각의 컴포넌트에 대한 근사 반복 주기(asymptotic iteration period)를 찾아라.

Q6-10. 실시간 통신을 위한 미들웨어를 구축하기 위해 인터넷 프로토콜(IP)을 사용하는 것과 맞춤 통신 프로토콜을 사용하는 것을 비교하고 대조하라.

Q6-11. QoS 약정의 몇 가지 유용한 특성을 정의하라.

Q6-12. QoS 통신을 위해 스레드 수준 제어를 사용하는 것과 소프트웨어 스레드 통합을 사용하는 것을 비교하고 대조하라.

실습 문제

L6-1. 다중 프로세서에서 실행되는 일련의 프로세스들의 성능을 시뮬레이션하라. 다중 프로세서 아키텍처를 바꾸고 성능이 어떻게 달라지는지 관찰하라.

L6-2. 이종 다중 프로세서의 프로세서 간 통신 시간을 먼저 추정하고, 다음에 측정하라.

L6-3. 간단한 개체 요청 매개자(object request broker)를 설계하고 구현하라. 클라이언트 개체로부터 서버 개체로 가는 메시지는 적어도 하나의 매개변수를 가져야 한다.

chapter 07

하드웨어/소프트웨어 공동 설계

● 하드웨어/소프트웨어 공동 설계를 위한 플랫폼
● 하드웨어/소프트웨어 파티셔닝
● 다른 종류의 플랫폼들에 대한 하드웨어/소프트웨어 공동 합성
● 하드웨어/소프트웨어 공동 시뮬레이션

7.1 소개

임베디드 컴퓨팅 시스템은 엄격한 비용, 전력 소모, 그리고 성능 제약조건을 만족해야 한다. 만약 한 가지 제약조건이 지배적이었다면, 손쉬운 프로그래밍 모델을 가진 아주 표준적인 아키텍처를 사용할 수 있었을 것이기 때문에 임베디드 시스템 설계가 쉬울 것이다. 그러나 이 세 가지 제약조건은 동시에 만족되어야 하기 때문에, 임베디드 시스템 설계자는 애플리케이션의 요구사항에 맞추기 위해 하드웨어와 소프트웨어 아키텍처를 맞추어야 한다. 특수화된 하드웨어는 범용 시스템에서 가능한 것보다 더 적은 에너지 소모와 더 적은 비용으로 성능 요구사항을 맞추도록 해준다.

앞에서 보았듯이, 임베디드 컴퓨팅 시스템은 여러 CPU와 배선에 의한 (hardwired) 처리 요소(PE)들을 가진 이종 다중 프로세서인 경우가 많다. 공동 설계에서 배선에 의한 처리 요소는 일반적으로 가속기(accelerators)라고 불린다. 이와는 대조적으로, 보조 처리기(co-processor)는 CPU의 실행 장치에 의해 제어된다.

**애플리케이션
특유의 시스템**
하드웨어/소프트웨어 공동 설계(co-design)는 설계자가 효율적인 애플리케이션 특유의 시스템을 만들 수 있도록 도와주는 기법들의 집합이다. 만약 애플리케이션의 특성에 대해 아는 것이 없다면, 시스템 설계를 어떻게 맞추어갈지 알기가 어렵다. 그러나 설계자가 애플리케이션에 대해 알면, 적은 전력으로 더 빨리 실행하도록 기능을 하드웨어와 소프트웨어에 추가할 수 있을 뿐만 아니라, 애플리케이션에 직접

도움이 되지 않는 하드웨어와 소프트웨어를 제거할 수도 있다. 여분의 컴포넌트들을 제거하는 것은 새 기능을 추가하는 만큼 중요한 경우가 자주 있다.

방법론으로서의 공동 설계

이름에서 알 수 있듯이, 하드웨어/소프트웨어 공동 설계는 성능, 비용, 그리고 에너지 목표를 달성하기 위해 하드웨어와 소프트웨어 아키텍처를 공동으로 설계하는 것을 의미한다. 공동 설계는 범용 컴퓨팅에서 사용되는 계층화된 추상화와는 완전히 다른 방법론이다. 공동 설계는 시스템의 여러 다른 부분들에 대한 최적화를 동시에 시도하므로, 설계 분석과 최적화를 위한 도구들을 많이 사용한다.

하드웨어/소프트웨어 공동 설계는 임베디드가 아닌 시스템 설계에도 점차적으로 많이 사용되고 있다. 예를 들어, 서버는 소프트웨어 스택 상의 일부 기능들의 특수화된 구현을 통해 개선될 수 있다. 공동 설계는 멀티미디어에 적용되는 것만큼 쉽게 웹 호스팅에도 적용될 수 있다.

먼저 하드웨어/소프트웨어 공동 설계의 목표로 사용될 수 있는 몇몇 하드웨어 플랫폼에 대해서 간단히 살펴보고, 그 후 7.3 절에서는 성능 분석을 검토한다. 7.4 절은 하드웨어/소프트웨어 공동 합성에 관한 최신 기술을 조사하는 큰 절이다. 마지막으로 7.5 절에서는 하드웨어/소프트웨어 공동 시뮬레이션을 살펴본다.

7.2 설계 플랫폼

하드웨어/소프트웨어 공동 설계는 완전히 새로 시스템을 설계하거나, 기존의 플랫폼 상에서 구현되는 시스템을 만들기 위해 사용될 수 있다. CPU+ 가속기 아키텍처는 일반적인 공동 설계 플랫폼의 한 가지이다. 가속기는 여러 다른 기능들을 구현할 수 있을 뿐만 아니라, 다양한 논리 기법 중 어떤 것을 사용해도 구현될 수 있다. 이런 선택은 설계 시간, 전력 소모, 그리고 시스템의 다른 중요한 특성들에 영향을 미친다.

플랫폼의 종류

공동 설계 플랫폼은 여러 가지 아주 다른 설계 기법들로 구현될 수 있다.

- 가속기를 가진 PC 기반의 시스템은 PC 버스에 꽂히는 기판으로 만들어질 수 있다. 이 기판은 가속기를 구현하기 위해 맞춤 칩 또는 필드 프로그램 가능 게이트 배열(field programmable gate array, FPGA)을 사용할 수 있다. 이런

종류의 시스템은 비교적 크기가 크며, 개발용으로 사용하거나 아주 적은 수량의 애플리케이션을 위해 주로 사용된다.

- 가속기를 위해 FPGA 또는 맞춤 집적 회로를 사용하는 맞춤 인쇄 회로 기판은 PC 기반의 시스템보다는 더 많은 설계 작업을 필요로 하지만, 더 저렴한 비용과 낮은 전력을 소모하는 시스템을 구축할 수 있게 해준다.

- 단일 칩 상에 CPU와 FPGA를 짜 맞춘 플랫폼 FPGA. 이런 칩은 맞춤 칩보다 더 비싸지만, 하나 이상의 CPU와 대량의 맞춤 논리를 가진 단일 칩 구현을 가능하게 한다.

- 더 작은 영역과 낮은 전력 소모로 기능을 구현하는, 가속기를 위한 맞춤 집적 회로. 많은 임베디드 칩 상의 시스템(SoC)은 특별한 기능을 위한 가속기를 사용한다.

가속기
    CPU와 하나 이상의 가속기의 조합은 가장 단순한 형태의 이종 플랫폼이다. 하드웨어/소프트웨어 파티셔닝은 이런 플랫폼을 대상으로 한다. CPU는 종종 호스트(host)라고 불린다. CPU는 내부의 데이터 및 제어 레지스터를 통해 가속기와 대화한다. 이런 레지스터들은 CPU가 가속기의 동작을 모니터링하고 명령을 내보낼 수 있도록 해준다.

    CPU와 가속기는 공유 메모리를 통해서도 통신할 수 있다. 가속기가 대량의 데이터와 함께 동작할 필요가 있다면, CPU가 메모리로부터 가속기 레지스터로 데이터를 보내고 다시 가져오는 대신, 데이터를 메모리에 두고 가속기가 직접 메모리를 읽고 쓰는 것이 일반적으로 더 효율적이다. CPU와 가속기는 이런 동작을 동기화한다.

**이종 다중
프로세서**
    더 일반적인 플랫폼도 역시 가능하다. 가속기에 단일 프로세서를 부착하는 대신, 여러 개의 CPU를 사용할 수 있다. 버스로부터 더 일반적인 구조로 시스템 상호 접속을 일반화할 수 있다. 뿐만 아니라, 시스템의 다른 부분에 다른 종류의 액세스를 제공하는 더 복잡한 메모리 시스템을 만들 수도 있다. 이런 종류의 시스템을 공동 설계하는 것은 더 어려운데, 특히 플랫폼의 구조에 대해 어떠한 가정도 하지 않을 때 더욱 그렇다.

    예제 7-1, 7-2, 그리고 7-3은 다른 방법으로 FPGA를 사용하는 몇 가지 다른 공동 설계 플랫폼들을 설명한다.

예제 7-1

자일링스 버텍스-4 FX 플랫폼 FPGA 군

자일링스(Xilinx) 버텍스-4(Virtex-4) 군[Xil05]은 여러 다른 구성을 가지는 플랫폼 FPGA이다. 고급형 FX 군은 하나 또는 두 개의 파워피씨(PowerPC) 프로세서, 여러 개의 이더넷 MAC, 블록 RAM, 그리고 재구성 가능 논리의 대규모 배열을 포함한다.

파워피씨는 5단계 파이프라인, 32개의 범용 레지스터, 그리고 분리된 명령어 및 데이터 캐시를 가진 고성능 32비트 RISC 기계이다. FPGA 구조(fabric)는 조회 테이블과 다양한 다른 논리를 사용하는 구성 가능 논리 블록(configurable logic blocks, CLB) 상에 구축된다.

가장 큰 버텍스-4는 200,000개까지의 논리 셀들을 제공한다. CLB는 고속 덧셈기를 구현하는 데 사용될 수 있다. 별도의 블록 집합은 DSP 연산을 위해 18×18 곱셈기, 하나의 덧셈기, 그리고 48비트 누산기를 포함한다. 칩은 다양한 깊이와 넓이로 구성될 수 있는 여러 개의 RAM 블록을 포함한다.

파워피씨와 FPGA 구조는 밀접하게 결합될 수 있다. FPGA 구조는 버스 기반의 장치들을 구축하는 데 사용될 수 있다. 보조 프로세서 장치는 FPGA 구조에서 맞춤 파워피씨 명령어들이 구현되도록 해준다. 추가적으로, 이종 다중 프로세서를 구축하기 위해 FPGA 구조 내에 프로세서 중심부도 구현될 수 있다. 자일링스는 마이크로블레이즈(MicroBlaze) 프로세서 중심부와 다른 중심부도 역시 사용될 수 있도록 제공한다.

예제 7-2

ARM 인테그레이터 로직 모듈

ARM 인테그레이터(Integrator)는 ARM 프로세서를 위한 검토 기판 시리즈이다. 인테그레이터 로직 모듈(Integrator Logic Module)[ARM00]은 ARM 인테그레이터 주기판에 꽂히는 FPGA 가속기 기판이다. 이 논리 모듈은 재구성 가능 논리를 위한 자일링스 FPGA를 제공한다. 이 FPGA는 ARM AMBA 버스와 인터페이스한다. 이 논리 모듈 기판은 자체적인 SRAM을 포함하지 않으며, FPGA는 다른 기판에 포함된 SRAM과 I/O 장치들에 연결하기 위해 AMBA 버스를 사용할 수 있다.

예제 7-3 | **아나폴리스 마이크로 시스템즈 와일드스타 II 프로**

와일드스타 II 프로(WILDSTAR II Pro, *http://www.annapmicro.com*)는 PC의
버스 또는 다른 PCI 장치 상에서 FPGA 논리를 제공하는 PCI 버스 카드이다. 이 카
드는 PCI 버스에 직접 연결할 수 있는 하나 또는 두 개의 버텍스 II 프로 FPGA를
제공한다. 이것은 또 96MB 까지의 SRAM과 256MB 까지의 SDRAM을 제공한다.
이 카드는 다음 그림과 같이 구성된다. 개발 환경은 이 기판을 위한 시스템 설계를
단순화시켜준다.

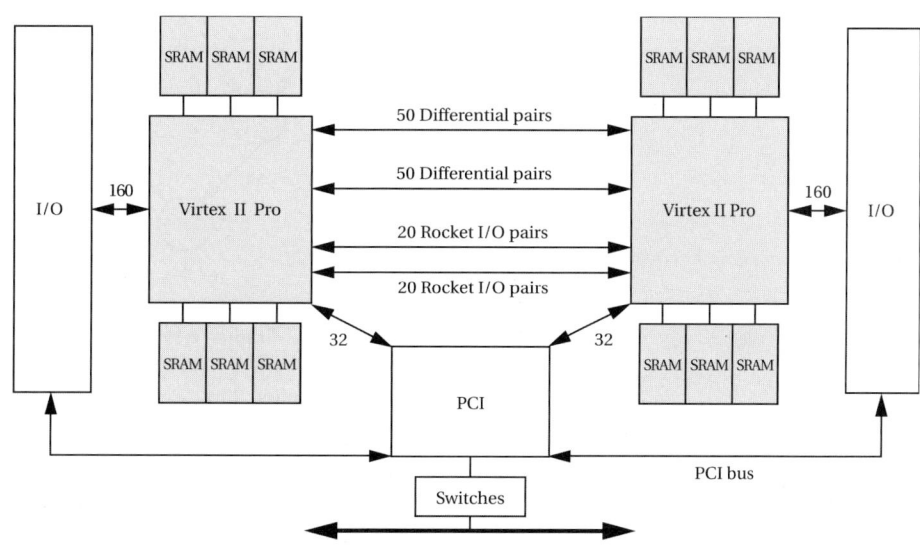

출처 : 와일드스타 II 프로 데이터 시트

7.3 성능 분석

공동 합성을 하는 과정에서, 설계되고 있는 하드웨어를 평가할 필요가 있다. 고수준
합성(high-level synthesis)은 하드웨어 설계자가 추상화의 수준을 높일 수 있도록
개발되었지만, 공동 합성을 위한 추정 도구로서도 유용하다. 이 절에서는 하드웨어
비용과 영역 및 성능 추정을 위한 빠른 알고리즘에 대한 이해를 돕기 위해, 몇 가지
고수준 합성 알고리즘들을 살펴본다. 그리고 이종 다중 프로세서 내의 가속기 비용
을 추정하기 위해 특별히 개발된 기법들도 살펴본다.

7.3.1 고수준 합성

고수준 합성의 목표
고수준 합성은 하드웨어의 동작 명세에서 시작하고, 레지스터 전송 설계를 만든다. 고수준 합성은 동작 내의 연산들을 할당하고 일정을 잡을 뿐만 아니라, 이 연산들을 컴포넌트 라이브러리로 매핑한다.

데이터 흐름도, 데이터 의존성, 가변 기능 장치
그림 7-1 은 고수준 명세와 한 가지 가능한 레지스터 전송 구현 예를 보여준다. 데이터 의존성 가장자리는 하나의 연산 또는 주 입력으로부터 다른 곳으로 변수 값들을 나른다.

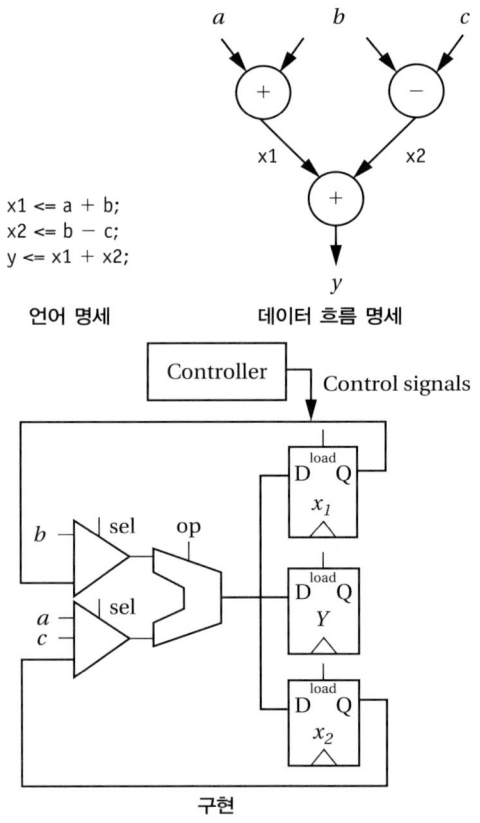

```
x1 <= a + b;
x2 <= b − c;
y <= x1 + x2;
```

언어 명세   데이터 흐름 명세

그림 7-1 동작 명세와 레지스터 전송 구현 예

레지스터 전송 구현은 고수준 명세(이것은 텍스트 또는 데이터 흐름도 형태로 주어진다)를 레지스터 전송 구현으로 전환하기 위해 어떤 절차가 필요한지를 보여준다.

■ 특정 클록 사이클에서 발생하도록 연산들이 스케줄링되었다.

■ 변수들이 레지스터에 할당되었다.

■ 연산들이 기능 장치들에 할당되었다.

■ 배선을 절약하기 위해 일부 연결은 다중화되었다(multiplexed).

**제어 스텝,
시간 스텝**

이 경우, 클록 사이클마다 오직 하나의 연산만 수행할 수 있다고 가정한다. 클록 사이클은 고수준 합성에서는 제어 스텝(control step) 또는 시간 스텝(time step)이라고 불린다. 고수준 합성에서는 논리 합성에서 사용되는 것보다는 큰 단위의 시간 모델을 사용한다. 아직 구현까지는 멀리 있어서 지연 시간이 정확하게 예측될 수는 없으며, 따라서 고수준 합성에서는 자세한 타이밍 모델이 많이 사용되지 않는다. 시간을 클록 주기 또는 그 일부로 추상화하는 것이 스케줄링을 더 잘 다룰 수 있도록 해준다.

변수를 레지스터에 할당하는 것은 주의 깊게 수행되어야 한다. 두 개의 변수는 그 값들이 동시에 요구되지 않는다면 하나의 레지스터를 공유할 수 있다. 예를 들어, 한 입력 값이 계산 초기에만 사용되고, 다른 변수는 나중에 정의되는 경우이다. 그러나 두 변수가 동시에 요구된다면 별도의 레지스터에 할당되어야 한다.

레지스터 또는 기능 장치들을 공유하려면 설계에 다중화기(multiplexers)를 추가할 필요가 있다. 예를 들어, 데이터 흐름도 내의 두 개의 덧셈이 구현될 때 같은 가산 장치에 할당된다면, 가산기에 올바른 피연산자를 제공하기 위해 다중화기를 사용한다. 다중화기는 제어 FSM에 의해 제어되는데, 이것은 다중화기에 선택 신호를 공급한다(대부분의 경우, 공유 장치들의 출력에 역 다중화기(demultiplexers)를 필요로 하지는 않는데, 일반적으로 어떤 주어진 클록 사이클에 사용되지 않는 값들은 무시하도록 하드웨어가 설계되기 때문이다). 다중화기는 다음과 같은 세 종류의 비용을 구현에 추가한다.

1. **지연 시간** : 이것은 시스템 클록 사이클을 늘일 수 있다.

2. **논리** : 이것은 칩 상의 영역을 차지한다.

3. **배선** : 이것은 다중화기에 도달하기 위해 필요하다. 이것도 영역을 필요로 한다.

기술 라이브러리 하드웨어를 공유하는 것이 항상 유익한 것은 아니다. 예를 들어, 어떤 기법에서는 가산기가 충분히 작아서 가산기를 공유하지 않는 경우보다 영역과 지연 시간 양쪽에서 이득이 된다. 좋은 구현 결정을 내리기 위해 필요한 일부 정보는 기술 라이브러리(technology library)로부터 오는데, 이것은 일부 컴포넌트들의 영역과 지연 시간 비용을 제공한다. 배선 비용 추정과 같은 다른 정보는 알고리즘적으로 만들어질 수 있다. 대량의 후보 구현들을 위한 구현 비용을 정확하게 측정하는 프로그램의 능력은 고수준 합성 알고리즘의 위력 중 하나이다.

스케줄링 용어 일정 검색을 할 때 가능한 한 빨리(as-soon-as-possible, ASAP)와 가능한 한 늦은(as-late-as-possible, ALAP) 것이 일정 길이에 대한 유용한 한계들이다.

FCFS 스케줄링 제약조건을 다룰 수 있는 아주 간단한 발견적 방법은 먼저 들어온 것을 먼저 제공하기(first-come-first-served, FCFS) 스케줄링이다. FCFS는 데이터 흐름도를 출발지부터 목적지까지 따라간다. 그리고 새 노드를 만나는 즉시 현재 클록 일정에서 이 연산에 대한 스케줄링을 시도한다. 만약 모든 자원이 점유되어 있다면 다른 제어 스텝을 시작하고, 거기서 연산을 스케줄링한다. FCFS 스케줄링은 일반적으로 출발지부터 목적지까지의 노드들을 다루지만, 그래프에서 같은 깊이로 나타나는 노드들은 임의의 순서로 스케줄링될 수 있다. 길이로 측정된 일정의 품질은 주어진 깊이에서 정확하게 어떤 순서로 노드들이 다루어지는지에 따라 크게 바뀐다.

임계 경로 스케줄링 FCFS는 같은 깊이의 노드들을 임의적으로 선택하므로, 시급한 연산을 지연시킬 수 있다. 이것을 확실히 개선하는 것은 임계 경로 스케줄링(critical-path scheduling) 알고리즘인데, 이것은 임계 경로 상의 연산을 우선적으로 스케줄링하기 때문이다.

목록 스케줄링 목록 스케줄링(list scheduling)은 임계 경로 바깥의 노드들에 대해 더 균형 잡힌 배려를 함으로써 임계 경로 스케줄링을 개선하려는 효과적인 발견적 방법이다. 임계 경로 바깥의 모든 노드들을 똑같이 사소하게 취급하지 않고, 데이터 흐름도 내에서 노드가 가지는 자손들의 수(number of descendants)인 D를 측정함으로써, 목록 스케줄링은 노드가 얼마나 임계에 가까운지를 추정한다. 적은 자손들을 가지는 노드는 더 많은 자손들을 가지는 같은 깊이의 다른 노드보다 임계에서 멀다.

목록 스케줄링도 데이터 흐름도를 출발지에서 목적지까지 따라가지만, 같은 깊이에서 주의를 끌려고 경쟁하는 여러 노드들이 있을 때 가장 많은 자손들을 가지는 노드를 항상 선택한다. 모든 노드가 같은 양의 시간을 가지는 단순한 타이밍 모델에서 임계 노드는 어떤 비임계 노드보다 항상 더 많은 자손들을 가진다. 이 발견적 방법은 현재 스케줄링을 기다리는 노드들의 목록에서 그 이름이 주어졌다.

세력 지향의 스케줄링   세력 지향의 스케줄링(force-directed scheduling)[Pau89]은 여러 사이클에 걸친 기능 장치 사용에 대한 균형 유지를 통해 특별한 성능 목표를 달성하고자, 하드웨어 비용을 최소화하려는 잘 알려진 스케줄링 알고리즘이다. 이 알고리즘은 세력 (forces, 그림 7-2 참고)을 사용하여 스케줄링할 하나의 연산을 선택한다. 그리고 이 연산에 제어 스텝을 할당한다. 일단 연산이 스케줄링되면 이것은 이동하지 않으며, 따라서 데이터 흐름도 내의 각 연산을 위해 알고리즘의 외부 루프는 한 번만 실행된다.

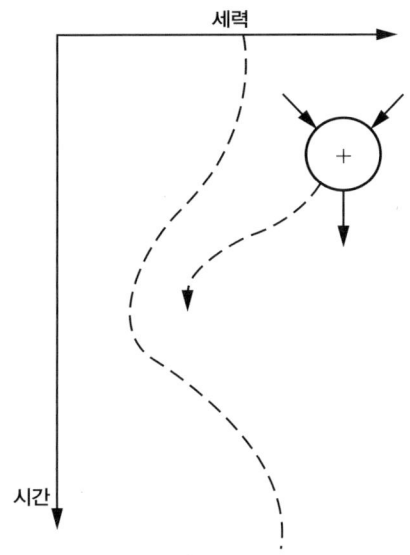

그림 7-2 세력이 연산자 스케줄링을 안내하는 방법

연산자 상의 세력을 계산하기 위해, 데이터 흐름도에서 **분포 그래프**(distribution graph)로 표현되는 다양한 연산의 분포를 먼저 찾을 필요가 있다. ASAP 와 ALAP 일정은 각 연산이 스케줄링될 수 있는 제어 스텝의 범위를 말해준다. 각 연산은 타당한 제어 스텝에 할당될 균일한 확률을 가진다고 가정한다. 분포 그래프는 그림 7-3 처럼, 각 제어 스텝에 할당되는 주어진 종류의 연산자 개수의 예상치를 보여준다. 분포 그래프는 각 제어 스텝에서 필요로 하는 주어진 종류(이 경우에는 가산기)의

기능 장치의 수에 대한 확률적 관점을 제공한다. 이 예에서는 3 개의 덧셈이 있지만, 같은 사이클에서 이것들이 모두 발생할 수는 없다.

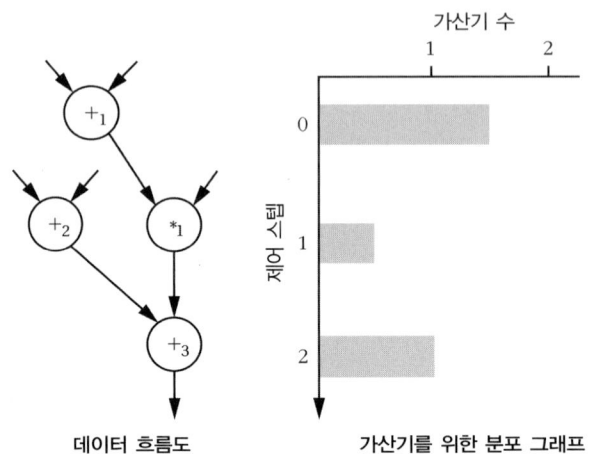

데이터 흐름도   가산기를 위한 분포 그래프

그림 7-3 세력 지향의 스케줄링을 위한 예제 분포 그래프

ASAP 와 ALAP 일정들을 계산한다면, $+_1$은 첫 번째 제어 스텝에서 반드시 발생하고, $+_3$은 마지막에, 그리고 $+_2$ 덧셈은 처음 두 개의 제어 스텝 중 하나에서 발생할 수 있다. 분포 그래프 $DG_+(t)$는 예상되는 덧셈의 개수를 제어 스텝의 함수로 보여준다. 각 제어 스텝에서 예상되는 값은 각각의 유효한 제어 스텝에서 각 연산이 같은 확률을 가진다고 가정함으로써 계산된다.

우리는 할당될 각종 기능을 위한 분포를 구축한다. 데이터 경로를 위해 필요한 기능 장치의 총 개수는 임의의 제어 스텝에서 필요로 하는 최대 개수이므로, 하드웨어 요구사항을 최소화하는 것은 전체 일정 길이에 걸쳐 주어진 기능 장치를 위한 수요의 균형을 맞추는 일정을 선택할 것을 요구한다. 분포 그래프는 연산이 스케줄링될 때마다 업데이트된다. 연산이 제어 스텝에 할당될 때 그 제어 스텝에서의 확률은 1 이 되고, 다른 제어 스텝에서는 0 이 된다. 기능 장치를 위한 분포 그래프의 모양이 바뀌면 세력 지향의 스케줄링은 나머지 연산들을 위한 제어 스텝들을 선택하려고 하는데, 이것은 연산자 분포의 균형을 유지한다.

세력 지향의 스케줄링은 연산자 사용 효율의 균형을 맞추기 위해 용수철에 의해 적용되는 것과 같은 세력을 계산한다. 용수철 세력은 변위(displacement)의 선형 함수로, 다음과 같은 후크(Hooke)의 법칙으로 주어진다.

$$F(x) = kx \qquad\qquad \text{(수식 7-1)}$$

여기서 x는 변위이고, k는 용수철 상수로 용수철의 강도를 나타낸다. 연산자에 대한 세력을 계산할 때 스케줄링을 시도하는데, 먼저 연산자를 위한 **후보 예정 시각** (candidate schedule time)을 선택하고, 그 후 이 할당에 대한 스케줄링 선택의 효과를 평가하기 위해 세력을 계산한다.

연산자에 의해 적용되는 두 가지 종류의 세력이 있는데, **자체 세력**(self forces)과 **전임자/후임자 세력**(predecessor/successor forces)이 그것이다. 자체 세력은 모든 제어 스텝에 걸쳐 기능 장치들의 사용 효율을 평준화하도록 설계되었다. 한 번에 하나의 연산을 위한 일정을 선택하고 있으므로, 이 연산을 시간 내에 맞추는(이전 연산을 앞당기거나 후속 연산을 뒤로 미룸으로써) 것이 다른 연산에 어떤 영향을 미칠지에 대해서 고려할 필요가 있다. 스케줄링되는 연산자의 후보 시간을 선택할 때 제약 사항들이 전임자와 후임자의 타당한 범위에 적용된다(실제로 스케줄링 선택의 효과는 전체 데이터 흐름도에 파문을 일으킬 수 있지만, 멀리까지는 영향을 미치지 않는다).

전임자/후임자 세력 $P_o(t)$와 $X_o(t)$는 전임자/후임자 연산에 가해지는 것이다. 스케줄링 선택은 이 스케줄링 선택에 의해 적용되는 시스템 내의 총 세력에 기초하여 평가되는데, 자체 세력, 전임자 세력, 후임자 세력은 모두 함께 추가된다. 이것은 전임자와 후임자 연산자들은 스케줄링되고 있는 연산자에 대해 직접적으로 세력을 행사하지 않으며, 이 스케줄링 선택에 의해 이들에 대해 적용되는 세력들은 할당의 품질을 결정하는 것을 도와준다. 스케줄링을 하고 제어 스텝에 위치시키기 위해, 각 스텝에서 가장 작은 총 세력을 가진 연산을 선택한다.

경로 기반의 스케줄링

경로 기반의 스케줄링(path-based scheduling)[Cam91]은 고수준 합성을 위해 잘 알려진 또 하나의 스케줄링 알고리즘이다. 앞의 방법과는 달리, 경로 기반의 스케줄링은 데이터 경로 자원들에 대해서 제약조건이 주어질 때, 구현의 제어기 내에서 요구되는 제어 상태의 수를 최소화하도록 설계된다. 이 알고리즘은 각 경로 상 제어 상태의 최소 개수를 보장하는 알고리즘을 사용하여, 각 경로를 독립적으로 스케줄링한다. 그리고 경로 일정들을 시스템 일정으로 최적화하여 결합한다. 각 경로를 위한 일정은 최소 군집 포함(minimum clique covering)을 사용하여 찾는데, 이 절차는 가능한 한 빠른(as-fast-as-possible, AFAP) 스케줄링이라고 불린다.

7.3.2 가속기 추정

이종 다중 프로세서에서 가속기의 하드웨어 비용을 추정하는 것은 정확도와 효율성의 균형을 맞출 것을 요구한다. 추정은 전반적인 합성 작업을 잘못 이끌지 않도록 충분히 훌륭해야 한다. 그러나 추정은 충분히 빨리 생성되어서, 공동 합성이 많은 수의 후보 설계들을 찾을 수 있도록 해야 한다. 공동 합성을 위한 추정 방법에서는 배치(placement)와 경로 배정(routing)에 의해 생성되는 것과 같은 물리적 특성들의 아주 자세한 추정은 일반적으로 피한다. 그 대신, 실행 시간과 하드웨어 크기를 측정하기 위해 스케줄링과 할당에 의존한다.

산술적 방법에 의한 추정

헤르만(Hermann) 등[Her94]은 COSYMA 내의 가속기 비용을 추정하기 위해 산술적 방법을 사용했다. 이들은 가속기 내의 구현을 위해 루프 중첩의 추가적인 계층들이 떨어져 나가기 때문에, 변경된 가속기의 비용은 새로 추가된 조각들의 비용의 합과 같지 않음을 지적했다. 예를 들어, 어떤 기능이 3개 블록에 명시되어 있다면, 3개 블록 모두를 구현하는 가속기의 비용을 기술하는 데는 8개 항목이 필요할 수 있다. 이들은 가속기에 새 블록이 추가될 때 가속기의 비용을 추정하기 위해 산술적 방법을 사용했다.

AFAP 기반의 추정

헨켈(Henkel)과 언스트(Ernst)[Hen95; Hen01]는 CDFG가 주어질 때 가속기 성능과 비용을 빠르고 정확하게 추정하기 위해 알고리즘을 개발했다. 이들은 일정의 길이와 할당될 필요가 있는 자원들을 추정하기 위해 경로 기반의 스케줄링을 사용한다. AFAP의 실행 시간과 경로 기반의 스케줄링이 겹치는 단계들을 줄이기 위해, 이들은 CDFG를 분해하고 각각의 하부 그래프를 독립적으로 스케줄링하는데, 이 기법은 경로 기반 추정(path-based estimation)이라고 불린다. 이들은 절단점(cut points)의 선택을 안내하기 위해 3가지 규칙을 사용한다.

첫째, 더 작은 반복 횟수를 가진 노드에서 절단하는데, 그래프 절단에 의해 야기되는 대가는 트리톤(tritons)의 개수로 곱해지기 때문이다. 둘째, 많은 경로가 만나는 노드에서 절단하는데, 이것은 언어에서 범위의 끝에 주로 생성되는 곳이다. 셋째, 대략 같은 크기의 조각들로 그래프를 절단한다. 가능한 절단의 총 수는 설계자에 의해 제어될 수 있다. CDFG의 요약, 생성, 변환, 절단, 그리고 일정의 중첩을 포함하는 이들의 추정 알고리즘이 그림 7-4에 나와 있다.

```
path_based_estim_tech()
{
    CP := {};

    collect_profiling_data{CDFG};
    DAG := convert_to_DAG{CDFG};
    #paths := compute_num_of_paths{DAG};

    if {#paths < max_paths } {
        CP := compute_cutpoints{DAG};
        DAG := split_DAG{DAG, CP};
    }

    for each dag; ∈ DAG {
        P := calculate_all_paths{dag_i};
        CS := {};
        for each p ∈ P {
            CS := CS    do_AFAP_schedule{p};
        }
        Aupurpose_all_schedules {P, CS};
    }
}


compute_cutpoints{DAG}
{
    CP_list_intialize{};
    for each v_i ∈ V { /* apply rule 2 */
        if { fulfills_rule2(v_i)} {
            CP_list_insert{∈_i};
        }
    }

    sort_by_profiling{CP_list}; /* apply rule 1 */

    #cut_pts := input{};
    if {len{CP_list} < #cut_pts} {
        if { ambiguous_cut{CP_list, #cut_pts} }
            CP_list := apply_rule 3{CP_list, #cut_pts};
    }
    return{CP_list}:
}
```

그림 7-4 경로 기반의 추정을 위한 알고리즘. 출처 : 헹켈과 언스트[Hen01]. ⓒ2001 IEEE.

점진적 추정   바히드(Vahid)와 가즈스키(Gajski)[Vah95]는 데이터 경로와 제어기 비용의 빠른 점진적 추정을 위한 알고리즘을 개발했다. 이들은 하드웨어 비용을 다음의 합계로 모델링했다.

$$C_H = k_{FU}S_{FU} + k_{SU}S_{SU} + k_M S_M + k_{SR}S_{SR} + k_C S_C + k_W S_W \qquad \text{(수식 7-2)}$$

여기서 S_x는 주어진 종류의 하드웨어 요소의 크기이고, k_x는 이 종류의 크기-비용 비율이다. 이 공식에서

- FU는 기능 장치이다.

- SU는 저장 장치이다.

- M은 다중화기이다.

- SR은 상태 레지스터이다.

- C는 제어 논리이다.

- W는 배선이다.

이들은 제어기 내의 상태 수, 연산에서 피연산자의 원천 등과 같은 더 직접적인 요소들로부터 이것들을 계산한다.

바히드와 가즈스키는 프로그램 내의 각 프로시저를 위한 다양한 정보를 계산하기 위해 설계를 전처리한다(preprocess).

- 일련의 데이터 경로 입력들과 일련의 데이터 경로 출력들

- 일련의 기능 및 저장 장치들. 각 장치는 크기와 수용하는 제어선의 개수로 기술된다.

- 일련의 기능적 개체가 이 개체를 위한 가능한 제어 상태의 개수와, 이 개체가 기록할 수 있는 대상들에 의해 기술된다. 각 대상 자체는 식별자, 이 개체를 위해 대상이 활성화되는 상태의 수, 그리고 이 대상에 개체가 할당할 수 있는 원천들에 의해 기술된다.

이 정보의 표 형태가 그림 7-5에 있다. 이 정보는 그림 7-6과 같은 중간 값들을 계산하는 데 쓸 수 있다. 그리고 이 값들은 다시 (수식 7-2) 내의 요소들을 결정하는 데 사용될 수 있다.

Functional object	States	Destination	Sources	Active states
Procedure 1	5	A	C Adder 1	3
		Comparator 1	A D	1
		Adder 1	C D E	2
		Storage 1	Comparator 1	1
Procedure 2	2	A	Adder 1	1
		Adder 1	F D	1
		B	'O'	1

그림 7-5 비용 추정을 위해 사용되는 전처리된 정보.
출처 : 바히드와 가즈스키[Vah95]. ⓒ1995 IEEE.

Destination	Sources	Contrib. fct. objs.	Component required	Size	Control lines	Active states
A	C adder1	Procedure1 Procedure1	8-bit 2x1 mux	200	1	3
comparator1	A D	Procedure1 Procedure1	8-bit compare	300	0	1
adder1	C D E	Procedure1 Procedure1 Procedure1	8-bit 2x1 mux 8-bit adder	200 400	1 0	2 2
storage1	comparator1	Procedure1	1-bit register	75	1	1

wires   srcs_list   units   size_list   ctrl   active_list

Hwsize (wires, srcs_list, units, size_list, ctrl, active_list, states)

Hwsize (8, srcs_list, 5, size_list, 3, active_list, 5)   (from PP)

그림 7-6 하드웨어 자원들의 표. 출처 : 바히드와 가즈스키[Vah95]. ⓒ1995 IEEE.

바히드와 가즈스키는 하드웨어 구성에 변경이 주어질 때 업데이트 알고리즘을 사용한다. 설계 개체가 주어지고 이것이 아직 존재하지 않을 경우, 이들은 먼저 이 개체를 설계에 추가한다. 그리고 다중화기 원천과 크기를 업데이트하고, 이 대상을 위한 제어선 활성화 상태를 업데이트한다. 마지막으로, 제어기 상태의 수를 업데이트한다. 개체 당 대상의 수가 대략 일정할 때, 이들의 업데이트 알고리즘은 일정 시간 내에 실행된다.

7.4 하드웨어/소프트웨어 공동 합성 알고리즘

공동 합성 활동 분산 임베디드 시스템을 설계할 때 개발자들은 몇 가지 설계 문제를 다룰 필요가 있다.

- 네트워크 상의 통신과 처리 요소 상의 계산을 포함한 연산들을 시간 내에 *스케줄링*해야 한다. 분명히 PE 상의 연산 스케줄링과 처리 요소들 사이의 통신은 서로 연관되어 있다. 만약 PE가 계산을 너무 늦게 끝낸다면, 처리 결과를 보내려고 할 때 네트워크 상의 다른 통신을 방해할 수 있다. 이것은 결과를 필요로 하는 처리 요소와 통신의 방해를 받은 다른 PE 모두에게 나쁘다.

- 처리 요소들에 계산을 *할당*해야 한다. PE에 계산을 할당하는 것은 어떤 통신이 요구되는지를 결정한다. 만약 한 PE 상에서 계산된 값이 다른 PE에서 요구된다면, 이것은 네트워크를 통해 전송되어야 한다.

- 기능적 명세를 계산 장치들로 *파티셔닝*해야 한다. 이 파티셔닝은 CPU와 가속기 사이에 기능을 나누는 하드웨어/소프트웨어 파티셔닝과는 다르다. 구현되는 기능을 기술하는 세분성(granularity)은 검색 알고리즘의 선택과 성능 및 에너지 분석을 위한 방법에 영향을 미친다.

- 처리 요소와 통신 링크를 특정 컴포넌트로 *매핑*할 필요도 있다. 어떤 알고리즘은 특정 컴포넌트의 특성으로 자세히 모델링하지 않는 추상적 PE와 링크에 기능들을 할당한다. 이것은 합성 알고리즘이 간단한 추정을 사용하여 더 큰 설계 공간을 추구할 수 있도록 해준다. 매핑은 더 정교한 비용, 성능 및 전력 모델과 연관될 수 있는 특정 컴포넌트를 선택한다.

최적화 범주   공동 합성은 시스템이 목표로 하는 기능을 충족하고 제약조건을 만족시키도록 설계한다. 전통적인 공동 합성 문제는 마감 시간을 만족시키면서 하드웨어 비용을 최소화하는 것이다. 저전력 설계가 더 중요해짐에 따라, 전력 소모가 목표로 하는 기능에 추가되었다. 몇몇 그룹이 여러 목표 기능들을 동시에 만족시키려고 하는 알고리즘을 개발했는데, 이런 기법들을 7.4.5 절에서 살펴볼 것이다.

앞의 두 절에서는 설계 표현을 검토한다. 7.4.1 절에서는 요구되는 시스템을 기술하는 프로그램을 명시하는 데 사용되는 방법들을 조사하고, 7.4.2 절에서는 하드웨어 특성을 기술하는 방법들을 살펴본다. 7.4.3 절에서는 하드웨어 아키텍처 템플릿에 기초하여 합성하기 위한 기법들을 검토하고, 7.4.4 절에서는 템플릿을 사용하지 않고 임의의 하드웨어 토폴로지를 생성하는 공동 합성 알고리즘들을 살펴본다. 7.4.5 절에서는 공동 합성을 위한 다중 목표 알고리즘들을 연구하며, 7.4.6 절에서는 제어 및 I/O 시스템들을 위한 공동 합성을 살펴본다. 7.4.7 절에서는 메모리 집약적 시스템을 위해 설계된 몇몇 공동 합성 기법들을 검토하고, 7.4.8 절에서 재구성 가능한 시스템을 위한 공동 합성 알고리즘에 대한 설명으로 마무리한다.

7.4.1 프로그램 표현

공동 합성 알고리즘은 일반적으로 순차적/병렬 프로그램 또는 작업 그래프와 같은 한두 가지 형태로 시스템의 기능이 명시되기를 기대한다.

프로그램 표현   프로그램은 프로그램 실행에 대한 연산자 수준의 세부 사항을 제공한다. 대부분의 프로그래밍 언어는 순차적인데, 이것은 합성이 프로그램 내의 가능한 병렬성을 분석해야 함을 의미한다. 어떤 공동 합성 시스템은 C와 같은 아주 단순한 종류의 언어를 수용한다. 다른 시스템은 병렬로 수행할 수 있거나 특정 순서로 수행되어야 하는 연산을 설계자가 지정하도록 해주는 요소들을 추가하는데, 한 예가 불칸 (Vulcan)[Gup93]에서 사용되는 하드웨어 C(HardwareC) 언어이다. 엘리스(Eles) 등[Ele96]은 동작 명세를 위해 VHDL 프로그램을 사용하는데, 큰 단위의 병렬성을 포착하기 위해 VHDL 프로세스를 사용하고, 프로세스 간 통신을 기술하기 위해 VHDL 연산을 사용한다.

작업 그래프   6.3.2 절에서 보았듯이, 작업 그래프는 병렬처리 소프트웨어를 기술하기 위해 여러 해 동안 사용되어 왔다. 작업 그래프는 일반적으로 연산자 수준에서 기술되지는 않으며, 더 큰 단위의 기능성을 기술한다. 그리고 이 큰 수준에서 시스템 내의 병렬성을 자연스럽게 기술한다.

프로세스의 조건부 실행을 허용하는 작업 그래프의 변형이 개발되었다. 예를 들어, 엘리스 등[Ele98]은 조건부 작업 그래프 모델을 사용했다. 이들의 작업 그래프 모델 내의 일부 가장자리는 조건부로 지정되는데, 하나는 가드(guard)라 불리는 조건으로 라벨이 붙는데, 이것은 이 가장자리가 통과될(traversed)지를 결정한다. 조건부 가장자리의 출발지가 되는 노드를 분리 노드(disjunction node)라 부르고, 목적지가 되는 노드를 결합 노드(conjunction node)라 부른다. 어떤 노드 i와 j에 대해서, j가 결합 노드가 아닐 때 i를 위한 가드가 참일 경우에만 가장자리 $i \rightarrow j$가 있을 수 있는데, 이것은 j를 위한 가드가 참이라는 것을 함축한다. 어떤 노드가 실행될지에 관한 조건을 분석하는데, 4.3절에서 소개했었던 제어 의존성 그래프(control dependence graph, CDG)가 사용될 수 있다.

TGFF

무료 작업 그래프(Task Graphs for Free, TGFF, *http://www.zhyang.ece. northwestern.edu/tgff*)[Dic98c]는 의사 무작위(pseudorandom) 작업 그래프를 생성하는 웹 도구이다. 사용자는 마감 시간의 범위, 그래프 연결성 요소, 이완 등을 제어할 수 있다.

UNITY

바로스(Barros) 등[Bar94]은 시스템 동작을 기술하기 위해 UNITY 언어[Cha88]를 이용하여 아주 다른 명세를 사용하였다. UNITY는 병렬처리 프로그래밍을 위한 추상적 언어로 설계되었다. UNITY 프로그램의 할당 부분이 원하는 계산을 명시한다. 이것은 동기식 또는 비동기식으로 한 명령문씩 차례로 수행되는 일련의 할당들로 구성된다. 실행은 초기 조건에서 시작하고, 명령문들이 수행되며, 프로그램의 상태가 변하지 않는 고정점에 프로그램이 도달할 때까지 실행을 계속한다.

7.4.2 플랫폼 표현

구현되는 프로그램을 표현하는 것 외에, 우리는 설계되고 있는 하드웨어 플랫폼도 표현해야 한다. 플랫폼은 주어지는 것이 아니라 만들어지는 것이므로, 플랫폼 자체에 대한 우리의 표현은 유연해야 한다. 플랫폼의 컴포넌트들을 기술해서 이 컴포넌트들이 완전한 플랫폼으로 결합될 수 있도록 할 필요가 있다.

기술 테이블

플랫폼에 관한 일부 정보는 프로그램의 표현에 밀접하게 연관되어 있다. 예를 들어, 일반적으로 프로세서 성능은 추상적으로는 포착되지 않으며, 다양한 프로그램 조각들이 다양한 종류의 PE 상에서 실행되는 속도가 포착된다. 여러 시스템에서 약간의 변형을 가지고 사용되는 하나의 자료구조를 기술 테이블(technology table)이라고 한다(그림 7-7 참고). 이 테이블은 종류별 처리 요소를 위한 각 프로세스의 실행 시간을 나타낸다(어떤 프로세스는 어떤 종류의 PE 에서는 실행되지 않는데, 특히 이 요소가 프로그램이 가능하지 않을 때 그러하다). 공동 합성 프로그램은 프로세스가 할당된 PE 의 종류를 일단 알면, 프로세스의 실행 시간을 쉽게 조회할 수 있다.

	PE 1	PE 2	PE 3
P1	5	–	14
P2	4	4	5
P3	7	9	6

그림 7-7 프로세서-PE 기술 테이블

점 대 점 통신 링크의 성능은 일반적으로 특성화하기가 더 쉬운데, 전송 시간은 전송되는 데이터와 독립적이기 때문이다. 이 경우, 데이터 속도로 이 링크를 특성화할 수 있다.

일반적으로 다차원 테이블은 각각의 행/열 쌍을 위해 여러 항목들을 가질 수 있다.

- CPU 시간 항목 : 프로세스에 필요한 계산 시간을 보여준다.

- 통신 시간 항목 : 링크를 통해 데이터를 보내는 데 필요한 시간이다. 데이터의 양은 출발지-목적지 쌍에 의해 지정된다.

- 비용 항목 : 처리 요소 또는 통신 링크의 제조 비용이다.

- 전력 항목 : 처리 요소 또는 통신 링크의 전력 소모이다. 이 항목은 정적 전력 소모와 동적 전력 소모로 더 나뉠 수 있다.

그래프로서의 공동 합성 플랫폼

다중 프로세서의 구조를 표현할 필요도 있는데, 이것은 일반적으로 공동 합성 과정에서 바뀐다. 그림 7-8 과 같은 그래프가 자주 사용되는데, 노드는 PE 를 나타내고 가장자리는 통신 링크를 나타낸다. 다단계 네트워크와 같은 복잡한 통신 구조는 일반적으로 플랫폼 명세로 직접 표현되지 않고, 링크의 구조가 다른 물리적 계층들을 사용하여 구현될 수 있는 가능한 연결들을 보여준다. 플랫폼 모델도 일반적으로 통신 토폴로지 내에 메모리의 위치를 포함하지 않는다.

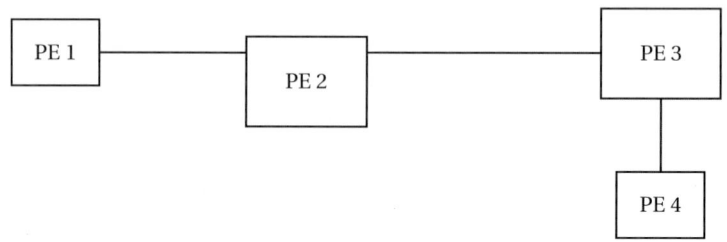

그림 7-8 다중 프로세서 연결성 그래프

7.4.3. 템플릿 중심의 합성 알고리즘

대부분의 초창기 공동 합성 알고리즘들과 일반적인 공동 합성 알고리즘들 대부분은 아키텍처적 템플릿(architectural template)에 기초한 하드웨어 아키텍처를 생성한다. 대부분의 일반적인 아키텍처 템플릿은 하나 이상의 CPU와 하나 이상의 가속기를 가진 버스 기반의 시스템이다. 설계를 이런 버스 기반의 템플릿으로 매핑하는 공동 합성은 일반적으로 하드웨어/소프트웨어 파티셔닝(hardware/software partitioning)으로 불리는데, 버스가 두 파티션 사이의 경계를 정의함으로써 전통적인 파티셔닝 알고리즘들을 공동 합성에 적용할 수 있도록 해주기 때문이다.

하드웨어/ 소프트웨어 파티셔닝 가정

CPU/버스/가속기 구성에 의해 제공되는 템플릿은 하드웨어/소프트웨어 공동 합성 방법론의 강력한 요소이다. 템플릿은 설계 공간을 제한하고 일부 연산을 줄이는 중요한 지식 몇 가지를 다음과 같이 제공한다.

- CPU 종류가 밝혀진다 : CPU 종류를 일단 알게 되면, 소프트웨어 성능을 훨씬 더 정확하게 추정할 수 있다. 또 성능 데이터의 대부분을 미리 생성할 수 있는데, CPU 종류에 대한 지식이 생성해야 하는 데이터의 양을 크게 제한하기 때문이다.

- 처리 요소의 수가 밝혀진다 : 더 쉽게 성능 모델을 구축할 수 있는데, 상호 접속 토폴로지를 알기 때문이다.

- 오직 하나의 처리 요소만 멀티태스킹이 가능하다 : 여러 처리 요소들이 작업들 사이를 전환한다면 성능 분석은 더 복잡해진다.

더 일반적인 아키텍처로 가면 공동 합성 알고리즘은 훨씬 더 복잡해진다. 앞으로 보게 되겠지만, 다른 알고리즘 설계자들은 문제를 관리할 수 있는 부분들로 분해하기 위해, 가정과 전략을 단순화하는 것에 대해 다른 선택을 해왔다.

쌍 파티셔닝 시스템

초창기의 두 가지 하드웨어/소프트웨어 파티셔닝 시스템이 공동 합성에 대한 다른 접근법을 예시한다. COSYMA[Ern93]는 CPU 상에 모든 기능을 가진 것으로 시작했으나, 성능을 개선하기 위해 일부 기능을 가속기로 옮겼다. 불칸 (Vulcan)[Gup93]은 가속기 상에 모든 기능을 가진 것으로 시작했으나, 비용을 줄이기 위해 일부 기능을 CPU로 옮겼다. 이 두 시스템을 비교하면 중요한 하드웨어/소프트웨어 파티셔닝 문제들에 대해서 잘 이해할 수 있게 된다.

COSYMA

COSYMA 시스템의 블록 다이어그램은 그림 7-9와 같다. 애플리케이션은 몇몇 작업 요소와 타이밍 제약조건으로 C를 확장한 Cx로 기술된다. 이 기술은 ES 그래프라고 불리는 중간 형태로 컴파일된다. ES 그래프는 하드웨어 기술 또는 실행 가능한 C 프로그램으로 재작성될 수 있도록, 프로그램 내의 제어 및 데이터 흐름을 나타낸다(COSYMA는 ES 그래프를 위한 시뮬레이터도 포함한다). ES 그래프는 공동 합성의 주 단위인 기본 스케줄링 블록(basic scheduling blocks, BSB)으로 구성된다. COSYMA는 가속기 상에서 어떤 BSB가 구현되어야 할지 결정하기 위해 설계 공간을 검색하는데 시뮬레이션된 단련(simulated annealing)을 사용한다.

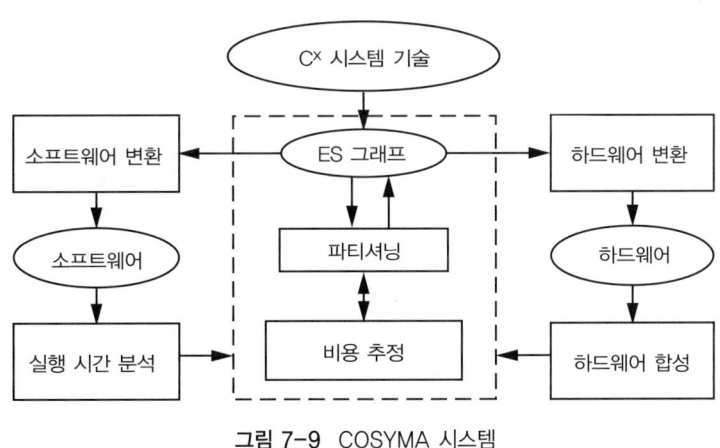

그림 7-9 COSYMA 시스템

불칸

불칸 시스템은 하드웨어 C(HardwareC)라고 불리는 자체의 프로그래밍 언어 확장으로 시작되었다. 불칸은 다른 속도에서 실행되는 다중 작업들을 합성하기 위해 설계되었으므로, 하드웨어 C 에서는 타이밍과 속도 제약조건의 기술이 가능하다. 입력과 출력 연산은 예측 가능한 시간을 가지지 않는 비결정적 연산이다. 하드웨어 C 기술은 불칸에 의해 비결정적 연산 위치에서 분할됨으로써, 자동적으로 작업들이 나누어진다.

불칸은 반복적 개선을 사용하여 스레드를 스케줄링하고 할당한다. 초기 해결책은 모든 스레드를 가속기에 넣는 것인데, 이것은 높은 성능을 내지만 비용도 많이 드는 해결책이다. 불칸은 이동 후에도 성능 목표를 여전히 만족하는지를 테스트하면서 반복적으로 스레드들을 CPU 로 이동한다. 일단 스레드가 성공적으로 이동되면, 후속자들이 다음 이동 후보가 된다.

불칸은 스레드를 직접 분석함으로써 CPU 상의 성능과 비용을 추정한다. 스레드의 반응 속도가 주어지므로 각 스레드의 지연 시간은 미리 결정된다. 불칸은 각 할당을 위한 프로세서 사용 효율과 버스 사용 효율을 계산한다. 불칸은 함수 내의 연산자들의 비용에 기초하여 하드웨어 크기를 추정한다.

이진 제약조건 검색

타당한 설계를 위한 공간은 크므로, 공동 합성 알고리즘들은 효율적인 검색에 의존한다. 바히드(Vahid) 등[Vah94]은 이진 제약조건 검색 알고리즘을 개발했다. 이 알고리즘은 성능 제약조건을 맞추기 위해 하드웨어/소프트웨어가 파티션된 시스템 내의 필요한 하드웨어의 크기를 최소화한다.

바히드 등은 성능 목표를 달성하고 하드웨어 영역이 지정된 한계보다 더 커지지 않도록 하기 위해 목표 기능을 공식화했다.

$$0 = k_{perf} \sum_{1 \le j \le m} V_{perf}(C_j) + k_{area} V_{area}(W)$$

(수식 7-3)

이 목표 기능에서 $V_{perf}(C_j)$는 성능 제약조건 j 가 위배되는 양이고, $V_{area}(W)$는 하드웨어 영역이 지정된 하드웨어 크기 한계 W 를 초과하는 양이다.

성능과 영역 한계들이 만족될 때 이 목표 기능은 0 이다. 만약 해답들이 선에 배열되어 있다면, 어떤 점의 오른쪽에 있는 모든 해답은 0 인데, 이것들은 만족시키는 구현들이다. 모든 만족시키지 않는 해답들은 이 한계의 왼쪽에 있게 된다. 검색 알고리즘의 목표는 0과 0이 아닌 목표 기능 영역들 사이의 한계를 찾는 것이다.

검색 알고리즘이 그림 7-10에 있다. 검색 과정에 시스템의 하드웨어(H)와 소프트웨어(S)를 수집한다. PartAlg()는 목표 기능의 다른 영역을 탐지하기 위해 새로운 해답을 생성한다. 0과 0이 아닌 목표 기능 간의 경계에서 하드웨어/소프트웨어 파티션은 {Hzero,Szero}로 반환된다.

```
low =0; high = AllHWSize;
while (low < high) {
    mid = (low + high + 1)/2;
    {Hprime,Sprime} = PartAlg(H,S,constraints,mid,cost());
    if (cost(Hprime,Sprime,constraints,mid) == 0) {
        high = mid-1;
        {Hzero, Szero} = {Hprime,Sprime};
        }
    else
        low = mid;
    }
return {Hzero,Szero};
```

그림 7-10 이진 검색에 의한 하드웨어/소프트웨어 파티셔닝[Vah94]

코웨어   코웨어(CoWare) 시스템[Ver96]은 이종 임베디드 시스템의 설계를 지원한다. 시스템 동작은 통신 프로세스들로 기술된다. 모델은 캡슐화될 수 있어서, 컴파일러와 시뮬레이터 같은 기존의 설계 도구들이 재사용될 수 있다. 시스템 기술은 구현을 만들기 위해 여러 단계에 걸쳐 정제된다.

프로세스는 시스템의 일부 동작을 지정한다. 프로세스는 C나 VHDL과 같은 여러 가지 호스트 언어들로 기술될 수 있으며, 다른 프로세스들로부터 구성함으로써 계층적으로 정의될 수 있다. 스레드는 프로세스 내의 하나의 제어 흐름이다. 프로세스는 여러 개의 스레드를 가질 수 있다. 종 스레드(slave thread)는 종 포트와 연관되어 있다. 시간 루프 스레드(time-loop thread)는 포트와 연관되어 있지 않으며, 반복적으로 실행된다. 개체들은 포트를 통해 통신하는데, 프로세스처럼 포트는 계층적으로 기술될 수 있다. 프로토콜은 통신 구문과 의미를 정의하며, 프로토콜도 계층적으로 기술될 수 있다.

공동 합성은 통신 프로세스들을 구현하는데, 이들 중 일부는 CPU 상에서 소프트웨어로 실행되고, 나머지는 CPU에 부착된 하드웨어로 구현된다. 라이브러리가 CPU 및 그 인터페이스를 기술한다. 인터페이스의 하드웨어와 소프트웨어 측에는 인라인화(inlining)를 사용하여 병렬처리 프로세스들이 운영 프로세스로 결합된다. 소프트웨어 측에는 특수화된 기능에 장치 드라이버들이 추가될 필요가 있다.

시뮬레이션된 단련 검색 대 터부 검색

엘리스(Eles) 등[Ele96]은 공동 합성을 위한 시뮬레이션된 단련(simulated annealing)과 터부 검색(tabu search)을 비교했다. 이들의 시뮬레이션된 단련 알고리즘은 초기 온도 TI, 온도 길이 TL, 그리고 냉각 속도 α라는 세 개의 주요 인자들을 가진다. 단순한 이동 프로시저는 한 파티션으로부터 다른 파티션으로 이동될 노드를 무작위적으로 선택한다. 개선된 이동 프로시저는 이동될 노드를 무작위적으로 선택하고, 직접 연결된 노드들도 이동한다(이 이동이 목표 기능을 개선할 경우).

터부 검색은 단기 기억(short-term memory)과 장기 기억(long-term memory)이라는 두 가지 자료구조를 사용한다. 단기 기억은 최근의 검색 이동들에 대한 정보를 보관한다. 장기 기억은 더 긴 시간 주기에 걸친 이동에 관한 정보를 보관한다. 각 노드는 각 파티셔닝 동안에 수행된 반복의 횟수를 보관하는데, 이 정보는 이동될 우선순위를 결정하는 데 사용될 수 있다.

엘리스 등은 설계될 시스템을 기술하기 위해 VHDL의 확장된 형태를 사용한다. 이들은 프로세스 간 통신을 위해 VHDL 명령어를 사용한다. 그리고 프로세스, 루프, 명령문 블록들을 식별하기 위해 이 코드를 분석한다. 코드를 정적으로 분석하고, 실행하는 동안 이 코드를 요약한다. 이들의 공동 합성 시스템은 다음과 같은 목표 기능을 사용한다.

$$C = Q_1 \sum_{(i,j) \in \text{cut}} W1_{ij}^{E} + Q_2 \frac{\sum_{i \in HW} \frac{\sum_{\exists i,j} W2_{ij}^{E}}{W1_i^{N}}}{N_H} + Q_3 \left[\frac{\sum_{i \in HW} W2_i^{N}}{N_H} + \frac{\sum_{i \in SW} W2_i^{N}}{N_S} \right] \quad \text{(수식 7-4)}$$

이 수식에서 Q_1, Q_2, Q_3는 가중치이다. HW와 SW는 하드웨어 및 소프트웨어 파티션을 나타내며, N_H와 N_S는 이 집합에서의 노드 수를 각각 나타낸다. $W1_{ij}^{E}$는 프로세스 i와 j 사이에 전송된 데이터의 총량을 나타낸다. $W2_{ij}^{E}$는 이 두 프로세스 간의 총 반복 횟수를 세는데, 각 반복을 하나의 이벤트로 센다. $W1_i^{N}$은 프로세스 i에 의해 수행된 총 연산수이다. 이때 다음을 정의한다.

$$W2_i^N = M^{CL}K_i^{CL} + M^U K_i^U + M^P K_i^P - M^{SO} K_i^{SO} \qquad \text{(수식 7-5)}$$

여기서 M은 가중치이고 K는 프로세스의 척도를 나타낸다.

K_i^{CL}은 프로세스 i의 상대적 계산 부하(relative computational load)인데, 이것은 프로그램 내의 명령문 블록에 의해 수행된 총 연산 수를 전체 프로그램 내의 총 연산수로 나눈 값이다. K_i^U는 프로세스 내의 다른 종류의 연산들의 수를 총 연산수로 나눈 비율로, 계산의 균일성의 척도이다. K_i^P는 프로세스 내의 연산 수를 계산 경로의 길이로 나눈 비율로, 잠재적 병렬성의 척도이다. K_i^{SO}는 소프트웨어 형식의 연산(부동 소수점, 순환적 서브루틴 호출, 포인터 연산 등)의 수를 총 연산의 수로 나눈 비율이다.

엘리스 등은 시뮬레이션된 단련과 터부 검색으로 비슷한 품질의 결과를 얻을 수 있지만, 터부 검색이 20배 정도 더 빨리 실행된다고 결론을 내렸다. 그러나 터부 검색 알고리즘은 개발하는 데 훨씬 더 많은 시간이 걸린다. 이들은 또 이 알고리즘들을 커니간-린(Kernighan-Lin) 방식의 파티셔닝과 비교했는데, 큰 문제에 대해서는 같은 품질의 해답을 얻는데 시뮬레이션된 단련과 터부 검색 모두 커니간-린보다 더 빨리 실행되는 것을 발견했다.

LYCOS LYCOS 공동 합성 시스템[Mad97]은 여러 언어로부터 파생될 수 있고 여러 도구들을 제공하는 단일 설계 표현으로부터 작동된다.

퀘냐 설계 표현 LYCOS는 퀘냐(Quenya)라고 불리는 형식을 사용하는 CDFG로 설계를 내부적으로 표현하는데, 이것은 C와 VHDL의 하부 집합들을 이 내부 표현으로 변환할 수 있다. 퀘냐의 실행 의미(execution semantics)는 채색(colored) 페트리 네트에 기초한다. 입력 가장자리를 따라 토큰들이 노드에 도달하면, 이 노드는 입력에서 토큰을 제거하고 점화 규칙에 의해 토큰들을 출력에 놓는다. 그림 7-11은 if-then-else 명령문의 모델을 보여준다. 오른쪽 블록은 조건을 평가하고 b 가장자리를 따라 토큰을 보낸다. 만약 b가 참이라면 s1 블록이 실행되고, 아니면 s2 블록이 실행된다.

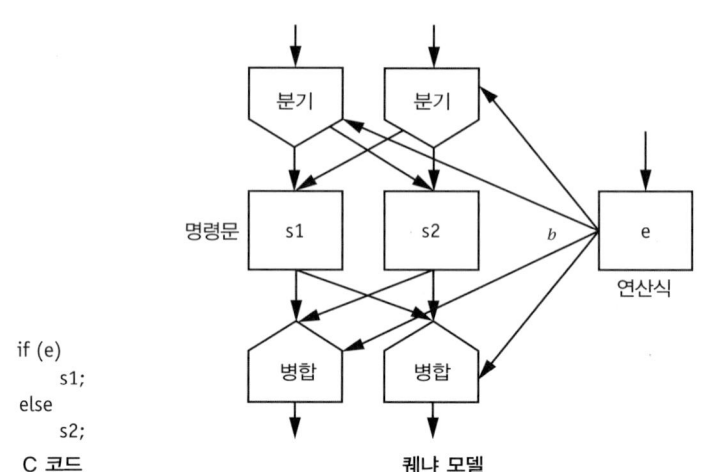

그림 7-11 if-then-else 명령문을 위한 퀘냐 모델. 출처 : 매드센(Madsen) 등[Mad97].

그림 7-12는 while 명령문의 모델을 보여준다. 프로시저들은 별도의 그래프들로 변환되는데, 이것은 프로시저 본체에 대한 호출을 나타내는 노드와 각각의 입력 및 출력 매개변수를 위한 가장자리로 표현된다. 공유 변수는 값을 샘플링하고 동기화를 위해 노드들을 기다리기 위한 가져오기/내보내기 노드들로 표현된다.

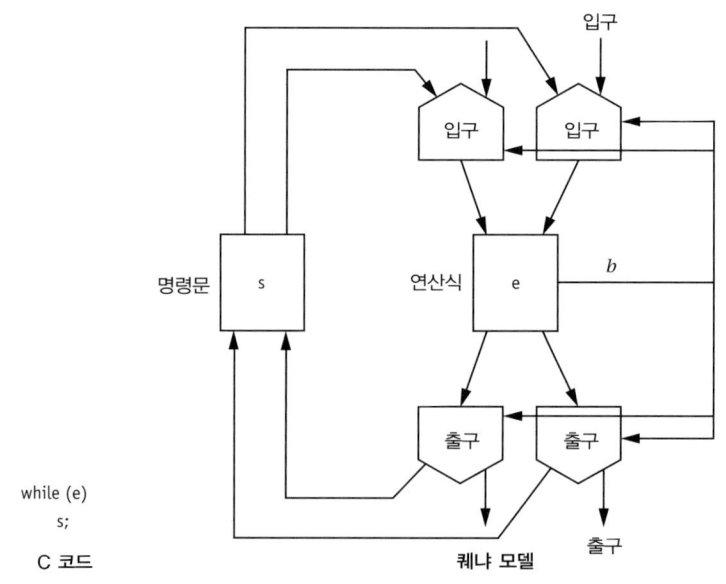

그림 7-12 while 명령문을 위한 퀘냐 모델. 출처 : 매드센(Madsen) 등[Mad97].

요약과 설계 추정

LYCOS는 성능 추정을 위해서 요약(profiling) 도구들을 사용한다. 퀘냐 모델은 C++로 변환되고, 요약을 하기 위해 실행된다. 하드웨어 모델은 영역 및 성능 추정에 사용되는 아키텍처 구축 환경(Architectural Construction Environment, ACE)에서 구축된다.

LYCOS 파티셔닝

LYCOS는 기능적 모델을 기본 스케줄링 블록(basic scheduling block, BSB)들로 쪼갠다. 하드웨어를 위한 BSB와 소프트웨어를 위한 BSB는 동시에 실행되지 않는다. BSB들의 열(sequence) $<B_i, \dots, B_j>$는 $S_{i,j}$로 표기된다. 이 열을 위한 읽기와 쓰기 집합은 $r_{i,j}$와 $w_{i,j}$로 표기된다. BSB 열을 하드웨어로 이동함으로써 얻어지는 속도 향상은 다음과 같이 계산된다.

$$S_{i,j} = \sum_{i \le k \le j} pc(B_k)(t_{s,k} - t_{h,k}) - \left(\sum ac(v)t_{s \to h} + \sum ac(v)t_{h \to s} \right)$$

(수식 7-6)

이 수식에서 pc(B)는 BSB가 요약 실행(profiling run)에서 수행되는 횟수이고, ac(v)는 요약 실행에서 변수가 액세스되는 횟수이다. $dt_{s \to h}$는 소프트웨어에서 하드웨어로 통신하는 시간을 나타내며, $t_{h \to s}$는 하드웨어에서 소프트웨어로 통신하는 시간을 나타낸다. BSB 열을 하드웨어로 이동하기 위한 영역 부담은 각 BSB들의 하드웨어 영역들의 합이다.

LYCOS는 BSB 열을 평가하고, 최대한의 속도 향상을 얻을 수 있고 가용 영역 내에 적합한, 겹치지 않는 BSB들의 조합을 찾으려고 한다. 열의 일부 BSB는 하드웨어로 매핑되고, 다른 것은 소프트웨어로 매핑된다. 테이블을 잘 구성하면 이 문제는 동적 프로그램으로 체계화될 수 있다. 이 테이블은 그룹으로 구성되는데, 그룹의 모든 구성원이 이 열의 마지막 구성원과 같은 BSB를 가진다. 각 항목은 영역과 속도 향상을 제공한다. 일단 어떤 BSB들이 해답으로 선택되면, 다른 선택된 열들은 이 BSB들을 포함할 수 없다(이미 할당되었으므로). 테이블은 검색 과정에서 쉽게 발견될 수 있도록, 열이 특별한 BSB로 끝날 수 있도록 해준다.

공동 합성을 사용한 하드웨어 추정

씨(Xie)와 울프(Wolf)[Xie00]는 공동 합성 과정에서 성능과 가속기의 영역을 더 정확하게 추정하기 위해 고수준 합성을 사용했다. 이들은 다중 CPU와 다중 가속기를 가진 버스 기반의 아키텍처를 목표로 했다. 최초의 타당한 해답을 찾은 후, 이들은 처음에는 가속기의 수와 CPU의 비용을 반복적으로 줄였다. 그 후에 이들은 더 정확한 분석을 통해 가속기 비용을 줄였으며, 마지막으로 작업과 데이터 전송을 할당하고 스케줄링했다. 작업을 가속기 또는 CPU 중 어디에 할당할지를 선택할 때 이들은 두 가지 발견적 방법을 사용했다. 첫째, CPU와 가속기 구현 사이의 속도 차이가 적다면, 이 작업을 소프트웨어 구현의 후보로 선택했다. 또 임계 경로 상에 없는 작업도 소프트웨어 구현의 후보로 선택했다.

고수준 합성을 사용한 비용 절감

가속기의 비용 절감 단계는 일정의 두 가지 척도를 고려한다. 전역 간격(global slack)은 마감 시간과 작업 완료 사이의 간격이고, 지역 간격(local slack)은 가속기의 완료 시각과 후임 작업의 시작 시각 사이의 간격이다. 이 단계는 가속기가 구현해야 하는 사이클 수가 주어질 때, 성능 목표를 만족하고 영역 효율적인 레지스터 전송 구현을 생성할 수 있는 고수준 합성 도구의 사용에 의존한다.

이 단계는 먼저 가속기의 가능한 최소 구현으로 각 가속기를 교체하려고 시도한다. 일정이 여전히 타당하다면 이 할당을 유지하고, 그렇지 않다면 가속기의 가장 빠른 구현으로 교체한다. 다음에 전역 간격을 계산하고, 가속기 속도 저하가 발생할 수 있는 양을 파악하는 데 이것을 사용한다. 가장 빠른 구현을 사용하는 가속기는 전역 및 지역 간격의 합계만큼 속도 저하가 발생하고, 다른 가속기는 지역 간격만큼 속도가 저하된다. 고수준 합성은 이 시간 제한을 만족하는 구현을 생성하는 데 사용된다. 합성의 결과로부터 가속기의 영역이 정확하게 추정될 수 있다. 각 가속기에 대해, 선택된 속도에서의 최소 비용 구현이 선택된다.

정적 및 동적 스케줄링

세라(Serra) 시스템[Moo00]은 작업의 정적 및 동적 스케줄링을 결합한다. 하드웨어 실행 관리자가 다루는 정적 스케줄링은 저수준 작업에 효율적이다. 선점형 정적 우선순위 스케줄러가 다루는 동적 스케줄링은 실행 시간과 이벤트 도착 시각의 변동을 다룬다. 세라는 단일 CPU와 다중 가속기를 가진 아키텍처를 목표로 한다. 세라는 작업 집합을 DAG의 숲으로 표현한다. 각 작업 그래프는 동시에 실행될 수 없는 작업들을 지정하는 **금지 집합**(never set)을 가진다. 금지 집합은 스케줄링을 NP-완전으로 만든다. 세라는 동적 프로그래밍 발견적 방법을 사용하여 일정을 찾는다. 스케줄러는 일정의 끝에서부터 앞쪽으로 진행하면서 이미 스케줄링된 작업에 대한 좋은 일정을 찾는다.

7.4.4 범용 다중 프로세서의 공동 합성

이 절에서는 더 일반적인 다중 프로세서 아키텍처를 위해 하드웨어/소프트웨어 공동 설계를 재검토한다. CPU+ 가속기 템플릿에 기초한 하드웨어/소프트웨어 파티셔닝 알고리즘에 의해 많은 유용한 시스템들이 설계될 수 있다. 하드웨어/소프트웨어 파티셔닝은 더 큰 다중 프로세서의 일부인 PE를 설계하는데도 사용될 수 있다. 그러나 완전한 애플리케이션 특유의 다중 프로세서 시스템을 설계하려면 CPU+ 가속기 템플릿에 의존하지 않는 더 일반적인 공동 합성 알고리즘을 사용할 필요가 있다.

공동 합성의 고디안 매듭 대부분의 일반적인 경우에 이 모든 작업들은 서로 연관되어 있다. 기능성을 프로세스로 다르게 파티션하는 것은 스케줄링과 할당을 분명히 바꾼다. 기능의 파티셔닝을 선택했다 하더라도 스케줄링, 할당, 그리고 바인딩은 밀접하게 연관된다. 우리는 전반적인 시스템 일정과 프로세스가 언제 끝났는지에 기초하여, 프로세스를 위한 처리 요소를 선택하기를 원한다(일반적인 할당과 특정 형식으로 바인딩하는 경우 모두). 그러나 적어도 할당 또는 바인딩을 선택할 때까지는 프로세스의 일정과 완료 시각을 파악할 수 없다. 이것이 공동 합성 설계자들이 직면하게 되는, 어떻게든 풀어야 하는 뒤얽힌 문제인 고디안 매듭(Gordian knot)인 것이다.

GCLP 알고리즘 칼라베이드(Kalavade)와 리(Lee)[Kal97]는 복잡한 임베디드 시스템 설계를 위해 전역 임계/지역 단계(Global Criticality/Local Phase, GCLP) 알고리즘을 개발했다. 이들의 알고리즘은 작업이 하드웨어와 소프트웨어 중 어떤 것으로 구현되어야 할지를 결정하고 시스템 내의 작업 일정을 결정하는, 하드웨어/소프트웨어 파티셔닝 방식의 작업을 수행한다. 이것은 주어진 작업에 대한 여러 다른 하드웨어 및 소프트웨어 구현을 허용하고, 시스템을 위해 최선의 구현을 선택한다. 애플리케이션은 지향성 비순환 그래프로 기술된다.

목표 아키텍처는 CPU와 맞춤 데이터 경로를 포함한다. 하드웨어는 최대 크기가 제한되고 소프트웨어는 최대 메모리 크기가 제한된다. 작업에 대한 다양한 하드웨어와 소프트웨어 구현들은 특성이 미리 정해진다. 작업 그래프 내의 각 노드는 다른 구현을 나타내는 다양한 통(bins)을 위해, 하드웨어와 소프트웨어 구현 비용을 각각 나타내는 하드웨어 구현 곡선(curve)과 소프트웨어 구현 곡선을 가진다.

이들의 GCLP 알고리즘은 설계를 최적화하기 위해 각 단계에서 적응하여 목표를 바꾼다. 이것은 전역 임계와 지역 단계라는 두 가지 요소를 관찰한다. *전역 임계*

(global criticality)는 전역 스케줄링 척도이다. 이것은 일정의 마감 시간을 맞추기 위해 소프트웨어 구현에서 하드웨어 구현으로 이동했어야 하는, 아직 매핑되지 않은 노드들의 조각을 계산한다. 전역 임계는 각 단계에서 매핑되지 않은 모든 노드들에 대한 평균을 계산한다.

지역 단계(local phase) 계산은 하드웨어/소프트웨어 매핑을 개선한다. 하드웨어와 소프트웨어 중 어디에서 노드가 가장 잘 구현되는지를 결정하기 위해 발견적 방법이 사용된다. 비트 조작은 하드웨어 구현을 선호하고, 집중적인 메모리 연산은 소프트웨어를 선호한다. 이 발견적 방법은 저항 세력(repelling forces)이라고 불리는데, 예를 들어, 비트 조작은 노드가 소프트웨어로 구현되는 것에 저항한다. 이 알고리즘은 몇 가지 저항자(repeller) 특성을 사용하는데, 각각은 자체적인 저항자 값을 가진다. 노드의 모든 저항자 특성의 합계는 저항자 척도를 제공한다.

이 알고리즘은 매칭을 최적화하는 데 도움이 되는 극한 수단(extremity measures)을 계산한다. 소프트웨어 극한 노드는 긴 실행 시간을 가지지만, 작은 하드웨어 영역 비용을 가진다. 비슷하게, 하드웨어 극한 노드는 큰 영역 비용을 가지지만 작은 소프트웨어 실행 시간을 가진다.

공동 합성 알고리즘은 작업 그래프 내에서 노드들을 반복적으로 매핑한다. 매핑하기 위해 노드를 선택한 후, 노드를 저항자, 극한 또는 정상 노드로 분류한다.

스팩신　　스팩신(SpecSyn)[Gon97b; Gaj98]은 기술 – 탐구 – 정제(specify-explore-refine) 방법론을 지원하도록 설계되었다. 그림 7-13 처럼, 스팩신은 기능적 명세를 SLIF 라 불리는 중간 형태로 변환한다. 그 후에 이 설계에 대해 다양한 도구들이 적용될 수 있다. 정제기(refiner)는 소프트웨어와 하드웨어 기술을 생성한다. 스팩신은 복잡한 순차적 프로그램을 잎 상태에 가지도록 허용하는 상태도(statechart) 비슷한 표현을 사용하는, 프로그램-상태 기계 모델을 사용하여 설계를 표현한다. SLIF 표현은 영역, 요약 정보, 전송 당 비트 수 등과 같은 속성들로 주석이 붙는다.

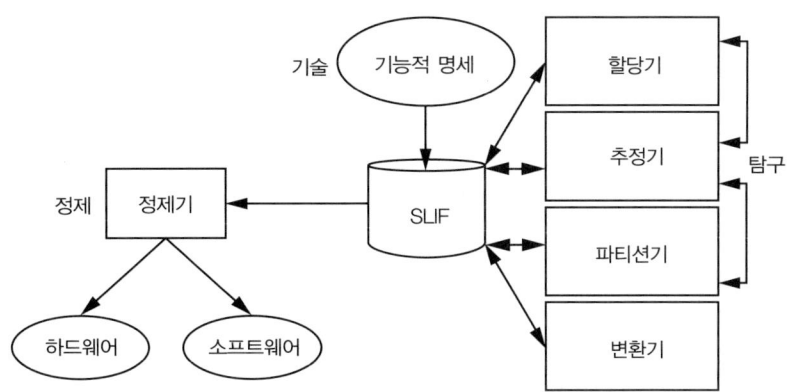

그림 7-13 스팩신 시스템[Gaj98].

**할당, 파티셔닝,
정제**

할당 단계는 표준 또는 맞춤 프로세서, 메모리 또는 버스를 할당할 수 있다. 파티셔 닝은 하드웨어 장치들을 할당하기 위해 연산들을 기능 명세에 할당한다. 파티셔닝 과정에서 버스 주파수, 변환의 비트 폭, 요약 값과 같은 인자들을 사용하여 성능이 추정된다. 하드웨어 크기는 처리 요소, 버스 등을 사용하여 추정된다. 소프트웨어는 코드를 일반적인 3 개 피연산자 명령어로 컴파일한 후, 일반적인 코드 크기에 프로세 서 코드 크기 계수를 곱한 값으로 특성 프로세서를 위한 코드 크기를 추정한다.

정제된 설계는 세부 사항을 추가하지만 시뮬레이션과 합성이 가능하므로, 그 컴 포넌트는 추가적인 검증과 합성을 위해 사용될 수 있다. 다음을 포함하여, 다양한 정제가 수행될 수 있다.

■ 제어 관련 정제(control-related refinement) : 이것은 파티셔닝 과정에 동작 이 여러 동작들로 분할될 때 명세의 실행 순서를 유지한다. 두 모듈이 올바른 순서로 각각의 연산을 수행할 수 있도록 단방향 또는 주고받기(handshaking) 신호들이 추가되어야 한다.

■ 데이터 관련 정제(data-related refinement) : 이것은 여러 동작들이 공유하는 변수들의 값을 업데이트한다. 예를 들어, 그림 7-14 처럼 한 프로세서에서 다른 프로세서로 값을 보내는 데 버스 프로토콜이 사용될 수 있다.

■ 아키텍처 관련 정제(architecture-related refinement) : 이것은 충돌을 해소 하고 데이터 전송이 순조롭게 이루어지도록 하는 동작들을 추가한다. 예를 들 어, 동시에 여러 동작들이 버스를 사용할 수 있을 때, 버스 중재자(arbiter)가

삽입될 수 있다. 데이터 통신에 메시지 전달이 사용될 때는 버스 인터페이스가 삽입된다.

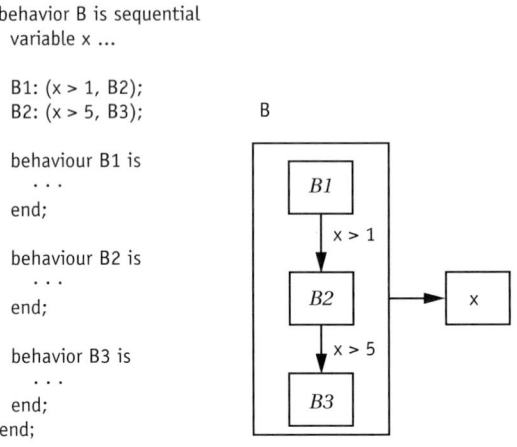

```
behavior B is sequential
  variable x ...

  B1: (x > 1, B2);
  B2: (x > 5, B3);

  behaviour B1 is
    ...
  end;

  behaviour B2 is
    ...
  end;

  behavior B3 is
    ...
  end;
end;
```

(a) 변수 x가 메모리에 매핑된다

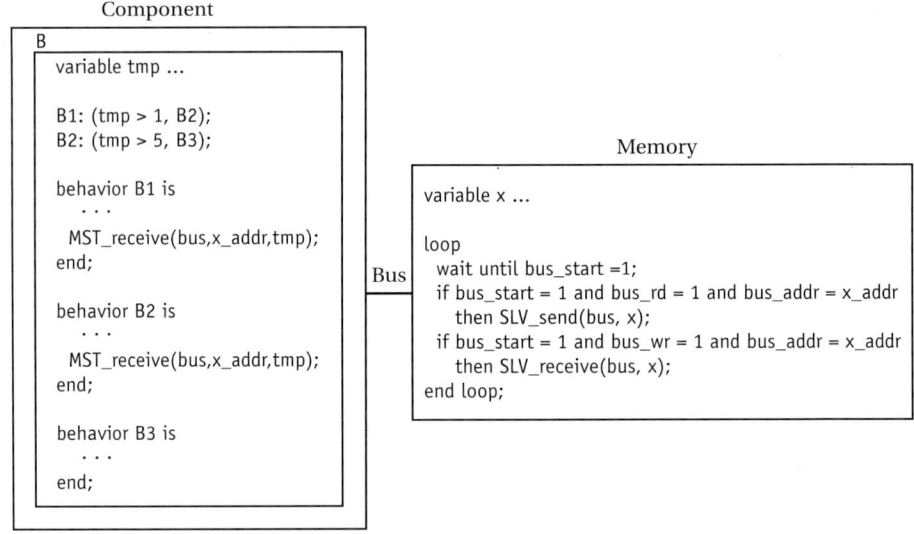

(b) 버스 프로토콜로 데이터 액세스가 구현된다

그림 7-14 스팩신에서의 데이터 정제. 출처 : 공(Gong) 등[Gon97b]. ©1997 ACM 프레스.

반복적 개선   울프(Wolf)[Wol97b]는 스케줄링, 할당, 그리고 임의의 토폴로지를 가진 아키텍처를 위한 바인딩을 수행하는 공동 합성 알고리즘을 개발했다.

애플리케이션은 다중 작업을 가진 작업 그래프로 기술된다. 설계에서 사용될 수 있는 일련의 처리 요소들은 처리 요소들의 총 비용뿐만 아니라 각 PE 상의 프로세스의 실행 시간을 제공하는 기술 테이블 내에서 기술된다. 아키텍처를 위한 초기 템플릿은 제공되지 않는다. 합성은 다음과 같은 여러 단계를 통해 진행된다.

1. 초기 프로세서 할당과 바인딩은 기술 테이블에서 이 프로세스를 위한 가장 빠른 PE를 선택함으로써 구축된다. 이 할당에서 시스템이 스케줄링될 수 없다면, 타당한 해결책이 없다. 초기 일정은 처리 요소가 서로 통신해야 하는 속도를 알고리즘에 지정한다.

2. PE 비용을 줄이기 위해 프로세스들이 재할당된다. 이 절차는 먼저 PE들을 제거하기 위해 프로세스들을 쌍으로 병합하고, 그 후 부하 균배를 위해 프로세스들을 이동하는 것을 반복하면서 수행된다. 하드웨어의 총 비용이 더 이상 절감되지 않을 때까지 이 연산들은 반복된다. 이 절차의 마지막에 필요한 PE들의 개수와 종류의 적절한 근사치를 가지게 된다.

3. PE 간의 통신을 최소화하기 위해 프로세스들이 다시 재할당된다. 이 절차는 통신 대역폭을 최소화하도록 해주는데, 이것은 설계 비용에서 중요한 부분이다. 이 절차의 마지막에 아키텍처 내 PE들의 개수와 종류를 완전히 결정하게 된다.

4. PE 간의 통신을 지원하기 위해 필요한 통신 채널들을 할당한다.

5. 마지막으로, 프로세스가 요구하는 I/O 연산들을 지원하기 위해 필요한 입·출력 장치들을 할당한다.

추정을 위한 고수준 합성   씨(Xie)와 울프(Wolf)[Xie00]는 하드웨어를 스케줄링하고 할당하기 위해 발견적 방법 그래프 알고리즘 대신 정수 프로그래밍을 사용한 고수준 합성 엔진에 하드웨어/소프트웨어 공동 합성을 접합시켰다. 이 엔진은 공동 합성 과정의 서브루틴으로 사용될 수 있을 정도로 충분히 빨랐고, 이들은 고수준 합성에 기초한 성능 분석 도구를 개발했다. 합성을 시작할 때 이들은 가장 빠른 PE에 모든 작업을 두는 초기 해결책을 구성하고, 그 후 이 설계를 반복적으로 개선했다.

첫 번째 단계는 가속기로부터 CPU로 작업을 이동하고, CPU의 비용을 줄이는 시도를 했다. 이 절차들은 이동을 위한 적절한 후보를 찾기 위한 간격을 분석한다. 두 번째 단계는 가속기의 비용을 줄인다. 시스템은 시스템 일정 내의 간격들을 계산하고 이들을 다양한 가속기에 할당한다. 이때 각 가속기는 미리 지정된 양과 변경된 가속기의 영역만큼 속도가 저하되는지를 파악하기 위해 성능 분석 도구를 사용한다.

대규모 작업 그래프

대규모 작업 집합은 공동 합성을 위한 추가적인 문제들을 제시한다. 데이브 (Dave) 등[Dav99a]은 대규모 작업 그래프로부터 이종 분산 임베디드 시스템을 합성하기 위해 COSYN 시스템을 개발했다. COSYN은 반복적인 작업을 사용하여 작업 그래프가 형식화되도록 해준다. 시제품(prototype) 작업이 정의되고, 여러 번 복제된다. 통신 시스템은 여러 벌의 동일한 작업들을 가지는 경우가 많은데, 각 작업은 호출을 나타낸다. 이 기법은 다른 종류의 대규모 실시간 시스템에도 유용하다.

COSYN 작업 그래프

COSYN 작업 그래프는 지향성 프로세스 집합이다. 각 작업 그래프는 최초 시작 시각, 주기, 그리고 마감 시간을 가진다. 구현은 PE와 통신 링크들로 구축된다. 몇몇 테이블과 벡터가 작업 및 기반 하드웨어를 정의한다.

■ 기술 테이블은 각각의 타당한 PE 상에서 각 프로세스의 실행 시간을 정의한다.

■ 통신 벡터(communication vector)는 작업 그래프 내의 각 가장자리를 위해 정의된다. i번째 항목은 i번째 종류의 통신 링크를 통해 출발지로부터 목적지까지 보내진 데이터를 전송하는 데 필요한 시간을 정의한다.

■ 선호 벡터(preference vector)는 처리 요소 번호로 인덱스된다. 프로세스 자체가 i번째 PE로 매핑될 수 없으면 i번째 값은 0이고, 가능하면 1이다.

■ 제외 벡터(exclusion vector)는 프로세스 번호로 인덱스된다. 두 개의 프로세스가 i번째 PE인 동일한 처리 요소로 매핑될 수 없으면 i번째 값은 0이고, 같은 프로세서 상에서 공존이 가능하면 1이다.

■ 각 프로세스를 위한 **평균 전력 벡터**(average power vector)는 각 종류의 PE 상의 작업에 대한 평균 전력 소모를 정의한다.

■ 각 프로세스를 위한 **메모리 벡터**(memory vector)는 프로그램 저장소, 데이터 저장소, 스택 저장소라는 세 가지 스칼라 값들로 구성된다. 각 작업에는 하나의 메모리 벡터가 있다.

■ 선점 오버헤드 시간(preemption overhead time)이 각 프로세서를 위해 지정된다.

■ 같은 PE 에 할당되는 일련의 프로세스들은 클러스터라고 불린다.

대규모의 작업 집합 다루기

COSYN 은 초주기(hyperperiod)의 길이를 줄이기 위해 작업의 주기를 약간(기본적으로 3%) 조정한다. 초주기 내의 작업의 실행 수는 문제를 일으키므로, 각 실행은 점검되어야 한다. 초주기 내에 여러 벌을 가지는 작업의 주기를 조정함으로써 COSYN 은 초주기 내의 작업에 대해 고려해야 하는 시간의 수를 줄일 수 있다. COSYN 은 주기 조정을 위한 작업 등급을 부여하기 위해 이 값을 사용한다. 한계 축소는 초주기 내 작업의 총 실행 수가 한계 이하로 떨어질 때 중단된다.

COSYN 은 초주기 내 작업의 다중 실행 표현을 관리하기 위해 연관 그래프(association graph)도 사용한다. 만약 모든 작업이 이 주기보다 더 짧은 마감 시간을 가진다면 연관 그래프는 단지 1 차원이면 되고, 그 항목은 작업이 할당되는 PE 와 그 우선순위, 마감 시간, 최선 경우 예측 완료 시간, 최악 경우 예측 완료 시간을 포함한다. 작업의 마감 시간이 그 주기를 벗어날 수 있다면 연관 그래프는 2 차원이어야 하는데, 한 번에 실행되는 작업에 대해 하나 이상의 인스턴스가 있을 수 있기 때문이다. 두 번째 차원은 동시에 실행되는 작업의 복제물들(copies)에 대해서 인덱스된다.

COSYN 합성

COSYN 합성 알고리즘이 그림 7-15 에 요약되어 있다. COSYN 은 다음과 같은 세 가지 주요 단계를 수행한다. (1) 할당을 위한 검색 공간을 줄이기 위해 작업들을 클러스터링한다. (2) 작업을 처리 요소에 할당한다. (3) 작업과 프로세스가 스케줄링된다.

```
assign priorities by deadline;
form association array;
form clusters of processes;
initialize architecture to empty;
allocate clusters;
foreach unallocated cluster Ci {
    form allocation array for Ci;
    foreach allocation in allocation array{
        schedule allocated clusters;
        evaluate completion time, energy, power.
        if deadline is met in best case then {
            save current architecture;
            break;
            }
        else save best allocation;
        tag cluster Ci as allocated;
    }
}
```

그림 7-15 COSYN 합성 알고리즘. 출처 : 데이브(Dave)와 자(Jha)[Dav99b]. ⓒ1999 IEEE.

COSYN은 임계 경로 상의 일련의 프로세스들의 결합된 통신 비용을 줄이기 위해 클러스터를 형성한다. 이것은 프로세스 집합을 같은 PE에 넣음으로써 수행된다. 먼저 마감 시간에 기초하여, 각 작업에 예비 우선순위를 할당한다. 그리고 프로세스들을 클러스터링하기 위해 탐욕 알고리즘을 사용하는데, 최고 우선순위 작업에서 시작하여 이것을 클러스터에 넣고, 클러스터를 위한 추가적인 작업들을 찾기 위해 작업의 팬 인(fan-in)을 조사한다. PE 상의 지나친 부하 불균형을 방지하기 위해 클러스터의 최대 크기는 제한된다.

클러스터가 형성된 후, 이들은 할당의 달러 비용에 따르는 할당 결정에 의해 할당된다. 클러스터는 우선순위 순으로 할당되는데, 최고 우선순위 클러스터부터 시작한다. COSYN은 할당 과정에서 PE들 사이의 연결의 호환성을 점검한다.

할당된 후에 프로세스들이 우선순위를 사용하여 스케줄링된다. COSYN은 각 작업의 첫 번째 복제물의 스케줄링에 집중한다. 나머지 작업 복제물들의 시작 및 종료 시각들을 업데이트하기 위해 연관 배열(association array)이 사용된다. 다른 복제물들은 더 높은 우선순위의 작업에 의해 실행 슬롯이 선택될 때에만 구체적으로 스케줄링될 필요가 있다.

COSYN은 부품들의 공급 전압이 혼합되는 것을 허용하므로, 일부 중요하지 않은 설계 부분은 낮은 전력 수준에서 실행될 수 있다. 그리고 다른 공급 전압을 가진 컴포넌트 사이의 연결 호환성을 점검한다.

COSYN은 최악 경우 종료 시각들의 합계를 비교함으로써 타당한 할당을 평가한다. 프로세스에 대해 가장 큰 총 최악 경우 종료 시각을 가진 해답을 선택하는데, 가장 긴 종료 시간이 일반적으로 최저 비용 하드웨어와 연관되기 때문이다.

COSYN은 파이프라이닝을 허용하기 위해 작업의 병렬처리 인스턴스들을 할당하려고 시도한다. 그림 7-16처럼, 작업의 여러 인스턴스들이 동시에 실행될 수 있는데, 작업 내 각 프로세스의 인스턴스가 어깨 숫자(superscript)로 기재되어 있다. 만약 t1을 PE A에, t2를 PE B에, 그리고 t3를 PE C에 할당한다면, 데이터를 낮은 비용으로 작업 내의 프로세스에서 프로세스로 전달하고, 작업 인스턴스들의 실행을 파이프라이닝한다.

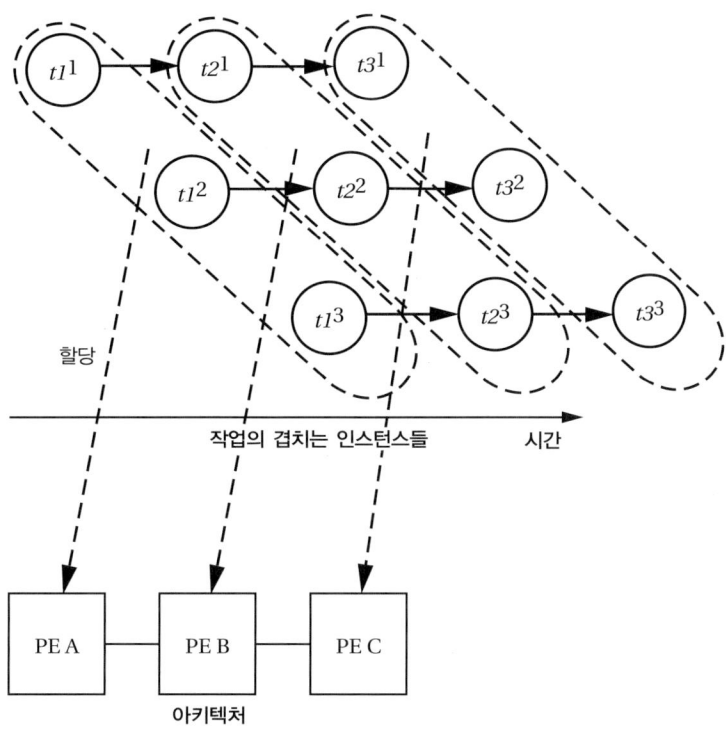

그림 7-16 파이프라이닝을 위한 병렬처리 작업 인스턴스들의 할당

계층적 공동 합성　　데이브(Dave)와 자(Jha)[Dav98]는 계층적 공동 합성을 위한 방법도 개발했다. 그림 7-17 처럼, 이들의 COHRA 시스템은 계층적 작업 그래프를 수용하고, 계층적으로 구성된 하드웨어 아키텍처를 생성한다. 계층적 작업은 작업 그래프에서 자신의 작업 그래프를 포함하는 노드이다. 계층적 하드웨어 아키텍처는 근사(approximate) 트리 구조(일부 트리가 아닌 가장자리도 가능하다) 내에 구성된 여러 계층의 PE 들로부터 구축된다.

COHRA 의 합성 알고리즘은 COSYN 의 알고리즘과 비슷하다. 즉, 클러스터링, 할당, 그 후에 스케줄링을 한다. COHRA 는 작업의 여러 벌을 관리하기 위해 연관 테이블도 사용한다.

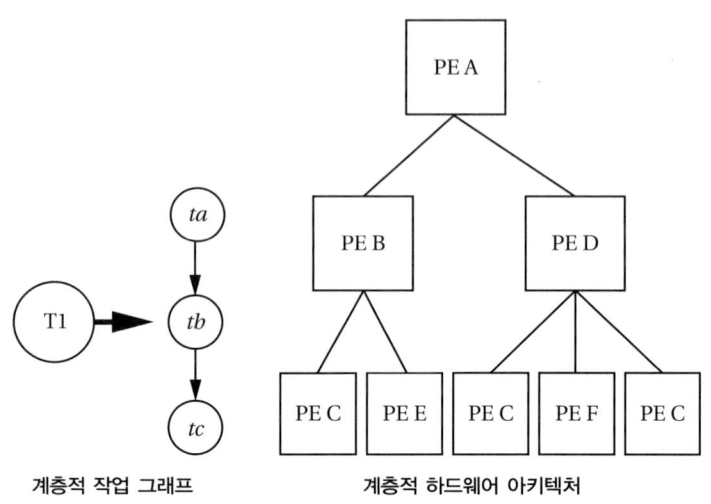

계층적 작업 그래프   계층적 하드웨어 아키텍처

그림 7-17 계층적 명세와 아키텍처

공동 합성 결함 허용 시스템

데이브와 재[Dav99b]는 공동 합성 결함 허용 시스템을 위해 COFTA 시스템을 개발했다. 이들은 작업 수준에서 두 종류의 점검을 사용했다.

- 주장 작업(assertion tasks) : 유효한 범위에 대한 주소 점검과 같은 주장 연산을 계산하고, 주장 조건이 거짓이면 오류를 발생시킨다.

- 비교 작업(compare tasks) : 작업의 중복된 복제물들의 결과를 비교하고, 이 결과들이 일치하지 않으면 오류를 발생시킨다.

시스템 설계자는 사용될 주장을 지정한다. 작업의 중복된 복제물들과 이와 연관된 비교 작업이 주장을 가지지 않은 작업을 위해 생성된다. 데이브와 자는 모든 작업의 중복된 복제물들을 실행하는 것보다 주장 작업이 훨씬 더 효율적이라고 주장한다. 주장 작업은 작업의 전체 계산이 반복될 것을 요구하지 않고, 작업 내의 많은 오류를 포착할 수 있다.

COFTA는 결함 허용 작업 할당을 강요하기 위해 클러스터링 단계를 사용한다. 이것은 각 작업에 주장 비용(assertion overhead)과 결함 허용 수준(fault tolerant level)을 할당한다. 작업의 주장 비용은 주장을 가진 프로세스의 과도기적 팬 인(fanin) 내의 모든 프로세스를 위한 계산 및 통신 시간들이다. 작업의 결함 허용 수준은 작업의 주장 비용에 팬 아웃(fanout) 내의 모든 프로세스의 최대 결함 허용 수준을 더한 것이다. 이 수준들은 클러스터링이 변하면 재계산되어야 한다. 클러스터링 과정에서 결함 허용 수준은 이 클러스터를 위한 새 작업을 선택하기 위해 사용된다. 최고 결함 허용 수준을 가진 팬 아웃 작업이 클러스터에 다음으로 추가되기 위해 선택된다.

COFTA는 언제든지 가능할 때 주장 작업을 공유하려고 한다. 만약 여러 작업들이 겹치지 않는 시간에 같은 주장을 사용한다면, 이 모든 작업들을 위한 주장을 계산하기 위해 하나의 주장 작업이 사용될 수 있으며, 결과적으로 하드웨어 자원을 절감한다.

COFTA는 또 결함 허용 하드웨어 아키텍처를 생성한다. 그림 7-18은 시스템의 실제 작업을 수행하는 n개의 서비스 모듈과 하나의 보호 모듈로 구성된, 간단한 1 대 n(1-by-n) 실패 그룹(failure group)을 보여준다. 보호 모듈은 서비스 모듈들을 점검하고 잘못된 서비스 모듈의 결과를 대체한다. 일반적으로 실패 그룹은 m개의 보호 모듈을 가진 m 대 n(m-by-n) 보호를 사용할 수 있다. COFTA는 실패 그룹을 아키텍처로 구축하기 위해, 제한된 형태의 하부 그래프 동형(isomorphism)을 사용한다.

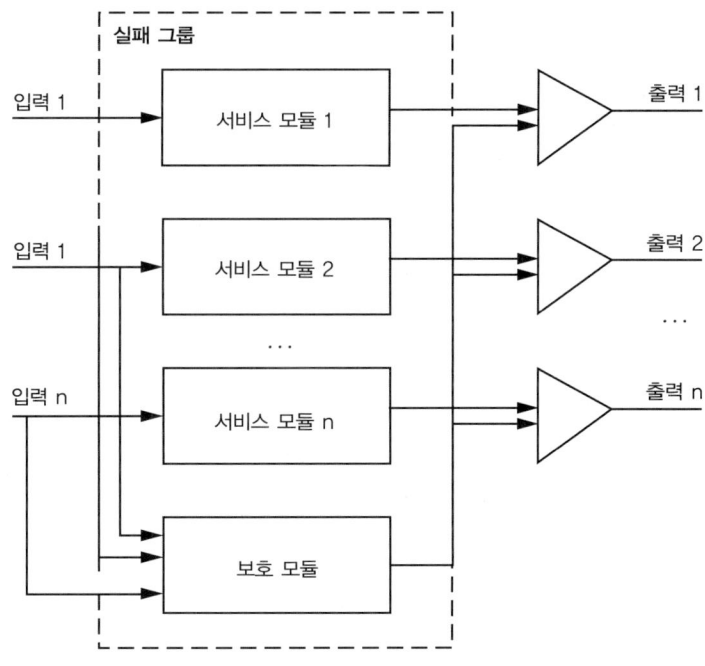

그림 7-18 간단한 실패 그룹 내의 1대 n 보호[Dav99b]

7.4.5 다중 목표 최적화

파레토 최적성
임베디드 시스템 설계는 여러 다른 설계 범주를 만족해야 한다. 설계 제약조건과 함께 단일 목표 기능과 아마도 몇 가지 부수적인 목표 기능들을 정의하는, 전통적인 연산 연구 접근법은 시스템 요구사항을 적절하게 기술하지 못할 수 있다. 경제학자 빌프레도 파레토(Vilfredo Pareto, *http://www.en.wikipedia.org*에서 *Pareto efficiency*로 검색)는 파레토 최적성(Pareto optimality)이라 불리는 다중 목표 분석 이론을 개발했다. 이 이론에서 제공하는 중요한 개념은 최적의 해답이 판단되는 방법인데, 해답의 어떤 다른 부분이 나빠지지 않으면 최적의 해답은 개선될 수 없다는 것이다.

GOPS
드 암브로지오(D'Ambrosio)와 후(Hu)[D'm94]는 실시간 임베디드 시스템을 공동 합성하기 위해 GOPS 시스템을 개발했다. 이들은 이 수준의 설계를 구성 합성 (configuration synthesis)이라 부르는데, 그 이유는 처리 요소의 자세한 모델을 사용하지 않기 때문이다.

처리량의 한계
GOPS는 일련의 작업 스케줄링 가능성을 추정하기 위해 타당성 요소(feasibility factor)를 사용한다. 타당성은 PE의 속도에 상대적으로 결정되며, 여러 가지 처리량 요소(throughput factor)에 의해 정의된다. 상한선 처리량(upper-bound throughput) TRU는 PE가 작업을 끝내는 데 필요한 처리량의 상한선이다. 만약 속도 고정 스케줄링이 사용되면, N개 작업 집합을 위한 TR_U는 다음과 같다.

$$TR_U = \frac{1}{[N(2^{1/N}-1)]} \sum_{1 \le i \le N} \frac{c_i}{d_i - a_i}$$ (수식 7-7)

여기서 c_i는 계산 시간이고, d_i는 마감 시간이며, a_i는 활성화 시간이다(작업 i에 대해). 만약 최초 마감 시간 우선(earliest-deadline-first) 스케줄링이 사용되면 다음과 같이 된다.

$$TR_U = \sum_{1 \le i \le N} \frac{c_i}{d_i - a_i}$$ (수식 7-8)

그러나 이 한계들은 느슨하므로, 드 암브로지오와 후는 몇 가지 더 엄격한 한계들을 제공했다. 이들은 먼저, 마감 시간의 오름차순으로 정렬된 n개의 작업 집합이 만약 다음 수식과 같다면 타당하게 스케줄링될 수 없음을 보였다.

$$\sum_{1 \le i \le n} \frac{k_i c_i}{d_n - a_i} > TR_P \qquad (수식\ 7\text{-}9)$$

여기서

$$k_i = \begin{cases} \lfloor (d_n - a_i)/p_i \rfloor\, p_i + d_i \le d_n\ \text{이면} & \lceil (d_n - a_i)/p_i \rceil \\[2mm] \text{그렇지 않으면} & \lfloor (d_n - a_i)/p_i \rfloor \end{cases} \qquad (수식\ 7\text{-}10)$$

이들은 또 다음의 수식을 제공했다.

$$\sum_{1 \le i \le n} \frac{h_i c_i}{d_n - a_i} > TR_P \qquad (수식\ 7\text{-}11)$$

여기서

$$k_i = \begin{cases} a_i < a_n\ \text{이면} & k_i - \lceil a_n - a_i/p_i \rceil \\[2mm] \text{그렇지 않으면} & k_i \end{cases} \qquad (수식\ 7\text{-}12)$$

이 결과에 기초하여, 이들은 TRL 이 다음과 같이 계산될 수 있음을 보였다.

$$TR_L = \max_{1 \le n \le N} \langle \frac{k_i c_i}{d_n - a_i}, \frac{h_i c_i}{d_n - a_i} \rangle \qquad (수식\ 7\text{-}13)$$

시간 내에 모든 작업을 완료하는 데 필요한 실제 처리량은 TR_P인데, 이것은 TR_L 과 TR_U 사이에 놓인다. 이들은 타당성 요소 λ_f를 다음과 같은 처리량 추정을 이용하여 정의한다.

$$\lambda_P = \begin{cases} (TR_P - TR_L) < (TR_U - TR_L) \text{이면} & \dfrac{TR_P - TR_L}{TR_U - TR_L} \\[2ex] \text{그렇지 않으면} & 1 \end{cases}$$

(수식 7-14)

제약조건으로서의 타당성 요소

최적화 과정에서 검색 공간을 간결하게 하기 위해 타당성 요소가 사용될 수 있다. 부정적인 타당성 요소를 가진 후보 아키텍처는 제거될 수 있다.

목표로서의 타당성 요소

타당성 요소는 또 최적화 목표로 사용될 수 있다. GOPS의 두 가지 범주는 비용과 타당성 요소이다.

발생적 알고리즘

발생적 알고리즘(genetic algorithms)은 공동 합성을 위해 사용되어 왔다. 이런 종류의 아키텍처는 유전자와 돌연변이에서 모델링된다. 이 문제에 대한 해답은 기호들의 열로 표현된다. 열은 새로운 설계를 만들기 위해 수정되거나 다양한 방법으로 결합될 수 있다. 발생적 알고리즘에는 다음과 같은 기본적인 이동 종류가 3가지 있다.

1. 재생산(reproduction) 절차는 열의 복제물을 만든다.

2. 변환(mutation) 절차는 열을 무작위적으로 바꾼다.

3. 교환(crossover) 절차는 두 열의 부분들을 서로 바꾼다.

그 후 새로운 설계는 품질을 평가받고, 추가적인 변환을 생성하기 위해 재사용될 수 있다. 발생적 알고리즘의 한 가지 장점은 복잡한 목표 기능들을 쉽게 다룰 수 있다는 것이다.

공동 합성을 위한 발생적 알고리즘

딕(Dick)과 자(Jha)[Dic97; Dic98]는 하드웨어/소프트웨어 공동 합성을 위한 발생적 알고리즘을 개발했다. 이들의 알고리즘은 여러 개의 프로세서와 통신 링크를 가진 아키텍처를 생성할 수 있는데, 아키텍처는 성능과 전력 소모 모두를 위해 최적화된다. 합성 절차는 PE를 독립적인 것 또는 그룹으로 특성화한다. *프로세서는 한 번에 단지 하나의 작업만 수행할 수 있다. IC는 하나의 칩에 여러 개의 중심부(cores)를 가질 수 있으므로,* 이 칩은 여러 작업을 동시에 실행할 수 있다.

MOGAC 컴포넌트

작업은 각각의 타당한 프로세서 상에 있는 각 작업의 최악 경우 실행 시간과 전력 소모를 제공하는 기술 테이블로 특성화된다. 이것은 또 최악 경우 성능이 주어질 때 각각의 타당한 중심부 상에 있는 각 작업의 평균 전력 소모와 최고 전력 소모를 매핑하는 배열을 유지한다.

통신 *링크*는 패킷 크기, 패킷 당 평균 전력 소모, 패킷 당 최악 경우 통신 시간, 접촉 수(링크에 연결되는 위치의 수), 핀 수, 그리고 전력 소모 휴지(idle)와 같은 몇 가지 속성을 가진다.

MOGAC 발생적 모델

MOGAC은 여러 목표 기능을 관리하고, 각 목표 기능에서 설계의 등급을 부여한다. 설계자도 설계 특성에 대한 엄격한 제약조건을 지정한다. 설계를 위한 발생적 모델은 다음과 같은 여러 가지 요소를 가진다.

- 처리 요소 할당 열(string)은 아키텍처 상에 할당된 모든 PE와 그 종류를 열거한다. 그룹화된 처리 요소 할당 열은 그룹화된 PE들의 할당을 기록한다.

- 작업 할당 열은 각 작업에 어떤 처리 요소가 할당되었는지를 보여준다.

- 링크 할당 열은 작업 내의 통신이 통신 링크에 어떻게 매핑되었는지를 보여준다. 이 링크 연결 열은 칩과 독립적인 PE들이 어떻게 통신 링크에 연결되었는지를 기록한다.

- IC 할당 열은 작업이 어떻게 칩에 할당되는지를 기록한다.

- IC 할당 열은 PE들이 어떻게 칩에 할당되는지를 보여준다. 일반적으로 아키텍처는 각 칩 상의 다른 수의 PE들을 가진 다중 칩들을 포함할 수 있다.

MOGAC 발생적 알고리즘

MOGAC 최적화 절차가 그림 7-19에 요약되어 있다. MOGAC은 초기 해답을 구축한 후, 개선-평가 사이클을 반복적으로 수행한다. 평가와 등급 부여로 구성되는 평가 단계는 어떤 해답이 열등하지 않은지(noninferior)를 파악하는데, 이것은 어떤 설계 목표를 위해 어떤 해답이 다른 것만큼 좋은지를 파악하는 것이다. 열등하지 않은 해답은 평가에서 선택될 가능성이 크지만, 일부 열등한 해답도 선택된다. 만약 최적화 절차가 수행되지 않으면, 다른 높은 등급의 해답이 복제될 동안에 일부 등급이 낮은 해답은 종료된다. 이 해답의 풀은 교환과 변환을 사용하여 변경된다.

설계 공간을 검색하는 데 필요한 시간을 줄이기 위해, MOGAC은 가능한 해답들을 클러스터로 구성한다. 클러스터의 각 구성원은 같은 할당 열을 가지지만, 다른 링크 할당을 가진다. 일부 연산은 클러스터에 적용되고, 클러스터의 모든 구성원에 영향을 미친다. 다른 연산은 클러스터 내의 단지 하나의 해답에만 적용된다.

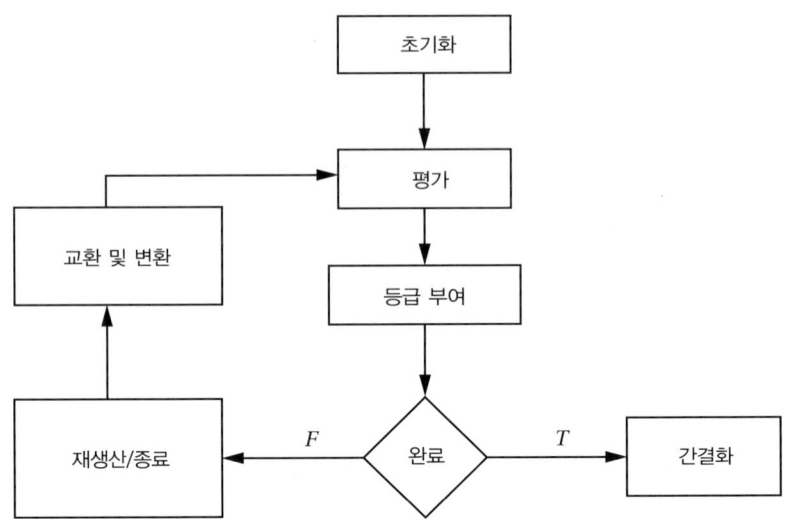

그림 7-19 MOGAC 최적화 절차[Dic98]. ⓒ1998 IEEE.

MOGAC 제약조건

실시간 성능 제약조건은 엄격한 제약조건으로 취급된다. 시스템의 실시간 제약조건 위반은 시스템의 작업 그래프 내 모든 노드의 모든 위반의 합계이다. 가격과 평균 전력 소모는 가벼운 제약조건으로 취급된다. 해답들은 파레토 등급(Pareto-rank)에 따라 등급이 부여되는데, 이것은 다중 목표 공간에서 이것을 지배하지 않는 다른 해답들의 수이다. 클러스터의 등급은 다음과 같이 정의된다.

$$clust\_domination(x, y) = \max[a \in nis(x)] \sum_{b \in nis(y)} dom(a, b) \qquad \text{(수식 7-15)}$$

$$rank[x] = \sum_{y \in set\ of\ clusters\ \wedge\ y \neq x} clust\_domination(x, y) \qquad \text{(수식 7-16)}$$

여기서 $nis(x)$는 x 내에서 열등하지 않은 해답들의 집합이고, $dom(a,b)$는 a가 b에 의해 지배되지 않으면 1이고 a가 b에 의해 지배되면 0이다.

$solution\_selection\_elitism$이라고 불리는 변수는 재생산을 위해 해답이 선택되는 확률에 가중치를 붙이기 위해 사용된다. 최적화 절차 동안에 이 값은 단조 증가한다. 실행의 끝 무렵에 지역 최소값들(minima)로 수렴하는 것을 돕기 위해 MOGAC은 탐욕 프로시저를 사용한다. 생성(generation) 당 교환과 변환의 수는 사용자에 의해 지정된다.

에너지 인식 스케줄링

양(Yang) 등[Yan01]은 다중 프로세서를 위한 에너지 인식(energy-aware) 작업 스케줄링 알고리즘을 개발했다. 이들의 방법은 설계 시간과 실행 시간의 스케줄링 방법들을 결합한다. 설계 시간에 스케줄러는 다중 프로세서에서 실행하는 일련의 스레드를 위해 다른 스케줄링과 할당 선택을 평가한다. 비용 함수는 성능-에너지 공간에서의 파레토 곡선으로 기술된다. 이들은 작업의 일정과 할당을 찾기 위해 발생적 알고리즘을 사용한다. 양 등은 최선의 일정을 선택하기 위해 실행 시간에 사용되는 테이블을 생성한다. 그리고 어떤 스케줄링/할당 패턴을 사용할지를 선택하기 위해 발견적 방법 알고리즘을 사용한다.

무선 시스템 공동 합성

딕(Dick)과 자(Jha)[Dic04]는 서버로의 무선 링크를 통해 저전력 클라이언트 통신을 사용한 클라이언트/서버 시스템을 공동 합성하기 위한 COWLS 시스템을 개발했다. 무선 링크의 할당과 이 링크를 통한 데이터 전송은 이 문제의 중요한 부분인데, 무선 링크는 비교적 비싸고 많은 양의 에너지를 소모하기 때문이다.

COWLS는 MOGAC에서 사용된 것과 비슷한, 병렬 재결합의 시뮬레이션된 단련(parallel recombinative simulated annealing) 접근법을 사용한다. 후보 해답의 클러스터들은 분석되고, 변환되고, 대규모 해답 공간을 검색하기 위해 재결합된다. 이것은 하나의 후보 클러스터가 다른 클러스터의 모든 구성원에 대한 모든 해답 차원들보다 낮거나 같은지를 찾음으로써, 후보 해답들에 대해 파레토 등급 부여(Pareto-ranks)를 한다. 그리고 해답의 변환을 안내하기 위해 통신 시간, 계산 시간, 사용 효율이라는 세 가지 비용을 사용한다. COWLS는 이 비용들에 의해 후보 PE들의 등급을 부여한다. 후보 처리 요소는 이들의 등급에 의해 정렬되고, 변환은 높은 등급의 PE들을 선호한다.

스케줄링은 해답의 전력 소모와 타이밍 모두를 결정하는 데 도움이 된다. COWLS는 작업 우선순위를 할당하기 위해 간격을 사용하는데, 작은 간격을 가진 작업에 높은 우선순위가 할당된다. 같은 PE 상의 작업 간 통신은 무료로 간주되지만, PE 간의 통신은 무선 링크를 사용한다. 스케줄러는 통신을 무선 링크에 할당한다. 스케줄러는 버스 경쟁을 모델링한다.

7.4.6 제어와 I/O 합성

제어는 프로세스 간의 통신에 치중하는 경우가 많다. 제어 연산은 또 대부분의 I/O 루틴들을 지배한다. 제어 지배적인 시스템은 공동 합성에 다른 문제점들을 제기한다.

CFSM

제어 유한 상태 기계(control finite-state machine, CFSM) 모델[Chi94]은 제어 지배적인 시스템을 모델링하기 위해 개발되었다. 동기식으로 작동하는 전통적인 FSM과는 대조적으로, CFSM은 유한하고, 0이 아니고, 무제한의 반응 시간을 가진다. CFSM의 입·출력은 이벤트들이다. CFSM은 에스테렐, 하드웨어 기술 언어 등과 같은 언어를 위한 중간 형태로 사용된다. 그 결과는 통신하는 CFSM들의 네트워크가 된다.

설계 파티셔닝은 각 컴포넌트 기계를 하드웨어 또는 소프트웨어 구현에 할당한다. CFSM의 하드웨어 구현은 다음 상태와 출력 기능을 구현하기 위해 래치(latches)에 의해 보호되는 결합 논리를 사용한다. 소프트웨어 구현은 s 그래프(s-graph)로 불리는 또 하나의 중간 형태를 생성함으로써 만들어지고, 이 모델을 C 코드로 변환한다. s 그래프는 제어 흐름도의 축약된 형태의 DAG이다.

모달 프로세스

초우(Chou) 등[Cho98]은 분산 제어의 기술과 구현을 위한 프레임워크로 모달 프로세스(modal process) 모델을 개발했다. 모달 프로세스는 몇 개의 모드 중 하나에 있을 수 있는데, I/O 동작은 제공된 입력 이벤트뿐만 아니라 현재 모드에 의존한다. 추상적 제어 형식(abstract control type, ACT)은 알려진 속성을 가진 제어 연산들을 정의한다. 추상적 제어 형식의 예는 여러 프로세스의 모드들을 동일하게 만드는 통합(unify), 상호 배제(mutual exclusion), 그리고 선점(preemption)을 포함한다. 모드 관리자는 프로세스 모드 상의 제약조건들을 해석하고, ACT 호출 요청을 구현한다. 모드 관리자는 중앙 집중형 또는 분산된 형태로 구현될 수 있다.

인터페이스 공동 합성

초우 등[Cho95b]은 임베디드 제어기를 위한 인터페이스를 합성하기 위한 방법론을 개발했다. I/O 동작은 제어 흐름도로 표현된다. 설계자는 어떤 입·출력 작업들이 하드웨어 또는 소프트웨어로 구현될지를 수작업으로 선택한다. 이들은 I/O 작업의 하드웨어 또는 소프트웨어 구현을 먼저 생성한다. 다음에 I/O 포트를 프로세스에 할당하는데, 이때 포트를 공유하기 위해 다중화기를 추가할 필요가 있을 수 있다. 장치 데이터가 I/O 장치의 비트 폭보다 넓다면 알고리즘이 연산을 여러 단계로 분할할 수 있다. 만약 충분한 I/O 포트가 없다면 일부 장치는 메모리 매핑 입·출력을 사용하여 구현한다. 그리고 장치들이 응답 시간과 속도 요구사항을 충족시키도록 I/O 순차기(sequencer)를 생성한다.

다뷰(Daveau) 등[Dav97]은 통신 합성에 할당 지향의 접근법을 택했다. 사용 가능한 통신 장치들의 특성들을 라이브러리가 기술하는데, 여기에는 컴포넌트의 비용,

구현하는 프로토콜, 데이터가 전송될 수 있는 최대 버스 속도, 제공하는 일련의 서비스, 그리고 동시에 수행할 수 있는 병렬 통신 연산의 최대 수 등이 있다. 다뷰 등은 시스템 동작을 프로세스 그래프로 모델링한다. 각각의 추상적 채널은 사용하고자 하는 프로토콜, 프로세스에 제공하는 서비스들, 그리고 평균 및 최고 전송 속도와 같은 몇 가지 제약조건을 가진다.

만약 통신 장치가 필요한 서비스들을 제공하고, 올바른 프로토콜을 사용하며, 적어도 채널의 평균 통신 속도를 만족할 만큼 충분히 큰 최대 데이터 속도를 가진다면 추상적 채널을 구현할 수 있다. 합성은 모든 가능한 구현들의 트리를 구축하고, 이 트리에 대해서 깊이 우선 검색을 수행한다. 그리고 여러 추상적 채널을 같은 통신 장치에 할당한다.

7.4.7 메모리 시스템

메모리 액세스는 많은 임베디드 애플리케이션들을 지배한다. 메모리 시스템을 최적화하기 위해 여러 가지 공동 합성 기법들이 개발되어 왔다.

**캐시 크기와
코드 배치의
공동 합성**

리(Li)와 울프(Wolf)[Li99]는 메모리 시스템의 성능을 조정하기 위해 적절한 캐시 크기를 결정하는 공동 합성 알고리즘을 개발했다. 이들의 목표 아키텍처는 버스 기반의 다중 프로세서였다. 4.2.4 절에서 설명했듯이, 이들은 명령어 캐시 내의 프로세스들을 위한 간단한 모델을 사용했다. 프로세스는 캐시 내에서 연속적인 범위의 주소들을 점유했는데, 이것은 대부분의 실행 사이클에 대해서 책임을 지는 작은 커널을 프로그램이 가진다고 가정하는 것이다. 이들은 캐시 내에 프로세스가 있는지 없는지를 나타내는 이진 변수 κ_i를 사용했는데, 프로세스 i 가 캐시 내에 있으면 $\kappa_i = 1$ 이고 그렇지 않으면 0 이다.

이들의 알고리즘은 프로그램의 실행 시간을 추정하기 위해 시뮬레이션 데이터를 사용한다. 모든 새로운 캐시 구성을 위해 새로운 시뮬레이션이 실행되어야 한다면, 공동 합성은 타당하지 않을 것이다. 그러나 직접 매핑된 캐시가 2 의 거듭 제곱으로 크기가 변한다면, 캐시 내 프로그램의 새로운 배치는 결정하기 쉽다. 그림 7-20 의 예는 1KB 직접 매핑된 캐시 내에 원래 배치된 몇몇 프로세스들을 보여준다. 만약 캐시 크기를 2KB 로 늘인다면, 일부 겹침은 사라지지만 새로운 겹침은 생성되지 않는다. 결과적으로, 작은 캐시의 시뮬레이션 결과에 기초하여 더 큰 캐시의 캐시 충돌을 쉽게 예측할 수 있다.

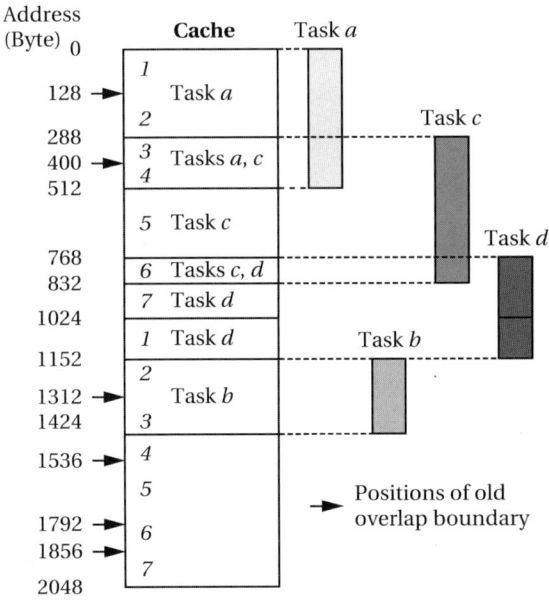

Addresses of tasks in the main memory (byte)
Task *a*: 2048–2560   Task *b*: 3200–3472   Task *c*: 4384–4928   Task *d*: 6912–7296

1KB 직접 매핑된 캐시

Addresses of tasks in the main memory (byte)
Task *a*: 2048–2560   Task *b*: 3200–3472   Task *c*: 4384–4928   Task *d*: 6912–7296

2KB 직접 매핑된 캐시

그림 7-20 캐시 크기에 따라 코드 배치가 어떻게 변하는가
출처 : 리와 울프[Li99]. ⓒ1999 IEEE. 허가 하에 재 인쇄함.

공동 합성 과정에, 이들은 총 시스템 비용을 다음과 같이 계산한다.

$$
\begin{aligned}
C(system) = &\sum_{i \in CPUs} C(CPU_i) + C(icache_i) + C(dcache_i) + \\
&\sum_{j \in ASICs} [C(ASIC_j) + C(dcache_j)] + \\
&\sum_{k \in links} C(commlink_k),
\end{aligned}
$$

(수식 7-17)

여기서 $C(x)$는 컴포넌트 x의 비용이다.

이들은 작업을 사용하여 전체 초주기 일정을 구축하는 계층적 스케줄링 알고리즘을 사용하고, 그 후에 일정을 정제하기 위해 프로세스들을 개별적으로 이동한다. 공동 합성은 먼저 타당한 일정을 낳는 할당을 찾고, 그 후에 하드웨어 비용을 줄인다. 시스템 비용을 줄이기 위해, 프로세스들을 부하가 적은 PE로부터 다른 처리 요소로 이동하려고 한다. 일단 PE로부터 모든 프로세스가 제거되면, 이 처리 요소는 시스템에서 제거될 수 있다. 그리고 캐시 크기를 줄임으로써 PE의 비용도 줄이려고 시도한다. 그러나 프로세스들이 PE로 이동될 때, 이 처리 요소의 캐시 크기는 일정의 타당성을 유지하기 위해 증가되어야 한다.

프로세스의 실행 시간은 고정되지 않으므로, 할당 결정을 안내하기 위해 단순한 CPU 시간 대신 다른 척도를 찾아야 한다. **동적 긴급성**(dynamic urgency)은 캐시 누락을 줄이기 위해 프로세스가 캐시 상태를 얼마나 재사용할지를 나타낸다.

$$
\begin{aligned}
DU(task_i, PE_i) = &\ SU(task_i) - \\
&\max(ready(task_i) - available(task_i)) + \\
&[medianWCETbase(task_i) - WCET(task_i, PE_i)]
\end{aligned}
$$

(수식 7-18)

이 공식에서 SU는 작업의 정적 긴급성이거나 실행 시간과 마감 시간 간의 차이이다. 최악 경우 실행 시간은 현재 캐시 구성에 상대적으로 측정된다.

메모리 관리   와이택(Wuytack) 등[Wuy99]은 네트워킹처럼 동적 메모리 관리를 필요로 하는 애플리케이션의 메모리 관리 설계를 위한 방법론을 개발했다. 이들의 방법론은 다음과 같은 단계들을 통해 메모리 시스템 설계를 정제했다.

1. 애플리케이션이 추상적 데이터 형식(abstract data type, ADT)에 의해 정의된다.

2. ADT 가 명확한 자료구조로 정제된다. 크기, 전력 소모 등에 기초하여 적절한 자료구조가 선택된다.

3. 가상 메모리는 하나 이상의 가상 메모리 관리자들로 분할된다. 활용에 기초하여 자료구조는 그룹화되거나 분리될 수 있다. 예를 들어, 서로 정렬된 일부 자료구조는 그룹화될 수 있다.

4. 가상 메모리 세그먼트들이 기본 그룹들로 분할된다. 높은 메모리 성능을 요구하는 자료구조에 병렬로 액세스할 수 있도록 그룹들이 조직화된다.

5. 메모리 대역폭을 최적화하기 위해 배경 메모리 액세스들이 정렬되는데, 이 절차는 스케줄링 충돌을 관찰한다.

6. 물리적 메모리가 할당된다. 메모리 대역폭을 개선하기 위해 다중 포트 메모리가 사용될 수 있다.

7.4.8 재구성 가능 시스템을 위한 공동 합성

FPGA 는 수송 수단의 디지털 논리를 구현하는 데 널리 사용된다. SRAM 기반의 FPGA 의 한 가지 사용 예는 재구성 가능 시스템(reconfigurable systems)인데, 이것은 실행 과정에서 논리가 즉시 재구성되는 기계이다. 그림 7-21 처럼, FPGA 는 여러 개의 가속기들을 가질 수 있는데, 이 가속기들의 논리는 2 차원 FPGA 구조 속에 내장된다. 이 구성은 일부 가속기를 제거하고 다른 것을 추가하기 위해 실행 과정에서 변경될 수 있다.

실행 과정에서의 재구성은 시스템에 다음과 같은 새로운 비용을 야기시킨다.

- FPGA 를 재구성하는 데 시간이 걸린다. 상용 FPGA 에서 재구성 시간은 몇 밀리초가 소요된다. 일부 실험적인 FPGA 아키텍처는 적은 수의 클록 사이클 내에 재구성될 수 있다.

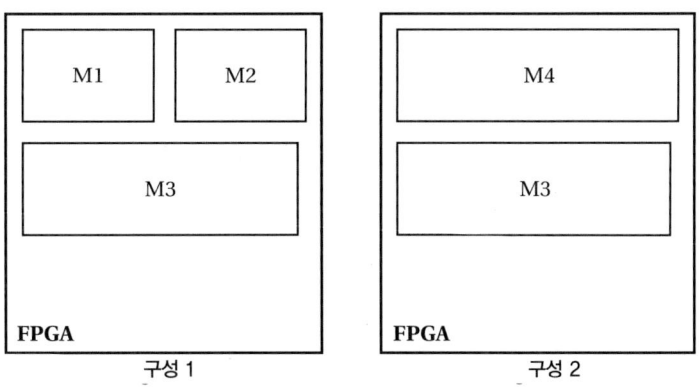

그림 7-21 FPGA의 연속적인 구성

- 재구성은 에너지를 소모한다.

- 가속기의 모든 조합이 FPGA에서 동시에 수용될 수는 없다. 스케줄링은 어떤 주어진 시간에 가속기의 어떤 조합이 적합한지에 따라 영향을 받는다.

일정의 타당성을 결정하는 것은 전통적인 디지털 시스템보다 재구성 가능 시스템의 경우가 훨씬 더 어렵다. 작업을 어떤 주어진 시간에 스케줄링하고자 한다면, 그것의 가속기가 FPGA 내에 존재하는지를 먼저 파악해야 한다. 만약 없다면, 새로운 가속기를 위한 공간을 마련하기 위해 어떤 조합의 가속기들을 제거해야 할지를 결정해야 한다(IC 설계에서 바닥 설계(floorplanning)[Wol02]라고 불리는 작업이다). 재구성 시간은 일정의 실행 시간에 추가되어야 하며, 재구성 에너지는 일정의 비용에 추가되어야 한다.

CORDS　　CORDS[Dic98b]는 재구성 가능 플랫폼으로 프로그램을 합성하기 위해 발전된 알고리즘을 사용한다. 그 기본 알고리즘은 MOGAC에서 사용되는 것과 비슷하다. CORDS는 재구성 지연 시간을 최적화 과정에서 평가되는 비용에 추가하는데, 재구성 지연은 일정 변경의 상태로 조정되어야 한다. 작업의 동적 우선순위는 간격과 재구성 지연의 합계에 대한 부정(negation)과 같다. CORDS는 여러 개의 비슷한 작업들이 함께 스케줄링되어서 총 재구성 시간을 줄이도록 하기 위해, 짧은 재구성 시간을 가지는 작업의 동적 우선순위를 높인다.

님블　　님블(Nimble) 시스템[Li00]은 알고리즘을 재구성 가능 플랫폼(재구성 가능 데이터 경로와 결부된 임베디드 CPU로 구성된다)에 매핑시키기 위해, 명령어 수준의 병렬처리를 추구하는 작은 단위의 파티셔닝을 수행한다. 플랫폼의 세부 사항은 재구성 가능하고, 아키텍처 기술 언어에 기술되어있다. 구현되어야 할 프로그램은 제어 흐름도로 표현된다. 프로그램 내의 루프는 다중 커널을 포함할 수 있는데, 요약 정보가 기본 블록과 루프 커널에 부착된다.

하드웨어에서 전체 또는 부분적으로 구현된 루프의 실행 시간은 하드웨어 루프의 실행 시간, 루프의 소프트웨어 부분의 실행 시간, 하드웨어와 소프트웨어 사이의 통신 시간, 그리고 FPGA 상의 하드웨어 장치를 구성하는 데 필요한 시간과 같은 몇 가지 요소들에 의존한다. 구성 시간은 프로그램 상태에 의존하는데, 만약 하드웨어 장치가 이전에 실체화되었고 후속 활동에 의해 제거되지 않았다면 구성 시간은 필요하지 않다.

합성은 실행 시간의 대부분을 소모하는 관심(interesting) 루프에 치중한다. 관심 루프가 주어지면, 하드웨어 후보로 선택된 루프의 부분은 실행 및 통신 시간에 의해 결정되며 구성 시간과는 무관한데, 이것은 하드웨어 루프 본체 호출의 순서가 아직 알려지지 않았기 때문이다. 루프 간의 선택은 전역 비용에 기초한 전반적인 하드웨어/소프트웨어 할당을 결정한다. 합성 알고리즘은 루프와 프로시저의 그래프를 조사하는데, 이 그래프는 페란테(Ferrante) 등[Fer87]의 제어 의존성 그래프와 비슷하다. 한 예가 그림 7-22 에 있다.

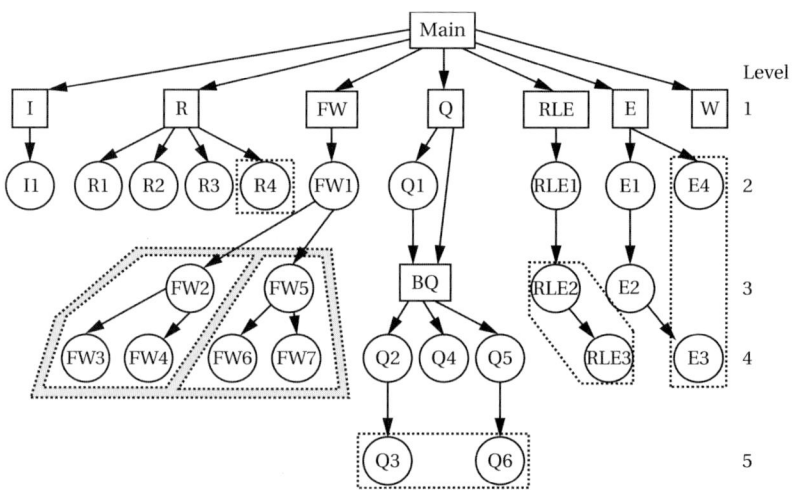

I Initialization   R Read image   FW Forward wavelet   Q Quantization   BQ Block quantization
RLE Run-length encoding   E Entropy encoding   W Write compressed file   Ⓛ Loop   Ⓡ Procedure
⋯ Loop cluster

그림 7-22 루프-프로시저 계층구조 그래프의 예. 출처 : 리(Li) 등[Li00]. ©2000 IEEE.

이 그래프는 경쟁하는 루프들을 식별하는 데 도움이 된다. 다른 1 수준 전임자들을 가지는 두 개의 루프는 추적에서 경쟁하지 않고, 다른 클러스터에 들어갈 수 있다. 공동의 전임자를 공유하는 루프들은 서로 경쟁할 수 있으며, 같은 클러스터에 우선적으로 배치된다. 루프들은 루프-프로시저 계층구조 그래프에서 상향식 추적에 기초하여 클러스터링되는데, 각 클러스터의 크기는 FPGA 의 크기에 기초한 매개변수에 의해 제한된다.

7.5 하드웨어/소프트웨어 공동 시뮬레이션

하드웨어와 시스템의 컴포넌트를 독립적으로 검증한 후라 하더라도, 컴포넌트들이 서로 잘 작동하는지를 확인할 필요가 있다. 하드웨어/소프트웨어 시스템은 둘 다 규모가 크고 시간적으로도 다른 규모에서 작동되므로, 부적절한 동작을 찾아내고 설계자가 버그의 원인을 파악하는 데 도움을 주기 위해 강력한 검증 도구들이 필요하다. 설계자는 인터페이스의 양 측면에서 버그를 찾을 수 있도록, 소프트웨어에 대해서 하드웨어를 실행해야 한다. 하드웨어/소프트웨어 공동 시뮬레이션은 설계자에게 전통적인 디버깅 도구들을 제공하며, 공동 시뮬레이터도 설계 실험을 위한 만족스러운 전환(turnaround) 시간을 줄 만큼 충분히 빨리 실행한다.

공동 시뮬레이션 후면

공동 시뮬레이터는 다른 종류의 시뮬레이터들이 통신할 수 있도록 해주는 메커니즘을 제공한다. 하드웨어와 대화하는 시뮬레이션 소프트웨어에 대한 주먹구구식 접근법은 맞춤 하드웨어와 함께 CPU 의 레지스터 전송 구현을 시뮬레이션하는 것인데, 이때 소프트웨어 비트들을 CPU 시뮬레이션 내의 상태로 설정하고, RTL 모델을 사용하여 소프트웨어를 실행한다. 프로세서의 레지스터 전송 모델을 가지고 있다 하더라도, 항상 그런 것은 아니지만, 이 접근법은 수용할 수 없을 정도로 느리다. 우리는 프로세서의 RTL 모델보다 훨씬 더 빨리 실행하는 사이클 정확 시뮬레이터들을 가지고 있으므로, 소프트웨어를 실행하고, 전통적인 이벤트 중심의 하드웨어 시뮬레이션을 사용하는 맞춤 하드웨어를 시뮬레이션하기 위해 이 시뮬레이터들을 사용할 수 있다.

그림 7-23 처럼, **시뮬레이션 후면**(simulation backplane)은 다른 시뮬레이터들이 통신하고 동기화하도록 해주는 메커니즘이다. 각 시뮬레이터는 후면에 연결하기 위

해 버스 인터페이스 모듈을 사용한다. 후면은 시뮬레이터 사이에서 데이터를 전송하기 위해 병렬처리 프로그래밍 기법을 사용한다. 후면은 또 시뮬레이터가 적절한 시각에 데이터를 받도록 보장해야 한다. 버스 인터페이스는 후면이 시뮬레이터를 중단시킬 수 있게 해주는 제어를 포함한다. 후면은 시뮬레이터의 시간적 진행 상황을 제어하여서 정확한 시각에 데이터가 도착하는 것을 확인할 수 있도록 해준다.

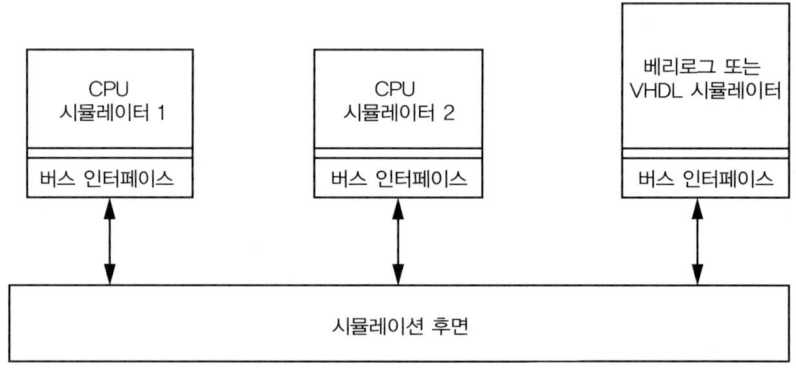

그림 7-23 시뮬레이션 후면을 사용한 하드웨어/소프트웨어 공동 시뮬레이션

공동 시뮬레이터   베커(Becker) 등[Bec92]은 대규모 네트워크 시스템을 시뮬레이션하기 위해 초창기 공동 시뮬레이터를 구축했다. 이들은 소프트웨어 시뮬레이션 모듈과 통신할 수 있는 C 코드를 추가하기 위해 케이던스 베리로그-XL(Cadence Verilog-XL) 시뮬레이터의 프로그래밍 언어 인터페이스(programming language interface, PLI)를 사용했다. 이들은 하드웨어 시뮬레이터를 시뮬레이션되고 있는 시스템의 다른 구성원들, 펌웨어, 그리고 모니터 프로그램과 연결하기 위해 유닉스 네트워크 연산을 사용했다. 이들은 사이클 수준에서 프로세서를 시뮬레이션하지는 않았다.

고쉬(Ghosh) 등[Gho95]은 후면에 대한 하드웨어와 소프트웨어 시뮬레이터들을 조정하기 위해 역시 베리로그-XL PLI를 사용하는 더 일반적인 시뮬레이션 환경을 나중에 구축했다. 이들의 시뮬레이터는 CPU 시뮬레이터를 포함했다. 지보노빅(Zivojnovic)과 메이어(Meyr)[Ziv96]는 호스트 시뮬레이션 프로세서 상의 토산 명령어로 시뮬레이션되도록, 소프트웨어 명령어들을 컴파일했다. 이들은 공동 시뮬레이션을 위해 이 모델을 하드웨어 시뮬레이터에 부착했다.

다음 예제는 상용 공동 검증 도구를 설명한다.

예제 7-4 **심리스 공동 검증**

멘토 그래픽스 심리스 시스템(Mentor Graphics Seamless system, *http://www.mentor.com/seamless*)은 이종 하드웨어/소프트웨어 시스템들을 시뮬레이션한다. 하드웨어 모듈은 표준 하드웨어 기술 언어를 사용하여 기술되고, 소프트웨어는 이진 코드 또는 C 언어 모델로 시뮬레이터에 로드될 수 있다. 버스 인터페이스 모델은 설계자의 하드웨어 모듈을 프로세서의 명령어 집합 시뮬레이터와 연결한다. 연접(coherent) 메모리 서버는 메모리의 어떤 부분이 하드웨어와 소프트웨어 모델들 사이에 공유될 수 있도록 하며, 메모리의 다른 부분은 격리시킨다. 공유된 메모리 세그먼트들만 공동 시뮬레이션 프레임워크에 의해 중재될 필요가 있다. 그래픽 요약기(profiler)는 설계자가 시스템 특성을 시각화하도록 해준다.

7.6 요약

하드웨어/소프트웨어 공동 설계의 목표는 애플리케이션 특유의 시스템을 위한 적절한 시스템 아키텍처를 찾기 위해 아주 큰 설계 공간을 검색하는 것이다. 이 설계 공간을 용이하게 형식화하고 효율적으로 검색하기 위해서, 일반적으로 설계에 관한 몇 가지 가정을 한다. 검색을 수행하기 위해 템플릿으로부터 작업을 하거나, 사전 설계된 컴포넌트들의 라이브러리를 사용하거나, 특정 목표 기능들을 사용할 수 있다. 약간의 가정이라도 설계 문제를 훨씬 더 해결하기 쉽게 만든다.

하드웨어/소프트웨어 공동 설계는 임베디드 시스템 설계에 대한 버튼 누르기식 해결책이 아니다. 공동 합성에 의해 파악된 많은 임베디드 시스템 컴포넌트들을 구현하기 위해, 우리는 앞 장들에서 설명된 기법들을 여전히 필요로 한다. 그러나 공동 합성은 타당한 아키텍처를 위한 검색을 조직화하는 것에 도움이 될 수 있다.

우리가 배운 것

- 칩 상의 시스템에서 FPGA에 이르는 다양한 플랫폼이 공동 설계의 목표로 사용될 수 있다.
- 하드웨어/소프트웨어 공동 합성은 프로그램 또는 작업 그래프에서 시작할 수 있다.

- 플랫폼 중심의 공동 합성은 프로세스들을 미리 정의된 하드웨어 아키텍처로 할당하고, 합성 과정에서 이 아키텍처의 요소들을 조정한다.

- 플랫폼에 의존하지 않는 공동 합성 알고리즘들은 검색 공간을 더 타당하게 만들기 위해, 고정된 컴포넌트 라이브러리와 같은 다른 가정을 해야 한다.

- 재구성 가능 시스템은 공동 합성을 복잡하게 만드는데, 스케줄링과 바닥 설계가 상호작용하기 때문이다.

- 하드웨어/소프트웨어 공동 시뮬레이션은 하드웨어와 소프트웨어 실행에서의 통합된 시간적 관점을 제공하기 위해, 시뮬레이션 버스를 통해 이종 시뮬레이터들을 함께 연결한다.

추가로 공부할 것

스톤스트럽(Staunstrup)과 울프(Wolf)가 편집한 책[Sta97b]은 이 장에서 기술된 것처럼 가속화된 시스템을 위한 기법들을 포함하여, 하드웨어/소프트웨어 공동 설계를 조사한다. 굽타(Gupta)와 드미켈리(De Micheli)[Gup93], 그리고 언스트(Ernst) 등[Ern93]은 가속화된 시스템의 공동 합성을 위한 초창기 기법들을 설명한다. 캘러한(Callahan) 등[Cal00]은 CPU에 연결된 칩 상의 재구성 가능 보조 처리기를 설명한다.

연습 문제

Q7-1. 보조 처리기와 가속기를 비교하고 대조하라.

Q7-2. 어떤 요소가 두 프로세스의 통신에 필요한 시간을 결정하는가? 여러분의 분석은 프로세스의 하드웨어 또는 소프트웨어 구현 여부에 의존하는가?

Q7-3. 비터비 복호화(Viterbi decoding)와 이산 코사인 변환(discrete cosine transform) 중 어떤 것이 가속기의 구현에 더 적합한가? 그 이유는?

Q7-4. 다음의 각 데이터 흐름도를 위한 실행 시간과 필요한 하드웨어 장치들을 추정하라. 한 연산자는 한 클록 사이클에서 실행되고, 각 연산자 형식은 고유한 모듈로(ALU가 아닌) 구현된다고 가정하라.

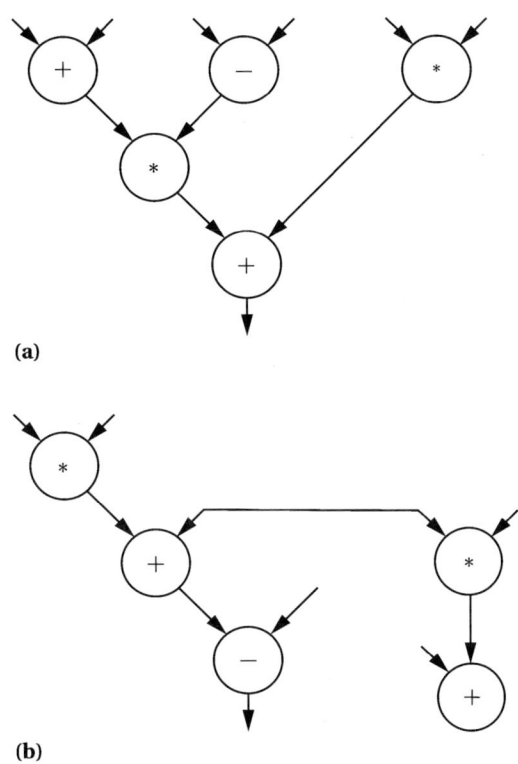

(a)

(b)

Q7-5. 그림 7-7의 테이블에 있는 정보를 이용하여 (수식 7-2)의 인자들을 어떻게 계산할지를 보여라.

Q7-6. 작업 파티셔닝이 스케줄링과 할당의 결과에 어떤 영향을 미칠 수 있는가?

Q7-7. CDFG와 작업 그래프를 공동 합성을 위한 시스템 기능의 표현으로서 비교하고 대조하라.

Q7-8. 맞춤 명령어 집합을 가진 구성 가능 프로세서의 특성을 파악하기 위해, 실행 시간 기술 테이블을 어떻게 이용할 것인가?

Q7-9. 이진 검색 알고리즘에서 사용될 수 있도록 하는 (수식 7-3)의 특성을 설명하라.

Q7-10. (수식 7-3)과 (수식 7-4)의 목표 기능들을 비교하고 대조하라.

Q7-11. 속도 향상 공식인 (수식 7-5)의 이면에 있는 물리적 배경을 설명하라.

Q7-12. 전역 간격(global slack)과 지역 간격(local slack)이 가속기의 비용을 줄이는 데 어떻게 사용될 수 있는지 설명하라.

Q7-13. 임의의 아키텍처로 시스템을 공동 합성할 때, 스케줄링과 할당은 어떻게 상호작용하는가?

Q7-14. 제어 관련 정제(refinement), 데이터 관련 정제, 그리고 아키텍처 관련 정제의 예를 들어라.

Q7-15. 스케줄링과 할당 과정에서 작업 그래프의 여러 복제물을 어떻게 이용할 수 있는가?

Q7-16. 결함 허용을 위해 작업을 여러 벌 만드는 것이 왜 추가적인 하드웨어를 많이 필요로 하지 않는지 설명하라.

Q7-17. 발생적(genetic) 알고리즘을 사용하여 비디오 동작 추정 엔진의 공동 합성을 어떻게 모델링할지를 보여라. 이때 모든 기능은 단일 칩 상에서 구현된다고 가정하라. PE 할당 열, 작업 할당 열(string), 그리고 링크 할당 열의 형태를 보여라.

실습 문제

L7-1. 입력으로 작업 그래프와, 작업의 소프트웨어 구현시의 실행 시간을 받는 간단한 하드웨어/소프트웨어 파티셔닝 도구를 개발하라. 프로세스를 하드웨어와 소프트웨어에 할당하고, 타당한 시스템 일정을 생성하라.

L7-2. 하드웨어 기술이 주어질 때 가속기의 성능과 영역을 빨리 추정하도록 해주는 도구를 개발하라.

L7-3. 설계 공간을 검색하기 위해 발생적 알고리즘을 사용하는 간단한 하드웨어/소프트웨어 파티셔닝 도구를 개발하라.

L7-4. 한 CPU 모델이 한 가속기 모델과 대화하는 간단한 공동 시뮬레이션 시스템을 개발하라.

용어 해설

1% rule(1% 규칙) 명령어가 아키텍처에 포함되면 적어도 1%의 성능 개선이 된다는, 명령어 집합 설계에 사용되는 규칙

[1, ∞] class([1, ∞] 등급) 하나 또는 무한대의 위치를 사용할 수 있는 CPU 아키텍처 등급(3.2.3 절)

α 동적 전압 스케줄링에서 감속 요소를 나타내는 데 사용되는 기호(4.2.3 절)

η 동적 전압 스케줄링에서 감속 요소를 나타내는 데 사용되는 기호(4.2.3 절)

abstract analysis(추상적 분석) 변수들을 값들의 집합으로 모델링하는, WCET 분석에 사용되는 컴퓨터 과학의 일반적인 기법(3.4.3 절)

access density(액세스 밀도) 사용되는 변수의 최대 개수에 대한 총 충돌 요소와 관련되는, 스크래치 패드(임시 저장 메모리) 최적화에 사용되는 측정 기준(3.3.4 절)

ACPI 전력 제어 인터페이스의 산업 표준인 고급 구성 및 전력 인터페이스(Advanced Configuration and Power Interface) (1.1 절)

action automaton(행동 자동장치) 메트로폴리스(Metropolis)에서의 스레드를 위한 모델(3.5.5 절)

action point(행동 지점) 플렉스레이(FlexRay)에서 매크로틱(macrotick) 사이의 경계선(5.8.2 절)

active star(활성 별) 활성 성상 허브를 가진 성상 네트워크를 가리키는 플렉스레이 용어(5.8.2 절)

actor(행위자) 데이터 흐름 언어에서의 프로세스(3.5.5 절)

actuator port(시동자 포트) 주 출력으로 연결하는 조토(Giotto)의 구성요소(4.3 절)

ad hoc network(임시 네트워크) 구체적으로 관리되지 않고 자체적으로 구성되는 네트워크(1.2.4 절)

adaptive routing(적응적 경로 배정) 네트워크 상태에 따라 달라지는 패킷 경로 배정(5.6.3 절)

address generation(주소 생성) 코드 생성에서 프로그램이 필요로 하는 주소를 생성하기 위해, 어떤 연산과 명령을 사용할지 결정하는 절차(3.2 절)

AFAP scheduling(AFAP 스케줄링) as-fast-as-possible 참고

AHB AMBA 고속 버스.

allocation(할당) 처리 요소에 연산의 책임을 부여함

application(애플리케이션) 임베디드 컴퓨터가 배정하는 알고리즘 또는 다른 응용(1.1 절)

application-specific instruction processor(애플리케이션 특유의 명령어 프로세서) 명령어 집합이 특정 애플리케이션을 지원하기 위해 설계된 CPU(2.9 절). configurable processor 도 참고

application layer(응용 계층) OSI 모델에서 최종 사용자 인터페이스(1.2.1 절)

architectural template(구조적 템플릿) 공동 합성(co-synthesis) 과정에서 생성될 수 있는 아키텍처 군을 위한 모델(7.4.3 절)

architecture(아키텍처) 시스템의 구조. 하드웨어 또는 소프트웨어를 가리킬 수 있음(1.1 절)

ALAP as-late-as-possible 참고.

AMBA ARM 에 의해 발표된 공개 버스 표준

AND-activation(AND 활성화) AND 와 비슷한 이벤트들의 조합(6.3.2 절)

APB AMBA 주변장치 버스

arbitration grid(중재 그리드) 플렉스레이(FlexRay)의 정적 또는 동적 세그먼트 내의 메시지들 사이의 관계(5.8.2 절)

architecture-related refinements(아키텍처 관련 정제) 하드웨어 시스템의 충돌을 해소하기 위해 처리를 추가하는 정제(7.4.4 절)

ASAP as-soon-as-possible 참고.

as-fast-as-possible(가능한 한 빠른) 경로를 따라가는 스케줄링을 결정하기 위해 군집(clique)을 사용하는 스케줄링 알고리즘(7.3.1 절)

ASIC 응용에 맞춘 집적 회로

as-late-as-possible(가능한 한 늦은) 모든 연산이 가장 늦은(latest) 시간에 수행되는 스케줄링(4.2.2 절)

as-soon-as-possible(가능한 한 일찍) 모든 연산이 가장 이른(earliest) 시간에 수행되는 스케줄링(4.2.2 절)

ASIP application-specific instruction processor 참고

aspect ratio(상태 비율) 메모리에서, 매 요청에서 읽은 비트 수에 대한 주소 배정이 가능한 수의 비율

assertion overhead(주장 비용) 결함 허용을 위해 컴퓨팅 주장(assertion)을 추가하는 비용(7.4.4 절)

assertion task(주장 작업) 결함 허용에서 사용되는 주장을 계산하는 작업(7.4.4 절)

association graph(연관 그래프) 시스템에서 작업이 어떻게 반복되는지를 보여주는 그래프(7.4.4 절)

attack(공격) 컴퓨터 시스템의 처리를 중단시키기 위한 시도(1.6.3 절)

average-case execution time(평균 경우 실행 시간) 전형적인 입력에 대한 전형적인 실행 시간(3.4 절)

average performance(평균 성능) 컴퓨터 시스템의 평균 성능(보통 처리량으로 측정함) (2.2.1 절)

average power vector(평균 전력 벡터) 다른 종류의 처리 요소 상에서 프로세스에 의해 소모되는 평균 전력을 나타내는 벡터(7.4.4 절)

average rate heuristic(평균 속도 발견적 방법) 동적 전압 스케줄링에서 평균 CPU 부하에 기초하여 프로세서 속도를 설정하는 스케줄(4.2.3 절)

banked memory(뱅크 메모리) 다중 병렬 액세스를 허용하는 메모리 시스템(3.3.5 절)

basic priority inheritance protocol(기본 우선순위 상속 프로토콜) 프로세스가 임계영역을 방해하지 못하게 하는, 우선순위 상속 방지 메커니즘(1.6.2 절)

basic scheduling block(기본 스케줄링 블록) LYCOS에서의 처리 단위(7.4.3 절)

bathtub function(욕조 함수) 시간이 작고 클 때 높은 값을 가지는 시간 함수(역주 : 따라서 욕조 형태가 됨). 일반적으로 컴포넌트의 실패율을 나타냄(1.6.2 절)

battery attack(배터리 공격) 내부 배터리를 고갈시킴으로써 시스템을 실패시키거나 오동작시키도록 만들려고 하는, 임베디드 시스템에 대한 공격(1.6.3 절)

BCET(BCET) best-case execution time 참고

behavior adapter(처리 어댑터) 컴포넌트를 다른 계산 모델이나 프로토콜 모델과 연결하기 위해 메트로폴리스(Metropolis)에서 사용되는 소프트웨어 컴포넌트

best-case execution time(최선 경우 실행 시간) 임의의 가능한 입력 집합들에 대한 가장 짧은 실행 시간(3.4 절)

best-effort routing(최선 노력형 경로 배정) 인터넷 경로 배정 방법론으로, 완료를 보장하지는 않음(1.2.1 절)

better-than-worst-case design(최악의 경우보다는 나은 설계) 일찍 도착한 신호를 이용하여 내부 논리 지연에 적응하는, 마이크로 아키텍처 설계 방식(2.5.2 절)

black-box testing(블랙박스 테스팅) 프로그램이 어떻게 구현되었는지를 모르는 상태에서 테스트하는 것

block(블록) 코드 압축에서 함께 압축되는 명령어들의 단위(2.7.1 절)

blocking communication(차단 통신) 메시지를 보낸 후에 프로세스가 기다려야 하는 통신

bottom-up design(상향식 설계) 고수준 추상화의 설계를 변경하기 위해 저수준 추상화의 정보를 사용하는 것

branch patching(분기 조정) 분기 주소를 대상물의 압축된 버전의 주소로 교체하는 코드 압축 기법(2.7.1 절)

branch table(분기 테이블) 분기의 압축된 버전의 위치를 파악하기 위해 코드 복원에 사용되는 자료구조(2.7.1 절)

branching-time temporal logic(분기 시점 시간적 논리) 여러 대체 타임라인을 모델링하는 시간적 논리(4.5 절)

BSB basic scheduling block 참고

BSS byte start sequence 참고

buddy list(동료 목록) 다중 프로세서 상에서의 동적 작업 스케줄링 과정에서 부하 균배에 사용되는 자료구조(6.3.3 절)

burst access mode(연속 액세스 모드) burst transfer 참고

burst transfer(연속 전송) 각각 별도의 주소 없이 몇 개의 연속된 위치로 전송하는 버스 전송(3.3.5 절)

bus encoding(버스 부호화) 전이 개수를 줄이기 위해 버스 트래픽을 다시 부호화함으로써 버스의 전력 소모를 줄이는 기법(2.7.3 절)

bus-invert coding(버스 반전 부호화) 토글을 줄이기 위해 신호의 극성을 선택적으로 반전시키는 버스 부호화 알고리즘(2.7.3 절)

bus guardian(버스 감시자) 플렉스레이에서 네트워크 동작을 관찰하다가 오류가 발견되면 조처를 하는 노드(5.8.2 절)

bus transaction model(버스 트랜잭션 모델) 버스 프로토콜을 포착하지만 사이클 정확성은 없는 시스템 모델(5.3.2 절)

byte start sequence(바이트 시작 열) 플렉스레이에서 바이트 열의 시작점(5.8.2 절)

bytecode(바이트 코드) 자바 가상 머신에서의 명령어(3.5.4 절)

cache(캐시) 빠른 액세스를 위해 어떤 주 메모리 장소의 복제물을 가지는 작은 메모리(2.6.3 절)

cache conflict graph(캐시 충돌 그래프) 캐시 내에서의 액세스 충돌을 모델링하는 그래프(3.4.2 절)

CAN bus(CAN 버스) 자동차에 널리 사용되는, 네트워크 임베디드 시스템을 위한 직렬 버스

candidate architecture(후보 아키텍처) 설계를 검토하는 데 사용되는 다중 프로세서 아키텍처(5.3.1 절)

candidate schedule time(후보 예정 시각) 세력 지향의 합성에서 초기 예정 시각(7.3.1 절)

capacity miss(용량 누락) 프로그램의 작업 집합이 캐시에 너무 커서 발생하는 캐시 누락(2.6.3 절)

CCFG concurrent control flow graph 참고

CDFG control/data flow graph 참고

CDG control dependence graph 참고

CFSM co-design finite state machine 참고

channel adapter(채널 어댑터) 채널의 예상 및 실제 특성 사이의 불일치에 적응시키기 위한, 메트로폴리스에서 사용되는 소프트웨어 컴포넌트(6.4.2 절)

class(클래스)   객체지향 언어에서의 형식 선언

client(클라이언트)   다중 프로세서 네트워크에서 송신자 또는 수신자(5.6 절)

clip(클립)   주어진 간격동안 임의 개수의 패킷을 전달하는 것을 보장하기 위한 ARMADA의 개체(6.4.1 절)

clique(군집)   군집 내의 점들의 쌍 각각이 가장자리로 연결되는, 그래프 내의 노드들의 집합(3.2.2 절)

clique avoidance algorithm(군집 방지 알고리즘)   시간 촉발(time-triggered) 아키텍처에서 노드 실패에 의한 불일치를 해소하는 알고리즘(5.8.1 절)

clock synchronization process(클록 동기화 프로세스)   플렉스레이에서 전역 시계를 생성하는 프로세스(5.8.2 절)

Clos network(클로스 네트워크)   블로킹 없는 점 대 점 통신(블로킹 없는 멀티캐스트는 아님)을 제공하기 위해 상호 연결된 크로스바를 사용하는 통신 네트워크(5.6.2 절)

cluster(클러스터)   VLIW 아키텍처에서 한 단위로 작동되는 함수 단위들의 집합과 레지스터 파일. 다른 클러스터 내에 있는 데이터에 대한 연산은 클러스터 간 전송을 필요로 함(2.4.1 절)

code compression(코드 압축)   실행할 때 동적으로 복원될 수 있도록 명령어들을 압축하는 것(2.7.1 절)

code and data compression(코드 및 데이터 압축)   주 메모리에 코드와 데이터의 압축된 버전들을 저장하기 위한 기법. 데이터를 쓸 때의 재압축뿐만 아니라 데이터 및 명령어를 읽을 때의 복원을 필요로 함(2.7.2 절)

code generation(코드 생성)   프로그램의 중간 표현으로부터 어셈블리 언어 또는 기계어를 생성하는 작업(3.2 절)

code motion(코드 이동)   동작에 영향을 미치지 않고 프로그램 내의 연산을 이동하는 기법

code placement(코드 배치)   캐시 동작과 같은 어떤 기준을 달성하기 위해 메모리에 개체 코드와 데이터를 배치하는 것(3.2.4 절)

co-design finite state machine(공동 설계 유한 상태 기계) 하드웨어와 소프트웨어의 조합을 설명하는데 사용될 수 있는, 임베디드 시스템을 위한 제어 지향 모델 (4.3 절)

coding tree(부호화 트리) 잎은 부호화될 기호이고 가지는 코드 비트들인 허프만 코드를 개발하는데 사용되는 트리(2.7.1 절)

cold miss(차가운 누락) compulsory miss 참고

coldstart(초기 시동) 플렉스레이에서 TDMA 프로세스의 시동(5.8.2 절)

coloring(채색) 레지스터 할당처럼, 그래프 내의 노드들에 라벨을 할당하는 것 (3.2.2 절)

common code space set(공통 코드 공간 집합) 동기식 데이터 흐름도에서 연관된 반복에서의 일련의 연산(3.5.2 절)

common code space set graph(공통 코드 공간 집합 그래프) 동기식 데이터 흐름도 일정에서 반복의 순서를 나타내는 그래프(3.5.2 절)

common object request broker architecture™(공통 개체 요청 매개자 아키텍처) 미들웨어 서비스를 위한 소프트웨어 아키텍처(6.4.1 절)

communication link(통신 링크) 처리 요소들 사이의 연결

communications network architecture(통신 네트워크 아키텍처) 네트워크 상에서의 일관성 있는 시간적 관점을 유지하는 데 도움이 되는, 시간 촉발 아키텍처의 컴포넌트(5.8.1 절)

communication vector(통신 벡터) 발생적 알고리즘 기반의 검색을 위한 작업 그래프의 명세(7.4.4 절)

communications controller(통신 컨트롤러) 시간 촉발 아키텍처의 통신 네트워크 인터페이스 내의 저수준 네트워크 인터페이스(5.8.1 절)

communications cycle(통신 사이클) 정적 세그먼트, 동적 세그먼트, 기호 창, 네트워크 휴지 시간을 포함하는, 플렉스레이에서 통신 모드의 순서(5.8.2 절)

compare task(비교 작업) 결함 허용을 위해 작업의 중복적인 복제의 결과를 비교하는 작업(7.4.4 절)

compression ratio(압축률) 프로그램의 압축 및 비압축 버전의 크기 비율(2.7.1 절)

completion time(완료 시각) 프로세스가 작업을 마치는 시각(4.2.1 절)

compulsory miss(필수 누락) 한 위치가 처음으로 사용될 때 발생하는 캐시 누락(2.6.3 절)

computational kernel(계산적 커널) 장시간을 소요하는 기능을 수행하는, 알고리즘 내의 작은 부분

computing platform(계산 플랫폼) 임베디드 컴퓨팅을 위해 사용되는 하드웨어 시스템

concurrent control flow graph(병렬 제어 흐름도) 병렬처리 구성품을 가진 제어 흐름도(3.5.3 절)

configurable cache(구성 가능 캐시) 집합 연관성, 선 크기 등이 즉시 바뀔 수 있는 캐시(2.6.3 절)

configurable processor(구성 가능 프로세서) 특정 애플리케이션을 위해 설계된 CPU. 그러나 실행 시간에 구성할 수 있는 것을 의미하지는 않음(2.9 절). application-specific instruction processor 도 참고

configuration synthesis(구성 합성) 단순화된 컴포넌트들의 모델을 사용하는 공동 합성(7.4.5 절)

conflict graph(충돌 그래프) 실체들 사이의 비일관성을 나타내는 그래프로, 레지스터 할당에 사용됨(3.2.2 절)

conflict miss(충돌 누락) 사용 중인 두 위치가 같은 위치로 매핑됨으로써 야기되는 캐시 누락(2.6.3 절)

conjunction node(결합 노드) 조건부 가장자리의 목적지인, 조건부 작업 그래프 내의 노드(7.4.1 절)

constellation(무리) 변조 매개변수에 의해 정의되는 공간 내의 디지털 통신에서의 기호들의 집합(1.2.1 절)

constructive scheduling(구성적 스케줄링) 반복적인 개선이 없는 스케줄링(4.2.1 절)

context-dependent behavior(상황 의존적 동작) 시스템 상태의 어떤 부분에 기초하여 변하는 시스템 동작(6.3.2 절)

context switch(문맥 전환) CPU가 한 프로세스에서 다른 프로세스로 제어를 이전시키도록 하는 프로세스(4.2.1 절)

contract(약정) 시스템에서 제공하는 통신 채널의 특성으로, 클라이언트와 서버 사이의 합의를 나타내는 서비스 품질(QoS) 시스템의 상태(6.4.3 절)

contract object(약정 개체) 서비스 품질 약정의 상태를 구현하는 소프트웨어 개체(6.4.3 절)

control dependence graph(제어 의존성 그래프) 프로그램의 조건문의 깊이를 보여주는 자료구조(4.3 절)

control flow graph(제어 흐름도) 단순한, 계산의 비튜링(non-Turing) 완전 모델(1.5.3 절)

control/data flow graph(제어/데이터 흐름도) 프로그램 내의 데이터와 제어를 둘 다 모델링하는 그래프(1.5.3 절)

control-related refinement(제어 관련 정제) 동작이 분할될 때 실행 순서를 유지하는 정제(7.4.4 절)

control step(제어 스텝) 고수준 합성에서처럼, 일정에서의 단일 클록 사이클(7.3.1 절). time step도 참고

convolutional coder(소용돌이 부호기) 부호화된 형식을 만들기 위해 데이터를 휘감는 오류 정정 부호기(1.2.1 절)

coordination language(조정 언어) 다른 프로그래밍 모델들 사이의 인터페이스로 작용하도록 설계된 언어(3.5.5 절)

co-processor(보조 처리기)   CPU의 어떤 명령어를 실행할 책임이 있는, CPU에 추가되는 선택적 장치(2.3.2 절)

CORBA   Common Object Request Broker Architecture 참고

co-simulation(공동 시뮬레이션)   hardware/software co-simulation 참고

CNI   communications network architecture 참고

critical(임계)   스케줄링에서 임계 경로 상에서의 처리(4.2.2 절)

critical cycle(임계 사이클)   다중 프로세서 스케줄링에서 그 사이클이 전체 그래프의 사이클을 제한하는, 프로세스 그래프 상의 사이클(6.3.2 절)

critical group(임계 그룹)   동적 전압 스케줄링에서 임계 간격에서 실행하는 프로세스들의 집합(4.2.3 절)

critical interval(임계 간격)   동적 전압 스케줄링에서 밀도를 최대화하는 간격 (4.2.3 절)

critical path(임계 경로)   스케줄링에서 최소 일정 길이를 결정하는 제약조건의 집합. 임계 경로 상의 처리를 먼저 처리하는 스케줄링 알고리즘(7.3.1 절)

critical instant(임계 순간)   RMA에서 프로세스 활성화의 최악의 경우 조합(4.2.2 절)

crossbar(크로스바)   입력과 출력 집합들을 완전히 연결하는 네트워크(5.6.2 절)

CSP   clock synchronization process 참고

cycle-accurate communication model(사이클 정확 통신 모델)   통신 시간은 정확하게 포착하지만 계산 시간은 그렇지 못한 시스템 모델(5.3.2 절)

cycle-accurate computation model(사이클 정확 계산 모델)   계산 시간은 정확하게 포착하지만 통신 시간은 그렇지 못한 시스템 모델(5.3.2 절)

cycle mean(사이클 평균)   IPC 그래프를 위한 점근적 반복 주기(6.3.2 절)

cycle timer(사이클 타이머) 클록 사이클이 정확한 정밀 마이크로 아키텍처 모델을 사용하는 CPU 시뮬레이션 기법(2.8.3 절)

data flow graph(데이터 흐름도) 많은 변종을 가지는 계산 모델(1.5.3 절)

data level parallelism(데이터 수준 병렬성) 연산자와 데이터 흐름을 관찰함으로써 발견할 수 있는 프로그램 내의 병렬성(1.5.5 절)

data link layer(데이터 링크 계층) OSI 모델에서 신뢰성 있는 데이터 전송의 책임이 있는 계층(1.2.1 절)

data-related refinement(데이터 관련 정제) 여러 처리에서 공유하는 변수들의 값을 갱신하는 정제(7.4.4 절)

DCT discrete cosine transform 참고

deadline(마감 시간) 프로세스가 반드시 종료되어야 하는 시각(4.2.1 절)

deadlock(교착 상태) 출구가 없는 시스템 상태(4.5 절)

definition(정의) 컴파일러에서 값을 변수에 할당하기(3.2.2 절)

delegate object(위임 개체) 원격 개체를 위한 프록시(6.4.3 절)

denial-of-service attack(서비스 거부 공격) 컴퓨터 시스템을 압도하여 정당한 사용자들에 대한 서비스를 중단시키도록 하려는 공격(1.6.3 절)

design diversity(설계 다양성) 다중 컴포넌트들 사이의 시스템적인 오류를 방지하기 위해 다른 소스, 방법론에서 온 컴포넌트를 사용하는 설계 방법론(1.6.2 절)

design flow(설계 흐름) 시스템을 구현하는 데 사용되는 일련의 절차(1.4 절)

design productivity gap(설계 생산성 격차) 제조할 수 있는 최대의 칩 크기보다 설계자의 생산성이 더 느리게 성장하고 있음(1.4 절)

design methodology(설계 방법론) 설계를 완료하기 위해 추상화 수준들을 거쳐 진행하는 방법(1.4 절)

destination process identifier(대상 프로세스 식별자) 노스트럼(Nostrum)에서의 패킷 주소(6.4.2 절)

deterministic routing(결정적 경로 배정)　네트워크 상태를 바꾸지 않는 패킷 경로 배정(5.6.3 절)

differential power analysis(차분 전력 분석)　여러 추적들을 비교하는 전력 공격 기법(2.7.4 절)

digital signal processor(디지털 신호 프로세서)　디지털 신호 처리 애플리케이션을 위해 아키텍처가 최적화된 마이크로프로세서(2.3.2 절)

direct execution(직접 실행)　인터프리팅 시뮬레이터를 거치지 않고 호스트 원래의 명령어 집합에서 명령어가 실행되도록 하는 프로그램의 성능 분석(2.8.3 절)

direct-mapped cache(직접 매핑 캐시)　단일 집합을 가진 캐시

direct memory access(직접 메모리 액세스)　CPU 에서 명령어를 실행하지 않고 장치에 의해 수행되는 버스 전송

digital rights management(디지털 저작권 관리)　사용자 또는 컴퓨터가 저작권 또는 다른 것이 보호된 자료를 액세스할 권한이 있음을 보증하는 처리(1.7.4 절)

discrete cosine transform(이산 코사인 변환)　이미지 손실 부호화를 다루는 데 사용되는 주파수 변환(1.2.2 절)

disjunction node(분리 노드)　조건부 작업 그래프 내의 조건부 가장자리의 원천인 노드(7.4.1 절)

distributed embedded system(분산 임베디드 시스템)　네트워크 환경에 구축된 임베디드 시스템

distributed system object component(분산 시스템 개체 컴포넌트)　미들웨어 서비스의 객체지향 모델(6.4.2 절)

DMA　direct memory access 참고

DMSL　domain-specific modeling language 참고

domain-specific modeling language(도메인 특유의 모델링 언어)　특정 애플리케이션을 위해 설계된 언어(3.5.5 절)

DRM digital rights management 참고

DSOC distributed system object component 참고

DSP digital signal processor 참고. 디지털 신호 처리(digital signal processing)를 나타낼 수도 있음

dynamic phase(동적 단계) 플렉스레이에서 연산이 동적으로 스케줄링되는 일정 단계(5.8.2 절)

dynamic power management(동적 전력 관리) CPU 활동을 관찰하는 전력 관리 기법

dynamic priority(동적 우선순위) 실행 과정에서 바뀔 수 있는 프로세스 우선순위 (4.2.2 절)

dynamic scheduling(동적 스케줄링) 실행 시간에 일정을 결정함(4.2.1 절)

dynamic trailing sequence field(동적 추적 순차 필드) 플렉스레이에서 동적으로 스케줄링되는 전송 내의 한 필드(5.8.2 절)

dynamic voltage scaling(동적 전압 크기 조정) dynamic voltage and frequency scaling 참고

dynamic voltage and frequency scaling(동적 전압 및 주파수 크기 조정) CPU 가 최고 속도로 실행할 필요가 없을 때 CPU 의 전력 공급 전압과 작동 주파수를 감소시키는, 전력 절감을 위한 구조적 기법(2.5.1 절)

earliest deadline first(최초 마감 시간 우선) 가변 우선순위 스케줄링 체계(4.2.2 절)

EDF earliest deadline first 참고

embedded computer system(임베디드 컴퓨터 시스템) 범용 컴퓨터가 아닌 어떤 것의 기능을 구현하는 데 사용되는 컴퓨터

embedded file system(임베디드 파일 시스템) 임베디드 시스템에서 사용하기 위해 설계된 파일 시스템(4.4.7 절)

enable(활성화)   페트리 네트에서 어떤 전이로 인입하는 각 위치가 이 위치에서 전이로 가는 가장자리의 가중치에 의해 지정되는 최소한의 토큰으로 표시될 때, 이 전이는 활성화됨(1.5.4 절)

energy(에너지)   작업을 할 수 있는 능력

event-driven state machine(이벤트 반응형 상태 기계)   입력의 변화에 대응하는 상태 기계(3.5.3 절)

event function model(이벤트 함수 모델)   간격에서 이벤트 개수가 변할 수 있도록 허용하는 이벤트 모델(6.3.2 절)

execution time(실행 시간)   실시간 스케줄링에서 격리된 프로세스의 실행 시간(4.2.1 절)

exception(예외)   실행 도중 인식되는, CPU 에서의 비정상적인 조건

exclusion vector(제외 벡터)   처리 요소를 공유할 수 없는 프로세스 명세(7.4.4 절)

expansion(확장)   모든 전이는 적어도 하나의 입력 또는 출력 위치를 가지지만, 적어도 입력 전이가 없는 한 위치와 출력 전이가 없는 한 위치를 가지는 비순환 페트리 네트(4.3 절)

extremity measures(극한 수단)   기능을 하드웨어 또는 소프트웨어에 할당할지 여부를 결정하는 데 도움이 되는 수단(7.4.4 절)

fault tolerance(결함 허용)   요구되는 결함 허용의 명세(7.4.4 절)

feasibility factor(타당성 요소)   일련의 작업의 스케줄링 가능성을 평가하는 측정 기준(7.4.5 절)

FES   frame end sequence 참고

finishing phase(완료 단계)   한 프로세스의 종료 시각과 다음 데이터 의존 프로세스의 다음 반복에서 요구되는 첫 번째 시각 사이의 가장 작은 간격(6.3.2 절)

finite-state machine(유한 상태 기계)   계산 모델(1.5 절)

firing rule(점화 규칙)　데이터 흐름도 노드가 계산을 수행할 때 결정하는 규칙으로, 페트리 네트에서 상태에서 상태로 토큰이 어떻게 이동하는지를 결정함(1.5.3 절, 3.5.5 절)

first-come-first-served(먼저 들어온 것을 먼저 제공하기)　주어진 자원 제약조건에서 연산자의 일정을 최대한 빨리 잡는, 하드웨어를 위한 스케줄링 정책(7.3.1 절)

first-level cache(1수준 캐시)　CPU에 가장 가까운 캐시(2.6.3 절)

first-reaches table(1차 도달 테이블)　어떤 속성을 가진 경로가 그래프에 있는지를 보여주는, 동기식 데이터 흐름도 일정의 분석에 사용되는 테이블(3.5.2 절)

flash file system(플래시 파일 시스템)　플래시 메모리와 함께 사용하도록 설계된 파일 시스템으로, 특히 블록 쓰기와 내구성 메커니즘을 지원함(4.4.7 절)

FlexRay(플렉스레이)　자동차의 네트워킹 표준(5.8.2 절)

flit(플릿)　다중 프로세서 네트워크에서 전송을 위해 패킷은 여러 개의 플릿으로 쪼개짐(5.6.2 절)

floorplanning(바닥 설계)　대규모 칩 레이아웃의 추상적 설계(7.4.5 절)

flow control(흐름 제어)　데이터 전송을 위한 자원 할당 방법(5.6.2 절)

flow fact(흐름 사실)　프로그램 경로 시간측정에 사용되는, 프로그램 범위 내의 변수의 값에 대한 제약조건(3.4.3 절)

fluff(플럽)　결코 실행되지 않는 기본 블록(3.4.2 절)

fly-by-wire(유선 비행)　컴퓨터에 의한 비행기 제어판의 직접 제어(1.2.3 절)

force-directed synthesis(세력 지향의 합성)　스프링 모델을 사용하는 하드웨어 스케줄링 알고리즘(7.3.1 절)

FPGA　field-programmable gate array 참고

frame end sequence(프레임 끝 열)　플렉스레이에서 프레임의 끝(5.8.2 절)

frame start sequence(프레임 시작 열)　플렉스레이에서 프레임의 시작(5.8.2 절)

FSS frame start sequence 참고

full-duplex(전이중) 양방향 통신(5.6 절)

functional requirements(기능적 요구사항) 시스템의 논리적인 처리를 나타내는 요구사항(1.3 절)

genetic algorithm(발생적 알고리즘) 최적화 상태를 모델링하기 위해 문자열(string)을 사용하고, 설계 공간을 검색하기 위해 이 문자열 상에서의 변환을 사용하는, 일군의 최적화 알고리즘들(7.4.5 절)

global slack(전역 간격) 작업의 완료와 그 마감 시간 사이의 간격(7.4.3 절)

global time service(전역 시간 서비스) 동적 실시간 CORBA에서의 동기화 서비스(6.4.1 절)

group-spatial reference(그룹 공간 참조) 프로그램의 다른 부분에 의한 같은 캐시 선의 재사용(2.6.3 절)

group-temporal reference(그룹 시간 참조) 프로그램의 다른 부분에 의한 같은 배열 요소의 데이터 재사용(2.6.3 절)

guard(가드) 조건부 작업 그래프에서 가장자리의 부울 조건(7.4.1 절)

H.26x 비디오 압축을 위한 일련의 표준들(1.2.2 절)

HAL hardware abstraction layer 참고

half-duplex(반이중) 단방향 통신(5.6 절)

hard real time(엄격한 실시간) 마감시간을 맞추지 못하면 불안정한 상황에 봉착하는 시스템(4.2.1 절)

hardware abstraction layer(하드웨어 추상화 계층) 하드웨어 플랫폼의 세부사항을 감추는 소프트웨어 계층(6.4.2 절)

hardware/software co-design(하드웨어/ 소프트웨어 공동 설계) 시스템 요구사항을 충족시키기 위한 하드웨어와 소프트웨어 컴포넌트들의 동시 설계(7 장)

hardware/software co-simulation(하드웨어/ 소프트웨어 공동 시뮬레이션) 다른 시간 척도에서의 하드웨어와 소프트웨어의 동시 시뮬레이션(5.3.2 절, 7.5 절)

hardware/software partitioning(하드웨어/ 소프트웨어 파티셔닝) CPU와 버스 중심으로 구축된 구조적 템플릿으로의 공동 합성(7.4.3 절)

harness(전선 뭉치) 점 대 점 배선을 위해 사용되는 일련의 전선들(1.2.3 절)

hazard function(장애 함수) 컴포넌트의 실패율을 나타내는 함수(1.6.2 절)

heterogeneous multiprocessor(이종 다중 프로세서) 다른 종류의 처리 요소, 비균일 상호연결 네트워크, 또는 비균일 메모리 구조의 조합을 사용하는 다중 프로세서(5.2.3 절)

hierarchy tree(계층 트리) 상태 다이어그램에서 집합 포함을 나타내는 데 사용되는 자료구조(3.5.3 절)

high-level synthesis(고수준 합성) 데이터 흐름도처럼, 추상적 표현으로부터 하드웨어를 스케줄링하고 할당하는 데 사용되는 일련의 기법(7.3.1 절)

hit rate(적중률) 메모리 액세스가 캐시 히트로 될 확률

host(호스트) 특수 목적의 처리 요소와 대화하는 프로세서(7.2 절)

host node(호스트 노드) 시간 촉발(time-triggered) 아키텍처의 처리 요소(5.8.1 절)

hot swapping(핫 스와핑) 프로세스의 구현들 간을 스위칭할 때 전이 효과를 고려하는 스케줄링 알고리즘(4.2.2 절)

Huffman coding(허프만 부호화) 무손실 부호화를 위한 알고리즘(2.7.1 절)

IDL interactive data language 참고

implementation model(구현 모델) 하드웨어에 직접 대응되고, 계산과 통신 모두에 사이클 정확성 명세를 제공하는 시스템 모델(5.3.2 절)

index rewriting(인덱스 재기록) 루프 인덱스들의 표현을 바꿈(3.3.1 절)

initiation time(시동 시각) 프로세스가 실행할 준비가 되는 시각(4.2.1 절)

instruction-level parallelism(명령어 수준 병렬성)　프로그램 내의 명령어들을 검토함으로써만 식별될 수 있는 프로그램 내의 병렬성(1.5.5 절)

instruction-level simulator(명령어 수준 시뮬레이터)　프로그래밍 모델 수준에서는 정확하지만 타이밍에서는 그렇지 않은 CPU 시뮬레이터(2.8.3 절)

instruction scheduler(명령어 스케줄러)　사이클 정확성은 없는 근사 마이크로 아키텍처 모델을 사용하는 컴퓨터 시뮬레이션 기법(2.8.3 절)

instruction selection(명령어 선택)　연산을 구현하는 데 사용되는 연산 부호와 모드를 결정하는, 코드 생성에서의 절차(3.2 절)

integer linear programming(정수 선형 프로그래밍)　변수들이 정수값을 가지는 목표 기능과 제약조건을 가지는, 최적화 문제의 한 형태(3.4.2 절)

intensity(밀도)　동적 전압 스케줄링에서 타당성 있는 일정을 만들기 위한 평균 처리 속도의 하한선(4.2.3 절)

interactive data language(대화식 데이터 언어)　CORBA 내의 인터페이스를 나타내는 데 사용되는 언어(6.4.1 절)

interference access count(충돌 액세스 횟수)　주어진 변수의 생명주기 동안 다른 변수가 액세스되는 횟수를 세는, 스크래치 패드(임시 저장 메모리) 최적화에 사용되는 측정 기준(3.3.4 절)

interference factor(충돌 요소)　변수와 충돌 액세스 횟수의 합인, 스크래치 패드 최적화에 사용되는 측정 기준(3.3.4 절)

intermodule connection graph(모듈 간 연결 그래프)　스톤의 다중 프로세서 스케줄링 알고리즘에서 프로세스 간의 통신을 나타내는 무방향성 그래프(6.3.2 절)

Internet(인터넷)　네트워크의 네트워크. 세계적인 인터네트워크(1.2.1 절)

internetworking(인터네트워킹)　두 네트워크를 연결하는 네트워크 프로토콜(1.2.1 절)

interprocess communication(프로세스 간 통신)　프로세스 간의 통신을 위한 메커니즘(4.4.5 절)

interprocessor communication modeling graph(프로세스 간 통신 모델링 그래프) 다중 프로세서 스케줄링에서 사용되는 동기식 데이터 흐름도의 추상화(6.3.2 절)

interrupt service routine(인터럽트 서비스 루틴) 저수준 인터럽트 처리기로, 일반적으로 커널 모드임(4.4.2 절)

interrupt service thread(인터럽트 서비스 스레드) 고수준 인터럽트 처리기로, 일반적으로 사용자 모드임(4.4.2 절)

interval scheduling(간격 스케줄링) 정적 스케줄링을 위한 알고리즘(4.4.2 절)

inter-event stream context(이벤트 간 스트림 상황 스트림들 간의 상호 관계 (6.3.2 절)

intra-event stream context(이벤트 내 스트림 상황) 단일 스트림 내의 상호 관계 (6.3.2 절)

IPC graph(IPC 그래프) interprocessor communication modeling graph 참고

iterative improvement scheduling(반복적 개선 스케줄링) 여러 단계에 걸친 정제에 의한 스케줄링(4.2.1 절)

java virtual machine(자바 가상 기계) 자바가 정의되어 있는 추상 기계(3.5.4 절)

JIT compiler(JIT 컴파일러) just-in-time compiler 참고

jitter event model(흐트러짐 이벤트 모델) 주기와 흐트러짐을 포함한 이벤트의 모델(6.3.2 절)

journaling(실행 기록) log-structured file system 참고

JPEG(JPEG 정지 이미지 부호화를 위한 일련의 표준(1.2.2 절)

just-in-time compiler(즉석 컴파일러) 실행하는 동안에 요구에 의해 프로그램 부분을 컴파일하는 컴파일러(3.5.4 절)

Kahn process(칸 프로세스) 연산자가 큐에 의해 보호되는 계산 모델(1.5.3 절, 3.5.5 절)

Kahn process network(칸 프로세스 네트워크) 칸 프로세스의 네트워크(3.5.5 절)

L1 cache(L1 캐시) first-level cache 참고

L2 cache(L2 캐시) second-level cache 참고

L2CAP logical link control and adaptation protocol 참고

latency(지연 시간) 시작부터 연산이나 작업의 완료까지 걸리는 시간(2.2.1 절)

latency service(지연 시간 서비스) 컴포넌트들이 시스템 내의 서비스 지연 시간을 파악할 수 있도록 허용하는 동적 실시간 CORBA 의 서비스(6.4.1 절)

least-laxity first(최소 이완 우선) 마감시간까지 남아있는 간격에 의해 우선순위를 결정하는, 동적 스케줄링 정책(4.2.2 절)

Lempel-Ziv coding(렘펠-지브 부호화) 사전 기반의 무손실 부호기 군(2.7.2 절)

Lempel-Ziv-Welch coding(렘펠-지브-웰치 부호화) 고정 크기 사전을 사용하는 사전 기반의 부호기(2.7.2 절)

lightweight process(경량 프로세스) 메모리 공간을 다른 프로세스들과 공유하는 프로세스

line(회선) 통신 링크의 전송 매체(5.6 절)

line size(선 크기) 캐시 내의 단일 선(하나의 집합 내의 위치) 안에 있는 비트, 바이트, 단어의 개수(2.6.3 절)

linear-time temporal logic(선형 시간 시간적 논리) 시간이 단일 스레드를 넘어 발전하는 시간의 논리(3.5.5 절, 4.5 절)

link(링크) 네트워크 내의 통신 채널(5.6.1 절)

list scheduler(목록 스케줄러) 연산 순서를 결정하는데 사용되는 목록으로 연산들을 정렬하는 스케줄러(4.2.2 절)

live(살아있는) 레지스터 할당에서 현재 사용 중인 변수(3.2.2 절). 프로토콜에서 상태 부분 집합에 빠지지 않은 시스템(4.5 절)

LLF least-laxity first 참고

load balancing(부하 균배) 네트워크 내에서 시스템 부하를 균등하게 하기 위해 스케쥴링과 할당을 조정하기(6.3.3 절)

load threshold estimator(부하 한계 추정기) 통계적 부하 모델을 사용하여 다중 프로세서 프로세스들을 스케줄링하는 도구(6.3.2 절)

local slack(지역 간격) 가속자의 완료 시각과 후속 작업들의 시작 사이의 간격 (7.4.3 절)

log-structured file system(로그 구조의 파일 시스템) 변경 사항을 파일에 저장하는 파일 시스템으로, 이것으로부터 파일의 현재 상태가 재구성될 수 있음(4.4.7 절)

logical link control and adaptation protocol(논리적 링크 제어 및 적응 프로토콜) 블루투스에서의 중간 수준 프로토콜 계층(1.7.1 절)

long-term memory(장기 기억) 터부(tabu) 검색에서 사용되는 자료구조로, 검색 이동에 관한 정보를 장시간 보존함(7.4.3 절)

loop-carried dependency(루프 전달 의존성) 루프의 한 반복에서 다음 반복으로 연결되는 데이터 의존성(3.3.1 절)

loop conflict factor(루프 충돌 요소) 일련의 루프에서 한 변수와 다른 변수들에 대한 액세스를 세는, 스크래치 패드(임시 저장 메모리) 최적화에 사용되는 측정 기준 (3.3.4 절)

loop fusion(루프 통합) 여러 루프의 몸체를 하나의 루프로 통합하기(3.3.1 절)

loop nest(루프 중첩) 한 루프가 다른 루프 안에 포함되는 루프 집합(3.3.1 절)

loop padding(루프 채우기) 배열의 메모리 동작을 변경시키기 위해, 요소들을 배열에 추가하기(3.3.1 절)

loop permutation(루프 치환) 루프 중첩에서 루프들의 순서를 바꾸기(3.3.1 절)

loop preparation(루프 준비) 다른 코드 최적화를 가능하게 하는, 루프 변환의 일반적인 용어(3.3.2 절)

loop reordering(루프 순서 변경)　루프에 의해 수행되는 연산의 순서를 바꾸는, 루프 변환의 일반적인 용어(3.3.2 절)

loop splitting(루프 분할)　루프 몸체의 연산들을 여러 루프로 분할하기(3.3.1 절)

loop unrolling(루프 전개)　루프를 재작성해서 루프 몸체의 여러 인스턴스들이 변경된 루프의 단일 반복에 포함되도록 함(3.3.1 절)

looped containers(루프 컨테이너)　칩 상의 네트워크에서 대역폭을 유지하기 위한 방법(6.4.3 절)

loosely independent(느슨하게 독립적인)　서로 부분적으로 독립적인 두 개의 하부 그래프로 분할될 수 있는 동기식 데이터 흐름도(3.5.2 절)

low-density parity check(저밀도 패리티 검사)　성긴(sparse) 패리티 집합 검사를 수행하는 오류 정정 부호화 방법(1.2.1 절)

macrotick(매크로틱)　플렉스레이의 전역 시계(5.8.2 절)

macrotick generation process(매크로틱 생성 프로세스)　업데이트를 포함한, 플렉스레이의 매크로틱 생성(5.8.2 절)

mailbox(편지함)　통상적으로 일련의 하드웨어 레지스터로 구현되는 프로세스 간 통신의 한 형태(4.4.5 절)

marking(표시하기)　페트리 네트에서 토큰을 위치에 매칭하기(1.5.4 절)

master PE(주 PE)　다중 프로세서에서 다른 종 PE들 상의 프로세스들을 위한 일정을 결정하는 프로세서(6.3.1 절)

maximum utilization(최대 사용 효율)　utilization 참고

may analysis(가능성 분석)　변수가 언제 캐시에 있을지를 파악하는 분석(3.4.3 절)

Markov model(마르코프 모델)　가장자리에 전이 확률이 할당되는 개연적(probabilistic) 상태 기계로, 코드 압축을 포함하여 널리 사용됨(2.7.1 절)

maximal expansion(극한 확장)　페트리 네트에서 이행적으로 닫힌 확장(4.3 절)

maximum distance function(최대 거리 함수) 두 개 이상의 이벤트들 사이의 최대로 허용된 거리(6.3.2 절)

mean time to failure(고장 간 평균 시간) 처리의 시작부터 시스템의 최초 실패까지의 평균 시간(1.6.2 절)

memory cell(메모리 셀) 메모리 배열의 기본 회로로, 전형적으로 1 비트의 메모리를 보관함(2.6.1 절)

memory hierarchy(메모리 계층) 컴퓨터 시스템에서 사용되는, 다양한 크기와 속도의 메모리 시스템

memory vector(메모리 벡터) 프로세스의 저장소 요구사항을 나타내는 벡터(7.4.4 절)

message passing(메시지 전달) 프로세스 간 통신의 한 방식

metagenerator(메타 생성기) 메타 모델을 위한 생성기(3.5.5 절)

metamodel(메타 모델) 다른 모델을 설명하는 데 사용되는 모델(3.5.5 절)

methodology(방법론) 전반적인 설계 절차를 설명하는 데 사용됨(1.1 절, 1.4 절)

microtick(마이크로 틱) 플렉스레이의 지역 시계(5.8.2 절)

middleware(미들웨어) 다중 프로세서 상에서 서비스를 제공하는 소프트웨어(6.4 절)

MIMD 다중 명령어 다중 데이터(multiple-instruction multiple-data) 실행으로, 플린의 계산 분류 중 한 범주임(2.2.2 절)

minimum distance function(최소 거리 함수) 둘 이상의 이벤트 사이에서 최소로 허용되는 거리(6.3.2 절)

MISD 다중 명령어 단일 데이터(multiple-instruction single-data) 실행으로, 플린의 계산 분류 중 한 범주임(2.2.2 절)

miss rate(누락율) 메모리 액세스가 캐시 누락이 될 확률

mode(모드) 일반적으로 특정 상태에 의해 유도되는 동작의 범주. 조토(Giotto)에서는 작업의 구성 등을 나타냄(4.3 절)

mode switch(모드 스위치) 조토에서 한 모드에서 다른 모드로의 실행 전이를 관리하는 매개변수들의 명세(4.3 절)

model extraction(모델 추출) 프로그램 단계들에서의 메모리 요구사항 분석(3.3.2 절)

motion estimation(동작 추정) 프레임의 동작 부분을 측정함으로써 이전 프레임으로부터 동영상 프레임을 예측하는 방법(1.2.2 절)

model-integrated computing(모델 통합 컴퓨팅) 도메인을 기술하는데 메타 모델을 사용하는 설계 방법론(3.5.5 절)

motion vector(동작 벡터) 이미지의 두 단위 사이의 이동을 나타내는 벡터(1.2.2 절)

MP3 MPEG-1 의 계층 3 오디오 부호화로, 오디오 압축을 위해 널리 사용되는 표준(1.2.2 절)

MPEG 동영상 부호화를 위한 일련의 표준

MPSoC multiprocessor system-on-chip 참고

MTTF mean time to failure 참고

multihop network(다중 도약 네트워크) 메시지가 출발지에서 목적지로 이동할 때 중간 PE 를 경유할 수 있는 네트워크(1.2.4 절)

multiport memory(다중 포트 메모리) 동시에 액세스할 수 있는 다중 주소 및 데이터 포트를 가진 메모리(2.6.1 절)

multiprocessor system-on-chip(칩 상의 다중 프로세서 시스템) I/O 나 메모리와 같은 지원 컴포넌트들과 함께 집적 회로에 집적된 다중 프로세서(5.4 절)

multirate(다중 속도) 다른 마감 시간을 가진 연산들로, 이 연산들이 다른 속도로 수행될 수 있도록 함

multithreading(다중 스레딩)   여러 명령어 스트림의 실행을 끼우는(interleave), 정밀한 병렬 처리 기법(2.2.2 절)

must analysis(필수 분석)   변수가 캐시에 있다고 보장할 수 있는지를 판단하는 분석(3.4.3 절)

mutator(촉발자)   폐영역 회수(garbage collection)에서 폐영역이 회수되는 애플리케이션 프로그램(3.5.4 절)

myopic algorithm(근시 알고리즘)   실시간 작업을 동적으로 스케줄링하는 알고리즘(6.3.3 절)

network layer(네트워크 계층)   OSI 모델에서 기본적인 종단 간 서비스에 책임이 있는 계층(1.2.1 절)

network-on-chip(칩 상의 네트워크)   단일 칩에서 구현하도록 설계된 다중 프로세서 네트워크(5.6.2 절)

never set(금지 집합)   동시에 실행할 수 없는 일련의 작업(7.4.3 절)

nonblocking communication(비차단 통신)   송신자가 메시지를 송신한 후에도 계속 실행할 수 있는 프로세스 간 통신

nondeterministic finite-state machine(비결정성 유한 상태 기계)   FSM 계산 모델의 변종(1.5 절)

nonfunctional requirements(비기능적 요구사항)   시스템의 논리적 동작을 설명하지 않는 요구사항으로, 예를 들면 크기, 무게, 전력 소모 등을 포함함(1.3 절)

notification service(알림 서비스)   출판/구독(publish/subscribe) 시스템(6.4.3 절)

object(개체)   내부 데이터와 데이터에 대한 인터페이스를 제공하는 메소드를 모두 포함하는 프로그램 단위

object-oriented(객체 지향)   설계에서 개체와 클래스를 사용함. 많은 다른 수준의 추상화에 적용될 수 있음

object reference(개체 참조)   CORBA에서의 개체 식별자(6.4.1 절)

object request broker(개체 요청 매개자)   클라이언트와 개체 사이의 통신을 관리하는 CORBA 컴포넌트(6.4.1 절)

operator fusion(연산자 통합)   작은 연산들을 단일 명령어로 결합하는 명령어 집합 설계 기법(2.9.2 절)

OR-activation(OR-활성화)   OR와 비슷한 이벤트들의 통합(6.3.2 절)

ORB   object request broker 참고

OSI model   네트워크에서 추상화 수준들을 위한 모델(1.2.1 절)

overhead(오버헤드)   운영체제에서 운영체제가 문맥 전환을 하기 위해 필요로 하는 CPU 시간(4.2.2 절)

P()   세마포어를 가지는 프로시저의 전통적인 이름

packet   VLIW 프로세서에서 함께 실행될 수 있는 일련의 명령어들(2.4.1 절). 네트워크에서는 데이터 전송 단위(1.2.1 절)

page description language(페이지 기술 언어)   프린터 입력에 사용되는 언어(5.7.3 절)

paged memory(페이지 메모리)   액세스 속성이 이 액세스에 의해 참조되는 내부 페이지의 순서에 의해 결정되는 메모리(3.3.5 절)

Pareto optimality(파레토 최적성)   다중 목표 최적화 이론(7.4.5 절)

partial evaluation(부분 평가)   연산식의 컴파일 시점의 평가(3.3.2 절)

PASS   periodic admissible sequential schedule 참고

path-based estimation(경로 기반 추정)   경로 기반의 스케줄링을 사용하는 공동 합성 추정 방법(7.3.2 절)

path-based scheduling(경로 기반 스케줄링)   다중 스케줄링 경로에서의 일정들의 균형을 맞추기 위해 가능한 한 빠른 스케줄링을 사용하는 하드웨어 스케줄링 알고리즘(7.3.2 절)

path ratio(경로 비율)   루프에서 루프 내의 총 명령어 개수에 대한 매 반복에서 실행되는 명령어의 비율(2.4.5 절)

path analysis(경로 분석)   소프트웨어 성능 분석에서 프로그램을 통해 최악의 경우 실행을 판단함(3.4 절)

path timing(경로 타이밍)   소프트웨어 성능 분석에서 경로를 따라 실행 시간을 판단함(3.4 절)

PC sampling(PC 샘플링)   실행하는 동안 주기적으로 PC를 샘플링함으로써 프로그램 추적을 생성하는 것(2.8.1 절)

PE   processing element 참고

PE-assembly model(PE 어셈블리 모델)   시간 제한이 없는 통신과 근사 시간 제한의 계산을 가지는 채널을 통해 통신하는 처리 요소로부터 구축된 시스템 모델(5.3.2 절)

peak access rate(최고 액세스 비율)   메모리 시스템에서 최대 액세스 비율(5.7.1 절)

peak performance(최고 성능)   컴퓨터 시스템의 최대 성능(2.2.1 절)

perceptual coding(인식적 부호화)   인간이 어떤 현상을 인식하거나 하지 못하는 능력을 고려한 손실 부호화(1.2.2 절)

performance(성능)   컴퓨터 아키텍처에서 연산이 발생하는 속도. 이미지 처리에서 이미지 품질과 같이, 다른 분야에서는 다른 척도를 의미할 수 있음(2.2.1 절)

performance index(성능 인덱스)   메트로폴리스에서 처리량이나 에너지 소비와 같이 비기능적인 요구사항(3.5.5 절)

period(기간)   실시간 스케줄링에서 실행의 주기적인 간격(4.2.1 절)

periodic admissible sequential schedule(주기적 수용가능 순차적 일정)   동기식 데이터 흐름에서 순차적으로 연산을 수행하는 유한하고 주기적인 일정(3.5.2 절)

persistence analysis(내구성 분석)   첫 번째 이후의 액세스가 캐시에 있을지를 판단하는 분석(3.4.3 절)

personal area network(인간 영역 네트워크) 블루투스처럼 인간 주변에 형성되는 네트워크(1.7.1 절)

Petri net(페트리 네트) 튜링 완전(Turing-complete) 계산 모델(1.5.4 절)

physical layer(물리적 계층) OSI 모델에서 전기적, 기계적 특성을 정의하는 계층(1.2.1 절)

pipeline(파이프라인) 같은 종류의 여러 연산들이 다중 값을 가지고 동시에 수행되도록 하는 논리적 구조로, 각 값은 어떤 시점에 수행되는 연산의 다른 부분을 가짐(2.2.1 절)

pipeline diagram(파이프라인다이어그램) 시간 및 교차하는 기능적 단위에서 파이프라인의 상태를 그리는 방법(2.2.1 절)

place(위치) 페트리 네트에서 상태를 나타내는 토큰을 가질 수 있는 노드(1.5.4 절)

plant(장치) 제어 시스템에서, 제어되는 시스템

platform-based design(플랫폼 기반의 설계) 여러 다른 제품에서 사용될 수 있는 하드웨어/소프트웨어 플랫폼에 기초한 설계(1.4 절)

platform-dependent characteristics(플랫폼 의존적 특성) 플랫폼의 설계 또는 선택에 영향을 미치는 일련의 애플리케이션 특성(5.3.1 절)

platform-dependent optimizations(플랫폼 의존적 최적화) 특수한 명령어, 메모리 시스템 특성, 또는 라이브러리와 같은, 플랫폼을 이용하는 소프트웨어 최적화(5.3.1 절)

platform-independent optimizations(플랫폼 독립적 최적화) 플랫폼의 특성에 의존하지 않는 소프트웨어 최적화(5.3.1 절)

polyhedral reduced dependence graph(다면체 축소 의존성 그래프) 프로그램의 부분을 나타내는, 폴리토프(polytopes)와 연관된 그래프(3.5.2 절)

polytope model(폴리토프 모델) 루프 내의 데이터 의존성 모델로, 일련의 의존성들이 차원이 배열 인덱스인 다차원 공간 내의 폴리토프들로 모델링됨(3.3.1 절)

port(포트) 컴포넌트로의 연결 또는 네트워크로의 연결(5.6 절)

post-cache compression(사후 캐시 압축) 압축된 코드를 캐시에 저장하고, 캐시로부터 꺼낼 때 복원하는 마이크로 아키텍처 기법(2.7.1 절)

power(전력) 단위 시간 당 에너지

power attack(전력 공격) 전력 소모를 모니터링함으로써 컴퓨터의 내부 활동을 추리하려는 공격(1.6.3 절)

power-down mode(전력 감소 모드) CPU가 전력 소모를 줄이도록 CPU 내에서 적용되는 모드

power management policy(전력 관리 정책) 전력 관리 결정을 만들기 위한 체계

power reduction ratio(전력 절감율) 압축 및 비압축 코드를 실행하는 마이크로 아키텍처의 전력 소모율(2.7.1 절)

power simulator(전력 시뮬레이터) 전력 견적을 제공하는 CPU 시뮬레이터(2.8.3 절)

power state machine(전력 상태 기계) 전력 관리 하의 컴포넌트 동작을 위한 유한 상태 기계 모델

PRDG polyhedral reduced dependence graph 참고

predecessor/successor forces(전임자/후임자 세력) 세력 지향 스케줄링에서 한 연산자로부터 이웃 연산자로 가는 세력(7.3.1 절)

predictive shutdown(예측 종료) 시스템 종료를 위한 적절한 시간을 예측하는 전력 관리 기법

preemptive multitasking(선점형 멀티태스킹) 운영체제가 프로세스의 실행을 가로챌 수 있는, CPU 공유 체계

preference vector(선호 벡터) 어떤 프로세스가 어떤 처리 요소로 매핑될 수 있는지 보여주는 벡터(7.4.4 절)

prefetch(사전 인출)　필요하기 전에 값을 인출함. 캐시에서 오래된 캐시 선은 그 선의 값들을 사전 인출하는 데 사용됨(2.6.3 절)

presentation layer(표현 계층)　OSI 모델에서 데이터 형식에 책임이 있는 계층(1.2.1 절)

priority(우선순위)　프로세스의 등급 부여를 위한 스케줄링 동안에 사용되는 값(4.2.1 절)

priority ceiling protocol(우선순위 상한 프로토콜)　우선순위 반전을 방지하기 위한 일련의 알고리즘(4.2.2 절)

priority-driven scheduling(우선순위 중심의 스케줄링)　실행 중인 프로세스를 파악하기 위해 프로세스의 우선순위를 사용하는 스케줄링 기법(4.2.1 절)

priority inheritance protocol(우선순위 상속 프로토콜)　우선순위 상속 프로토콜(4.2.2 절)

priority inversion(우선순위 반전)　낮은 순위의 프로세스가 높은 순위의 프로세스의 실행을 막는 상황(4.2.2 절)

priority service(우선순위 서비스)　시스템 개체의 우선순위를 기록하는 동적 실시간 CORBA에서의 서비스(6.4.1 절)

procedure cache(프로시저 캐시)　소프트웨어로 제어하는 코드 압축 메커니즘(2.7.1 절)

procedure restructuring(프로시저 재구성)　인라인 처리, 말단 순환 제거 등, 변환을 위한 일반적인 용어(3.3.2 절)

procedure splitting(프로시저 분할)　코드 배치 및 캐시 동작을 바꾸기 위해 분기를 사용하여 프로시저의 개체 코드를 분할함(3.2.4 절)

process(프로세스)　프로그램의 고유한 실행(4.2.1 절)

processing element(처리 요소)　시스템의 조정 하에 계산을 수행하는 컴포넌트(5.1 절)

procrastination scheduling(지연 스케줄링)   휴지 기간의 길이를 최대화하는, 동적 전압 조정을 위한 일련의 스케줄링 알고리즘(4.2.3 절)

programming environment(프로그래밍 환경)   프로세서를 위한 코드를 생성하기 위해 사용되는 도구 모음(3.2.5 절)

property manager(속성 관리자)   QoS 구현을 다루는 개체(6.4.3 절)

protocol data unit(프로토콜 데이터 단위)   최소 메시징 단위(5.6.4 절)

quality description language(품질 기술 언어)   서비스 품질(quality-of-service) 계약을 기술하는 데 사용되는 언어(6.4.3 절)

quality of service(서비스 품질)   주어진 기간 동안 일정량의 대역폭을 제공하는 통신 서비스(5.6 절, 6.4.3 절)

quality-of-service attack(서비스 품질 공격)   타이밍을 혼란시켜서 임베디드 시스템을 실패하게 만들려는 공격(1.6.3 절)

QoS   quality of service 참고

rate(속도)   주기의 역(4.2.1 절)

rate-monotonic scheduling(속도 고정 스케줄링)   고정 우선순위 스케줄링 체계(4.2.2 절)

razor(면도칼)   늦게 도착하는 신호를 포착할 수 있는 걸쇠를 사용하는, 최악의 경우보다는 나은 설계를 위한 마이크로 아키텍처 방법(2.5.2 절)

reactive system(반응적 시스템)   외부 이벤트에 반응하도록 설계된 시스템(3.5 절)

real time(실시간)   어떤 시각까지 처리를 수행해야만 하는 시스템(4.2.1 절)

Real-Time Connection Ordination Protocol(실시간 연결 배열 프로토콜)   연결을 생성 및 파괴하기 위한 요청들을 관리하는 ARMADA 의 서비스(6.4.1 절)

real-time daemon(실시간 데몬)   동적 실시간 CORBA 내의 실시간 서비스의 동적 부분을 구현하는 컴포넌트(6.4.1 절)

real-time event service(실시간 이벤트 서비스)   이름 붙은 이벤트들을 교환하는 동적 실시간 CORBA 내의 서비스(6.4.1 절)

real-time operating system(실시간 운영체제)   실시간 제약조건을 만족하도록 설계된 운영체제(4.2 절)

real-time primary-backup service(실시간 주 백업 서비스)   결함 허용을 제공하기 위해 상태의 복제를 허용하는 ARMADA 서비스(6.4.1 절)

reconfigurable system(재구성 가능 시스템)   실행 과정에서 논리적 기능이 즉시 재구성될 수 있는 하드웨어 플랫폼(7.4.8 절)

reference implementation(참조 구현)   설계 팀이 사용할 수 있도록 준비된 표준의 구현(1.4 절)

register allocation(레지스터 할당)   코드 생성에서 변수를 레지스터에 할당하는 절차(3.2 절)

relative computational load(상대적 계산 부하)   전체 프로그램에 의해 표현된 부하에 상대적인, 프로그램의 일부에 의해 유발된 부하의 척도(7.4.3 절)

release time(배포 시간)   프로세스가 실행 준비가 되는 시간(4.2.1 절)

reliable system(신뢰성 있는 시스템)   내부 또는 외부 오류 상황에서도 작동하는 시스템(1.6 절)

reliability function(신뢰성 함수)   시간 간격 [0,t]에서 시스템이 적절하게 작동될 확률을 나타내는 함수(1.6.2 절)

request phase(요청 단계)   한 반복에서 하나의 프로세스의 실행과, 후속 반복에서 다음의 데이터 의존성 프로세스의 시작 사이의 최소 간격(6.3.2 절)

requirements(요구사항)   시스템이 무엇을 해야 할 지에 대한 비공식적인 기술. 명세서의 선구자

resource dependency(자원 의존성)   스케줄링에서 외부 자원 사용에서 오는 스케줄링 제약조건(4.2.2 절)

response time(응답 시간) 프로세스의 완료와 배포 시간 사이의 차이(4.2.1 절)

ripple scheduling(파문 스케줄링) 분산 시스템에서 서비스 품질 요청을 스케줄링하고 할당하는 방법(6.4.3 절)

RISC 축소 명령어 집합 프로세서. 범용 레지스터 파일, 완전히 직교하는 명령어 집합, 그리고 대부분 한 사이클에 하나의 명령어를 완료하는 최신 프로세서를 위한 아주 일반적인 용어(2.3.1 절)

RMA 속도 고정 분석. 속도 고정 스케줄링의 다른 용어임

RMS rate-monotonic scheduling 참고

round(라운드) 조토에서 모드를 한 번 호출하는 것

routing(경로 배정) 패킷 경로의 선택(5.6.2 절)

RT-CORBA 실시간 CORBA 의 명세(6.4.1 절)

RTOS real-time operating system 참고

s-graph(s 그래프) 유한 상태 기계 공동 설계의 전이 함수의 한 모델(4.3 절)

safety-critical system(안전 필수 시스템) 실패하면 사람이 다치거나 죽게 만드는 시스템(1.6 절)

secure system(안전 시스템) 악의적인 공격에 견디는 시스템(1.6 절)

schedule(일정 잡기) 처리를 시간에 매핑하기(4.2.1 절)

scheduling(스케줄링) 처리가 발생할 시각을 결정하는 것(4.2.1 절)

scheduling overhead(스케줄링 비용) 스케줄링 결정을 만드는 데 필요한 실행 시간(4.2.1 절)

scheduling policy(스케줄링 정책) 스케줄링 결정을 만드는 방법론(4.2.1 절)

scratch pad(스크래치 패드(임시 저장 메모리)) 메모리 계층에서 1 수준 캐시와 같은 수준이지만 소프트웨어에 의해서 관리되는 작은 메모리(2.6.4 절, 3.3.4 절)

second-level cache(2수준 캐시) 1 수준 캐시 뒤에 있지만 주 메모리 앞에 있는 캐시(2.6.3 절)

self-spatial reference(자체 공간 참조) 다른 루프 반복에서 같은 배열 요소의 데이터를 재사용함(2.6.3 절)

self-temporal reference(자체 시간 참조) 다른 루프 반복에서 같은 캐시 선을 재사용함(2.6.3 절)

SDF synchronous data flow graph 참고

self forces(자체 세력) 세력 지향 스케줄링에서, 연산자로부터 일정에 영향을 미치는 자신으로 가는 세력(7.3.1 절)

self-programmable one-chip microcomputer(자체 프로그래밍 가능 단일 칩 마이크로 컴퓨터) 스마트 카드에서 사용되는 안전한 CPU/메모리 구조(2.7.4 절)

semaphore(세마포어) 통신 프로세스 조정을 위한 메커니즘(3.5 절)

sensor port(센서 포트) 주 입력을 가진, 통신을 위한 조토(Giotto)의 구성요소 (4.3 절)

service discovery(서비스 발견) 파일 액세스, 인쇄 등과 같은, 네트워크 상에서 사용할 수 있는 서비스를 찾는 행위(1.7.4 절)

service record(서비스 레코드) <ID, 값> 속성 형식의 블루투스 서비스의 레코드 (1.7.1 절)

session layer(세션 계층) OSI 모델에서 체크포인트와 같은 세션 지향 처리에 대한 책임이 있는 네트워크 계층(1.2.1 절)

set-associative cache(집합 결합 캐시) 다중 집합을 가진 캐시(2.6.3 절)

shared memory(공유 메모리) 여러 프로세스가 같은 메모리 위치를 액세스할 수 있도록 하는 통신 형식

short-term memory(단기 기억) 터부(tabu) 검색에서 사용되는 자료구조로, 최근의 검색 이동에 관한 정보만 보존함(7.4.3 절)

side channel attack(주변 채널 공격) 전력 소모와 같은, 공격에 직접 연관이 없는 정보를 사용하려는 공격(2.7.4 절)

side information(부수적 정보) 버스 부호화에서 버스 상의 정보를 부호화하는 것에 관해 전달된 정보(2.7.3 절)

signal(신호) SIGNAL 프로그래밍 언어에서 함축된 시간 순서를 가지는 일련의 데이터 값들(3.5.2 절)

SIMD 단일 명령어 다중 데이터 실행으로, 플린의 계산 분류 중 한 범주임(2.2.2 절)

simple event model(단순 이벤트 모델) SymTA/S 의 기본 이벤트(6.3.2 절)

simulation(시뮬레이션) 컴퓨터 아키텍처에서 소프트웨어 모델을 통한 프로그램 실행(2.8.1 절)

simulation backplane(시뮬레이션 후면) 공동 시뮬레이터 내에서 다른 종류의 시뮬레이터들을 연결하는 프로토콜(7.5 절)

simultaneous multithreading(동시 다중 스레딩) 각 사이클에서 여러 스레드로부터 명령어를 인출하는 다중 스레드 기법(2.4.4 절)

signal flow graph(신호 흐름도) 디지털 필터를 기술하기 위해 널리 사용되는, 상태 포함 데이터 흐름 모델(1.5.3 절)

single-appearance schedule(단일 출현 일정) 각 노드가 한 번씩만 나타나는 동기식 데이터 흐름도 일정(3.5.2 절)

single-hop network(단일 도약 네트워크) 메시지가 제 3 의 PE 를 거치지 않고 한 PE 에서 다른 PE 로 이동할 수 있는 네트워크

sink SCC(목적지 SCC) SCC 내에 원천을 가진 각 가장자리가 목적지도 SCC 내에 가지는, IPC 그래프의 강하게 연결된 컴포넌트(6.3.2 절)

SISD 단일 명령어 단일 데이터 실행으로, 플린의 계산 분류 중 한 범주임(2.2.2 절)

slave PE(종 PE) 다중 프로세서에서 주 PE 로부터 프로세스의 일정을 잡는 프로세서(6.3.1 절)

slave thread(종 스레드) 종 포트와 연관된 코웨어(CoWare)의 스레드(7.4.3 절)

slowdown factor(감속 요소) 동적 전압 스케줄링에서 프로세서 클록 속도가 감소되는 요소(4.2.3 절)

smart card(스마트카드) 데이터를 저장, 추출, 보호하기 위해 마이크로프로세서와 메모리를 사용하는 신용카드나 ID 카드 등(2.7.4 절)

snooping cache(엿보기 캐시) 내용을 최신 상태로 유지하기 위해 다른 프로세서로부터 메모리 활동을 모니터링하는 다중 프로세서 캐시(5.7.4 절)

SoC system-on-chip 참고

soft real time(유연한 실시간) 마감 시간을 놓쳐도 안전 문제를 만들지 않는 애플리케이션(4.2.1 절)

software-defined radio(소프트웨어 정의 라디오) 소프트웨어 라디오와 같은 뜻일 수 있음. 기능이 소프트웨어로 제어되지만 저장 프로그램으로 전적으로 구현되지는 않은 라디오일 수도 있음(1.2.1 절)

software pipelining(소프트웨어 파이프라이닝) 루프에서의 명령어 스케줄링 기법

software radio(소프트웨어 라디오) 주 기능이 소프트웨어로 구현된 라디오(1.2.1 절)

software thread integration(소프트웨어 스레드 통합) 정적으로 일정이 잡힌 일련의 프로세스의 구현을 합성하기 위한 방법(4.3 절)

source(원천) 통신 링크 상에서 데이터를 전송하는 단위(5.6.1 절)

source SCC(원천 SCC) 목적지가 SCC 내에 있는 가장자리가 원천도 SCC 내에 있는, IPC 그래프의 강하게 연결된 컴포넌트(6.3.2 절)

specification(명세서) 시스템이 무엇을 해야 할 지에 관한 격식을 갖춘 기술로, 요구사항 문서보다 더 정밀함

specification model(명세서 모델) 구현 세부사항 없이 주로 기능적인 시스템 모델(5.3.2 절)

speedup(속도 향상)   설계 변경 전후의 시스템 성능 비율

spill(유출)   레지스터 내에서 다른 변수를 위한 공간을 만들기 위해 레지스터를 메모리로 복사하는 행위로, 나중에 추가적인 처리를 위해 원래 값이 추출됨(2.6.2 절)

spin lock(스핀 잠금)   원소적인 테스트 및 설정 연산자(5.7.4 절)

spiral model(나선형 모델)   명세서, 설계, 테스트를 통해 점차 자세한 수준의 추상화로 설계가 반복되어 가는 설계 방법론(1.4 절)

SPOM   self-programmable one-chip microcomputer 참고

statecharts(상태도)   복합 상태를 사용하는 명세서 기법(3.5.3 절)

static power management(정적 전력 관리)   현재 CPU 동작을 고려하지 않는 전력 관리 기법

static phase(정적 단계)   플렉스레이에서 처리가 정적으로 스케줄링되는 일정 단계(5.8.2 절)

static priority(정적 우선순위)   실행하는 동안에 바뀌지 않는 프로세스 우선순위(4.2.2 절)

static random−access memory(정적 무작위 액세스 메모리)   저장된 값을 계속 유지하기 위해 전력을 소모하는 RAM

static scheduling(정적 스케줄링)   오프라인에서 결정되는 일정(4.2.1 절)

store−and−forward routing(축적 전송 경로 배정)   경로 상의 중간 지점에서 패킷을 저장하는 경로 배정 알고리즘(5.6.3 절)

stream(스트림)   기호들의 부분적 또는 완전 순서화된 열로 데이터를 모델링함(1.5.2 절, 3.5.5 절)

subindependent(하부 독립적)   동기식 데이터 흐름도에서 자신이 생성된 같은 일정 주기 내의 다른 부분 집합으로부터 샘플을 소비하지 않는 하부 그래프(3.5.2 절)

subword parallelism(하부 단어 병렬성)   데이터 단어를 독립적으로 작동될 수 있는 하부 단어들로 분할하는 컴퓨터 아키텍처 기법. 예를 들어, 네 개의 8 비트 하부

단어들로 분할될 수 있는 32비트 단어(2.4.3 절)

successive refinement(연속 정제) 설계가 추상화 수준들을 여러 번 거치고, 각 정제 단계에서 세부 사항들을 추가해 가는 설계 방법론

superscalar(슈퍼스칼라) 여러 다른 명령어들을 동시에 수행할 수 있는 실행 방법 (2.2.2 절)

switch frequency(스위치 주파수) 조토에서 모드 스위치가 평가되는 주파수(4.3 절)

symmetric multiprocessing(대칭형 다중 프로세싱) 하드웨어에서 균일 처리 요소들과 메모리를 가진 다중 프로세서. 소프트웨어에서는 미들웨어 서비스 모델(6.4.2 절)

synchronous language(동기식 언어) 통신이 동시에 그리고 동기식으로 발생하는 프로그래밍 언어의 한 종류(3.5 절)

SystemC 칩 상의 시스템과 이종 다중 프로세서를 위한 언어 및 시뮬레이션 시스템(5.3.2 절)

system-on-chip(칩 상의 시스템) 계산, 메모리, I/O를 포함하는 단일 칩 시스템 (5.4 절)

synchronous data flow graph(동기식 데이터 흐름도) 특성들이 검증되고 구현들이 합성될 수 있는, 데이터 흐름 모델(1.5.3 절, 3.5.2 절)

target mode(목적지 모드) 조토에서 모드 스위치의 최종 결과를 구성하는 모드 (4.3 절)

task-level parallelism(작업 수준 병렬성) 큰(coarse-grained) 작업들 사이에 발견되는 프로그램 내의 병렬성(1.5.5 절)

task(작업) 어떤 때는 프로세스와 동기식으로 사용되고, 어떤 때는 작업 그래프와 동기식으로 사용됨(4.2.1 절)

task graph(작업 그래프) 프로세스들과, 그 사이의 데이터 의존성을 보여주는 그래프(1.5.4 절)

TDMI   timed distributed method invocation 참고

technology library(기술 라이브러리)   고수준 합성, 논리 합성 등에서 사용되는 일련의 컴포넌트들(7.3.1 절)

technology table(기술 테이블)   성능이나 전력 소모와 같은, 다른 플랫폼 요소들 상의 프로세스 특성을 주는 테이블(7.4.2 절)

temporal firewall(시간적 방화벽)   정적 및 동적으로 스케줄링된 활동들 사이의 구분을 나타내는 플렉스레이 용어(5.8.2 절)

temporal logic(시간적 논리)   시간에 따른 양을 정하는 논리(4.5 절)

termination(말단)   통신 링크 상에서 데이터를 받는 단위(5.6.1 절)

thread(스레드)   다른 스레드들과 메모리 공간을 공유하는 프로세스(4.2.1 절)

thread pool(스레드 풀)   CORBA 내의 요청을 충족시키는 데 사용되는 일련의 스레드들(6.4.1 절)

throughput(처리량)   시스템에 의해 데이터가 생성되는 속도(2.2.1 절)

throughput factor(처리량 요소)   처리량에 기초한 타당성 척도(7.4.5 절)

time-loop thread(시간 루프 스레드)   포트와 연관되지 않고 반복적으로 실행되는 코웨어(CoWare) 내의 스레드(7.4.3 절)

time step(시간 스텝)   고수준 합성과 같은, 일정 내의 단일 클록 사이클. control step 도 참고.(7.3.1 절)

time-triggered architecture(시간 촉발 아키텍처)   활성 및 휴지 간격들 사이에 교체되는 실시간 네트워크 아키텍처(5.8.1 절)

timed distributed method invocation(시간 제한 분산 메소드 호출)   동적 실시간 CORBA 에서 시간 제약조건을 지정하는 데 사용되는 메소드(6.4.1 절)

timing accident(타이밍 사고)   명령어의 실행 시간의 증가를 야기하는 프로세서 내의 이벤트(3.4.1 절)

timing attack(타이밍 공격) quality-of-service attack 참고

timing penalty(타이밍 벌점) 타이밍 사고 탓으로 돌릴 수 있는 증가된 실행 시간(3.4.1 절)

top-down design(하향식 설계) 고수준 추상화로부터 저수준 추상화 쪽으로 설계하는 것

topology(망 형태, 토폴로지) 통신 시스템에서 연결된 노드들의 링크 구조(5.6 절)

toggle count(토글 카운트) 신호 또는 버스 상에서의 전이 개수(2.7.3 절)

total conflict factor(총 충돌 요소) 루프 충돌 요소와 충돌 요소의 합계와 같은, 스크래치 패드 최적화에 사용되는 측정 기준(3.3.4 절)

trace(추적) 프로그램의 실행 경로의 기록(2.8.1 절)

trace-driven analysis(추적 중심의 분석) 프로그램의 실행 추적을 분석함(2.8.1 절)

transition(전이) 유한 상태 기계에서 한 상태에서 다른 상태로 가는 가장자리. 페트리 네트에서는 점화 동작을 정의하는 노드의 한 종류(1.5.4 절)

transition rule(전이 규칙) 페트리 네트에서 위치에서 위치로 토큰이 어떻게 이동하는지를 결정하는 규칙으로, 점화 규칙과 동의어임(1.5.4 절)

transmission start sequence(전송 시작 열) 플렉스레이 전속의 시작 부분(5.8.2 절)

transport layer(전송 계층) OSI 모델에서 연결에 책임이 있는 계층(1.2.1 절)

triple modular redundancy(3중 모듈화 중복) 연산의 결과들에 대해서 투표를 하는 여러 기능 단위들을 사용하는, 신뢰성 지향의 아키텍처(1.6.2 절)

TSS transmission start sequence 참고

TTA time-triggered architecture 참고

turbo code(터보 코드) 여러 부호기를 사용하는 오류 정정 코드(1.2.1 절)

tunstall code(툰스탈 코드)　가변 길이에서 고정 길이로 바꾸는 부호화 알고리즘 (2.7.1 절)

turing machine(튜링 기계)　계산 모델(1.5.2 절)

unified cache(통합 캐시)　명령어와 데이터를 모두 저장하는 캐시

upper-bound throughput(상한선 처리량)　작업을 끝내기 위해 처리 요소에게 요구되는 처리량의 상한선(7.4.5 절)

use(사용)　컴파일러에서 변수에 대한 액세스(3.2.2 절)

utilization(사용 효율)　실시간 스케줄링에서 CPU가 유용한 작업을 하는 시간 백분율(4.2.1 절)

V()　세마포어를 해방하는 프로시저의 전통적인 이름

variable access count(변수 액세스 카운트)　변수에 대한 액세스 횟수를 세는, 스크래치 패드 최적화에서 사용되는 측정 기준(3.3.4 절)

variable lifetime chart(변수 생명주기 차트)　변수와 시간(이 변수의 생명주기를 보여주는)의 그래프(3.2.2 절)

vector processing(벡터 처리)　단일 또는 다차원 배열에서 작동하는, 컴퓨터 아키텍처 프로그래밍 기법(2.4.3 절)

Verilog(베리로그)　하드웨어 기술 언어

very long instruction word(아주 긴 명령어 단어)　매 클록 사이클마다 여러 명령어와 연산들을 내보내지만, 동시에 실행될 수 있는 일련의 연산들을 결정하기 위해 정적인 스케줄링에 의존하는, 일종의 컴퓨터 아키텍처(2.4.1 절)

virtual channel flow control(가상 채널 흐름 제어)　다중 프로세서 네트워크에서 자원 할당을 위한 방법(5.6.2 절)

virtual cutthrough routing(가상 컷스루 경로 배정)　패킷을 전송하기 시작하기 전에 전체 경로에 적절한 자원들이 사용 가능함을 보증하는 경로 배정 알고리즘(5.6.3 절)

VHDL　일종의 하드웨어 기술 언어

VLIW   very long instruction word 참고

von Neumann architecture(폰 노이만 아키텍처)   같은 메모리에 명령어와 데이터를 저장하는 컴퓨터 아키텍처

watchdog timer(감시 타이머)   디지털 시스템의 연산을 점검하는 데 사용되는 타이머. 시스템은 이 타이머를 주기적으로 리셋시켜야 함. 만약 감시 타이머가 리셋되지 않으면 시스템을 리셋시키는 오류 신호를 보냄(1.6.2 절)

waterfall model(폭포수 모델)   설계가 고수준에서 저수준의 추상화로 진행하는 설계 방법론(1.4 절)

watermark(워터마크)   소프트웨어, 하드웨어, 데이터에서 사용되는 검증 가능한 표시(2.7.4 절)

WCET   worst-case execution time 참고

wear leveling(마모 평탄화)   쓰기를 평탄하게 해서 플래시 메모리의 마모를 줄이는 일련의 기술(4.4.7 절)

working-zone encoding(작업 구역 부호화)   지역성을 이용하는 버스 부호화 방법(2.7.3 절)

wormhole routing(웜홀 경로 배정)   헤더가 차단될 때 패킷 내의 모든 플릿(flits)을 차단하는 경로 배정 방법(5.6.2 절)

worst-case execution time(최악 경우 실행 시간)   가능한 일련의 입력을 위한 최장 실행 시간(3.4 절)

write-back(후기입)   캐시로부터 선이 제거될 때만 주 메모리에 쓰는 것(2.6.3 절)

write-through(연속 기입)   캐시에 쓸 때마다 주 메모리에 쓰는 것(2.6.3 절)

X-by-wire(유선-X)   중요한 차량 기능의 컴퓨터 제어를 위한 일반적인 용어(유선 운전(drive-by-wire), 유선 핸들(steer-by-wire), 유선 플라이휠(fly-by-wire) 등)(1.2.3 절)

찾아보기

고성능 임베디드 컴퓨팅 : 아키텍처, 애플리케이션, 방법론

초판 1쇄 발행 : 2008년 4월 21일

지은이 Wayne Wolf(웨인 울프)
옮긴이 손광수
발행인 최규학

기 획·진 행 장성두
마 케 팅 최복락
내지 디자인 성은경
표지 디자인 Arowa & Arowana

펴 낸 곳 도서출판 ITC
등록번호 제8-399호
등록일자 2003년 4월 15일

주 소 서울시 은평구 역촌동 85-8 보원빌딩 3층
전 화 02-352-9511(대표)
팩 스 02-352-9520
이메일 itc@itcpub.co.kr

용지 태경지업사   **인쇄** 예림인쇄   **제본** 문종제책사

ISBN-10 89-90758-90-4
ISBN-13 978-89-90758-90-3   **부가기호** 13560

값 33,000원

이 책에 대한 찬사

《고성능 임베디드 컴퓨팅》은 시스템 설계 분야에 때맞춰 출간된 서적이다. 이 책은 설계 방법론부터 공간, 시간 그리고 에너지에 관한 핵심적인 임베디드 시스템 자원들의 최적화 기법에 이르기까지 포괄적인 주제를 다룬다. 그리고 다중 프로세서 시스템과 연관하여 점차 중요해지는 설계 문제들에 대해서도 심도 있게 다루고 있다. 웨인 울프는 임베디드 설계의 탁월한 전문가이다. 그는 개인적으로 이 책에서 제시하는 주제들에 대해서 많은 연구를 했고, 그가 구축한 다양한 임베디드 시스템에서 이 설계 방법론들을 구현했다. 이 책은 임베디드 시스템의 초보 설계자뿐만 아니라 베테랑에게도 가치 있는 정보들을 담고 있다.

_다니엘 P. 시위오렉Daniel P. Siewiorek, 카네기멜론 대학교

《고성능 임베디드 컴퓨팅》은 하드웨어와 소프트웨어 능력 사이의 숙련된 균형이 실무자에게 특히 중요한 분야와, 미래에 가장 흥미로운 방법론적 발전의 핵심이 될 연구 분야에 필요한 고급 임베디드 컴퓨터를 다룬다. 최선의 산업적 실무와 실세계 예제 및 애플리케이션에 초점을 맞추면서 웨인 울프는 조직화되고 통합된 방법으로 인상적인 분량의 최첨단 연구 결과를 제공하며, 이 중 많은 부분은 다음 세대의 설계 방법론으로 채택될 것이다. 이것은 고급 임베디드 컴퓨터 공학 과정의 실무자와 학생들뿐만 아니라 컴퓨터 아키텍처와 전자 설계 자동화가 만나서 이루어진 중요한 연구 결과를 얻고자 하는 연구자 및 과학자들에게 아주 적합하게 때맞춰 나온 책이다.

_파올로 인네Paolo Ienne, Ecole Polytechnique Fédérale de Lausanne(EPFL),
로잔느, 스위스

프로세서가 책상을 벗어나서 가전제품, 자동차, 전화기 그리고 조만간 옷이나 지갑에도 내장되어 임베디드 컴퓨팅이 아키텍처 서커스에서 더 이상 느리고 지겨운 여흥거리가 아니며, 점차 무대의 가운데로 옮겨가고 있다는 것이 밝혀지고 있다. 웨인 울프는 다양한 하드웨어와 소프트웨어 조각들을 엮어서 열정적인 임베디드 시스템 구축자들을 위한 확고한 교재로 집대성했다.

_롭 A. 루텐바Rob A. Rutenbar, 카네기멜론 대학교

컴퓨터 시스템 및 공학 분야에 종사하는 모든 교육자들은 이 책을 반드시 보아야 한다. 성능, 아키텍처, 설계에 관한 대조적인 관점은 모든 수준의 학생들에게 내포된 개념에 대한 수준 높은 이해를 제공한다. 나의 의견으로는 '시스템'에서 경력을 쌓고자 하는 모든 사람에게 이 책은 사물의 <아웃라인>을 제공한다.

_스티븐 존슨Steven Johnson, 인디아나 대학교

점점 더 많은 임베디드 장치들이 출현하면서 사람들은 이제 휴대폰, PDA, MP3 플레이어를 더 많이 지참하고 있다. 이 장치들의 설계와 제약사항은 랩톱이나 데스크톱 PC와 같은 범용 컴퓨팅 시스템의 것과는 많이 다르다. 《고성능 임베디드 컴퓨팅》은 이런 기초적인 설계 주제에 관한 풍부한 정보를 제공하면서, 센서 네트워크와 다중 프로세서와 같은 새로운 연구 분야도 다루고 있다.

_미쉘 D. 테이스*Mitchell D. Theys*, 시카고 소재 일리노이 대학교

《고성능 임베디드 컴퓨팅》은 관련된 예제 시스템에 대한 설명을 추가한 임베디드 컴퓨팅의 최신 기술만 제공하는 것이 아니라, 소프트웨어/하드웨어의 공동 설계와 임베디드 컴퓨팅을 위한 다중 프로세서 아키텍처와 같은 주제들도 다룬다. 이 탁월한 서적은 연구자나 실무자, 학생들이 읽기에 충분한 가치가 있다.

_안드레아스 폴츠*Andreas Polze*,
하소 플래트너 인스티튜트, 포츠담 대학교

임베디드 컴퓨터 시스템은 모든 곳에 있다. 이 최신 기술 서적은 이 분야의 산업 실무와 최근 연구 결과를 함께 제공한다. 깊이가 있고, 알기 쉬운 기초부터 고급화된 주제, 현재의 문제점들 그리고 고성능 임베디드 시스템 설계에 대한 실세계의 도전을 다루고 있다. 《고성능 임베디드 컴퓨팅》은 대학원생, 연구자, 실무 전문가들에게 큰 가치를 제공할 것이다.

_지후*Jie Hu*, 뉴저지 공과대학